ELETRO-TÉCNICA I

O autor

Frank D. Petruzella tem uma extensa prática no campo de eletrotécnica, bem como muitos anos de experiência de ensino e de publicação de livros na área. Antes de se dedicar exclusivamente ao ensino, ele atuou como aprendiz e eletricista de instalação e manutenção. Mestre em Ciências pela Niagara University e Bacharel em Ciências pela State University of New York College-Buffalo, tem formação também em Eletrotécnica e Eletrônica pelo Erie County Technical Institute.

```
P498e    Petruzella, Frank D.
            Eletrotécnica I / Frank D. Petruzella ; tradução: Rafael
         Silva Alípio ; revisão técnica: Antonio Pertence Júnior. –
         Porto Alegre : AMGH, 2014.
            viii, 413 p. : il. ; 25 cm.

            ISBN 978-85-8055-286-7

            1. Engenharia elétrica. 2. Eletrotécnica. I. Título.

                                                    CDU 621
```

Catalogação na publicação: Ana Paula M. Magnus – CRB 10/2052

FRANK D. PETRUZELLA

ELETRO-TÉCNICA I

Tradução:

Rafael Silva Alípio
Engenheiro Eletricista pelo Centro Federal de Educação Tecnológica de Minas Gerais (CEFET-MG)
Licenciado em Física pela Universidade Federal de Minas Gerais (UFMG)
Mestre em Modelagem Matemática e Computacional pelo CEFET-MG

Revisão técnica:

Antonio Pertence Júnior, MSc
Mestre em Engenharia pela Universidade Federal de Minas Gerais
Engenheiro Eletrônico e de Telecomunicações pela Pontifícia Universidade Católica de Minas Gerais
Pós-graduado em Processamento de Sinais pela Ryerson University, Canadá
Professor da Universidade FUMEC
Membro da Sociedade Brasileira de Eletromagnetismo

McGraw Hill Education

bookman

AMGH Editora Ltda.

2014

Obra originalmente publicada sob o título
Electricity for the Trades, 1st Edition
ISBN 007328159X / 9780073281599

Original edition copyright © 2006, The McGraw-Hill Global Education Holdings, LLC., New York, New York 10020. All rights reserved.

Portuguese language translation copyright ©2014, AMGH Editora Ltda.
All rights reserved.

Gerente editorial: *Arysinha Jacques Affonso*

Colaboraram nesta edição:

Editora: *Verônica de Abreu Amaral*

Capa e projeto gráfico: *Paola Manica*

Imagem da capa: *iStockphoto* – © THEPALMER

Leitura final: *Mônica Stefani*

Editoração: *Techbooks*

Reservados todos os direitos de publicação, em língua portuguesa, à
AMGH EDITORA LTDA., uma parceria entre GRUPO A EDUCAÇÃO S.A. e McGRAW-HILL EDUCATION
Av. Jerônimo de Ornelas, 670 – Santana
90040-340 – Porto Alegre – RS
Fone: (51) 3027-7000   Fax: (51) 3027-7070

É proibida a duplicação ou reprodução deste volume, no todo ou em parte, sob quaisquer formas ou por quaisquer meios (eletrônico, mecânico, gravação, fotocópia, distribuição na Web e outros), sem permissão expressa da Editora.

Unidade São Paulo
Av. Embaixador Macedo Soares, 10.735 – Pavilhão 5 – Cond. Espace Center
Vila Anastácio – 05095-035 – São Paulo – SP
Fone: (11) 3665-1100   Fax: (11) 3667-1333

SAC 0800 703-3444 – www.grupoa.com.br

IMPRESSO NO BRASIL
PRINTED IN BRAZIL
Impresso sob demanda na Meta Brasil a pedido de Grupo A Educação.

Prefácio

>> Introdução

Esta obra destina-se a estudantes matriculados em cursos que envolvem carreiras profissionais tanto na área de elétrica quanto em diversas áreas correlatas que necessitam de uma boa compreensão dos fundamentos de eletricidade. Não é necessário um conhecimento prévio de eletricidade, uma vez que este livro começa com uma parte sobre os fundamentos da eletricidade. Já o segundo livro, aborda os princípios de circuitos de corrente contínua (CC) e de corrente alternada (CA). Juntos, os dois livros contemplam uma ampla gama de tópicos compatíveis com os programas curriculares sobre os temas de corrente contínua e corrente alternada. A combinação das teorias associadas a CC e CA em um único texto fornece aos alunos um caminho lógico para a compreensão dos blocos de construção básicos dos diversos campos da eletricidade.

>> Características de aprendizagem do texto

Este livro é logicamente estruturado, fácil de ler e altamente ilustrado. Todas as informações relevantes estão localizadas dentro de um dado capítulo, facilitando a apresentação de temas em qualquer ordem. Muitas soluções passo a passo de problemas típicos que abordam conceitos específicos são encontradas em cada capítulo. Para resolver problemas de circuitos que envolvem várias etapas, os estudantes aprenderão a usar uma tabela para organizar a resolução do problema. Dentro de cada capítulo, questões de revisão são propostas no final de cada seção. Tópicos de discussão e questões de pensamento crítico no fim de cada capítulo estimulam a discussão em sala de aula e testam a capacidade do aluno de aplicar o que aprendeu em um contexto diferente.

>> Material de apoio para o professor

Atualmente, para ser eficaz e eficiente na sala de aula, deve-se focar em como gerenciar, instruir e comunicar utilizando a tecnologia do computador. Conheça o material de apoio do livro (em inglês) disponível no site da editora, **www.bookman.com.br**. Procure o livro no nosso catálogo e acesse a exclusiva Área do Professor por meio de um cadastro.

» Material de apoio para o aluno

No ambiente virtual de aprendizagem estão disponíveis vários recursos para potencializar a absorção de conteúdos. Visite o site **www.bookman.com.br/tekne** para ter acesso a jogos e capítulos extras (em inglês).

» Agradecimentos

Gostaria de agradecer aos seguintes revisores por seus comentários e sugestões.

Don Kruckenberg
North Dakota State College of Science; Wahpeton, ND

Carl Latona
Santa Clara County JATC; San Jose, CA

Leland Peich
Blackhawk Technical College; Janesville, WI

Clyde Perry
GateWay Community College; Phoenix, AZ

Max Saravia
Houston Community College; Houston, TX

Ernest Shaffer
San Diego Electrical Training Trust; San Diego, CA

Mike Turner
Blackhawk Technical College; Evansville, WI

Andy Volper
San Diego JATC; San Diego, CA

Jim Westfall
San Diego JATC; San Diego, CA

Além disso, gostaria de agradecer à equipe da McGraw-Hill Higher Education – especialmente Tom Casson, Jonathan Plant, Lindsay Roth, Lynn Kalb, Amy Reed, Audrey Reiter e Joyce Watters – por sua assistência dedicada ao processo de publicação. Agradeço também a Bill Carruthers por seu apoio e auxílio com os recursos do CPS desenvolvidos para este livro. Também agradeço a Jim Westfall da JATC de San Diego por suas sugestões e apoio durante o planejamento deste livro.

Sumário

capítulo 1	Segurança	1
capítulo 2	Instrumentos, ferramentas e fixadores	29
capítulo 3	Condutores, semicondutores e isolantes	61
capítulo 4	Fontes e características da eletricidade	73
capítulo 5	Unidades elétricas básicas	91
capítulo 6	Conexões elétricas	105
capítulo 7	Circuitos simples, série e paralelo	127
capítulo 8	Medição de tensão, corrente e resistência	149
capítulo 9	Lei de Ohm	177
capítulo 10	Condutores de circuitos e seções de fio	195
capítulo 11	Resistores	223
capítulo 12	Eletricidade e magnetismo	245
capítulo 13	Relés	273
capítulo 14	Dispositivos de proteção de circuitos	295
capítulo 15	Energia e potência elétricas	325
capítulo 16	Visão geral de circuitos e sistemas elétricos	357
índice		403

capítulo 1

Segurança

Segurança é a prioridade número um em qualquer trabalho. Todo ano, acidentes elétricos provocam ferimentos graves ou morte, com muitas dessas vítimas sendo jovens que acabaram de entrar no ambiente de trabalho. Eles estão envolvidos em acidentes que são resultado da falta de cuidado, das pressões e distrações de um novo trabalho ou, ainda, da falta de compreensão sobre a eletricidade. Este capítulo conscientiza sobre os perigos associados à eletricidade e os perigos potenciais existentes no trabalho ou em um centro de treinamento.

Objetivos deste capítulo

» Evitar os perigos advindos da eletricidade no local de trabalho
» Identificar os fatores elétricos que determinam a gravidade de um choque elétrico
» Listar as precauções gerais que devem ser observadas ao trabalhar com equipamentos elétricos
» Explicar o propósito e o processo envolvido no aterramento de um sistema elétrico
» Delinear os passos básicos em um procedimento de bloqueio e de etiquetagem
» Delinear os procedimentos de primeiros socorros para hemorragia, queimaduras e choques elétricos
» Listar os procedimentos a serem seguidos no caso de um incêndio elétrico
» Identificar materiais perigosos e descrever suas características
» Conhecer as funções de diferentes organizações responsáveis pela segurança do trabalho, pela normalização técnica e pelo ensaio de equipamentos elétricos

›› Segurança no local de trabalho

Várias estatísticas mostram que cerca de 98% de todos os acidentes podem ser evitados. Com tantas melhorias a serem feitas, todos podemos contribuir para a redução do número de acidentes. As principais causas de atos inseguros resultam de erros humanos e falhas materiais. Os atos inseguros individuais são responsáveis por cerca de 88% de todos os acidentes. As falhas materiais são responsáveis por apenas 10%.

Canteiros de obra e ambientes industriais de produção são, por natureza, locais potencialmente perigosos. Por essa razão, as questões de segurança têm se tornado um fator de importância crescente no ambiente de trabalho. A indústria elétrica, em específico, considera a segurança a prioridade mais importante, devido à natureza perigosa da atividade. Uma operação segura depende, em grande parte, de que todas as pessoas envolvidas estejam informadas e conscientes dos perigos em potencial. Segurança é uma maneira de pensar e um compromisso pessoal. Normas e diretrizes foram desenvolvidas por órgãos governamentais e por organizações que necessitam delas. No entanto, regras não podem ser substituídas por bom senso e atitude. Sempre obedeça todos os sinais de prevenção contra acidentes! (Figura 1-1).

TRAJE GERAL DE SEGURANÇA PESSOAL. Para executar uma tarefa com segurança, uma roupa de proteção adequada deve ser usada. Um traje adequado precisa ser utilizado para cada local e atividade de trabalho específico (Figura 1-2). Observe os seguintes pontos:

1. Capacetes, calçados de segurança e óculos de proteção devem ser usados em áreas onde são especificados. Além disso, os capacetes devem ser aprovados para fins do trabalho de eletricidade sendo realizado. Capacetes de metal não devem ser utilizados!

2. Protetores auriculares devem ser usados em áreas ruidosas.

Figura 1-1 Alertas e sinais de aviso comuns.

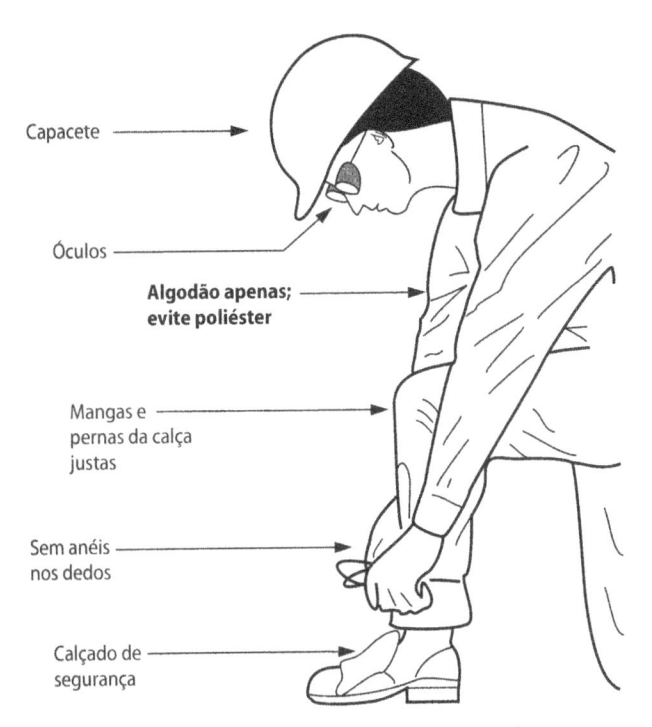

Figura 1-2 Roupas e equipamentos utilizados para segurança pessoal.

3. As roupas devem se encaixar sem folga (justas à pele), para evitar o perigo de se prenderem em máquinas em movimento. Evite usar roupas de fibra sintética, como poliéster, pois esses tipos de materiais fundirão quando expostos a altas temperaturas e podem acentuar a gravidade de uma eventual queimadura. Em vez disso, use sempre roupas de algodão.
4. Remova todas as joias de metal quando estiver trabalhando com circuitos energizados; o ouro e a prata são excelentes condutores de eletricidade.
5. Prenda o cabelo longo ou mantenha-o cortado no caso de trabalhar no entorno de máquinas.

EQUIPAMENTOS DE PROTEÇÃO ELÉTRICA. Uma grande variedade de equipamentos de segurança elétrica está disponível para prevenir danos da exposição a circuitos elétricos energizados. As pessoas que trabalham com eletricidade devem estar familiarizadas com as normas de segurança relativas ao tipo de equipamento de proteção necessário e também com a forma como tais equipamentos devem ser manuseados. Para ter certeza de que um equipamento de proteção realmente funciona conforme projetado, ele deve ser inspecionado para verificação de danos antes de cada dia de uso e imediatamente após qualquer incidente que possa razoavelmente ser suspeito de ter causado danos. Os equipamentos de proteção elétrica incluem os seguintes:

Equipamento de proteção de borracha. Luvas de borracha são usadas para evitar que a pele entre em contato com circuitos energizados. Uma cobertura externa de couro é utilizada para proteger a luva de borracha de perfurações e de outros danos. Mantas de borracha são usadas para evitar o contato com condutores ou partes energizadas naquelas situações de trabalho próximas a circuitos energizados expostos. Todos os equipamentos de proteção de borracha devem ser marcados com a especificação de tensão apropriada e com a última data de inspeção. É importante que o valor de isolação, tanto das luvas como das mantas de borracha, tenha uma especificação de tensão que corresponda à tensão do circuito ou do dispositivo que será manuseado utilizando esses equipamentos de proteção. As luvas isolantes devem passar por um teste de ar junto com a inspeção. Segure as bordas laterais de abertura da luva, alongue-a suavemente para fechar a extremidade aberta e enrole-a até o final do punho em direção à palma da mão, aprisionando o ar dentro dela. Em seguida, aperte as palmas, os dedos e o polegar para detectar qualquer fuga de ar. Se a luva não passar por essa inspeção, ela deve ser descartada.

Vestuário de proteção de alta tensão. Equipamentos de proteção especial disponíveis para aplicações de alta tensão incluem luvas de alta tensão, botas de alta tensão, capacetes de proteção não condutores, protetores faciais e auriculares não condutores e *flash suits*.

Vara de manobra telescópica. As varas de manobra são ferramentas isoladas para a operação manual de abertura/fechamento de chaves de alta tensão, remoção/inserção de fusíveis de alta tensão, assim como a conexão/desconexão de terras ou circuitos de alta tensão temporários. A vara de manobra é constituída de duas partes, o cabeçote e a haste isolante. O cabeçote é de metal ou plástico temperado, enquanto a seção isolante é de madeira, plástico ou de outros materiais isolantes eficazes.

Extratores de fusíveis. Extratores de fusíveis de plástico ou fibra de vidro são usados para a remoção ou instalação segura de fusíveis de cartucho de baixa tensão.

Sondas de curto-circuito. Sondas de curto-circuito são usadas em circuitos desenergizados para descarregar quaisquer capacitores carregados ou acúmulos de cargas estáticas que possam estar presentes quando a alimentação do circuito é desligada. Além disso, ao trabalhar em (ou próximo de) qualquer circuito de alta tensão desenergizado, sondas de curto-circuito devem ser mantidas continuamente conectadas, como uma medida de segurança extra no caso de qualquer aplicação acidental de tensão ao circuito. Ao instalar uma sonda de curto-circuito, primeiro conecte o grampo de teste a um bom contato de terra. Em seguida, segure a sonda de curto-circuito pela alça e encaixe a extremidade da sonda sobre a parte ou terminal a ser aterrado. Nunca toque qualquer parte metálica da sonda de curto-circuito enquanto aterra circuitos ou componentes.

Protetores faciais. Protetores faciais aprovados devem ser usados durante todas as operações de chaveamento em que há a possibilidade de dano aos olhos ou à face devido a arcos elétricos ou a estilhaços de objetos no caso de uma explosão elétrica.

PROTEÇÃO CONTRA QUEDAS. *Sistemas completos antiqueda* são projetados para impedir a queda de um trabalhador e incluem grades de proteção, sistemas de proteção individual antiqueda, dispositivos de posicionamento, linhas de alerta, monitor de segurança e zona de acesso controlado.

Sistemas trava-queda são projetados não necessariamente para evitar uma queda, mas para interrompê-la uma vez iniciada. No mínimo, eles devem ser rígidos de modo que os trabalhadores não cairão em queda livre por mais de 6 pés (pouco menos de 2 metros), nem entrarão em contato com qualquer nível inferior. Tais sistemas incluem sistemas antiqueda individuais e redes de segurança.

O uso incorreto de escadas e andaimes é responsável por uma elevada porcentagem de lesões no local de trabalho. As seguintes regras de segurança são importantes para *todos os usos de escada*:

- Selecione a escada correta para a atividade a ser executada; ao realizar um trabalho envolvendo eletricidade, sempre use escadas feitas de material não condutor.
- Inspecione a escada antes de usá-la; inspecione-a verificando eventuais degraus danificados, trilhos ou suportes, vestígios de óleo, graxa ou outras substâncias escorregadias. Também verifique se há parafusos soltos, dobradiças e outros equipamentos.
- Coloque sempre as pernas de uma escada em uma superfície firme e nivelada. Não tente elevar a escada colocando-a sobre tijolos soltos, quadros, caixas ou outros objetos.
- Nunca coloque uma escada em frente a uma porta que se abre em direção à escada, a menos que a porta esteja fixamente aberta, trancada ou vigiada por alguém.
- Fique de frente para a escada ao subir ou descer.
- Não permita mais de uma pessoa por vez sobre a escada.
- Segure a escada com ambas as mãos enquanto sobe ou desce. Use um cinto de ferramentas ou balde ligado a uma corda para levantar e abaixar as ferramentas e materiais que você precisa.
- Certifique-se de que a escada está livre de quaisquer linhas energizadas.
- Nunca suba mais alto do que o segundo degrau a partir do topo em um escadote ou mais alto do que o terceiro degrau a partir do topo em uma escada telescópica.

As seguintes regras são importantes para o uso seguro de *escadotes*:

- Sempre abra o escadote até sua extensão máxima.
- Trave ambas as braçadeiras antes de subir na escada.
- Nunca use um escadote como uma escada telescópica.
- Não deixe ferramentas ou materiais sobre um escadote.

As seguintes regras são importantes para o uso seguro de *escadas extensivas ou telescópicas*:

- Sempre coloque a escada segundo um ângulo adequado; escadas retas devem ser posicionadas em uma razão quatro para um, isto é, a base da escada deve estar a um pé (~0,30 m) de distância da parede ou de outra superfície vertical para cada quatro pés (~1,21 m) de altura do ponto de suporte (isso às vezes é chamado regra 1 para 4). Quando uma pessoa tem que descer da escada, esta deve se estender cerca de 3 pés (~0,91 m) acima do telhado, andaime ou outro tipo de plataforma (Figura 1-3).
- Não estenda uma escada extensiva além do ponto onde há menos de três pés (~0,91 m) de seções sobrepostas.
- Quando possível, fixe a parte superior da escada à estrutura.
- Ao trabalhar em uma escada, segure um degrau ou trilho com uma mão em todos os momentos. Use o cinto de segurança quando é absolutamente necessário trabalhar com ambas as mãos.
- Para transportar uma escada, coloque-a horizontalmente no chão, encontre o meio aproximado e, em seguida, levante-a de modo que um trilho descanse em seu ombro e outro fique contra o seu corpo.

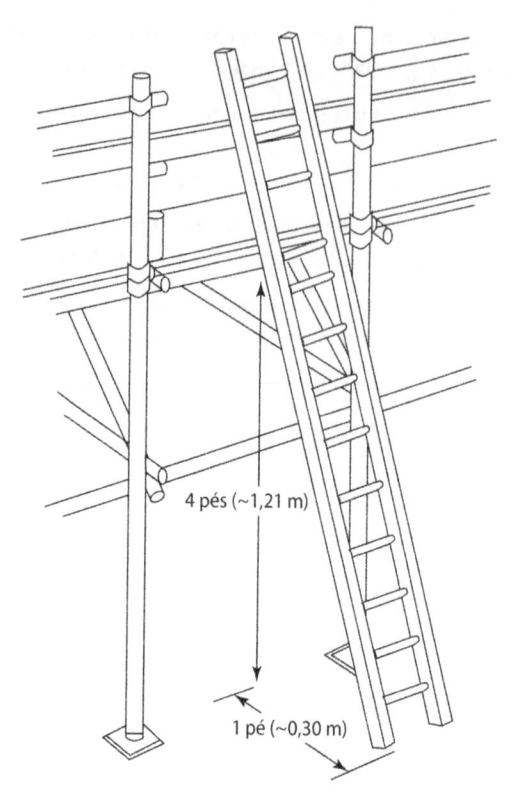

Figura 1-3 A base de uma escada reta deve estar 1 pé para fora para cada 4 pés de altura do ponto de suporte.

- Nunca adicione mais extensões ou prenda duas escadas em conjunto para fazer uma mais longa.

As seguintes regras são importantes para o uso seguro de *andaimes*:

- Os andaimes devem ser montados em bases rígidas que possam suportar a carga máxima prevista utilizando apenas materiais projetados e designados para este propósito.
- Corrimões e rodapés devem ser instalados nas laterais e extremidades de plataformas que estão acima de 6 pés (~1,83 m) do solo ou do chão.
- As plataformas de trabalho devem ser completamente cobertas com pranchas para andaime estendidas sobre os suportes da extremidade, não menos de 6 polegadas (~15,24 cm) nem mais de 12 polegadas (~30,48 cm), e devem ser devidamente bloqueadas.
- Mantenha as plataformas de andaime livres de materiais desnecessários.

ELEVAÇÃO E MOVIMENTAÇÃO DE CARGAS. Ao levantar algo, é melhor pegar pequenas cargas, se possível. Levante apenas o que você pode manipular e peça ajuda caso precise. Para elevar uma carga, em primeiro lugar fique perto dela. Então, agache-se e mantenha as costas retas (Figura 1-4). Obtenha um encaixe firme sobre a carga e mantenha a carga perto de seu corpo. Levante-se endireitando as pernas. Certifique-se de que você levanta forçando as pernas e não suas costas (ou seja, levante-se lentamente, sempre mantendo as costas retas).

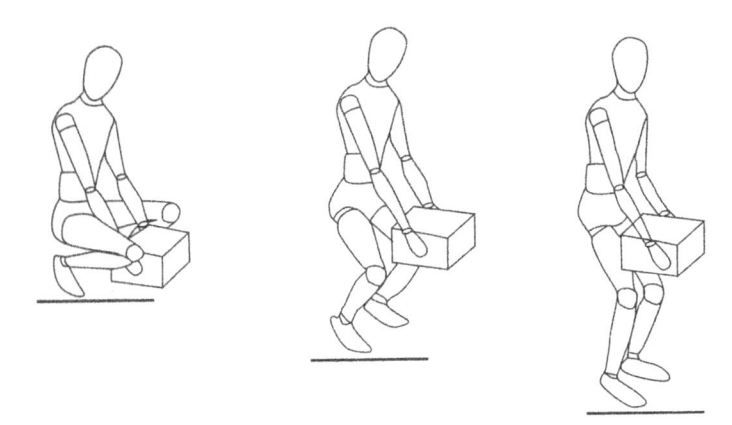

Figura 1-4 Elevação e movimentação de cargas.

Evitar levantar e girar ao mesmo tempo. Dobre os joelhos em vez de suas costas ao colocar uma carga no chão. Se você se curvar a partir da cintura para pegar um objeto de 50 libras (~23 kg), você está aplicando 10 vezes a quantidade de pressão (~230 kg) à sua região lombar.

≫ Questões de revisão

1. Qual é a principal causa de acidentes no local de trabalho?
2. Por que roupas feitas de material de poliéster não devem ser usadas no local de trabalho?
3. Gás comprimido nunca deve ser usado para o teste de ar de luvas de borracha. Por quê?
4. Um circuito de alta tensão está desenergizado, devidamente bloqueado e etiquetado. É aconselhável ligar sondas de curto-circuito ao lado desenergizado do circuito? Por quê?
5. Qual é a forma mais segura de remover um fusível de cartucho de 240 volts de uma chave seccionadora?
6. Compare a função de segurança de sistemas antiqueda e trava-queda.
7. De acordo com a regra de 4 para 1, se a parte superior de uma escada extensiva está a 20 pés do chão, a que distância a base da escada deve estar da parede?
8. Você está usando uma escada para instalar uma luminária de saída sobre uma porta de entrada em um prédio de escritórios ocupados. Cite pelo menos quatro precauções especiais que você deve tomar para evitar um acidente.
9. Solicitou-se que você realizasse uma inspeção de segurança em todas as escadas da empresa. Faça uma lista de violações de segurança razoáveis que você deve procurar.

≫ Choque elétrico

Normalmente, pensamos que um choque elétrico sério ocorre apenas a partir de circuitos de alta tensão. Não é bem assim! Mais pessoas são feridas ou mortas pelo contato com a tensão de 120 V presente em nossas casas do que em todos os outros acidentes relacionados à eletricidade. Se você saiu andando de seu último choque elétrico, considere-se sortudo. Não dependa da sorte. Trabalhe de forma segura com a eletricidade e mantenha-se vivo!

Os choques elétricos ocorrem quando o corpo de uma pessoa torna-se parte do circuito elétrico. Os choques e as queimaduras resultantes são a causa principal de morte na indústria elétrica. Os três fatores elétricos envolvidos no estabelecimento de um choque elétrico são: resistência, tensão e corrente.

RESISTÊNCIA. *Resistência elétrica (R)* é definida como a oposição ao fluxo de corrente em um circuito e é medida em *ohms* (Ω). *Quanto menor a resistência do corpo, maior é o perigo potencial do choque elétrico.* A resistência do corpo varia com a condição da pele e a área em contato. Alguns valores típicos de resistência do corpo estão listados na Figura 1-5. A resistência do corpo pode ser medida com um instrumento chamado *ohmímetro*.

TENSÃO. Tensão ou *força eletromotriz (E)* é definida como a pressão que provoca o fluxo de corrente elétrica em um circuito e é medida em uma unidade chamada *volts (V)*. O valor de tensão que é perigoso para a vida varia de acordo com cada indivíduo, devido a diferenças na resistência do corpo e nas condições cardíacas.

A exposição ao perigo nocivo pode aumentar à medida que a tensão aumenta. Em geral, qualquer tensão acima de 30 V é considerada perigosa.

CORRENTE. *Corrente elétrica (I)* é definida como a taxa de fluxo de elétrons em um circuito e é medida em *ampères (A)*. Não é necessária uma corrente muito elevada para provocar um choque doloroso ou mesmo fatal. Um choque severo pode provocar uma parada cardíaca ou uma parada respiratória. Queimaduras graves também podem ocorrer naqueles pontos em que a corrente entra e sai do corpo. Assim que a corrente entra no corpo, ela segue o sistema circulatório preferencialmente em direção à pele externa. A Figura 1-6 ilustra o valor relativo e

Condição da pele ou área e sua resistência	
Condição da pele ou área	**Valor de resistência**
Pele seca	100.000 a 600.000 Ω
Pele molhada	1.000 Ω
Corpo interno – da mão para o pé	400 a 600 Ω
Orelha a orelha	Cerca de 100 Ω

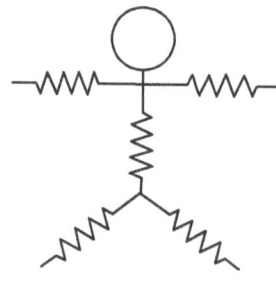

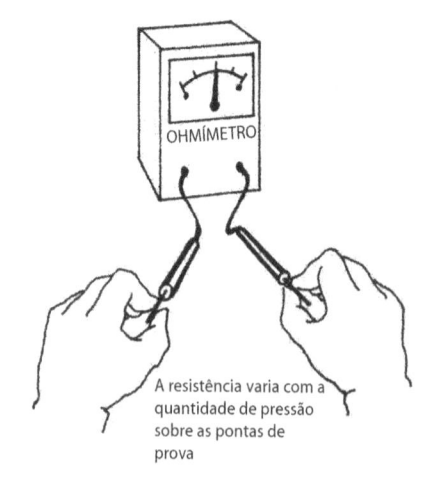

Figura 1-5 Resistência do corpo.

Menos de um ampère pode causar morte

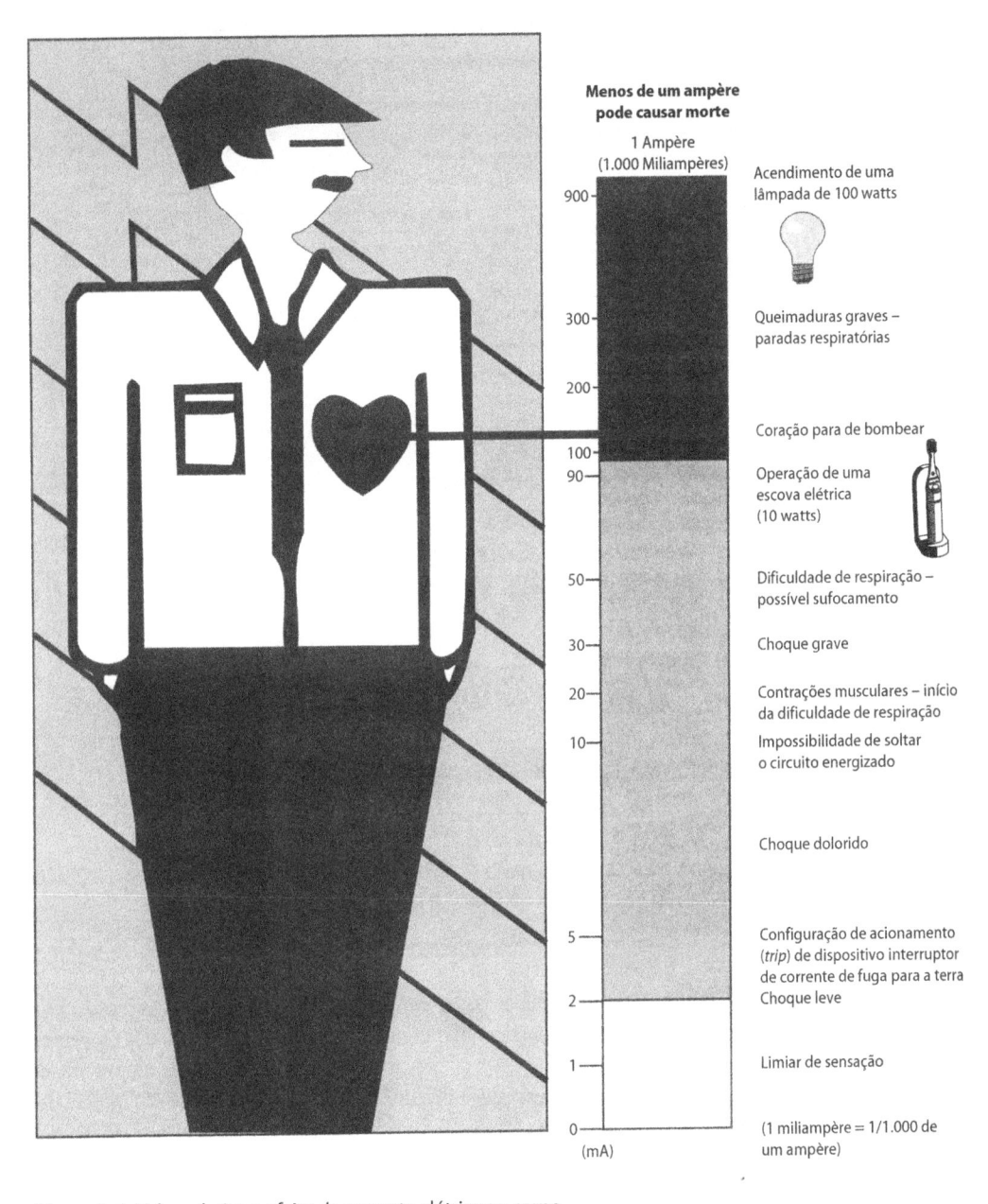

mA		Efeito
1 Ampère (1.000 Miliampères)		
900 —		Acendimento de uma lâmpada de 100 watts
300 —		Queimaduras graves – paradas respiratórias
200 —		
100 —		Coração para de bombear
90 —		Operação de uma escova elétrica (10 watts)
50 —		Dificuldade de respiração – possível sufocamento
30 —		Choque grave
20 —		Contrações musculares – início da dificuldade de respiração
10 —		Impossibilidade de soltar o circuito energizado
		Choque dolorido
5 —		Configuração de acionamento (*trip*) de dispositivo interruptor de corrente de fuga para a terra
2 —		Choque leve
1 —		Limiar de sensação
0 —		(1 miliampère = 1/1.000 de um ampère)

Figura 1-6 Valor relativo e efeito da corrente elétrica no corpo.

o efeito da corrente elétrica. Em geral, qualquer fluxo de corrente no corpo acima de 0,005 A (ampères) ou 5 mA (miliampères) é considerado perigoso.

A *lei de Ohm* é uma série de fórmulas que descrevem como a tensão, a corrente e a resistência de um circuito elétrico se relacionam proporcionalmente entre si. Utilizando a lei de Ohm, a corrente que circula pelo corpo é calculada com a seguinte fórmula:

$$\text{Corrente através do corpo} = \frac{\text{Força eletromotriz aplicada ao corpo}}{\text{Resistência do corpo}}$$

$$I\ (\text{ampères}) = \frac{E\ (\text{volts})}{R\ (\text{ohms})}$$

ou

$$I\ (\text{miliampères}) = \frac{E\ (\text{volts})}{R\ (\text{kilohms})}$$

onde 1 ampère = 1.000 mA (miliampères)
1 kilohm = 1.000 ohms

> **» Exemplo 1-1**
>
> Um dedo de uma pessoa é colocado através dos terminais de uma bateria de 9 V. Admitindo uma resistência da pele de 10.000 Ω, o valor do fluxo de corrente seria:
>
> $$I = \frac{E}{R}$$
> $$= \frac{9V}{10.000\ \Omega}$$
> $$= 0,0009\ A\ \text{ou}\ 0,9\ mA$$

O valor de corrente que passa através do corpo e o intervalo de tempo de exposição são provavelmente os dois critérios mais confiáveis para a determinação da intensidade (e do perigo) do choque. Uma corrente de 1 mA (1/1.000 de um ampère) pode ser sentida. Uma corrente de 10 mA produz um choque de intensidade suficiente para impedir as contrações musculares voluntárias, o que explica por que, em alguns casos, a vítima do choque elétrico não consegue soltar o condutor enquanto a corrente está fluindo. Uma corrente de 100 mA passando através do corpo por um segundo ou mais pode ser fatal.

Uma pilha de lanterna fornece corrente elétrica mais do que suficiente para matar um ser humano, porém ela é segura de ser manuseada. Isso ocorre porque a resistência da pele é suficientemente alta para limitar bastante o fluxo de corrente elétrica. Em circuitos de baixa tensão, a resistência restringe o fluxo de corrente para valores muito baixos. Assim, há um pequeno risco de choque elétrico. Por outro lado, tensões mais altas podem forçar corrente suficiente através da pele para produzir um choque.

O percurso da corrente através do corpo é outro fator que influencia o efeito de um choque elétrico. Por exemplo, uma corrente da mão para o pé, que passa através do coração e por parte do sistema nervoso central, é muito mais perigosa do que um choque entre dois pontos sobre o mesmo braço (Figura 1-7). Outros fatores que afetam a gravidade do choque incluem a frequência da corrente, a fase do ciclo do coração quando o choque ocorre e a saúde geral da pessoa antes do choque.

A lesão mais comum associada a um choque elétrico é uma queimadura. Os tipos de queimadura mais relevantes são:

- *Queimaduras elétricas* são aquelas resultantes do fluxo de corrente elétrica através dos tecidos e ossos. A queimadura pode ser apenas superficial ou afetar camadas mais profundas da pele.
- *Queimaduras de arco* são aquelas que resultam de uma temperatura extremamente elevada provocada por um arco elétrico (algo em torno de 19.500 ºC) nas proximidades do corpo. Os arcos elétricos podem ocorrer devido a um contato elétrico fraco ou a uma falha de isolação.
- *Queimaduras por contato térmico* são aquelas que resultam do contato da pele com as superfícies quentes de componentes sobreaquecidos. Esse tipo de queimadura também pode ser provocado por contato com objetos dispersados como resultado de uma explosão associada a um arco elétrico.

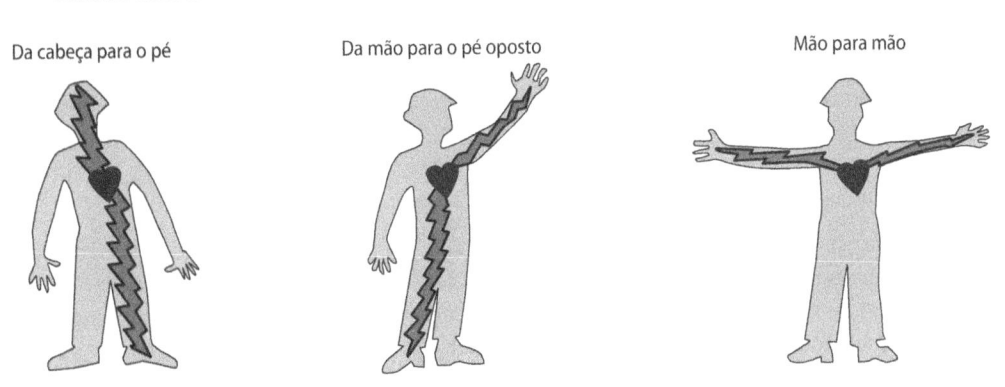

Figura 1-7 Percursos da corrente elétrica que normalmente interrompem o bombeamento normal do coração.

>> Questões de revisão

10. Cite três fatores elétricos envolvidos no estabelecimento de um choque elétrico.
11. Explique como a resistência do corpo afeta o potencial risco do choque.
12. Em geral, níveis de tensão acima de qual valor são considerados perigosos?
13. Em geral, níveis de corrente acima de qual valor são considerados perigosos?
14. Calcule o fluxo de corrente no corpo (em ampères e miliampères) de uma vítima de choque elétrico que entra em contato direto com uma fonte de energia de 120 V. Admita uma resistência de contato do corpo de 1.000 ohms.
15. Explique como o intervalo de tempo de exposição ao choque elétrico afeta a intensidade do choque.

16. Às vezes, uma pessoa não consegue soltar um circuito ou condutor energizado. Por que isso ocorre?
17. Você receberá um choque elétrico se colocar suas mãos através dos terminais de uma bateria de carro de 12 V? Por quê?
18. Qual percurso para a eletricidade através do corpo humano é o mais perigoso?
19. Descreva os três tipos de queimaduras frequentemente associados a lesões relacionadas com eletricidade.

>> Aterramento para proteção

A eletricidade corresponde ao fluxo de elétrons. O fluxo de corrente elétrica é algo como o fluxo de água das montanhas para o oceano: a água sempre tenta encontrar um caminho para o oceano; a eletricidade sempre tentar encontrar um caminho para a terra. O percurso que a eletricidade toma é chamado *caminho para a terra*. Se você faz parte de um caminho elétrico para a terra, a eletricidade pode passar através de você. Nesses casos, a eletricidade pode provocar queimaduras sérias ou mesmo levá-lo à morte. Se você toca um fio elétrico energizado (vivo) enquanto está em contato com a terra ou com algo em contato com a terra, você pode tornar-se um caminho para a terra.

Aterramento refere-se à ligação proposital de partes de uma instalação elétrica a uma conexão de terra comum. Em geral, o aterramento protege contra dois riscos: *incêndio e choque elétrico*.

Há risco de incêndio quando uma corrente escapa de um fio energizado partido ou de uma conexão e chega a um ponto de tensão zero por algum caminho diferente do caminho normal*. Tal caminho, em geral, oferece resistência elevada. Nesse caso, a corrente pode gerar calor suficiente, por efeito Joule, para iniciar um incêndio.

Há risco de choque elétrico quando há pequena ou nenhuma corrente de fuga, porém a possibilidade de fluxo de correntes anormais existe. Por exemplo, se um fio energizado exposto (não isolado) toca a carcaça metálica de uma parte não aterrada de um equipamento elétrico, a tensão do fio energizado carrega a carcaça metálica. Se você toca a carcaça metálica carregada, seu corpo pode fornecer um caminho de corrente para a terra e, como resultado, pode ser submetido a um choque elétrico grave. A Figura 1-8 ilustra o aterramento para proteção. Para esse sistema de proteção funcionar, tanto os condutores de corrente elétrica como as partes metálicas do circuito devem estar aterrados. Em um sistema devidamente aterrado, um curto-circuito direto para a terra produz um elevado surto de corrente. Essa corrente elevada funde um fusível ou aciona um disjuntor para imediatamente abrir o circuito. Neste caso específico, o aterramento não tem influência no funcionamento normal dos equipamentos elétricos. Sua única finalidade é a proteção da vida e da propriedade.

Uma ferramenta elétrica não aterrada pode matar você! O melhor é escolher ferramentas aterradas. No entanto, ferramentas portáteis e eletrodomésticos protegidos por um sistema aprovado de dupla isolação não precisam ser aterrados. Utilize preferencialmente apenas aquelas

---

* N. de T.: Por caminho normal, entende-se o caminho da instalação elétrica.

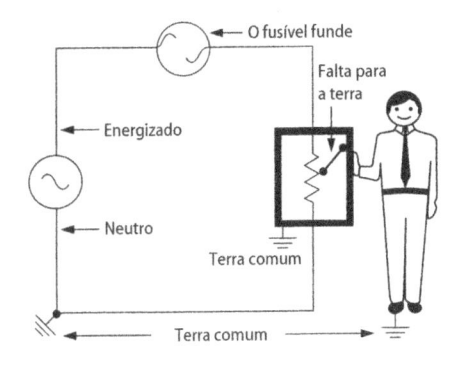

- A falta para a terra produz uma corrente de curto-circuito que funde o fusível
- Nenhum choque é recebido ao tocar a carcaça metálica do equipamento

A. Circuito devidamente aterrado

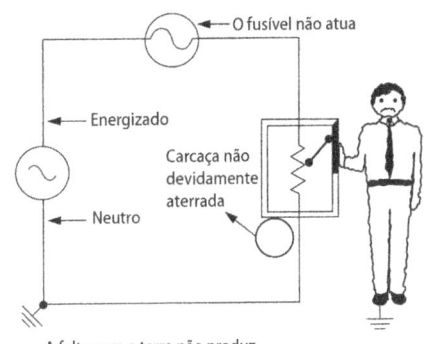

- A falta para a terra não produz fluxo anormal de corrente
- O fusível não atua (não funde)
- Um choque é recebido por uma pessoa que toca a carcaça metálica e está em contato com a terra

B. Circuito não devidamente aterrado

Figura 1-8 Aterramento para proteção.

ferramentas elétricas com plugues de três pinos ou ferramentas de dupla isolação com plugues de dois pinos (Figura 1-9). Inspecione frequentemente os cabos e equipamentos para garantir que os pinos de terra estão em condição segura.

O uso de um fio de aterramento em um cabo de três fios com um plugue de três pinos e uma tomada aterrada reduz o risco de choque, mas não elimina o perigo completamente. Às vezes, uma ferramenta desenvolve uma falta para a terra que não corresponde necessariamente a uma conexão sólida ou direta entre o fio energizado e sua carcaça. Isso pode ser causado por uma ruptura parcial do isolamento ou por umidade dentro do dispositivo. Quando isso ocorre, a corrente de falta para a terra pode não ser alta o suficiente para fundir um fusível de 15 A ou acionar um disjuntor de 15 A. No entanto, ela pode produzir uma corrente alta o suficiente para causar um choque elétrico ou eletrocutar qualquer pessoa que entre em contato com o dispositivo. Por exemplo, a Figura 1-10 mostra como uma corrente de fuga escapa do fio fase desgastado e passa através do invólucro metálico para a pessoa segurando a ferramenta. O

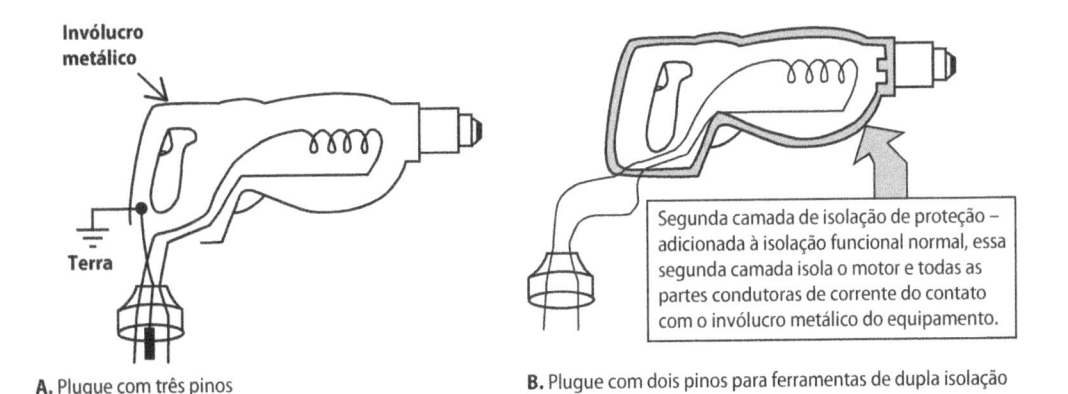

Segunda camada de isolação de proteção – adicionada à isolação funcional normal, essa segunda camada isola o motor e todas as partes condutoras de corrente do contato com o invólucro metálico do equipamento.

A. Plugue com três pinos

B. Plugue com dois pinos para ferramentas de dupla isolação

Figura 1-9 Uso de ferramentas devidamente aterradas.

Falta para a terra

Corrente retornando através do fio neutro aterrado (1 A após a fuga através da falta para a terra)

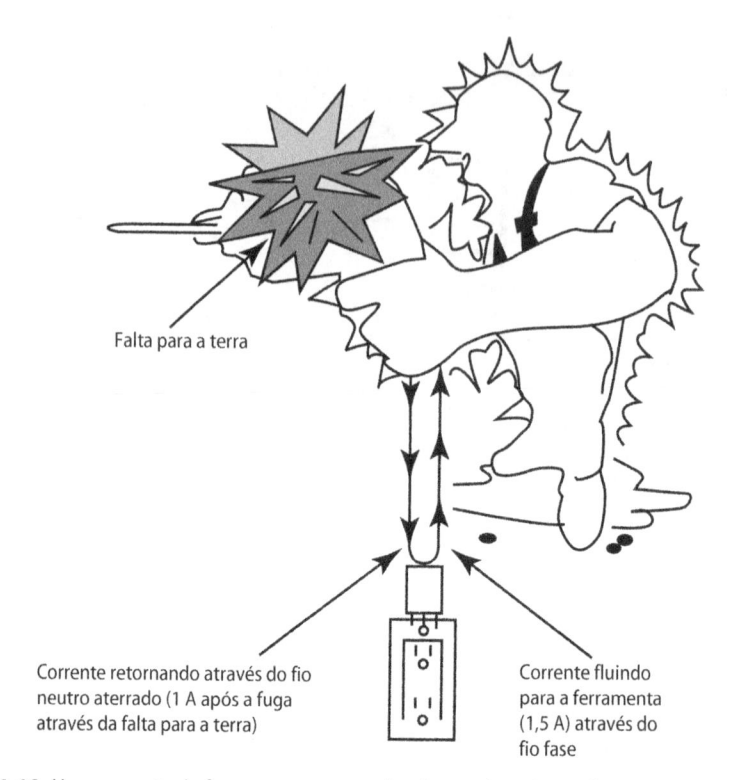

Corrente fluindo para a ferramenta (1,5 A) através do fio fase

Figura 1-10 Uma corrente de fuga para a terra pode não ser elevada o suficiente para acionar um disjuntor ou derreter um fusível.

fluxo de corrente para a ferramenta é 1,5 ampère, enquanto a corrente de retorno é apenas 1 ampère. Isso resulta em uma corrente de fuga para a terra de 0,5 A, que retorna através do invólucro do equipamento e do operador para a terra. Essa corrente de falta para a terra, embora suficiente para produzir um choque fatal, não ativaria um fusível de proteção ou um disjuntor de 15 A.

Um dispositivo interruptor de corrente de fuga à terra (*Ground Fault Circuit Interrupter – GFCI*) é projetado para reduzir a probabilidade de choque elétrico sob as condições descritas anteriormente (Figura 1-11). Sob condições normais, a corrente que vai pelo fio fase é igual à corrente que retorna pelo fio neutro. Entretanto, se a fiação ou uma ferramenta estiver com defeito, pode existir uma corrente de fuga para a terra. Um GFCI compara a quantidade de corrente no condutor não aterrado (fase) com a quantidade de corrente no condutor neutro. Se a corrente no condutor neutro torna-se menor do que a corrente no condutor fase, uma condição de falta para a terra existe*. A quantidade de corrente que está faltando (chamada de corrente de fuga) retorna para a fonte por algum caminho diferente do caminho planejado. O GFCI é de ação rápida; a unidade desliga a corrente ou inter-

---

* N. de T.: O GFCI pode ser considerado um interruptor diferencial (DR) portátil que se insere entre qualquer tomada e a ferramenta elétrica e com sensibilidade para as correntes de fuga da ordem de poucos miliampères (limiar de cerca de 5 mA).

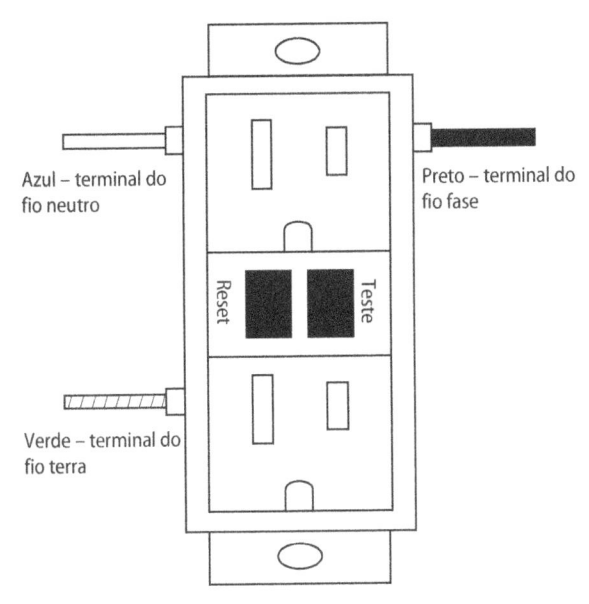

Figura 1-11 Tomada GFCI.

rompe o circuito dentro de 1/40 segundos depois que seu sensor detecta uma corrente de fuga tão pequena quanto 5 mA. Uma vez ativado o dispositivo de interrupção, a condição de falta é eliminada e o GFCI é manualmente reiniciado antes de a alimentação do circuito ser restabelecida. A proteção por GFCI é geralmente exigida em todos os canteiros de obra com fiação temporária.

O GFCI não deve ser considerado um substituto para o aterramento, mas apenas uma proteção suplementar sensível a correntes de fuga que são muito pequenas para operar fusíveis comuns ou disjuntores. Tanto as tomadas de GFCI como os disjuntores estão disponíveis. A tomada de GFCI fornece proteção contra faltas para a terra para usuários de qualquer equipamento elétrico conectado à tomada. A Figura 1-12 ilustra o princípio de funcionamento de um GFCI. Uma diferença entre o valor da corrente que circula nos fios fase e neutro tão pequena quanto 5 mA energiza a bobina do relé e abre o circuito.

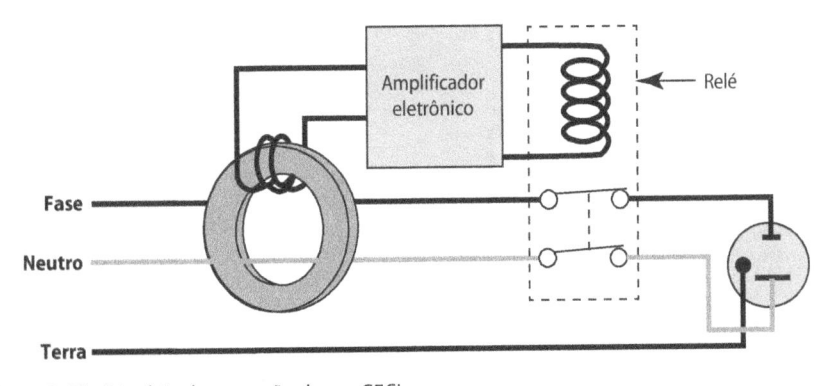

Figura 1-12 Princípio de operação de um GFCI.

» Questões de revisão

20. Explique o que se entende pela expressão "caminho para a terra".
21. Como é realizado o aterramento de um circuito elétrico?
22. Cite duas proteções contra riscos oferecidas pelo aterramento.
23. Esboce um cenário em que uma falta para a terra poderia resultar em um incêndio.
24. Esboce um cenário em que uma falta para a terra poderia resultar em um choque elétrico.
25. Por que um plugue com dois pinos de dupla isolação fornece proteção de terra aceitável para uma ferramenta elétrica?
26. Esboce um cenário em que o uso de um fio de aterramento com um plugue de três pinos e uma tomada aterrada não eliminaria a possibilidade de choque elétrico grave.
27. Explique como um dispositivo interruptor de corrente de fuga à terra (GFCI) detecta uma corrente de fuga para a terra.
28. Qual valor de corrente de falta para a terra é necessário para ativar um GFCI?
29. Em que intervalo de tempo um GFCI é ativado depois que uma corrente de fuga para a terra de valor suficiente é detectada?

» Bloqueio e etiquetagem de fontes elétricas

O processo de *bloqueio* e *etiquetagem* (Figura 1-13) refere-se ao processo de fechar com cadeado a fonte de alimentação na posição desligada e indicar, em um cartão apropriado, o serviço que está sendo executado. Esse procedimento pode ser necessário em alguns casos,

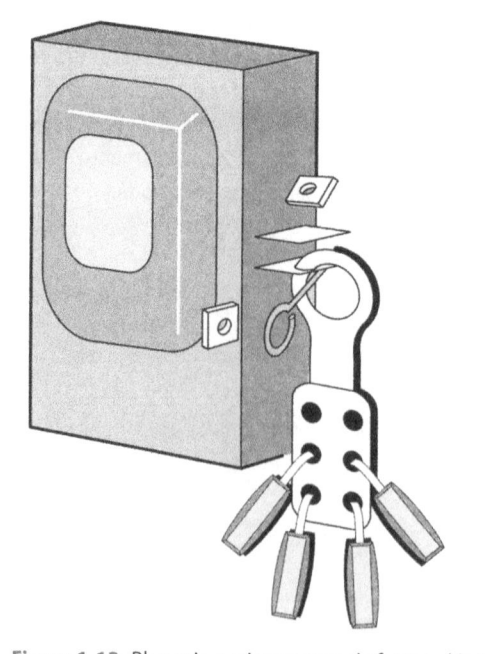

Figura 1-13 Bloqueio e etiquetagem de fontes elétricas.

de modo que ninguém inadvertidamente ligará o equipamento enquanto o serviço está sendo executado. O processo de bloqueio envolve alguns passos simples. Esses passos podem exigir cinco minutos de seu tempo, porém esses cinco minutos são vitais. Um procedimento de bloqueio inadequado pode resultar em lesões ou mesmo morte de trabalhadores.

"Bloqueio" significa atingir estado zero de energia enquanto o equipamento está em manutenção. Procedimentos de bloqueio adequados são necessários para manutenção, reparo, solução de problemas, ajuste, instalação ou limpeza de equipamentos elétricos e mecânicos. O simples ato de apertar um botão para desligar as máquinas não fornecerá segurança. Outra pessoa trabalhando na mesma área pode simplesmente religar o equipamento. Mesmo um sistema de controle automático separado pode ser ativado para anular os controles manuais. É essencial que todos os sistemas dependentes e de intertravamento também sejam desativados ou desenergizados. Estes podem alimentar o sistema a ser isolado, quer mecânica ou eletricamente. É de fundamental importância testar o botão de ligar do equipamento antes de continuar qualquer trabalho a fim de verificar que a fonte de energia foi efetivamente isolada.

Os passos básicos relacionados ao procedimento de bloqueio são mostrados a seguir:

- Documente todos os procedimentos de bloqueio em um manual de segurança da instalação. Esse manual deve estar disponível para todos os empregados e contratados externos trabalhando no local. A gerência deve ter políticas e procedimentos para o bloqueio seguro, bem como educar e treinar todos os envolvidos no processo de bloqueio de equipamentos elétricos e mecânicos.

- Identifique a localização de todas as chaves, as fontes de alimentação, os controles, os intertravamentos e outros dispositivos que precisam ser bloqueados para isolar o sistema. Revise os esquemáticos do sistema se eles estiverem disponíveis.

- Pare todos os equipamentos em operação utilizando os controles na máquina ou próximos a ela.

- Desconecte o interruptor/chave. (Não opere se o interruptor ou a chave ainda está sob carga.) Fique longe da caixa de distribuição e com o rosto afastado enquanto opera o interruptor com a mão esquerda (se o interruptor estiver no lado direito da caixa).

- Bloqueie o interruptor desconectado na posição desligada. Se a caixa de distribuição é do tipo de disjuntores, verifique se a barra de bloqueio passa corretamente através do interruptor propriamente dito e não apenas pela tampa da caixa. Algumas caixas de distribuição contêm fusíveis e eles devem ser removidos como parte do processo de bloqueio. Se esse for o caso, utilize um extrator de fusíveis para removê-los.

- Utilize um cadeado à prova de violação com uma chave que deve ser mantida com o indivíduo que efetuou o bloqueio. Cadeados de combinação, cadeados com chaves mestras e cadeados com chaves duplicadas não são recomendados.

- Etiquete o cadeado com a assinatura do indivíduo executando a manutenção e com a data e o horário do reparo. Pode haver mais de um cadeado e etiqueta no interruptor desconectado se mais de uma pessoa estiver trabalhando nas máquinas próximas. O cadeado e a etiqueta do operador de máquina (e/ou do operador de manutenção) e do supervisor estarão presentes.

- Verifique a isolação. Use um testador de tensão para determinar que há tensão no lado do interruptor ou do disjuntor conectado à fonte de alimentação. Quando todas as fases da saída estiverem desenergizadas, com o lado da fonte energizado, você pode verificar a isolação. Certifique-se de que seu voltímetro está funcionando corretamente ao realizar o teste *energizado-desenergizado-energizado* antes de utilizá-lo (ou, do inglês, teste *live--dead-live* – este nome ficará claro na explicação a seguir). Primeiramente, teste o voltímetro em uma fonte de tensão *energizada* conhecida, que tenha valor de tensão na mesma faixa do circuito no qual você vai trabalhar. Em seguida, verifique a presença de tensão no equipamento que você bloqueou (ou seja, teste o equipamento que deveria estar *desenergizado*). Finalmente, para garantir que seu voltímetro não está com defeito, teste-o novamente na fonte *energizada* conhecida. (Observe a sequência de teste: fonte *energizada*, equipamento *desenergizado* e, novamente, fonte *energizada*; por isso o nome teste *energizado-desenergizado-energizado*.)

- Remova as etiquetas e os cadeados depois de finalizado o serviço. Cada indivíduo deve remover seu próprio cadeado e etiqueta. Se há mais de um cadeado presente, a pessoa encarregada do trabalho é a última a remover seu cadeado.

- Antes de religar a alimentação do circuito, verifique se todas as proteções estão no lugar e se todas as ferramentas, os blocos e os aparelhos usados no reparo foram removidos. Certifique-se de que todos os funcionários estejam afastados da máquina.

❯❯ Medidas de segurança gerais em eletricidade

Com precauções adequadas, não há razão para você receber um choque elétrico grave. O recebimento de um choque elétrico é uma clara advertência de que medidas de segurança adequadas não foram seguidas. Para manter um alto nível de segurança elétrica enquanto você trabalha, há uma série de precauções que devem ser seguidas. O seu trabalho individual provavelmente terá suas próprias exigências de segurança. Porém, os pontos listados a seguir são orientações de segurança gerais a serem seguidas em qualquer trabalho que lide com eletricidade:

- Nunca tome um choque de propósito.

- Mantenha materiais e equipamentos a pelo menos 10 pés (cerca de 3 metros) de distância de linhas áreas de alta tensão.

- Não feche chave alguma (ou interruptor ou disjuntor) a menos que você esteja familiarizado com o circuito que ela controla e saiba a razão de ela estar aberta.

- Quando estiver trabalhando em um circuito, tome medidas para garantir que o interruptor de controle não seja operado em sua ausência. As chaves (ou interruptores ou disjuntores) devem ser trancadas com cadeados, incluindo os devidos avisos (etiquetas) de advertência.

- Evite trabalhar em circuitos energizados (vivos) sempre que possível.

- Ao instalar uma nova máquina, garanta que toda a sua estrutura metálica esteja eficiente e permanentemente aterrada.

- Sempre trate um circuito como energizado até que você tenha provado que ele está desenergizado. Qualquer presunção nesse quesito pode matá-lo. É sempre uma boa prática efetuar uma leitura com um medidor antes de começar a trabalhar em um circuito desenergizado.
- Evite tocar qualquer objeto aterrado enquanto estiver trabalhando com equipamentos elétricos.
- Lembre-se de que mesmo com um sistema de controle de 120 V, você também pode ter uma tensão mais alta no painel. Sempre trabalhe para que você esteja longe de qualquer uma das tensões mais elevadas. (Ainda que você esteja testando um sistema de 120 V, você certamente estará bem próximo de tensões de 240 e 480 V.)
- Não se aproxime (ou toque) equipamentos energizados enquanto eles estão funcionando. Isso é particularmente importante em circuitos de alta tensão.
- Adote boas práticas elétricas mesmo em uma fiação temporária para testes. Às vezes você precisará fazer conexões alternadas, mas faça-as com segurança de modo que elas mesmas não representem um perigo elétrico.
- Quando estiver trabalhando com equipamentos energizados com tensões superiores a cerca de 30 V, tente trabalhar com apenas uma mão. Ao manter uma mão fora do caminho, ficam muito reduzidas as chances de circulação de uma corrente entre as mãos passando pelo tórax.
- Descarregue os capacitores antes de manuseá-los. Os capacitores conectados a circuitos energizados de corrente contínua (CC) podem armazenar uma carga letal por um tempo considerável, mesmo depois de a tensão do circuito ter sido desligada. Uma sonda de *jumper* isolada com um resistor embutido deve ser usada para descarregar um capacitor de forma segura como ilustrado na Figura 1-14. O resistor limita o fluxo de descarga de elétrons para evitar uma corrente de surto prejudicial.

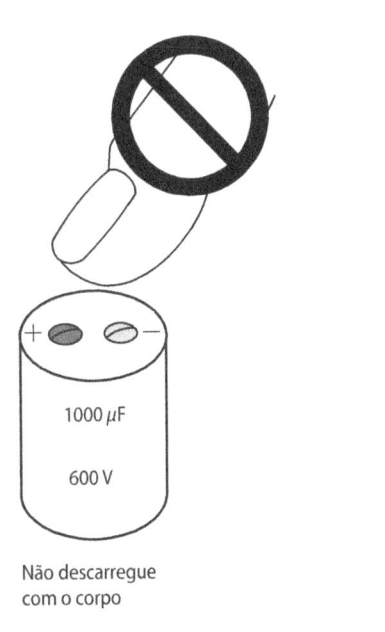

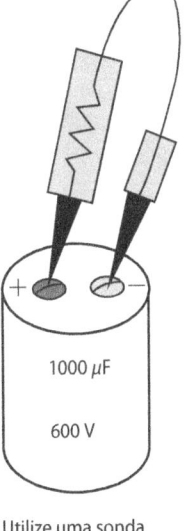

Figura 1-14 Descarregando um capacitor de forma segura.

Alguns perigos em potencial da eletricidade não são facilmente reconhecidos. Por essa razão, a segurança deve ser baseada na compreensão dos princípios básicos da eletricidade. Bom senso também é importante. Como eletricista aprendiz, você deve ser especialmente cuidadoso. Você deve trabalhar apenas sob a supervisão de pessoas experientes que estejam familiarizadas com os vários perigos do local de trabalho e com os meios de evitá-los. Uma revisão dos acidentes envolvendo trabalhadores elétricos indica que a maior parte das mortes e lesões resulta de:

- Não manter os limites de segurança de aproximação de equipamentos energizados.
- Não utilizar a proteção ou isolação de trabalho adequada.
- Não adotar práticas de trabalho seguras ou seguir regras de segurança.
- Utilizar ferramentas e equipamentos defeituosos ou mal conservados.

>> Questões de revisão

30. A que se refere o processo de bloqueio e etiquetagem de fontes elétricas?
31. Como parte de um procedimento de bloqueio/etiquetagem, solicita-se que você desbloqueie uma chave desconectada da fonte de energia. Qual é a maneira mais segura de proceder?
32. Um processo envolvendo máquinas deve ser desligado para manutenção programada. Que precauções devem ser tomadas para garantir que qualquer movimento inesperado não ocorra?
33. Um eletricista e um aprendiz estão instalando a fiação em um painel (ou quadro de distribuição). O eletricista bloqueou e etiquetou a fonte de energia elétrica que alimenta o quadro. É necessário que o aprendiz faça o mesmo? Por quê?
34. Um voltímetro é usado para verificar que não há tensão depois que o procedimento de bloqueio/etiquetagem foi finalizado. Explique como você pode garantir que o voltímetro está funcionando de forma adequada.
35. Uma alteração temporária de fiação é feita em um painel de controle com finalidades de teste. Dado que a alteração é apenas temporária, por que é importante garantir que as conexões sejam seguras?
36. Ao trabalhar com equipamentos energizados contendo tensões superiores a 30 V, é aconselhável tentar trabalhar com apenas uma mão e manter a outra fora do caminho do circuito. Por quê?
37. Que condição pouco segura pode ocorrer quando capacitores são conectados em circuitos nos quais a alimentação foi desligada?
38. Explique como descarregar um capacitor de forma segura.
39. Cite quatro práticas não seguras que as estatísticas mostram como causa comum de lesões entre trabalhadores elétricos.

>> Primeiros socorros

É altamente recomendável que qualquer pessoa que trabalhe no campo da eletricidade se inscreva em um curso de primeiros socorros. Primeiros socorros são os cuidados imediatos e temporários dados à vítima de uma lesão ou enfermidade. Sua finalidade é preservar a vida, ajudar na recuperação e evitar o agravamento da condição. Um *kit* de primeiros socorros de-

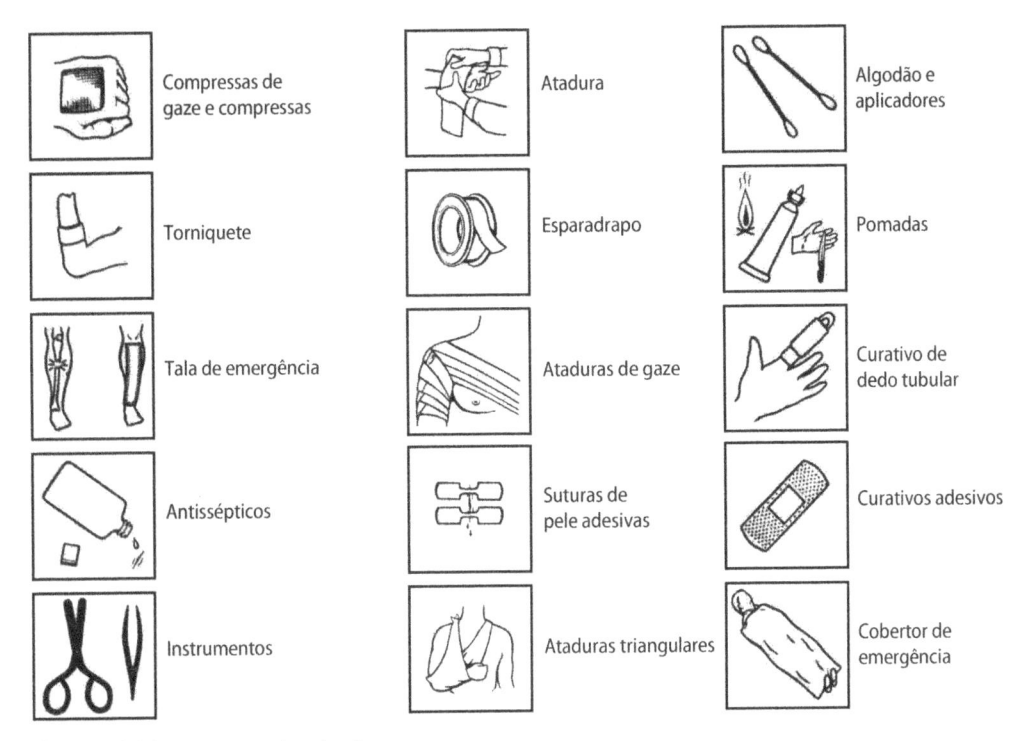

Compressas de gaze e compressas	Atadura	Algodão e aplicadores
Torniquete	Esparadrapo	Pomadas
Tala de emergência	Ataduras de gaze	Curativo de dedo tubular
Antissépticos	Suturas de pele adesivas	Curativos adesivos
Instrumentos	Ataduras triangulares	Cobertor de emergência

Figura 1-15 Itens comuns de primeiros socorros.

vidamente abastecido deve estar disponível no local de trabalho para fins de primeiros socorros. A Figura 1-15 ilustra itens comuns que devem fazer parte de um *kit* de primeiros socorros.

Se alguém está ferido, solicite ajuda imediatamente. Alguns dos procedimentos básicos de primeiros socorros são:

HEMORRAGIA. Para controlar uma hemorragia, aplique pressão direta sobre a ferida com um pano limpo ou com sua mão. Eleve o braço, a perna ou a cabeça acima do nível do coração.

QUEIMADURAS. Para queimaduras de primeiro grau e queimaduras de segundo grau menores, mergulhe a área lesada em água gelada ou aplique compressas frias para aliviar a dor; não fure as bolhas. Para queimaduras de segundo grau com bolhas abertas e todas as queimaduras de terceiro grau, não aplique água ou compressas frias, uma vez que isso aumenta a probabilidade de choque e infecção. Essas queimaduras graves devem ser tratadas com ataduras grossas e limpas. Nenhuma partícula de roupa queimada deve ser removida, exceto por profissionais qualificados da área médica. Se a vítima sofreu queimaduras faciais, ela deve ser mantida apoiada e monitorada com relação a dificuldades respiratórias. Se somente os pés, as pernas ou os braços estiverem queimados, eles devem ser elevados acima do nível do coração. Para qualquer queimadura grave, chame ajuda médica no local o mais rápido possível.

CHOQUE ELÉTRICO. Para tratar o choque elétrico, desligue a alimentação e remova o contato elétrico da vítima. Ao libertar a vítima, a pessoa que está prestando socorro deve separar a vítima do contato utilizando um pedaço de pau longo e seco, uma corda seca ou pedaço de pano seco. Comece os procedimentos de primeiros socorros. Inicie a respiração artificial se a vítima não estiver respirando. Mantenha o paciente aquecido; posicione a vítima de modo que a cabeça esteja mais baixa do que o tronco e virada para um lado a fim de estimular o fluxo de sangue e evitar uma obstrução da respiração.

RESPIRAÇÃO ARTIFICIAL. Se a respiração da vítima parar, você pode ajudá-la sabendo como realizar uma respiração artificial. O método básico boca a boca de respiração artificial é descrito a seguir (Figura 1-16):

1. Coloque a vítima de costas imediatamente. Vire a cabeça e desobstrua a região da garganta de água, muco, objetos estranhos ou comida.
2. Incline a cabeça da vítima para trás para abrir a passagem de ar.
3. Levante a mandíbula da vítima para manter a língua fora da passagem de ar.
4. Aperte as narinas da vítima, mantendo-as fechadas para evitar fugas de ar quando você soprar.

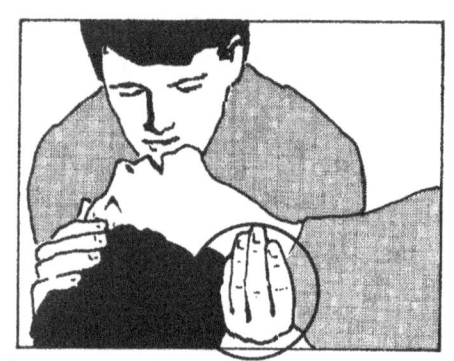

A. Incline a cabeça – Desobstrua a garganta – Levante a mandíbula

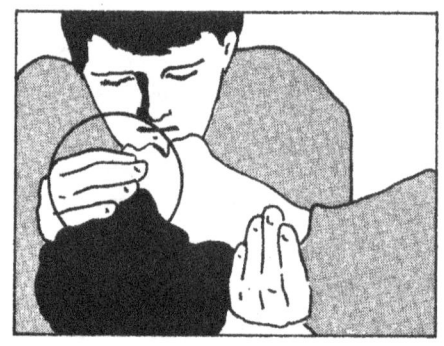

B. Aperte as narinas

C. Faça uma vedação firme – Sopre o ar na boca

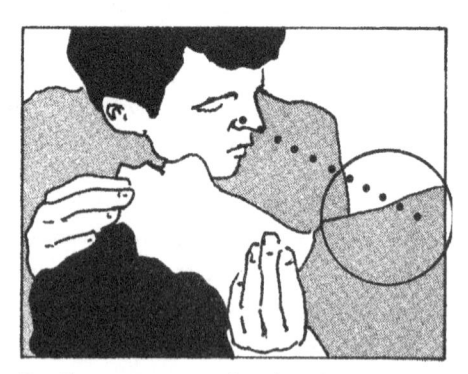

D. Observe para ver o peito subir e descer – repita de 12 a 18 vezes por minuto

Figura 1-16 Respiração artificial, método boca a boca.

5. Coloque seus lábios ao redor da boca da vítima ou utilize um dispositivo de barreira.
6. Sopre o ar na boca da vítima até ver o peito subir.
7. Retire sua boca para permitir a exalação natural.
8. Repita de 12 a 18 vezes por minuto, observando para ver se o peito sobe e desce, até que a respiração natural inicie.

» Prevenção contra incêndios

A prevenção de incêndios é uma parte muito importante de qualquer programa de segurança. A chance de uma ocorrência de incêndio pode ser bastante reduzida por uma boa organização. A Figura 1-17 ilustra alguns dos tipos mais comuns de extintores de incêndio e suas aplicações. Você deve saber onde seus extintores de incêndio estão localizados e como usá-los. No caso de um incêndio elétrico, os seguintes procedimentos devem ser seguidos:

1. Dispare o alarme de incêndio mais próximo para alertar todo o pessoal no local de trabalho, bem como o corpo de bombeiros.
2. Se possível, desligue a fonte de energia elétrica.
3. Use um extintor de incêndio de dióxido de carbono ou de pó seco para apagar o fogo. Sob nenhuma circunstância utilize água, uma vez que o fluxo de água pode conduzir eletricidade através de seu corpo e dar-lhe um choque grave.
4. Garanta que todas as pessoas deixem a zona de perigo de forma ordenada.
5. Não entre novamente nas instalações a menos que seja aconselhado a fazê-lo.

» Resíduos e substâncias perigosas

Muitos produtos contêm substâncias perigosas de modo que, se não forem usados e descartados corretamente, podem resultar na formação de resíduos perigosos. Legalmente todos têm que descartar corretamente os resíduos perigosos. Órgãos nacionais competentes ligados ao Ministério do Meio Ambiente regulam a eliminação de resíduos perigosos.

O reconhecimento de substâncias perigosas e o tipo de resíduos perigosos que elas produzem é o primeiro passo para aprender a maneira correta de manuseá-los e eliminá-los. Uma ou mais das seguintes propriedades ou características perigosas identificam a maior parte dos resíduos perigosos: corrosivos, inflamáveis, reativos ou tóxicos (Figura 1-18).

Corrosivos são materiais que podem atacar e destruir o tecido humano, roupas e outros materiais, incluindo metais em contato. Por exemplo, os ácidos encontrados nas baterias são corrosivos. Eles podem estar na forma de gás, líquido ou sólido. A maioria são ou ácidos ou bases, embora alguns outros produtos químicos também sejam corrosivos.

Classe de incêndio	Tipos de materiais envolvidos
Classe A	Materiais combustíveis comuns como madeira, tecido, papel, borracha e muitos plásticos.
Classe B	Líquidos inflamáveis, gases e graxas. (Apenas extintores com pó químico seco são eficazes em gases pressurizados e líquidos inflamáveis. Para fritadeiras elétricas, extintores com pó químico de uso múltiplo para as classes A, B e C *não* são aceitáveis.)
Classe C	Equipamentos elétricos energizados. A não condutividade elétrica dos meios de extinção é importante.
Classe D	Metais inflamáveis como magnésio, titânio, zircônio, sódio e potássio.

A. Classe de incêndios

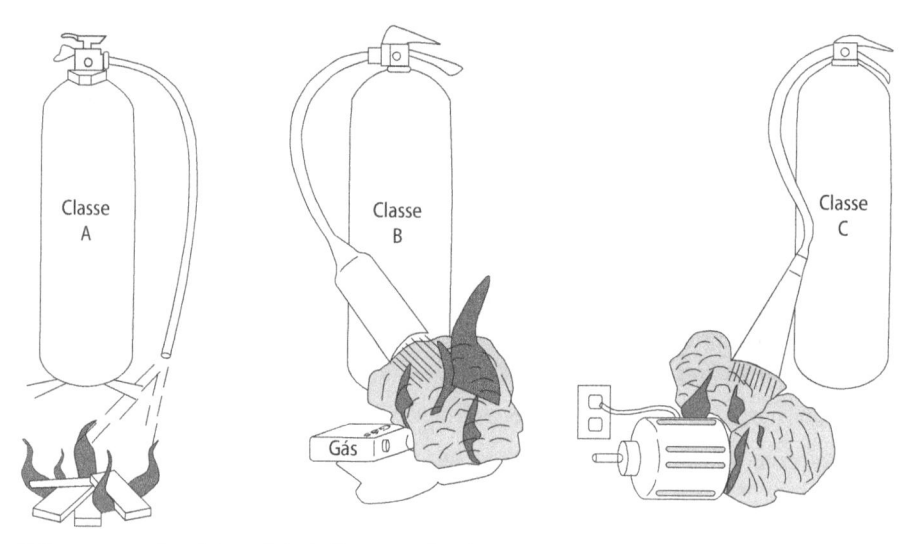

B. Tipos comuns de extintores de incêndio e suas aplicações

C. Certos tipos de extintores de pó químico de uso múltiplo podem ser usados em incêndios de classe A, B e C

Figura 1-17 Tipos de incêndios e extintores de incêndio.

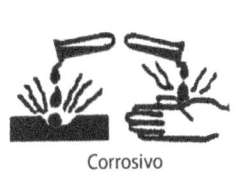

Figura 1-18 Propriedades ou características perigosas.

Corrosivo — Inflamável — Tóxico — Reativo

Um material *inflamável* é aquele capaz de explodir em chamas. Por exemplo, gasolina, pintura e lustra-móveis são substâncias inflamáveis. Substâncias inflamáveis representam riscos de incêndio; podem irritar pele, olhos e pulmões, além de liberar vapores nocivos, os quais podem causar explosões.

Materiais *tóxicos* podem envenenar pessoas e outras formas de vida, bem como causar doenças que vão desde fortes dores de cabeça ao câncer, levando até a morte, se ingeridos ou absorvidos através da pele. Pesticidas, herbicidas e muitos produtos de limpeza são exemplos de materiais tóxicos. Alguns óleos sintéticos usados nos últimos anos para refrigeração de transformadores são tóxicos. A maioria desses transformadores elétricos foi substituída, mas alguns ainda podem conter tais óleos.

Um material *reativo* pode explodir ou criar um gás venenoso quando misturado com outra substância ou produto químico. Por exemplo, água sanitária e amônia são reativas. Quando elas entram em contato entre si, produzem um gás venenoso.

Idealmente, os resíduos perigosos deveriam ser reutilizados ou reciclados. Se isso não for possível, eles devem ser armazenados, tratados ou dispostos de uma maneira que não prejudique as pessoas ou o meio ambiente. Os métodos tradicionais incluem: lagunagem de superfície (armazenar os resíduos em tanques revestidos), a incineração em alta temperatura (queima controlada), aterros (enterrar os resíduos no solo) e a injeção em poço profundo (bombear os resíduos para poços subterrâneos). Métodos mais aceitáveis enfocam a minimização de resíduos, a reutilização e reciclagem de produtos químicos, a busca por alternativas menos perigosas e a utilização de tratamentos mais inovadores, possíveis graças aos avanços da tecnologia.

>> Normas e códigos elétricos*

Além das próprias empresas, outros grupos e organizações promovem a segurança do trabalhador. No caso do Brasil, o Governo Federal implementa políticas com o objetivo de promover a saúde e a melhoria da qualidade de vida do trabalhador e a prevenção de acidentes e de danos à saúde relacionados ao trabalho ou que ocorram no curso dele, por meio da eliminação ou redução dos riscos nos ambientes de trabalho. Essas políticas são vinculadas basicamente

---

* N. de T.: Essa seção foi modificada de forma a se adequar à realidade brasileira.

aos Ministérios do Trabalho e Emprego, da Saúde e da Previdência Social, sem prejuízo da participação de outros órgãos e instituições que atuem na área. Cada um desses Ministérios possui funções específicas que podem ser consultadas, por exemplo, no *site* do Ministério do Trabalho e Emprego (MTE). Apenas para se ter uma ideia, é função do MTE formular e propor as diretrizes da inspeção do trabalho, bem como supervisionar e coordenar a execução das atividades relacionadas à inspeção dos ambientes de trabalho e suas respectivas condições. Também é muito importante mencionar as Normas Regulamentadoras relativas à segurança e medicina do trabalho, que são de observância obrigatória pelas empresas privadas e públicas e pelos órgãos públicos da administração direta e indireta, bem como pelos órgãos dos Poderes Legislativo e Judiciário, que possuam empregados regidos pela Consolidação das Leis do Trabalho – CLT. Essas normas também são encontradas no *site* do Ministério do Trabalho e Emprego. Tendo em conta o assunto deste livro, é de importância fundamental o conhecimento da Norma Reguladora 10 (NR-10), que trata da Segurança em Instalações e Serviços em Eletricidade. Dependendo do tipo de serviço a ser executado pelo profissional, é obrigatório o curso e certificado de NR-10.

Fundada em 1940, a Associação Brasileira de Normas Técnicas (ABNT) é o órgão responsável pela normalização técnica no país, fornecendo a base necessária ao desenvolvimento tecnológico brasileiro. É uma entidade privada, sem fins lucrativos, reconhecida como único Foro Nacional de Normalização por meio da Resolução n$^\circ$ 07 do CONMETRO, de 24/08/1992. Membro fundador da ISO (International Organization for Standardization), da COPANT (Comissão Panamericana de Normas Técnicas) e da AMN (Associação Mercosul de Normalização), a ABNT é a única e exclusiva representante no Brasil das seguintes entidades internacionais: ISO (International Organization for Standardization), IEC (International Electrotechnical Commission); e das entidades de normalização regional COPANT (Comissão Panamericana de Normas Técnicas) e AMN (Associação Mercosul de Normalização)*.

O processo de elaboração de uma Norma Brasileira se inicia com uma demanda da sociedade, do setor envolvido ou mesmo dos organismos regulamentadores. A pertinência do pedido e da demanda é analisada pela ABNT. Se tiver mérito, será levada ao Comitê Técnico do setor para inserção no Plano de Normalização Setorial (PNS) da Comissão de Estudo pertinente. As Comissões de Estudo devem discutir e chegar a um consenso para elaborar o Projeto de Norma. De posse do Projeto de Norma, a ABNT o submete à consulta nacional como forma de dar oportunidade a todas as partes envolvidas de examinar e de emitir suas considerações. Passado o tempo necessário para a Consulta Nacional, a Comissão de Estudo fará uma reunião para a análise da pertinência ou não das considerações recebidas. Não havendo impedimento, o Projeto será encaminhado para homologação pela ABNT, onde recebe a sigla ABNT NBR e seu número respectivo.

Em geral, os produtos e os equipamentos elétricos são obrigados a passar por testes padronizados para utilização segura. No caso do Brasil, tais testes são coordenados pelo INMETRO que possui laboratórios credenciados para a realização desses ensaios. O Instituto Nacional de Metrologia, Qualidade e Tecnologia – INMETRO – é uma autarquia federal, vinculada ao Ministério do Desenvolvimento, Indústria e Comércio Exterior. Sua missão é prover confiança à sociedade brasileira nas medições e nos produtos, por meio da metrologia e da avaliação da

---

* Informações retiradas do *site* da ABNT: www.abnt.org.br.

conformidade, promovendo a harmonização das relações de consumo, a inovação e a competitividade do País.

Dentre os laboratórios credenciados pelo INMETRO para a realização de ensaios em equipamentos elétricos, o Centro de Pesquisas de Energia Elétrica (CEPEL) merece destaque. Desde 1983 o CEPEL atua na certificação de produtos eletroeletrônicos, realizando ensaios em seus laboratórios. Em 1994, o INMETRO o credenciou como um Organismo de Certificação de Produtos, tendo como gestor executivo o CERT (Certificação de Produtos e Serviços). O CERT, por meio da estrutura matricial do CEPEL, tem uma equipe de especialistas que utiliza preferencialmente os laboratórios da instituição a fim de certificar uma série de produtos elétricos. A certificação de produtos é realizada com base nos Requisitos de Avaliação da Conformidade (RAC) para cada categoria de produto. Esses requisitos estabelecem as etapas a serem cumpridas, incluindo análises e ensaios, segundo normas específicas, e a avaliação do sistema de qualidade e processo produtivo do fabricante. O CERT tem como referência laboratórios acreditados pelo INMETRO, que podem ser do CEPEL ou de outras instituições subcontratadas. Antes da concessão dos certificados, os processos de certificação passam por Comissões de Certificação externas, que atuam tecnicamente, formadas por representantes dos segmentos envolvidos da sociedade*.

>> Questões de revisão

40. Explique o que se entende pelo termo "primeiros socorros".
41. Que tipo de tratamento de primeiros socorros você aplicaria a um corte no braço com sangramento?
42. Um colega de trabalho acabou de sofrer uma pequena queimadura na mão, resultando na formação de uma bolha. Como você deve proceder para aplicar os primeiros socorros?
43. Ao libertar uma vítima que tenha tocado um fio vivo, como você pode proteger-se de modo a evitar ser uma segunda vítima?
44. Liste os passos importantes a serem seguidos na realização da respiração artificial boca a boca.
45. Por que não se deve usar água para apagar um incêndio elétrico?
46. Cite quatro propriedades ou características que identificam a maior parte dos resíduos perigosos.
47. Qual Norma Reguladora é exigida para a execução de certos trabalhos elétricos?
48. Como são elaboradas as Normas Brasileiras?
49. Como é o processo de certificação de produtos elétricos no Brasil?

>> Tópicos de discussão do capítulo e questões de pensamento crítico

1. Faça uma lista das 10 ações mais desatenciosas de trabalhadores, que você já presenciou, que colocou em risco a vida deles e de outros.
2. Um trabalhador A entrou em contato com um fio energizado e recebeu um choque grave. Um trabalhador B entrou em contato com o mesmo fio energizado e recebeu apenas um choque suave. Discuta algumas das razões pelas quais isso pode ocorrer.
3. Cite pelo menos três razões pelas quais apenas uma pessoa deve estar sobre uma escada por vez.

---

* N. de T.: Informações retiradas do *site* do CEPEL: www.cepel.br.

4. Discuta a importância da utilização de GFCIs em canteiros de obra.
5. Você pode entrar em contato com 15.000 volts em uma vela de ignição de automóvel e sair com nada mais do que um par de dedos machucados. Por quê?
6. Discuta como a Internet pode ser usada como uma ferramenta para promover uma carreira na indústria elétrica.
7. Visite o *site* dos grupos/órgãos envolvidos com a segurança do trabalho, os códigos elétricos e a realização de testes em equipamentos elétricos (veja a Seção 1.9 deste capítulo). Faça um pequeno relatório sobre cada um desses grupos/órgãos.

>> **capítulo 2**

Instrumentos, ferramentas e fixadores

Antes de instalar ou fazer a manutenção em um equipamento, você precisa saber como usar as ferramentas do ofício. Ao longo dos anos, uma grande variedade de instrumentos, bem como ferramentas manuais e elétricas, foi desenvolvida para ajudar os profissionais qualificados na realização de suas tarefas de forma eficaz. Este capítulo vai ajudá-lo a selecionar, operar e conservar ferramentas básicas e dispositivos de medição. Dispositivos de fixação comumente utilizados para prender (fixar) dispositivos elétricos/eletrônicos também serão abordados.

Objetivos deste capítulo

- >> Identificar e definir o uso de dispositivos de medição de grandezas elétricas comuns
- >> Definir as categorias de medição de I a IV
- >> Identificar e definir o uso de ferramentas comuns empregadas na indústria elétrica
- >> Descrever o procedimento a ser seguido para o uso e o cuidado adequado das ferramentas
- >> Identificar e definir as características de dispositivos de fixação comuns

>> Dispositivos de medição

Há vários tipos de instrumentos usados para a medição de grandezas elétricas. A maioria dos dispositivos elétricos de medição é bastante cara e delicada. Ao usar qualquer dispositivo de medição elétrica, você deve:

- Verificar o dispositivo para ter certeza de que não há riscos de segurança óbvios.
- Manusear o dispositivo com cuidado.
- Certificar-se de que o dispositivo está corretamente conectado ao circuito.
- Certificar-se de que as especificações nominais de tensão e de corrente do dispositivo de medição não são excedidas.
- Ler e entender as instruções de operação fornecidas pelo fabricante.

A Comissão Eletrotécnica Internacional (IEC – International Electrotechnical Commission) publicou normas internacionais que definem quatro categorias de nível de energia. As categorias de medição de I a IV são definidas de acordo com a quantidade de energia elétrica que poderia estar presente durante uma condição transiente (falta ou curto-circuito). Os instrumentos de teste devem atender tanto a IEC como os requisitos ditados pelos órgãos nacionais competentes. Tais requisitos são concebidos para proteção contra o nível mais elevado e mais perigoso de sobretensão transitória que você pode vir a encontrar em um serviço de energia para uma instalação. As categorias de medição estão relacionadas com a área e o tipo de trabalho que se espera fazer e são resumidas a seguir:

Categoria de medição IV, o nível de alimentação primária, é o mais alto nível de energia e abrange as redes de distribuição, os transformadores e as linhas que entram em uma construção. Este é o nível mais perigoso de sobretensão que os trabalhadores da área elétrica provavelmente encontrarão enquanto trabalham com serviços de energia para uma instalação. Para esta categoria, a IEC pede proteção de sobretensão de até 12.000 V.

Categoria de medição III é o próximo nível mais alto que um trabalhador elétrico enfrentará. Essa categoria inclui alimentadores, circuitos com ramificações curtas, dispositivos de painel de distribuição ou equipamentos pesados com conexões curtas à entrada de serviço. Para esta categoria, a IEC pede proteção de sobretensão de até 8.000 V.

Categoria de medição II é o nível local para dispositivos elétricos fixos e não fixos. Saídas que estejam a uma certa distância de uma fonte de categoria de medição IV ou III são classificadas como categoria de medição II. A proteção necessária contra sobretensão é de até 6.000 V.

Categoria de medição I é o nível de sinal para equipamentos eletrônicos e de telecomunicações. Instrumentos especificados apenas para a categoria de medição I não são adequados para medições em um sistema de distribuição elétrica. Eles são indiciados para uso apenas com aparelhos eletrônicos e outros equipamentos de baixo consumo de energia com proteção contra transitórios.

Voltímetros ou amperímetros individuais são por vezes usados para medir a tensão e a corrente em um painel elétrico. Para testes no local de trabalho e solução de problemas, um único *multímetro* digital é geralmente usado para medir com precisão a **tensão, corrente ou resistência** (Figura 2-1). Os medidores *analógicos* usam um ponteiro ligado a um medidor de conjunto móvel para indicar a medida, enquanto os medidores *digitais* usam um mostrador (*display*) digital eletrô-

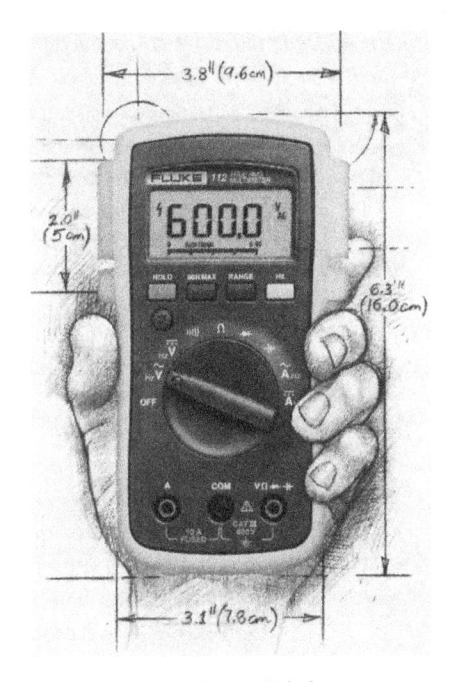

Amperímetro analógico

Multímetro digital

Figura 2-1 Medidores analógico e digital. (2.1a: © Tom Pantages; 2.1b: Reproduzido com a permissão de Fluke Corporation).

nico. Lembre-se: sempre que precisar de proteção contra sobretensão, procure uma certificação independente e escolha a categoria apropriada para o tipo de trabalho que você espera realizar.

Uma variedade de dispositivos de teste de tensão pode ser utilizada para confirmar que todas as tensões foram removidas do circuito no qual você está trabalhando. O *testador de tensão* (Figura 2-2) é frequentemente utilizado para medir de forma aproximada as tensões de operação do circuito. Sua construção robusta o torna ideal para o manuseio diretamente no local de trabalho.

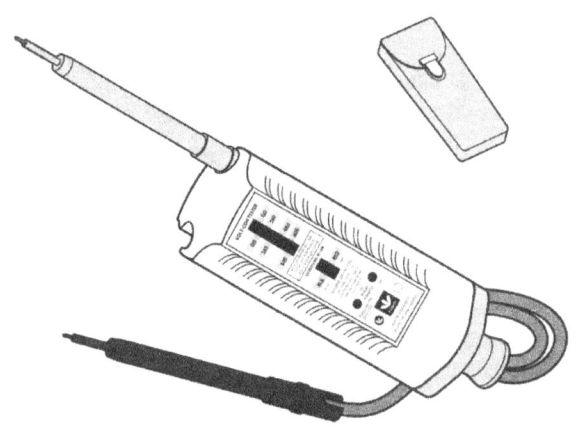

Figura 2-2 Testador de tensão.

Os *detectores de tensão sem contato* estão entre os instrumentos mais seguros e fáceis de utilizar (Figura 2-3). Esse tipo de indicador de tensão não requer contato físico com o circuito. A presença de tensão é detectada por sensoriamento do campo elétrico que circunda qualquer condutor energizado. Quando a extremidade da sonda isolada do testador é colocada próxima de um terminal CA e o interruptor do dispositivo é fechado, o LED acenderá e um sinal sonoro será ouvido se uma tensão CA estiver presente. Ele detecta a presença de tensão por meio da isolação do condutor e pode ser usado para determinar quais fios estão energizados em uma caixa de derivação, sem a necessidade de interromper as conexões. Especificações e instruções detalhadas para os detectores de tensão sem contato são encontradas nos manuais dos fabricantes.

Ao realizar um teste para detecção de presença de tensão, você deve verificar todos os condutores expostos para garantir que não há tensão presente. A seguir estão alguns pontos que você deve ter em mente em um procedimento de verificação de tensão:

- Ao verificar um painel de energia, certifique-se de testar a tensão entre os condutores fase de entrada, bem como entre todos os condutores fase e a terra. A razão para isso é a possibilidade de um ou mais dos condutores fase estarem desenergizados, enquanto os outros condutores fase ainda estão quentes (energizados). Para verificar a tensão para a terra, basta colocar uma sonda do testador em contato com um condutor aterrado ou uma peça metálica exposta, que você saiba que está aterrada, e colocar a outra sonda de teste em contato com o condutor exposto ou terminal em questão.

- Os invólucros devem ser verificados para se certificar de que eles estão devidamente aterrados, antes de verificar a tensão da terra para o condutor exposto.

- Ao verificar os condutores de uma saída, tal como um interruptor ou uma tomada, esteja ciente do tipo de invólucro utilizado. Por vezes, esses dispositivos são envolvidos por uma caixa de fibra ou de plástico, que são não condutoras. Todas as caixas de metal devem ser obrigatoriamente aterradas em instalações mais recentes, porém elas podem não ter sido aterradas em construções mais antigas.

O *amperímetro do tipo alicate* (ou simplesmente alicate amperímetro) é usado para medir o fluxo de corrente. Esse dispositivo é capaz de medir a corrente sem qualquer contato direto

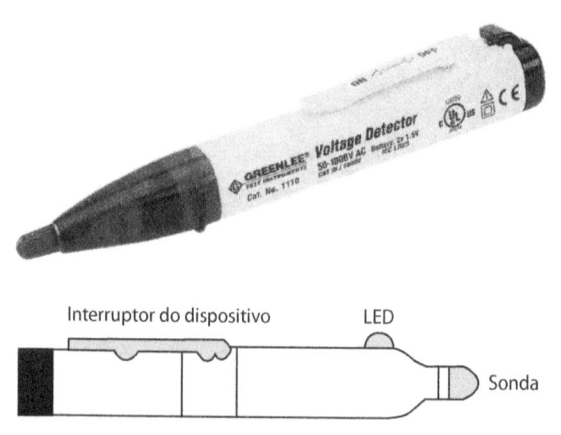

Figura 2-3 Detector de tensão sem contato. (Cortesia de Greenlee Textron)

com o circuito elétrico, por meio da medição do campo magnético produzido em torno do condutor quando uma corrente flui por ele (Figura 2-4). Os alicates amperímetros são usados para verificações periódicas de corrente fixando-os em torno dos cabos de alimentação.

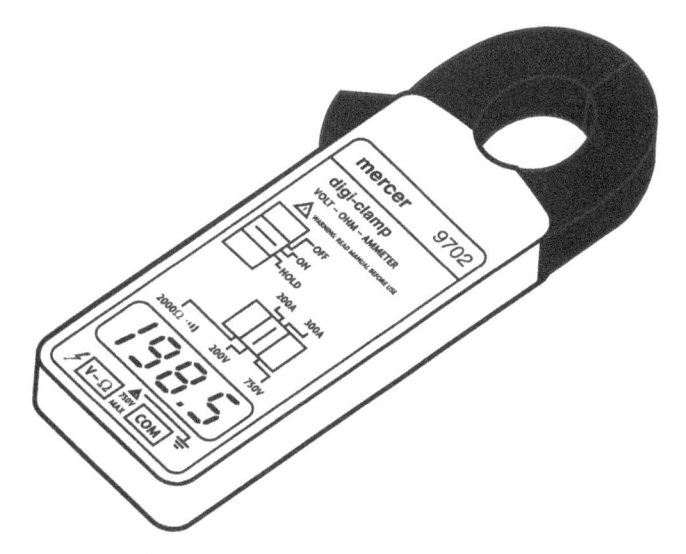

Figura 2-4 Alicate amperímetro.

O *megôhmetro*, comumente referido como *megger* (Figura 2-5), é usado principalmente para a verificação da qualidade do isolamento em equipamentos elétricos. A qualidade da isolação de um equipamento varia com a idade, o teor de umidade e a tensão aplicada. À medida que a isolação vai se deteriorando, o equipamento muitas vezes começa a funcionar de forma incorreta ou mesmo não funcionar. O megôhmetro é semelhante a um ohmímetro típico (encontrado no multímetro para a medição de resistência elétrica), exceto que ele utiliza uma fonte de tensão de energia muito mais elevada.

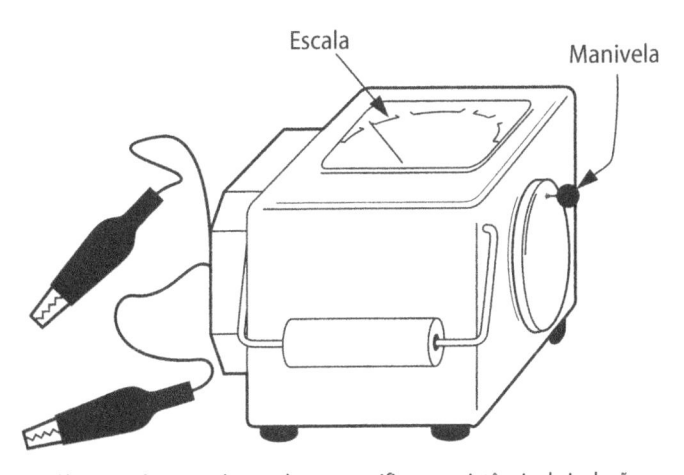

Figura 2-5 Megôhmetro de 500 volts usado para verificar a resistência de isolação.

O *osciloscópio* (Figura 2-6) serve para solucionar problemas e verificar as entradas e saídas de dispositivos eletrônicos, podendo ser usado para medir a tensão, como um voltímetro. Além disso, um osciloscópio fornece informações sobre a forma, o período de tempo e a frequência de formas de onda de tensão.

Outros equipamentos de teste elétrico mais especializados, mostrados na Figura 2-7, incluem:

- *Testador de circuito baseado em microprocessador* usado para rastrear locais de fiações escondidas, localizar as caixas de derivação e encontrar disjuntores para circuitos energizados e desenergizados.
- *Testador de circuito e de GFCI* permite o teste imediato de tomadas de GFCI ou de circuitos protegidos por disjuntor GFCI. Também permite a verificação de tomadas de 120 V_{CA} aterradas com relação à fiação correta/incorreta.
- *Classificador de fios* permite que uma única pessoa identifique até 10 fios de uma vez. Também indica fio aberto, curto para a terra, eletrodutos e outros fios.
- *Indicador de sequência de fase* identifica as fases L1, L2 e L3 e indica a rotação do motor antes da instalação.

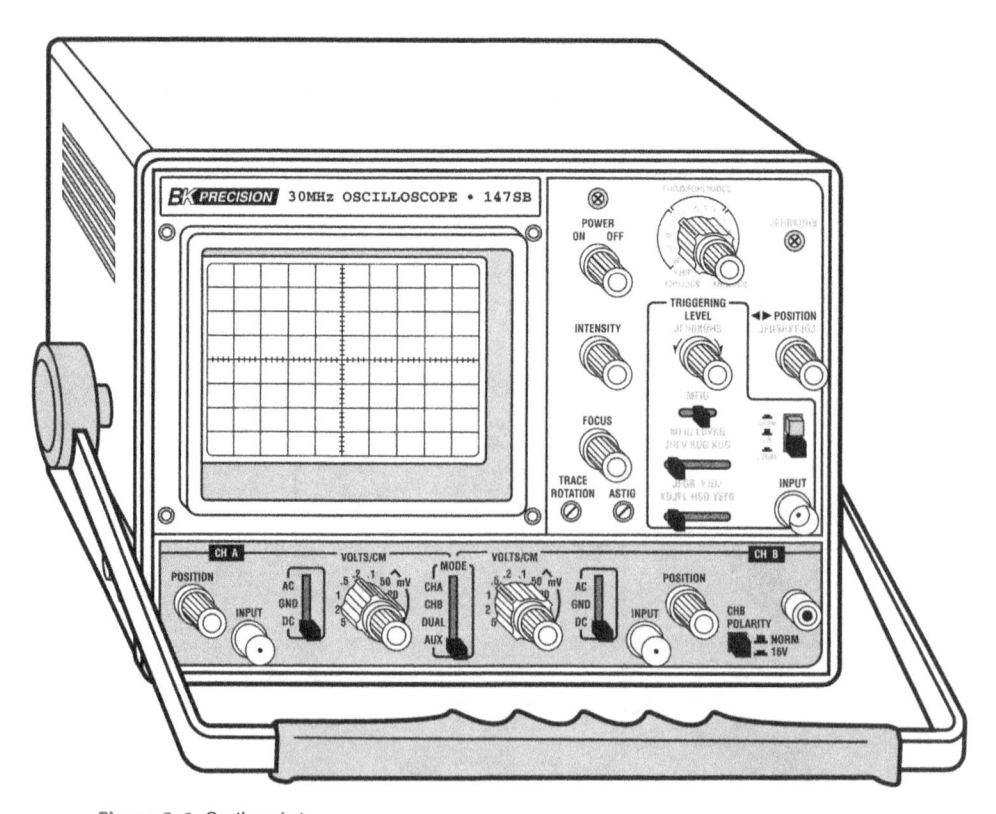

Figura 2-6 Osciloscópio.

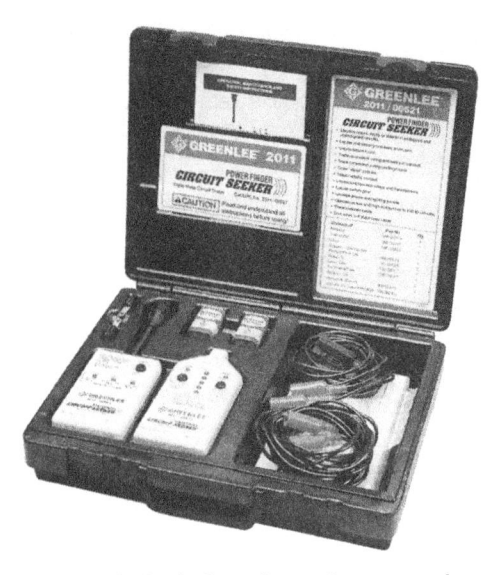

Rastreador de circuito baseado em microprocessador

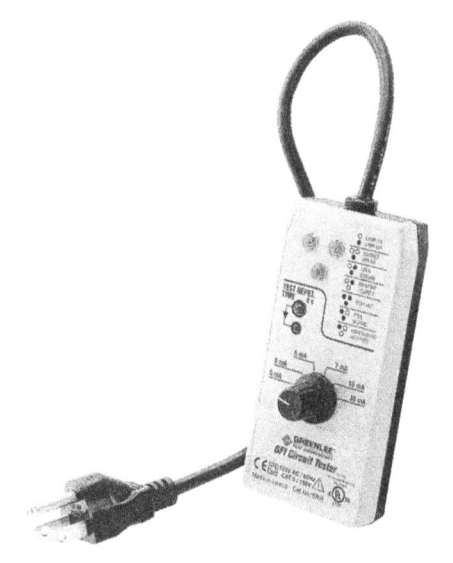

Testador de circuito e de GFCI

Classificador de fio

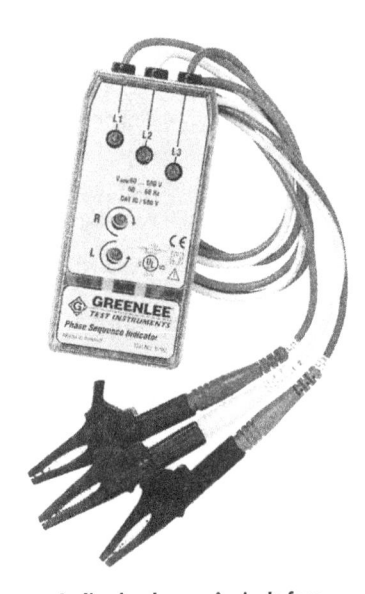

Indicador de sequência de fase

Figura 2-7 Equipamentos de teste especializados. (Cortesia da Greenlee Textron)

>> Questões de revisão

1. Liste quatro coisas a serem observadas quando se usa um instrumento de teste elétrico.
2. Cite duas organizações independentes que publicaram normas de segurança para dispositivos de medição elétrica.
3. Explique como as categorias de medição de I a IV são definidas.

4. Que categoria de medição não é adequada para medições em um sistema de distribuição de energia elétrica?
5. Que categoria de medição mínima seria necessária para um circuito com ramificação curta em uma residência?
6. Liste os três tipos mais comuns de medição elétrica executados por um multímetro.
7. O que torna o testador de tensão uma escolha popular para verificações de tensão no local de trabalho (ou em campo)?
8. Explique como os indicadores de tensão do tipo sem contato detectam a presença de tensão.
9. Um motor é suspeito de estar funcionando com uma corrente superior à sua corrente normal. Que dispositivo de medição elétrica seria mais apropriado para a verificação da corrente de funcionamento do motor?
10. Além do valor de tensão, quais outras informações sobre uma forma de onda um osciloscópio pode fornecer?

>> Ferramentas comuns

Os eletricistas devem estar familiarizados com o uso adequado das ferramentas de trabalho. Como regra, as ferramentas de qualidade superior tendem a estar nas faixas de preço mais altas, porém são mais seguras para trabalhar. Ferramentas mais baratas, feitas de material de baixa qualidade e com características de projeto mais pobres geralmente colocam grande pressão sobre a ferramenta e o operador. Diferentes ferramentas são projetadas para a realização eficiente e segura de um trabalho específico. Lembre-se sempre de usar a ferramenta certa para o trabalho.

CHAVES DE FENDA. A chave de fenda é uma ferramenta projetada para afrouxar ou apertar parafusos. As chaves de fenda são identificadas pela forma da sua cabeça ou ponta (Figura 2-8). Elas são usadas na maioria das instalações elétricas e em atividades de manutenção para fixar diferentes parafusos. Uma pessoa que trabalha no ramo da eletricidade necessita de inúmeras chaves de fenda em uma variedade de tamanhos e tipos.

Uma *chave com cabeça do tipo fenda ou chave padrão* é projetada para uso em parafusos com cabeças de fenda. Este tipo de parafuso é usado frequentemente nos terminais de interruptores, tomadas e soquetes. A lâmina da chave de fenda deve se ajustar bem no *slot* (ranhura) do parafuso (Figura 2-9). Isso evita danos à lâmina da chave e à ranhura do parafuso, assim como um eventual dano à mão do usuário ou ao equipamento circundante caso a ponta da chave deslize para fora da ranhura.

A chave de fenda *Phillips* é projetada para uso em parafusos com uma inserção em forma de X em suas cabeças. Esse tipo de parafuso é frequentemente utilizado na parte externa de aparelhos elétricos, porque há uma menor probabilidade de a cabeça da chave de fenda escorregar para fora da ranhura e danificar o acabamento de metal do aparelho.

A chave de fenda *Torx* é projetada para uso em parafusos com cabeças Torx. Nos últimos anos, a chave de fenda Torx tornou-se particularmente popular na indústria automotiva para a montagem do produto.

Fenda

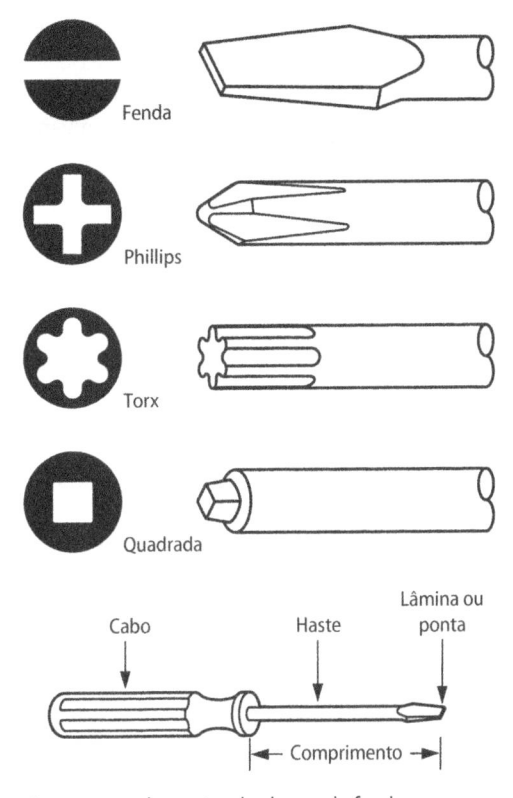

Phillips

Torx

Quadrada

Cabo   Haste   Lâmina ou ponta

Comprimento

Figura 2-8 Configurações comuns de pontas de chaves de fenda.

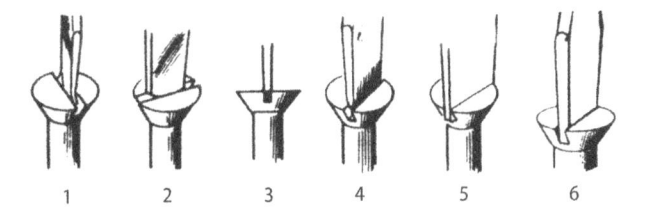

1   2   3   4   5   6

1. Essa ponta é muito estreita para a fenda do parafuso; ela vai entortar ou quebrar sob pressão.
2. Ponta arredondada ou gasta. Tal ponta vai deslizar para fora da ranhura à medida que pressão for aplicada.
3. Essa ponta é muito grossa. Ela só vai servir para amassar a fenda do parafuso.
4. Uma ponta de cinzel também vai deslizar para fora da ranhura do parafuso. O melhor é descartá-la.
5. Essa ponta encaixa, mas é muito grande e vai rasgar a madeira à medida que o parafuso é colocado.
6. Essa é a ponta certa. Ela possui um ajuste confortável na ranhura e não se projeta além da cabeça do parafuso.

Figura 2-9 Uso adequado e inadequado de chaves de fenda padrão.

A chave de fenda de *ponta quadrada* (também conhecida como *Roberton* ou *Scrulox*) é projetada para uso em parafusos com uma inserção em formato quadrado em suas cabeças. Esse tipo de parafuso cria um ajuste confortável com a cabeça da chave de fenda, permitindo que o parafuso seja facilmente colocado em materiais de madeira. Também por vezes esses parafusos são usados para fixar caixas de tomada em vigas.

Outros tipos especiais de chaves de fenda, mostrados na Figura 2-10, incluem:

- Chaves de fenda angulares (em forma de Z), que fornecem um meio para acessar parafusos difíceis.
- Chaves de fenda imantadas ou similares, usadas para segurar parafusos na ponta quando se trabalha em locais apertados. Uma vez colocado no local de aperto, o parafuso é solto e apertado com uma chave de parafusos padrão.
- Chaves de fenda de aperto amortecido, que têm proteção antideslizante.

ALICATES. A necessidade de cortar e moldar condutores elétricos e de segurar uma variedade de objetos fez surgir muitos tipos de alicates (Figura 2-11). Alicates são ferramentas manuais com mandíbulas (garras ou mordentes) opostas projetadas para tarefas específicas.

Alicates *de corte lateral* são usados para prender, torcer e cortar fios.

Alicates *de corte diagonal* são projetados especificamente para cortar fios. Eles são usados para finalizar trabalhos de corte, tal como aparar o excesso de comprimento do terminal depois de um componente ter sido soldado em uma placa de circuito impresso.

Alicates *de bico fino* são usados para fazer laços nas extremidades dos fios para conexão, por exemplo, em terminais do tipo parafuso.

Alicates *de mandíbula curva* (ou alicates ajustáveis) são projetados com uma junta ajustável para segurar objetos de vários tamanhos.

Alicates *de pressão* são projetados com mandíbulas que podem ser travadas segurando o objeto.

MARTELOS. Martelos são usados para fixar e remover pregos, bem como para golpear cinzéis e punções. Eles são produzidos em uma variedade de pesos da cabeça e constituem uma parte importante de qualquer conjunto de ferramentas (Figura 2-12). Os martelos *com garra*

Chave de fenda angular

Chave de fenda imantada ou similar

Chave de fenda de aperto amortecido

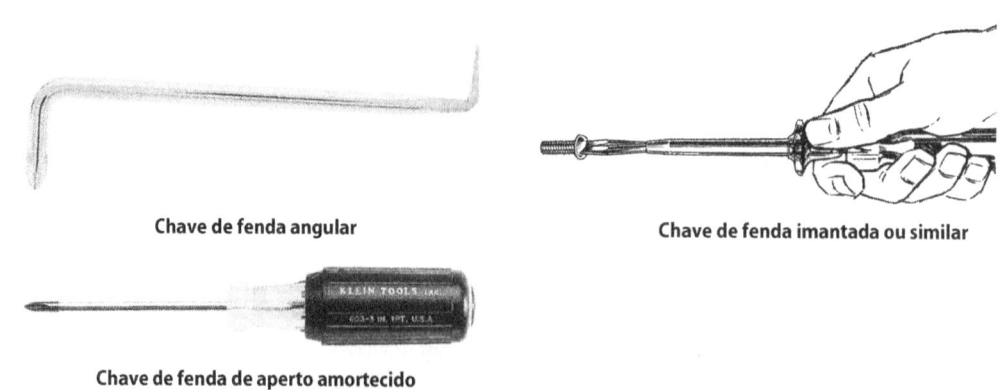

Figura 2-10 Outros tipos especiais de chaves de fenda. (Cortesia da Klein Tools, inc)

A. Alicate de corte lateral

B. Alicate de corte diagonal

C. Alicate de bico fino

D. Alicate ajustável

E. Alicate de pressão

Figura 2-11 Tipos comuns de alicate.

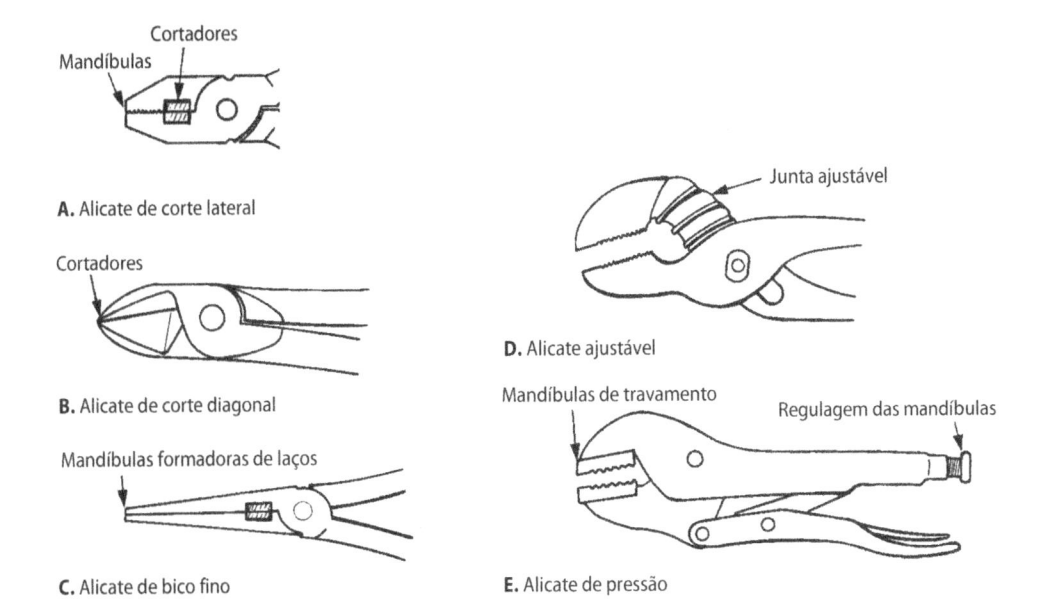

na cabeça são mais úteis para o trabalho em estruturas de armação de madeira. A face do martelo é usada para fixar pequenos pregos e grampos. A garra é usada para remover pregos.

Martelos *tipo bola* são ideais para serviços pesados que envolvam a operação de golpear. Isso inclui operações como cortar com uma talhadeira, produzir furos em superfícies de concreto ou colocar fixadores em um dado lugar com golpes pesados.

SERRAS.   Serras são dispositivos de corte frequentemente usados. Uma serra *de corte transversal* [serrote – Figura 2-13(a)] é normalmente selecionada para serrar madeira.

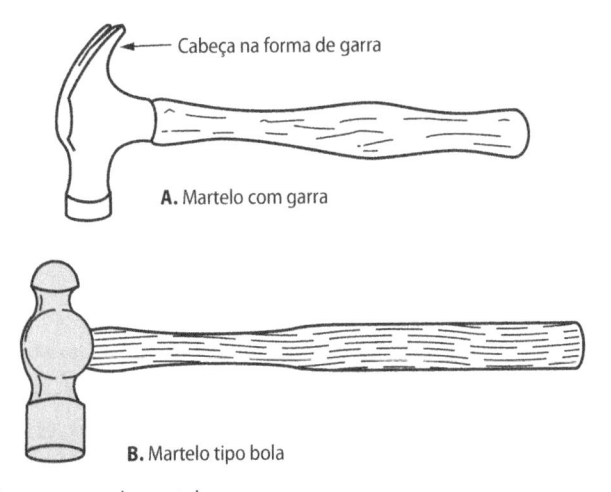

A. Martelo com garra

B. Martelo tipo bola

Figura 2-12 Tipos comuns de martelo.

A. Serra de corte transversal (serrote)

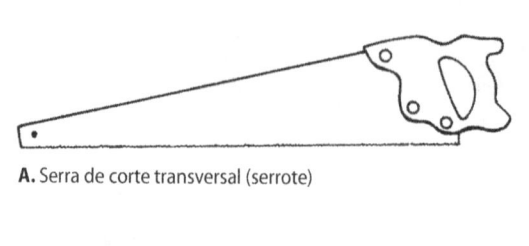

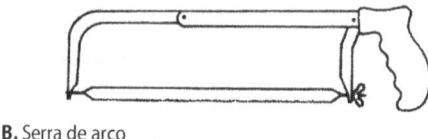

B. Serra de arco

C. Serrote de ponta

Figura 2-13 Tipos comuns de serra.

A *serra de arco* padrão [Figura 2-13(b)] é exigida para qualquer trabalho de corte de metal. O número necessário de dentes por polegada de lâmina é determinado pela espessura e pelo tipo de metal sendo cortado.

O serrote *de ponta* [Figura 2-13(c)] é uma serra estreita usada para fazer furos em forros ou paredes de gesso para a instalação de caixas de tomadas.

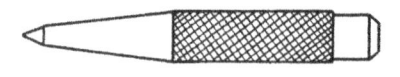

Figura 2-14 Punção de centro.

PUNÇÕES. Um punção de centro (Figura 2-14) é usado para marcar a localização de um furo que deverá ser perfurado. O punção de centro auxilia uma broca a penetrar exatamente no ponto adequado.

CHAVES. Chaves são ferramentas utilizadas para a montagem e desmontagem de diferentes tipos de elementos de fixação com rosca. Chaves comumente usadas incluem: chave de boca fixa, chave estrela, chave soquete, chave ajustável e chave para tubo (Figura 2-15). A chave deve se ajustar corretamente à porca sob pressão; caso contrário, a porca e a chave serão danificadas.

A chave *de boca fixa* é projetada para uso em ambientes fechados. Depois de cada curso curto, a chave pode ser removida e encaixada em outros planos (lados) da porca.

A chave *estrela* rodeia a porca ou cabeça do parafuso quando está sendo usada.

As *chaves de soquete* podem ser posicionadas sobre uma porca mais rapidamente. Essas chaves usam uma variedade de punhos (por exemplo, catraca), o que agiliza e facilita o trabalho.

As chaves *ajustáveis* (ou chaves inglesas) são especialmente convenientes nos momentos em que um tamanho ímpar de porca é encontrado. Ao utilizar uma chave inglesa, a força de tração deve ser sempre aplicada ao lado da mandíbula estacionária do cabo.

A. Chave de boca fixa

B. Chave estrela

Soquetes

Punho catraca

C. Chave de soquete

D. Chave ajustável

Reta

Corrente

E. Chave de tubo

Figura 2-15 Chaves comuns.

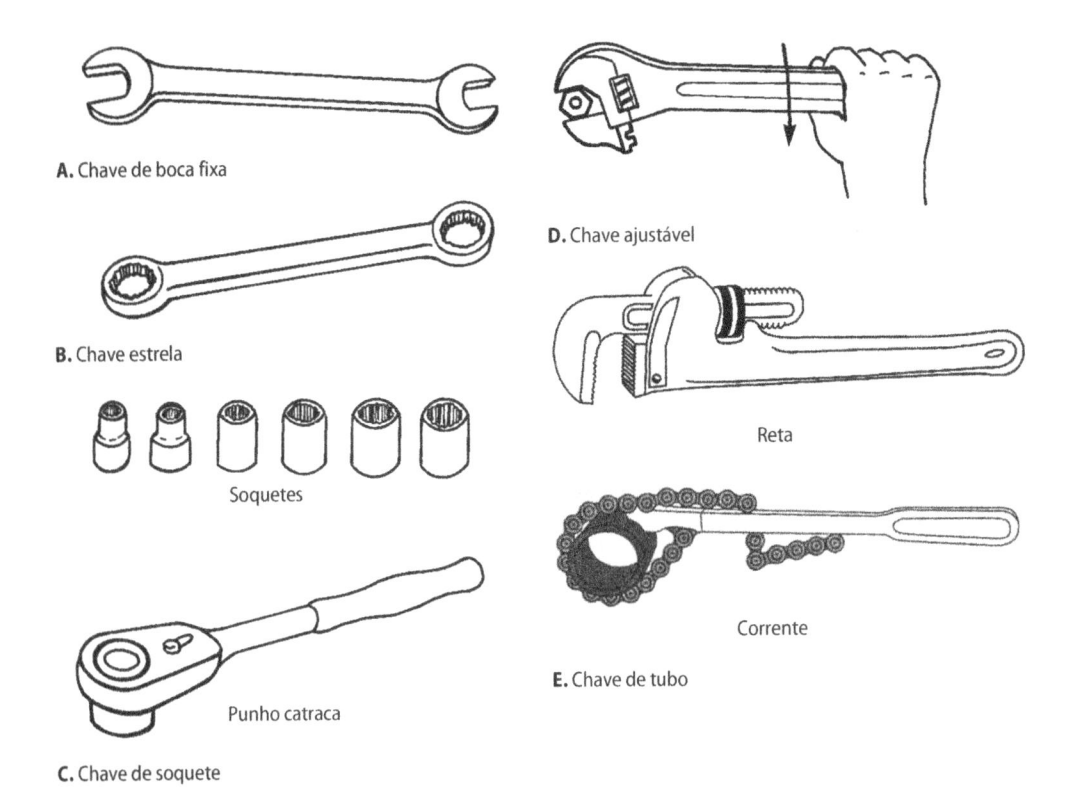

As chaves *de tubo* são usadas para segurar e girar grandes tubos e dutos. Tipos de chave de tubo incluem: reta, angular, com correia e com corrente.

CHAVES DE PORCA. Chaves de porca funcionam como chaves de soquete, exceto que elas usam um punho reto semelhante ao de uma chave de fenda (Figura 2-16). Os soquetes são usados para apertar ou afrouxar porcas de máquinas em equipamentos elétricos e eletrônicos. A maioria das hastes das chaves de porca é oca. Isso permite que elas sejam usadas com porcas que estão rosqueadas em parafusos longos.

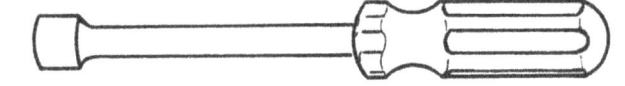

Figura 2-16 Chave de porca.

CHAVES ALLEN. Certos acoplamentos de motor e botões de controle são fixados em seu local por meio de um parafuso com a cabeça hexagonal, conhecida como cabeça Allen. As *chaves Allen* são usadas para desapertar e apertar esse tipo de parafuso de fixação (Figura 2-17). Elas estão disponíveis tanto em tamanhos expressos em polegadas como no sistema métrico e podem ser compradas em conjuntos ou separadamente.

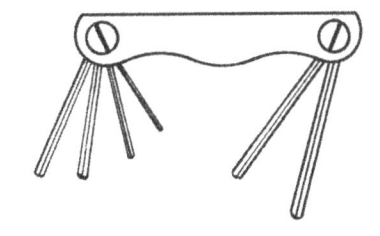

Figura 2-17 Chaves Allen.

DISPOSITIVOS DE REMOÇÃO DE ISOLAÇÃO. A preparação de fios e cabos requer a remoção de uma certa quantidade de isolação (Figura 2-18). Um *desencapador ou descascador de fios* é usado para remover a isolação de um fio de pequeno diâmetro. Uma *faca* é utilizada para remover a isolação de cabos e fios de maior diâmetro. Um *descascador de isolação de cabo* é usado para remover a bainha isolante de um cabo com bainha não metálica.

A. Descascador de fios
B. Faca
C. Descascador de isolação de cabo

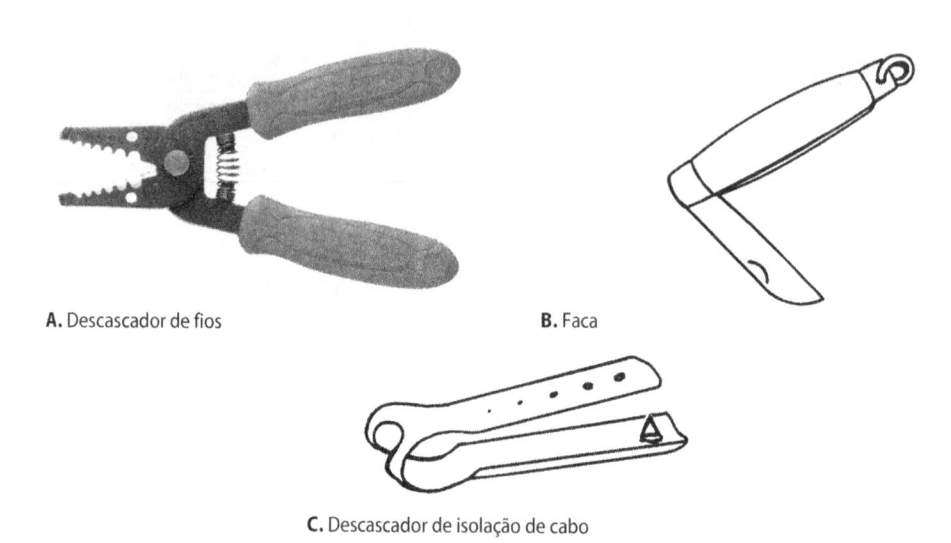

Figura 2-18 Dispositivos de remoção de isolação. (Cortesia da Klein Tools, Inc.)

Depois de os fios terem sido cortados e desencapados, em algumas aplicações eles são ligados em conectores terminais. *Conectores terminais* permitem que os fios sejam rapidamente conectados e desconectados do equipamento. A Figura 2-19 mostra alguns tipos de conectores terminais isolados de crimpagem e uma ferramenta de crimpagem.

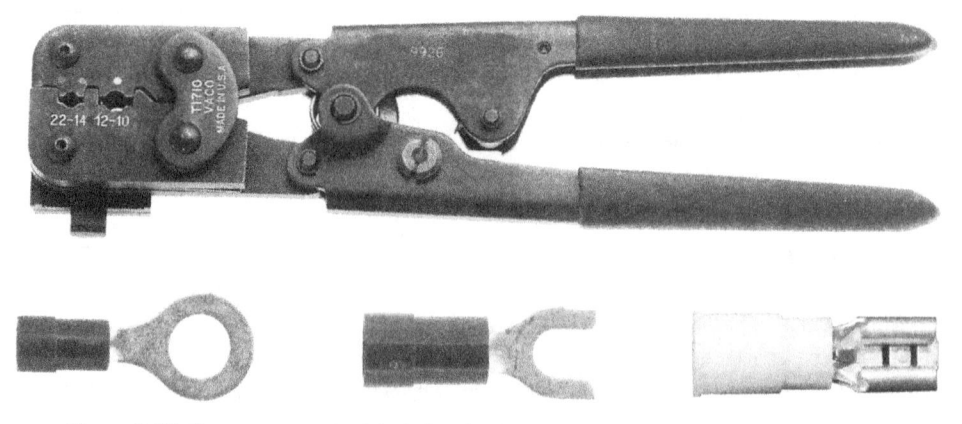

Figura 2-19 Conectores terminais isolados de crimpagem e ferramenta de crimpagem. (Cortesia da Klein Tools, Inc.)

LIMAS. Tanto limas para metal como limas para madeira são frequentemente usadas. As limas para *metal* são usadas para remover rebarbas de metal afiado que são produzidas como resultado de processos de corte e/ou perfuração. As limas para

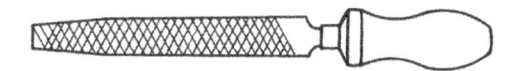

Figura 2-20 Lima.

madeira são usadas para a montagem de caixas de tomadas em paredes acabadas. As limas para metal normalmente têm muitos dentes finos ou pequenos. As limas de madeira têm comumente dentes maiores e mais profundos.

CINZÉIS. Dois tipos de cinzéis estão disponíveis*. O cinzel na Figura 2-21(a) é usado para trabalho com metal, e o cinzel na Figura 2-21(b), para trabalho com madeira. Os cinzéis para madeira são feitos de metal mole e só devem ser empregados para cortar madeira. Cabeças expandidas de cinzéis para metal devem ser guardadas por apresentarem um risco de segurança grave.

A. Cinzel para metal

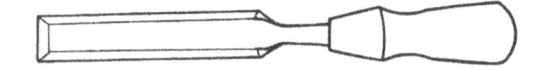

B. Cinzel para madeira

Figura 2-21 Cinzéis.

SONDA OU PASSA-FIO. Uma *sonda ou passa-fio* (Figura 2-22) é uma ferramenta concebida para prender e puxar o fio através de divisórias e eletrodutos. Essas ferramentas são construídas com metal ou fibra de vidro.

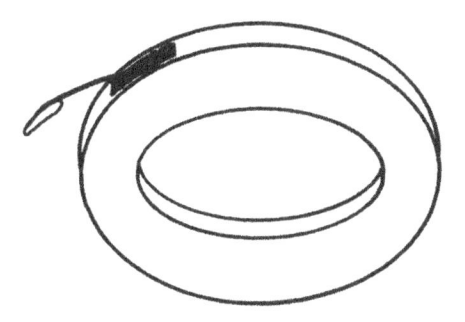

Figura 2-22 Sonda ou passa-fio.

---

* N. de T.: Variações do nome dessa ferramenta ou similar são formão ou talhadeira.

FERRAMENTAS DE MEDIÇÃO. Diferentes tipos de fita de medição e réguas estão disponíveis (Figura 2-23). A fita de aço é usada para medições rápidas. *Tome cuidado ao trabalhar próximo a equipamentos energizados com uma fita de medição de aço.* Uma régua de madeira dobrável, não condutora, tem seções dobráveis que podem ser abertas para fornecer qualquer comprimento necessário.

A. Fita de aço **B.** Régua dobrável

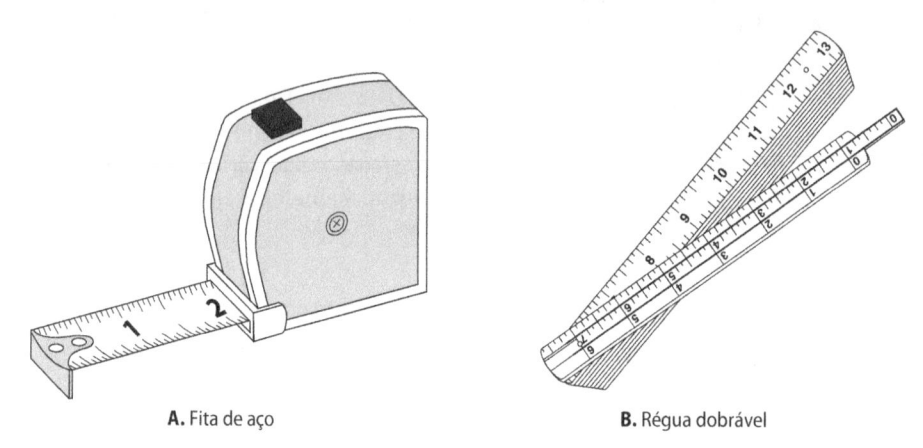

Figura 2-23 Ferramentas de medição.

FURADEIRAS ELÉTRICAS. Furadeiras elétricas (Figura 2-24) são usadas para fazer furos em madeira, metal e concreto. O tamanho de uma broca é determinado pelo tamanho do mandril e pela potência do motor. O mandril é a parte da furadeira que acomoda a broca. Furadeiras com mandril de 3/8″ acomodam brocas de qualquer tamanho até 3/8″ de diâmetro. Furadeiras elétricas portáteis e reversíveis, alimentadas por bateria, também são bastante populares. As furadeiras de impacto (ou furadeiras com martelete, como são popularmente chamadas) são usadas para furar concreto e materiais de alvenaria mais duros.

O tipo de broca necessária é determinado pelo tamanho do furo, pela profundidade do furo e pelo tipo de material a ser perfurado. As *brocas helicoidais* são usadas em furadeiras elétricas para fazer furos em metais e em madeira (dependendo da broca, ela pode ser apenas para furar madeira – veja a Figura 2-24), e estão disponíveis em aço carbono e aço rápido. As *brocas de alta velocidade* mais caras são usadas para a perfuração de materiais duros, porque elas podem resistir a uma maior quantidade de calor. As *brocas para alvenaria com ponta em carboneto* são usadas para perfurar concreto e alvenaria. Uma *chave de fenda elétrica* usa uma broca de chave de fenda especial para instalar e remover parafusos.

EQUIPAMENTOS DE SOLDA. A pistola de solda [Figura 2-25(a)] é uma ferramenta de solda comum para soldagens em geral. O ferro de solda [Figura 2-25(b)] é uma ferramenta de solda comum para a soldagem de placas de circuito impresso. A disponibilidade de uma variedade de pontas para o ferro de solda permite uma soldagem com grande precisão.

Serras copos e punções de furo são usados para fazer aberturas em invólucros elétricos para a instalação de eletrodutos (Figura 2-26).

Broca helicoidal para metal e madeira

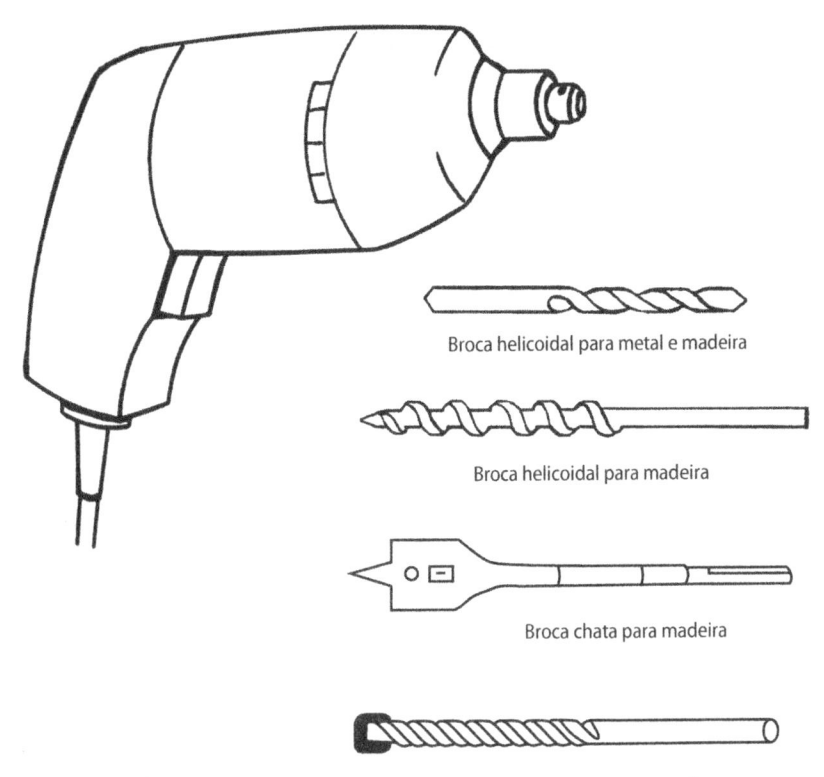

Broca helicoidal para madeira

Broca chata para madeira

Broca para alvenaria com ponta em carboneto

Figura 2-24 Furadeira elétrica e brocas.

A. Pistola de solda

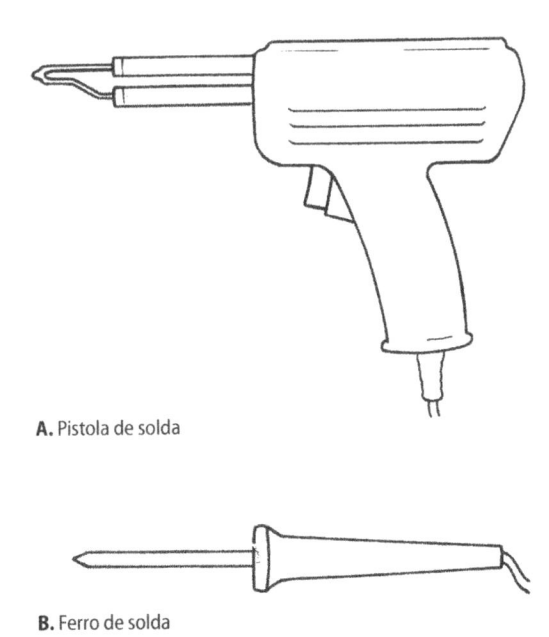

B. Ferro de solda

Figura 2-25 Equipamentos de solda.

Punções de furo

Serras copos

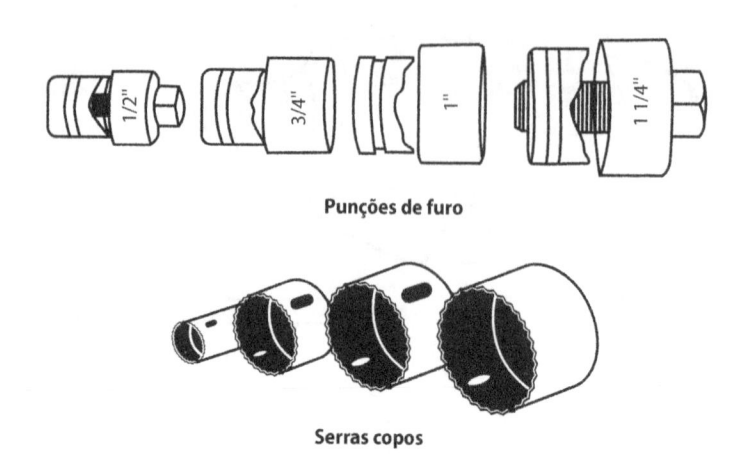

Figura 2-26 Serras copos e punções de furo.

Os níveis (Figura 2-27) são usados no nivelamento de invólucros e eletrodutos.

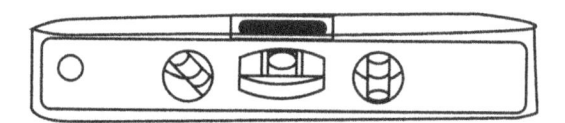

Figura 2-27 Nível.

O cortador de cabo fornece um corte por cisalhamento para cabos de diâmetros relativamente grandes. Esse tipo de cortador faz um corte limpo e uniforme, o que facilita o encaixe em terminais (Figura 2-28).

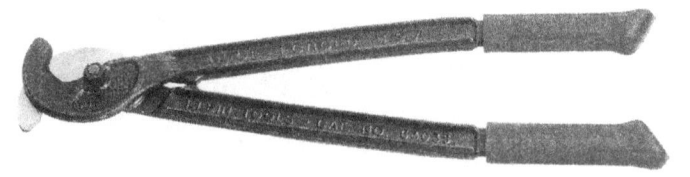

Figura 2-28 Cortador de cabo. (Cortesia da Klein Tools, Inc.)

A rosqueadeira manual e o torno mecânico são usados para fazer roscas em tubos rígidos em uma variedade de pontos no local de trabalho (Figura 2-29).

A rosqueadeira elétrica é usada para fazer roscas em tubos rígidos em um local fixo (Figura 2-30).

A ferramenta de mandrilamento é usada para remover arestas de dentro de conduítes rígidos (Figura 2-31).

Os dobradores de conduítes são usados para dobrar conduítes rígidos em uma variedade de formas (Figura 2-32).

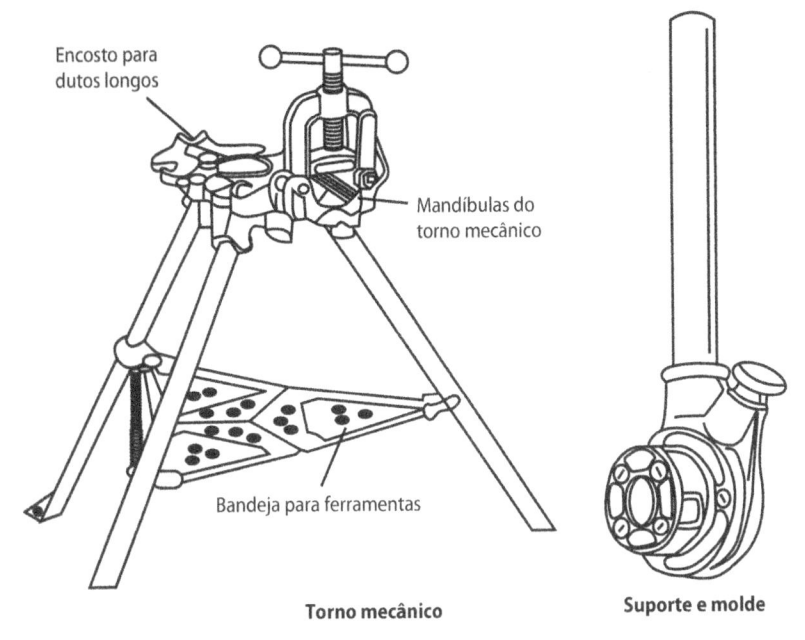

Figura 2-29 Rosqueadeira manual e torno mecânico.

Figura 2-30 Rosqueadeira elétrica. (Cortesia da Ridgid)

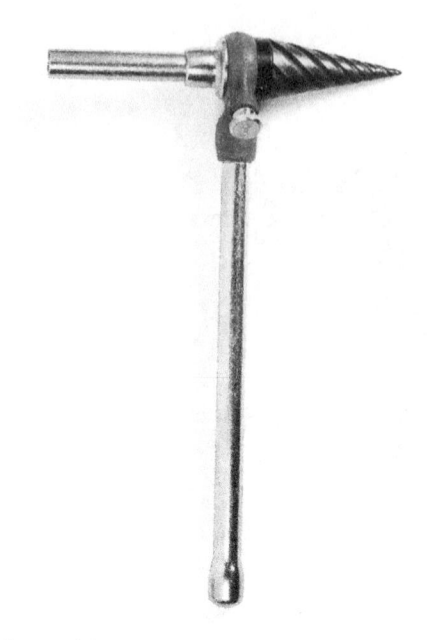

Figura 2-31 Ferramenta de mandrilamento. (Cortesia da Ridgid)

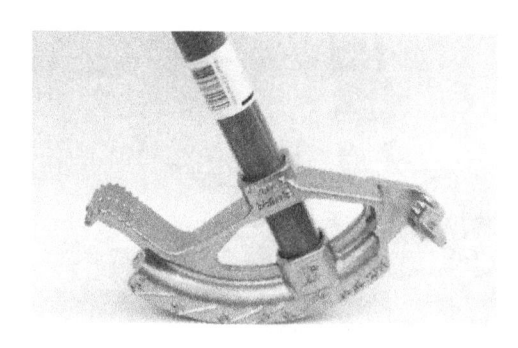

Dobrador manual

Dobrador hidráulico

Figura 2-32 Dobradores de conduíte. (© Tom Pantages)

Um *conjunto de moldes* fornece ferramentas para rosqueamento em aplicações de montagem de painel, parafusos, porcas e hastes de aço (Figura 2-33).

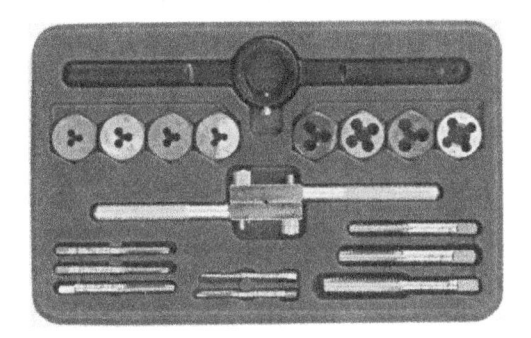

Figura 2-33 Conjunto de moldes. (© Tom Pantages)

Um *puxador de fio elétrico* é usado para puxar grandes fios e/ou cabos para o local de instalação (Figura 2-34).

Figura 2-34 Puxador de fio elétrico. (Cortesia da Greenlee Textron)

» Organização e uso de ferramentas

Para serem eficazes, as ferramentas devem estar disponíveis quando necessárias. As ferramentas podem ser organizadas de diversas formas, dependendo de onde e com que frequência elas são usadas. Uma bolsa de couro de ferramentas as mantém à mão para a instalação e manutenção de equipamentos. Se as ferramentas são usadas em uma bancada de reparo, um quadro de ferramentas talvez seja apropriado. Se as ferramentas forem utilizadas tanto em uma bancada como no local de trabalho, uma caixa de ferramentas portátil ou uma maleta de ferramentas ou uma bolsa de ferramentas é geralmente a melhor opção (Figura 2-35).

Um trabalhador qualificado é frequentemente avaliado pela qualidade e pela condição de suas ferramentas. Ferramentas de qualidade manipuladas de forma correta durarão indefinidamente. Alguns cuidados que você pode tomar para manter as suas ferramentas em boas condições de funcionamento são:

1. Mantenha as ferramentas limpas e bem lubrificadas.
2. Guarde as ferramentas de forma adequada.
3. Use a ferramenta correta para o trabalho.
4. Use o tamanho correto de ferramenta para o trabalho.
5. Mantenha furadeiras, brocas e lâminas de serra afiadas.
6. Substitua as lâminas das serras de arco sempre que necessário.
7. Nunca use uma lima sem um punho de ajuste firme.
8. Martelos com cabeças frouxas devem ser substituídos.
9. Alicates de bico devem ser usados em fios de luz apenas. As pontas vão quebrar ou dobrar se utilizadas para outros fins.
10. Alicates não devem ser utilizados em porcas, uma vez que isso danificará tanto os alicates quanto as porcas.
11. Nunca exponha alicates a calor excessivo. Isso pode tirar a têmpera e arruinar a ferramenta.
12. Nunca utilize um alicate como martelo.

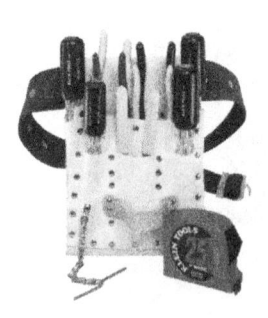

Bolsa de ferramentas   Maleta de ferramentas   Caixa de ferramentas portátil

Figura 2-35 Armazenamento de ferramentas. (Cortesia da Klein Tools, Inc.)

13. Nunca utilize uma chave de parafusos que tem uma ponta muito grande ou muito pequena para o parafuso.
14. Nunca use uma chave de fenda como uma alavanca ou talhadeira.
15. Mantenha a pistola de solda e as pontas do ferro de solda limpas.
16. Sempre que possível, em vez de puxar, empurre uma chave.
17. Não use o cabo do martelo para golpear.
18. Sempre use uma chave inglesa grande o suficiente para lidar com o trabalho. A utilização de uma chave muito pequena pode quebrar a mandíbula móvel.
19. Ao substituir a lâmina de uma serra de arco, tenha certeza de montar a lâmina com seus dentes inclinados para longe da alça.
20. Os cabos/alças de plástico são projetados para conforto e não para isolamento elétrico. Ferramentas com alto isolamento dielétrico estão disponíveis e são assim identificadas. Não confunda os dois tipos.

» Questões de revisão

11. Indique o tipo de chave de fenda usado para apertar e desapertar um parafuso com uma inserção na forma de X em sua cabeça.
12. Indique a ferramenta mais adequada para fazer laços nas extremidades dos fios para a conexão em terminais do tipo parafuso.
13. Indique a ferramenta mais adequada para remover pregos.
14. Indique a ferramenta mais adequada para fazer furos em superfícies acabadas a fim de montar uma caixa de tomada elétrica.
15. Indique a ferramenta mais adequada para puxar um fio através de um eletroduto de ¾ polegadas.
16. Indique a ferramenta mais adequada para cortar e torcer fios.
17. O que poderia acontecer caso você usasse uma chave de fenda padrão com uma ponta muito estreita para a ranhura do parafuso?
18. Por que alicates convencionais não devem ser usados para apertar ou afrouxar porcas?
19. Por que não é seguro usar um tubo de extensão para aumentar a alavancagem de uma chave inglesa?
20. Você tem a tarefa de substituir a lâmina de uma serra de arco. Em que sentido os dentes da nova lâmina devem ser montados?

» Dispositivos de fixação

Dispositivos de fixação estão disponíveis em muitas formas para o suporte de componentes e de equipamentos elétricos/eletrônicos. Fixadores *permanentes* são usados quando as peças não deverão ser desmontadas e incluem soldagem, pregagem, colagem e rebitagem. Fixadores *temporários* são utilizados quando as peças podem ser desmontadas em algum momento futuro e incluem parafusos, cavilhas, chaves e pinos. Para executar um trabalho elétrico seguro e de qualidade, é importante usar o tipo e o tamanho corretos de fixador para a aplicação específica e instalá-lo adequadamente.

FIXADORES TIPO PARAFUSO. *Parafusos de máquina e unidades de porca* (Figura 2-36) são usados principalmente para juntar metal a uma variedade de outros materiais. Eles são produzidos em diversas espessuras e passos de rosca, dependendo da quantidade de força de suporte e de compressão necessária. O parafuso de rosca grossa é instalado mais rapidamente, uma vez que a porca avança ao longo do parafuso por uma distância maior a cada volta completa. Os parafusos de rosca fina requerem mais voltas da porca para apertá-los, porém uma excelente compressão é obtida entre as superfícies unidas.

A maioria das porcas usadas com fixadores de rosca é hexagonal ou quadrada. Porcas de orelha (borboleta) são concebidas para permitir um rápido aperto (ou afrouxo) do fixador sem a necessidade de uma chave.

Existem muitos tipos de roscas usadas para a fabricação de parafusos. As roscas empregadas em parafusos são fabricadas segundo padrões industriais estabelecidos para fins de uniformização, sendo projetadas para diferentes aplicações. O padrão de rosca mais comum é o padrão *Unificado*, por vezes referido como padrão *Americano*. Padrões unificados foram estabelecidos para três *séries de roscas*, conforme a seguir:

- A *série de rosca grossa UNC/UNRC* do padrão Unificado é o sistema de rosca mais utilizado, sendo empregado na maioria dos parafusos e das porcas. Ela é usada para a produção de roscas em materiais de baixa resistência, como ferro fundido, aço macio, ligas de cobre mais moles, alumínio, etc. A rosca grossa também é utilizada para a montagem ou desmontagem rápida.

- A *série de rosca fina UNF/UNRF* do padrão Unificado é usada para aplicações que exigem uma maior resistência do que a série de rosca grossa e onde uma parede fina é requerida.

- A *série de rosca extrafina UNEF/UNREF* do padrão Unificado é usada quando o comprimento de acoplamento é menor que o da série de rosca fina. Ela também é utilizada em todas as aplicações nas quais a série de rosca fina pode ser usada.

O padrão Unificado também estabelece *classes de rosca*. As diversas classes têm diferentes valores de tolerância. As Classes 1A, 2A e 3A se aplicam às roscas externas; as Classes 1B, 2B e 3B se aplicam às roscas internas. As classes 3A e 3B fornecem uma folga mínima e as classes 1A e 1B fornecem uma folga máxima. A Figura 2-37 ilustra como as roscas de parafuso são designadas para fixadores.

Parafusos de máquina

Orelha　Hexagonal　Quadrada

Porcas de parafusos de máquinas

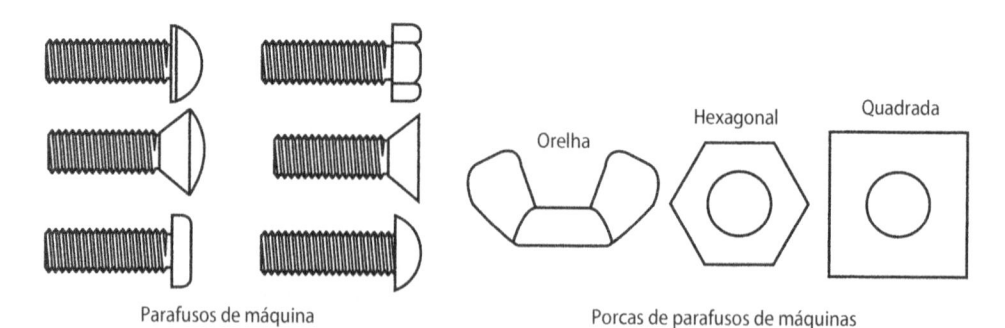

Figura 2-36 Parafusos de máquina e unidades de porca.

Designação

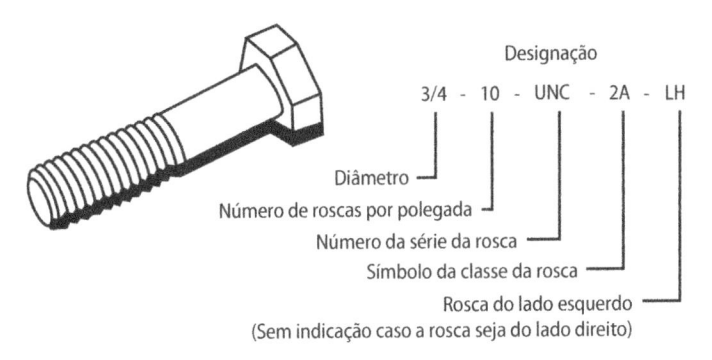

3/4 - 10 - UNC - 2A - LH

- Diâmetro
- Número de roscas por polegada
- Número da série da rosca
- Símbolo da classe da rosca
- Rosca do lado esquerdo (Sem indicação caso a rosca seja do lado direito)

Figura 2-37 Designação de roscas de parafuso para fixadores.

Arruelas planas padrão se encaixam sobre um parafuso para proporcionar uma superfície alargada. Elas são usadas para distribuir a carga do fixador ao longo de uma área maior e para evitar a desfiguração das superfícies. *Arruelas de pressão* são projetadas para impedir o afrouxamento de parafusos e de porcas (Figura 2-38).

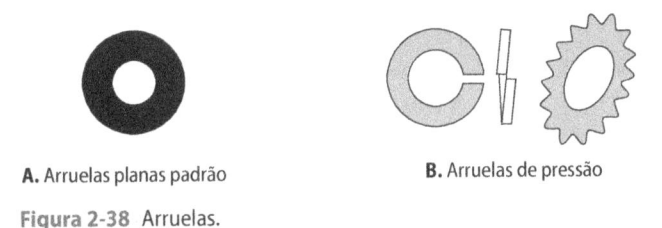

A. Arruelas planas padrão

B. Arruelas de pressão

Figura 2-38 Arruelas.

Roscas formando *parafusos autoatarrachantes* (ou autorroscantes) (Figura 2-39) proporcionam um excelente ajuste e uma montagem rápida na união de metal com metal. Tais parafusos formam uma rosca à medida que são instalados. Essa ação de formação de rosca elimina a necessidade de rosquear o furo antes de instalar o parafuso. Em vez disso, é necessário apenas um furo piloto do tamanho adequado. Alguns tipos de parafuso autoatarrachantes também perfuram seus próprios furos, eliminando, assim, a necessidade de perfuração prévia e o alinhamento de partes. Os parafusos autoatarrachantes são utilizados principalmente para fixar peças metálicas juntas.

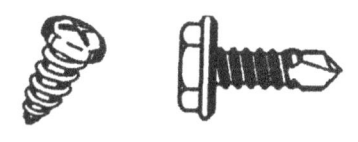

Figura 2-39 Parafusos autoatarrachantes.

Parafusos para madeira (Figura 2-40) são produzidos em vários comprimentos e diâmetros. Eles normalmente são usados para prender caixas e invólucros de painel em molduras de madeira, naquelas situações em que uma força maior de fixação, superior àquela fornecida apenas por pregos, é necessária. A distância entre a cabeça e a ponta do parafuso determina o comprimento do parafuso para madeira. Um número de calibre variando de 0 a 24 indica o diâmetro. Quanto maior for o número de calibre do parafuso, maior será o seu diâmetro. Ao selecionar o comprimento de um parafuso de madeira a ser utilizado, uma boa regra prática é selecionar um longo o suficiente para permitir a entrada de cerca de 2/3 do comprimento do parafuso na peça de madeira que está sendo presa.

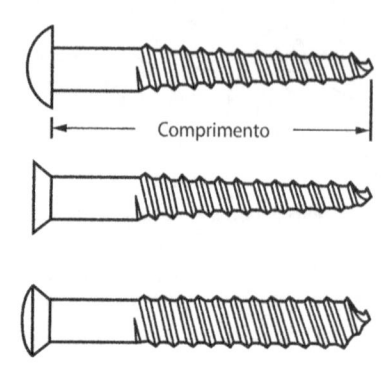

Figura 2-40 Parafusos para madeira.

FIXADORES PARA ALVENARIA. Devido ao uso extensivo de materiais de alvenaria (cimento e tijolo), grande parte dos equipamentos elétricos instalados deve ser fixada nessas superfícies. *Parafusos para concreto/alvenaria* (Figura 2-41) são utilizados para fixar um dispositivo ao concreto, bloco ou tijolo, sem o uso de um chumbador. Parafusos para concreto/alvenaria são projetados para puncionar roscas em um furo previamente feito em concreto, tijolo ou bloco. O parafuso é introduzido no furo previamente feito, que deve ter o diâmetro e a profundidade especificados pelo fabricante. Enquanto são introduzidas no concreto, as roscas espaçadas sobre os parafusos fazem cortes nas paredes internas do furo, de modo a proporcionar um bom ajuste de atrito.

Chumbadores mecânicos (ou parafusos de ancoragem) são utilizados para prender fixadores em uma variedade de materiais, naqueles casos em que os fixadores propriamente ditos teriam tendência de sair. Todos os chumbadores, embora tenham *designs* diferentes, funcionam com base no mesmo princípio. Eles têm uma superfície exterior (jaqueta) que é tornada áspera por serrilhas. Essa rugosidade aumenta o atrito entre o chumbador e a superfície do furo no qual o chumbador está sendo inserido. Depois de introduzido e ajustado o chumbador no furo, a expansão pela ação do cone se dará de acordo com o torque a ser aplicado ao parafuso.

Chumbadores de um passo podem ser instalados através de furos de montagem no componente a ser fixado. Isso porque o chumbador e o furo no qual ele é instalado têm o mesmo diâmetro. Tipos de chumbadores de um passo incluem: chumbador passante rosca externa, chumbador com prisioneiro, chumbador com bucha e chumbador com parafuso. A Figura 2-42 mostra a instalação de um *chumbador passante rosca externa*. Esses chumbadores vêm com porcas e arruelas. A profundidade efetiva do furo não é crítica, desde que o comprimento mínimo recomendado pelo fabricante seja mantido. Uma vez feito o furo, deve-se limpá-lo, pois um furo limpo é necessário para o desempenho adequado. Em seguida, o chumbador é introduzido no furo com o auxílio de um martelo ou marreta, deixando fios de rosca suficientes para a colocação da arruela e da porca. Finalmente, a porca do chumbador é rosqueada, dando início à expansão da presilha (jaqueta). Ao encontrar resistência, a fixação do componente estará concluída.

Parafusos de alvenaria e buchas são empregados para fixar equipamentos pesados em estruturas de alvenaria (Figura 2-43). Uma bucha é um tubo de chumbo seccionado longitudinalmente, mas que permanece junto em uma extremidade. Ela é colocada em um furo previamente feito na alvenaria. Quando o parafuso é inserido na bucha e apertado, a bucha se expande no furo segu-

Tapcon® é usado para realizar fixações em alvenaria... apenas faça o furo e insira o parafuso.

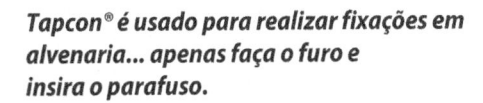

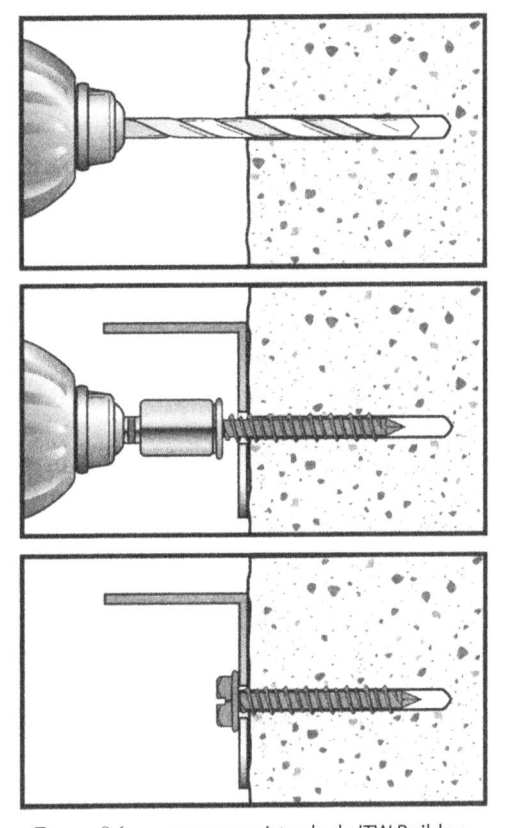

Tapcon® é uma marca registrada da ITW Buildex.

Figura 2-41 Parafuso para concreto/alvenaria. (Usado com permissão da ITW Brands. Tapcon® é uma marca registrada da ITW Buildex)

A. Chumbador

1. Faça o furo.
2. Limpe o furo.
3. Introduza o chumbador.
4. Aperte a porca do chumbador.

B. Instalação

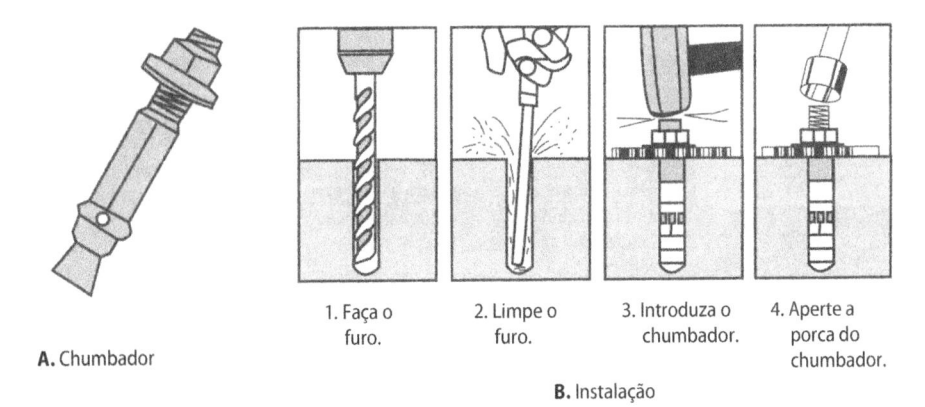

Figura 2-42 Instalação de um chumbador.

rando firmemente o parafuso. É importante utilizar o comprimento adequado a fim de atingir a quantidade de expansão correta. O comprimento do parafuso usado deve ser igual à espessura do componente sendo fixado mais o comprimento da bucha. Além disso, a profundidade do furo na alvenaria deve ser cerca de ½ polegada maior do que a bucha sendo usada.

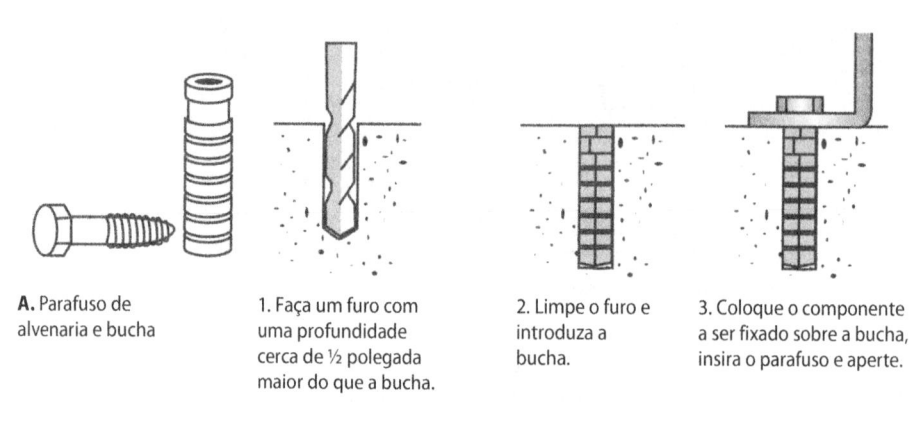

A. Parafuso de alvenaria e bucha

1. Faça um furo com uma profundidade cerca de ½ polegada maior do que a bucha.

2. Limpe o furo e introduza a bucha.

3. Coloque o componente a ser fixado sobre a bucha, insira o parafuso e aperte.

B. Instalação

Figura 2-43 Instalação de parafuso de alvenaria e bucha.

Chumbadores com parafuso devem ser instalados nivelados com a superfície do material base. Eles são utilizados em conjunto com parafusos autoatarrachantes ou parafusos para madeira, dependendo do tipo de fixação. Chumbadores de plástico e de nylon são tipos comuns de chumbadores com parafuso. Depois de sua instalação, a jaqueta do chumbador se expande quando o parafuso é apertado. Ele pode ser usado em todos os tipos de material base, incluindo

A. Chumbador com parafuso

1. Faça um furo com diâmetro igual ao diâmetro nominal do chumbador. Furos sobredimensionados dificultarão o acionamento do chumbador e reduzirão a sua capacidade de carga.

2. Insira o chumbador no furo. Bata com o martelo até o chumbador nivelar com o material base.

3. Posicione o componente a ser fixado, insira o parafuso e aperte.

B. Instalação

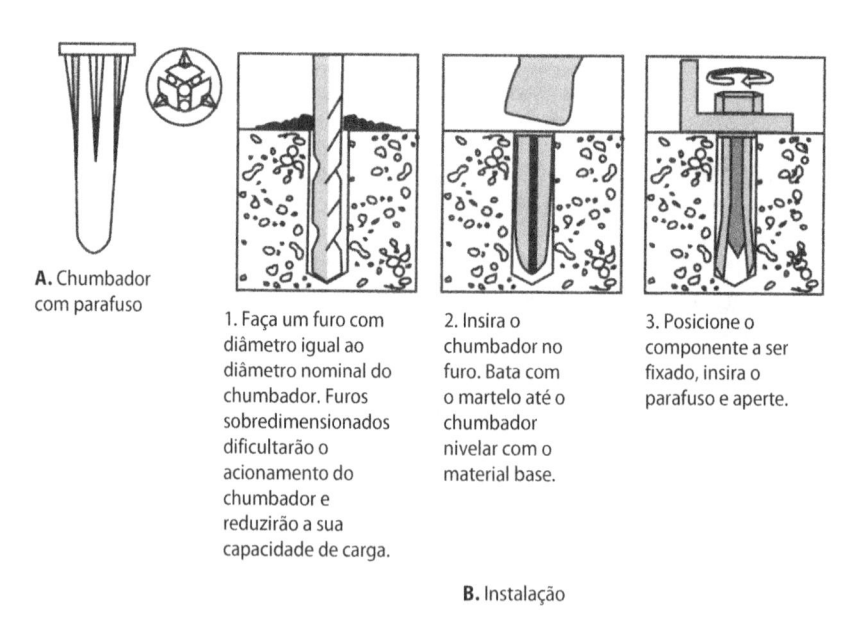

Figura 2-44 Instalação de um chumbador com parafuso.

concreto e parede de gesso. Alguns têm um flange resistente à torção para uso em paredes finas e materiais ocos. A Figura 2-44 ilustra uma instalação comum de chumbador com parafuso.

Chumbadores autoperfurantes (Figura 2-45) feitos para uso em alvenaria têm uma bucha cortante que é, primeiramente, usada como uma broca e, posteriormente, torna-se o elemento de fixação expansível propriamente dito. A instalação do chumbador autoperfurante requer um martelete e um mandril especial, que segura o cone superior do corpo do chumbador (o chumbador será acoplado ao mandril como uma broca). Para evitar que o chumbador fique alojado no furo, ele deve ser limpo durante o processo de perfuração. Depois que o furo é feito, o chumbador é removido e o plugue externo (bala) é inserido na extremidade expansiva do chumbador. O chumbador é, então, reinserido no buraco e a ferramenta é acionada para provocar a expansão. Uma vez acionada a expansão, o cone superior é quebrado (com um golpe de marreta, por exemplo) no ponto de corte e o componente é fixado ao chumbador utilizando um parafuso de tamanho adequado.

A. Chumbador autoperfurante

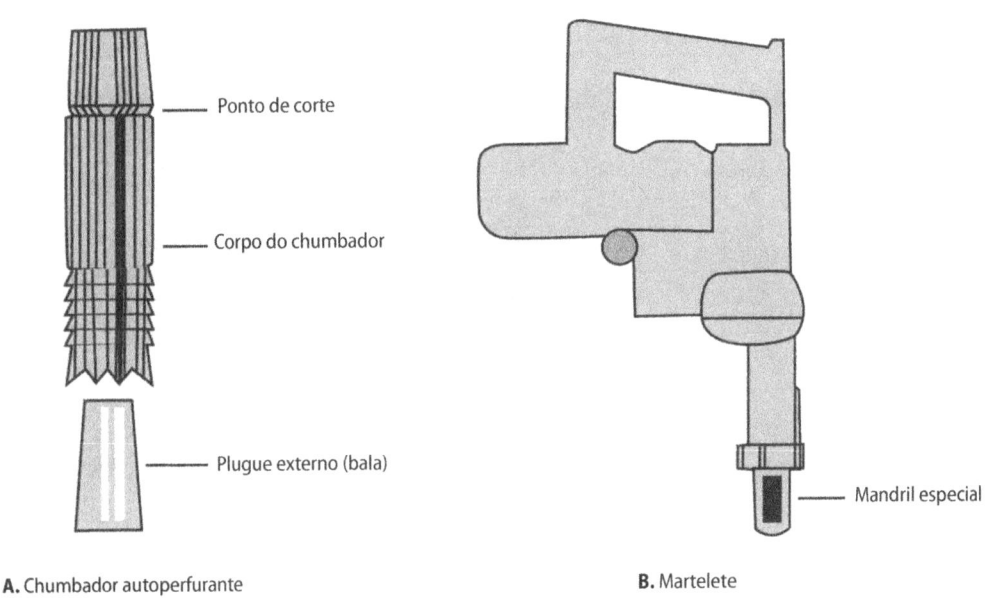

B. Martelete

Figura 2-45 Chumbadores autoperfurantes.

FERRAMENTAS ACIONADAS A PÓLVORA E FIXADORES. *Ferramentas acionadas a pólvora* são usadas para introduzir em alvenaria e em aço diferentes tipos de pinos e de fixadores especialmente projetados (Figura 2-46).

Elas são ferramentas manuais capazes de introduzir pinos, parafusos ou objetos similares dentro ou através de materiais de construção, por meio de uma força explosiva derivada da detonação de um cartucho que contém um explosivo. Essas ferramentas, que se assemelham e disparam como uma arma, usam a força da carga de pólvora detonada para empurrar o fixador através do material. Essas ferramentas representam um perigo inerente superior àquele associado a ferramentas comuns, porque a ferramenta atira fixadores em direção ao material base (concreto ou aço). Qualquer pessoa que opere uma ferramenta de fixação com acionamento a pólvora deve ser um operador certificado.

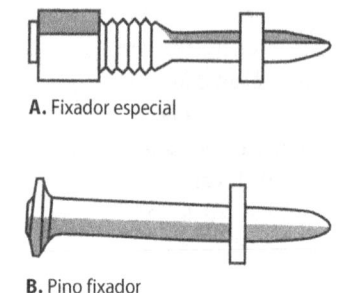

A. Fixador especial

B. Pino fixador

C. Ferramenta de instalação

Figura 2-46 Ferramentas acionadas a pólvora e fixadores. (Cortesia da Hilti, Inc.)

FIXADORES DE PAREDE OCA. Muitas operações de fixação têm de ser realizadas em materiais, como gesso, cuja superfície é geralmente muita fina e possui baixa densidade para acomodar qualquer chumbador que não seja um pequeno chumbador com parafuso. O *parafuso com asas* (Figura 2-47) é projetado para fazer uso do espaço oco por trás do gesso ou de uma superfície similar. As asas de aço são instaladas no parafuso de máquina depois de ele ter passado através do dispositivo a ser montado. Em seguida, as asas são inseridas dentro do furo previamente feito na superfície de montagem. Uma vez livres na parte de trás do furo, as asas se abrem dentro da parede por uma mola. Ao apertar o parafuso de máquina, as asas são trazidas para cima, de modo que fiquem contra a superfície interna, prendendo, assim, o dispositivo montado. Esse tipo de fixador, uma vez instalado, não pode ser reutilizado, dado que é praticamente impossível remover a porção da asa aberta do espaço atrás da parede.

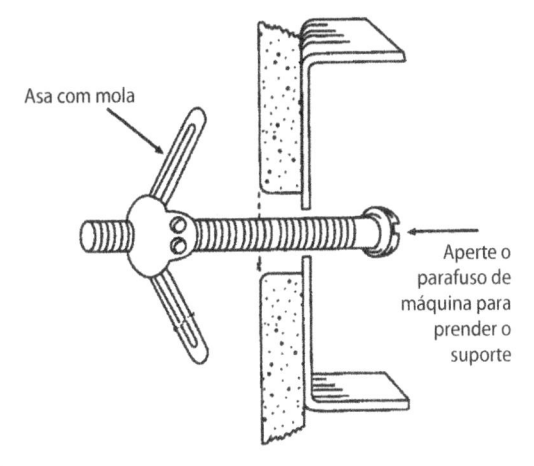

Figura 2-47 Parafuso com asa.

Quando é necessário remover e substituir equipamentos, um *parafuso com bucha de expansão*, como o mostrado na Figura 2-48, pode ser usado. Garras na parte de baixo da cabeça agarram com firmeza a parede ou outro meio, evitando que o dispositivo gire enquanto é instalado. À medida que o parafuso é girado, a bucha expande, prendendo-se às costas do meio. Uma vez instalado, o parafuso pode ser removido quantas vezes forem necessárias. O parafuso de expansão padrão é instalado ao fazer um furo com o diâmetro desejado. Também existe o parafuso de expansão com ponta, que é martelado para dentro do material sem a necessidade de fazer um furo de montagem.

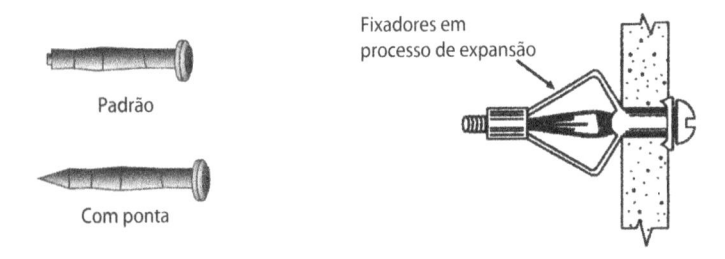

Figura 2-48 Parafusos com bucha de expansão.

Buchas para placas de gesso (Figura 2-49) são utilizadas para a instalação de fixadores em paredes de gesso. A bucha é introduzida na parede com uma chave de fenda Phillips até que a cabeça da bucha fique nivelada com a superfície da parede. Em seguida, o componente a ser fixado é posicionado sobre a bucha e, então, preso com um parafuso autoatarrachante, que é parafusado na bucha. Ao instalar qualquer tipo de bucha em paredes ocas ou forros, você deve seguir as especificações do fabricante relativas ao uso, ao diâmetro do furo, à espessura da parede e às capacidades de carga de cisalhamento e de arrancamento.

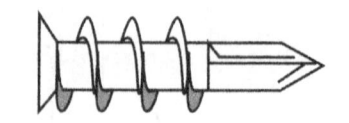

Bucha de parafuso para placas de gesso

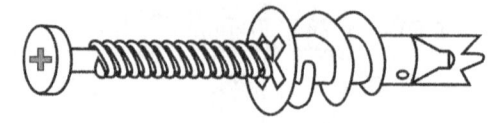

Bucha de parafuso para placas de gesso e fixador

Figura 2-49 Instalação de um parafuso em placa de gesso.

>> Questões de revisão

21. Em que tipo de classificação de fixador se enquadraria um rebite? Por quê?
22. Compare as vantagens e desvantagens de parafusos de máquinas e unidades de porca de rosca grossa e rosca fina.
23. Cite os três tipos de série de rosca do padrão Unificado.
24. Compare a função de uma arruela padrão com a de uma arruela de pressão.
25. Qual é a principal aplicação dos parafusos autoatarrachantes?
26. Ao selecionar o comprimento correto de um parafuso para madeira em uma dada aplicação, qual regra deve ser seguida?
27. Cite quatro tipos de fixadores para alvenaria.
28. Cite duas aplicações para as ferramentas acionadas a pólvora e os fixadores.
29. Que tipo de fixador para parede oca não deve ser usado quando pode haver a necessidade de remover e substituir o equipamento?
30. Cite quatro especificações de fabricante que você deve considerar na instalação de qualquer tipo de fixador em paredes ocas.

>> Tópicos de discussão do capítulo e questões de pensamento crítico

1. Determine a faixa de medição de tensão, de corrente e de resistência para um multímetro qualquer.
2. Cite as razões pelas quais instrumentos digitais são mais populares do que instrumentos analógicos.
3. Por que megôhmetros não devem ser usados em equipamentos eletrônicos sensíveis?
4. Praticamente toda tarefa que você realiza no trabalho requer o uso de uma ou mais ferramentas manuais comuns. Se você foi contratado como eletricista aprendiz, trabalhando com instalações elétricas residenciais, liste quais ferramentas você escolheria para a sua bolsa de ferramentas. Indique pelo menos uma tarefa que você provavelmente pode executar com cada uma das ferramentas listadas.
5. Ao fazer furos em alvenaria para alguma operação de fixação, você foi advertido a limpar o furo depois de ele ter sido feito. Por que isso? O que você pode usar para realizar esta operação?

capítulo 3

Condutores, semicondutores e isolantes

A maior parte dos materiais elétricos pertence a um dos três grandes grupos: condutores, isolantes e semicondutores. As fronteiras entre esses três grupos nem sempre são muito bem definidas e diversos materiais e substâncias não podem ser facilmente colocados em um grupo ou em outro. Neste capítulo, aprenderemos a importante relação entre átomos e eletricidade e como tal relação nos auxilia a identificar materiais condutores, semicondutores e isolantes.

Objetivos deste capítulo

» Descrever a estrutura e as propriedades de um átomo
» Explicar a diferença entre condutores, isolantes e semicondutores e comparar suas aplicações
» Explicar como o processo de ionização produz cargas positivas e negativas
» Definir eletricidade em termos do fluxo de elétrons

≫ Teoria eletrônica da matéria

A *teoria eletrônica da matéria* ajuda a explicar como a eletricidade funciona. Toda a matéria – sólidos, líquidos e gases – é feita de pequenas partículas que são chamadas *moléculas*. As moléculas são tão pequenas que são invisíveis a olho nu. De fato, milhões de moléculas são encontradas na cabeça de um alfinete. Uma molécula é definida como a menor partícula de matéria que pode existir por si só e ainda manter todas as propriedades da substância original.

As moléculas são feitas de partículas ainda menores, cada uma das quais é chamada *átomo*. Os átomos, por sua vez, são divididos em partículas ainda menores. Essas partículas subatômicas menores são conhecidas como *elétrons*, *prótons* e *nêutrons* (Figura 3-1). As características que tornam um átomo diferente de outro também determinam as propriedades elétricas dos átomos.

Existem 92 átomos que ocorrem naturalmente (são encontrados na natureza), chamados *elementos naturais*. Eles são colocados em uma tabela periódica em sequência por seu número atômico e peso atômico. Há cerca de outros 22 elementos, chamados *elementos sintéticos*, que não são encontrados na natureza. Esses dois grupos compreendem os 114 elementos conhe-

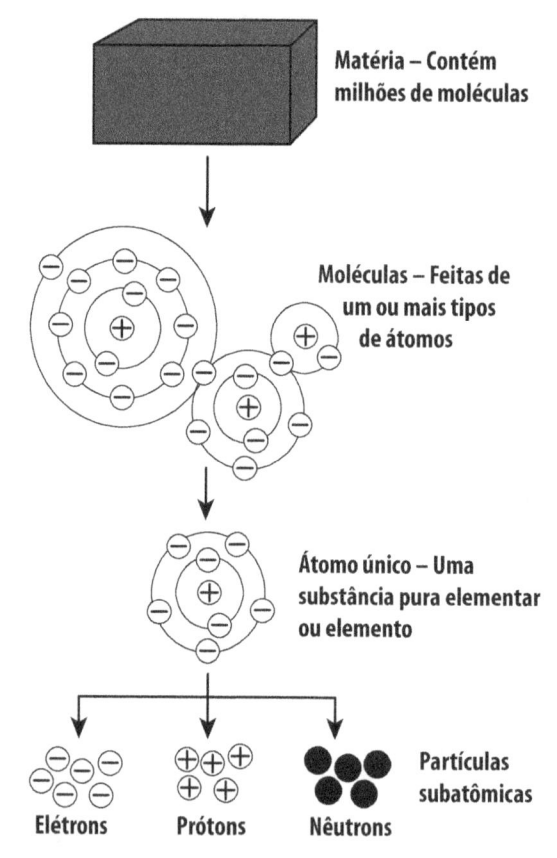

Figura 3-1 Um modelo da estrutura da matéria.

cidos até a presente data de publicação deste livro. Os elementos não podem ser alterados por reações químicas, mas podem ser combinados para formar diferentes tipos de compostos.

» Modelo de Bohr da estrutura atômica

O modelo de um átomo, como proposto pelo físico Niels Bohr, fornece um conceito de sua estrutura que é útil na compreensão dos fundamentos da eletricidade. De acordo com Bohr, o átomo é similar a um sistema solar em miniatura. Assim como o sol no sistema solar, o *núcleo* está localizado no centro do átomo. Pequenas partículas, chamadas elétrons, giram em órbita em torno do núcleo, assim como os planetas giram em torno do sol (Figura 3-2). Os elétrons são impedidos de serem puxados para dentro do núcleo pela força associada aos seus momentos. Além disso, eles são impedidos de voarem para o espaço por uma força de atração entre o elétron e o núcleo. Essa atração se deve à carga elétrica do elétron e do núcleo. O elétron tem uma carga negativa (–), enquanto o núcleo tem uma carga positiva (+). Essas cargas contrárias se atraem.

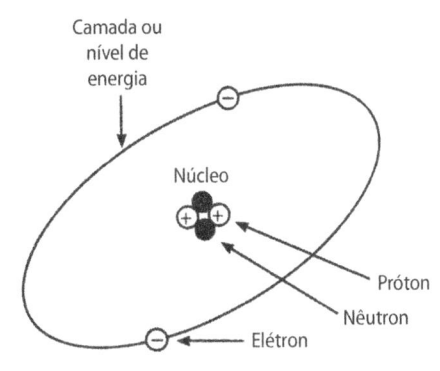

Figura 3-2 Estrutura de um átomo.

A maior parte da massa de um átomo é encontrada em seu núcleo. As partículas encontradas no núcleo são chamadas prótons e nêutrons. Um próton tem uma carga elétrica positiva (+), que é exatamente igual em intensidade (valor) à carga negativa (–) de um elétron. O elétron é muito mais leve do que o próton. A massa (ou o peso) do nêutron é aproximadamente a mesma que a do próton, porém ele não tem carga elétrica – daí o seu nome, nêutron. Os nêutrons, até onde se sabe, não participam das atividades elétricas comuns. Normalmente, cada átomo contém um mesmo número de elétrons e prótons, tornando sua carga elétrica combinada nula ou neutra. O número total de prótons no núcleo de um átomo é chamado número atômico do átomo. O número total de prótons e nêutrons é conhecido como a massa atômica do átomo. A Figura 3-3 mostra um átomo de alumínio de acordo com o modelo de Bohr.

NÍVEIS DE ENERGIA E CAMADAS. De acordo com o modelo de Bohr do átomo, os elétrons são arranjados em camadas em torno do núcleo. Uma camada é uma camada orbital ou um nível de energia de um ou mais elétrons. As camadas são identificadas por números ou por letras, começando com K para a camada mais próxima do núcleo e continuando em ordem alfabética para fora do átomo (sentido oposto ao núcleo). Há um número máximo de elétrons que podem estar contidos em cada camada. A Figura 3-4 ilustra a relação entre o nível de energia e o número máximo de elétrons que ela pode conter.

Se o número total de elétrons para um dado átomo é conhecido, a distribuição de elétrons em cada camada pode ser facilmente determinada. Cada camada, começando com a primeira e procedendo em sequência, é preenchida com o número máximo de elétrons. Por exemplo, um átomo de cobre comum que tem 29 elétrons teria o seguinte arranjo de elétrons (Figura 3-5):

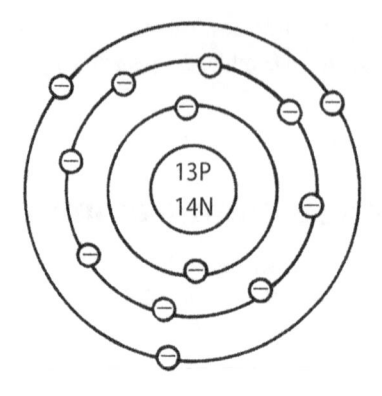

Notas:
1. Número de prótons = Número de elétrons
$$13 = 13$$
2. A carga elétrica líquida é neutra ou nula.
3. Número atômico = Número de prótons
$$= 13$$
4. Massa atômica = Número de prótons + Número de nêutrons
$$= 13 + 14$$
$$= 27$$

Figura 3-3 O modelo de Bohr do átomo de alumínio.

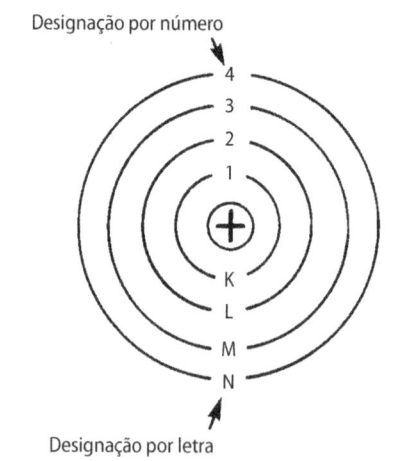

Figura 3-4 Camadas de elétrons.

Letra da camada	Número máximo de elétrons que ela pode conter
K	2
L	8
M	18
N	32

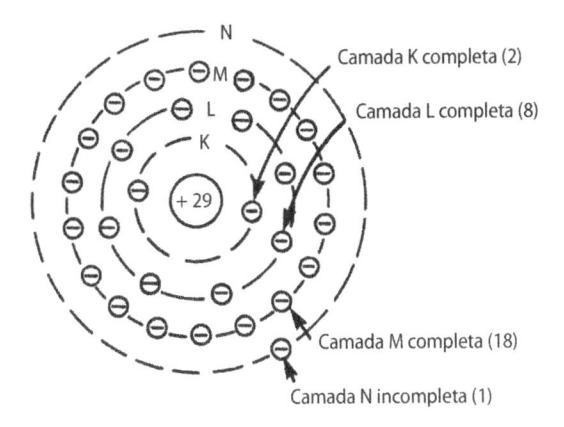

Figura 3-5 Distribuição de elétrons em um átomo de cobre.

Camada K (ou n° 1) = 2 (cheia)

Camada L (ou n° 2) = 8 (cheia)

Camada M (ou n° 3) = 18 (cheia)

Camada N (ou n° 4) = 1 (incompleta)

Diz-se que os elétrons em qualquer camada de um átomo estão localizados em um certo nível de energia. Quanto mais distante do núcleo, maior é o nível de energia do elétron. Quando energia externa, como calor, luz ou eletricidade, é aplicada a certos materiais, os elétrons dentro dos átomos desses materiais ganham energia, o que pode fazê-los se moverem para um nível de energia mais elevado.

>> Íons

É possível, pela ação de alguma força externa, que um átomo perca ou adquira elétrons (Figura 3-6). O átomo carregado resultante é chamado *íon*. Um *íon carregado negativamente* é um átomo que adquiriu elétrons. Ele tem mais elétrons do que prótons e, portanto, está carregado negativamente (−). Um *íon carregado positivamente* é um átomo que perdeu elétrons. Ele tem menos elétrons do que prótons e, portanto, está carregado positivamente (+). O processo pelo qual os átomos ganham ou perdem elétrons é chamado *ionização*.

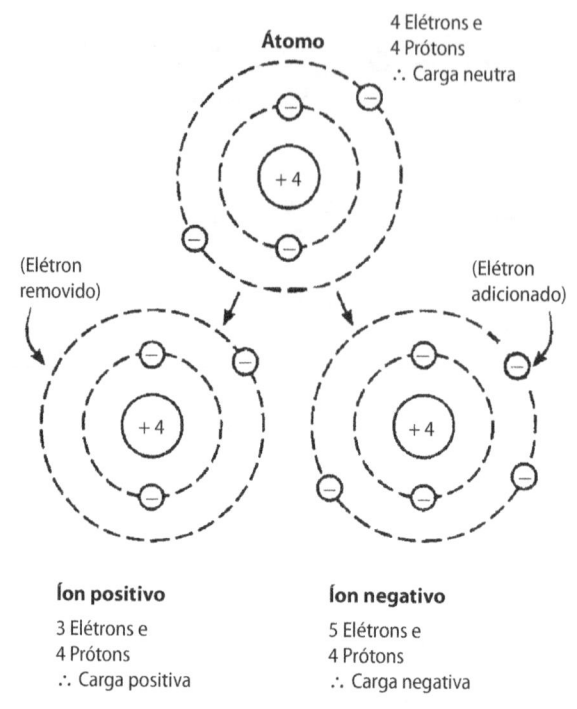

Figura 3-6 Processo de ionização.

>> Questões de revisão

1. Quais são as três partículas subatômicas encontradas dentro de um átomo?
2. Qual partícula tem carga negativa e gira em torno do núcleo do átomo?
3. Qual partícula de um átomo tem carga positiva?
4. Compare o tamanho e a massa (ou o peso) do elétron com aquele do próton.
5. Qual partícula subatômica não tem carga elétrica e não entra em atividade elétrica comum?
6. Como é chamado o processo pelo qual átomos ganham ou perdem elétrons?

>> Definição de eletricidade

Elétrons ligados são aqueles elétrons das camadas mais internas do átomo, que estão ligados aos átomos devido à forte atração do núcleo carregado com carga de sinal contrário. A camada mais externa do átomo é chamada *camada de valência* e seus elétrons são chamados *elétrons de valência*. Devido à grande distância desses elétrons em relação ao núcleo e em função do bloqueio parcial do campo elétrico pelos elétrons ligados nas camadas mais internas, a força de atração exercida sobre os elétrons de valência é menor. Portanto, os elétrons de valência podem se libertar (do átomo) facilmente. Sempre que um elétron de valência é removido de sua órbita, ele se torna um *elétron livre*. A eletricidade é frequentemente definida como o fluxo desses elétrons livres através de um condutor. Diz-se que um material conduz eletricidade quando um elétron de um átomo é forçado de seu caminho orbital por outro elétron. Quando um elétron atinge outro, o elétron atingido ganha energia dessa ação e pula para uma órbita de elétron vizinha. Esse processo é repetido de modo que o elétron que colidiu com o primeiro elétron de valência agora toma o lugar do elétron que pulou para a camada vizinha e se torna o novo elétron de valência (Figura 3-7). Observe que nem toda a energia é transferida quando os elétrons colidem, pois parte dela é perdida na forma de resistência. Essa resistência é advinda dos elétrons de valência que não querem deixar suas órbitas.

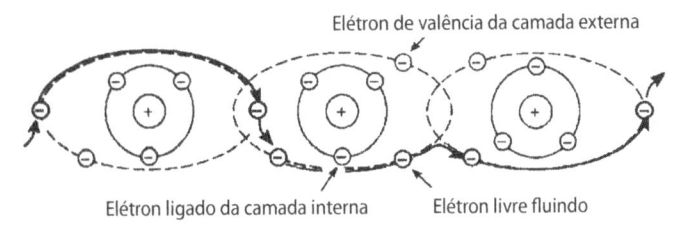

Figura 3-7 Eletricidade – o fluxo de elétrons livres.

>> Condutores, isolantes e semicondutores elétricos

CONDUTORES. Os elétrons podem fluir em toda a matéria. No entanto, esse fluxo é muito mais fácil através de alguns materiais do que em outros. Um bom *condutor* é um material através do qual os elétrons podem fluir facilmente com pequena energia aplicada. Eles oferecem baixa resistência ao fluxo de corrente elétrica. Metais, como a prata, o cobre, o ouro, o ferro e o alumínio, são considerados bons condutores, uma vez que possuem vários elétrons livres. O cobre é um dos metais mais utilizados como condutor de eletricidade devido ao seu custo relativamente reduzido (em relação à prata e ao ouro, por exemplo) e à boa capacidade de condução. O alumínio também é bastante utilizado, sobretudo em linhas de transmissão e redes de distribuição de energia elétrica.

As propriedades de condução elétrica de vários materiais são determinadas pelo número de elétrons na camada mais externa de seus átomos (Figura 3-8). A camada de valência nunca contém mais de oito elétrons. Em geral, um bom condutor tem uma camada de valência incompleta de um, dois ou três elétrons. Os elétrons não são mantidos com tanta intensidade, há espaço para mais e uma pequena tensão elétrica provocará um fluxo de elétrons livres. Quanto mais fácil for para retirar um elétron de sua camada de valência, melhor o átomo conduz eletricidade. Quando o átomo tem apenas um elétron de valência, ele pode ser facilmente forçado de sua órbita por outro elétron.

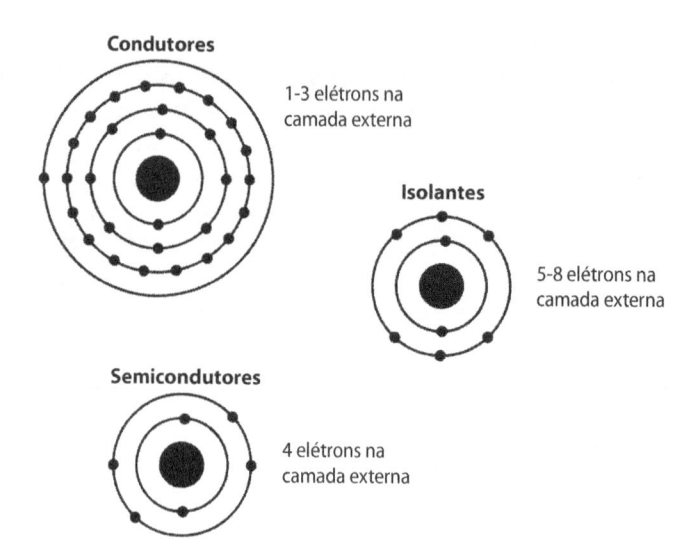

Figura 3-8 Estrutura atômica de condutores, isolantes e semicondutores.

ISOLANTES. Isolante é o nome dado para um material através do qual é muito difícil produzir um fluxo de elétrons. Os isolantes têm poucos, se existirem, elétrons livres e são resistentes ao fluxo de elétrons. Em geral, os isolantes têm camadas de valência cheias com cinco a oito elétrons. Os elétrons são fortemente ligados, a camada é relativamente cheia e uma tensão elétrica muito elevada é necessária para produzir qualquer fluxo de elétrons. Alguns isolantes comuns são o ar, o vidro, a borracha, o plástico, o papel e a porcelana. Os isolantes são usados em circuitos elétricos para manter o fluxo de elétrons ao longo do caminho pretendido do circuito, bem como em capacitores para armazenar cargas elétricas (energia elétrica).

Não existe um material que seja um isolante perfeito. Todo material pode ser forçado de modo a permitir um pequeno fluxo de elétrons de átomo para átomo, se uma energia suficiente na forma de tensão elétrica for aplicada. Sempre que uma corrente elétrica é forçada através de um material classificado como isolante, dizemos que ocorreu a disrupção do isolante ou que o isolante foi rompido.

SEMICONDUTORES. Um semicondutor é um material que tem algumas características tanto de condutores quanto de isolantes. Os semicondutores têm quatro elétrons na camada de valência. Um semicondutor puro pode se comportar como um condutor ou como um isolante, dependendo da temperatura na qual ele é operado. Operado em baixas temperaturas, ele é um isolante razoavelmente bom. Operado em altas temperaturas, ele é um condutor razoavelmente bom. Exemplos comuns de materiais semicondutores puros são o silício e o germânio. Semicondutores especialmente tratados são usados para produzir componentes eletrônicos modernos, como diodos, transistores e *chips* de circuitos integrados. Esses semicondutores são os cérebros eletrônicos das máquinas de alta tecnologia e são usados em tudo, desde eletrodomésticos e sistemas de entretenimento residencial até portões de garagem automáticos e equipamentos de controle de processos industriais (Figura 3-9).

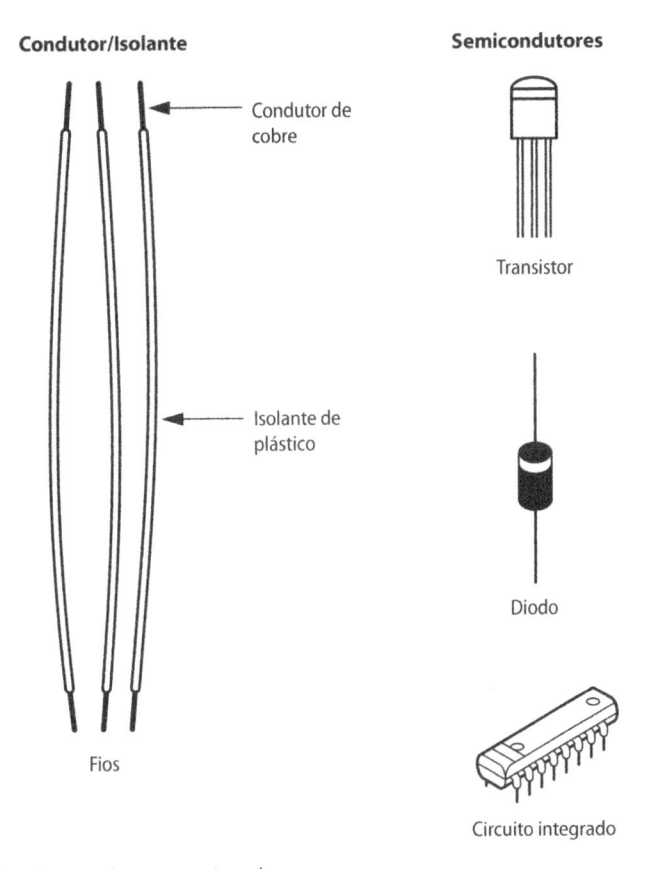

Figura 3-9 Condutor, isolante e semicondutores comuns.

» Verificador de continuidade

Um dispositivo simples composto por uma lâmpada, uma bateria e terminais de teste conectados em um circuito em série pode ser construído para testar materiais com relação à sua capacidade para conduzir eletricidade. A conexão dos dois terminais de teste a um bom condutor produz um fluxo de elétrons através do material, que faz a lâmpada apresentar brilho máximo [Figura 3-10(a)]. Condutores piores conectados aos terminais de teste produzem níveis variáveis de brilho de luz. Os isolantes produzem um pequeno (ou nenhum) fluxo de elétrons e, portanto, nenhuma luz [Figura 3-10(b)].

Esse mesmo circuito também serve como um verificador de continuidade para testar partes elétricas fora do circuito (Figura 3-11). Nesse caso, um caminho condutor contínuo através dos terminais de teste liga a lâmpada e um caminho aberto não produz luz (nenhum brilho da lâmpada). Aplicações práticas para esse tipo de verificador incluem: verificação de terminais abertos em fios de extensões elétricas, verificação de fusíveis queimados e verificação de interruptores e botoeiras defeituosos. Esse dispositivo é projetado para verificação de componentes elétricos fora de seus circuitos normais. Sob nenhuma circunstância o verificador de

A. Um bom condutor acende a lâmpada

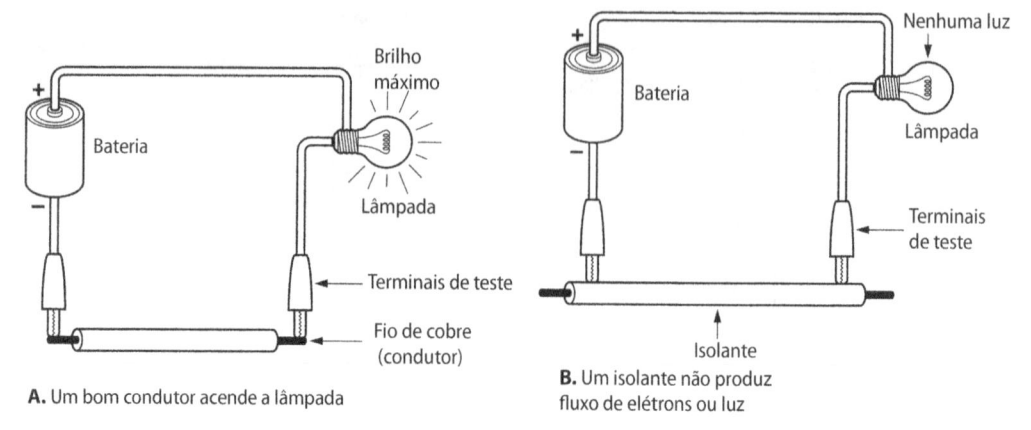

B. Um isolante não produz fluxo de elétrons ou luz

Figura 3-10 Testes para condutores e isolantes.

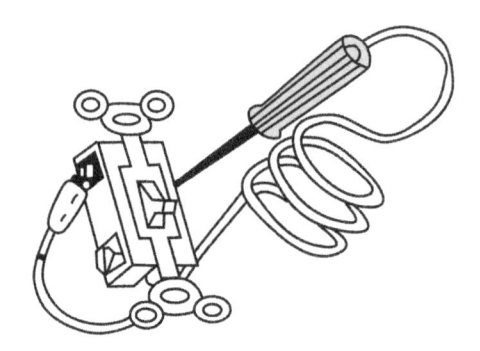

Figura 3-11 Verificador de continuidade.

continuidade deve ser conectado a um circuito onde outras fontes de tensão estejam presentes, porque um sério risco à segurança seria criado (ou seja, jamais utilize um verificador de continuidade com o circuito energizado!).

>> Dispositivos elétricos e eletrônicos

As pessoas geralmente se referem a um motor como um dispositivo elétrico e a um telefone celular como um dispositivo eletrônico. Na realidade, qualquer coisa que funcione com eletricidade é elétrica, porém nem todos os dispositivos elétricos são considerados eletrônicos. Em geral, para ser classificado como eletrônico, o dispositivo deve operar usando semicondutores.

O campo da eletrônica foi fundado com base na capacidade de *tubos de elétrons* (Figura 3-12) de gerar, amplificar e controlar um sinal elétrico para realizar uma ampla variedade de funções. Nesses dispositivos, é produzido um fluxo de elétrons através do vácuo ou de um gás de baixa pressão. Eles geralmente são gabinetes (invólucros) de vidro que possuem partes físicas no interior conectadas a pinos condutores que saem da parte inferior do tubo. Os tubos

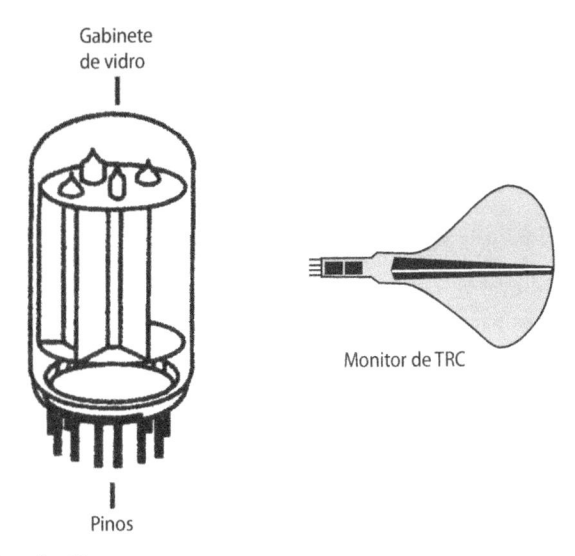

Figura 3-12 Tubos de elétrons.

são ligados em soquetes para se conectarem a outros componentes de circuito. Antes de os semicondutores serem desenvolvidos, a maior parte dos dispositivos eletrônicos usava tubos. Hoje, seu uso é limitado a aplicações especiais, como tubos de imagem de televisão, monitores de tubos de raios catódicos (TRC) e tubos de transmissão de alta potência para sinais de rádio e TV.

Os componentes semicondutores (Figura 3-13), como diodos, transistores e circuitos integrados, são mais eficientes em termos de tamanho e consumo de energia e têm substituído os tubos para a maioria das aplicações de eletrônica. Os dispositivos semicondutores são dispositivos

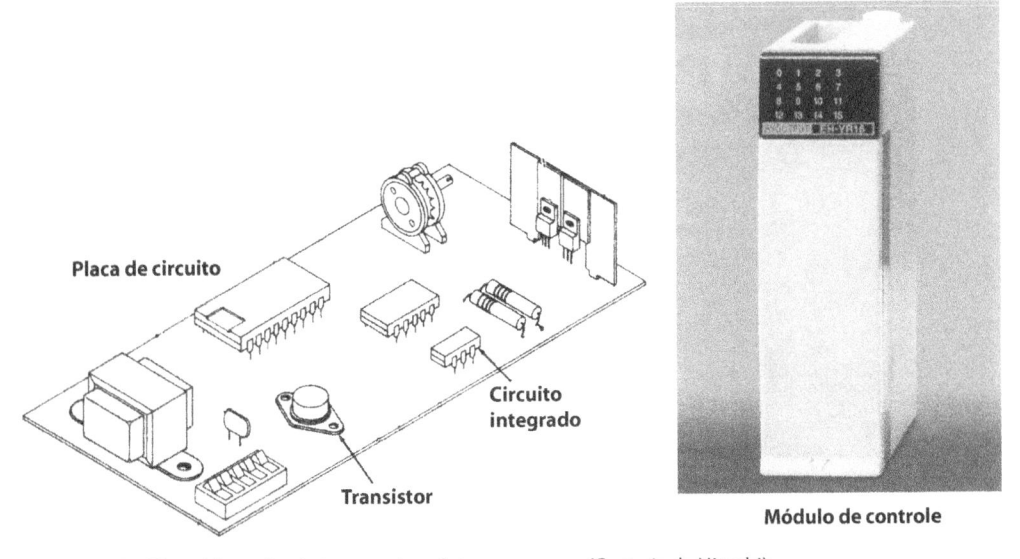

Figura 3-13 Dispositivos eletrônicos semicondutores comuns. (Cortesia da Hitachi)

de estado sólido nos quais os elétrons fluem através de um material semicondutor. O termo "estado sólido" é por vezes usado quando nos referimos a semicondutores, porque os elétrons fluem através dos cristais sólidos de materiais semicondutores e não através de um vácuo ou de um gás. Hoje em dia, supõe-se de modo geral que os dispositivos eletrônicos são baseados em dispositivos semicondutores.

>> Questões de revisão

7. Cite uma definição comum para eletricidade.
8. Os semicondutores puros possuem camadas de valência contendo quantos elétrons?
9. Em que consiste o circuito de um verificador de continuidade simples?
10. Cite três componentes semicondutores básicos.

>> Tópicos de discussão do capítulo e questões de pensamento crítico

1. Cite cinco materiais usados como condutores em circuitos e componentes elétricos. Dê um exemplo de aplicação de cada um.
2. Qual tipo de isolante é frequentemente usado para os enrolamentos de motores e solenoides? Por quê?
3. Um verificador de continuidade alimentado por bateria é acidentalmente usado em um receptáculo de 120 V energizado. Discuta o que pode acontecer como resultado.
4. Supondo que você defina eletricidade como o fluxo de elétrons livres, o sentido do fluxo de elétrons em um circuito deveria ser do terminal negativo da fonte de tensão para o terminal positivo. Por quê?
5. Cite 10 dispositivos elétricos que podem ser classificados como eletrônicos.

capítulo 4

Fontes e características da eletricidade

A eletricidade está presente em toda a matéria na forma de elétrons e prótons. Qualquer dispositivo que desenvolva e mantenha uma tensão elétrica pode ser considerado uma fonte de tensão. Para fazer isso, a fonte de tensão deve remover elétrons de um ponto e transferir elétrons para um segundo ponto. Neste capítulo, exploraremos os diferentes métodos usados para produzir tensão elétrica.

Objetivos deste capítulo

>> Definir eletricidade estática e dinâmica
>> Explicar como cargas estáticas negativas e positivas são produzidas
>> Estabelecer a lei das cargas elétricas
>> Identificar a diferença entre Corrente Contínua (CC) e Corrente Alternada (CA)
>> Analisar as fontes básicas de eletricidade e os dispositivos elétricos usados para converter as várias formas de energia em energia elétrica

» Eletricidade estática

O termo estática significa parado ou em repouso. *Eletricidade estática* indica carga elétrica em repouso e se apresenta quando cargas elétricas se acumulam na superfície de um material. O resultado desse acúmulo de eletricidade estática é que os objetos podem se atrair ou mesmo gerar uma faísca quando são ligados um a outro. Exemplos comuns de eletricidade estática em ação são aderência estática, cabelo arrepiado e faíscas que podem ocorrer quando você toca algo.

Uma das maneiras mais simples de produzir eletricidade estática é por *atrito*. Ao atritarmos dois materiais diferentes entre si, elétrons podem ser forçados para fora de suas camadas de valência em um material e se transferirem para a camada do outro material. O material que perde elétrons com mais facilidade torna-se carregado positivamente e aquele que ganha elétrons torna-se carregado negativamente.

Por exemplo, uma carga estática é produzida atritando uma barra de borracha rígida com um pedaço de lã (Figura 4-1). Em geral, os átomos de ambos os materiais têm o mesmo número de prótons e elétrons e são, portanto, eletricamente balanceados ou neutros. Quando eles são atritados entre si, elétrons são transferidos de um material para o outro. Neste caso, a barra de borracha recebe elétrons e fica com um excesso de elétrons resultando em uma carga líquida negativa. Ao mesmo tempo, a lã perde elétrons criando uma escassez de elétrons e, assim, uma carga líquida positiva.

Uma barra de vidro e um pedaço de seda também podem se tornar eletrizados quando atritados entre si (Figura 4-2). Neste caso, a barra de vidro perde alguns de seus elétrons para a seda, o que deixa a barra de vidro com uma carga positiva e o pedaço de seda com uma carga negativa. Observe que a remoção de elétrons fracamente ligados aos átomos é responsável pela produção das cargas líquidas em cada material. Como os prótons estão localizados no centro dos átomos (núcleo), eles estão tão bem ligados que normalmente não se deslocam de suas posições pelo simples atrito de um material com outro. Ao tocar a extremidade carregada da barra de vidro, ela se descarrega ou neutraliza imediatamente. Neste exemplo, os elétrons fluem a partir de sua mão para neutralizar a extremidade carregada da barra.

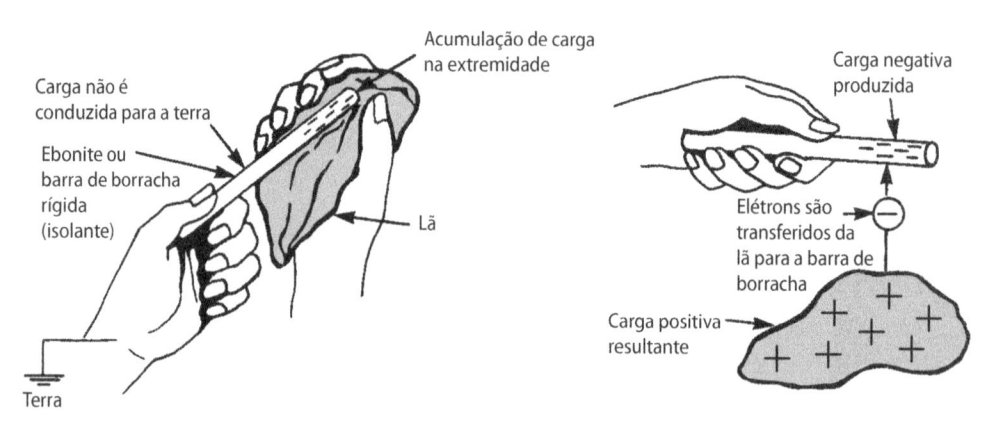

Figura 4-1 Carregando uma barra de borracha rígida.

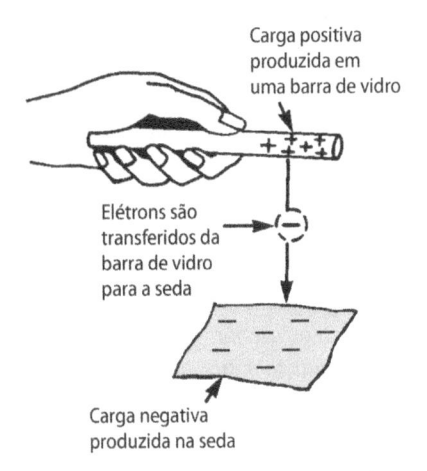

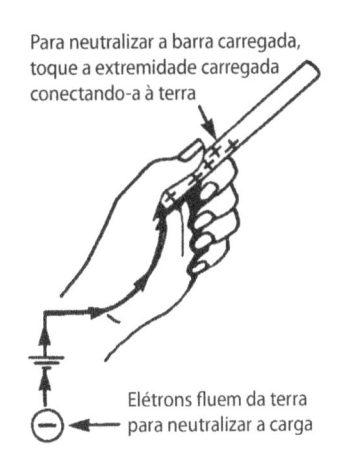

Figura 4-2 Carregando e descarregando uma barra de vidro.

Observe que os átomos carregados estão na superfície do material. A eletricidade estática é diferente da corrente elétrica que flui através de fios metálicos. Na maior parte do tempo, os materiais envolvidos na eletricidade estática são não condutores de eletricidade.

» Corpos carregados

Uma das leis fundamentais da eletricidade é: *cargas de mesmo sinal se repelem e cargas de sinais opostos se atraem*. Na Figura 4-3, vemos que as esferas nos barbantes estão carregadas como indicado – as cargas de sinais opostos se atraem, enquanto as cargas de mesmo sinal se repelem.

Existe uma força no espaço entre e no entorno de objetos carregados. Essa região é conhecida como *campo elétrico de força ou campo eletrostático*. Como exemplo, quando dois objetos que têm cargas opostas se aproximam, o campo elétrico "puxa" e une os objetos. O que realmente acontece é que os elétrons carregados negativamente (–) são atraídos para os átomos no outro material que têm um excesso de cargas positivas (+).

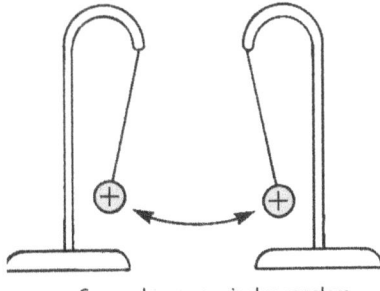

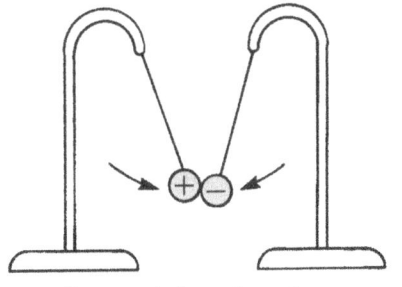

Figura 4-3 Lei de cargas elétricas.

O campo eletrostático no entorno de dois objetos carregados é representado graficamente por linhas, chamadas linhas de força eletrostáticas (Figura 4-4). Essas linhas são imaginárias e são simplesmente usadas para representar o sentido e a intensidade relativa do campo. Em um objeto carregado negativamente, as linhas de força associadas aos elétrons em excesso se adicionam para produzir um campo eletrostático que tem linhas de força entrando no objeto em todas as direções. Em um objeto carregado positivamente, a falta de elétrons produz linhas de força associadas aos prótons em excesso que se adicionam para produzir um campo eletrostático que tem linhas saindo do objeto em todas as direções. *A força entre dois objetos carregados varia diretamente com a quantidade de carga nos objetos e varia inversamente com o quadrado da distância entre eles.* A força de atração ou de repulsão torna-se mais fraca se a carga é reduzida ou se os objetos (carregados) são afastados um do outro.

Se dois corpos fortemente carregados (um positiva e outro negativamente) são aproximados um do outro, antes de o contato ser feito, você, na verdade, vê a equalização das cargas ocorrer na forma de um arco. Com cargas muito fortes, a eletricidade estática pode produzir arcos de vários metros de comprimento. Os raios são um exemplo perfeito da descarga de eletricidade estática resultante de uma intensa acumulação de cargas estáticas em uma nuvem. A descarga pode ocorrer entre duas partes da mesma nuvem, entre duas nuvens ou entre uma nuvem e o solo. Um raio pode aparecer como uma faixa irregular, um clarão no céu ou na forma de uma bola brilhante. O raio começa com um canal piloto (*streamer*) de íons carregados negativamente, que parte da base da nuvem indo em direção à Terra. Esses íons negativos colidem com um canal de íons positivos um pouco acima da superfície do solo, o que provoca o fechamento do canal entre a nuvem e o solo. Um único raio fornece cerca de 1 trilhão de watts de eletricidade.

Objetos com carga neutra sempre serão atraídos para um objeto carregado. Quando o objeto (neutro) se aproxima do objeto carregado, ocorre uma separação de cargas entre as extremidades do corpo neutro. Quando os objetos se tocam, ocorre uma transferência de cargas de tal forma que ambos os corpos possuirão cargas de mesmo sinal e, então, se repelirão.

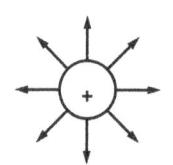

A. Carga positiva **B.** Carga negativa

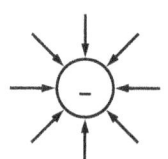

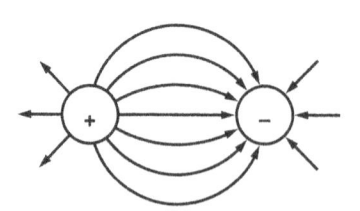

C. Duas cargas de sinais opostos **D.** Duas cargas de mesmo sinal

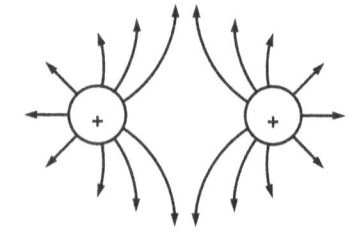

Figura 4-4 Padrões de campo eletrostático.

A quantidade de carga em um dado corpo é expressa em coulombs. Um coulomb é igual à carga de aproximadamente $6{,}25 \times 10^{18}$ elétrons (6.250.000.000.000.000.000 elétrons). Um objeto que recebeu $6{,}25 \times 10^{18}$ elétrons tem uma carga negativa de um coulomb. Por outro lado, um objeto que perdeu $6{,}25 \times 10^{18}$ elétrons tem uma carga positiva de um coulomb.

» Produzindo uma carga estática

O carregamento por *atrito* é útil para carregar isolantes. Se você atritar um material com outro (por exemplo, uma régua de plástico com um pedaço de toalha de papel), os elétrons têm tendência de serem transferidos de um material para o outro.

O carregamento por *contato* é útil para carregar metais e outros condutores. Se um objeto carregado toca um condutor, uma parte da carga é transferida entre o objeto e o condutor. Como resultado final, o condutor fica carregado com carga de mesmo sinal do objeto.

Há outros métodos para carregar um objeto além dos métodos de carregamento por atrito e por contato. Você também pode carregar um objeto por *indução*. Esse método é usado para produzir uma carga de *polaridade oposta*. O carregamento por indução também é útil para carregar metais e outros condutores. Novamente um objeto carregado é usado, mas desta vez ele é apenas colocado próximo ao condutor e não o toca. Se o condutor é conectado à terra (por terra entende-se qualquer coisa neutra que pode ceder elétrons para, ou tomar elétrons de, um objeto), elétrons vão fluir ou da terra para o condutor ou do condutor para a terra. Quando a conexão de terra é removida, o condutor terá uma carga de sinal oposto àquela do objeto carregado. O princípio de carregamento por meio de indução é ilustrado na Figura 4-5. Quando uma barra carregada negativamente é colocada próxima da esfera metálica, as cargas negativas na esfera são repelidas e se deslocam para tão longe quanto possível da barra. A esfera pode ser aterrada tocando-a com os dedos, o que permite que os elétrons deixem a esfera. Quando o dedo é removido na presença da barra carregada negativamente, os elétrons não podem retornar para a esfera e ela permanece carregada positivamente.

A eletricidade estática é o maior inimigo de componentes e módulos eletrônicos sensíveis. Na verdade, a eletricidade estática, mesmo em níveis tão baixos que você não possa sentir, é capaz de causar estragos nos dispositivos microeletrônicos em grande escala. Quando manipulados sem o devido aterramento, os componentes sensíveis à eletricidade estática podem ser danificados. Alguns materiais de embalagem, como sacos de blindagem estática, sacos condutivos e recipientes e caixas para blindagem de descarga eletrostática, fornecem proteção direta para dispositivos contra a ação de descargas eletrostáticas. A principal função desses materiais de embalagem é eliminar ou minimizar os possíveis impactos das descargas eletrostáticas geradas a partir de *descarga direta*, campos de *indução eletrostática* e *carregamento triboelétrico*. O carregamento triboelétrico ocorre quando dois materiais são separados depois de estarem em contato entre si ou após terem sido atritados.

Calçados e pulseiras antiestáticos, se corretamente usados e aterrados, mantêm o corpo humano próximo do potencial da terra e, assim, evitam descargas perigosas entre corpos e objetos. Essas pulseiras antiestáticas permitem a dissipação segura de cargas do seu corpo para a terra. Pulseiras de aterramento comerciais são especialmente projetadas para incor-

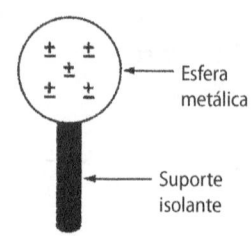

A. Esfera de metal neutra em um suporte isolante.

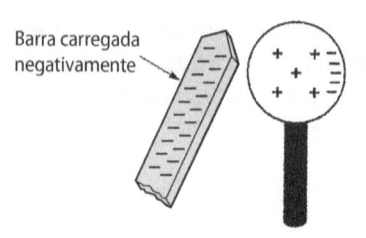

B. O posicionamento da barra carregada próximo da esfera causa uma redistribuição de cargas na esfera.

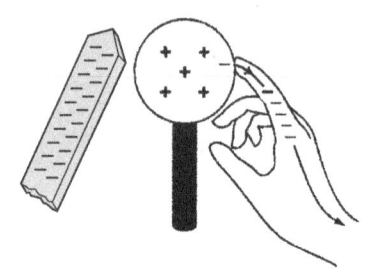

C. O aterramento da esfera permite que elétrons deixem a esfera.

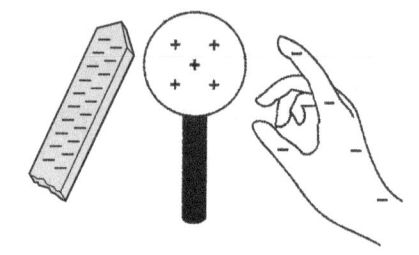

D. Quando o aterramento é removido na presença da barra carregada negativamente, os elétrons não podem retornar para a esfera e ela permanece carregada positivamente.

Figura 4-5 Carregamento por indução.

porar um resistor de valor elevado para fornecer proteção no caso de você acidentalmente tocar alguma parte energizada enquanto aterrado. Sem essa pulseira, você corre o risco de se tornar o caminho de menor resistência entre a parte energizada e a terra e pode ser eletrocutado (Figura 4-6).

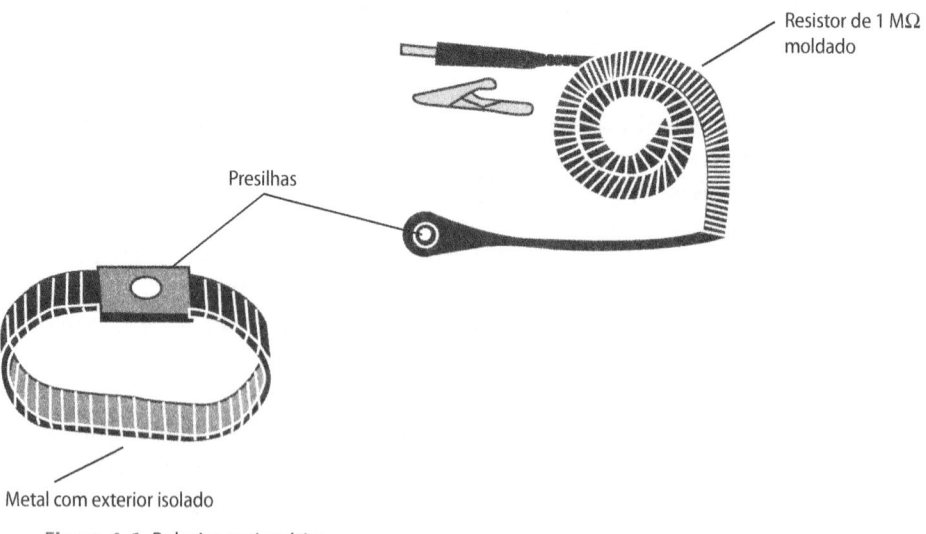

Figura 4-6 Pulseira antiestática.

Para aplicações úteis, as cargas elétricas estáticas são frequentemente produzidas por uma fonte de alta tensão CC (corrente contínua). O tipo mais eficaz de filtro de ar usa placas carregadas positiva e negativamente para remover partículas de sujeira muito finas do ar em um ambiente. A Figura 4-7 ilustra como um *filtro de ar eletrônico* pode ser usado em um sistema de aquecimento caseiro para limpar o ar à medida que ele circula através do forno. O ar sujo passa através de um pré-filtro de papel que remove poeiras grandes e partículas de sujeira do ar. O ar, então, move-se através de um precipitador eletrostático, que consiste de duas grades de alta tensão carregadas com cargas de sinais opostos. O precipitador opera fornecendo uma carga positiva para as partículas no ar e, depois, atraindo-as com uma grade carregada negativamente. Finalmente, o ar passa através de um filtro de carbono que absorve odores do ar.

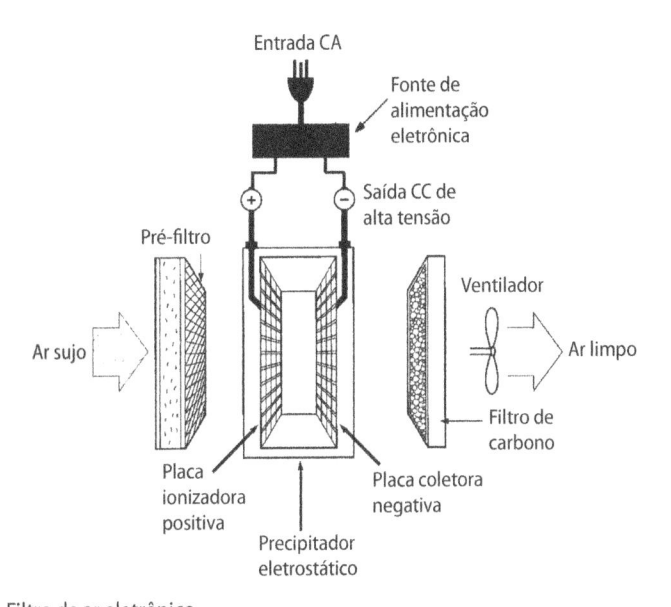

Figura 4-7 Filtro de ar eletrônico.

A fotografia e a eletricidade estática possibilitam que uma fotocopiadora produza cópias quase instantâneas de documentos (Figura 4-8). O processo é baseado na capacidade de um cilindro (tambor) eletrostaticamente carregado atrair partículas do tonalizador (*toner*) na imagem do documento original. Uma fotocopiadora de papel comum opera refletindo luz do item original de modo que a imagem seja projetada em um *fotorreceptor*, o qual é um cilindro eletrostaticamente carregado. A superfície do cilindro é fotossensível; ela perde a carga eletrostática quando exposta à luz. A luz refletida produz um padrão de cargas no tambor e deixa uma imagem latente. A carga eletrostática atrai o toner e reproduz a imagem permanentemente no papel por calor e pressão. Copiadoras coloridas usam o mesmo princípio eletrostático básico, porém elas têm três sistemas de tonalizadores incorporando as cores primárias verde, vermelho e azul.

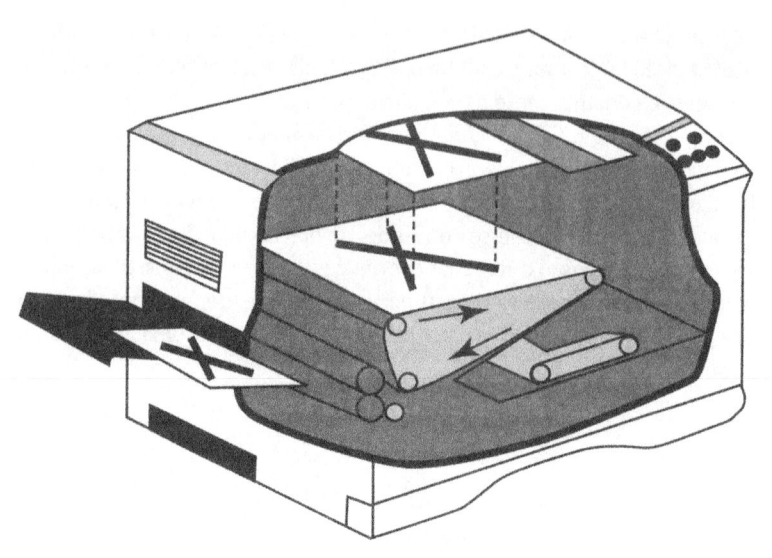

Figura 4-8 Fotocopiadora.

Questões de revisão

1. Qual é a polaridade da carga de um objeto que tem menos elétrons do que prótons?
2. Cite três maneiras pelas quais um material pode ser carregado.
3. Uma barra de borracha é atritada com um pedaço de lã. Como resultado, qual é a polaridade da borracha e da lã? Por quê?
4. Como um objeto carregado pode ser neutralizado?
5. Enuncie a lei das cargas eletrostáticas.
6. Cite dois fatores que determinam a intensidade da força de atração ou de repulsão entre dois objetos carregados.
7. As linhas de força entram ou deixam um objeto carregado positivamente?
8. Que carga se acumula na parte inferior das nuvens de tempestade?
9. Qual tipo de carga é fornecido para as partículas de sujeira em um filtro de ar eletrônico?
10. O que acontece com a superfície carregada do tambor de uma fotocopiadora quando ela é exposta à luz?

>> Eletricidade dinâmica

A *eletricidade dinâmica* é definida como uma carga elétrica em movimento (Figura 4-9). Ela consiste em um fluxo de cargas elétricas negativas (elétrons) de átomo a átomo através de um condutor. A força externa que provoca o fluxo de elétrons é chamada força eletromotriz (fem) ou tensão.

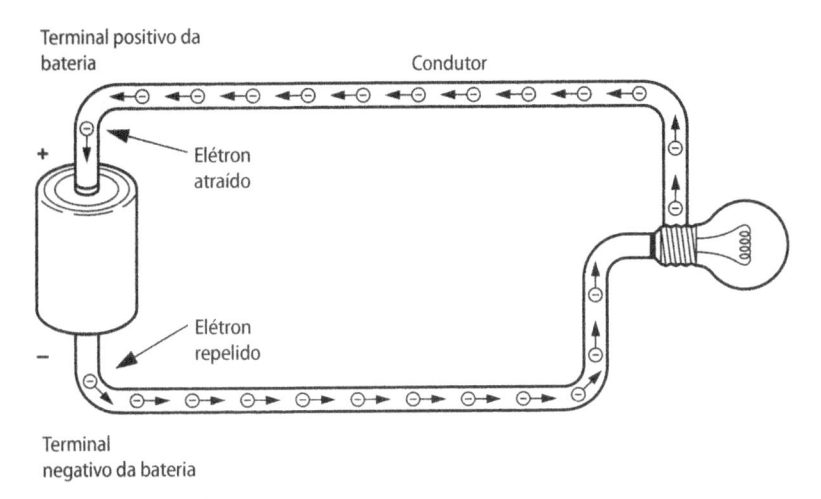

Figura 4-9 Eletricidade dinâmica – carga elétrica em movimento.

Essa força eletromotriz (fem) ou tensão é criada por uma bateria que consiste em um terminal positivo e um terminal negativo. O terminal negativo tem um excesso de elétrons, enquanto o terminal positivo tem uma deficiência de elétrons. Quando um condutor, neste caso uma lâmpada elétrica, é conectado aos dois terminais da bateria, um fluxo de elétrons ocorre. O terminal positivo da bateria tem uma carência de elétrons e, assim, atrai elétrons do condutor. O terminal negativo tem um excesso de elétrons, repelindo elétrons para o condutor.

Embora a eletricidade "estática" e a "dinâmica" pareçam diferentes, na realidade elas têm uma origem comum – ambas consistem em cargas elétricas. A eletricidade estática consiste em elétrons em repouso em um objeto isolado e realiza pouco trabalho. A eletricidade dinâmica consiste em cargas em movimento e realiza trabalho útil. Quando a eletricidade estática é descarregada, ela já não é mais eletricidade estática – ela é eletricidade dinâmica.

A eletricidade dinâmica também pode ser classificada como corrente contínua (CC) ou corrente alternada (CA) com base na fonte de tensão. *Fontes de tensão contínuas* produzem um fluxo constante de elétrons em um único sentido. *Fontes de tensão alternadas* produzem um fluxo de elétrons que varia tanto em sentido quanto em valor. Uma bateria é uma fonte de tensão CC comum, enquanto uma tomada residencial é uma fonte de tensão CA comum (Figura 4-10).

A identificação de polaridade (+ ou −) é uma maneira para distinguir uma fonte de tensão. A polaridade pode ser identificada em circuitos de corrente contínua, porém, em circuitos de corrente alternada, o sentido da corrente inverte continuamente. Assim, no caso de circuitos CA, a polaridade não pode ser identificada. Também é importante saber se uma fonte produz energia elétrica na forma de corrente alternada ou corrente contínua. Muitos componentes de controle e de carga são projetados para operar com um tipo específico de corrente. A operação desses componentes com o tipo de corrente errado ou com a polaridade CC incorreta pode resultar em mau funcionamento e/ou dano permanente ao componente.

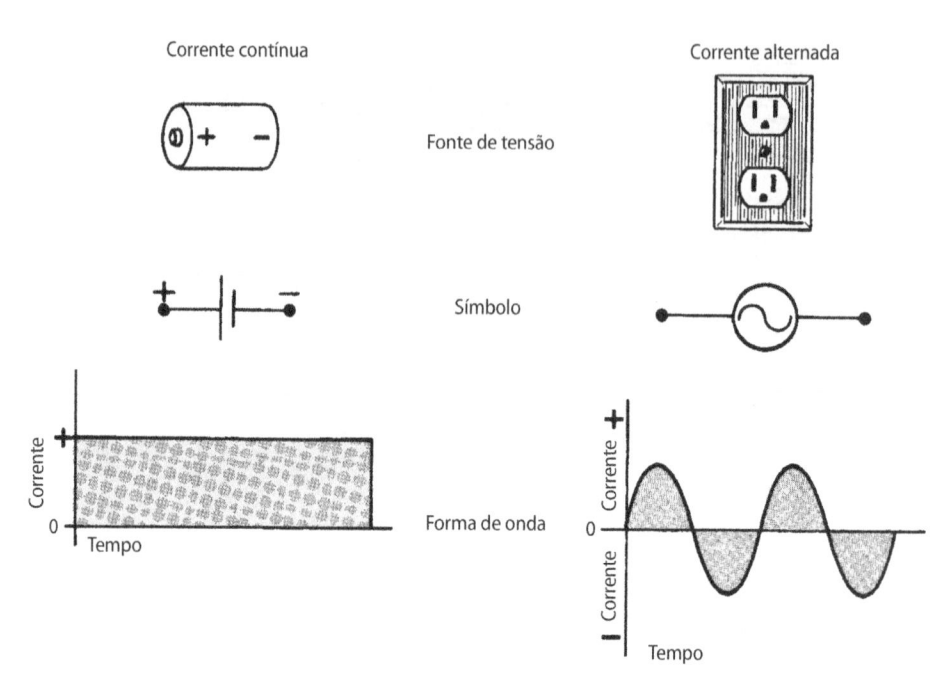

Figura 4-10 Eletricidade dinâmica CC e CA.

» Fontes de força eletromotriz (fem)

Para produzir um fluxo de elétrons, deve existir uma fonte de força eletromotriz (fem) ou uma tensão. Essa fonte de tensão pode ser produzida por uma variedade de fontes de energia primária. Essas fontes primárias fornecem energia em uma forma que é, então, convertida em energia elétrica. Fontes primárias de força eletromotriz incluem atrito, luz, reação química, calor, pressão e ação mecânica-magnética.

LUZ. A energia da luz (ou energia luminosa) é convertida em energia elétrica por meio das *células solares ou fotovoltaicas (FV)*. Tais células são feitas de material semicondutor sensível à luz, que disponibiliza elétrons quando atingido por energia luminosa (Figura 4-11). Os tipos mais comuns de células solares são baseados no efeito fotovoltaico, que ocorre quando a luz incidindo em um material semicondutor de duas camadas produz uma diferença de potencial, ou tensão, entre elas. A tensão produzida na célula é capaz de produzir uma corrente elétrica através de um circuito externo que pode ser utilizado para dispositivos de energia elétrica. A tensão de saída é diretamente proporcional à energia luminosa que atinge a superfície da célula. Quando células solares são combinadas com uma bateria, elas se tornam uma fonte confiável de energia elétrica. As células solares fornecem eletricidade para ser utilizada e para carregar a bateria quando há luz solar. Quando a luz solar não estiver disponível, a bateria fornece eletricidade.

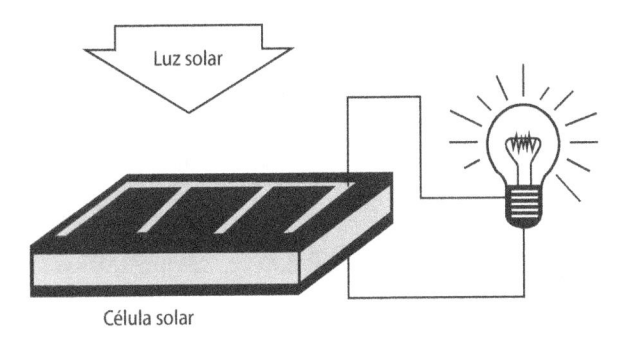

Figura 4-11 Geração de tensão a partir de luz solar.

Os sistemas solares residenciais e comerciais *conectados à rede elétrica* (Figura 4-12) geram eletricidade a partir da luz solar usando *painéis solares* e um *inversor*, que é projetado para sincronizar a energia produzida pelos painéis solares com a eletricidade que vem da companhia de energia elétrica. Com esse tipo de sistema solar instalado, a energia que você gera compensa o seu uso (diminuindo a energia consumida da companhia de energia) ou, se você estiver produzindo mais do que estiver usando, é alimentada de volta para a rede elétrica, reduzindo sua conta de energia.

Os sistemas solares *autônomos* são usados para aplicações em que redes de energia elétrica não estão disponíveis, não são desejadas ou, ainda, quando não é economicamente viável chegar com elas até o consumidor. Os sistemas solares autônomos usam painéis solares para produzir eletricidade CC, que é então armazenada em um banco de baterias (Figura 4-13). Um inversor converte em seguida a potência armazenada nas baterias para potência CA do tipo usada em estabelecimentos residenciais e comerciais. Os sistemas autônomos incluirão um grupo gerador reserva (geralmente alimentados por diesel), para carregar as baterias caso elas fiquem com carga muito baixa, e um controlador de carga, para regular a potência fluindo de um painel fotovoltaico para o banco de baterias recarregável.

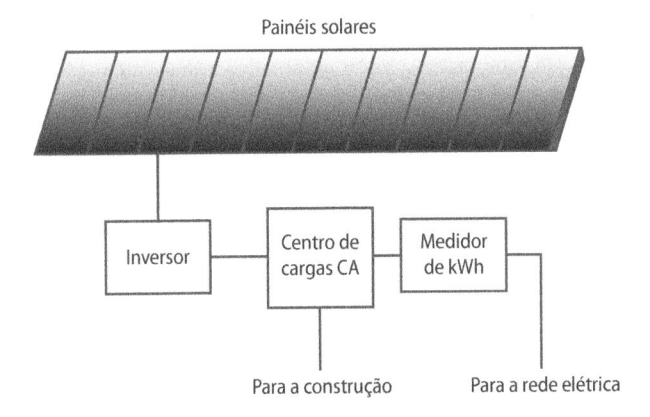

Figura 4-12 Sistema solar conectado à rede.

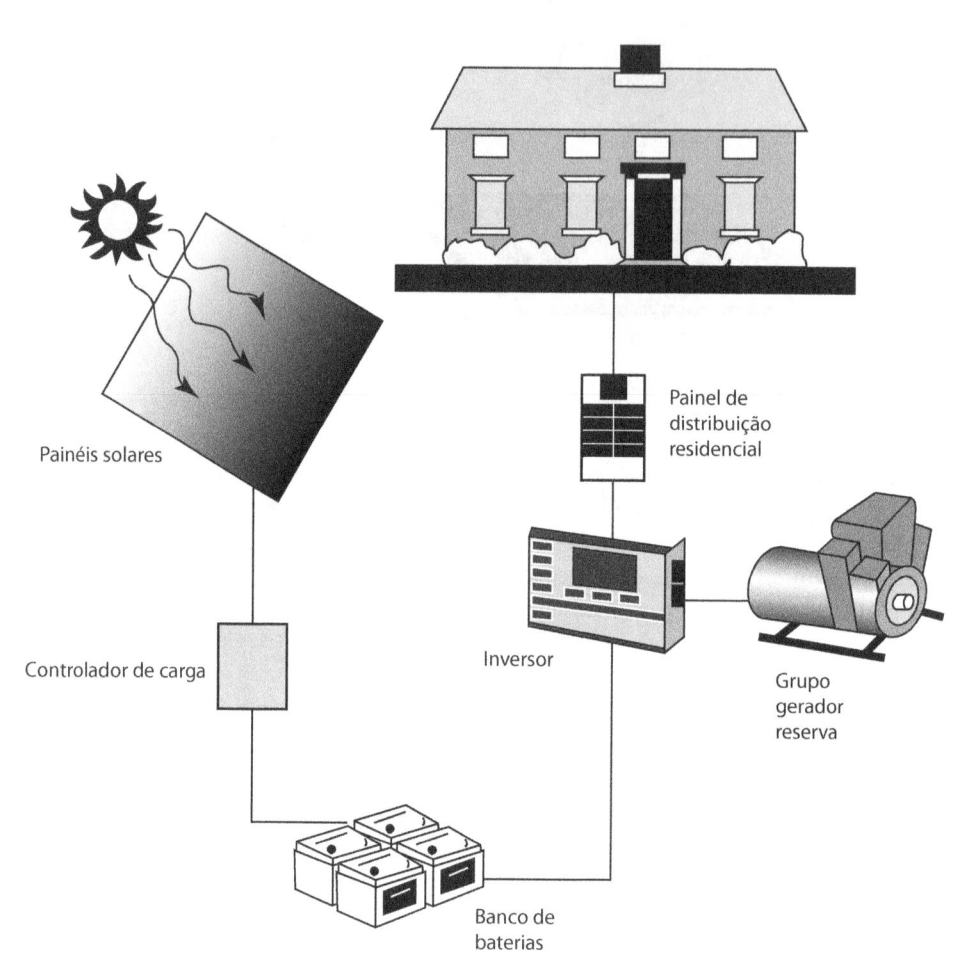

Figura 4-13 Sistema solar autônomo.

Uma das melhores células solares é a célula de silício. Uma única célula produz até 400 mV (milivolts) com corrente na faixa de miliampères e pode ser usada na construção de grandes painéis solares. Células solares de pequenas correntes são frequentemente empregadas como dispositivos sensores em sistemas de controle automático e para alimentar dispositivos eletrônicos, como calculadoras.

REAÇÃO QUÍMICA. A *bateria* ou *célula voltaica* converte energia química em energia elétrica (Figura 4-14). Basicamente, uma bateria é feita de *dois eletrodos* e uma solução de *eletrólito*. Se você olhar qualquer bateria, notará que ela tem dois terminais. Um terminal é marcado com (+), ou positivo, enquanto o outro é marcado com (−), ou negativo. Em uma célula AA, C ou D (pilhas comuns de lanterna), as extremidades da bateria são os terminais. Em uma grande bateria de carro, existem dois suportes fortes de chumbo que funcionam como terminais.

Quando uma bateria é conectada a um circuito elétrico fechado, energia química é transformada em energia elétrica. A ação química dentro da célula faz a solução eletrolítica reagir com os dois eletrodos. Como resultado, elétrons são transferidos de um eletrodo para o outro. Isso

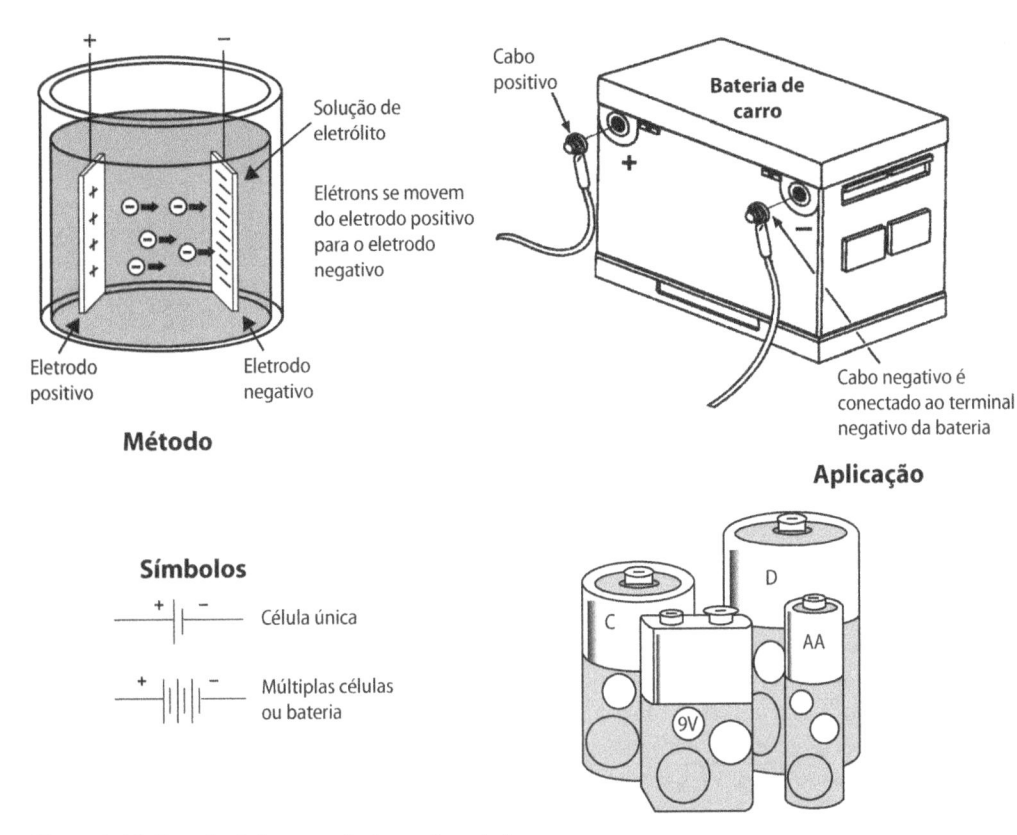

Figura 4-14 Geração de fem a partir de reação química.

produz uma carga positiva no eletrodo que perde elétrons e uma carga negativa no eletrodo que ganha elétrons. Embora a bateria seja uma fonte CC portátil e de baixa tensão, seu custo de energia relativamente alto limita suas aplicações.

CALOR. A energia térmica pode ser convertida em energia elétrica por um dispositivo chamado termopar (Figura 4-15). Um termopar é feito de dois tipos diferentes de metais conectados em uma junção. Quando calor é aplicado à junção, elétrons se movem de um metal para o outro. O metal que perde elétrons torna-se carregado positivamente, enquanto o metal que ganha elétrons fica com uma carga negativa. Se um circuito externo é conectado ao termopar, uma pequena corrente elétrica CC fluirá como resultado da tensão entre os dois metais.

Uma das aplicações mais práticas para o termopar é seu uso como uma sonda de temperatura para dispositivos de medição de temperatura. Quando colocado dentro de um forno industrial, o termopar produzirá uma tensão que é diretamente proporcional à temperatura do forno. Um milivoltímetro, calibrado em graus, é conectado através dos terminais externos do termopar para indicar a temperatura. Termopares também são usados como parte de sistemas elétricos de controle para manter automaticamente valores de temperatura definidos. A tensão e a corrente produzidas por um termopar simples são extremamente baixas. Termopares podem ser arranjados em série e em paralelo para obter maiores capacidades de tensão e de corrente. Um arranjo como esse é chamado *termopilha*.

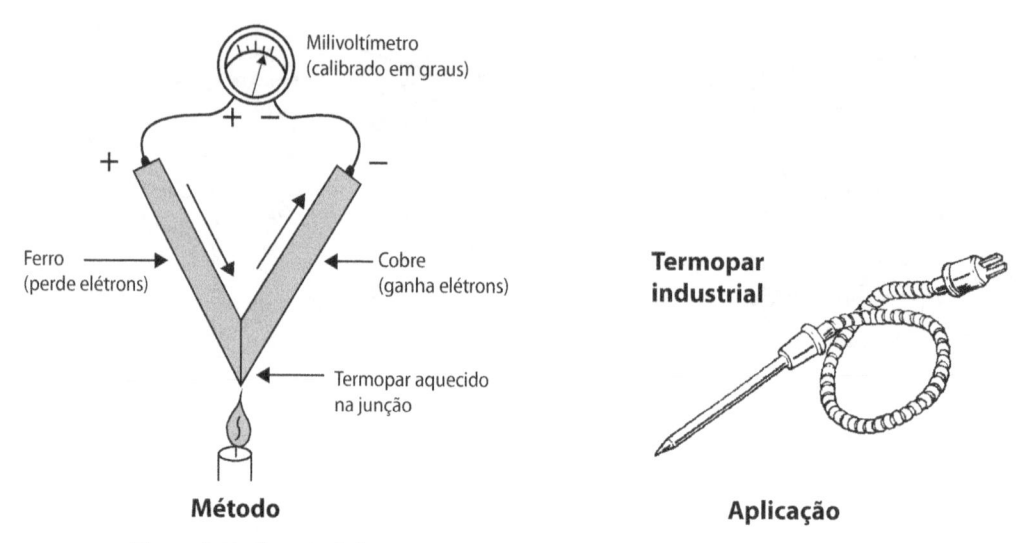

Figura 4-15 Geração de fem a partir de calor.

A Figura 4-16 mostra um circuito de válvula de segurança piloto com termopilha. Um piloto permanente é instalado próximo aos queimadores para fornecer um meio seguro de ignição do gás. A chama piloto é constantemente abastecida de gás a partir da válvula de gás e, uma vez acesa, deve permanecer assim. É absolutamente necessário que a chama piloto esteja queimando antes de os queimadores principais serem alimentados com gás a partir da vál-

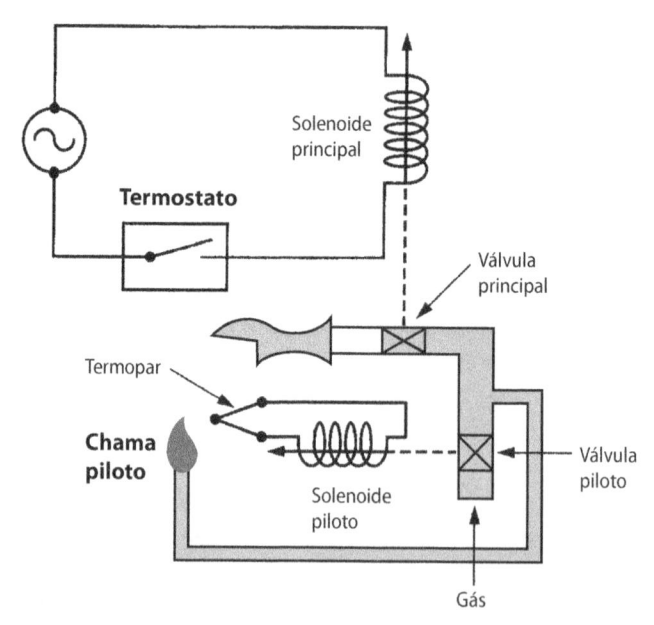

Figura 4-16 Válvula de segurança piloto.

vula de gás. Se a chama piloto é extinta e a ignição do queimador não ocorre, gases brutos se acumulam no forno a ponto de poderem causar uma explosão quando inflamados. O calor da chama piloto aquece a termopilha. Isso produz tensão suficiente para energizar o solenoide piloto e abrir a válvula solenoide piloto. Se a chama piloto extinguir-se, toda potência é perdida, de modo que a válvula solenoide piloto fecha e automaticamente corta o fornecimento de gás para ambos os queimadores, piloto e principal. A operação de um reset manual pode reacender a chama piloto.

EFEITO PIEZOELÉTRICO. O efeito piezoelétrico é um efeito em que energia é convertida entre as formas mecânica e elétrica. Uma pequena tensão pode ser produzida quando certos tipos de cristais são colocados sob pressão. Esse efeito é chamado piezoeletricidade, com origem na palavra grega que significa "pressionar". Se um cristal de uma dessas substâncias é colocado entre duas placas de metal e uma pressão é exercida nas placas, uma carga elétrica será desenvolvida como mostrado na Figura 4-17. O princípio ilustrado aqui tem várias aplicações úteis, embora com requisitos de potência muito baixos, como uso em microfones de cristal e em sensores de tráfego de veículos (Figura 4-18).

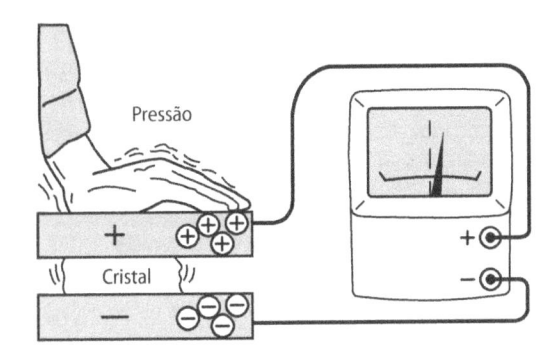

Figura 4-17 Geração de fem a partir de pressão.

A. Microfone de cristal

B. Sensor de tráfego de veículos na estrada

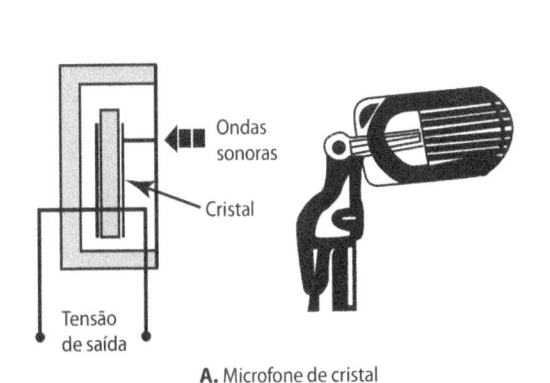

Figura 4-18 Dispositivos piezoelétricos. (© Tom Pantages)

Com *microfones de cristal*, quando as ondas de som de sua voz chegam ao microfone, pressão é aplicada ao cristal e uma pequena quantidade de eletricidade é produzida. *Sensores de tráfego de veículos* piezoelétricos na estrada são frequentemente usados para fins de coleta de dados. O sensor é, na realidade, embutido no asfalto e a pressão é transferida através do asfalto. Pela medição e análise da tensão produzida, o sensor serve para medir o peso e a velocidade do veículo.

MECÂNICA-MAGNÉTICA. A maior parte da eletricidade que usamos é produzida por um gerador elétrico que converte energia mecânica-magnética em energia elétrica. Se um condutor se movimenta através de um campo magnético, uma tensão é produzida no condutor. No exemplo ilustrado na Figura 4-19, a energia mecânica e magnética do ímã permanente é convertida na energia elétrica da corrente que flui no fio. Isso é chamado *indução eletromagnética* e é o princípio usado na energização de geradores elétricos.

A Figura 4-20 ilustra um gerador de uma única espira (alternador). O gerador produz eletricidade quando as linhas de fluxo magnético são cortadas pela espira de fio rotativa (rotor). Um campo magnético constante é criado por um ímã permanente (estator). Quando o rotor é girado através do campo magnético, um fluxo de corrente elétrica é produzido na espira de fio do rotor. Essa corrente elétrica da espira de fio é conduzida para a carga (no caso, uma lâmpada) através dos anéis coletores. A tensão produzida por um gerador depende da intensidade do campo magnético e da velocidade rotacional do rotor. Quanto mais forte for o campo magnético e quanto mais rápida for a velocidade rotacional, maior é a tensão produzida. Um eletroímã pode ser usado no lugar de um ímã permanente para fornecer um campo magnético mais forte de intensidade variável. Embora esse gerador produza eletricidade CA, ele pode ser projetado para produzir eletricidade CA ou CC.

Uma força mecânica é sempre necessária para acionar o gerador, isto é, para girar o feixe de fios através do campo magnético. Turbinas a vapor são frequentemente usadas para esse propósito. A água é aquecida (utilizando carvão, petróleo, gás ou energia nuclear, por exemplo) e resulta na produção de vapor. O vapor é empregado para movimentar a turbina que gira o feixe de fios. Grandes geradores, como o mostrado na Figura 4-21, são usados para alimentar nossas cidades com eletricidade.

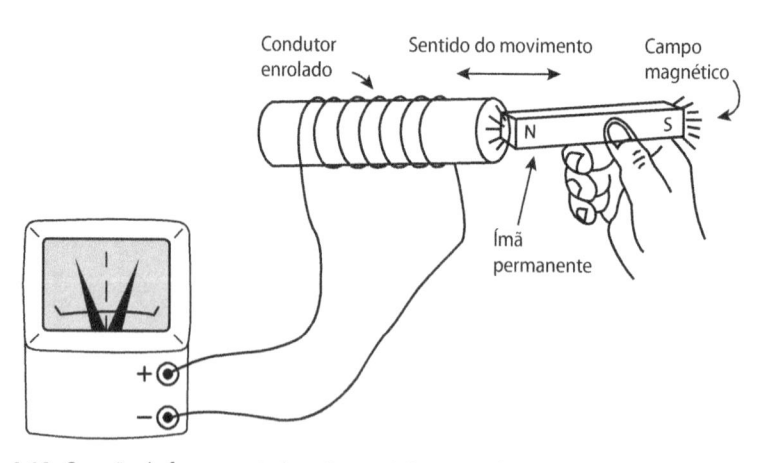

Figura 4-19 Geração de fem a partir da ação mecânica-magnética.

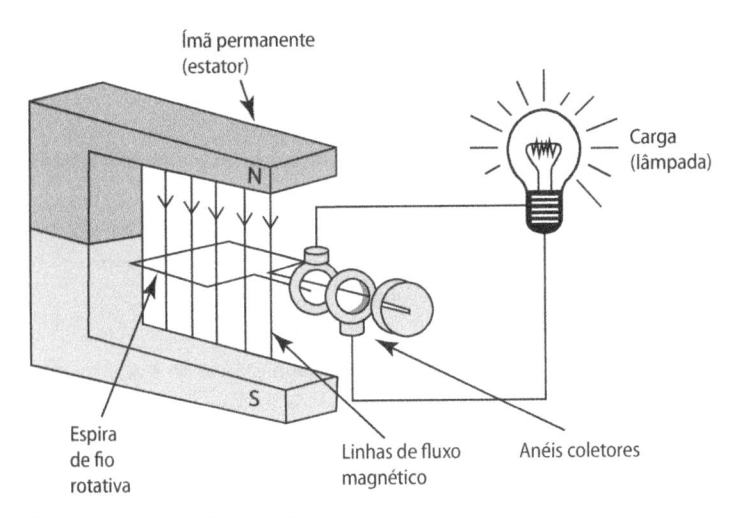

Figura 4-20 Gerador de uma única espira.

Figura 4-21 Gerador de uma usina geradora de energia. (Cortesia do U.S. Army Corps of Engineers)

>> Questões de revisão

11. O que é corrente elétrica?
12. Compare o fluxo de corrente em um circuito CC e em um circuito CA.
13. Um módulo de controle de 12 V_{CC} é incorretamente conectado a uma fonte de 12 V_{CA}. O que pode acontecer como resultado?
14. Qual componente é comumente usado para converter energia luminosa em energia elétrica?
15. Explique a função de um inversor como parte de um sistema de energia solar.
16. Descreva a composição básica de uma bateria.
17. Explique como um termopar opera.
18. Qual é o princípio de operação básico de um sensor piezoelétrico embutido no asfalto para monitorar o fluxo de tráfego?
19. Como é produzida a maior parte da eletricidade que usamos?
20. Quais são os dois fatores principais que determinam a quantidade de tensão produzida por um gerador?

>> Tópicos de discussão do capítulo e questões de pensamento crítico

1. Quando manipulados sem o devido aterramento, os componentes sensíveis à eletricidade estática podem ser danificados. Discuta como o aterramento adequado atua para proteger os componentes sensíveis.
2. Uma combinação de um painel solar fotovoltaico e uma bateria recarregável será utilizada para operar uma luz noturna de segurança externa em um local onde uma fonte elétrica convencional não está imediatamente disponível. Explique como tal sistema operaria.
3. Os dados de tensão nominal para uma lâmpada e para uma chave são examinados. A lâmpada possui uma especificação de tensão nominal de 120 V, enquanto a chave tem uma tensão nominal de 120 V_{CA}. Qual dispositivo poderia ser seguramente conectado a uma fonte de 120 V_{CC}? Por quê?
4. O solenoide piloto operado por termopar mostrado na Figura 4-16 deixa de funcionar normalmente. Liste quatro razões possíveis para isso.
5. Visite o *site* de uma estação de produção de energia elétrica de sua escolha. Escreva um breve relatório sobre o(s) método(s) usado(s) para gerar eletricidade e a capacidade de geração dos geradores.

capítulo 5

Unidades elétricas básicas

Em situações práticas, você deve ser capaz de medir eletricidade se quiser trabalhar com ela. Assim como você determina a pressão da água em um tanque com um manômetro, você mede a pressão elétrica com um voltímetro. Em cada caso, uma unidade padrão de medida é usada e o medidor deve estar calibrado nessa unidade. Neste capítulo, focaremos a medição das seguintes grandezas elétricas: tensão, corrente, resistência, potência e energia.

Objetivos deste capítulo

» Definir as grandezas corrente, tensão, resistência, potência e energia elétricas e indicar a unidade de medida de cada uma delas
» Identificar as partes essenciais de um circuito e estabelecer a função de cada uma delas
» Explicar a relação entre corrente, tensão e resistência
» Estabelecer a diferença entre o fluxo de elétrons (corrente real) e o fluxo de corrente convencional
» Fazer medições de corrente, tensão e resistência

≫ Carga elétrica

Como observado no Capítulo 4, há uma pequena carga negativa em cada elétron. Para fins práticos, os cientistas decidiram combinar várias dessas cargas de modo que eles fossem capazes de medi-las. A unidade prática de carga elétrica é o *coulomb*. Um coulomb de carga é o total de carga em $6,25 \times 10^{18}$ elétrons. Essa é uma unidade importante usada para descrever ou definir outras unidades da eletricidade.

≫ Corrente

A taxa de fluxo de elétrons através de um condutor é chamada *corrente* e a letra I (que significa intensidade) é o símbolo usado para representá-la. A corrente é medida em *ampères* (*A*). O termo ampère se refere ao número de elétrons passando por um dado ponto em um segundo. Se pudéssemos contar os elétrons individuais, descobriríamos que aproximadamente $6,25 \times 10^{18}$ (6.250.000.000.000.000.000) elétrons passam por um dado ponto no circuito durante 1 segundo para um fluxo de corrente de 1 ampère (Figura 5-1). O fluxo de corrente elétrica pode ser comparado ao fluxo de água em uma tubulação. Enquanto a corrente elétrica é dada em elétrons por segundo, em um sistema de fluxo de água o fluxo é dado em litros por minuto ou litros por segundo.

Quando os elétrons começam a fluir, o efeito é sentido instantaneamente ao longo de todo o condutor, de modo semelhante à força que é transmitida através de uma fileira de bolas de bilhar (Figura 5-2). A corrente elétrica é, na realidade, o impulso de energia elétrica que um

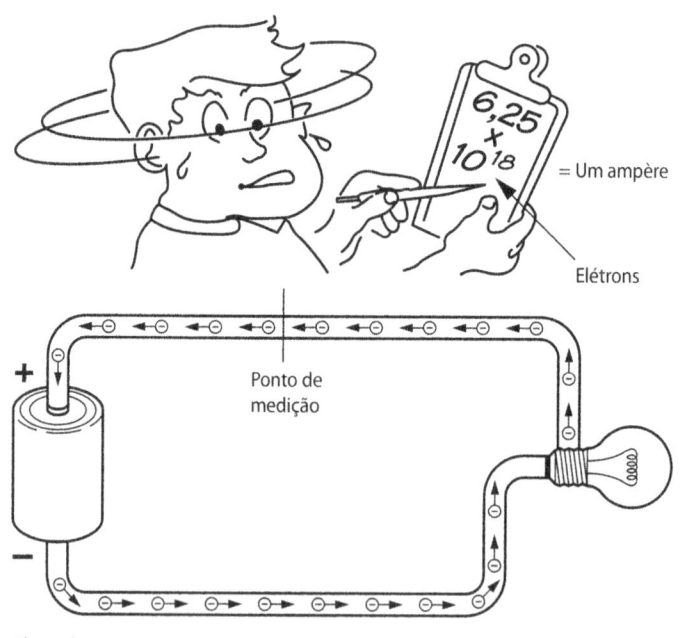

Figura 5-1 Fluxo de corrente em um condutor.

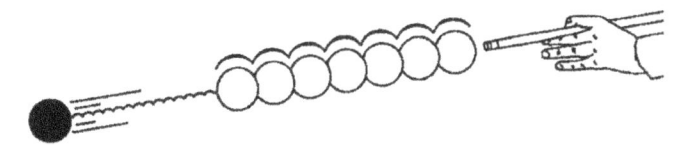

Figura 5-2 Transmissão de um impulso.

elétron transmite para outro à medida que ele muda de órbita. O primeiro elétron repele o outro para fora da órbita, transmitindo sua energia para ele. O segundo elétron repete a ação e esse processo continua através do condutor.

Embora os elétrons individuais não se desloquem mais do que alguns centímetros por segundo, a corrente efetivamente viaja através do condutor com uma velocidade próxima à da luz (300.000 quilômetros por segundo). Como os átomos estão próximos e as órbitas praticamente se sobrepõem, o elétron libertado não tem de viajar muito para encontrar uma nova órbita. Essa ação é quase instantânea de modo que, mesmo que os elétrons se movam de forma relativamente lenta, a corrente elétrica viaja na velocidade da luz.

Um *ampère é igual a um coulomb de carga passando por um dado ponto em um segundo*. Um instrumento chamado *amperímetro* é usado para medir o fluxo de corrente em um circuito (Figura 5-3). O amperímetro é inserido no caminho do fluxo de corrente, ou *em série*, para medir a corrente. Isso significa que o circuito deve ser aberto e os terminais do medidor colocados entre os dois pontos abertos. Embora o amperímetro meça o fluxo de elétrons em coulombs por segundo, ele é calibrado ou marcado em *ampères*. Para a maior parte das aplicações práticas, o termo ampère é usado em vez de coulombs por segundo quando nos

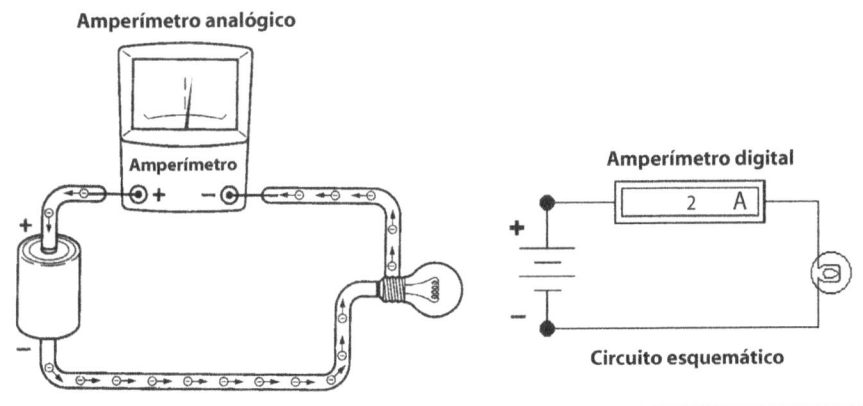

Corrente	Unidade base	Unidades para quantidades muito pequenas		Unidades para quantidades muito grandes	
Símbolo	A	μA	mA	kA	MA
Pronunciado como	Ampère	Microampère	Miliampère	Quiloampère	Megampère
Multiplicador	1	0,000001	0,001	1.000	1.000.000

Figura 5-3 Medição de corrente.

referimos ao valor do fluxo de corrente elétrica. Observe o uso dos prefixos *micro* e *mili* para representar quantidades muito pequenas de corrente e *quilo* e *mega* para representar quantidades muito grandes.

>> Tensão

Tensão (V, fem ou E) é uma pressão elétrica, uma força potencial ou uma diferença em cargas elétricas entre dois pontos. A tensão, ou diferença de potencial entre dois pontos, impulsiona a corrente através de um fio de maneira similar à diferença de pressão que empurra a água em uma tubulação. O nível ou o valor de tensão é proporcional à diferença na energia potencial elétrica entre dois pontos. A tensão é medida em *volts (V)*. Uma tensão de um volt é necessária para forçar um ampère de corrente através de um ohm de resistência (Figura 5-4). A letra E, que representa fem* (força eletromotriz), ou a letra V, que representa volt, são comumente usadas para representar tensão em fórmulas algébricas.

Uma tensão, ou uma diferença de potencial, existe entre quaisquer duas cargas que não são exatamente iguais uma à outra. Mesmo um corpo descarregado tem uma diferença de potencial com relação a um corpo carregado; essa diferença de potencial é positiva com relação a uma carga negativa e negativa com relação a uma carga positiva. Também existe uma tensão entre duas cargas positivas desiguais ou entre duas cargas negativas desiguais. Portanto, a tensão é puramente relativa e não é usada para expressar a quantidade real de carga, mas sim, para comparar uma carga com outra e indicar a força eletromotriz entre as duas cargas sendo comparadas.

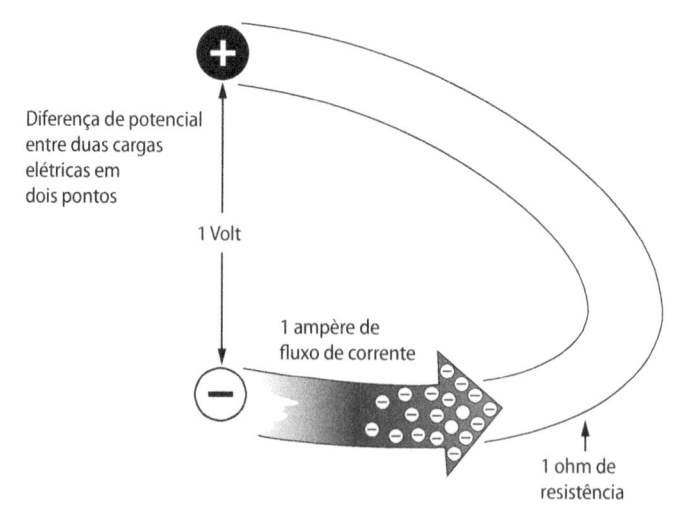

Figura 5-4 Tensão – diferença de potencial entre duas cargas elétricas em dois pontos.

---

* N. de T.: A letra E advém da primeira letra da sigla em inglês para fem, que é emf (Electromotive Force).

Um *voltímetro* é usado para medir a tensão ou a diferença de energia potencial de uma carga ou fonte. Uma tensão existe entre dois pontos e não flui através de um circuito como a corrente. Como resultado, um voltímetro é conectado *em paralelo* com os dois pontos. Quantidades muito pequenas de tensão são medidas em milivolts e microvolts, enquanto altas tensões são expressas em quilovolts e megavolts (Figura 5-5).

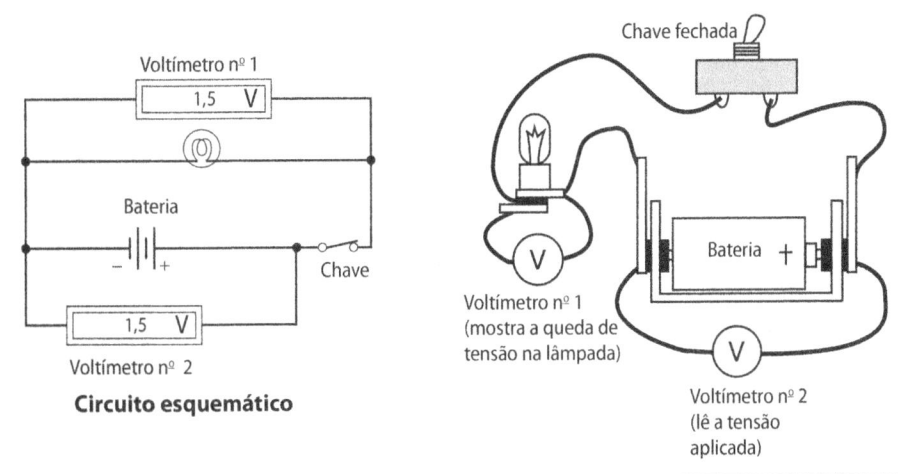

Tensão	Unidade base	Unidades para quantidades muito pequenas		Unidades para quantidades muito grandes	
Símbolo	V	mV	μV	kV	MV
Pronunciado como	Volt	Milivolt	Microvolt	Quilovolt	Megavolt
Multiplicador	1	0,001	0,000001	1.000	1.000.000

Figura 5-5 Medição de tensão.

>> Resistência

Resistência (R) é a oposição ao fluxo de elétrons (corrente). Ela é como um atrito elétrico que dificulta o fluxo de corrente. A resistência é medida em *ohms*. O símbolo grego Ω (ômega) é geralmente utilizado para representar ohms.

A resistência se deve, em parte, a cada átomo resistindo à remoção de um elétron pela sua atração para o núcleo positivo. As colisões de incontáveis elétrons e átomos, à medida que os elétrons se movem através do condutor, também criam uma resistência adicional. A resistência criada provoca um aquecimento do condutor quando uma corrente flui por ele; é por isso que um fio torna-se quente quando uma corrente circula por ele. Quanto maior a resistência, maior é a oposição ao fluxo de corrente. Os elementos de aquecimento de um fogão elétrico tornam-se quentes e o filamento de uma lâmpada incandescente torna-se extremamente quente porque eles têm uma resistência muito maior do que os condutores que conduziram a corrente para eles.

Cada componente elétrico tem resistência e essa resistência transforma energia elétrica em outra forma de energia – calor, luz ou movimento.

Um medidor especial chamado ohmímetro consegue medir a resistência de um dispositivo em ohms quando não há corrente fluindo (Figura 5-6). Um multímetro padrão contém um ohmímetro que opera por uma bateria localizada dentro do instrumento. *Por essa razão, ohmímetros nunca devem ser conectados a circuitos energizados!* A facilidade com que uma corrente elétrica flui através de um material depende da existência (ou não) de um número relativamente grande de *elétrons livres*. Um material com poucos elétrons livres apresenta uma resistência ou oposição significativa à circulação de corrente elétrica.

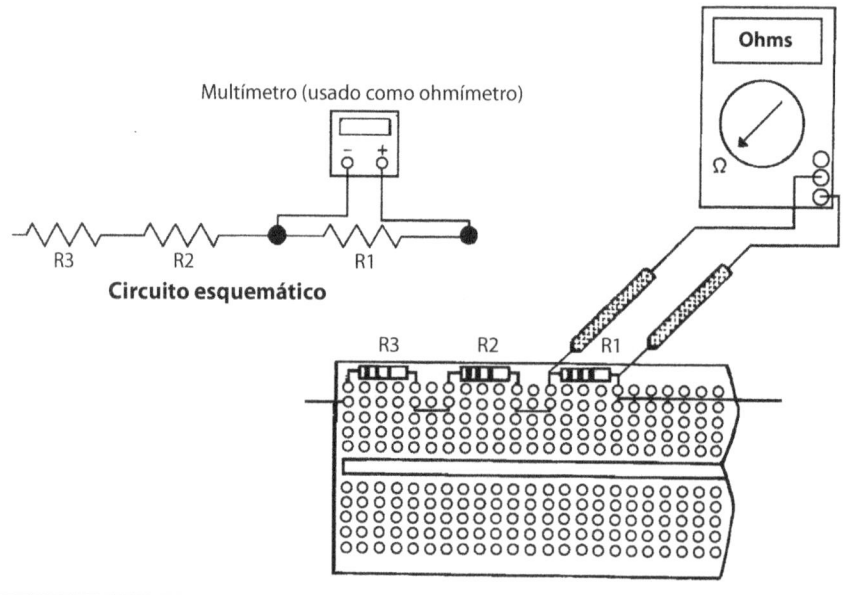

Resistência	Unidade base	Unidades para quantidades muito pequenas		Unidades para quantidades muito grandes	
Símbolo	Ω	µΩ	mΩ	kΩ	MΩ
Pronunciado como	Ohm	Microhm	Miliohm	Quilo-ohm	Megaohm
Multiplicador	1	0,000001	0,001	1.000	1.000.000

Figura 5-6 Medição de resistência.

≫ Questões de revisão

1. Qual é a unidade prática de carga elétrica?
2. Dê uma definição para corrente elétrica.
3. Indique a unidade básica usada para medir a corrente elétrica.
4. Descreva como um amperímetro é conectado em um circuito para medir a corrente.
5. O que é tensão?

6. Indique a unidade básica usada para medir tensão.
7. Como um voltímetro é conectado para medir a tensão de operação de uma lâmpada?
8. Dê uma definição para resistência elétrica.
9. Indique a unidade básica usada para medir a resistência.
10. Quando se utiliza um ohmímetro para medir a resistência, qual precaução deve ser observada?

» Potência

Potência elétrica (P) refere-se à quantidade de energia elétrica que é convertida em outra forma de energia em um dado intervalo de tempo. Potência é o trabalho realizado por um circuito elétrico e é medida em *watts (W)*. A potência em um circuito elétrico é igual a:

$$\text{Potência} = \text{Tensão} \times \text{Corrente}$$

$$\text{Watts} = \text{Volts} \times \text{Ampères}$$

$$P = EI$$

onde: P é a potência em watts

E é a tensão em volts

I é a corrente em ampères

Ferros elétricos, torradeiras e rádios são exemplos de dispositivos elétricos especificados em watts [Figura 5-7(a)]. Nem sempre o dispositivo elétrico é especificado simplesmente em termos de watts. As especificações podem ser dadas em termos de tensão e corrente ou tensão e potência. Quando a especificação é dada em watts e volts, a corrente nominal pode ser calculada dividindo-se a potência nominal pela tensão nominal (veja fórmula anterior).

Em circuitos CC, e em circuitos CA com cargas resistivas, a potência pode ser determinada com o auxílio de um voltímetro e um amperímetro, sendo igual ao produto entre a tensão e a corrente medidas [Figura 5-7(b)]. A potência elétrica também pode ser medida por um instrumento chamado wattímetro [Figura 5-7(c)]. O wattímetro (contendo quatro terminais) é basicamente um voltímetro e um amperímetro combinados. Os terminais do amperímetro são conectados em série e os terminais do voltímetro são conectados em paralelo com o circuito no qual a potência está sendo medida.

A potência nominal de uma lâmpada indica a taxa na qual o dispositivo pode converter energia elétrica em luz. Quanto mais rapidamente a lâmpada converter energia elétrica em luz, maior será o seu brilho. Por exemplo, uma lâmpada de 100 W emitirá mais luz do que uma lâmpada de 40 W (Figura 5-8). De modo similar, ferros de solda elétricos são produzidos com vários valores nominais de potência. Os ferros de potência mais elevada transformam energia elétrica em calor mais rapidamente e, portanto, operam em temperaturas mais altas do que aqueles de potência mais baixa.

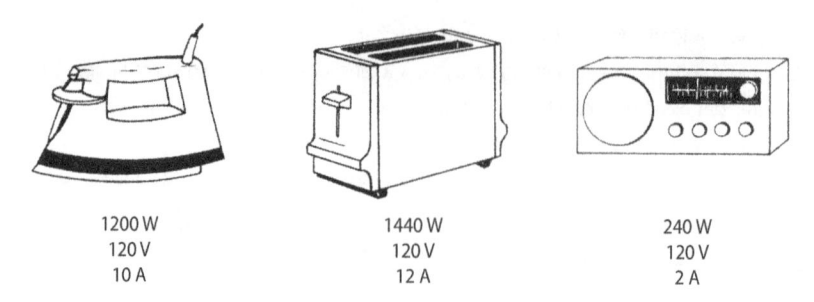

A. Potência nominal de dispositivos elétricos.

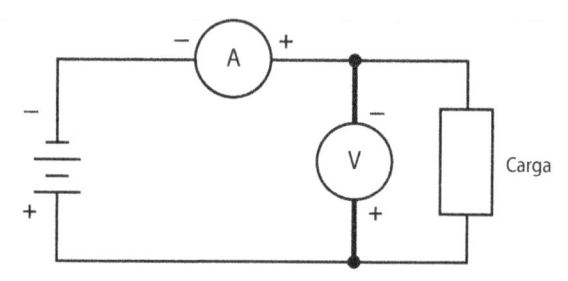

1200 W
120 V
10 A

1440 W
120 V
12 A

240 W
120 V
2 A

B. Corrente (ampères) vezes tensão (volts) é igual à potência (watts).

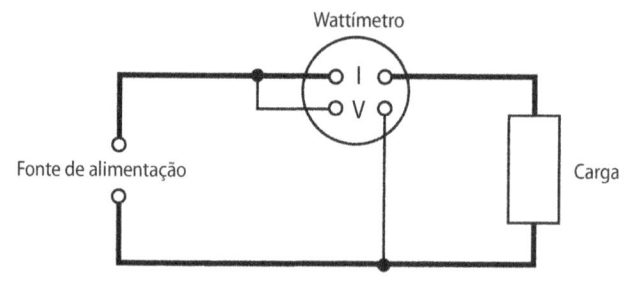

C. Medição de potência usando um wattímetro.

Figura 5-7 Potência elétrica.

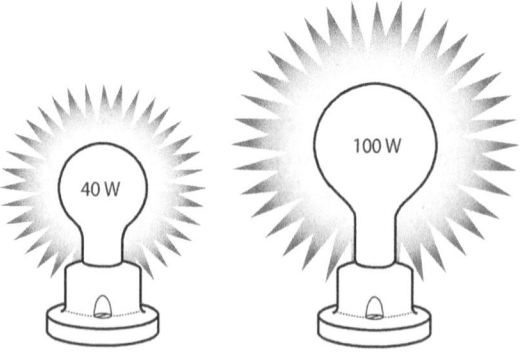

Figura 5-8 A lâmpada de potência mais elevada tem mais brilho.

>> Energia

Energia elétrica refere-se à energia de *elétrons em movimento*. Em um circuito elétrico completo, a tensão da fonte de alimentação empurra e puxa os elétrons, colocando-os em movimento. Quando os elétrons são colocados em movimento, eles têm energia cinética ou energia de movimento.

Uma unidade de energia, chamada *joule (J)*, é usada em trabalhos científicos para medir a energia elétrica. Por definição, um joule é a quantidade de energia carregada por um 1 coulomb de carga impelida por uma força eletromotriz de 1 volt. O *watt-hora (Wh)* é a unidade mais prática de medição de energia elétrica. Potência e tempo são fatores que devem ser considerados na determinação da quantidade de energia usada. Isso normalmente é feito ao multiplicar watts por horas.

O resultado está em watt-hora. Se a potência é medida em quilowatts e multiplicada por horas, o resultado estará em quilowatt-hora, abreviado por kWh. Medições de energia são usadas no cálculo do custo de energia elétrica. Um medidor de quilowatt-hora conectado a um sistema elétrico residencial serve para medir a quantidade de energia consumida (Figura 5-9).

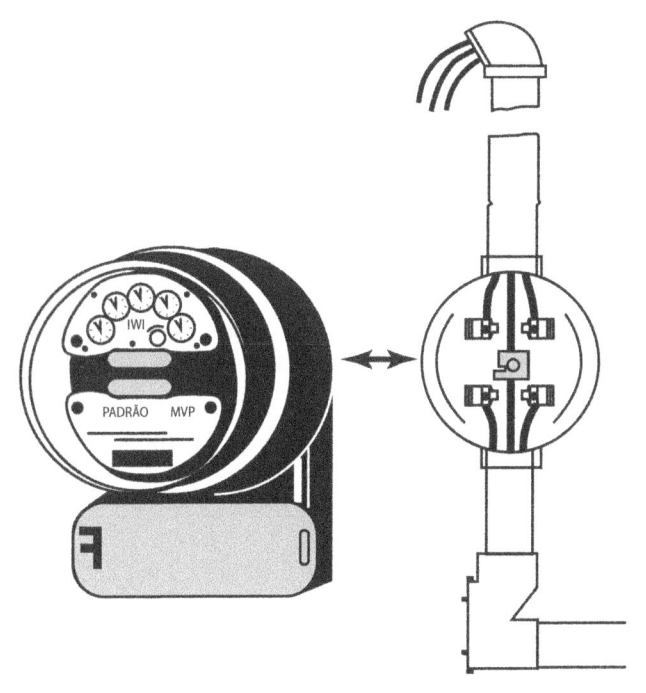

Figura 5-9 Medidor de energia em quilowatt-hora usado para medir o consumo de energia em uma residência.

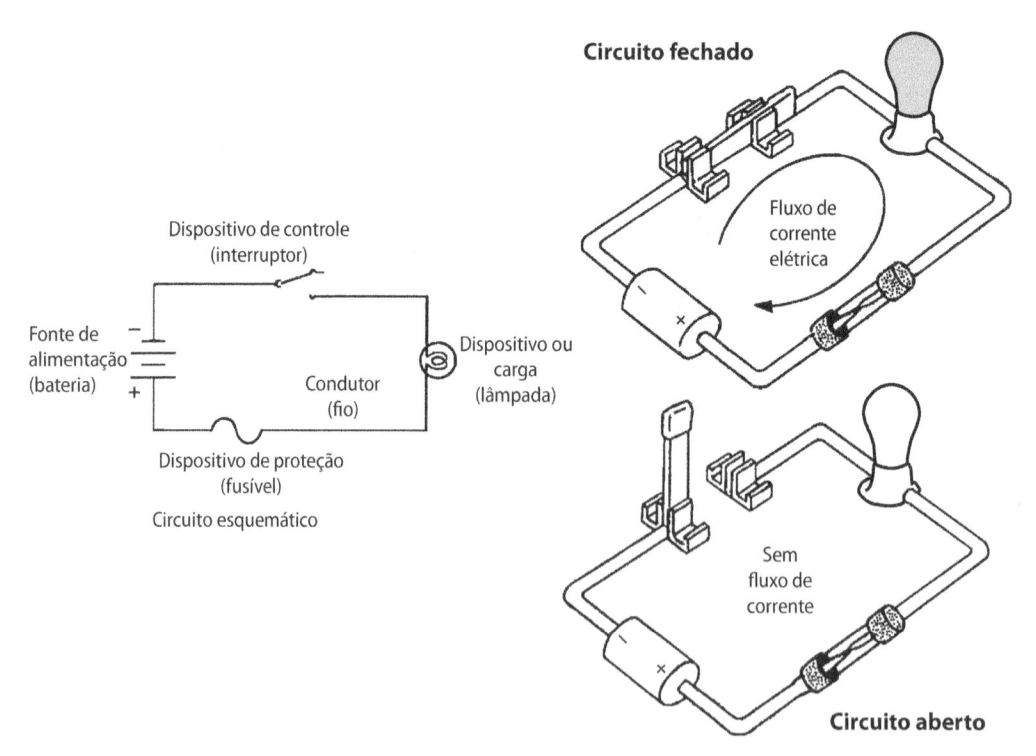

›› Componentes básicos de um circuito elétrico

Um circuito elétrico pode ser comparado a uma pista de corrida, com elétrons livres correndo ao redor do circuito em vez de carros e com os fios de cobre funcionando como a pista. Há diferenças também. Os carros são automotores, mas os elétrons livres devem ser impulsionados através do circuito pela fonte de força eletromotriz (tensão) ou fonte de alimentação. Uma pista de corrida geralmente tem a mesma superfície ao longo de toda sua extensão (considerando uma pista sem buracos!), enquanto um circuito elétrico contém uma restrição, a carga, similar a um túnel estreito. A carga é o local onde os elétrons são colocados para trabalhar! Finalmente, a pista de corrida não tem portões para interromper suas vias, mas o circuito elétrico contém um portão de início-parada (isto é, uma chave ou um interruptor) que controla o fluxo de elétrons.

Dispositivos e máquinas alimentados por corrente elétrica contêm um circuito elétrico (Figura 5-10). Um *circuito elétrico fechado* pode ser definido como um caminho elétrico completo de um lado de uma fonte de tensão para o outro lado da fonte. Suas partes essenciais são uma fonte de alimentação, condutores, cargas, dispositivos de controle e dispositivos de proteção. Um circuito completo ou fechado é necessário para que a corrente flua. Se o circuito é interrompido em qualquer ponto, não existe mais um caminho elétrico fechado e a corrente não pode fluir. Isso muitas vezes é chamado circuito incompleto ou *circuito aberto*. Um circuito aberto não conduzirá corrente.

Figura 5-10 Componentes básicos de um circuito elétrico.

A *fonte de alimentação* produz energia elétrica a partir de energia química, magnética ou outra fonte. Uma bateria é um exemplo de uma fonte de alimentação CC. A bateria cria uma diferença de energia potencial ou tensão através de seus dois terminais. A energia elétrica da bateria é transportada através do circuito pelos elétrons em movimento. Esses elétrons em movimento passam de átomo para átomo em direção ao terminal positivo da bateria.

Os *condutores* proporcionam um caminho de baixa resistência da fonte para a carga. Em um circuito ideal, os elétrons fornecem toda a sua energia disponível para a carga. Em circuitos reais, uma pequena perda de energia ocorre nos fios à medida que os elétrons fluem através do circuito.

Uma *carga* é qualquer dispositivo que usa energia elétrica ou que a transforma em outras formas. A carga toma a energia elétrica de alguma fonte de alimentação e a utiliza para efetuar alguma função útil. Uma lâmpada é um exemplo de carga em um circuito. Elétrons fluem através da lâmpada e convertem a energia elétrica da fonte em energia luminosa e térmica (calor). Sem algum tipo de carga, com uma dada resistência para limitar o fluxo de corrente, todo circuito seria um curto-circuito.

Os *dispositivos de controle* controlam o fluxo de corrente, ou ligam e desligam os circuitos. Um interruptor é um exemplo de um dispositivo de controle comum. Quando o interruptor está na posição ligada (on), ele atua como um condutor para manter o fluxo de elétrons, e diz-se que o circuito está fechado. Quando o interruptor está na posição desligada (off), o caminho do circuito é interrompido, e diz-se que o circuito está aberto.

Os *dispositivos de proteção* abrem o circuito no caso de fluxo de uma corrente excessiva. Correntes muito altas podem causar danos aos condutores e às cargas. Fusíveis e disjuntores são exemplos comuns de dispositivos de proteção. Se a corrente em qualquer parte do circuito aumenta para um nível perigosamente elevado, o fusível derrete e automaticamente abre o circuito.

» Relação entre corrente, tensão e resistência

O valor do fluxo de corrente (elétrons) em um circuito é determinado pela tensão e pela resistência. Como você sabe, a tensão é a força responsável pelo fluxo de corrente. Portanto, quanto maior a tensão aplicada, maior é a corrente através do circuito. Por outro lado, uma redução na tensão aplicada resultará em uma diminuição da corrente no circuito. Esse raciocínio supõe que a resistência do circuito, ou a oposição ao fluxo de corrente, permanece constante (Figura 5-11). O valor da tensão da fonte de alimentação normalmente não é afetado pela corrente ou pela resistência.

Se a tensão é mantida constante, a corrente vai variar à medida que a resistência do circuito é variada, porém no sentido oposto. Como você sabe, a resistência representa a oposição ao fluxo de corrente. Supondo que a tensão é constante, um aumento na resistência resulta em uma diminuição no fluxo de corrente. Por outro lado, uma diminuição na resistência resulta em um aumento na corrente (Figura 5-12). A resistência normalmente não é afetada pela tensão ou pela corrente.

Para compreender melhor a relação entre tensão, corrente e resistência, estabelecermos uma analogia com um sistema de água residencial (Figura 5-13). A tensão é como a pressão da água e a corrente em um fio ou circuito é como o fluxo de água na mangueira. A válvula ofe-

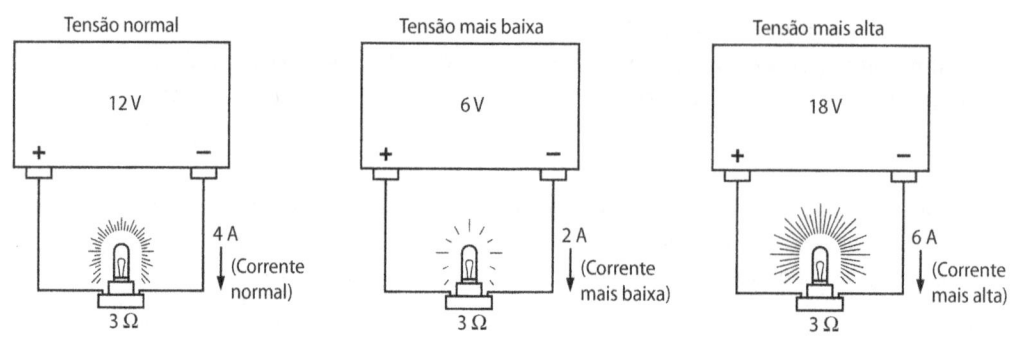

Figura 5-11 O efeito da tensão da fonte no fluxo de corrente.

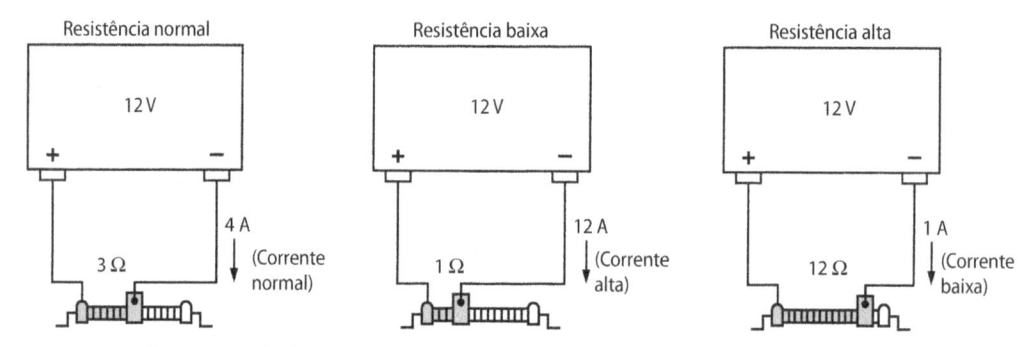

Figura 5-12 O efeito da resistência do circuito no fluxo de corrente.

rece resistência ao fluxo de água e pode ser ajustada para controlar a vazão. A vazão de água depende do ajuste da válvula e do valor da pressão que impulsiona a água.

As grandezas elétricas básicas de tensão, corrente e resistência apresentam relações de proporcionalidade entre si e podem, portanto, ser expressas como fórmulas matemáticas. Se a resistência de um circuito permanece constante e a tensão aumenta, há um *aumento* proporcional correspondente na corrente. Da mesma forma, se a resistência permanece constante e a tensão é diminuída, há uma *redução* proporcional na corrente. Essa relação entre corrente, tensão e resistência é definida pela *lei de Ohm*. A lei de Ohm é a lei mais fundamental e impor-

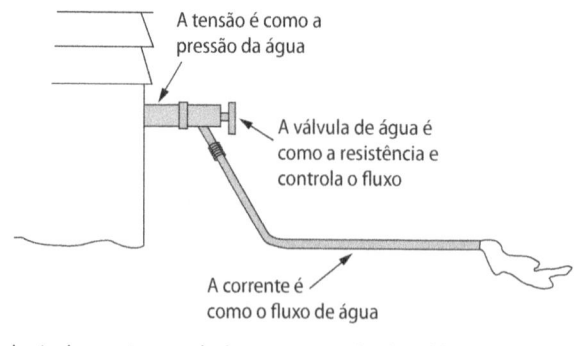

Figura 5-13 Analogia de um sistema de água com um circuito elétrico.

tante da eletricidade e eletrônica e é comumente enunciada como: *a corrente fluindo em um circuito é diretamente proporcional à tensão aplicada e inversamente proporcional à resistência.*

No formato de equação, temos:

$$I \text{ (corrente)} = \frac{E \text{ (tensão)}}{R \text{ (resistência)}}$$

» Sentido do fluxo de corrente

O sentido do fluxo de corrente em um circuito pode ser designado como o *fluxo de elétrons* ou como o *fluxo de corrente convencional* (Figura 5-14). O fluxo de elétrons é baseado na teoria eletrônica da matéria e, portanto, indica o fluxo de corrente do negativo para o positivo. O fluxo de corrente convencional é baseado em uma teoria dos fluidos da eletricidade mais antiga e considera o fluxo de corrente do positivo para o negativo.

Na notação de fluxo de elétrons (também chamada corrente real), seguimos o movimento real dos elétrons no circuito. De acordo com a teoria eletrônica, como o elétron é a partícula carregada mais leve, seria lógico pensar que essa partícula poderia ser mais facilmente colocada em movimento ordenado como uma corrente elétrica. Se os elétrons fluem em um sentido em um circuito, a corrente elétrica convencional está no sentido oposto.

Faz diferença a maneira como designamos o fluxo de cargas em um circuito? Na verdade não, desde que sejamos consistentes na utilização de nossos símbolos. Você pode seguir um sentido imaginário de corrente (fluxo convencional) ou o sentido real (fluxo de elétrons) com igual sucesso no que diz respeito à análise de circuitos. Tanto o fluxo convencional como o fluxo real são aceitáveis e usados para diferentes aplicações. É importante compreender e ser capaz de pensar em termos tanto do fluxo real de corrente quanto do fluxo convencional. A menos que seja especificado o contrário, o sentido do fluxo de corrente considerado neste livro será de acordo com o sentido convencional (do positivo para o negativo), que é o sentido mais empregado no meio

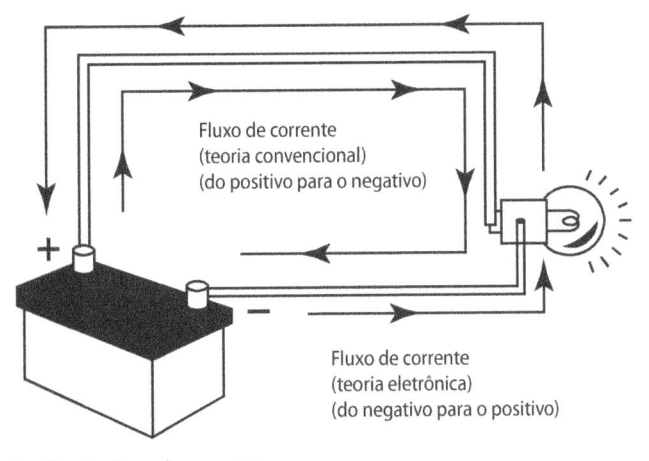

Figura 5-14 Sentido do fluxo de corrente.

prático ligado à eletricidade. Assim, todas as setas usadas para indicar o sentido de corrente em um circuito apontarão para o sentido contrário ao do fluxo de elétrons.

>> Questões de revisão

11. Defina potência elétrica e indique a unidade básica usada para medi-la.
12. Uma lâmpada drena uma corrente de 0,5 A quando 120 V são aplicados através de seus terminais. Determine a potência nominal da lâmpada.
13. Explique por que um ferro de solda de 140 W produz mais calor do que um ferro de solda de 20 W.
14. Descreva o que é energia elétrica e indique a unidade prática básica usada para medi-la.
15. O que significa circuito fechado?
16. Indique as cinco partes básicas de qualquer circuito elétrico e descreva sucintamente a finalidade de cada uma delas.
17. Como a quantidade de corrente em um circuito é afetada por variações na tensão aplicada e na resistência da carga?
18. Compare o sentido de fluxo de elétrons (sentido real da corrente) e o sentido convencional de corrente.
19. Uma torradeira drena 8 ampères quando conectada a uma fonte de tensão de 120 V. Qual é a potência nominal da torradeira?
20. Converta os seguintes dados:
    (a) 12.000 A para kA
    (b) 0,04 V para mV
    (c) 1,8 MΩ para Ω
    (d) 40 µA para A

>> Tópicos de discussão do capítulo e questões de pensamento crítico

1. Suponha que a aplicação de uma tensão de 120 V a um elemento aquecedor produza uma corrente de 8 A.
   (a) Qual seria o valor da corrente se a tensão fosse aumentada para 240 V?
   (b) Qual seria o valor da corrente se a tensão fosse diminuída para 60 V?
   (c) Qual seria o valor da corrente se o valor da resistência do elemento aquecedor fosse dobrado?
   (d) Qual seria o valor da corrente se o valor da resistência do elemento aquecedor fosse reduzido à metade?
2. A temperatura de um dado fio conduzindo uma corrente elétrica é muito quente para o toque. O que você poderia deduzir a partir disso? Por quê?
3. Você está verificando a instalação de uma carga fixa com valores nominais de 1.800 W e 120 V, conectada a um ramo de 120 V de um circuito que está protegido por um disjuntor de 20 A. Um circuito de uso contínuo pode ser carregado com apenas 80% de seus valores nominais. Admitindo que não existem outras cargas conectadas ao circuito, o circuito de 20 A é suficientemente grande para lidar com essa carga? Por quê?
4. Quanto de potência é consumido em um circuito elétrico aberto? Por quê?
5. O que é mais caro: operar um secador de cabelo de 1.000 W por 5 minutos ou uma lâmpada de 40 W por 1 hora? Por quê?

» capítulo 6

Conexões elétricas

Conexões elétricas que fornecem uma máxima condutividade são uma parte essencial de todo circuito. Os fabricantes sabem disso e desenvolveram uma variedade de dispositivos de fiação que garantem instalações seguras e confiáveis. As conexões podem ser um dos elos mais fracos em um circuito; por outro lado, quando feitas apropriadamente, utilizando materiais adequados e seguindo as exigências do fabricante e das normas pertinentes, elas devem durar tanto tempo quanto os condutores propriamente ditos. Este capítulo vai auxiliá-lo a selecionar e instalar corretamente os vários tipos de conectores.

Objetivos deste capítulo

» Descrever os efeitos negativos de uma conexão elétrica mal feita
» Remover de forma adequada a isolação de um fio
» Instalar corretamente conectores com terminal tipo parafuso, mecânicos e de compressão
» Isolar de forma adequada fios emendados
» Explicar os princípios da soldagem
» Identificar como os cabos são usados em circuitos de sinal e de comunicação e em sistemas de energia

» A necessidade de conexões elétricas adequadas

Quase todas as instalações ou manutenções elétricas consistem na conexão de fios a terminais ou a outros fios. Os cortes, as emendas e as conexões de fios elétricos devem ser feitos de forma correta ou problemas aparecerão. Uma conexão elétrica mal feita terá uma *resistência mais alta do que a normal*. Em circuitos elétricos de corrente mais elevada, isso resulta em uma quantidade excessiva de calor sendo produzida na conexão quando uma corrente normal flui através do circuito (Figura 6-1). A conexão elétrica ruim também reduzirá a energia total normalmente disponível para a carga. Isso acontece porque uma parte da energia fornecida é usada para produzir calor indesejável no ponto de conexão defeituoso. Conexões de alta resistência em junções de fios ou terminais de tomadas podem ser causadas por: emendas mal feitas, conexões frouxas ou intermitentes ou conexões corroídas em algum lugar no circuito.

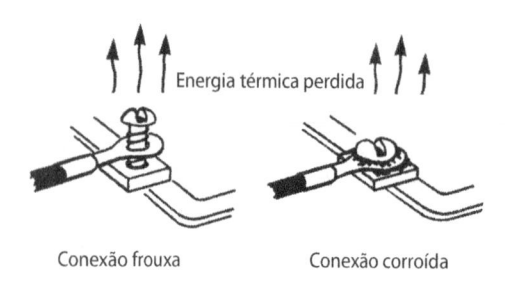

Figura 6-1 Conexões de alta resistência.

Circuitos eletrônicos, como circuitos de voz e dados, operam com baixos níveis de tensão e de corrente. Nesses circuitos, conexões de alta resistência podem provocar o enfraquecimento ou mesmo a perda dos sinais de controle. É importante manter um bom contato elétrico com esse tipo de conexão de modo a minimizar as perdas devido à resistência. Os conectores de borda em placas de circuito impresso devem se encaixar sem folga em seus conectores para minimizar a resistência de contato (Figura 6-2).

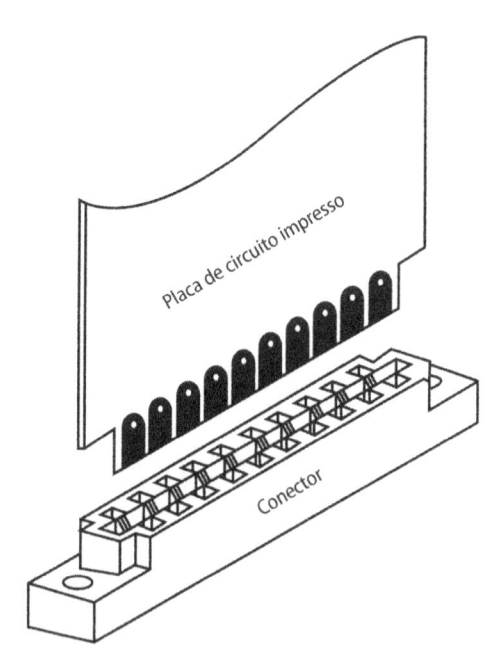

Figura 6-2 Os conectores de borda em placas de circuito impresso devem se encaixar sem folga em seus conectores.

>> Preparando o fio para conexão

Os fios elétricos utilizados em instalações são totalmente isolados com um tipo aprovado de material isolante, como plástico ou borracha. Essa cobertura isolante deve ser removida (descascada ou desencapada) antes que o fio possa ser adequadamente conectado a qualquer coisa. A quantidade de isolação a ser descascada da ponta do fio depende do tipo de conexão que você vai fazer. Remova isolação suficiente de modo que o condutor entre completamente no conector e a isolação se ajuste próxima ao conector, mas não dentro dele.

Desencapadores ou descascadores de fio são ferramentas especiais usadas para remover a isolação de fios que vão ser juntados (emendados) ou conectados. Um tipo de descascador (Figura 6-3) tem uma série de aberturas afiadas em sua lâmina de tesoura para descascar fios de diferentes bitolas ou diâmetros. A bitola ou seção do fio deve ser compatível com a abertura no descascador de fio para evitar cortar o fio internamente e enfraquecê-lo.

Se você estiver desencapando um fio com uma faca, tenha cuidado para não cortar o fio e enfraquecê-lo. Não corte em linha reta no isolamento. Incline a lâmina de sua faca em um ângulo em direção à extremidade do fio, como você faria se estivesse apontando um lápis (Figura 6-4). Uma vez cortada a isolação, puxe-a do fio usando seus dedos ou um alicate.

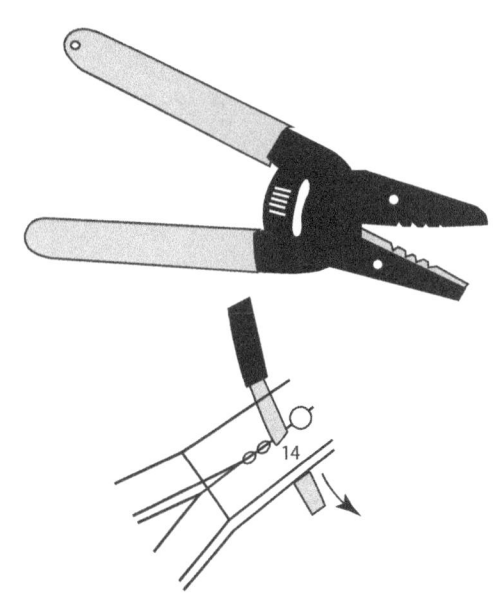

1. Insira a extremidade do fio dentro da abertura de tamanho apropriado.
2. Feche o descascador em torno do fio. A ferramenta deve cortar através da isolação, mas não do fio.
3. Puxe a isolação da extremidade do fio.

Figura 6-3 Utilizando um descascador de fio.

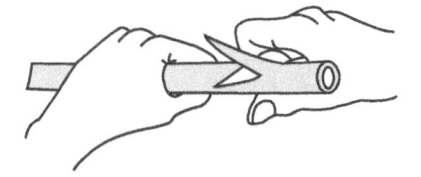

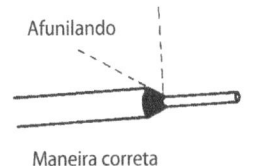

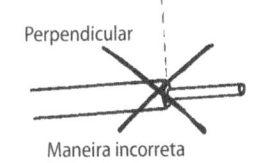

Afunilando — Maneira correta

Perpendicular — Maneira incorreta

Figura 6-4 Utilizando uma faca para remover a isolação.

O calor de um ferro de solda pode remover a isolação de certos fios, incluindo alguns fios magnéticos. Fios com vernizes e esmaltes de isolamento têm a isolação removida quimicamente com um solvente de tinta.

❯❯ Conexão com terminal tipo parafuso

O tipo mais simples e comum de conexão elétrica é a conexão elétrica com terminal do tipo parafuso. Quando você está instalando a fiação de dispositivos elétricos, como interruptores ou suportes de lâmpadas, esse é o tipo de conexão mais usado. As conexões em terminais do tipo parafuso são feitas formando um laço na extremidade (desencapada) do fio e ajustando-o em volta da cabeça do parafuso (Figura 6-5).

Para condutores de alumínio, os terminais são feitos de alumínio ou ligas de alumínio para fornecer o melhor meio-termo entre condutividade elétrica e resistência mecânica. Em geral, para condutores de cobre, os terminais são feitos ou de cobre puro ou de ligas de bronze e

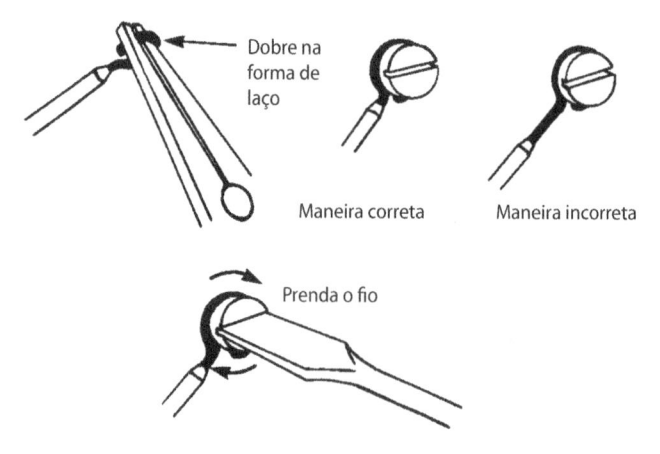

1. Remova apenas isolação suficiente para fazer um laço de fio desencapado em volta do terminal parafuso (cerca de ¾ de polegada). Se o condutor é formado por vários filamentos (encordoado), os filamentos desencapados devem ser bem torcidos e, em seguida, estanhados.
2. Use um alicate de bico fino para dobrar o fio desencapado na forma de um laço.
3. Afrouxe o parafuso com uma chave de fenda, mas não o remova de seu furo.
4. Enganche o fio no topo do parafuso no **sentido horário**. Desse modo, o fio vai se acomodar em torno do parafuso e não ser empurrado para fora dele à medida que o parafuso é apertado.
5. Feche o laço em torno do parafuso com o alicate e aperte o parafuso.
6. Não deve haver fio desencapado se estendendo além da cabeça do parafuso. Se isso acontecer, você retirou muita isolação e o fio desencapado deve ser encurtado.

Figura 6-5 Conexão em terminais do tipo parafuso.

latão. Nunca misture condutores de cobre e alumínio no mesmo terminal, a menos que eles sejam especificados para essa finalidade. Sempre use dispositivos especificados para cobre se estiver utilizando condutores de cobre, e dispositivos especificados para alumínio se estiver utilizando condutores de alumínio. Uma razão para isso é que, quando a isolação é removida do fio de alumínio e ele é exposto ao ar, um filme de isolação ou óxido se forma imediatamente sobre o fio. Isso significa que talvez tenhamos uma conexão ruim e um sobreaquecimento no interruptor ou no receptáculo, a menos que o terminal ou o dispositivo seja construído com os contatos corretos projetados para romper o filme e garantir uma boa conexão no dispositivo. Compostos antioxidantes podem ser colocados nos condutores de alumínio a fim de garantir uma boa conexão elétrica a longo prazo. Conectores de dupla classificação construídos de ligas de alumínio banhadas podem ser usados para realizar emendas ou terminações com condutores de cobre. Esses dispositivos costumam ser marcados com uma indicação do tipo CU/AL ou similar, e são especificamente projetados e aprovados para garantir uma boa conexão com o uso de uma área de contato maior e materiais compatíveis (Figura 6-6).

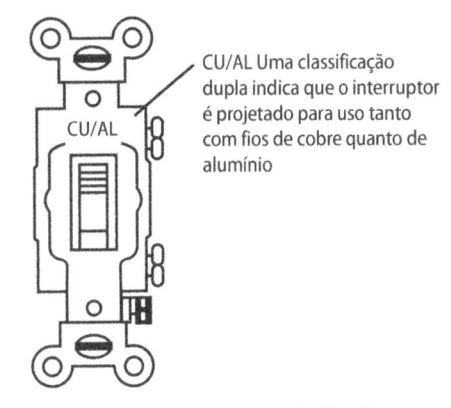

CU/AL Uma classificação dupla indica que o interruptor é projetado para uso tanto com fios de cobre quanto de alumínio

Figura 6-6 Conectores de dupla classificação.

Marcadores de fio (Figura 6-7) são frequentemente empregados para identificar fios e unir as extremidades terminais (isso é útil para identificar cada lado de um fio, ou seja, por onde ele entra e por onde ele sai). Além de possibilitar a rápida localização dos fios em um circuito, a marcação de fios e extremidades é importante na realização de testes em determinados circuitos e na reposição de fios e de componentes ligados a eles.

Figura 6-7 Marcadores de fio.

❯❯ Conectores de compressão e conectores de aperto mecânico tipo parafuso

O método mais utilizado para fazer uma conexão elétrica é pela criação e manutenção de uma *pressão* externa. Isso é feito utilizando ou *conectores de compressão* ou *conectores de aperto mecânico do tipo parafuso*. Em ambos os casos, para garantir uma conexão boa e durável, deve-se limpar e preparar adequadamente as superfícies e aplicar uma força de aperto (ou de compressão) suficiente.

Um *conector de compressão* serve para juntar duas extremidades (também chamado *butt-type connector*). Os fios são inseridos em uma luva especial, isolada ou não, para a retenção dos condutores. Um alicate de compressão (ou alicate de crimpagem ou crimpador) é então usado para comprimir (crimpar) os fios na luva (Figura 6-8). Diferentes formas de terminais próprios para crimpagem estão disponíveis (Figura 6-9). Esses terminais podem ser usados para a conexão de fios a um dado tipo de terminação.

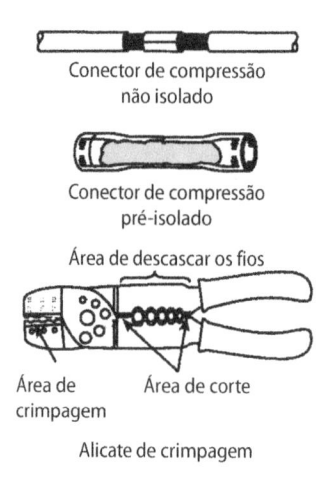

Conector de compressão não isolado

Conector de compressão pré-isolado

Área de descascar os fios

Área de crimpagem   Área de corte

Alicate de crimpagem

1. Selecione o conector de compressão de tamanho adequado para encaixar os fios.
2. Retire uma pequena quantidade de isolação das extremidades dos fios a serem juntados.
3. Insira um dos fios até metade do conector e comprima ("crimpe") o conector para prender o fio.
4. Insira o outro fio na outra extremidade do conector e comprima o conector para prender o fio.
5. Puxe os fios para ter certeza de que eles estão firmemente presos.
6. Para conectores sem isolação, envolva a conexão com fita isolante ou use uma seção de tubo termocontrátil para proteger a conexão contra sujeira e umidade.

Garra superior
Abas dos terminais
Bigorna
Fio
Crimpagem final achatada
abas giradas comprimido

Processo de crimpagem

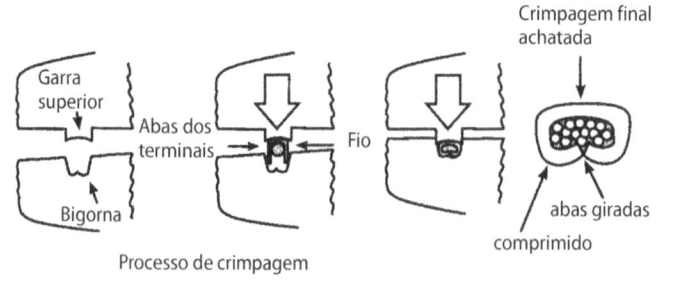

Figura 6-8 Processo de crimpagem de um conector de compressão.

Terminal fêmea

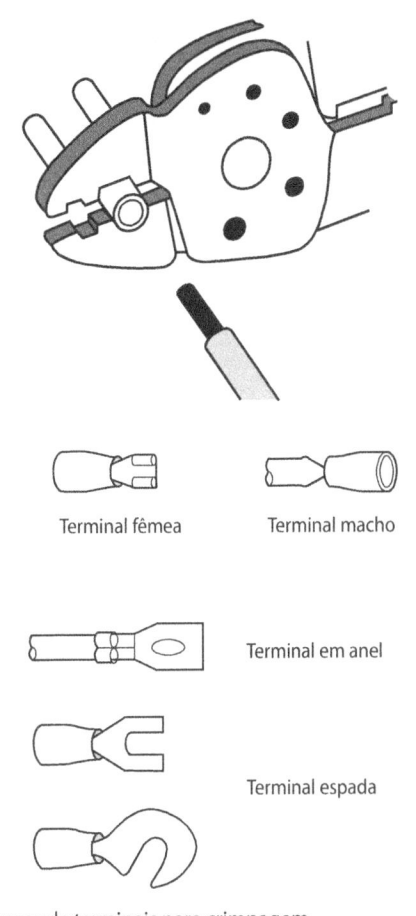

Terminal macho

Terminal em anel

Terminal espada

Figura 6-9 Diferentes formas de terminais para crimpagem.

A compressão de um conector em um *cabo* com o uso de um alicate de compressão fornece uma conexão melhor e mais durável, tendo em conta os métodos existentes (Figura 6-10). Esses conectores sem solda são feitos na forma de uma peça tubular para a instalação com uma ferramenta de compressão manual ou com um alicate hidráulico. Para garantir uma boa conexão, você deve selecionar o tamanho e o estilo corretos de conector e de ferramenta e descascar o condutor de acordo com as recomendações do fabricante. É importante que o cabo e o conector estejam limpos e livres de corrosão e oxidação. Os fios do cabo são então comprimidos dentro do tubo de cobre pela ferramenta de compressão até que eles formem uma massa sólida de cobre. Um cabo de cobre pode ser instalado em um conector de compressão de cobre (conectores americanos desse tipo são classificados como "CU") ou em um conector de dupla classificação (ou seja, especificado para uso com cobre e alumínio – conectores americanos desse tipo são classificados como "AL9CU"). Cabos de alumínio podem ser instalados apenas em conectores de compressão de alumínio ou de dupla classificação (conectores americanos desse tipo são classificados como "AL", "AL7CU" ou "AL9CU"). Cabos de alumínio **nunca** devem ser instalados em um conector de cobre. O processo de oxidação é acelerado quando dois materiais diferentes estão em contato um com o outro. Isso pode ser

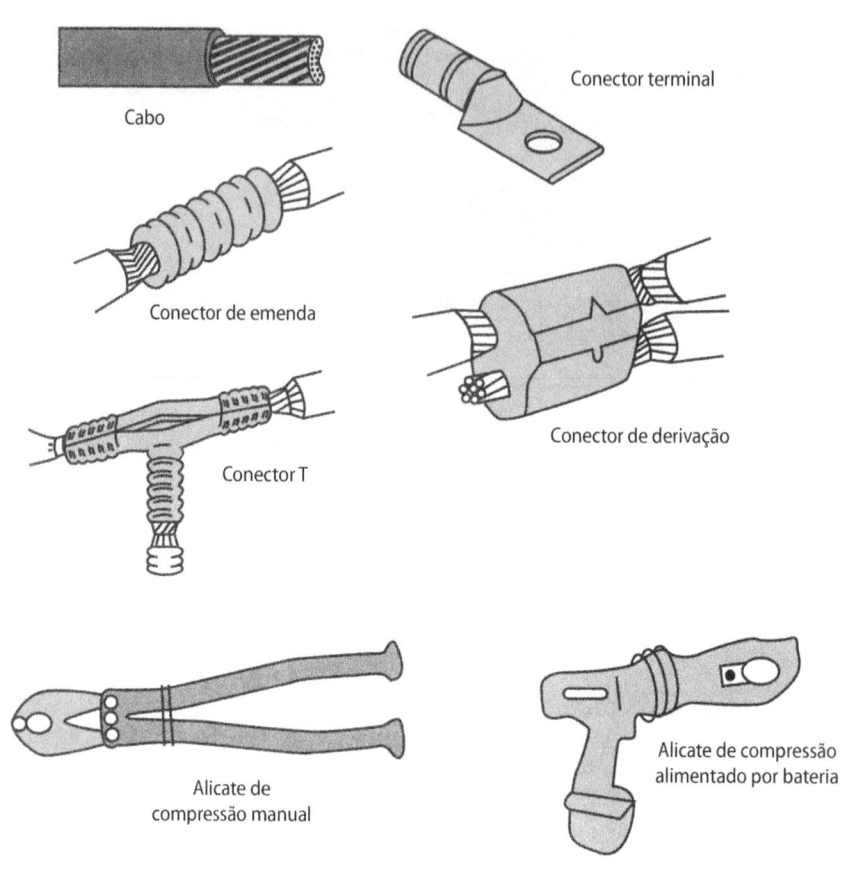

Figura 6-10 Conectores de compressão para cabos e ferramentas de compressão.

uma fonte de aumento de resistência quando um fio de alumínio é ligado a uma tomada ou a um interruptor destinado a fios de cobre.

Existem diversas configurações de crimpagem (Figura 6-11). Conectores para bitolas AWG No. 22 até No. 10 são normalmente feitos utilizando ferramentas de compressão manuais, enquanto conectores para diâmetros maiores são feitos empregando ferramentas hidráulicas. Crimpadores hidráulicos com molde exigem que os conjuntos separados de inserções (moldes) sejam colocados na cabeça da ferramenta de compressão para cada tipo (AL ou CU) e tamanho diferente de conector a ser crimpado. Crimpadores sem moldes são ferramentas de crimpagem hidráulicas que não exigem o uso de moldes. Cabos de alumínio necessitam de atenção especial. Um tipo de composto antioxidante adequado deve ser aplicado ao alumínio nu depois de ele ter sido limpado com uma escova para fios. Isso ajuda a retardar a oxidação na interface condutor-conector. A maioria dos conectores de compressão de alumínio vem preenchida com um composto para junções, que ajuda a selar a conexão.

O conector de cabo de aperto mecânico do *tipo parafuso* é projetado para:

- Prender todos os fios do cabo firmemente sem danificar algum dos fios.

Circunferencial   Hexagonal

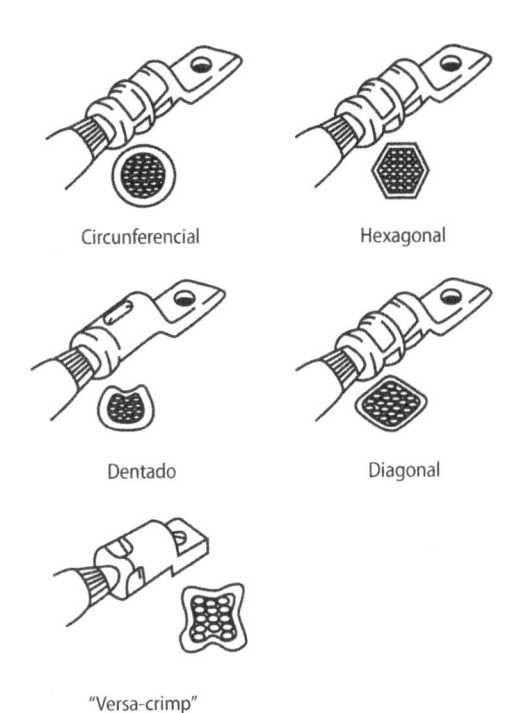

Dentado   Diagonal

"Versa-crimp"

Figura 6-11 Terminais de compressão e configurações de crimpagem.

- Manter um aperto firme sobre o cabo, comprimindo os fios em um grupo sólido que não se soltará depois de um tempo.
- Impedir a eletrólise entre ele mesmo e o cabo.

Diversos conectores terminais de aperto mecânico do tipo parafuso estão ilustrados na Figura 6-12. O elemento de fixação do cabo de um conector mecânico fornece tanto a resistência mecânica como os caminhos de corrente da conexão. Chaves de torque calibradas podem ser usadas para conseguir a força de aperto (ou de compressão) adequada como especificada pelo fabricante. A aplicação de um torque inferior ao necessário resulta em uma conexão de alta resistência, que pode gerar um sobreaquecimento, além de falhar na condução de corren-

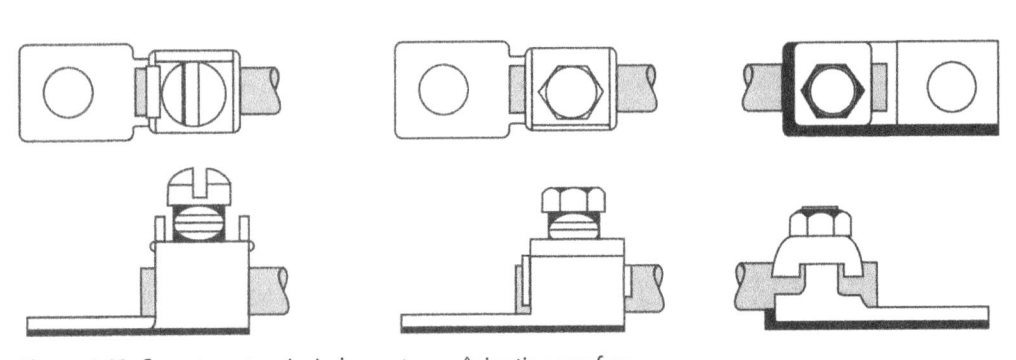

Figura 6-12 Conectores terminais de aperto mecânico tipo parafuso.

tes normais. Por outro lado, a aplicação de um torque superior ao necessário rompe os fios do condutor ou mesmo danifica a ferragem da terminação.

Conectores tipo parafuso fendido são usados para prender firmemente dois condutores juntos (Figura 6-13). Eles fornecem tanto conexão mecânica quanto elétrica e são encontrados em vários tamanhos para a maioria das bitolas (seções) de fio. Diversos tipos de conectores de parafuso fendido estão disponíveis e podem ser usados para conexões de cobre-cobre, cobre-alumínio ou alumínio-alumínio, dependendo do projeto e dos materiais. Cada dispositivo é marcado com os tipos de condutores permitidos. Normalmente, eles são projetados e especificados para a junção de apenas dois condutores. A integridade da isolação do condutor é, em geral, restaurada utilizando uma fita de borracha sobreposta com uma fita isolante.

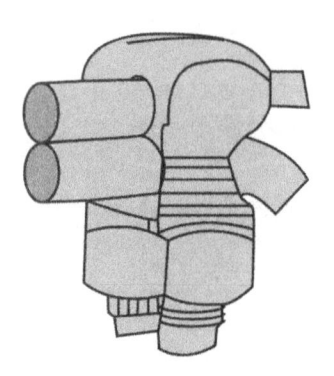

Figura 6-13 Conector tipo parafuso fendido.

Três fatores importantes que determinam o desempenho dos conectores de pressão são a oxidação, a fluência (ou *creep*) e a corrosão. Esses fatores são mais relevantes em conexões envolvendo conectores de alumínio em vez de cobre. A *oxidação* refere-se ao filme de óxido superficial que se forma na superfície de um condutor quando exposto ao ar. O filme de óxido atua como um isolante e aumenta a resistência da ligação. Esse filme deve ser eliminado para que se tenha uma conexão elétrica aceitável. O óxido de cobre é facilmente eliminado com muito pouca ou nenhuma limpeza, a menos que a conexão esteja muito oxidada. Por outro lado, o óxido de alumínio é uma película dura e de alta resistência que se forma muito rapidamente sobre a superfície do alumínio quando exposto ao ar. Depois de várias horas, tal película fica muito grossa e resistente para permitir um contato de baixa resistência sem limpeza. É importante ter cuidado, pois, como o óxido é transparente, uma aparência de limpeza pode ser enganosa. Para remover o óxido de alumínio, você deve limpar a superfície com uma escova de aço ou uma lixa. Um composto inibidor de óxido deve ser aplicado imediatamente após a limpeza para impedir que o óxido de alumínio se acumule sobre o condutor. Dessa forma é evitada uma oxidação adicional.

A *fluência* (*creep*) é a deformação lenta e progressiva de um material com o tempo sob uma pressão constante. Essa deformação tem uma tendência de alterar a forma do condutor nos parafusos terminais fazendo-o se soltar (afrouxar) ou se desprender do parafuso. A quantidade de deformação depende do tipo de metal e da sua dureza. As ligas têm menos fluência do que os metais puros e os metais mais duros têm menos fluência do que os metais moles. Os condutores de cobre têm consideravelmente menos fluência do que os condutores de alumínio. Assim, ao fazer ligações com condutores de cobre, a fluência geralmente não é uma grande preocupação. A resistência de contato em uma conexão diminui com o aumento da força de contato. Visto que a pressão necessária para produzir a mesma taxa de fluência é várias vezes maior para o cobre do que para o alumínio, a área de contato tem de ser consideravelmente maior para o alumínio do que para o cobre. Isso explica por que os conectores de alumínio têm, geralmente, uma área de superfície muito maior do que os vários conectores de cobre. O relaxamento da pressão devido à fluência é comum, às vezes, depois que os parafusos de um conector do tipo mecânico são apertados. No entanto, em um conector projetado corretamente, não é necessário apertar mais uma vez o parafuso, já que a resistência de contato deve aumentar muito pouco devido ao relaxamento. Arruelas cônicas Belleville são usadas ao fazer uma conexão de alumínio e cobre (Figura 6-14). A vantagem deste tipo de arruela é que não é preciso um conjunto permanente na aplicação. Observe que a coroa de uma arruela Belleville deve estar sob a porca. A aplicação de um torque apropriado sobre a arruela a torna achatada. Se os parafusos são de alumínio, não é necessário utilizar a arruela Belleville.

A *corrosão* é a deterioração de um metal provocada pela ação eletrolítica do metal com a umidade e outros elementos no ambiente. Se os condutores e os conectores são feitos de cobre ou de uma liga de cobre resistente, a corrosão é geralmente um fator de menor importância. No entanto, ela é muito importante se metais diferentes, como alumínio e cobre, estão envolvidos. Se a umidade puder ser evitada, a corrosão não será um fator de preocupação. Um conector de alumínio devidamente projetado para ligação de alumínio e cobre deve fornecer uma separação entre os condutores para evitar a ação eletrolítica. Em geral, as conexões de compressão são mais resistentes à corrosão do que uma conexão mecânica, devido à ausência de aberturas laterais e às altas pressões aplicadas em uma conexão de compressão, o que efetivamente veda o contato contra a umidade.

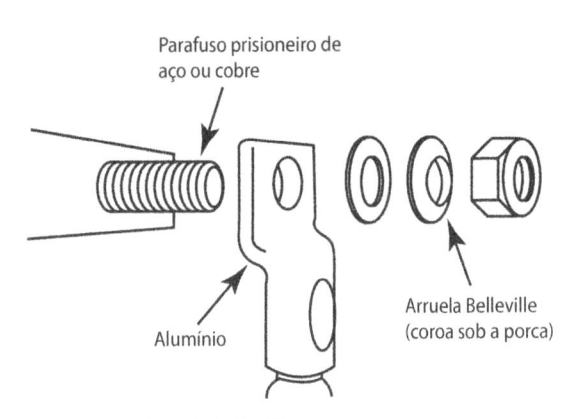

Figura 6-14 Arruela Belleville.

Quando o equipamento tem terminais que não são removíveis e são aprovados apenas para condutores de cobre, uma emenda pode ser utilizada para conectar o condutor de alumínio. Um conector do tipo de compressão AL7CU ou AL9CU é utilizado para fazer a junção (Figura 6-15). Neste caso, o condutor de alumínio é emendado a um pequeno comprimento do condutor de cobre com a ampacidade exigida e o toco do condutor de cobre é então ligado ao terminal do equipamento. Outra opção é utilizar adaptadores AL/CU especificamente concebidos para esse fim.

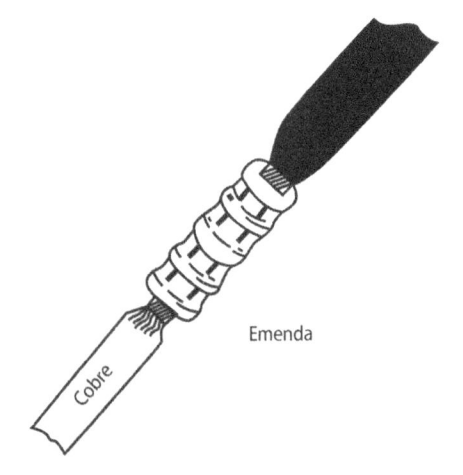

Figura 6-15 Conexões cobre-alumínio.

>> Questões de revisão

1. Descreva três efeitos negativos de uma conexão elétrica ruim.
2. Que precaução deve ser observada quando se utiliza um descascador de fios, a fim de evitar danos ao fio?
3. Ao remover o isolamento de um fio com uma faca, em que posição a lâmina da faca deve ser mantida?
4. Cite duas características importantes de uma conexão de terminal tipo parafuso bem feita.
5. Que ferramenta especial é necessária para instalar um conector de compressão?
6. Um conector de compressão tem uma classificação "AL9CU". Qual tipo de condutor pode ser instalado no conector?
7. Cabos de alumínio requerem atenção especial quando em terminações. Descreva o procedimento correto a ser seguido.
8. Liste três importantes funções dos conectores de aperto mecânico tipo parafuso.
9. Uma força de aperto adequada deve ser aplicada ao elemento de fixação do cabo de um conector mecânico.
    (a) O que acontece quando uma força insuficiente é aplicada?
    (b) O que acontece quando uma força muito grande é aplicada?
10. Três fatores importantes que determinam o desempenho de conectores de pressão são (a) a oxidação, (b) a fluência e (c) a corrosão. Defina cada fator e explique o efeito negativo que cada um pode produzir.

>> Conectores de fio

Conectores de fio de torção (ou simplesmente conectores de torção), que não necessitam de solda ou fita isolante, são utilizados para uma grande variedade de conexões elétricas. Esses dispositivos poupam tempo e trabalho e, como resultado, são empregados extensivamente. O conector de torção comum consiste em uma tampa isolada e um núcleo com uma mola de metal que se enrosca em torno dos condutores. À medida que o conector é girado, a mola prende os condutores no local (Figura 6-16). O projeto da mola interna aproveita o efeito alavanca para multiplicar a força da mão de uma pessoa. Tal conector encontra-se disponível em vários tamanhos para emenda de condutores, abrangendo uma ampla faixa de seções de condutores.

Conectores de torção que utilizam um núcleo interno de rosca sem uma mola helicoidal metálica são considerados conexões de emenda do tipo fixação, utilizadas para a junção entre fios de fixação ou entre fios de circuitos derivados e fios de fixação. Tais conectores estão disponíveis para uma ampla combinação de seções de condutores dentro das capacidades especificadas do conector. Eles não são aceitáveis para uso geral na fiação de circuitos derivados. Além disso, os conectores de torção fornecem apenas a conexão elétrica e o isolamento para aquela conexão. Eles não proporcionam à emenda a mesma resistência mecânica do condutor não emendado. Por esta razão, exige-se que eles sejam instalados em caixas de passagem ou caixas de derivações, onde o eletroduto anexado ou os conectores de cabo proporcionam alívio de tensão.

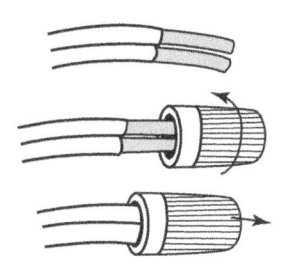

1. Retire cerca de 3/4 de polegada de isolamento de ambos os condutores e raspe-os deixando a superfície limpa.
2. Segure as pontas dos dois condutores igualmente e insira-os na casca do conector.
3. Torça o conector no sentido horário sobre os fios até que a conexão fique firme.
4. Certifique-se de que não há algum fio desencapado visível quando a tampa está no lugar. Teste a conexão tentando puxar os fios para fora do conector.

A. Instalação de um conector de torção

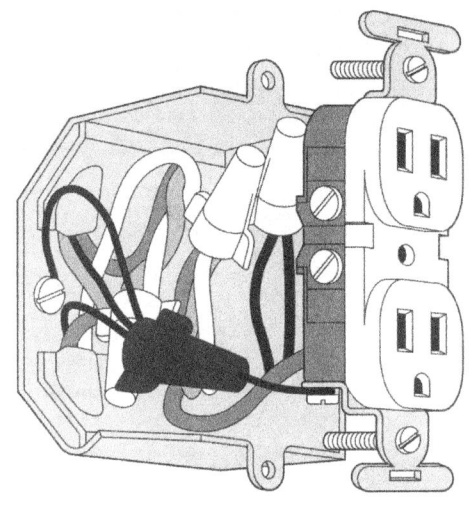

C. Conectores de torção em uma caixa de tomada

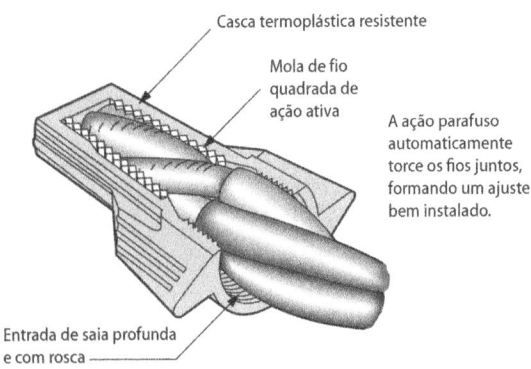

Casca termoplástica resistente
Mola de fio quadrada de ação ativa
A ação parafuso automaticamente torce os fios juntos, formando um ajuste bem instalado.
Entrada de saia profunda e com rosca

B. Condutores quando instalados

Figura 6-16 Conector de fio de torção.

O *conector com parafuso de ajuste* é um conector de duas peças, que utiliza um parafuso de fixação para prender os condutores no lugar (Figura 6-17). Esse projeto permite que as conexões de condutores sejam facilmente modificadas. Eles são usados principalmente em circuitos comerciais e industriais onde os equipamentos devem ser trocados com frequência para fins de manutenção.

Em todos os casos, conectores de tamanho adequado devem ser selecionados para acomodar o tamanho e a combinação dos condutores envolvidos em cada conexão. Como com qualquer tipo de conector, exige-se que você siga as instruções de instalação do fabricante, que podem incluir:

- Local de serviço – seco, úmido, molhado ou subterrâneo
- Classificação de temperatura – 75ºC, 90ºC ou 105ºC
- Tensão nominal – pode variar com a aplicação (conector de fixação ou não)

Apertar

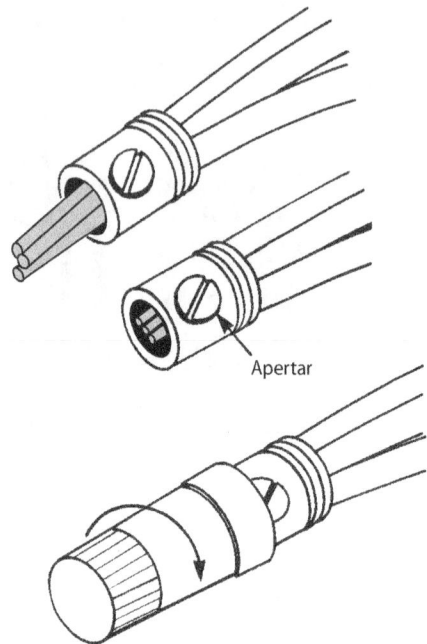

1. Retire cerca de 3/4 de polegada de isolamento dos condutores e raspe-os deixando a superfície limpa.
2. Retire o encaixe de bronze do conector e solte o parafuso de fixação.
3. Segure as pontas dos dois condutores igualmente e insira-os no encaixe de bronze de modo que o lado com rosca fique próximo do isolamento.
4. Aperte o parafuso de ajuste e corte o excesso de fio que se estende para além do final do encaixe de bronze.
5. Rosqueie a tampa de plástico sobre o encaixe de bronze até o conjunto ficar bem instalado.
6. Certifique-se de que não há nenhum fio desencapado visível quando a tampa está no lugar. Teste a conexão tentando puxar os fios para fora do conector.

Figura 6-17 Instalação de um conector com parafuso de ajuste.

- Extensão do fio descascado
- Combinação e diâmetro de condutores que podem ser inseridos
- Inserção de condutor sólido ou trançado primeiro
- Torcer os condutores antes de inseri-los no conector
- Torcer a isolação de tantas voltas fora do conector ou não
- Outras limitações, como uma única utilização, ou não adequado para condutores de alumínio

≫ Reparos de isolamento

A isolação utilizada para cobrir as reparações de fio deve ser equivalente à quantidade de isolação que foi removida do fio. A fita isolante elétrica (feita de plástico, principalmente de vinil) é a isolação elétrica primária preferida para emendas de cabos de fio até 600 V. Para utilizar a fita isolante na emenda, comece na isolação dos condutores e enrole a fita isolante firmemente em torno de toda a emenda, terminando de volta sobre a isolação, como ilustrado na Figura 6-18. Aplique a fita isolante sobrepondo sempre metade da volta atual sobre a anterior, de modo a produzir uma dupla camada de isolação.

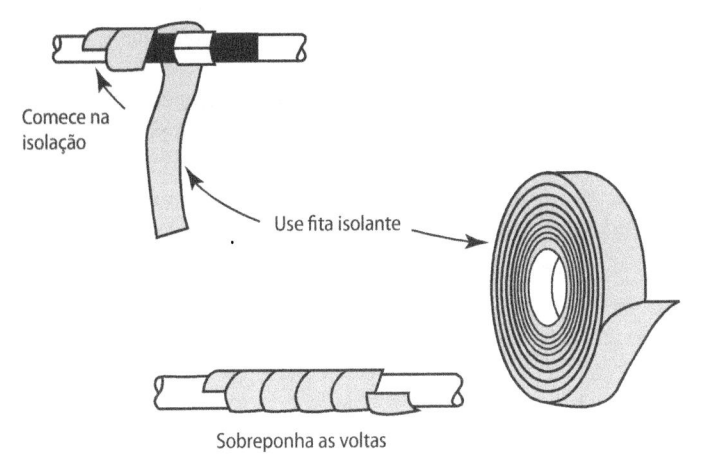

Figura 6-18 Utilizando fita isolante em reparações de fio (emendas).

O **tubo termocontrátil** fornece um meio fácil e altamente eficaz de isolamento e proteção de conexões terminais e emendas contra umidade, sujeira e corrosão (Figura 6-19). O tubo é primeiramente deslizado sobre o fio até o ponto de conexão entre os fios que deve ser protegido. Uma breve exposição a uma fonte de calor faz o tubo encolher em relação ao seu tamanho original, forçando-o nos espaços vazios e em torno do terminal ou da emenda. Aplicações típicas para o tubo termocontrátil incluem: isolação elétrica, terminações, emendas, agrupamento de cabos ou fios, código de cores, alívio de tensão, marcação de fios, identificação, proteção mecânica, proteção contra corrosão, proteção contra abrasão e vedação contra umidade e intempéries.

Certifique-se de selecionar o tamanho adequado de tubo. O diâmetro do tubo depois de contraído deve ser menor do que o diâmetro da área a ser isolada para permitir um ajuste seguro

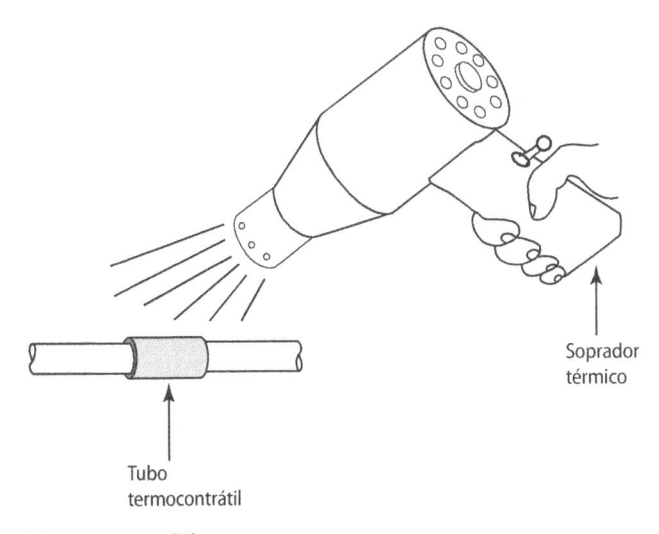

Figura 6-19 Tubo termocontrátil.

e apertado; o diâmetro expandido (como fornecido, ou seja, antes da exposição a uma fonte de calor) deve ser suficientemente grande para passar sobre a isolação e/ou os conectores existentes. Aplique o calor uniformemente ao longo do comprimento e do diâmetro exterior do tubo até que ele seja uniformemente reduzido e se adapte à forma da emenda. Em seguida, retire imediatamente a fonte de calor e deixe o tubo esfriar lentamente antes de aplicar uma força física. Na aplicação de calor para aquecer o tubo termocontrátil, tome cuidado para não aplicar muito calor sobre a isolação do condutor, pois isso pode danificar ou derreter o isolamento existente.

» Conexões soldadas

A **soldagem ou solda** é um processo definido como a união de metais por fusão de ligas, que têm pontos de fusão relativamente baixos. Soldar é uma habilidade importante para muitos tipos de instalações e de reparos elétricos e eletrônicos.

Uma solda do tipo convencional é uma liga composta de estanho e de chumbo, que tem um ponto de fusão baixo. A proporção de estanho/chumbo determina a força e o ponto de fusão da solda. Para a maior parte dos serviços elétricos e eletrônicos, recomenda-se a solda em fio com uma proporção de estanho/chumbo de 60/40 e um fluxo de núcleo de resina (Figura 6-20).

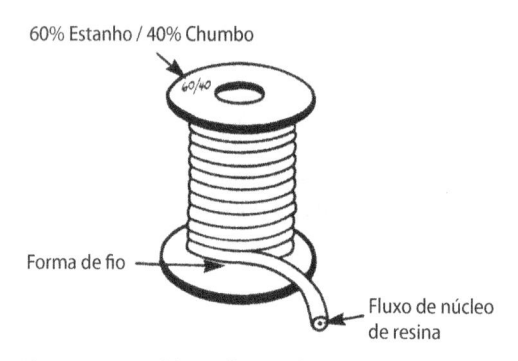

Figura 6-20 Solda em fio com fluxo de núcleo de resina.

Ao soldar, as superfícies de cobre sendo soldadas devem estar livres de sujeira e óxido; caso contrário, a solda não aderirá à conexão. Além disso, o aquecimento acelera a oxidação, que deixa uma fina película de óxido sobre a conexão que tende a rejeitar solda. O *fluxo* de solda evita a oxidação das superfícies de cobre ao isolá-las do ar. Estão disponíveis fluxos à base de resina e de ácido. Fluxos à base de ácido *não* devem ser utilizados em trabalhos de eletricidade, pois eles tendem a corroer a ligação de cobre. O fluxo de resina está disponível em forma de pasta ou como um núcleo contínuo dentro do fio de solda.

O método mais comum de aplicação de calor para a soldagem é por meio de uma pistola de soldar ou do ferro de soldar (Figura 6-21). Ao soldar, a superfície deve estar mais quente do que o ponto de fusão da solda, a fim de que a solda adira à conexão. Para melhores resultados, a ponta de aquecimento de cobre do ferro ou da pistola de soldar deve ser mantida limpa ou bem *estanhada*. Novas pontas devem ser estanhadas antes de serem utilizadas. Isso pode ser feito com a aplicação da solda à ponta aquecida, limpando-a em seguida. Uma ponta bem estanhada conduzirá a quantidade máxima de calor da ponta para a superfície a ser soldada. *Óculos de segurança devem ser usados tanto durante a estanhagem como durante o processo de soldagem de modo a fornecer proteção adequada para os olhos.*

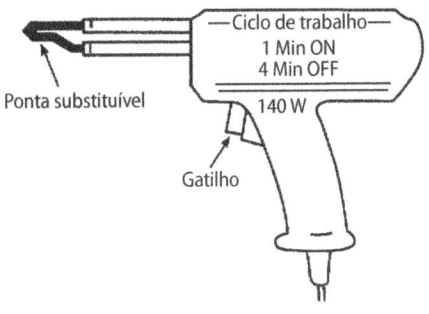

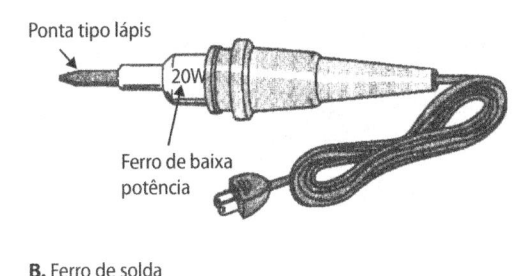

A. Pistola de solda

B. Ferro de solda

Figura 6-21 Fontes de calor para soldagem.

» Conexões de circuitos de comunicação

Os computadores fazem amplo uso de cabos e conectores para a conexão de monitores, impressoras, unidades de disco e modems. Estes dispositivos periféricos (externos) são muitas vezes ligados por cabo para compor o sistema de computador completo. O conector do *tipo DB* padrão mostrado na Figura 6-22 é um tipo comum de conector de computador. Os fios de um cabo podem ser ligados a um conector por meio de soldagem ou crimpagem.

Cabos construídos com blindagens metálicas são fabricados para reduzir os efeitos de interferência eletromagnética e de rádio. Um *cabo coaxial blindado* é constituído por um condutor central sólido de cobre rodeado por um isolante plástico. Ao longo do isolante existe um segundo condutor, uma malha trançada de blindagem de cobre. Uma bainha exterior de plástico protege e isola a malha (Figura 6-23). Ao instalar o cabo coaxial, tome cuidado para não danificar o isolamento entre a blindagem e o condutor interno. Se calor excessivo é aplicado

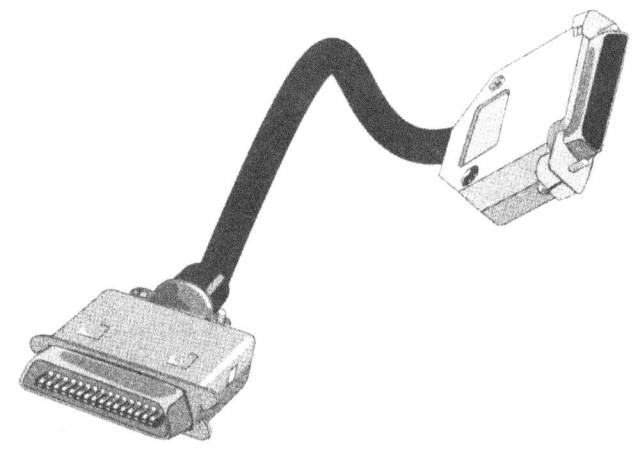

Figura 6-22 Montagem de cabo com conectores macho e fêmea do tipo DB.

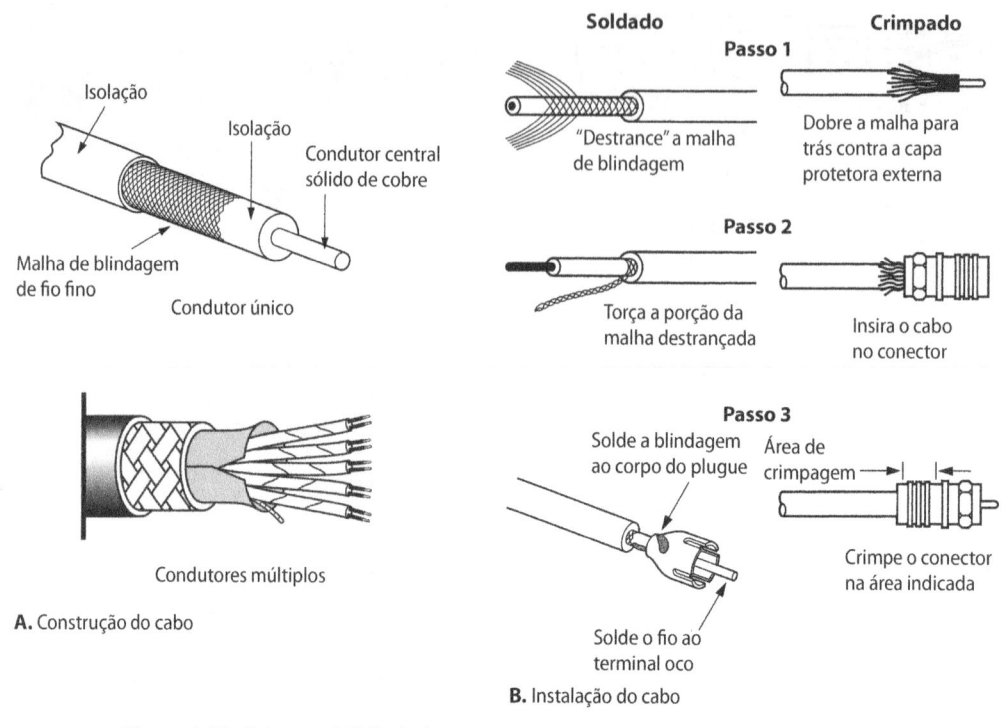

Figura 6-23 Cabo coaxial blindado.

durante o processo de soldagem, a isolação pode ser derretida o suficiente para provocar um curto-circuito entre a blindagem e o condutor interno.

Os sistemas tradicionais de comunicação eletrônica operam enviando e recebendo voz, imagem ou sinais de dados no fluxo de elétrons através de fios de cobre. A *fibra óptica* é uma tecnologia que envia e recebe os mesmos sinais sob a forma de fótons; isto é, pulsos simples da luz transmitidos através de finas fibras de vidro. Um cabo de fibra óptica é constituído por um núcleo, um revestimento e uma capa (jaqueta) protetora (Figura 6-24). Conectores especiais são usados para a conexão com cabos de fibra óptica. Nesses conectores, a fibra (o núcleo) deve ser tratada com o máximo cuidado. Quaisquer imperfeições microscópicas podem causar falha no sinal em uma conexão ou emenda.

Em uma das extremidades do sistema está um transmissor. Este é o local de origem das informações que chegam para as linhas de fibra óptica. O transmissor aceita as informações de pulsos eletrônicos codificados provenientes do fio de cobre. Em seguida, ele processa e traduz essas informações em pulsos de luz codificados equivalentes. O receptor converte o sinal óptico de volta em uma réplica do sinal elétrico original. Usando uma lente, os pulsos de luz são canalizados para o material da fibra óptica, onde eles são transmitidos (guiados) ao longo da linha. Você pode pensar em um cabo de fibra óptica como um rolo de papelão muito longo revestido com um espelho. Se você acender uma lanterna em uma extremidade desse rolo (essa extremidade pode ser, por exemplo, o transmissor), você consegue ver a luz na extremidade oposta (extremidade receptora), ainda que você tenha dobrado o rolo segundo um ângulo.

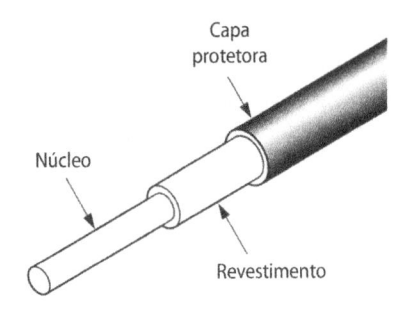

A. Construção do cabo

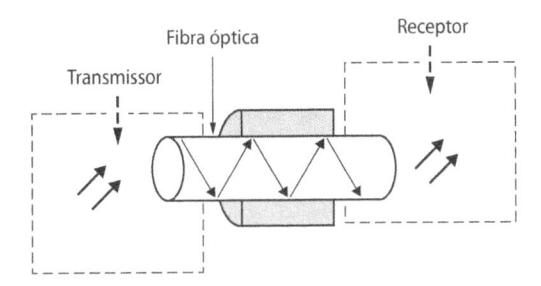

B. Transmissão de sinal

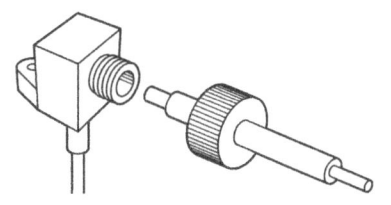

C. Conexão ao cabo

Figura 6-24 Cabo de fibra óptica.

Um **cabo de par trançado** (Figura 6-25) consiste em um núcleo de fios de cobre revestidos por material isolante. Dois fios são torcidos em conjunto para formar um par e o par forma um circuito equilibrado. As tensões em cada par têm a mesma amplitude, porém possuem fases opostas. A torção protege contra a EMI* (interferência eletromagnética) e a RFI** (interferência de rádio frequência). Um cabo típico tem vários pares trançados, cada um codificado por cores para diferenciá-lo de outros pares. O cabo *UTP*** (par trançado sem blindagem) tem sido utilizado nas redes de telefone e é normalmente empre-

Figura 6-25 Cabo de par trançado.

---

* N. de T.: Sigla em inglês: EMI – Electromagnetic Interference.

** N. de T.: Sigla em inglês: RFI – Radio Frequency Interference.

*** N. de T.: Sigla em inglês: UTP – Unshielded Twisted-Pair.

gado para redes de dados. O cabo *STP** (par trançado blindado) tem uma blindagem em torno dos pares de fios em um cabo para fornecer uma maior imunidade à RFI. Redes de área local (LANs) tradicionais de par trançado utilizam dois pares, um para transmitir e um para receber. As redes mais novas do padrão Gigabit Ethernet utilizam quatro pares para transmitir e receber simultaneamente.

Um **sistema de cabeamento estruturado** é um conjunto de cabeamento e produtos de conectividade que integram voz, dados, vídeo e vários sistemas de gerenciamento de um edifício (como alarmes de segurança, segurança de acesso, sistemas de energia, etc.). Ele consiste em uma arquitetura aberta, mídia e *layout* padronizados, interfaces de conexão padrão, *adesão a padrões nacionais e internacionais* e projeto e instalação sistematizados. Os principais componentes do sistema, uma vez instalados, não mudam. Na sua forma mais básica, um sistema de cabeamento estruturado consiste em fiação e *hardware* de conexão apropriado (Figura 6-26). Diferentemente do sistema de cabeamento estruturado, os sistemas individuais (ou dedicados) de voz, dados, vídeo e de controles prediais nada têm em comum, exceto características de transmissão semelhantes (dados analógicos ou digitais) e métodos de distribuição (eletroduto, bandeja de cabo, duto, etc.) que suportam e protegem o cabeamento.

Existem várias classificações de sistemas de cabeamento de cobre disponíveis para aplicações de comunicações de dados. O cabo Categoria 5 (Cat-5) é o mais usado no momento e consiste em quatro pares torcidos não blindados de fio de cobre terminados por conectores. O cabeamento Cat-5 suporta frequências de até 100 MHz e velocidades de até 1.000 Mbps. Um tipo de terminação é o bloco de engate rápido padronizado empregado em conexões de parede (tomadas) e em estações de trabalho (Figura 6-26).

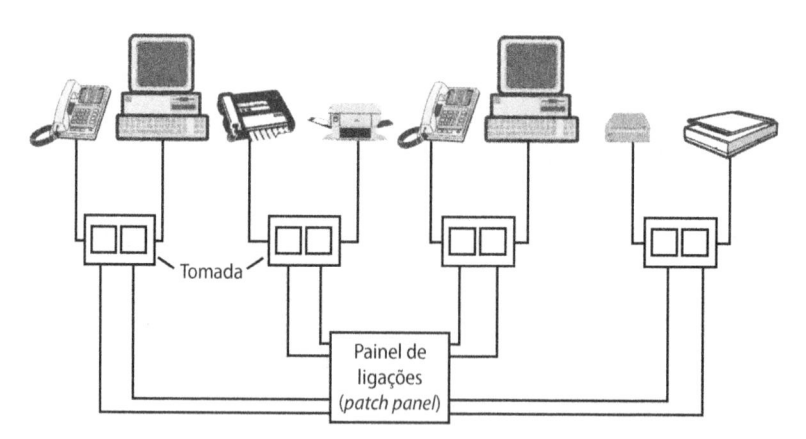

Figura 6-26 Sistema de cabeamento estruturado típico.

---

* N. de T.: Sigla em inglês: STP – Shielded Twisted-Pair.

>> Conexões de cabos de energia

Os cabos de energia são condutores sólidos ou flexíveis (com múltiplos fios) circundados por isolamento, blindagem e uma capa (jaqueta) de proteção. A blindagem do cabo é uma camada metálica colocada em torno de um condutor isolado ou grupo de condutores isolados, para evitar a interferência eletromagnética ou eletrostática entre os fios encerrados no cabo e os campos externos (Figura 6-27). As escolhas de blindagem para os cabos de energia incluem fita de cobre, blindagem de fios de cobre e sem blindagem. A isolação do cabo é um material dielétrico que tem uma elevada resistência ao fluxo de corrente elétrica para evitar a fuga de corrente a partir de um condutor.

Geralmente os cabos de energia são classificados como de Baixa Tensão (<1 kV), Média Tensão (6-36 kV) e Alta Tensão (>40 kV). Os cabos de energia são empregados com máquinas pesadas, alimentadores e circuitos de derivações em aplicações industriais, comerciais e de concessionárias de energia elétrica. Os acessórios para cabos de energia desempenham um papel vital ou na junção de cabos ou na conexão de cabos aos vários tipos de terminação final. Soluções de terminação tecnicamente mais exigentes são necessárias com o aumento do nível de tensão.

As emendas e terminações de alta tensão mais antigas eram feitas utilizando terminais de crimpagem e camadas de fita que exigiam amplo conhecimento e compreensão da eletricidade de alta tensão. As emendas e terminações mais recentes vêm em *kits* com instruções explícitas e exigem apenas um bom entendimento de eletricidade de alta tensão e uma mão habilidosa.

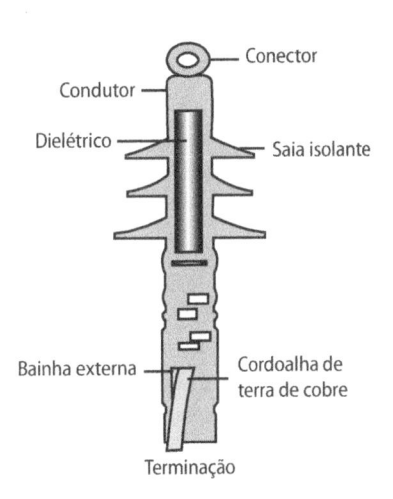

Figura 6-27 Cabo de energia. (© Superior Cables USA, Ltd.)

>> Questões de revisão

11. Descreva como os condutores são mantidos juntos em um conector de torção com mola.
12. Ao instalar um conector com parafuso de ajuste, em qual extremidade dos encaixes de bronze são inseridas as pontas do fio desencapado?
13. Cite cinco possíveis instruções e especificações de instalação de fabricante que devem ser seguidas na escolha e instalação de conectores de torção.
14. Que verificação final pode ser feita em conectores mecânicos para testar a resistência mecânica da ligação?
15. Cite dois métodos comuns usados para isolar reparos de fios (emendas).
16. Defina o processo de soldagem.
17. (a) Qual característica da solda é determinada pela sua proporção de estanho/chumbo?
    (b) Qual relação estanho/chumbo é mais frequentemente recomendada para trabalhos em eletricidade?
18. Ao soldar superfícies de cobre, cite três coisas que poderiam prejudicar o processo de soldagem, isto é, dificultar a aderência da solda à superfície de cobre.
19. Que tipo de fluxo não deve ser utilizado para trabalhos em eletricidade? Por quê?
20. Por que alguns cabos são construídos com blindagens metálicas?
21. Explique como um cabo de fibra óptica envia e recebe sinais.
22. Descreva como um cabo de par trançado protege o sinal transmitido contra interferência eletrostática ou eletromagnética.
23. Explique a função de um sistema de cabeamento estruturado.
24. Considerando os cabos de energia, que nível de tensão em geral pode ser classificado como Alta Tensão?

>> Tópicos de discussão do capítulo e questões de pensamento crítico

1. Indique o tipo de conexão ou o conector mais adequado para cada uma das seguintes aplicações:
   (a) juntar fios quebrados
   (b) juntar fios em uma caixa de tomada elétrica
   (c) fazer uma conexão permanente de fio para uma placa de circuito impresso
   (d) fazer uma conexão de fios para um interruptor de luz
2. Suspeita-se que um cabo de controle com múltiplos condutores de cobre tenha um ou mais fios abertos. Como você verificaria os possíveis fios abertos utilizando um multímetro?
3. Suponha que, no processo de extração da isolação de um fio, o cobre foi cortado. Como isso afetaria a capacidade de corrente (ampacidade) do fio? Por quê?
4. Um condutor de alumínio está *incorretamente* ligado a um terminal de cobre *não* especificado para utilização nesse propósito. Discuta quais problemas isso pode criar.
5. O cabo de fibra óptica é totalmente imune a quase todos os tipos de interferência. Por que podemos afirmar isso?
6. O cabeamento residencial está se tornando uma das áreas de mais rápido crescimento no mercado de cabeamento estruturado. Com o auxílio da Internet, prepare um relatório sobre os padrões atuais de cabeamentos residenciais estruturados.
7. Visite o *site* de um fabricante de cabos de energia. Faça um relatório sobre os tipos de cabo disponíveis para os diferentes níveis de tensão e os métodos de terminação utilizados.

capítulo 7

Circuitos simples, série e paralelo

Os circuitos elétricos podem ser tão simples como uma lanterna, que usa nada mais que um simples circuito, ou tão complexos quanto uma grande instalação industrial ou comercial, que utiliza milhares de circuitos que trabalham juntos. Neste capítulo, estudaremos os três tipos básicos de circuitos: *simples*, *série* e *paralelo*.

Objetivos deste capítulo

- Identificar os componentes básicos de um circuito e os símbolos usados para representá-los
- Descrever os diagramas pictórico, esquemático, elétrico, de blocos e unifilar
- Explicar a operação de cargas e dispositivos de controle conectados em série e em paralelo
- Construir um circuito esquemático a partir de um conjunto de instruções escritas
- Ler e construir circuitos a partir de diagramas esquemáticos

>> Componentes de circuito

Três grandezas fundamentais – *tensão, corrente* e *resistência* – estão presentes em todo circuito elétrico (Figura 7-1). Essas grandezas são determinadas pela disposição adequada dos componentes para produzir a função desejada do circuito.

As partes componentes, as quais integram qualquer circuito, são as seguintes: a fonte de energia, o dispositivo de proteção, os condutores, o dispositivo de controle e a carga.

A *fonte de energia* fornece a tensão necessária para movimentar os elétrons livres ao longo do caminho condutor do circuito. Ela também é conhecida como fonte de alimentação. Dois tipos de fontes de tensão são usados: fonte de corrente contínua (CC) e fonte de corrente alternada (CA) (Figura 7-2).

A polaridade da fonte de tensão determina em que sentido a corrente flui no circuito, e o valor da tensão aplicada pela fonte determina a quantidade de corrente que vai fluir. Como a corrente real (fluxo de elétrons) sempre flui para fora do terminal negativo (ou a corrente convencional sempre flui para fora do terminal positivo) da fonte de alimentação, o fluxo de corrente em um circuito será sempre no mesmo sentido, desde que a polaridade da fonte permaneça sempre a mesma. Esse tipo de corrente é chamado corrente contínua e a fonte é chamada fonte de corrente contínua. Qualquer circuito que utilize uma fonte de corrente contínua (CC) é, então, um circuito de corrente contínua.

Quando a polaridade da fonte de alimentação varia, ou alterna, o sentido do fluxo de corrente também será alternado. Esse tipo de corrente é chamado corrente alternada e a fonte

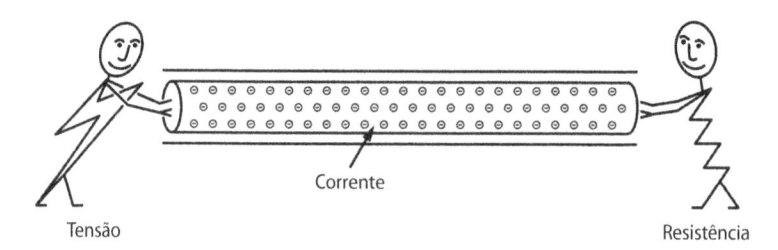

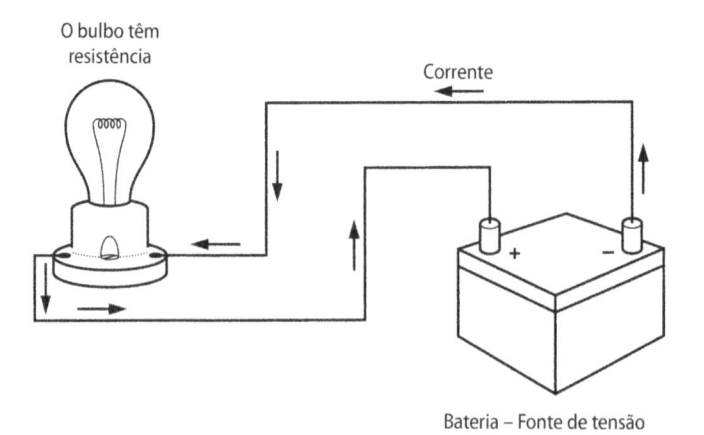

Figura 7-1 Tensão, corrente e resistência estão presentes em todo circuito.

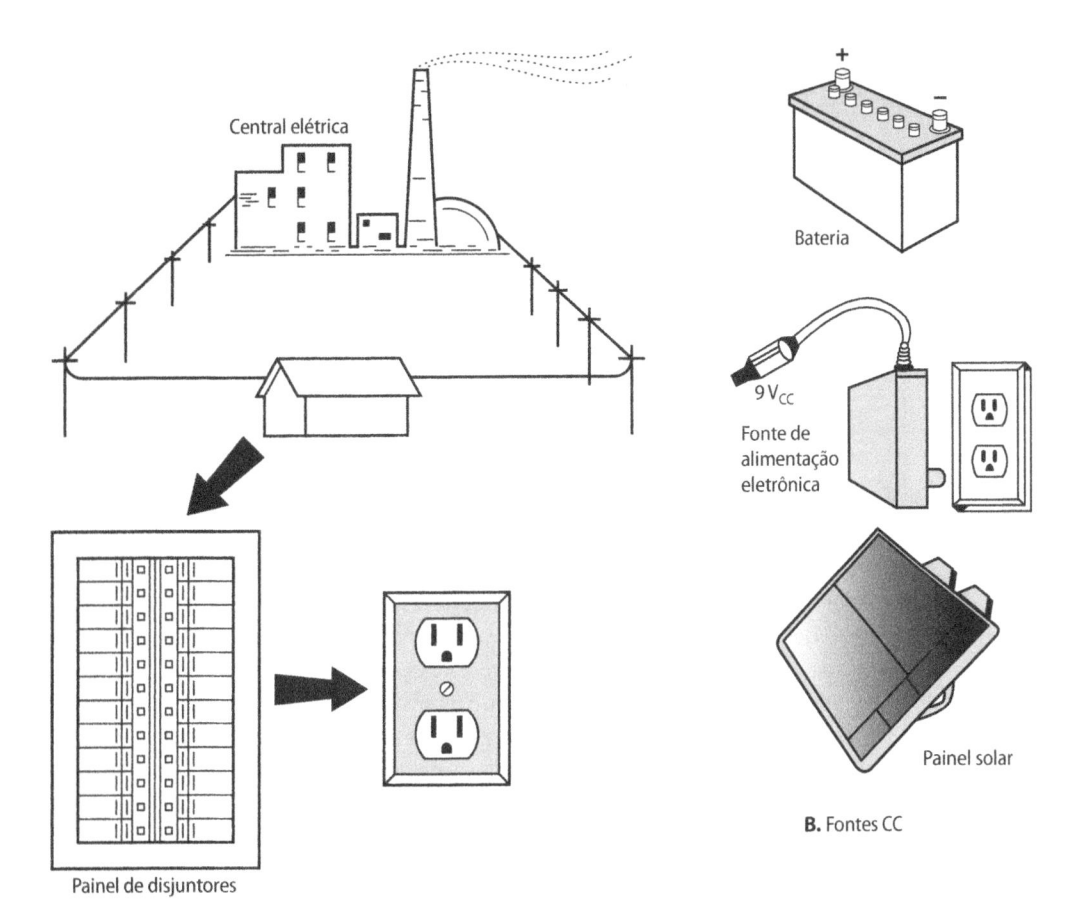

A. Fontes CA

B. Fontes CC

Figura 7-2 Fontes de alimentação.

é chamada fonte de corrente alternada. Qualquer circuito que utilize uma fonte de corrente alternada (CA) é, então, um circuito de corrente alternada.

A finalidade do **dispositivo de proteção** é proteger a fiação do circuito e os equipamentos. Ele é projetado para permitir apenas o fluxo de correntes dentro de limites de segurança. Quando uma corrente maior do que a corrente nominal flui (sobrecorrente), esse dispositivo automaticamente abre o circuito. Isso efetivamente interrompe o fluxo de corrente até que o problema seja corrigido. Os dois tipos de dispositivos de proteção normalmente empregados são os fusíveis e os disjuntores.

Em geral, o dispositivo de proteção é uma parte da fonte de tensão ou fonte de alimentação (Figura 7-3). Esse dispositivo de proteção deve funcionar para:

- Detectar uma condição de sobrecorrente.
- Abrir o circuito sempre que uma condição de sobrecorrente existir, antes de qualquer dano grave ao circuito.
- Não ter efeito algum sobre o circuito durante sua condição normal de operação.

A. Fusíveis   **B.** Disjuntor

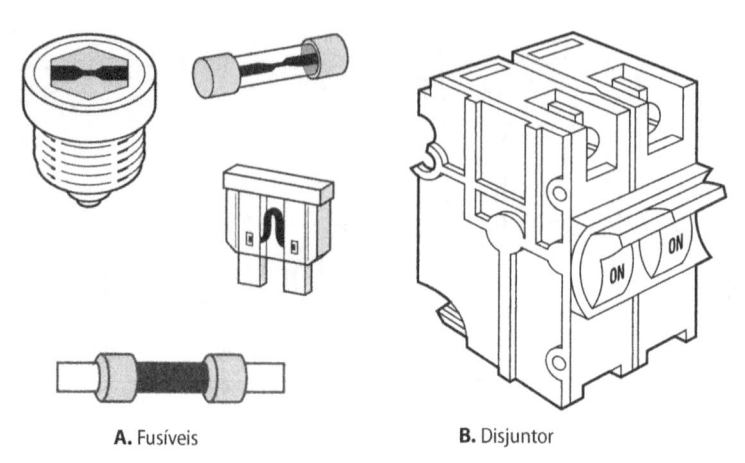

Figura 7-3 Dispositivos de proteção.

Condutores ou **fios** são usados para completar o caminho de componente para componente. Os condutores proporcionam um caminho de baixa resistência para os elétrons. Eles são normalmente isolados para garantir que o fluxo de corrente através deles permaneça dentro do caminho de corrente pretendido. Embora os metais sejam bons condutores, alguns deles são melhores do que outros, porque nem todos têm o mesmo número de elétrons livres. A facilidade com a qual um metal permite o fluxo de corrente é especificada em termos de **condutância**. Se a mesma fonte de tensão é usada com diferentes metais, aqueles com maiores condutâncias permitirão o fluxo de correntes maiores. O tipo de condutor elétrico mais comum é o fio de cobre com isolamento de plástico (Figura 7-4). O cobre é especificado para uma condutância relativa de "1" e os outros metais são especificados em comparação ao cobre.

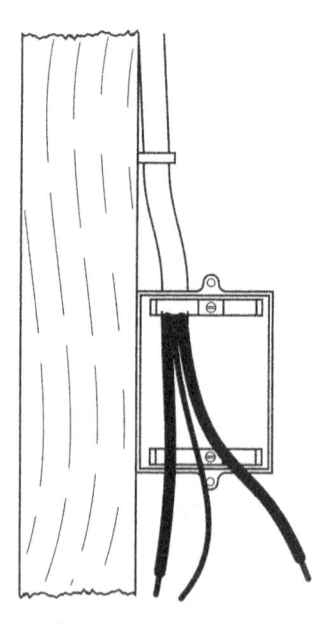

Figura 7-4 Condutores usados para fiação residencial.

Um ***dispositivo de controle*** em geral é incluído no circuito para permitir que facilmente se inicie, interrompa ou varie o fluxo de corrente. Dispositivos de controle comuns incluem interruptores (chaves), termostatos e *dimmers* (reguladores) para lâmpadas (Figura 7-5). Um interruptor inicia ou interrompe manualmente o fluxo de corrente, enquanto um termostato faz

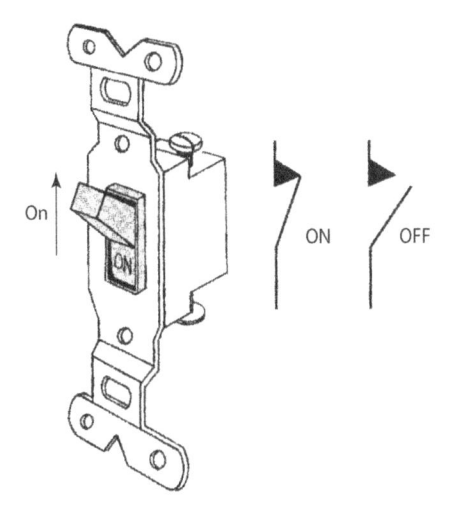

A. Um interruptor inicia e interrompe manualmente o fluxo de corrente.

B. Um termostato inicia e interrompe automaticamente o fluxo de corrente.

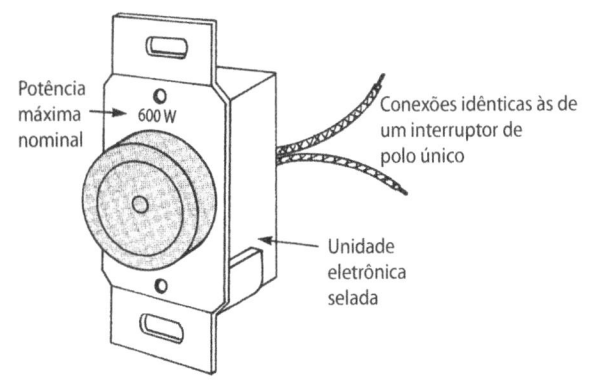

Potência máxima nominal → 600 W

Conexões idênticas às de um interruptor de polo único

Unidade eletrônica selada

C. Um *dimmer* para lâmpada varia manualmente o fluxo de corrente.

Figura 7-5 Dispositivos de controle.

isso automaticamente. Além de iniciar ou interromper manualmente o fluxo de corrente, um *dimmer* varia a quantidade de corrente de modo a controlar o brilho (luminosidade) de uma lâmpada.

Um interruptor (ou uma chave) é mais usado para abrir e fechar um circuito. Diversos tipos de interruptores são adotados para esse propósito. Em sua forma mais simples, um interruptor consiste em dois pedaços de metal condutores, que são conectados aos condutores do circuito. O interruptor é construído de modo a fazer os dois pedaços de metal ou se tocarem ou ficarem separados. Quando eles se tocam, um caminho completo para o fluxo de corrente é criado, e o circuito é fechado. Quando eles estão separados, o caminho é interrompido de modo que não há fluxo de corrente, e o circuito é aberto. Os circuitos de controle de motores em ambientes comerciais e industriais podem parecer complexos, mas, na realidade, operam com base no mesmo princípio – centenas de chaves simples que controlam múltiplos caminhos de corrente.

A **carga** é a parte do circuito que converte a energia elétrica de modo que ela produza a função desejada ou o trabalho útil do circuito. Para fazer isso, a carga pode converter a energia elétrica em outra forma de energia. Lâmpadas, motores, aquecedores e resistores são alguns tipos comuns de cargas (Figura 7-6).

Uma certa quantidade de resistência está presente em qualquer coisa que conduz corrente elétrica. No entanto, em vários circuitos, a resistência dos condutores e da fonte de alimentação é baixa e pode ser considerada próxima de zero. Nesses casos, toda a resistência do circuito está concentrada dentro da(s) carga(s).

A potência elétrica nominal da carga especifica a quantidade de energia (por unidade de tempo) absorvida da fonte de alimentação. Portanto, o termo *carga* pode significar o dispositivo que absorve potência da fonte, assim como o valor da potência que é absorvida da fonte*.

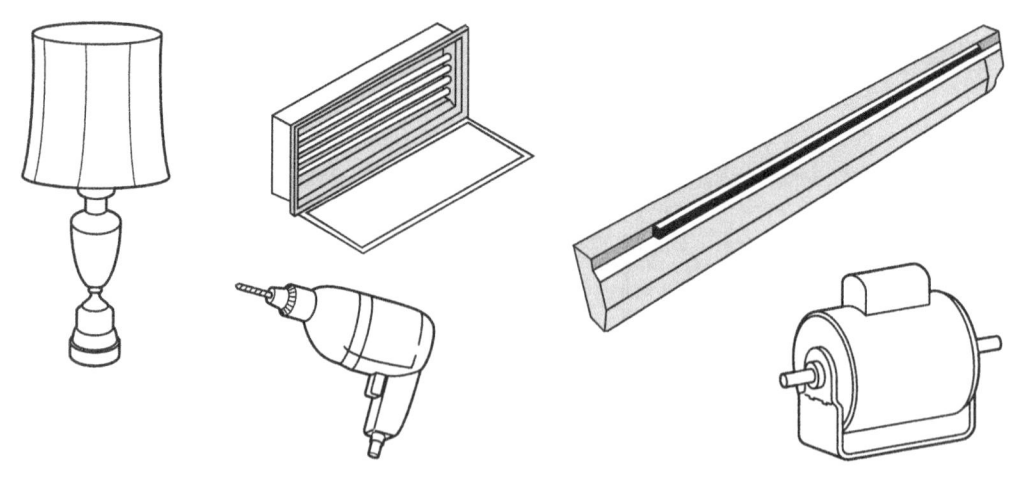

Figura 7-6 Cargas.

---

* N. de T.: No meio técnico é comum falar: "uma carga de 100 W". Isso significa que, neste caso, temos uma carga (dispositivo) que absorve 100 W da fonte de alimentação.

>> Símbolos de circuitos

Antes de ler um diagrama elétrico, você deve ser capaz de identificar os símbolos usados para representar cada componente. A utilização de símbolos esquemáticos para representar componentes elétricos e eletrônicos é considerada uma forma de abreviação técnica e tende a tornar os diagramas de circuitos menos complicados e mais fáceis de ler e entender. Em diagramas elétricos, os símbolos e as linhas relacionadas mostram como as partes de um circuito estão conectadas umas às outras. Infelizmente, nem todos os símbolos elétricos e eletrônicos são padronizados. Você encontrará símbolos ligeiramente diferentes usados por diferentes fabricantes. Às vezes os símbolos não se parecem com o dispositivo real que ele representa e temos que aprender o que ele significa. Os símbolos esquemáticos comumente usados serão fornecidos à medida que cada novo componente for introduzido. A Figura 7-7 ilustra alguns dos símbolos vistos até agora neste texto.

A. Fontes de corrente contínua

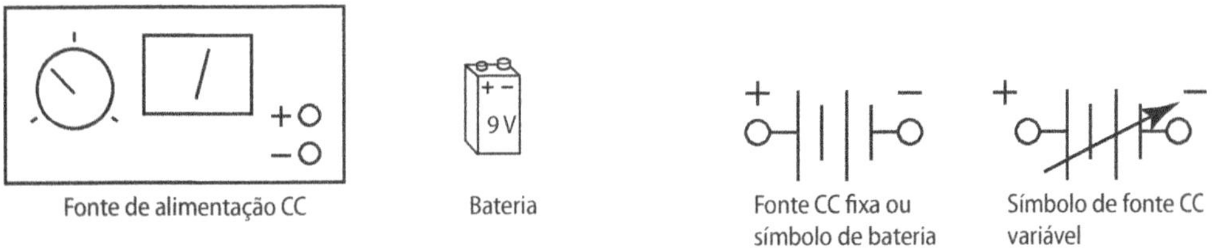

Fonte de alimentação CC   Bateria   Fonte CC fixa ou símbolo de bateria   Símbolo de fonte CC variável

A fonte de alimentação CC é representada pelo símbolo de fonte CC variável.
A bateria é representada pelo símbolo de fonte CC fixa.
As conexões são identificadas como positivas "+" ou negativas "−".

B. Fontes de corrente alternada

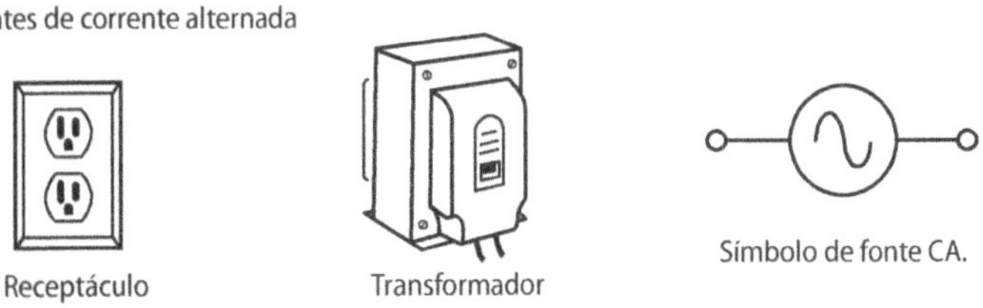

Receptáculo   Transformador   Símbolo de fonte CA.

Uma fonte CA alterna sua polaridade (positiva para negativa) em uma taxa fixa que é medida em ciclos por segundo ou hertz. Portanto, as conexões não podem ser identificadas como positivas ou negativas.

Figura 7-7 Símbolos de circuito.

C. Dispositivos de proteção

Fusível

ou

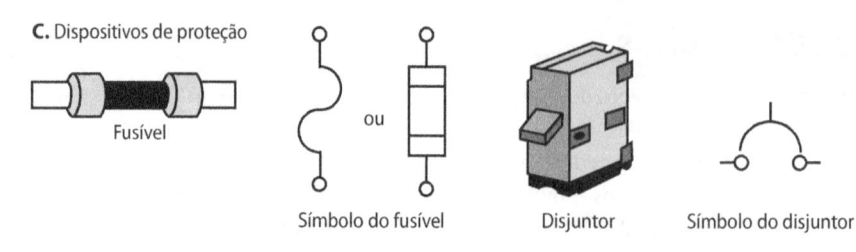

Símbolo do fusível   Disjuntor   Símbolo do disjuntor

A função de um disjuntor é similar a de um fusível – interromper o caminho do circuito quando uma quantidade predeterminada de corrente circula por ele.

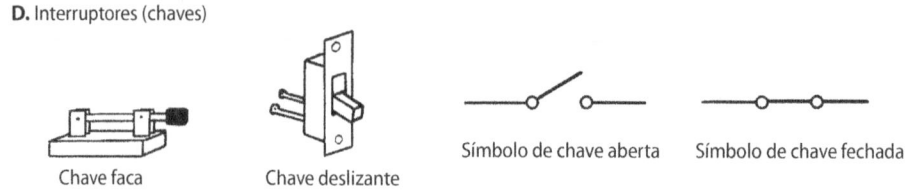

D. Interruptores (chaves)

Chave faca   Chave deslizante   Símbolo de chave aberta   Símbolo de chave fechada

Uma chave é usada ou para interromper ou para iniciar o fluxo de corrente através de um circuito.

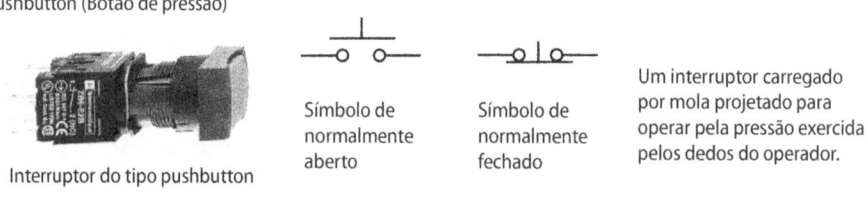

E. Pushbutton (Botão de pressão)

Interruptor do tipo pushbutton   Símbolo de normalmente aberto   Símbolo de normalmente fechado   Um interruptor carregado por mola projetado para operar pela pressão exercida pelos dedos do operador.

F. Lâmpada

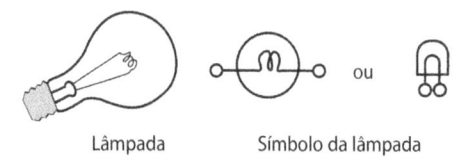

Lâmpada   ou   Símbolo da lâmpada

Lâmpada é um termo elétrico comum usado para bulbo.

G. Resistor

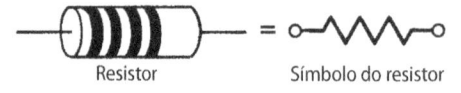

Resistor   =   Símbolo do resistor

Um componente que oferece um grau específico de resistência.

H. Fio ou condutor

ou

Fios, cruzados (sem conexão)   Fios, unidos (conectados)

Linhas (que representam os fios ou condutores) são usadas em todos os diagramas elétricos para mostrar as conexões entre os componentes.

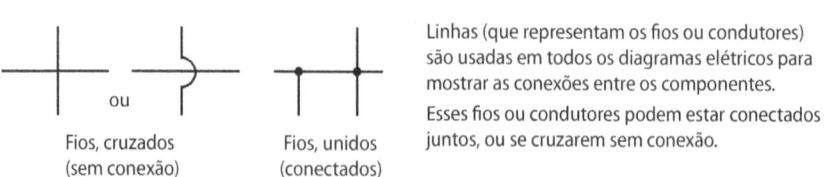

Esses fios ou condutores podem estar conectados juntos, ou se cruzarem sem conexão.

Figura 7-7 Símbolos de circuito (*continuação*). (Foto © Schneider Electric)

>> Diagramas de circuitos

Diferentes tipos de diagramas são usados para mostrar a disposição (*layout*) de circuitos. Um ***diagrama pictórico*** (Figura 7-8) mostra os detalhes físicos do circuito visualmente. A vantagem aqui é que uma pessoa pode simplesmente pegar um grupo de partes, compará-las com as figuras no diagrama e conectar o circuito como mostrado. A principal desvantagem é que muitos circuitos são tão complexos que esse método se torna inviável.

Um ***diagrama esquemático*** utiliza símbolos para representar os vários componentes e, como resultado, não é tão cheio (e confuso) como um diagrama pictórico. Os componentes são organizados de modo a facilitar a leitura e a compreensão da operação do circuito. Esse tipo de diagrama é o mais frequentemente utilizado para explicar a sequência de operação de um circuito. O diagrama *esquemático tipo ladder (*ou tipo escada) é muito utilizado na indústria de controle. Nesse tipo de diagrama, as duas linhas de alimentação (linhas L1 e L2 na Figura 7-9) estão conectadas à fonte de alimentação, e os vários circuitos estão conectados através dessas duas linhas como degraus em uma escada (Figura 7-9). O diagrama esquemático não pretende mostrar a relação física dos vários componentes do circuito; em vez disso, ele preza a simplicidade, enfatizando apenas a operação do circuito.

Um ***diagrama elétrico ou de fiação*** objetiva mostrar, tão rigorosamente quanto possível, a conexão real e a localização de todos os componentes em um circuito. Ao contrário do esquemá-

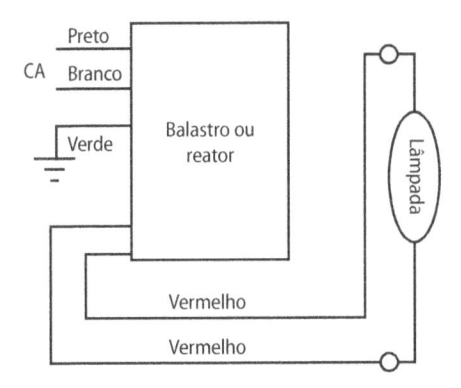

Figura 7-8 Diagrama pictórico.

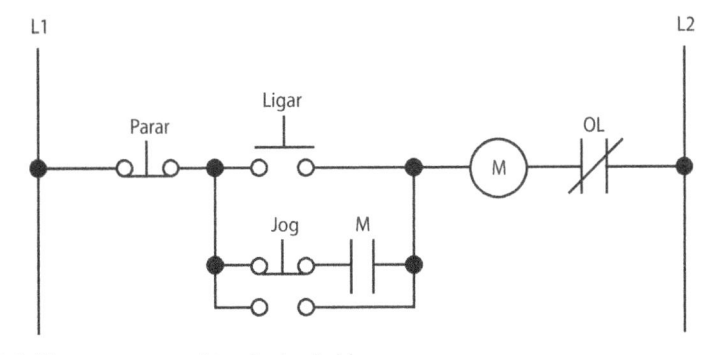

Figura 7-9 Diagrama esquemático do tipo ladder.

tico, os componentes são mostrados em suas posições físicas relativas. Todas as conexões são incluídas para mostrar o encaminhamento real dos fios. Eventualmente, um código de cores pode ser usado para identificar certos fios. Tais diagramas mostram as informações necessárias para a realização do cabeamento real, ou para o rastreamento físico de fios no caso de resolução de problemas, ou ainda para a implementação de alterações no circuito (Figura 7-10).

Um ***diagrama de blocos*** (Figura 7-11) é um método de representação, por meio de blocos, das partes funcionais principais de sistemas elétricos complexos. Componentes e fios individuais

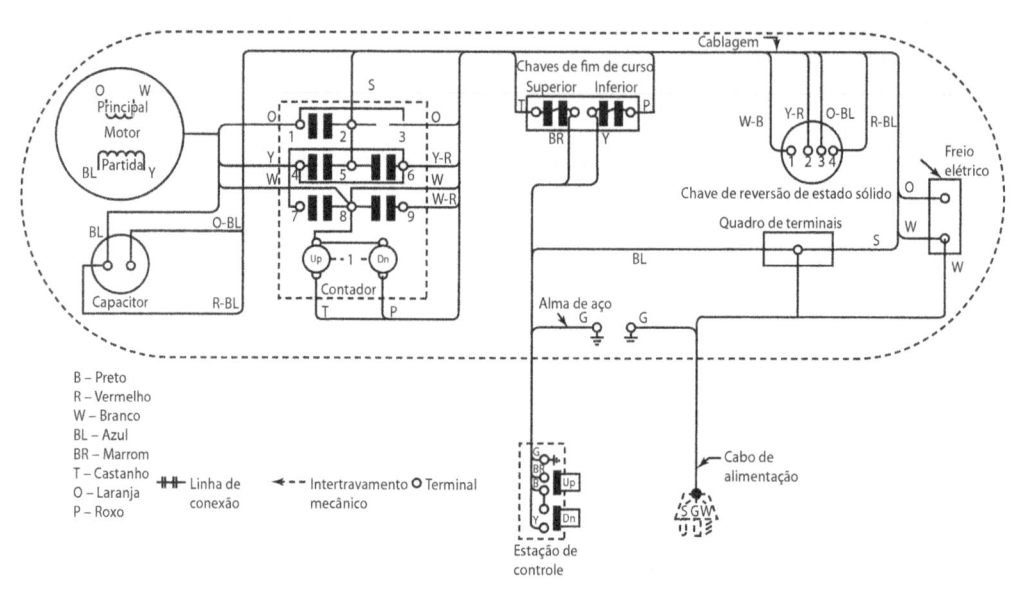

Figura 7-10 Diagrama elétrico.

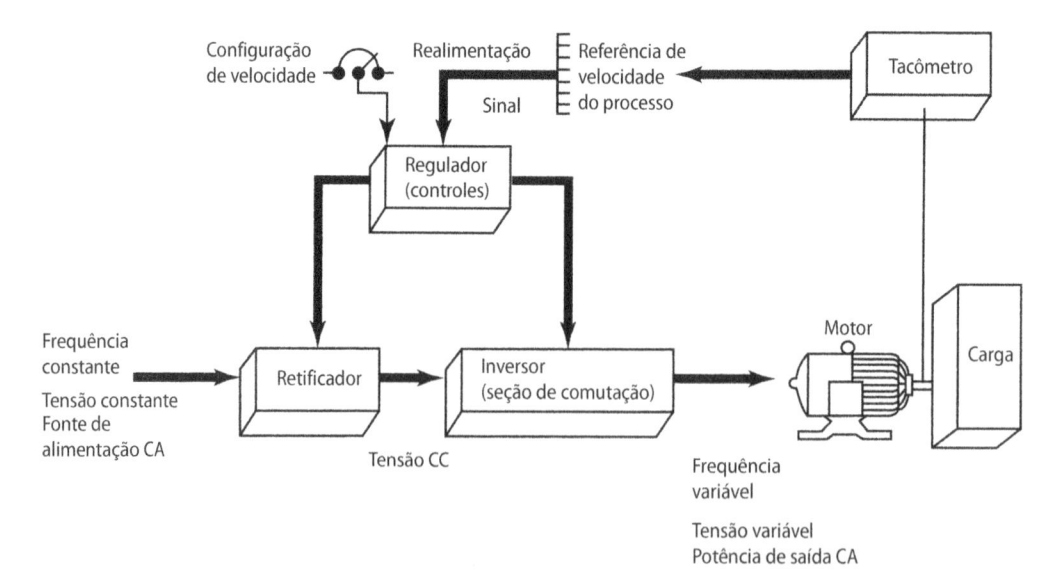

Figura 7-11 Diagrama de blocos.

não são mostrados. Em vez disso, cada bloco representa circuitos elétricos que desempenham funções específicas no sistema. As funções desempenhadas pelos circuitos são escritas em cada bloco. As setas conectando os blocos podem indicar o sentido geral do caminho de corrente e são úteis para a compreensão do funcionamento do sistema global.

Um **diagrama unifilar** permite uma grande simplificação de um circuito pela omissão de funções auxiliares. Os diagramas unifilares mostram, em geral, os projetos principais de chaveamento e de comutação presentes no sistema, onde muitas informações precisam ser mostradas. O objetivo principal desse diagrama é simplificar o *layout* o máximo possível. A Figura 7-12 mostra o diagrama unifilar de um pequeno sistema de distribuição de energia. A instalação é reduzida para a forma mais simples possível, porém o diagrama ainda mostra os equipamentos essenciais no circuito. Ao elaborar o diagrama unifilar, deve-se tomar cuidado para garantir a devida compreensão com relação ao posicionamento e à localização de cada parte do equipamento ou dispositivo.

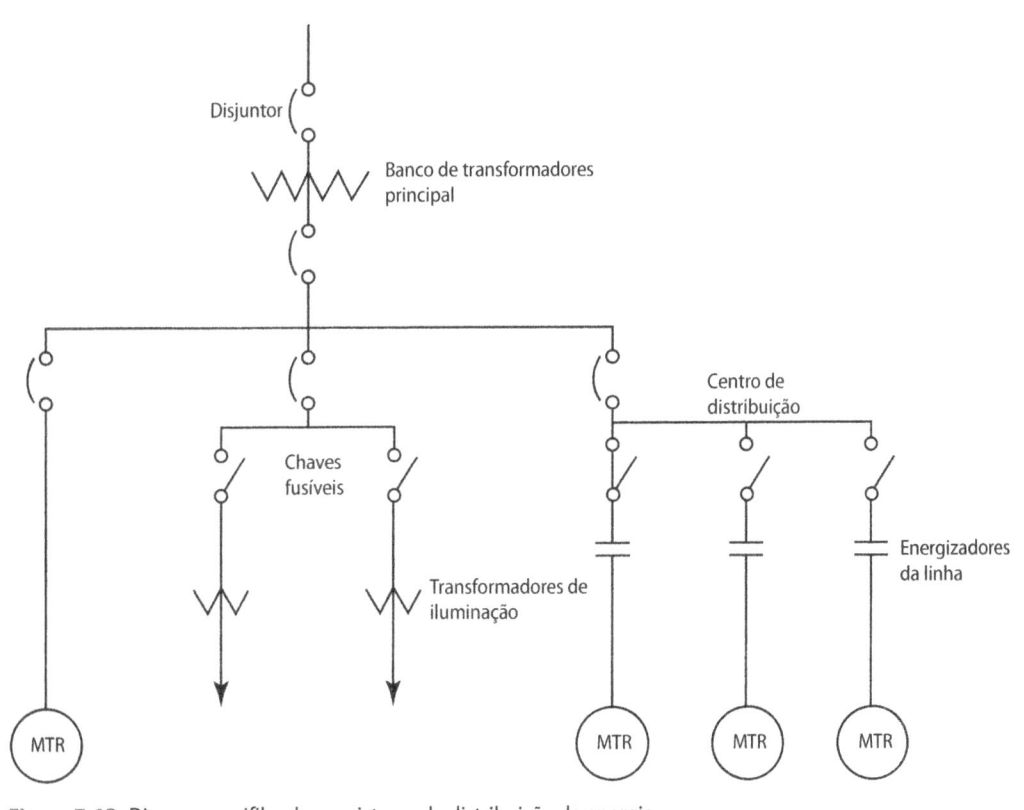

Figura 7-12 Diagrama unifilar de um sistema de distribuição de energia.

>> Questões de revisão

1. Indique as três grandezas elétricas fundamentais presentes em todos os circuitos.
2. Quais são as cinco partes que formam qualquer circuito?
3. Compare o tipo de tensão produzida por um painel solar com aquela disponível em uma tomada residencial.
4. Explique como o dispositivo de proteção funciona.
5. Por que os condutores são normalmente isolados?
6. Que tipo de componente de circuito básico é um termostato?
7. Explique a função da carga em um circuito.
8. Desenhe um símbolo adequado que pode ser usado em um diagrama esquemático para representar:
    (a) uma fonte de alimentação CC
    (b) uma fonte de alimentação CA
    (c) uma lâmpada
    (d) um disjuntor
    (e) um *pushbutton*
    (f) um resistor
9. Apresente uma vantagem e uma limitação do diagrama elétrico do tipo pictórico.
10. (a) Como os componentes são normalmente representados em um diagrama esquemático?
    (b) O que torna um diagrama esquemático mais fácil de ler?
11. O que um diagrama elétrico pretende mostrar?
12. (a) Quais tipos de circuitos geralmente exigem o uso de um diagrama de blocos?
    (b) O que cada bloco em um diagrama de blocos representa?
    (c) O que as setas conectando os blocos indicam?
13. O diagrama unifilar é geralmente utilizado na representação de sistemas de distribuição de energia. O que tais diagramas pretendem indicar?

>> Circuito simples

Aprendemos que um circuito elétrico é um caminho completo através do qual os elétrons podem fluir. Um circuito simples é aquele que possui apenas um dispositivo de controle, uma carga e uma fonte de tensão. Uma única lâmpada com a fonte de tensão controlada por uma única chave é um exemplo de um circuito simples. Cada componente é conectado ou ligado um ao outro "de ponta a ponta" (ou seja, a extremidade de um componente é ligada diretamente na extremidade de outro componente). O circuito simples é controlado pela abertura ou fechamento da chave. Quando a chave é fechada, uma corrente flui pelo circuito e liga a lâmpada (ON) (Figura 7-13a). Quando ligada, a tensão através da lâmpada é a mesma que a tensão da fonte. Quando a chave é aberta, o fluxo de corrente é interrompido e a lâmpada é desligada (OFF) (Figura 7-13b).

A. Chave fechada

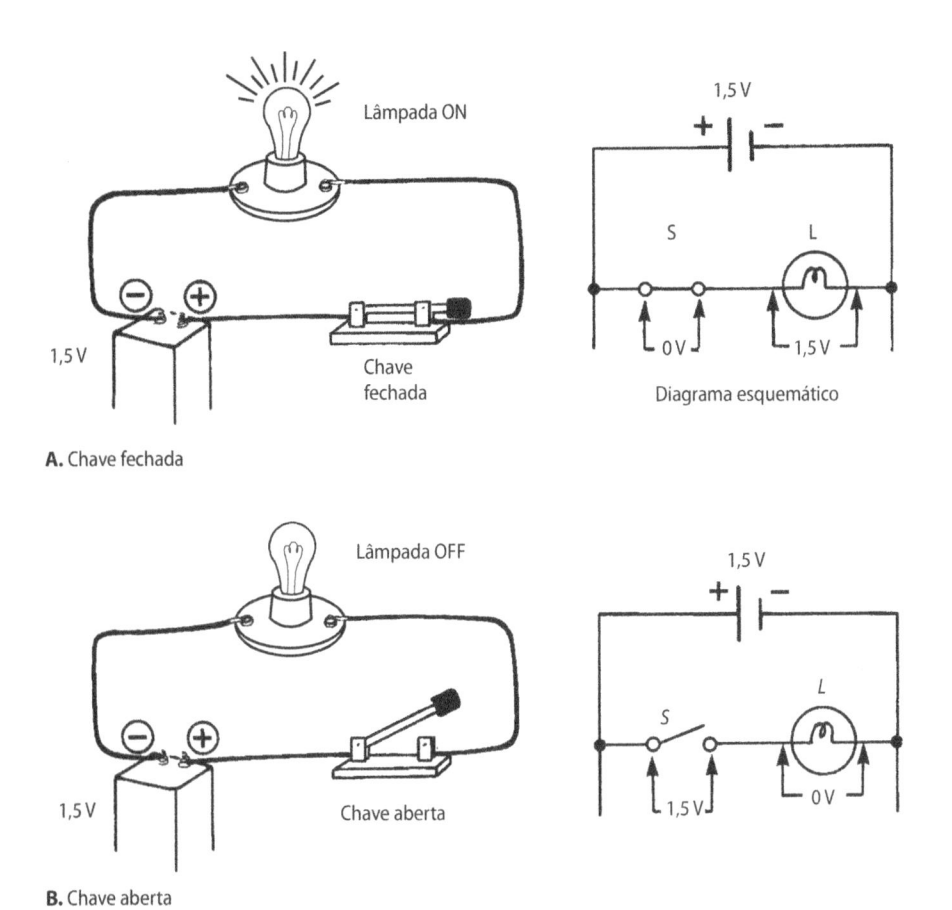

B. Chave aberta

Figura 7-13 Circuito simples.

» Circuito série

CARGAS CONECTADAS EM SÉRIE. Se duas ou mais cargas são conectadas de ponta a ponta, dizemos que elas estão conectadas em série (Figura 7-14). Isso é chamado **circuito série**. A mesma quantidade de corrente flui através dos elementos conectados em série. Além disso, há apenas um caminho possível através do qual a corrente flui. A corrente cessa se esse caminho é aberto ou se o circuito é interrompido em algum ponto. Por exemplo, se duas lâmpadas são conectadas em série e uma delas queima, ambas as lâmpadas desligarão.

Quando cargas são conectadas em série, cada uma recebe uma parte da tensão aplicada da fonte. Por exemplo, se três *lâmpadas idênticas* são conectadas em série, cada uma receberá um terço da tensão aplicada (Figura 7-15). A quantidade de tensão que cada carga em série recebe é diretamente proporcional à sua resistência elétrica. Quanto maior é a resistência da carga conectada em série, maior é a tensão que ela recebe.

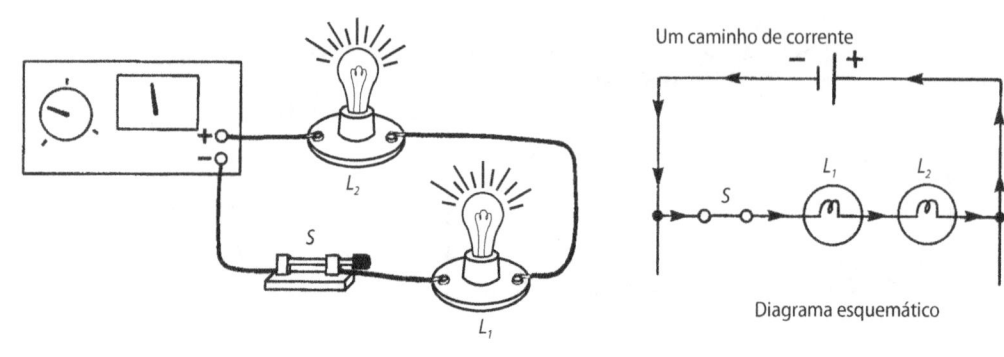

Figura 7-14 Duas lâmpadas conectadas em série.

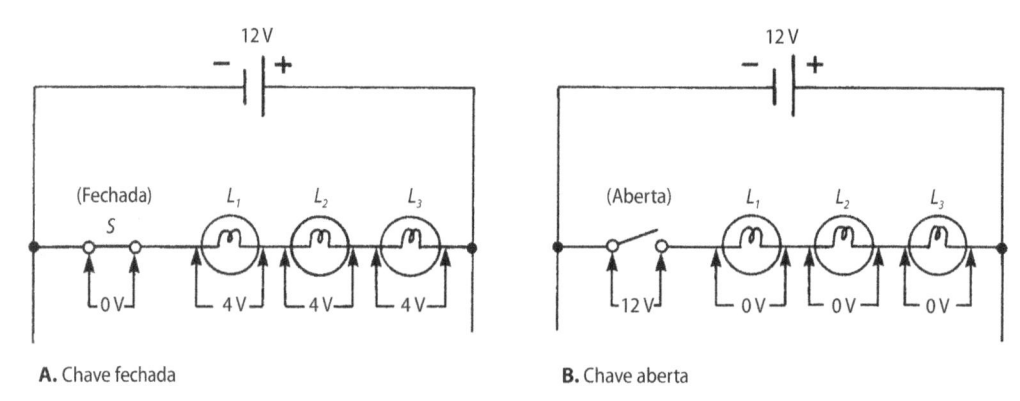

A. Chave fechada
B. Chave aberta

Figura 7-15 Queda de tensão em três lâmpadas idênticas conectadas em série.

Os filamentos de alguns tipos de lâmpadas de árvore de Natal são um exemplo de cargas que estão ligadas em série (Figura 7-16). Esse é um caso em que se uma das lâmpadas queima, todas as outras deixam de funcionar. Lâmpadas com resistência idêntica são usadas de modo que cada uma recebe a mesma quantidade de tensão. O número de lâmpadas conectadas em

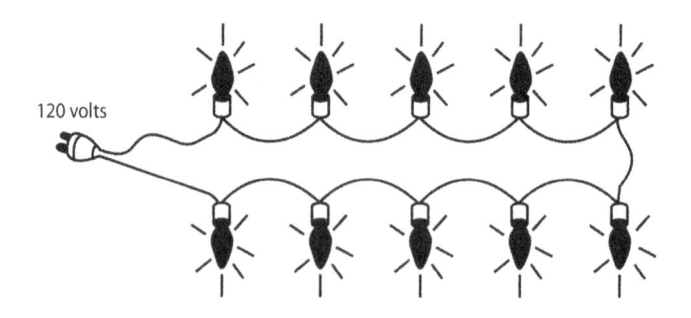

O número de lâmpadas conectadas em série determina a tensão nominal de cada lâmpada.

Figura 7-16 Conjunto de lâmpadas de árvore de Natal conectadas em série.

série determina a tensão nominal de cada lâmpada do conjunto. Quanto maior o número de lâmpadas conectadas em série, menor é a tensão nominal de cada lâmpada. Por exemplo, em um conjunto de 10 lâmpadas conectadas em série projetado para operar com uma fonte de tensão de 120 V, cada lâmpada exigiria uma tensão nominal mínima de 12 volts (120V/10).

DISPOSITIVOS DE CONTROLE CONECTADOS EM SÉRIE. Dois ou mais dispositivos de controle também podem ser conectados em série. A conexão é a mesma usada para cargas, ou seja, de ponta a ponta. A conexão de dispositivos de controle em série resulta no que é chamado dispositivo de controle tipo **AND** ou tipo **E lógico**. Considere o exemplo de duas chaves, "A" e "B", conectadas em série com uma lâmpada (Figura 7-17). Para ligar a lâmpada, ambas as chaves "A" **E** "B" devem estar fechadas. Uma *tabela verdade* é uma maneira de mostrar como

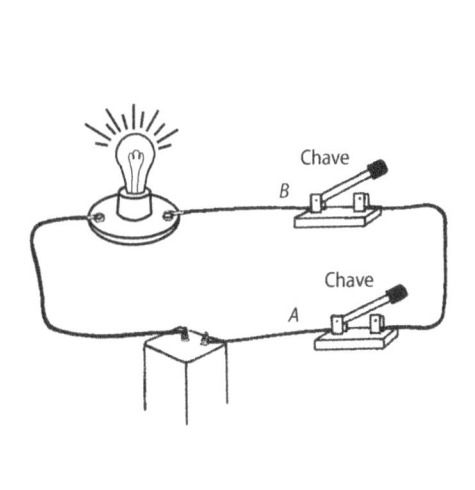

Tabela verdade

Chaves		Lâmpada
A	B	
OFF	OFF	0
OFF	ON	0
ON	OFF	0
ON	ON	1

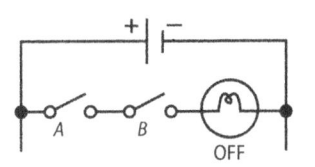

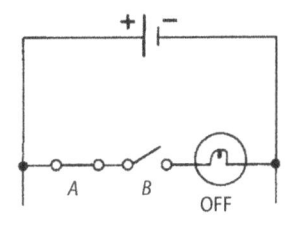

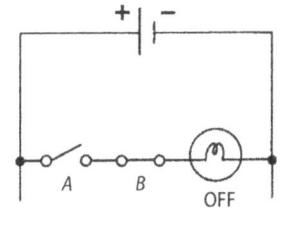

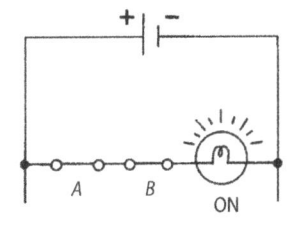

Circuito de controle tipo "AND" ou "E lógico".
A "E" B devem estar fechadas para **ligar** a lâmpada.

Figura 7-17 Duas chaves conectadas em série.

as chaves no circuito operam a lâmpada: "0" significa que a lâmpada está desligada (OFF); "1" significa que a lâmpada está ligada (ON).

A conexão em série de dispositivos de controle é empregada em sistemas de controle elétricos. Duas chaves conectadas em série são às vezes utilizadas por razões de segurança para controlar máquinas industriais de perfuração de chapas. Para partir a máquina, o operador deve ter uma mão em cada uma das duas chaves conectadas em série. Ambas as chaves devem ser fechadas para partir a máquina, porém, para pará-la, apenas uma das chaves deve ser aberta. Essa precaução garante que as mãos do operador não estejam no caminho da máquina de perfuração durante sua partida.

» Circuito paralelo

CARGAS CONECTADAS EM PARALELO. Se duas ou mais cargas são conectadas através dos dois terminais de uma fonte de tensão, dizemos que elas estão conectadas em paralelo. Isso é chamado **circuito paralelo**. A conexão paralela de cargas é usada para circuitos em que cada dispositivo é projetado para operar com a mesma tensão que a da fonte de alimentação (Figura 7-18). Esse é o caso de uma rede de lâmpadas e de pequenos aparelhos em uma casa. Aqui, com a fonte de tensão sendo 120 V, todos os aparelhos e as lâmpadas conectados em

A. Três lâmpadas conectadas em paralelo

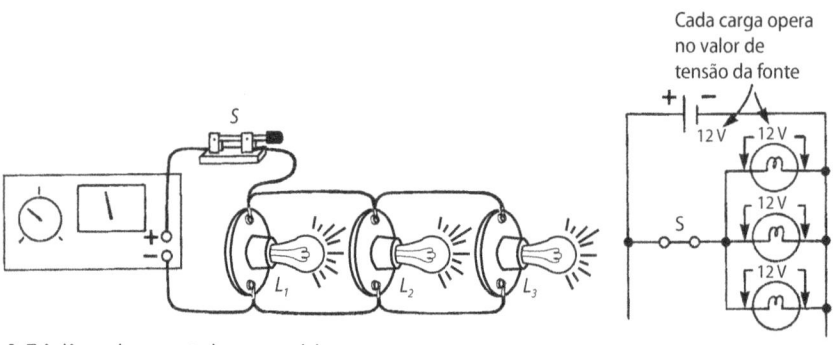

Diagrama esquemático

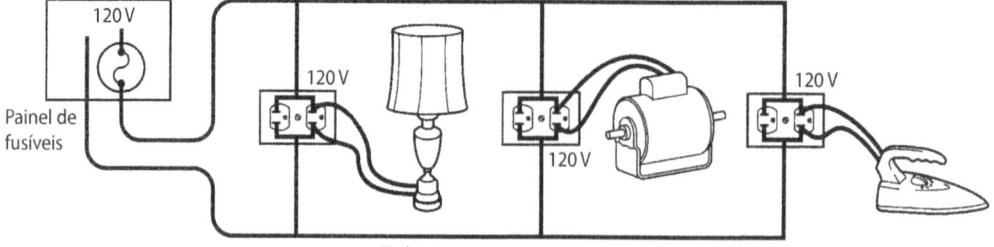

B. Eletrodomésticos conectados em paralelo

Figura 7-18 Cargas conectadas em paralelo.

paralelo devem ser especificados para 120 V. O uso de dispositivos de tensão mais baixa, por exemplo, de 12 V, provocaria a queima de tais unidades. A utilização de dispositivos de tensão mais alta, por exemplo, de 240 V, implicaria no funcionamento não adequado de tais unidades.

Um circuito paralelo tem a mesma quantidade de tensão aplicada em cada dispositivo. No entanto, a corrente para cada dispositivo vai variar de acordo com a sua resistência. A quantidade de corrente que cada carga em paralelo absorve é inversamente proporcional ao valor de sua resistência. Quanto maior a resistência da carga conectada em paralelo, menor é a corrente que passa por ela.

Quando as cargas são operadas em paralelo, cada carga opera *independentemente* das outras. Isso ocorre porque há tantos caminhos de corrente quanto existem cargas. Por exemplo, se duas lâmpadas são conectadas em paralelo, dois caminhos de corrente (independentes) são criados. Se uma lâmpada queima, a outra não é afetada (Figura 7-19).

As lâmpadas de árvore de Natal conectadas em paralelo (Figura 7-20) têm a vantagem de que, se uma lâmpada queimar, as outras lâmpadas no conjunto continuarão operando normalmente. Todas as lâmpadas de um conjunto conectado em paralelo são especificadas para 120 V, independentemente do número de lâmpadas utilizado.

DISPOSITIVOS DE CONTROLE CONECTADOS EM PARALELO. Quando dois ou mais dispositivos de controle têm seus terminais conectados entre si, dizemos que eles estão conectados em paralelo. A conexão de dispositivos de controle em paralelo resulta no que é chamado

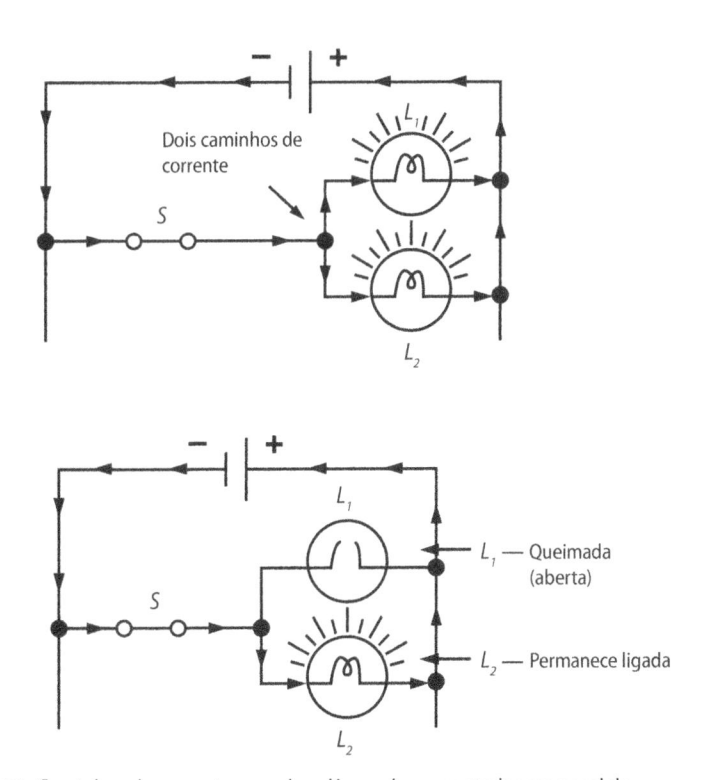

Figura 7-19 Caminhos de corrente para duas lâmpadas conectadas em paralelo.

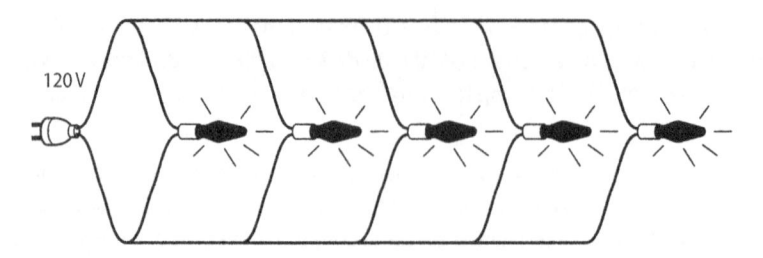

Todas as lâmpadas com tensão nominal de 120 volts

Figura 7-20 Conjunto de lâmpadas de árvore de Natal conectadas em paralelo.

dispositivo de controle tipo **OR** ou tipo **OU lógico**. Considere o exemplo de dois botões de pressão, "A" e "B", conectados em paralelo com uma lâmpada. Para ligar a lâmpada, ou o *pushbutton* "A" **OU** o *pushbutton* "B" ou ambos devem ser pressionados (Figura 7-21). A luz de teto dos automóveis é um exemplo de conexão em paralelo de dispositivos de controle. A luz de teto será ligada quando o interruptor da porta do passageiro OU o interruptor da porta do motorista for ativado.

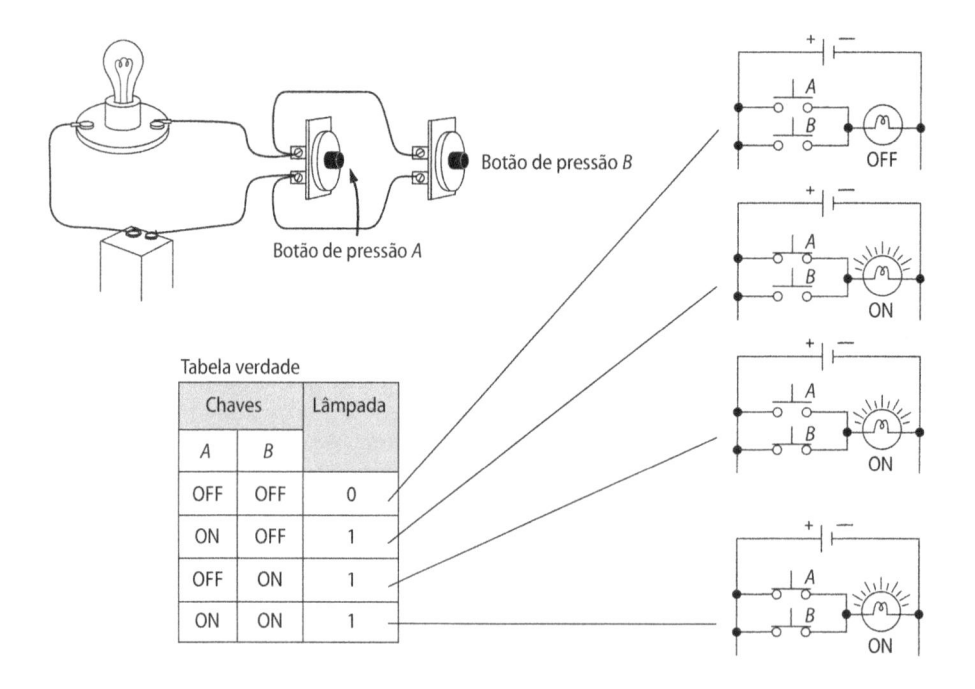

Tabela verdade

Chaves		Lâmpada
A	B	
OFF	OFF	0
ON	OFF	1
OFF	ON	1
ON	ON	1

Circuito de controle tipo "OR" ou "OU lógico". A "OU" B devem ser pressionados para ligar a lâmpada.

Figura 7-21 Dois botões de pressão conectados em paralelo.

» Construção de projetos de fiação usando diagramas esquemáticos

O planejamento é uma parte importante de um projeto de fiação elétrica. Trata-se de pensar sobre o trabalho a ser feito. O que você quer que o circuito faça? Que tipos de diagramas elétricos são necessários? O que deve ser feito primeiro, segundo e assim por diante? Todas essas questões devem ser respondidas antes que você comece a construção propriamente dita do projeto.

Considere, por exemplo, um circuito consistindo em duas lâmpadas conectadas em paralelo e controladas por um único *pushbutton*. Admita uma fonte de 12 V e que duas lâmpadas de 12 V serão usadas. A melhor maneira de começar é desenhar um diagrama esquemático com base no conjunto de instruções fornecido na Figura 7-22(a). Seu próximo passo poderia ser

A Figura 7-22 ilustra os seguintes passos:

Passo 1: Desenhe um diagrama esquemático baseado no conjunto de instruções dadas.

Passo 2: Atribua um número a cada terminal de cada componente.

Agrupe todos os números de terminais comuns.

Passo 3: Enumere os terminais de cada componente no quadro de fiação (os números atribuídos são os mesmos que os usados no esquemático).

Passo 4: Interconecte todos os conjuntos comuns de terminais usando a quantidade mínima de fio.

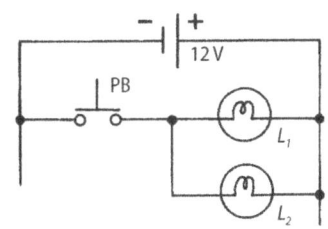

A. Diagrama esquemático do circuito

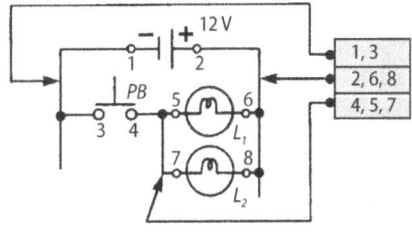

B. Quadro de sequência numérica de fiação

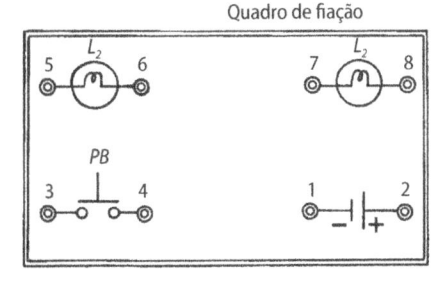

C. Quadro do *layout* de fiação do circuito

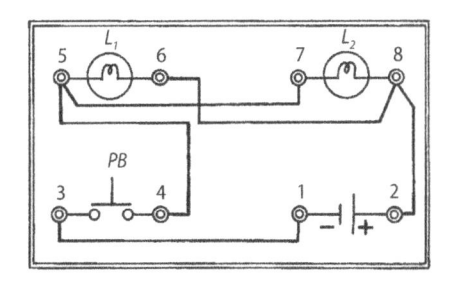

D. Diagrama de fiação do circuito

Figura 7-22 Planejando um projeto de fiação.

elaborar um quadro de sequência numérica de fiação para o circuito. Isso vai ajudá-lo a fazer corretamente as conexões dos fios. Atribua um número (comece com 1) para cada terminal de cada componente. Em seguida, todos os números de terminais comuns são agrupados. Terminais comuns representam pontos comuns no circuito que são conectados juntos. Anote esses grupos de números comuns na forma de quadro, como ilustrado na Figura 7-22(b).

O passo final seria completar o diagrama de fiação do circuito. Esse diagrama mostra os diferentes componentes e fios tal como eles estariam localizados no circuito real. Observe que as partes componentes no *layout* de fiação do circuito não aparecem na mesma posição que no diagrama esquemático [ver Figura 7-22(c)]. O primeiro passo para completar o diagrama de fiação é enumerar os terminais de cada componente. Os números atribuídos são os mesmos que os usados no esquemático.

Para completar o diagrama de fiação, todos os conjuntos comuns de terminais são interconectados. O quadro de sequência numérica de fiação é usado para determinar quais terminais devemos conectar juntos. Desenhe os fios ordenadamente de um ponto a outro utilizando linhas retas com as eventuais curvas em ângulo reto (sempre que possível). Faça todas as conexões nos círculos que representam os terminais. Planeje o "trajeto dos fios" de ponto a ponto de modo que você utilize a quantidade mínima de fio [Figura 7-22(d)]. Uma vez completado o diagrama de fiação, o projeto está pronto para ser implementado. O tipo de placa utilizada para realizar a ligação experimental do projeto real vai depender da instalação de laboratório disponível. A Figura 7-23 mostra exemplos de placas experimentais comuns.

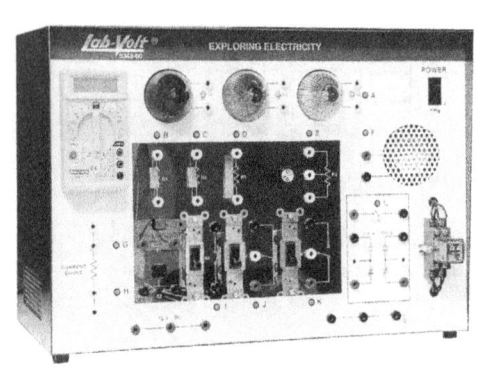

A. Elétrica

B. Eletrônica

A montagem e conexão segura e firme de componentes pode ser uma tarefa demorada. Uma alternativa aos componentes soltos é a Placa de Circuito Experimental mostrada.
A placa de circuito já possui montados lâmpadas, resistores, indutores, capacitores e chaves necessários para realizar experimentos. Os componentes são soldados na placa e são independentes. As conexões são feitas ao inserir um fio sólido no. 22 nos soquetes de mola.

Figura 7-23 Placas de fiação experimental comuns (a: Foto usada com a permissão da Lab-Volt Systems, Inc; b: Foto © & cortesia da Dynalogic Concepts).

≫ Circuitos elétricos experimentais

Uma placa de ensaio ou matriz de contato (ou *protoboard*, ou *breadboard* em inglês) é uma placa com furos e conexões condutoras para a montagem de circuitos elétricos experimentais ou de uma versão temporária de um circuito. Essa técnica é muito usada para experimentos laboratoriais de eletrônica. Muitas vezes é uma boa ideia construir uma versão do circuito em *protoboard* antes de montá-lo em sua forma definitiva. Isso dá a você a chance de descobrir o quão bem o circuito funciona e permite que você faça alterações antes de montá-lo em sua forma final.

≫ Circuitos simulados no computador

O computador tornou-se uma poderosa ferramenta de aprendizagem. Simulações computacionais permitem que você faça experimentos com circuitos elétricos e eletrônicos sem o uso de instalações laboratoriais e materiais escassos e caros. Programas como o MultiSim, projetados para uso com computadores pessoais, estão disponíveis para permitir que você:

- Construa um esquemático para um circuito elétrico ou eletrônico em um monitor de computador.
- Simule a operação desse circuito.
- Visualize a atividade do circuito utilizando instrumentos de teste/medição disponíveis dentro do programa.
- Imprima uma cópia do circuito e das leituras dos instrumentos.
- Resolva problemas do circuito.

≫ Questões de revisão

14. Defina circuito simples.
15. Uma lâmpada é ligada quando ou um ou o outro de dois *pushbuttons* é pressionado. Que tipo de conexão elétrica deve ser usado para conectar os dois *pushbuttons*?
16. Que conexão de duas ou mais chaves pode ser considerada um circuito de controle do tipo AND?
17. Desenhe o diagrama esquemático para cada um dos seguintes casos:
    (a) Uma lâmpada controlada por um *pushbutton* e alimentada por uma fonte CA.
    (b) Duas lâmpadas conectadas em série, controladas por uma chave e alimentadas por uma fonte CC.
    (c) Uma lâmpada controlada por dois *pushbuttons* conectados em série e alimentada por uma fonte CA.
    (d) Uma lâmpada controlada por duas chaves conectadas em paralelo e alimentada por uma fonte CC.
    (e) Duas lâmpadas conectadas em paralelo, controlada por um *pushbutton* e alimentadas por uma fonte CA.

>> Tópicos de discussão do capítulo e questões de pensamento crítico

1. Duas lâmpadas de 120 V idênticas são conectadas em série com uma fonte de 120 V_{CA}.
   (a) Quantos caminhos de corrente são produzidos?
   (b) Qual é o valor da queda de tensão em cada lâmpada?
   (c) Comente sobre o brilho de cada lâmpada (integral ou fraco). Explique.
   (d) Considere que uma lâmpada queime. O que acontece com a outra lâmpada? Por quê?
2. Duas lâmpadas de 12 V idênticas são conectadas em paralelo com uma fonte de 12 V_{CC}.
   (a) Quantos caminhos de corrente são produzidos?
   (b) Qual é o valor da queda de tensão em cada lâmpada?
   (c) Comente sobre o brilho de cada lâmpada (integral ou fraco). Explique.
   (d) Considere que uma lâmpada queime. O que acontece com a outra lâmpada? Por quê?
3. Um sistema de controle deve acender uma luz quando uma chave A e ou uma chave B ou uma chave C estiverem fechadas. Estabeleça a conexão das chaves que realizará essa tarefa. Desenhe um diagrama esquemático do circuito.
4. Uma lâmpada piloto de 14 V é operada a partir de uma fonte de 120 V usando um resistor para reduzir a tensão aplicada à lâmpada. Como o resistor seria conectado em relação à lâmpada?
5. Uma lâmpada em um conjunto de 20 lâmpadas de árvore de Natal conectadas em série precisa ser trocada. Se o conjunto de lâmpadas é especificado para uma tensão de entrada de 120 V_{CA}, qual é a tensão nominal necessária para a lâmpada a ser substituída?
6. Por que os fusíveis são sempre conectados em série com o circuito que eles protegem?

capítulo 8

Medição de tensão, corrente e resistência

A eletricidade não pode ser vista. No entanto, a realização de medições de tensão, corrente ou resistência, utilizando um medidor, auxilia a compreender o funcionamento do circuito elétrico e a determinar se ele está operando adequadamente. Este capítulo mostra como os medidores funcionam e como usá-los para efetuar medições elétricas básicas.

Objetivos deste capítulo

- Comparar a operação de medidores analógicos e digitais
- Ler corretamente uma escala analógica e mostradores (*displays*) de medidores digitais
- Usar um multímetro para medir tensão, corrente e resistência
- Listar as medidas de segurança a serem observadas na utilização de multímetros
- Explicar as especificações e características especiais dos multímetros

» Medidores analógicos e digitais

Os três instrumentos de testes elétricos básicos são o voltímetro, o amperímetro e o ohmímetro, e são usados para obter informações precisas sobre a tensão, a corrente e a resistência de um circuito. Ambos os tipos *analógico* e *digital* estão disponíveis.

Os medidores analógicos utilizam uma agulha (ponteiro) e um conjunto móvel para indicar a medição. O ímã permanente, a bobina móvel e o galvanômetro são os elementos básicos da maioria dos medidores analógicos (Figura 8-1). Eles consistem em uma bobina móvel suspensa entre os polos de um ímã ferradura. Quando não há corrente circulando pela bobina, nenhum campo magnético é estabelecido e o ponteiro se equilibra, de modo que não há tensão na mola. Isso fornece uma leitura de zero. Com corrente aplicada, a bobina se torna um eletroímã. Forças magnéticas fazem a bobina girar até que as forças são equilibradas com a força da mola. Isso resulta em uma leitura diferente de zero.

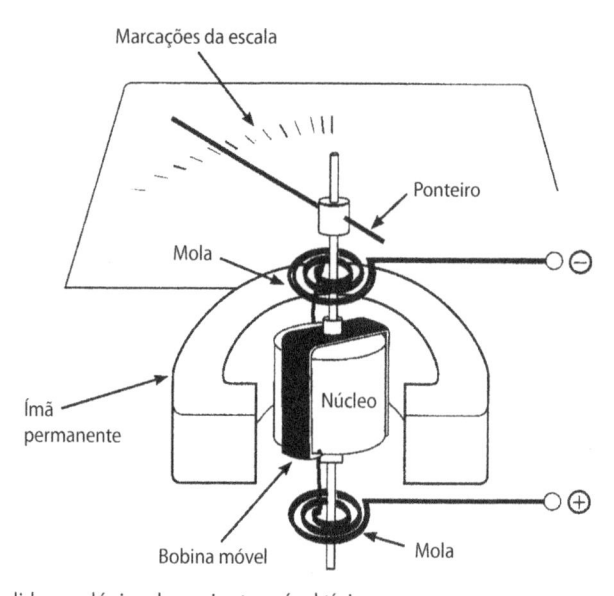

Figura 8-1 Medidor analógico de conjunto móvel típico.

A principal diferença entre medidores analógicos e digitais é o tipo de *display* (mostrador) usado. Em um medidor digital, o conjunto móvel é substituído por um mostrador digital eletrônico. O circuito interno de um medidor digital é feito de circuitos eletrônicos (Figura 8-2). Qualquer grandeza que é medida aparece como um número no mostrador digital.

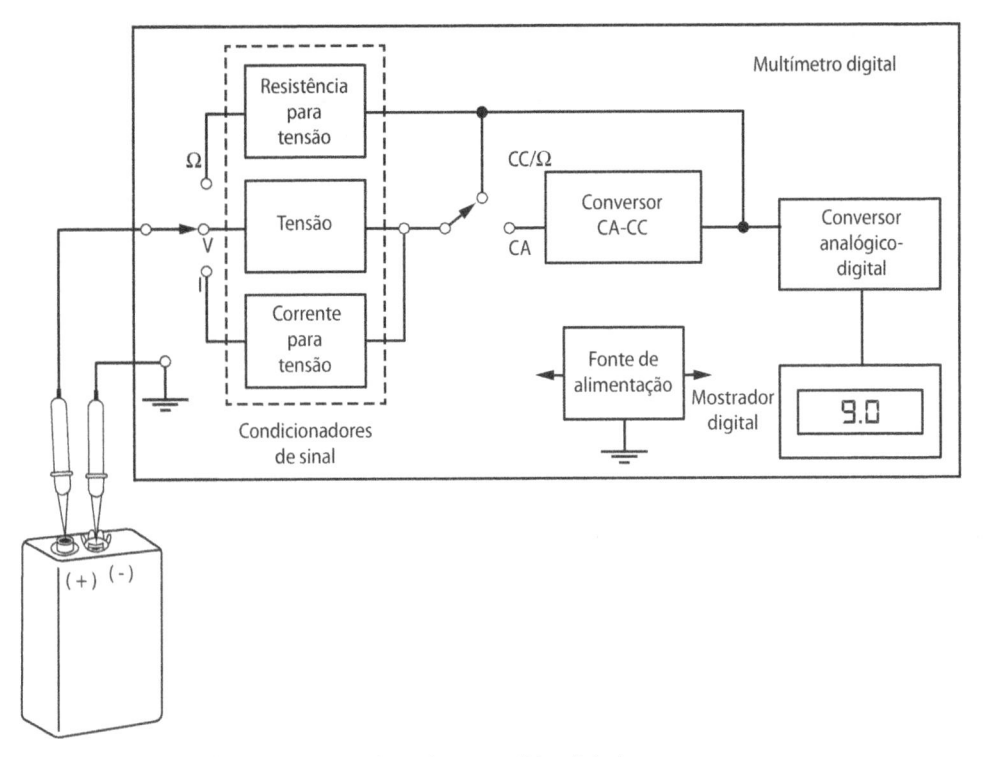

Figura 8-2 Circuito eletrônico interno típico de um medidor digital.

>> Multímetro

Muito frequentemente, o voltímetro, o amperímetro e o ohmímetro são combinados em um único instrumento chamado *multímetro*. O multímetro tornou-se a ferramenta de medição básica dos ofícios ligados à eletricidade pois, além de ser muito mais fácil transportar um único instrumento do que três medidores separados é muito mais barato comprar um único multímetro do que três medidores de função única.

Um multímetro analógico consiste em um único conjunto móvel e no circuito do medidor associado de um voltímetro, um amperímetro e um ohmímetro (Figura 8-3). O multímetro analógico é muitas vezes chamado de Volt-Ohm-Miliamperímetro (VOM). O usuário deve tomar a decisão do que deseja medir. Um comutador de função seleciona o tipo de medição: tensão, corrente ou resistência. Um seletor de faixa seleciona a faixa de fundo de escala da medição. Isso permite a seleção adequada dos circuitos internos de modo que apenas uma faixa de um tipo de medição seja selecionada por vez. Dependendo do projeto, os multímetros geralmente combinam a seleção de função e faixa em apenas uma chave.

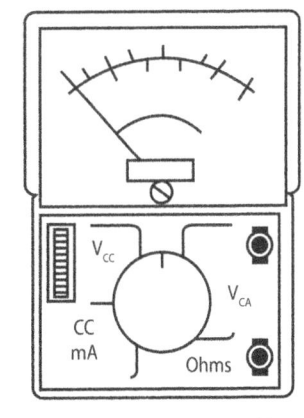

Figura 8-3 Multímetro analógico.

As pontas de prova e as tomadas de entrada conectam o multímetro ao circuito ou componente que se deseja medir. As pontas de prova são comumente vermelhas e pretas. Em geral, coloca-se a ponta de prova vermelha na tomada de entrada POS (+) e a ponta de prova preta na tomada de entrada NEG (−) ou comum. Os multímetros costumam ter mais do que essas duas tomadas de entrada, que servem principalmente para medições de tensões e correntes mais elevadas e para outras funções especiais.

Um multímetro digital típico (DMM) é mostrado na Figura 8-4. A leitura digital é a principal saída do medidor, indicando o valor numérico da medição. Assim como os multímetros analógicos, os multímetros digitais possuem seletores de função e faixa e conectores de entrada para receber as pontas de prova. Como os multímetros digitais contêm circuitos eletrônicos para produzir suas medições, eles precisam de baterias internas para suprir energia para todas as medições. Portanto, diferentemente dos multímetros analógicos, os multímetros digitais

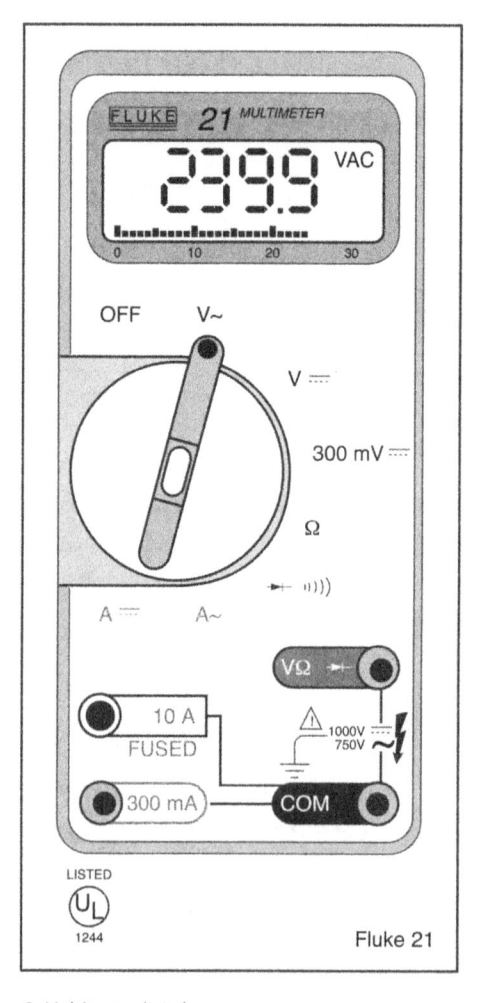

A. Multímetro digital

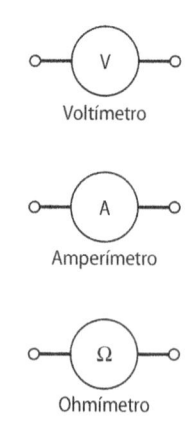

B. Símbolos de medidores típicos

Figura 8-4 Multímetro digital.

necessitam de um botão de alimentação ON/OFF que conecta a fonte de alimentação aos circuitos eletrônicos. Os medidores digitais têm se tornado a escolha preferencial dos eletricistas. Esse tipo de medidor é mais fácil de ler, mais preciso que o medidor do tipo analógico e ajuda na redução de erros de usuários.

» Leitura dos medidores

Antes de tentar fazer uma leitura com qualquer tipo de medidor, o método usado para a seleção da faixa e para a medição deve ser compreendido. O formato usado varia, assim, é melhor consultar as instruções de operação do fabricante.

MEDIDORES ANALÓGICOS. A leitura mais precisa da escala de um medidor analógico é obtida quando sua cabeça é posicionada perpendicularmente à escala e diretamente sobre o ponteiro. Alguns medidores analógicos usam um espelho na escala. Medidores com espelho na escala são usados para evitar erros devido à paralaxe. A paralaxe ocorre quando a linha de visão do observador sobre o ponteiro não faz exatamente um ângulo de 90° com o plano da escala. Um parafuso de ajuste de zero é usado para colocar o ponteiro do medidor para o zero da escala quando não há corrente circulando.

A leitura de uma escala de medidor de única faixa é similar à leitura da escala de uma régua (Figura 8-5). Geralmente, as divisões principais são marcadas e os valores das divisões menores podem ser facilmente calculados. A escala na Figura 8-5 é lida da seguinte forma:

Valor de cada divisão principal = 1
Valor de cada divisão menor = 0,2
∴ Leitura = 2,4

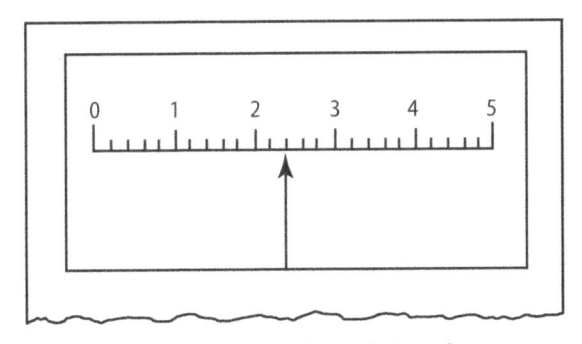

Figura 8-5 Leitura de uma escala de medidor analógico de única faixa.

Os medidores de múltiplas faixas são mais difíceis de ler porque uma escala é geralmente usada com duas ou mais faixas. Para ler esse tipo de medidor, primeiro determine a leitura na escala e, então, aplique o fator multiplicador ou divisor adequado como indicado pelo seletor de faixas (Figura 8-6).

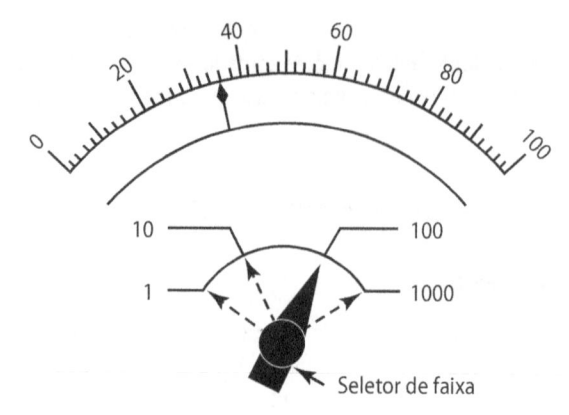

Seletor de faixa	Leitura da escala	Leitura corrigida	x ou ÷
100	36	36	x 1
1 000	36	360	x 10
10	36	3,6	÷ 10
1	36	0,36	÷ 100

Figura 8-6 Leitura de uma escala de um medidor analógico de múltiplas faixas.

A face de um VOM analógico tem uma combinação de escalas (Figura 8-7). Essas escalas em geral servem para medir uma ampla faixa de valores de tensão e corrente CC, tensão CA e resistência. As escalas de ohmímetros analógicos não são marcadas uniformemente. Tais escalas são ditas não lineares.

MEDIDORES DIGITAIS. Depois que você se familiariza com eles, os medidores digitais são mais fáceis de ler do que os medidores analógicos. Muitos medidores digitais possuem *seleção automática de faixa*; isto é, o próprio medidor ajusta a faixa necessária para a medição específi-

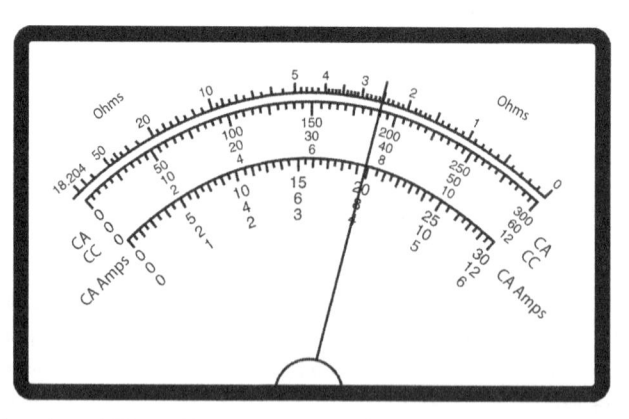

Figura 8-7 A face de um VOM analógico tem uma combinação de escalas.

ca. É normal que o último dígito significativo (à direita) varie continuamente entre dois ou três valores; isso é uma característica da maneira como os medidores digitais funcionam, não um erro! Normalmente, você não precisará de uma precisão tão elevada e o último dígito significativo pode ser ignorado ou arredondado.

As leituras digitais mostradas na Figura 8-8(a) são leituras de resistências típicas, dependendo do medidor sendo usado. Observe que o símbolo para ohms (Ω) é empregado para unidades inferiores a 1.000, kΩ, para unidades acima de 1.000, e MΩ, para unidades superiores a 1.000.000. O quadro [Figura 8-8(b)] mostra como os dígitos são organizados para cada faixa. A posição do ponto decimal e o sufixo (m, k ou M) são importantes.

Os seguintes exemplos podem auxiliá-lo em sua compreensão*:

125,5 mV = 125,5 milivolts
  1,255 V = 1,255 volts ou 1255 milivolts (multiplicar por 1.000)
    9,75 A = 9,75 ampères ou 9750 miliampères (multiplicar por 1.000)
220,6 Ω = 220,6 ohms ou 0,2206 quilo-ohms (dividir por 1.000)
 30,5 kΩ = 30,5 quilo-ohms ou 30.500 ohms (multiplicar por 1.000)
0,750 kΩ = 0,750 quilo-ohms ou 750 ohms (multiplicar por 1.000)

Funções	Faixa	Display digital (d)
V_{CC}/V_{CA}	300 mV (apenas V_{CC})	ddd.d mV
	3 V	d.ddd V
	30 V	dd.dd V
	300 V	ddd.d V
	3000 V	dddd V
A_{CC}/A_{CA}	300 mA	ddd.d mA
	10 A	dd.dd A
kΩ	300 ohm	ddd.d Ω
	3 quilo-ohm	d.ddd kΩ
	30 quilo-ohm	dd.dd kΩ
	300 quilo-ohm	ddd.d kΩ
	3000 quilo-ohm	dddd kΩ
	30 megaohm	dd.dd MΩ

A. Leituras de resistências típicas

B. Método típico de exibição de dígitos para cada faixa

Faixa de 300 Ω: 250.0 Ω
Faixa de 300 kΩ: 250.0 KΩ
Faixa de 30 MΩ: 18.00 MΩ
Faixa de 30 kΩ: 18.00 KΩ

Figura 8-8 Leitura de um medidor digital.

» Medição de tensão

Um *voltímetro* serve para medir a força eletromotriz (fem) ou a tensão (diferença de potencial) em um circuito elétrico. Um voltímetro pode ser empregado para verificar a disponibilidade de uma tensão CA em uma tomada residencial (Figura 8-9), a tensão CC através dos terminais de uma

---

* N. de T.: Nos exemplos a seguir, considera-se a vírgula como separador dos dígitos decimais. Contudo, de modo geral, os medidores digitais utilizam a notação americana, com pontos para a separação dos dígitos decimais.

bateria ou, ainda, a tensão CA ou CC entre dois pontos em um circuito. Antes de medir a tensão, primeiro determine se a aplicação que você está testando utiliza tensão CA ou CC e, então, ajuste o seletor para a função de tensão adequada, CA ou CC. Pegue as pontas de prova e conecte-as ao circuito, assegurando que nenhuma parte do seu corpo entre em contato com nenhuma parte energizada (viva) do circuito. Para tensão CC, conecte a ponta de prova preta ao ponto de polaridade negativa e a ponta de prova vermelha ao ponto de teste de polaridade positiva.

A faixa de medição de tensão do medidor de bobina móvel analógico básico ou galvanômetro é limitada à faixa de milivolts. Isso é devido à natureza delicada da bobina e das molas que compõem o medidor de conjunto móvel. Para estender a faixa de tensão, um resistor com um alto valor de resistência é conectado em série com o medidor de conjunto móvel. O resistor é chamado multiplicador, pois ele multiplica a faixa do medidor. A faixa de tensão pode ser variada ao alterar o valor do resistor multiplicador (Figura 8-10). Quanto maior o valor da resistência do multiplicador, maior é a faixa de tensão do medidor.

Para medir uma tensão CA com um medidor de bobina móvel analógico, a tensão de entrada deve primeiro ser retificada ou convertida para corrente contínua. Um diodo semicondutor é em geral utilizado para essa finalidade. O diodo é conectado em série com a tensão CA e permite que a corrente passe através dele em apenas um sentido, convertendo, portanto, a tensão CA a ser medida em uma tensão CC pulsante, que pode ser medida por um medidor de bobina móvel (Figura 8-11).

Um diagrama de blocos de um voltímetro CA digital é mostrado na Figura 8-12. As pontas de prova são conectadas à tensão CA a ser medida que é transmitida para o circuito condiciona-

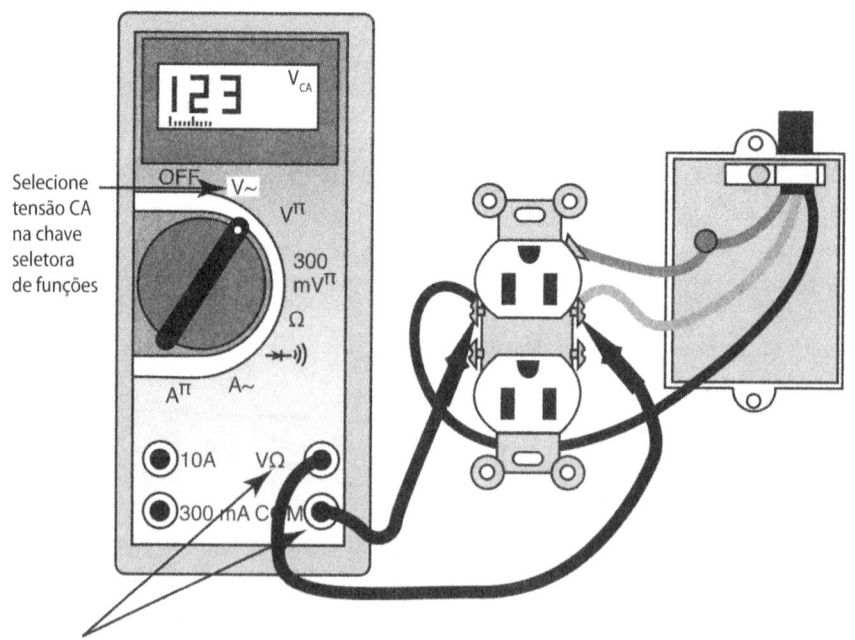

Figura 8-9 Verificando a tensão CA de uma tomada comum.

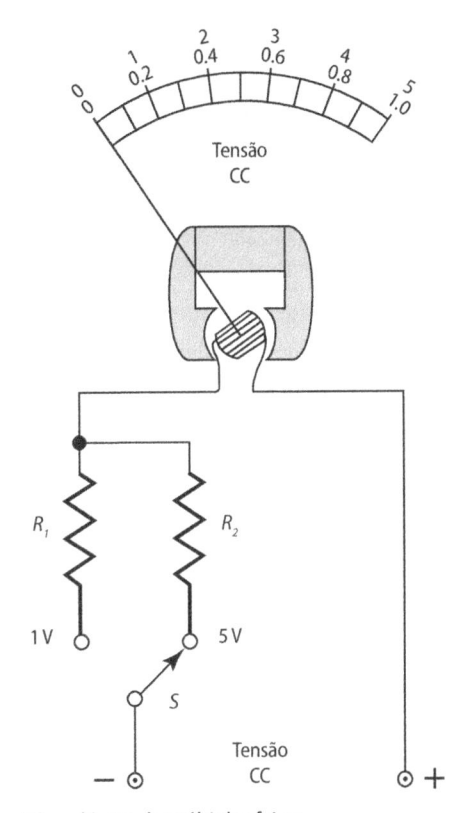

Figura 8-10 Voltímetro CC analógico de múltiplas faixas.

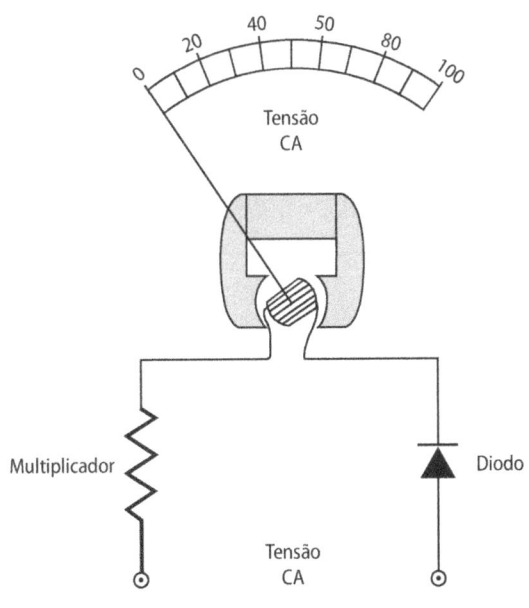

Figura 8-11 Circuito de um voltímetro CA analógico.

dor de tensão. O condicionador de tensão atenua ou amplifica o sinal de tensão para reduzi-lo ou aumentá-lo para um dado nível com o qual os circuitos de medição são projetados para trabalhar. Em seguida, o sinal é transmitido para um circuito conversor CA-CC, que converte o sinal de tensão de CA para CC. O conversor analógico-digital (A/D) recebe essa tensão e transforma-a em um código digital que representa o valor da tensão. O código digital é, então, usado para gerar os dígitos numéricos que mostram o valor medido no mostrador digital. Se a tensão de entrada a ser medida é CC, o circuito de conversão CA-CC é contornado e o sinal é transmitido diretamente do condicionador de tensão para o conversor analógico-digital.

O voltímetro deve ser conectado em paralelo ou através da carga ou da fonte de alimentação. Ele tem uma resistência elevada e desvia uma pequena quantidade de corrente para operar o circuito de medição. Se o voltímetro fosse conectado em série com o circuito, essa resistência elevada reduziria a corrente do circuito, e o medidor forneceria uma leitura incorreta.

Voltímetros tanto CC como CA são selecionados de acordo com o tipo de tensão a ser medida. Os voltímetros digitais indicam automaticamente a polaridade correta de uma medição de tensão CC (Figura 8-13). Quando o terminal positivo do medidor é conectado ao ponto positivo do circuito, o medidor indica uma polaridade positiva (+) no mostrador digital. Quando o terminal positivo do medidor é conectado ao ponto negativo do circuito, o medidor indica uma polaridade negativa (–) no mostrador digital. Os voltímetros analógicos devem ser conectados com a polaridade correta. O terminal negativo (–) do voltímetro é conectado ao lado negativo (–) do circuito e o terminal positivo (+) do voltímetro é conectado ao lado positivo (+) do circuito. Se os terminais forem invertidos, o ponteiro do instrumento defletirá no sentido contrário da escala, à esquerda do zero, o que poderá danificar o medidor.

A queda de tensão é a "perda de tensão" causada pelo fluxo de corrente através de uma resistência. Quanto maior é a resistência, maior é a queda de tensão. Para verificar a queda de tensão, use um voltímetro conectado entre os pontos em que a queda de tensão deve ser medida. Em circuitos CC e circuitos CA resistivos, a soma total de todas as quedas de tensão através das cargas e dos dispositivos conectados em série deve ser igual à tensão aplicada ao circuito (Figura 8-14).

Cada carga deve receber sua tensão nominal para operar adequadamente. Se não há tensão suficiente disponível, o dispositivo não operará da maneira como deveria. Você também deve

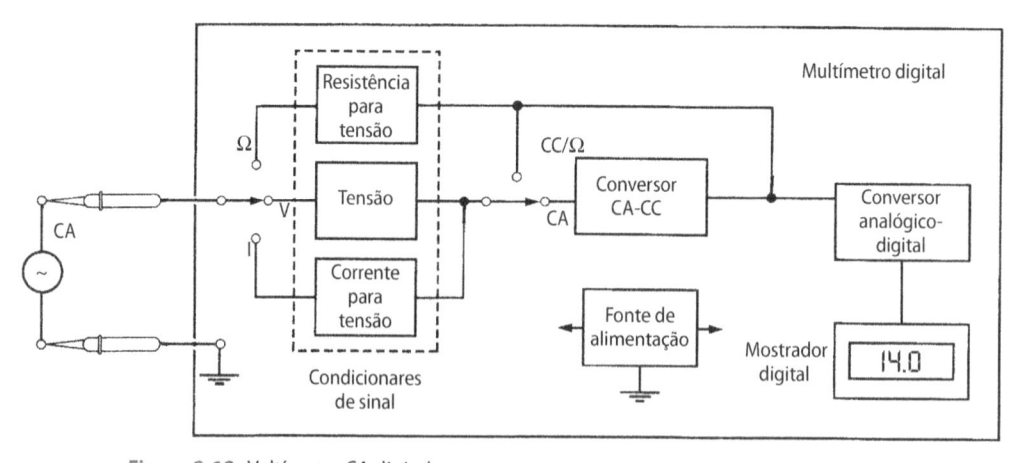

Figura 8-12 Voltímetro CA digital.

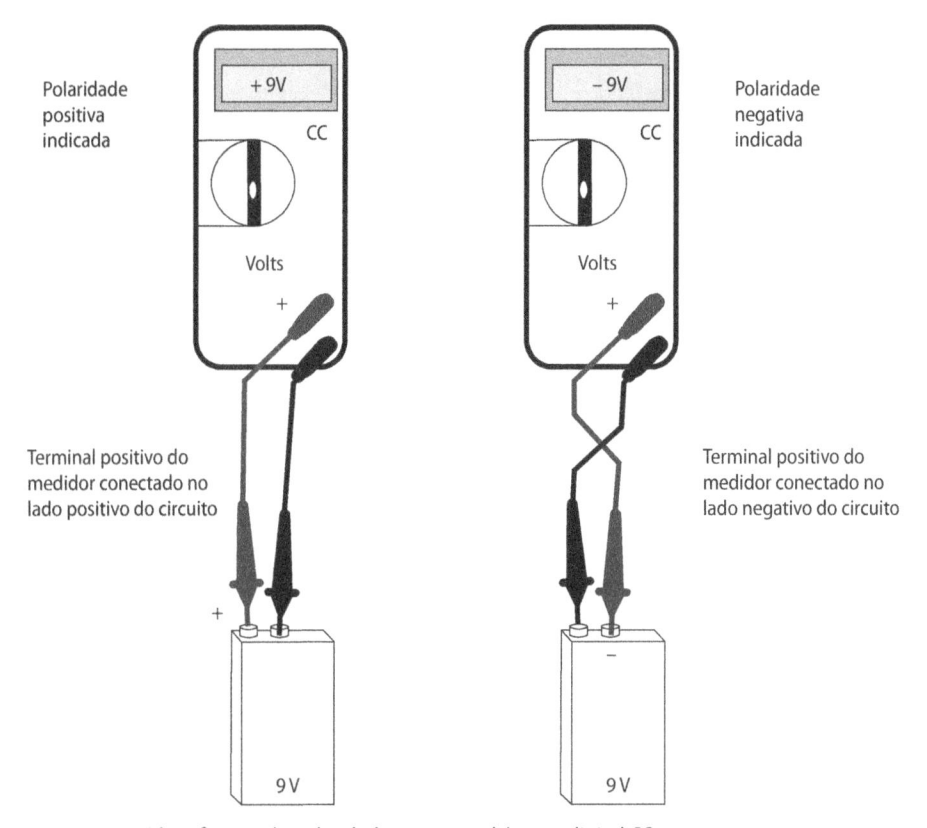

Figura 8-13 Identificação de polaridade em um multímetro digital CC.

sempre se assegurar de que a tensão que vai medir não excede a faixa do voltímetro. Isso pode ser difícil se a tensão a ser medida é desconhecida. Se for esse o caso, você deve sempre começar com a faixa mais alta de medição do voltímetro. A tentativa de medir uma tensão maior do que aquela suportada pelo voltímetro pode causar danos ao instrumento. Muitas vezes, você pode precisar medir a tensão de um ponto específico no circuito em relação ao terra ou a um ponto de referência comum (Figura 8-15). Para fazer isso, primeiro conecte a ponta de prova preta do voltímetro ao terra do circuito ou ao ponto comum. Em seguida, conecte a ponta de prova vermelha a qualquer ponto no circuito que você deseja medir.

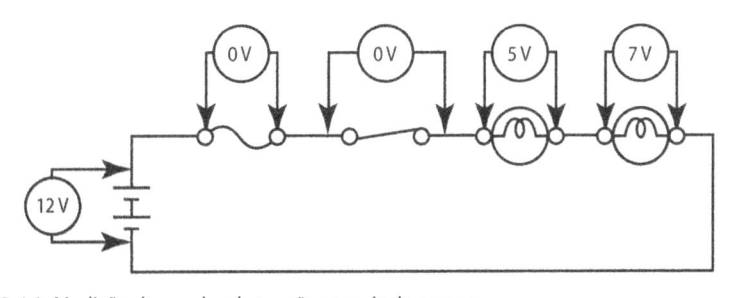

Figura 8-14 Medição de quedas de tensão através de cargas.

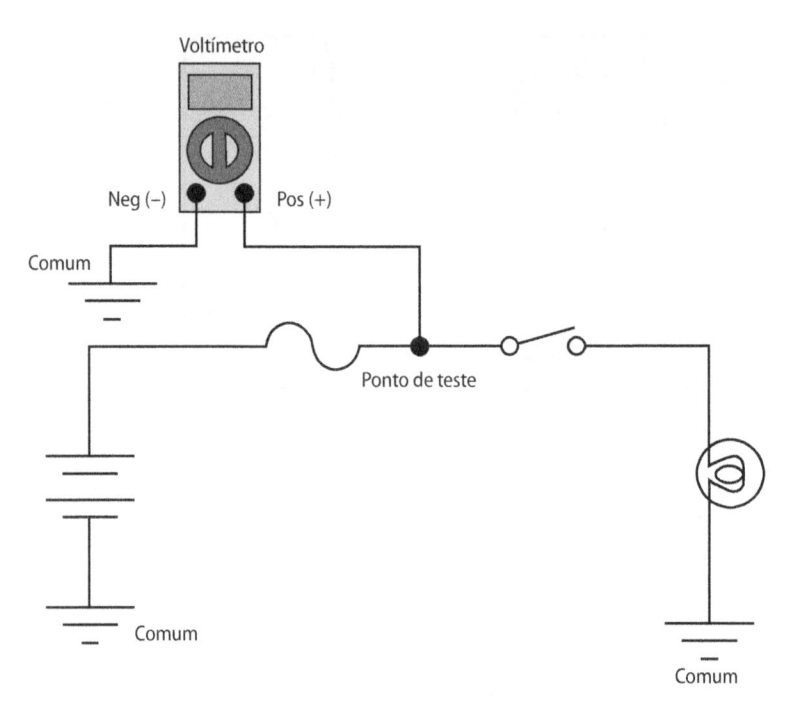

Figura 8-15 Medição de tensão em relação ao ponto comum ou ao terra do circuito.

O testador de tensão é um tipo especial de voltímetro frequentemente usado por eletricistas (Figura 8-16). Sua construção robusta o torna ideal para medições de tensão em serviço. O

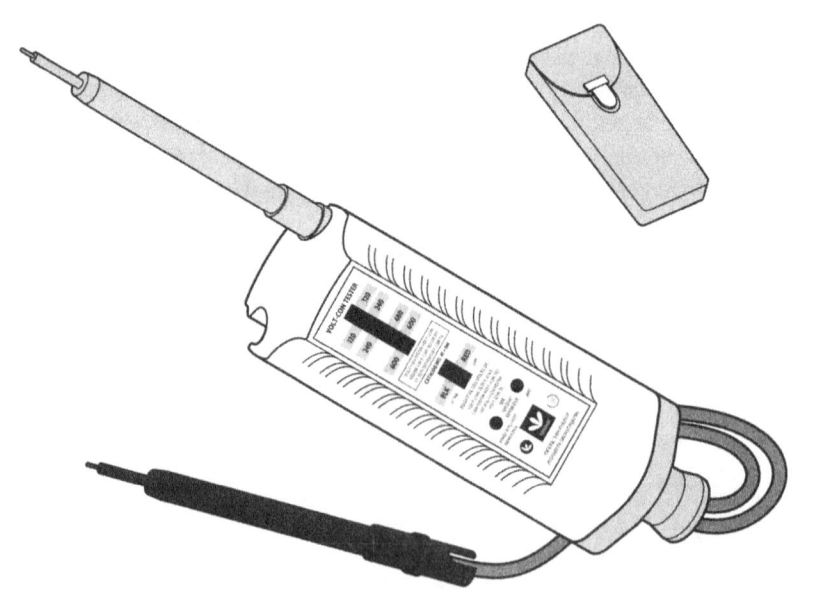

Figura 8-16 Testador de tensão.

testador de tensão indica o nível aproximado de tensão presente e não o valor exato. Ele serve principalmente para verificar a presença ou a ausência de tensão em um dado ponto. O valor real de tensão pode estar um pouco abaixo ou acima do valor indicado pelo aparelho. Com esse tipo de equipamento, recomenda-se testá-lo primeiro em uma fonte de tensão energizada conhecida para garantir que o medidor está operando adequadamente.

» Medição de corrente

Um *amperímetro* serve para medir a quantidade de corrente fluindo em um circuito. Amperímetros medem o fluxo de corrente em ampères. Para faixas menores que 1 ampère, miliamperímetros ou microamperímetros são usados para medir a corrente.

A Figura 8-17 ilustra um multímetro com miliamperímetro CC para medição de corrente. A ponta de prova vermelha é ligada ao conector de entrada de alta corrente (10 A) ou de baixa corrente (300 mA), dependendo da faixa de corrente que se espera medir no circuito. Exceto no caso de medidores tipo alicate, os medidores de corrente devem sempre ser conectados em série com a fonte de alimentação e a carga, nunca em paralelo com elas.

Para estender a faixa de corrente de um galvanômetro, um resistor com um baixo valor de resistência é conectado em paralelo com o conjunto móvel. Esse resistor é chamado *shunt* ou *derivador*. Sua finalidade é fornecer um caminho de baixa resistência alternativo em torno do medidor

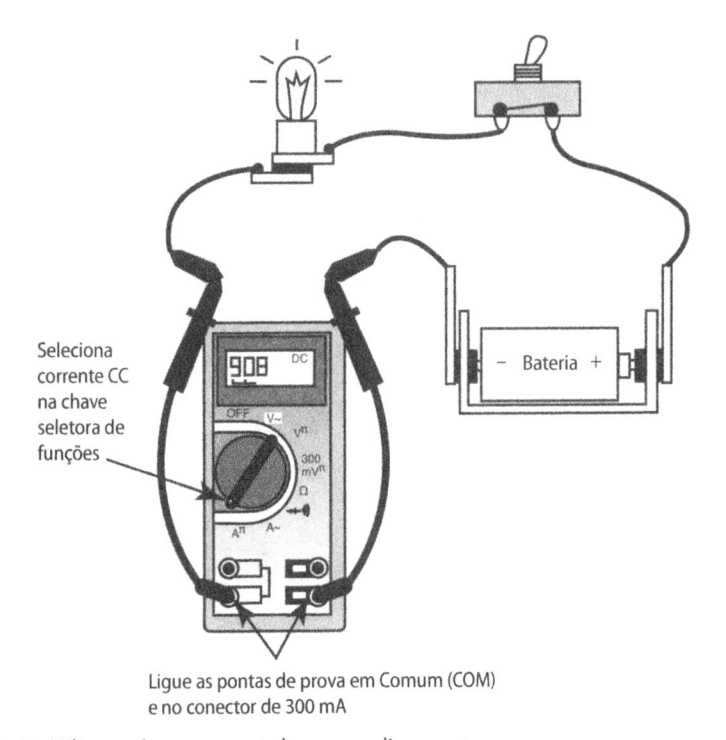

Figura 8-17 Miliamperímetro conectado para medir corrente.

de conjunto móvel. O resultado disso é que a maior parte da corrente que está sendo medida flui através do *shunt* e apenas uma pequena quantidade flui através do medidor de conjunto móvel real. Quanto menor o valor da resistência do *shunt*, maior é a faixa superior de medição de corrente do instrumento (Figura 8-18). Ao adicionar vários resistores derivadores na caixa do medidor, com uma chave para selecionar o resistor desejado, o amperímetro é capaz de medir diferentes valores máximos de corrente (ou seja, temos um amperímetro de múltiplas faixas).

Os *shunts* podem ser conectados dentro da caixa do medidor de corrente ou externamente à caixa (Figura 8-19). Medidores projetados para medir correntes mais altas em geral usam *shunts* externos devido ao seu tamanho e à quantidade de calor que eles geram. O *shunt* é um resistor de alta precisão que produz uma pequena queda de tensão (milivolts) proporcional à quantidade de corrente fluindo através dele. Existem diferentes tamanhos de *shunts* externos disponíveis, dependendo da corrente máxima do circuito onde ele será instalado e da relação entre a corrente e a queda de tensão produzida exigida pelo medidor específico. Por exemplo, um *shunt* de 50A/50mV produz uma queda de 1 mV para cada 1 ampère de corrente que fluir através dele.

Um diagrama de blocos de um miliamperímetro digital CC é mostrado na Figura 8-20. As pontas de prova são conectadas em série com o circuito de modo que ele é completado através do medidor. O condicionador de corrente do circuito transforma a corrente a ser medida em tensão, fazendo a corrente passar através de um resistor *shunt* de baixo valor de resistência e medindo a queda de tensão através do resistor. A chave de seleção de faixa determina o resistor usado para cada faixa de medição. Quando a faixa de corrente adequada é escolhida, a resistência apropriada é selecionada de modo que a saída de tensão do condicionador de corrente estará dentro da faixa exigida pelo conversor A/D. Assim, o conversor A/D recebe

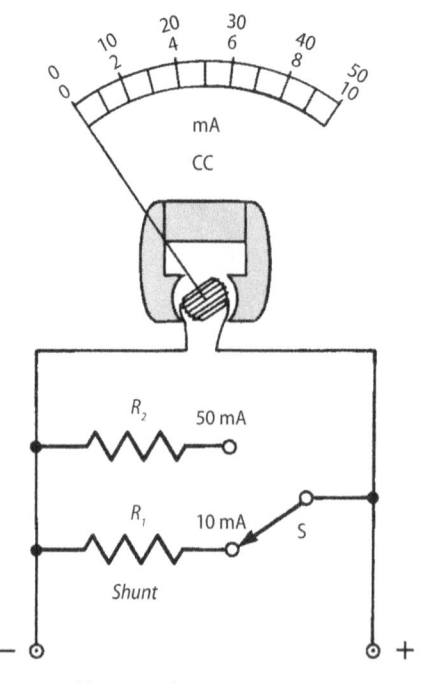

Figura 8-18 Miliamperímetro analógico CC de múltiplas faixas.

essa tensão e a transforma em um código digital para mostrar o valor de corrente medido. Uma faixa de corrente alta, por exemplo, de 10 ampères, normalmente é medida utilizando um conector de entrada especial ao qual está conectado um resistor de potência elevada.

As medições de corrente são mais difíceis de fazer do que as medições de tensão porque, para medir uma corrente utilizando um amperímetro convencional, devemos abrir fisicamente o circuito no ponto em que se deseja realizar a medição. Depois de abrir o circuito no ponto em que se deseja medir a corrente, o amperímetro pode ser inserido (Figura 8-21). A resistência do circuito controla o fluxo de corrente através do medidor. O amperímetro propriamente dito possui uma resistência interna muito baixa, logo, ele influencia minimamente o fluxo de corrente durante o processo de medição. Como resultado, a ligação acidental de um amperímetro em paralelo com uma carga ou fonte de tensão fará o medidor drenar uma corrente elevada, a qual poderia danificar o medidor. O amperímetro padrão deve sempre ser conectado em série com o circuito a fim de que a corrente do circuito flua através do medidor.

Figura 8-19 Resistor *shunt* externo. (Cortesia da Master Instruments Pty Ltd., Austrália.)

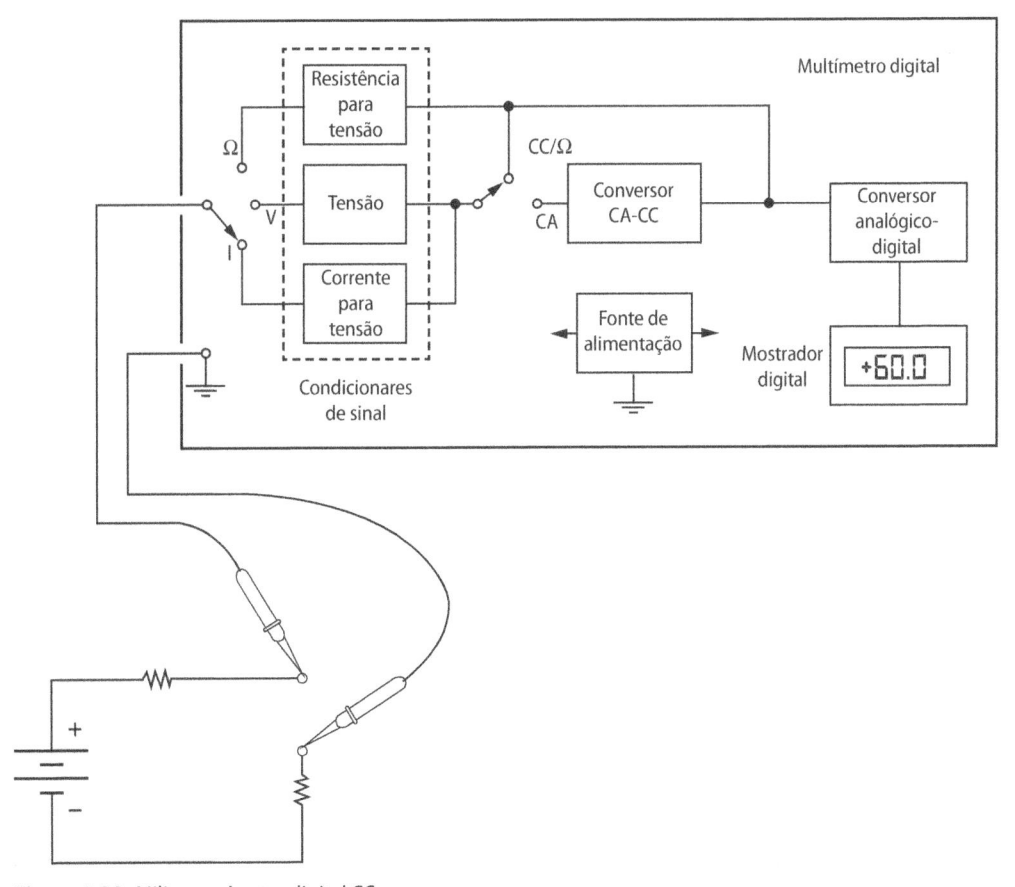

Figura 8-20 Miliamperímetro digital CC.

A. Circuito original

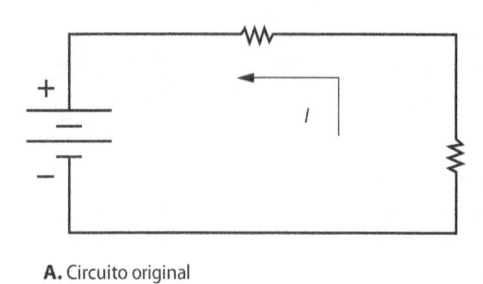

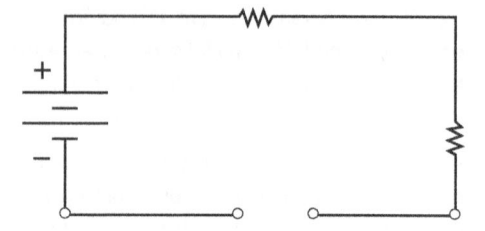

B. Circuito interrompido no ponto de medição

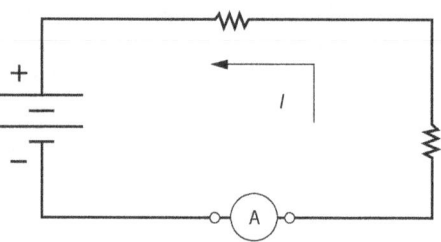

C. Circuito com o amperímetro conectado

Figura 8-21 Medição de corrente.

Uma chave pode ser usada para medir a corrente sem afetar o funcionamento do circuito. A Figura 8-22 ilustra como isso é feito. Quando a chave é fechada, o amperímetro registra uma corrente nula, porque a corrente flui pela chave e não pelo amperímetro. Quando a chave é aberta, a corrente flui pelo amperímetro. Agora, é possível medir o valor da corrente. Assim que a medida for realizada, podemos fechar a chave, remover o amperímetro e o circuito continuará operando normalmente.

Amperímetro
6 A

Com a chave S_1 aberta, a corrente flui pelo amperímetro

Amperímetro
Sem leitura

Com a chave S_1 fechada, a corrente flui pela chave e não passa pelo amperímetro

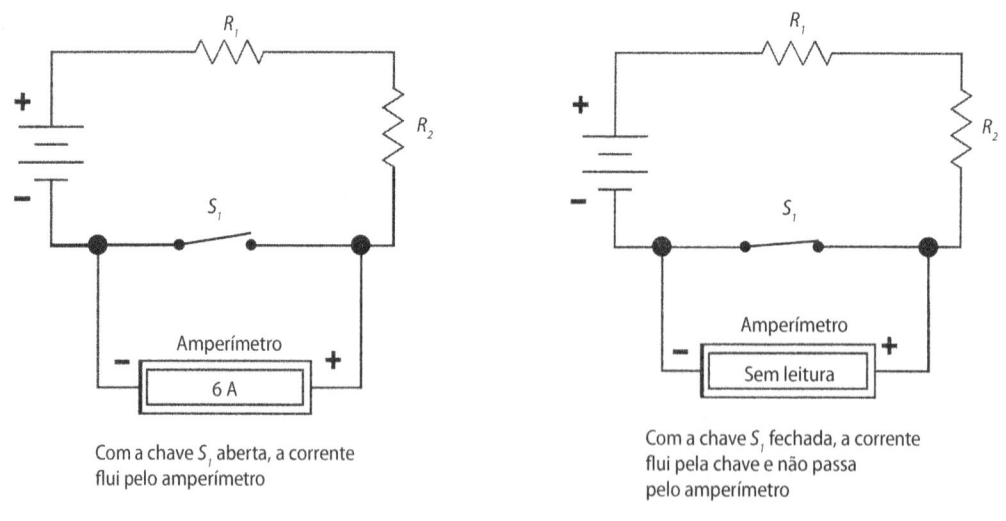

Figura 8-22 Chaveamento de um amperímetro para medição de corrente em um circuito.

Os amperímetros analógicos CC devem ser conectados ao circuito certificando-se da polaridade correta. Isto é, os terminais positivo e negativo do medidor devem ser conectados aos terminais positivo e negativo do circuito, respectivamente. Os amperímetros digitais, assim como os voltímetros digitais, fornecem automaticamente a polaridade correta da fonte de corrente CC. Ao realizar uma medição com um amperímetro, certifique-se de que o seletor da faixa de medição esteja ajustado para uma faixa alta o suficiente de acordo com a corrente a ser medida. Nunca coloque um amperímetro em um circuito no qual um fusível tenha acabado de fundir, uma vez que o elevado fluxo de corrente resultante pode danificar o medidor.

Para evitar a necessidade de abrir o circuito, os eletricistas normalmente usam um amperímetro tipo alicate (Figura 8-23) para medir correntes CA mais elevadas na faixa de ampères. Esse tipo de medidor é mais prático que o amperímetro convencional, pois o circuito não tem de ser aberto para realizar a medição de corrente. O instrumento "abraça" o condutor do circuito e indica o valor da corrente ao medir a intensidade de campo magnético devido à corrente que circula pelo condutor. Amperímetros tipo alicate baseados no efeito Hall podem ser usados para medir tanto correntes CC quanto correntes CA.

Transformadores de instrumento são pequenos transformadores empregados em conjunto com instrumentos de teste e de medição. Um transformador de potencial [Figura 8-24(a)] serve para abaixar a tensão do sistema para a tensão nominal do instrumento. Um transformador de corrente [Figura 8-24(b)] alimenta o instrumento com uma pequena corrente que é proporcional à corrente principal. Os transformadores de corrente também são usados com grandes dispositivos de sobrecorrente e sobrecarga. Uma tensão muito alta, capaz de produzir um choque fatal, pode se desenvolver no enrolamento secundário quando ele está aberto. Por essa razão, os terminais secundários devem sempre ser conectados a um amperímetro ou mantidos em curto-circuito se o medidor for removido.

>> Questões de revisão

1. Compare a maneira como as medições são indicadas em medidores analógicos e digitais.
2. Quais são as três funções de medição básicas que podem ser implementadas utilizando um multímetro?
3. Defina a finalidade de cada uma das seguintes partes do painel frontal de um multímetro:

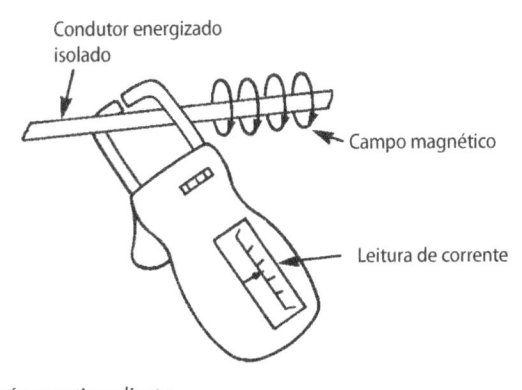

Figura 8-23 Amperímetro tipo alicate.

Figura 8-24 Transformador de instrumento.

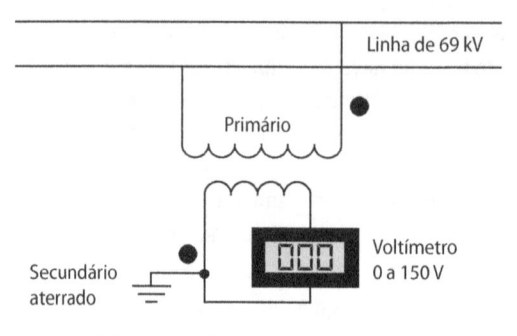

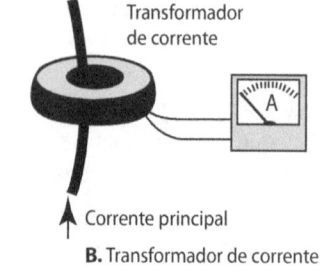

A. Transformador de potencial
B. Transformador de corrente

    (a) seletor de função
    (b) seletor de faixa
    (c) conectores de entrada
4. Dê duas razões pela quais os medidores digitais são preferíveis em relação aos medidores analógicos.
5. Como a escala de um ohmímetro analógico difere das escalas de um voltímetro ou amperímetro?
6. Como a faixa de medição de tensão do medidor analógico básico de bobina móvel é estendida?
7. Qual é a finalidade do diodo retificador usado com voltímetros analógicos CA?
8. Explique a função de cada um dos seguintes blocos de circuito de um voltímetro digital CA:
    (a) circuito condicionador de tensão
    (b) circuito conversor CA-CC
    (c) circuito conversor A/D
    (d) mostrador digital
9. Defina o que se entende por queda de tensão em um circuito.
10. Indique uma vantagem e uma limitação de um testador de tensão.
11. Como a faixa de medição de corrente do medidor analógico básico de bobina móvel é estendida?
12. Explique a função do circuito condicionador de corrente de um miliamperímetro digital.
13. Compare um voltímetro e um amperímetro em termos do valor da resistência interna do instrumento e da maneira como esses medidores são conectados no circuito a ser testado.
14. A tensão e a corrente de uma lâmpada conectada a uma fonte CC devem ser medidas. Desenhe um diagrama esquemático desse circuito mostrando as conexões corretas do amperímetro e do voltímetro.
15. Quando se mede tensões e/ou correntes com valores desconhecidos, que faixa de medição do instrumento deve ser utilizada?
16. Por que o amperímetro tipo alicate é o preferido quando se mede a corrente em uma instalação elétrica?
17. Cite os dois tipos básicos de transformadores de instrumento e descreva a função principal de cada um.

» Medição de resistência

O ohmímetro serve para medir a quantidade de resistência elétrica oferecida por um circuito completo ou por um componente de circuito. Os ohmímetros medem a resistência em ohms. Para faixas superiores a 1.000 ohms, as unidades quilo-ohms (kΩ) e megaohms (MΩ) são adotadas para medir a resistência.

O ohmímetro analógico básico é constituído de um medidor de conjunto móvel, uma bateria, um resistor fixo e um resistor variável, sendo que todos esses componentes estão conectados em série (Figura 8-25). O princípio de sua operação é simples. O instrumento força a circulação de uma corrente (pela aplicação de uma tensão) através da resistência desconhecida. Em seguida, essa resistência é determinada pela medição do valor da corrente resultante. De acordo com a lei de Ohm, o valor do fluxo de corrente será inversamente proporcional ao valor da resistência. Dito de outra maneira, o valor da corrente medida pelo medidor é uma indicação da resistência desconhecida. Assim, feitos os devidos ajustes, a escala do medidor de conjunto móvel pode ser marcada em ohms.

Antes de efetuar uma medição com um ohmímetro do tipo analógico, a escala do medidor deve ser ajustada para zero. Para ajustar o ponteiro para uma leitura de 0 Ω, junte as duas pontas de prova do ohmímetro e atue no botão de ajuste de zero até que o ponteiro do medidor esteja na marcação de 0 Ω da escala (Figura 8-26). Esse procedimento não é necessário para a maioria dos ohmímetros digitais, uma vez que eles geralmente possuem ajuste de zero automático.

O diagrama de blocos de um ohmímetro analógico é apresentado na Figura 8-27. Comumente, o condicionador de sinal de resistência para uma tensão utiliza um método de razão para

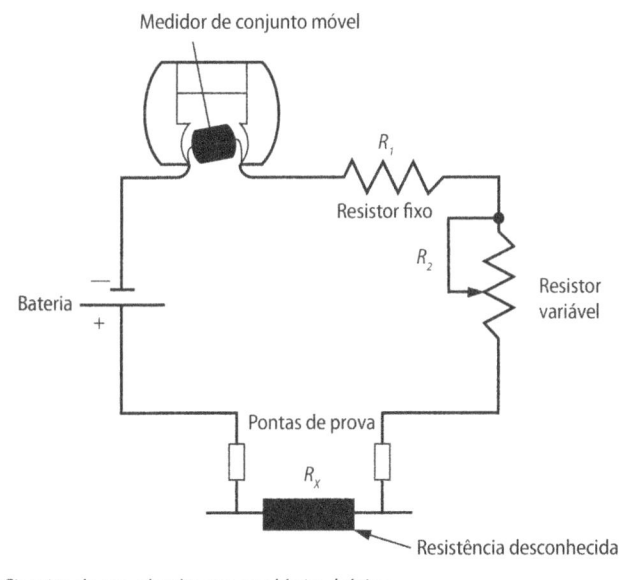

Figura 8-25 Circuito de um ohmímetro analógico básico.

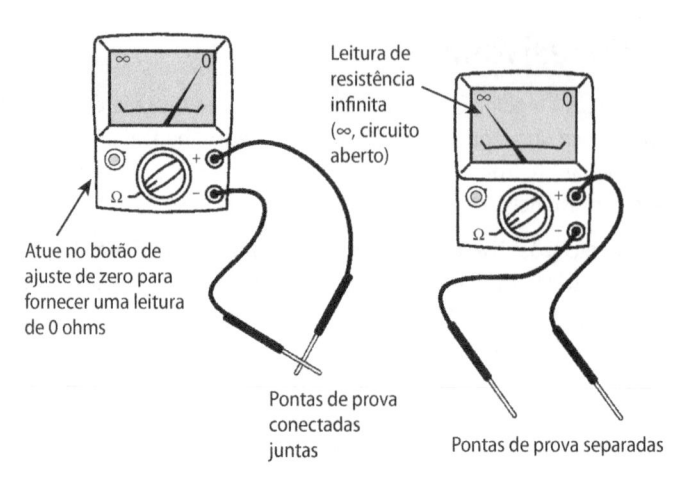

Figura 8-26 Ajuste de zero de um ohmímetro analógico.

medir o valor da resistência desconhecida. Essa razão de tensão é feita ao colocar o resistor desconhecido em série com um resistor interno de referência conhecido e com uma fonte de tensão. Essa relação de tensão é, então, aplicada ao circuito conversor A/D. Circuitos extras são projetados dentro do conversor A/D de modo que ele pode ser usado para medir a razão de tensão e calcular a resistência desconhecida. A resistência de referência e o valor da tensão são alterados para diferentes faixas de medição de resistência.

Os ohmímetros analógicos e digitais possuem alimentação própria por uma bateria localizada dentro do medidor e podem ser danificados se conectados a um circuito energizado. Para fazer uma medição de resistência fora do circuito [Figura 8-28(a)] com um ohmímetro, simplesmente conecte os terminais do ohmímetro através do componente (semelhante à conexão de um voltímetro) e ajuste o medidor para a faixa adequada de medição de resistência. Por outro lado, quando se utiliza um ohmímetro para medir um componente dentro de um circuito (Figura 8-28b), dois cuidados principais devem ser observados:

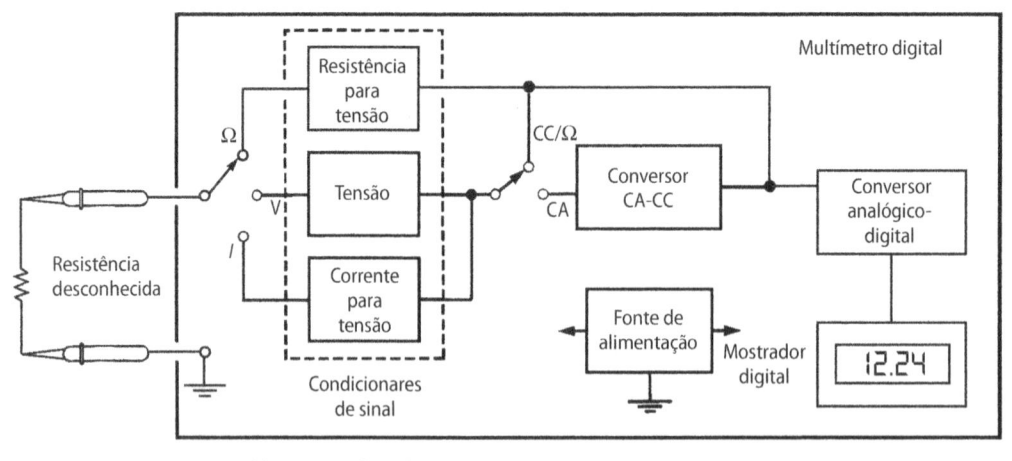

Figura 8-27 Ohmímetro digital.

A. Medição fora do circuito

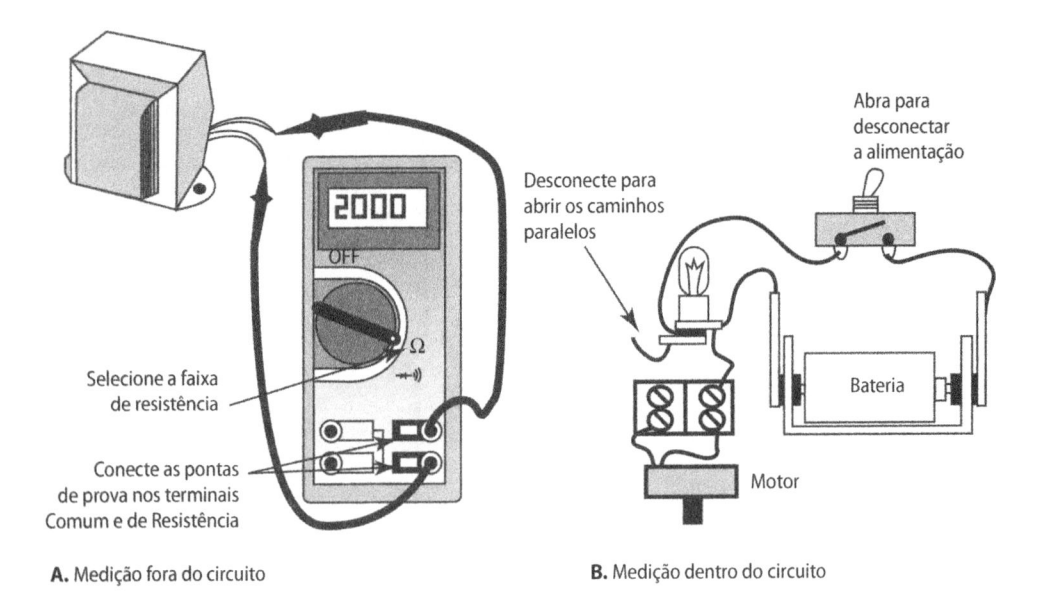

B. Medição dentro do circuito

Figura 8-28 Medição de resistência.

1. Desligue a fonte de alimentação do circuito. Se possível, desconecte o equipamento da fonte de alimentação.
2. Desconecte, se possível, um dos terminais do componente para abrir quaisquer caminhos paralelos, de modo que apenas a resistência do componente isolado seja medida.

Além de medir a resistência, um ohmímetro serve para fazer testes de continuidade. Tais testes mostram se há ou não um caminho elétrico fechado de baixa resistência de um ponto de teste para outro (Figura 8-29). Na realização de um teste de continuidade, o ohmímetro é ajustado para sua faixa de resistência mais baixa. Um caminho condutor completo é indicado por uma leitura de resistência baixa. O valor da leitura não é importante, desde que ele seja baixo. Um caminho aberto, ou incompleto, é indicado por uma leitura de resistência infinita. Se você tem continuidade, mas a leitura de resistência é alta, você sabe que há uma quantidade excessiva de resistência no circuito.

Alguns multímetros digitais indicam continuidade com um sinal sonoro. Um sinal sonoro contínuo toca se a resistência entre os terminais é menor do que aproximadamente 150 ohms (Figura 8-30).

A. Continuidade

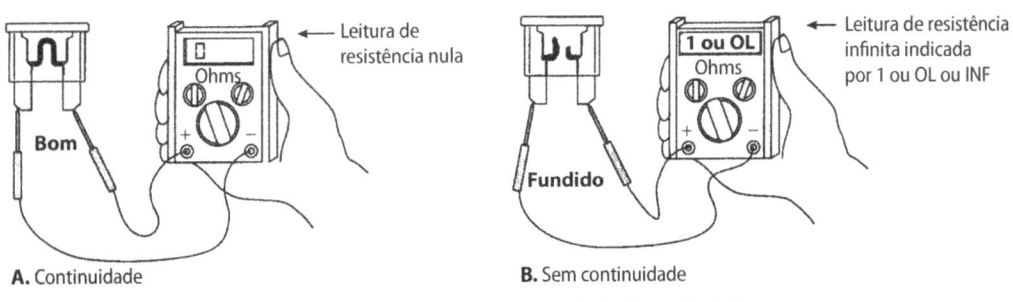

B. Sem continuidade

Figura 8-29 Utilização de um ohmímetro para testar a continuidade de um fusível.

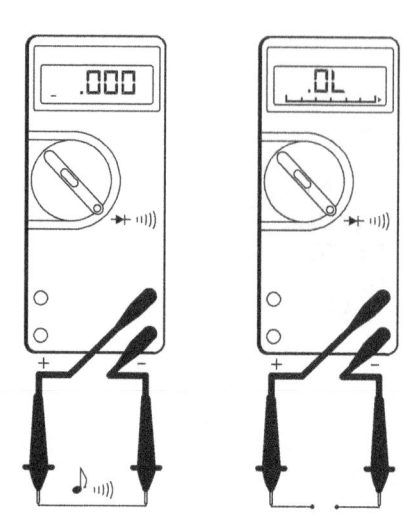

Figura 8-30 Sinal sonoro de continuidade.

Um teste de continuidade também é muito útil para a verificação de curtos e terras. No circuito de teste mostrado na Figura 8-31, uma leitura de resistência nula é indicada através dos dois terminais da bobina de um solenoide CC. Isso significa que a isolação do fio tornou-se defeituosa causando um curto-circuito entre as espiras de fio da bobina. Neste caso, a bobina deve ser substituída.

No circuito de teste mostrado na Figura 8-32, uma leitura de resistência nula é indicada entre o enrolamento do transformador e o núcleo. Isso significa que o invólucro metálico do transformador estará no potencial da terra (aterrado). A isolação do fio tornou-se defeituosa em algum ponto e, como essa condição pode ser perigosa ou fazer o circuito operar de forma inadequada, o transformador deve ser substituído.

Uma leitura de resistência nula indica que a bobina está curto-circuitada e deve ser substituída

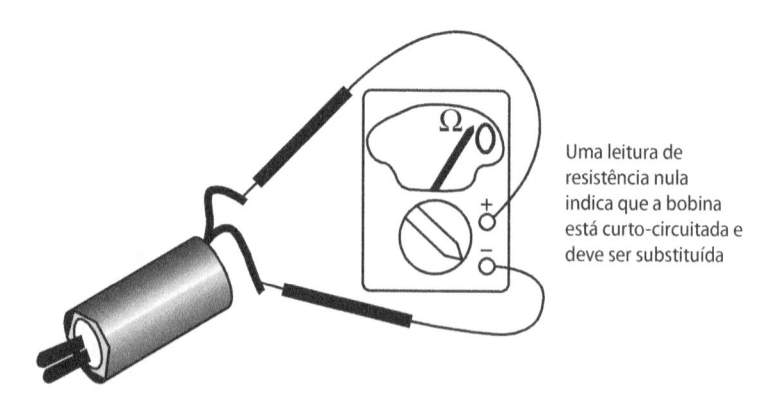

Figura 8-31 Teste de continuidade para curto-circuito.

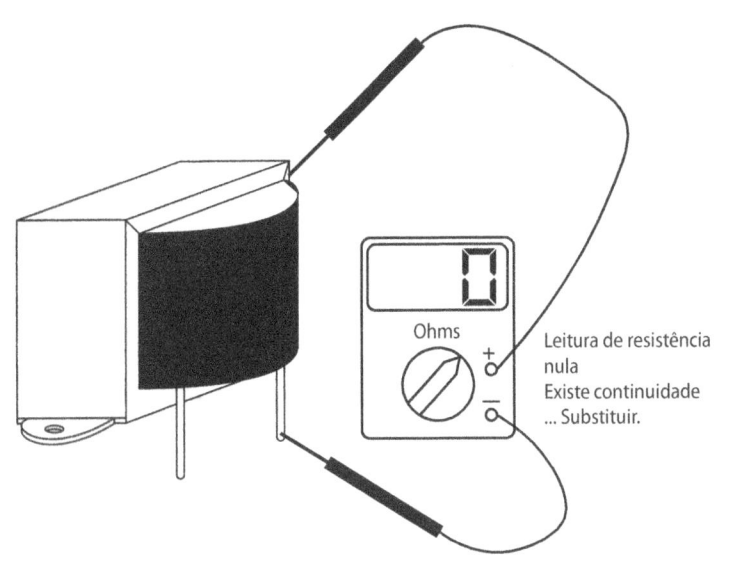

Figura 8-32 Teste de continuidade para circuito aterrado.

» Segurança com medidores

A utilização de um medidor de forma segura é uma importante habilidade técnica. Ao realizar medições de eletricidade, você está lidando com uma força invisível e, muitas vezes, letal. Níveis de tensão acima de 30 V podem matar! As seguintes medidas de segurança devem sempre ser tomadas:

- Todos os medidores precisam atender as normas pertinentes, sejam nacionais ou internacionais (quando for o caso de o país seguir alguma orientação de algum órgão internacional e/ou de outro país). As categorias de medição estão relacionadas à área e ao tipo de trabalho que você espera fazer.
- Nunca use um ohmímetro em um circuito energizado.
- Nunca conecte um amperímetro em paralelo com uma fonte de tensão.
- Nunca sobrecarregue um amperímetro ou voltímetro tentando medir correntes ou tensões superiores à faixa de medição ajustada no instrumento.
- Comece a medição com as faixas mais altas do instrumento naqueles casos em que o valor da grandeza a ser medida é desconhecido.
- Certifique-se de que quaisquer terminais que você esteja medindo não estejam sendo curto-circuitados entre si, ou curto-circuitados para a terra, pelas pontas de prova.
- Nunca meça tensões desconhecidas em circuitos de ALTA TENSÃO. Consulte as informações técnicas do circuito ou o fabricante para uma referência confiável de tensão antes de prosseguir com a medição.

- Verifique se há desgaste ou perda de isolação das pontas de prova do medidor antes de utilizá-las.
- Evite tocar as partes metálicas e sem isolação das pontas de prova.
- Sempre que possível, remova a tensão antes de conectar as pontas de prova do medidor no circuito.
- Para diminuir o risco de choque acidental, desconecte as pontas de prova do medidor imediatamente depois de o teste ter sido completado.

» Especificações de multímetros e características especiais

Alguns multímetros possuem outras funções além das medições básicas de tensão, corrente e resistência. Ao selecionar um multímetro, é importante estar certo de que as capacidades do medidor abrangerão os tipos de procedimentos de teste que você normalmente necessita. Algumas especificações e características importantes a serem consideradas estão listadas a seguir.

- **Impedância de entrada**   Esse termo se refere à resistência combinada oferecida à passagem de corrente pela resistência, capacitância e indutância dos circuitos de medição de tensão. Um medidor com baixa impedância pode drenar corrente suficiente para provocar uma medida imprecisa de queda de tensão. Um medidor com alta impedância drena uma pequena corrente, garantindo medições precisas. Voltímetros analógicos típicos têm valores de impedância de 20.000 a 30.000 Ω por volt. Alguns sistemas e componentes eletrônicos podem ser danificados ou fornecer resultados imprecisos quando tais medidores são usados. A maioria dos voltímetros digitais tem uma impedância de entrada de 10 MΩ (10 milhões de ohms), ou seja, em termos práticos, não há efeito de carga no circuito enquanto as medições estão sendo realizadas.

- **Exatidão e resolução**   Especificações de exatidão simples são fornecidas como uma porcentagem mais/menos do fundo de escala. Resolução se refere ao menor valor numérico que pode ser lido no mostrador (*display*) de um medidor digital. Fatores que determinam a resolução são o número de dígitos mostrados e o número de faixas disponíveis para cada função.

- **Duração da bateria**   Enquanto os multímetros analógicos simplesmente absorvem potência do circuito sob teste para medições de tensão e corrente, os multímetros digitais necessitam de uma bateria para operar. A vida da bateria (especificada em horas) é uma consideração importante na seleção de um multímetro digital. Em um multímetro digital, pode-se utilizar ou diodos emissores de luz (LEDs) ou *displays* de cristal líquido (LCD). O medidor digital de LCD requer menos energia e, portanto, tem uma especificação mais longa de vida da bateria.

- **Proteção**   Os circuitos de proteção para medidores evitam danos para o medidor em casos de sobrecarga acidental. Um fusível conectado em série com o terminal de entrada normalmente protege os circuitos de medição de resistência e corrente. Medidas de segurança, envolvendo o possível uso indevido de medidores, levaram ao uso de um segundo fusível de alta energia dentro do circuito do medidor. Esse fusível é um elemento com especificação de alta tensão (cerca de 600 V) e possui uma corrente de fusão cerca de duas ou três vezes maior que a dos fusíveis padrão substituíveis pelos próprios usuários.

- **Combinação de mostrador digital e analógico**   Os medidores analógicos são particularmente adequados para a observação de tendências, como na variação lenta de níveis de tensão. Alguns multímetros digitais usam uma combinação de mostrador que inclui um gráfico de barras para fornecer uma simulação de um ponteiro analógico (Figura 8-33) para a observação da variação de sinais ou para o ajuste de circuitos.

- **Ajuste automático de escala**   Instrumentos com ajuste automático de escala ajustam automaticamente os circuitos de medição para as faixas corretas de corrente, tensão ou resistência.

- **Ajuste automático de polaridade**   Com a característica de polaridade automática, um + ou um − no mostrador digital do instrumento indica a polaridade de medições CC e elimina a necessidade de inversão dos terminais (ou das pontas de prova).

- **Característica de "segurar" (*hold*)**   Muitos multímetros digitais possuem um botão HOLD que captura uma leitura (medida) e a exibe a partir da memória mesmo depois de a ponta de prova ter sido removida do circuito. Isso é particularmente útil quando são realizadas medições em uma área confinada onde você não consegue (ou não pode) ler a indicação do medidor.

- **Tempo de resposta**   Tempo de resposta é o tempo necessário para um multímetro digital estabilizar dentro de sua exatidão nominal.

- **Teste de diodo**   Usado para testar a polarização direta e reversa de uma junção semicondutora. Comumente, quando o diodo é conectado em polarização direta, o medidor mostra a queda de tensão direta e emite brevemente um sinal sonoro (Figura 8-34). Quando conectado em polarização reserva ou circuito aberto, o medidor exibe OL. Se o diodo é curto-circuitado, o medidor exibe zero e emite um sinal sonoro contínuo.

- **Valor médio ou valor rms verdadeiro (*true rms*)**   Um medidor *true rms* (ou rms verdadeiro) determina o valor eficaz verdadeiro de uma forma de onda CA. Medidores que têm circuitos do tipo retificadores possuem suas escalas calibradas em valores rms para medições CA, porém, na verdade, eles medem o valor médio da tensão (ou corrente) de entra-

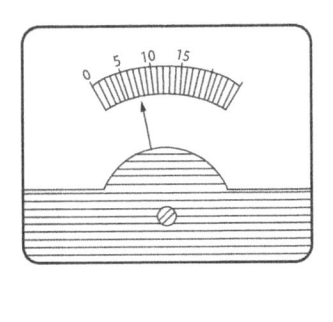

Figura 8-33 Mostrador de gráfico de barras usado para simular um ponteiro analógico.

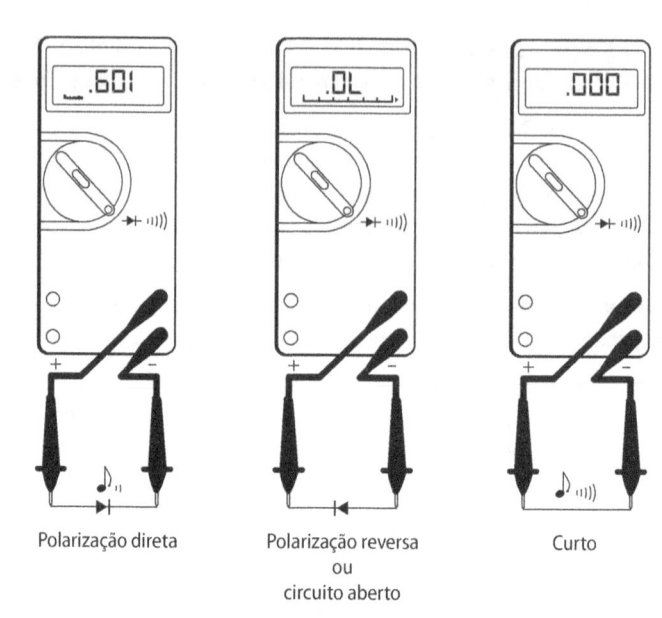

Figura 8-34 Função de teste de diodo.

da e o multiplicam por um fator de forma para indicar o valor rms. Nesse caso, admite-se que o sinal de tensão e/ou corrente que está sendo medido seja puramente senoidal. Nos casos em que o sinal CA se aproxima de uma onda senoidal pura, haverá pouca ou nenhuma diferença nas medidas realizadas pelos dois tipos de instrumento (Figura 8-35).

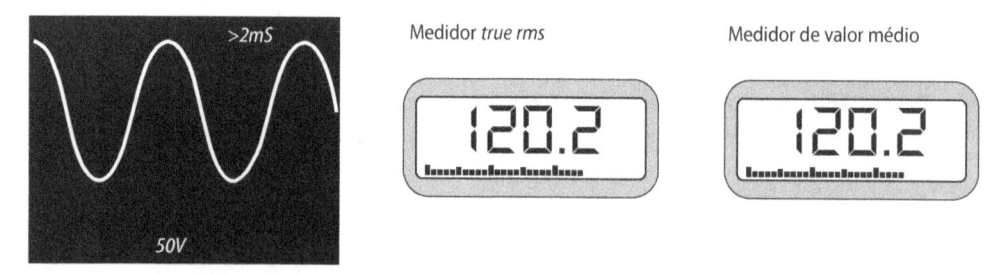

A. Onda senoidal: os medidores *true rms* e de valor médio fornecem o mesmo resultado

B. Onda não senoidal: a indicação do medidor *true rms* é maior que a do medidor de valor médio

Figura 8-35 Medidor *true rms* e medidor baseado no valor médio.

- **Medidores digitais de múltiplas funções** A revolução das pastilhas (*chips*) de circuito integrado (CI) contribuiu para combinar a capacidade de outros instrumentos de teste em um medidor digital de múltiplas funções. As funções mais utilizadas são as de medição de tensão, resistência e corrente; entretanto, o medidor digital de múltiplas funções permite a realização de leituras de dBm, frequência, capacitância, nível lógico e temperatura.

>> Medidores virtuais

Instrumentos virtuais são baseados na utilização de computadores e *software* associado para criar um instrumento de medição. Em princípio, isso permite ao usuário criar instrumentos com baixo custo e alta capacidade de desempenho.

A Figura 8-36 mostra um instrumento de medição virtual usado como um dos instrumentos simulados no pacote de simulação Electronics Workbench Multisim. Esse multímetro serve para medir tensões CA ou CC ou corrente ou resistência entre dois pontos quaisquer no circuito. O multímetro é autoajustável de modo que as faixas de medição não precisam ser especificadas. Sua resistência e corrente internas são próximas dos valores ideais, os quais podem ser modificados ao alterar os parâmetros do medidor.

Multímetro conectado no circuito sob teste.

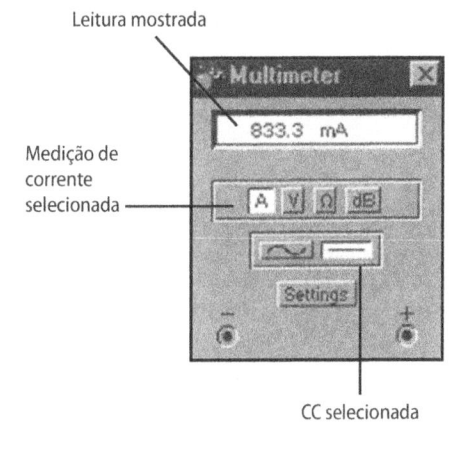

Multímetro ajustado para medir corrente CC e mostrar a leitura.

Figura 8-36 Multímetro virtual.

>> Questões de revisão

18. Explique o princípio de operação para o circuito do ohmímetro analógico básico.
19. Como o ponteiro do ohmímetro analógico é ajustado para zero?
20. Explique a operação do circuito condicionador de sinal de resistência para tensão de um ohmímetro digital típico.
21. Na utilização de um ohmímetro para medir a resistência de um componente em um circuito, quais duas precauções devem ser tomadas?
22. Cite cinco medidas de segurança que devem ser observadas na operação de multímetros.
23. Dê uma breve explicação de cada uma das seguintes especificações ou funções dos multímetros:
    (a) impedância de entrada
    (b) exatidão
    (c) resolução
    (d) ajuste automático de escala
    (e) ajuste automático de polaridade
    (f) "segurar" (hold)
    (g) tempo de resposta
    (h) teste de diodo

>> Tópicos de discussão do capítulo e questões de pensamento crítico

1. Converta cada uma das seguintes leituras de um multímetro digital:
    (a) 340 mV para volts
    (b) 0,75 V para milivolts
    (c) 2 A para miliampères
    (d) 1.950 mA para ampères
    (e) 7,5 Ω para quilo-ohms
    (f) 2,2 kΩ para ohms
    (g) 1,5 MΩ para ohms
2. (a) Um voltímetro analógico CC é conectado incorretamente, com o terminal positivo do medidor conectado no lado negativo do circuito. Descreva o que vai acontecer.
   (b) Se um multímetro digital CC fosse conectado da mesma maneira, o que aconteceria?
3. Um ohmímetro é conectado através dos dois terminais de uma chave (interruptor) para verificar sua continuidade fora do circuito. Explique o que o ohmímetro deve indicar para cada umas das seguintes situações – chave na posição ON e chave na posição OFF – se:
    (a) a chave estiver funcionando corretamente
    (b) a chave estiver com defeito aberta
    (c) a chave estiver com defeito curto-circuitada
4. Na resolução de um problema de circuito, você mede uma tensão CC de 4,7 V em um ponto de teste em que o esquemático indica que deveria ser 5 V. Discuta o que você pode inferir a partir desta leitura.
5. Durante a medição de corrente em um circuito, as duas sondas foram acidentalmente curto-circuitadas. Que efeito isso tem, se houver, sobre o circuito sob teste. Por quê?

capítulo 9

Lei de Ohm

A lei de Ohm é certamente a fórmula mais importante em eletricidade e eletrônica. Uma simples equação resume a relação entre os valores de corrente, tensão e resistência de um circuito elétrico. Antes de George Simon Ohm descobrir sua lei, agora famosa, em 1827, o trabalho com circuitos elétricos era feito segundo uma abordagem de tentativa e erro. As pessoas simplesmente imaginavam o que iria acontecer em um circuito; elas não eram capazes de planejar e construir um circuito específico como fazemos hoje.

Objetivos deste capítulo

>> Usar prefixos para converter grandezas elétricas
>> Definir a lei de Ohm e a relação entre corrente, tensão e resistência
>> Usar a lei de Ohm para determinar quantidades desconhecidas de corrente, resistência ou tensão
>> Aplicar a fórmula de potência para calcular a potência em um circuito

≫ Unidades elétricas e prefixos

Existem três medidas fundamentais em circuitos elétricos: (1) tensão, (2) corrente e (3) resistência. A Tabela 9-1 lista essas grandezas elétricas básicas e os símbolos que as identificam, bem como explica a função de cada uma em um circuito elétrico.

Tabela 9-1 *Tensão, corrente e resistência*

Grandeza		Unidade de medição		Função
Nome	Símbolo	Nome	Símbolo	
Tensão	V, fem ou E	Volt	V	Tensão é a força eletromotriz ou pressão que faz a corrente fluir em um circuito.
Corrente	I	Ampère	A	Corrente é o fluxo de elétrons através de um circuito.
Resistência	R	Ohm	Ω	Resistência é a oposição ao fluxo de corrente oferecida por dispositivos elétricos em um circuito.

Em certas aplicações de circuito, as unidades básicas – volts, ampères e ohms – são ou muito pequenas ou muito grandes para trabalhar. Por exemplo, em um sistema elétrico, o sinal de um sensor pode ter uma intensidade de 0,00125 V, enquanto a tensão aplicada à entrada de um transformador de distribuição pode estar na faixa de 27.000 V. Em tais casos, são utilizados prefixos métricos. Empregando prefixos, os valores anteriores seriam expressos como 1,25 mV (milivolts) e 27 kV (quilovolts).

Os prefixos métricos baseiam-se em potências de 10. A Tabela 9-2 lista os prefixos métricos usados em valores medidos em eletricidade e eletrônica. A tabela mostra os símbolos para os prefixos métricos e seu equivalente decimal, bem como os números em potências de 10.

Tabela 9-2 *Tabela de prefixos métricos comuns*

Número		Potência de 10	Prefixo	Símbolo
Um bilhão	1.000.000.000	10^9	giga	G
Um milhão	1.000.000	10^6	mega	M
Um mil	1.000	10^3	quilo	k
Um	1	1^0	Nenhum	Nenhum
Um milésimo	0,001	10^{-3}	mili	m
Um milionésimo	0,000001	10^{-6}	micro	μ
Um bilionésimo	0,000000001	10^{-9}	nano	n
Um trilionésimo	0,000000000001	10^{-12}	pico	p

O conhecimento de como converter prefixos métricos de volta para as unidades básicas é necessário na leitura de um multímetro digital ou na utilização de fórmulas de circuitos elétricos. O quadro de prefixos na Figura 9-1 mostra quantas posições a vírgula decimal deve ser movida para ir de uma unidade básica para um múltiplo ou para uma fração de uma unidade básica ou, ainda, para retornar para uma unidade básica.

Quadro de prefixos
Movimento da vírgula decimal
para e das unidades básicas

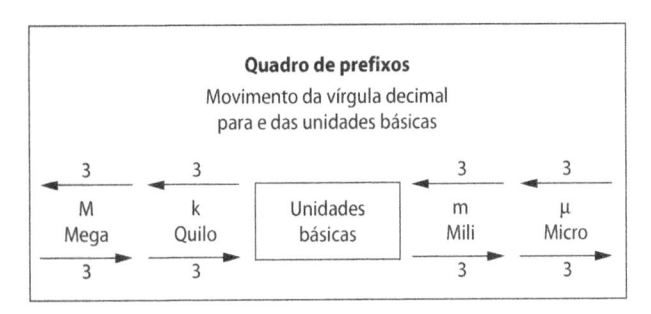

← 3	← 3		3 →	3 →
M Mega	k Quilo	Unidades básicas	m Mili	μ Micro
3 →	3 →		← 3	← 3

Figura 9-1 Quadro de prefixos.

» Exemplo 9-1

Para converter ampères (A) para miliampères (mA), é necessário mover a vírgula decimal três posições para a direita (isso é o mesmo que multiplicar o número por 1.000).

$$0,012\ A = ?\ mA$$
$$0,012\ A = 0{,}012$$
$$0,012\ A = 12\ mA$$

» Exemplo 9-2

Para converter miliampères (mA) para ampères (A), é necessário mover a vírgula decimal três posições para a esquerda (isso é o mesmo que multiplicar o número por 0,001).

$$450,0\ mA = ?\ A$$
$$450,0\ mA = 450{,}0$$
$$450,0\ mA = 0,45\ A$$

> **Exemplo 9-3**

Para converter volts (V) para quilovolts (kV), é necessário mover a vírgula decimal três posições para a esquerda.

$$47.000,0\ V = ?\ kV$$
$$47.000,0\ V = 47000,0$$
$$47.000,0\ V = 47,0\ kV$$

> **Exemplo 9-4**

Para converter megaohms (MΩ) para ohms (Ω), é necessário mover a vírgula decimal seis posições para a direita.

$$2,2\ MΩ = ?\ Ω$$
$$2,2\ MΩ = 2,200000$$
$$2,2\ MΩ = 2.200.000\ Ω$$

> **Exemplo 9-5**

Para converter de microampères (μA) para ampères (A), é necessário mover a vírgula decimal seis posições para a esquerda.

$$500\ μA = ?\ A$$
$$500\ μA = 000500,$$
$$500\ μA = 0,0005\ A$$

> **Questões de revisão**

1. Qual é a unidade básica e o símbolo usados para:
   (a) corrente elétrica
   (b) tensão elétrica
   (c) resistência elétrica
   (d) potência elétrica

2. Escreva o prefixo métrico e o símbolo usado para representar os seguintes números:
   (a) um milésimo
   (b) um milhão
   (c) um milionésimo
   (d) um mil
3. Converta as seguintes quantidades:
   (a) 2.500 Ω para quilo-ohms
   (b) 120 kΩ para ohms
   (c) 1.500.000 Ω para megaohms
   (d) 2,03 MΩ para ohms
   (e) 0,000466 A para microampères
   (f) 0,000466 A para miliampères
   (g) 378 mV para volts
   (h) 475 Ω para quilo-ohms
   (i) 28 μA para ampères
   (j) 5 kΩ + 850 Ω para quilo-ohms
   (k) 40.000 kV para megavolts
   (l) 4.600.000 μA para ampères
   (m) 2,2 kΩ para ohms

» Lei de Ohm

A eletricidade sempre age de uma forma previsível. Usando diferentes leis para circuitos elétricos, podemos prever o que deve acontecer em um circuito ou diagnosticar por que as coisas não estão funcionando como deveriam.

A lei de Ohm expressa a relação entre a tensão (E), a corrente (I) e a resistência (R) em um circuito. A lei de Ohm pode ser declarada como segue:

A corrente (I) em um circuito é diretamente proporcional à tensão aplicada (E) e inversamente proporcional à resistência do circuito (R).

Em outras palavras, a lei de Ohm estabelece que a corrente em um circuito elétrico depende de duas coisas:

- Da tensão aplicada ao circuito;
- Da resistência no circuito.

A relação entre tensão e corrente será mais facilmente entendida se você comparar os circuitos da Figura 9-2. Os três circuitos têm a mesma resistência fixa (10 Ω). Note que, quando a tensão é aumentada ou diminuída (25 ou 10 V), há um aumento ou uma redução diretamente proporcional no valor de fluxo de corrente (de 3 para 1 A). A corrente, portanto, é diretamente proporcional à tensão.

Se a tensão é mantida constante, a corrente variará conforme as mudanças de resistência, mas no sentido oposto, conforme ilustrado nos circuitos da Figura 9-3. Os três circuitos têm

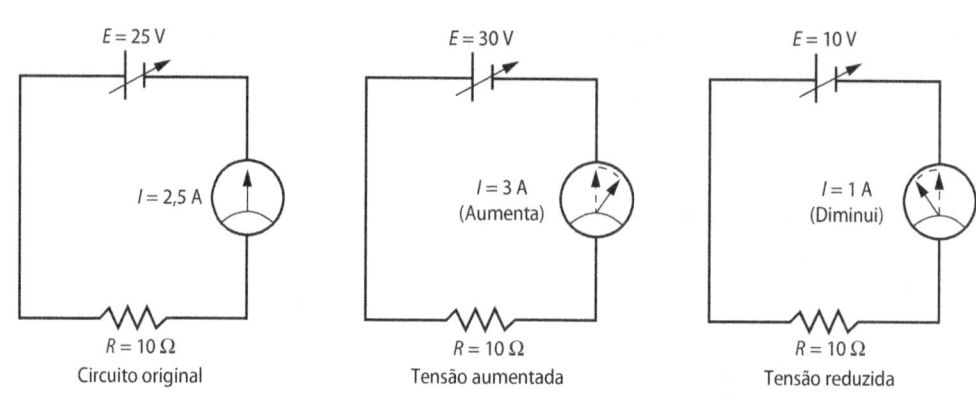

Figura 9-2 O efeito de variações na tensão sobre a corrente.

a mesma tensão fixa (25 V). Note que, quando a resistência é aumentada de 10 para 20 Ω, a corrente reduz de 2,5 para 1,25 A. Da mesma forma, quando a resistência é reduzida de 10 para 5 Ω, a corrente aumenta de 2,5 para 5 A. A corrente, portanto, é inversamente proporcional à resistência.

Matematicamente, a lei de Ohm pode ser expressa sob a forma de três fórmulas: uma fórmula básica e duas outras derivadas dela (Tabela 9-3). Usando essas três fórmulas e sabendo quaisquer dois dos valores ou de tensão, ou de corrente ou de resistência, é possível encontrar o terceiro valor.

Tabela 9-3 *Fórmulas da Lei de Ohm*

Encontrar a corrente	Encontrar a tensão	Encontrar a resistência
$I = E/R$	$E = I \times R$	$R = E/I$
A corrente é igual à tensão dividida pela resistência.	A tensão é igual à corrente multiplicada pela resistência.	A resistência é igual à tensão dividida pela corrente.

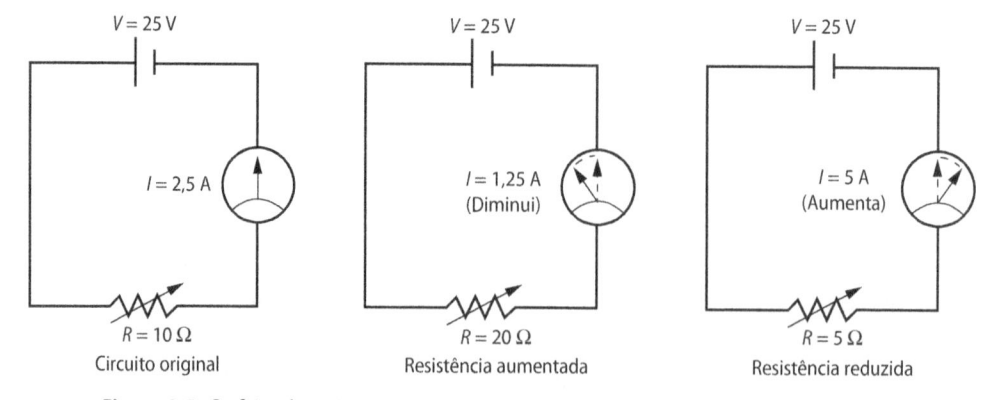

Figura 9-3 O efeito de variações na resistência sobre a corrente.

Ao aplicar as equações matemáticas da lei de Ohm a um circuito, é importante o uso das unidades de medida corretas. ***A mistura inadequada de unidades resultará em respostas incorretas***. Combinações comuns de unidades que podem ser usadas para diferentes tipos de circuitos são:

Circuitos elétricos

I = corrente em ampères (A)

E = tensão em volts (V)

R = resistência em ohms (Ω)

Por exemplo: $E = 240\,V$

$R = 10\,\Omega$

Então, $I = E/R$

$= 240\,V / 10\,\Omega$

$= 24\,A$

Circuitos eletrônicos

I = corrente em miliampères (mA)

E = tensão em volts (V)

R = resistência em quilo-ohms (kΩ)

Por exemplo: $I = 8\,mA$

$R = 5\,k\Omega$

Então, $E = I \times R$

$= 8\,mA \times 5\,k\Omega$

$= 40\,V$

Circuitos microeletrônicos

I = corrente em microampères (μA)

E = tensão em volts (V)

R = resistência em megaohms (MΩ)

Por exemplo: $I = 20\,\mu A$

$E = 24\,V$

Então, $R = E/I$

$= 24\,V / 20\,\mu A$

$= 1,2\,M\Omega$

>> Aplicação da lei de ohm para calcular corrente

Usando a lei de Ohm, podemos prever o que vai acontecer em um circuito antes de aplicar a alimentação. Quando quaisquer duas das três grandezas (V, I ou R) são conhecidas, a terceira pode ser calculada. Por exemplo, se a tensão e a resistência são conhecidas, a corrente pode ser calculada. A fórmula utilizada é a seguinte:

$$I = E / R$$

>> Exemplo 9-6

Considere o circuito da Figura 9-4. Suponha que um aquecedor elétrico portátil com uma resistência de 15 Ω é diretamente conectado a uma tomada elétrica de 120 V_{CA}, como mostrado. O fluxo de corrente neste circuito é:

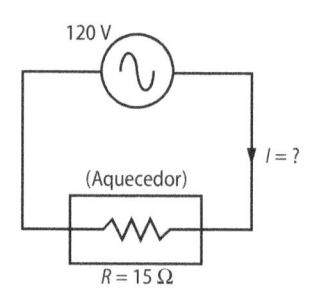

$$\text{Corrente} = \text{Tensão} / \text{Resistência}$$
$$I = E / R$$
$$I = 120\,V / 15\,\Omega$$
$$I = 8\,A$$

Figura 9-4 Circuito para o Exemplo 9-6.

Os circuitos eletrônicos e microeletrônicos operam em valores de corrente muito mais baixos do que os circuitos elétricos. Isso ocorre principalmente porque eles, em geral, contêm valores de resistência muito maiores. Se a resistência destes circuitos é expressa em quilo-ohms ou megaohms e a tensão em volts, então a corrente pode ser calculada diretamente em miliampères ou microampères como segue:

$$mA = volts / k\Omega \quad \text{ou} \quad \mu A = volts / M\Omega$$

> **Exemplo 9-7**

Considere o circuito da Figura 9-5. Suponha que um resistor de 10 kΩ é conectado à bateria de 12 V, como mostrado. O fluxo de corrente neste circuito é:

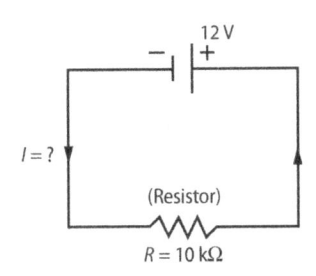

$$I = E / R$$
$$I = 12\,V / 10\,k\Omega$$
$$I = 1{,}2\,mA$$

Figura 9-5 Circuito para o Exemplo 9-7.

» Aplicação da lei de Ohm para calcular tensão

Quando o fluxo de corrente e a resistência de um circuito são conhecidos, a tensão aplicada pode ser calculada. A fórmula é: **E = I × R**.

> **Exemplo 9-8**

Considere o circuito da Figura 9-6. Suponha que o gerador CC está fornecendo uma corrente de 2,5 A para um banco de lâmpadas que tem uma resistência combinada de 50 Ω, conforme mostrado na figura. A tensão de saída do gerador neste circuito é:

$$\text{Tensão} = \text{Corrente} \times \text{Resistência}$$
$$E = I \times R$$
$$E = 2{,}5\,A \times 50\,\Omega$$
$$E = 125\,V$$

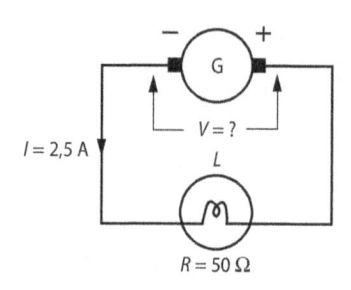

Figura 9-6 Circuito para o Exemplo 9-8.

Para circuitos eletrônicos e microeletrônicos de baixas correntes, se a resistência desses circuitos é expressa em quilo-ohms ou megaohms e a corrente em miliampères ou microampères, então a tensão pode ser calculada diretamente como segue:

$$volts = mA \times k\Omega \quad \text{ou} \quad volts = \mu A \times M\Omega$$

≫ Exemplo 9-9

Considere o circuito da Figura 9-7. Suponha que uma célula solar forneça uma corrente de 2,5 mA para uma carga de 500 Ω (0,5 kΩ), como mostrado na figura. A tensão de saída da célula solar neste circuito é:

$$E = I \times R$$
$$E = 2,5 \text{ mA} \times 0,5 \text{ K}\Omega$$
$$E = 1,25 \text{ V}$$

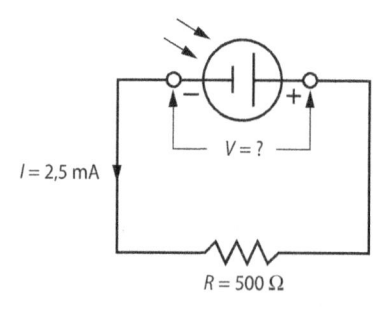

Figura 9-7 Circuito para o Exemplo 9-9.

>> Aplicação da lei de Ohm para calcular resistência

A resistência de uma carga pode ser calculada quando a tensão aplicada entre seus terminais e o fluxo de corrente através dela são conhecidos. A fórmula usada é: **R = E / I**.

>> Exemplo 9-10

Considere o circuito da Figura 9-8. Suponha que uma chaleira elétrica drena uma corrente de 8 A quando conectada a uma tomada de 120 V, como mostrado na figura. A resistência do elemento de aquecimento da chaleira neste circuito é:

$$\text{Resistência} = \text{Tensão} / \text{Corrente}$$

$$R = E / I$$

$$R = 120\,V / 8\,A$$

$$R = 15\,\Omega$$

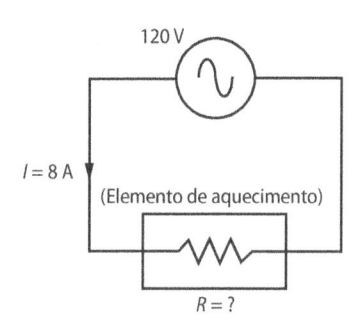

Figura 9-8 Circuito para o Exemplo 9-10.

Em circuitos eletrônicos, às vezes é mais conveniente calcular a resistência dos resistores em vez de medi-la com um ohmímetro. Se os valores de corrente e de tensão são conhecidos, é mais fácil calcular a resistência do que medi-la diretamente no circuito. A corrente pode ser expressa em miliampères ou microampères. Quando esse é o caso, a resistência é encontrada usando a combinação comum de:

$$k\Omega = \textbf{\textit{volts}} / \textbf{\textit{mA}} \quad \text{ou} \quad M\Omega = \textbf{\textit{volts}} / \mu A$$

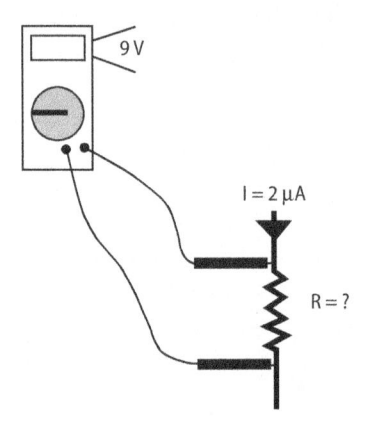

> **Exemplo 9-11**
>
> Considere o circuito da Figura 9-9. Suponha que o fluxo de corrente através do resistor seja 2 μA, como mostrado. A tensão através do resistor foi medida encontrando-se 9 V. O valor da resistência do resistor neste circuito é:
>
> $$R = E / I$$
> $$= 9\,V / 2\,\mu A$$
> $$= 4,5\,M\Omega$$
>
> **Figura 9-9** Circuito para o Exemplo 9-11.

>> Triângulo da lei de Ohm

As três variações de fórmulas da lei de Ohm podem ser facilmente lembradas organizando as três quantidades dentro de um triângulo, como mostrado na Figura 9-10. Um dedo colocado sobre o símbolo correspondente à quantidade desconhecida deixa os dois símbolos restantes na relação correta para resolver o valor desconhecido.

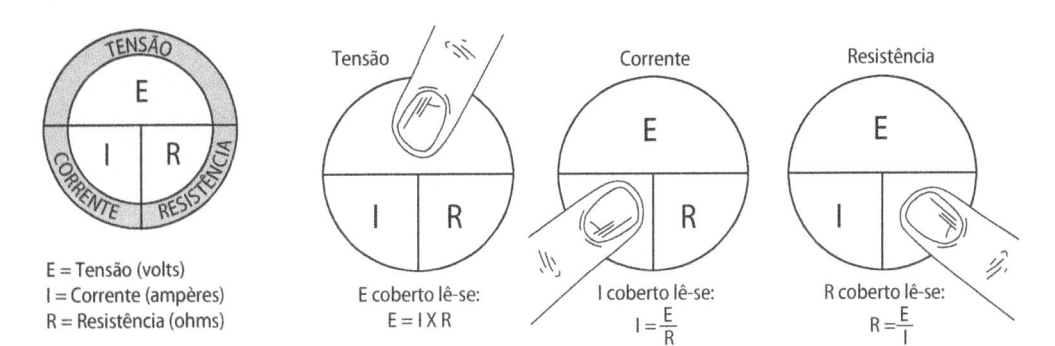

E = Tensão (volts)
I = Corrente (ampères)
R = Resistência (ohms)

E coberto lê-se:
$E = I \times R$

I coberto lê-se:
$I = \dfrac{E}{R}$

R coberto lê-se:
$R = \dfrac{E}{I}$

Figura 9-10 Triângulo da lei de Ohm.

❯❯ Fórmulas de potência

Potência (P) é a quantidade de trabalho realizado por um circuito elétrico quando a tensão força um fluxo de corrente através da resistência. A unidade básica utilizada para medir a potência é o watt (W). As fórmulas de potência mostram as relações entre potência elétrica e tensão, corrente e resistência em um circuito CC. A fórmula de potência básica é a seguinte:

Potência em watts = volts × ampères

$$P = E \times I$$

Da fórmula básica é possível obter outras duas fórmulas de potência frequentemente utilizadas. Por exemplo, a lei de Ohm estabelece que $E = I \times R$; portanto, substituindo E por $I \times R$ na fórmula de potência básica, temos:

$$P = E \times I$$
$$P = (I \times R) \times I$$
$$P = I^2 \times R$$
$$\mathbf{P = I^2 R}$$

Sabemos também da lei de Ohm que $I = E / R$. Assim, substituindo I por E / R na fórmula de potência básica, temos:

$$P = E \times E/R$$
$$\mathbf{P = E^2/R}$$

As fórmulas de potência podem ser usadas para encontrar a potência nominal de elementos de circuito. Alguns exemplos de utilização das fórmulas de potência básicas são apresentados a seguir.

❯❯ Exemplo 9-12

Considere o circuito da Figura 9-11. Suponha que um aquecedor elétrico drene uma corrente de 8 A quando conectado a sua tensão nominal de 120 V, como mostrado na figura. A potência nominal do aquecedor neste circuito é:

$$\text{Potência} = \text{Tensão} \times \text{Corrente}$$

$$P = E \times I$$

$$P = 120\,V \times 8\,A$$

$$P = 960\,W$$

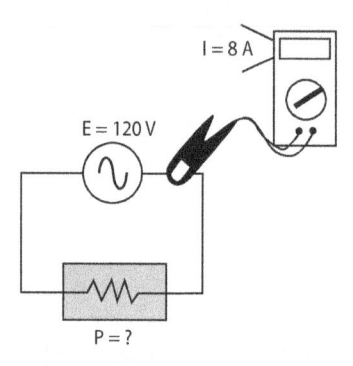

Figura 9-11 Circuito para o Exemplo 9-12.

❯❯ Exemplo 9-13

Considere o circuito da Figura 9-12. Suponha que uma corrente de 30 A está sendo fornecida a um fogão elétrico, como mostrado na figura. A resistência total do fio usado para fornecer essa corrente é 0,1 Ω. A potência perdida no fio neste circuito é:

$$\text{Potência} = \text{Corrente}^2 \times \text{Resistência}$$

$$P = I^2 R$$

$$P = 30\,A \times 30\,A \times 0,1\,\Omega$$

$$P = 90\,W$$

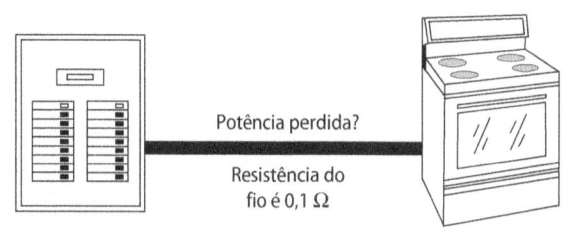

Figura 9-12 Circuito para o Exemplo 9-13.

> **Exemplo 9-14**
>
> Considere o circuito da Figura 9-13. Suponha que um resistor de 48 Ω é conectado a uma fonte de 6 V, como mostrado na figura. A potência que deve ser dissipada pelo resistor neste circuito é:
>
> $$\text{Potência} = \text{Tensão}^2 / \text{Resistência}$$
>
> $$P = E^2 / R$$
>
> $$P = 6\,V \times 6\,V / 48\,\Omega$$
>
> $$P = 0{,}75\,W$$
>
> **Figura 9-13** Circuito para o Exemplo 9-14.

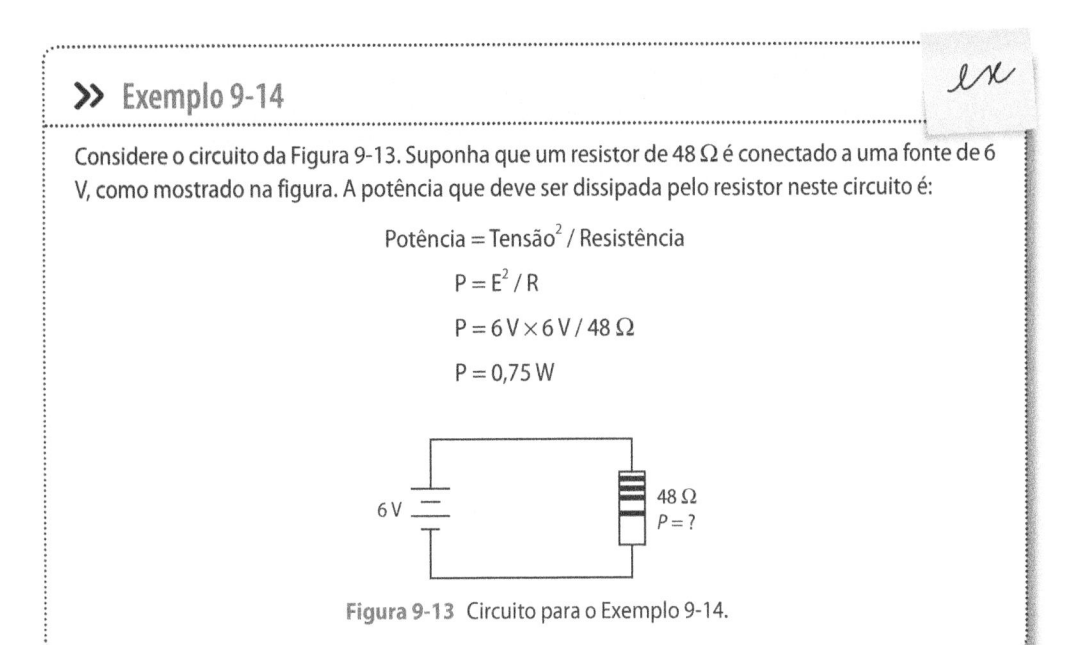

Para evitar o sobreaquecimento de um resistor, sua potência nominal deve ser cerca de duas vezes a potência calculada a partir de uma fórmula de potência. Assim, o resistor usado neste circuito deve ter uma potência nominal de cerca de 2 W.

» Lei de Ohm na forma gráfica

A relação entre a corrente e a tensão pode ser representada graficamente como na Figura 9-14. Quando a tensão é variada, os medidores mostram que os valores de corrente são diretamente proporcionais aos valores de tensão. Por exemplo, com 10 V aplicados, a corrente é igual a 1 A; para 20 V, a corrente é 2 A.

Um resistor comum muitas vezes é chamado de dispositivo linear, porque um gráfico de sua tensão *versus* corrente é uma linha reta. Uma resistência linear tem um valor constante de ohms. A sua resistência não muda com a tensão aplicada. Por outro lado, a resistência do filamento de tungstênio de uma lâmpada de luz é não linear. Isso porque a resistência do filamento aumenta à medida que o filamento se torna mais quente. Neste caso, o aumento da tensão aplicada produz mais corrente, porém essa corrente não aumenta na mesma proporção que o aumento na tensão (Figura 9-15).

A. Circuito de teste

B. Gráfico de tensão *versus* corrente

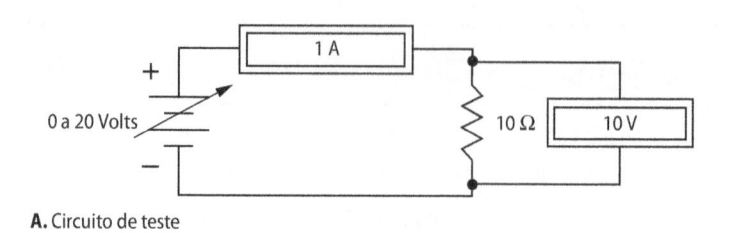

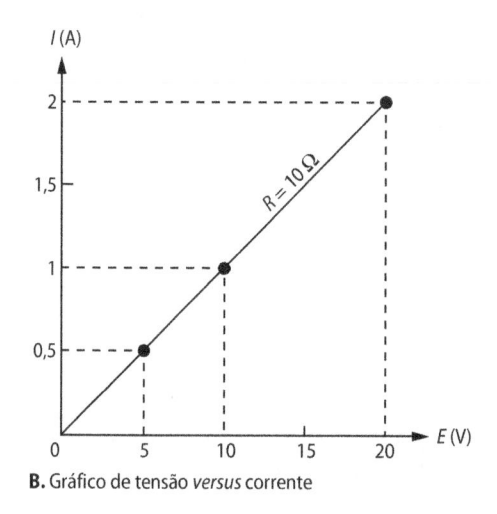

Figura 9-14 A relação entre a corrente e a tensão mostrada graficamente.

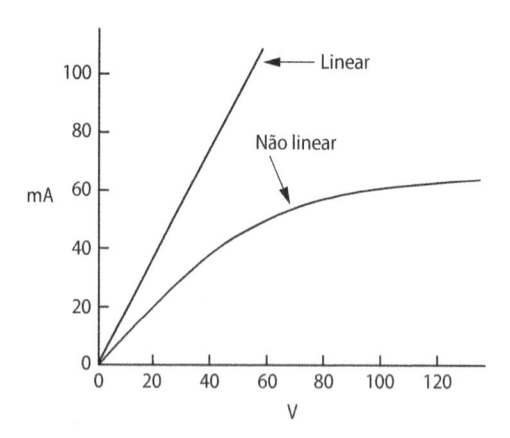

Figura 9-15 Dispositivos linear e não linear.

>> Questões de revisão

4. Declare a lei de Ohm.
5. Escreva as fórmulas de resistência, corrente e tensão para a lei de Ohm.
6. Faça uma cópia em suas anotações do seguinte quadro. Calcule e anote os valores ausentes.

	Corrente	Resistência	Tensão
(a)	I = ?	R = 6 Ω	E = 12 V
(b)	I = 0,1 A	R = 120 Ω	E = ?
(c)	I = ?	R = 10 Ω	E = 120 V
(d)	I = 20 A	R = ?	E = 24 V
(e)	I = 0,001 A	R = 30 Ω	E = ?
(f)	I = 0,0005 A	R = ?	E = 40 V
(g)	I = ?	R = 1,5 Ω	E = 12 V
(h)	I = 24 mA	R = ?	E = 12 V
(i)	I = 1,2 mA	R = 12 KΩ	E = ?
(j)	I = ?	R = 1/2 Ω	E = 12 V
(k)	I = 40 µA	R = ?	E = 3 V
(l)	I = 0,02 mA	R = 0,5 MΩ	E = ?

7. Uma lâmpada piloto com 12 V aplicados entre seus terminais drena uma corrente de 3 ampères. Qual é a resistência a quente do filamento da lâmpada? (Resistência a quente refere-se à resistência do filamento da lâmpada sob condições normais de operação, sendo tal resistência muito maior do que sua resistência a frio ou fora do circuito.)
8. Um resistor tem uma resistência de 220 Ω. O fluxo de corrente através desse resistor é medido, encontrando-se 30 mA. Qual é o valor da tensão através do resistor?
9. Um ferro de solda elétrico com um elemento de aquecimento de 40 Ω é conectado a uma tomada de 120 V. Qual valor de corrente será drenado pelo ferro?
10. Um aquecedor drena uma corrente de 8 A quando conectado a uma fonte de 240 V. Qual é o valor da resistência do elemento de aquecimento?
11. Um sensor tem uma resistência interna de 50.000 ohms. Qual é a sua corrente de operação normal, em microampères, se a tensão de trabalho aplicada é 6 V_{cc}?
12. A corrente e a queda de tensão através de um resistor de precisão é medida, encontrando-se 8 mA e 1,5 V, respectivamente. Qual é o valor de resistência do resistor?
13. O elemento de aquecimento para um sistema de aquecimento de piso drena 2 A quando conectado a uma fonte de 120 V_{CA}. Qual é a quantidade de potência dissipada pelo sistema?
14. Quanto de potência é perdido na forma de calor quando uma corrente de 25 A flui através de um condutor, que tem 0,02 Ω de resistência?
15. A queda de tensão através de um resistor de 330 Ω é medida, encontrando-se 9 V. Qual é a potência dissipada pelo resistor?

» Tópicos de discussão do capítulo e questões de pensamento crítico

1. Expresse a leitura de resistência do mostrador de um medidor digital na Figura 9-16 em ohms, quilo-ohms e megaohms.

$$\boxed{150.0 \text{ k}}$$

Figura 9-16

2. Faça uma cópia em suas anotações do seguinte quadro. Calcule e anote os valores ausentes.

	Corrente	Resistência	Tensão	Potência
(a)	100 mA	?	250 V	?
(b)	?	6 Ω	120 V	
(c)	3 A	40 Ω	?	?

3. Suponha que a aplicação de 120 V a uma carga resistiva produza uma corrente de 10 A.
   (a) Qual seria o valor do fluxo de corrente se a tensão fosse aumentada para 240 V?
   (b) Qual seria o valor do fluxo de corrente se a tensão fosse reduzida para 60 V?
   (c) Qual seria o valor do fluxo de corrente se a resistência fosse dobrada?
   (d) Qual seria o valor do fluxo de corrente se a resistência fosse reduzida à metade?
4. A queda de tensão através de um resistor de 10 W/330 Ω é medida, encontrando-se 48 V. A potência sendo dissipada pelo resistor está dentro de sua faixa de operação normal? Por quê?
5. A resistência a frio de um filamento de tungstênio de uma lâmpada é medida com um ohmímetro, encontrando-se um valor muito menor do que a resistência a quente, calculada usando a lei de Ohm, e os valores medidos de corrente e tensão. Como isso é possível?

capítulo 10

Condutores de circuitos e seções de fio

Uma das partes mais importantes de qualquer sistema elétrico é o condutor que liga todos os componentes. Os condutores devem ser capazes de fornecer a energia necessária de maneira contínua, sem superaquecer ou causar quedas de tensão inaceitáveis. Neste capítulo, vamos estudar as diferentes formas de condutores e sua aplicação.

Objetivos deste capítulo

>> Identificar utilizações para diferentes tipos de condutores
>> Selecionar de forma adequada os materiais de isolação para fios
>> Comparar os tamanhos AWG e os diâmetros de condutores
>> Listar os fatores que determinam a ampacidade nominal de um condutor
>> Identificar os fatores que contribuem para o valor de resistência de um condutor
>> Calcular as quedas de tensão e perdas de energia (potência) em uma linha

» Tipos de condutores

Os condutores transportam corrente para e de cada componente que está sendo operado no circuito. Em geral, o Código Elétrico Nacional (NEC dos Estados Unidos), assim como a Associação Brasileira de Normas Técnicas (ABNT), reconhecem três tipos de condutores: cobre, alumínio e alumínio revestido de cobre. A menos que especificado o contrário, todos os condutores no NEC são considerados de cobre*. O cobre é mais popular do que o alumínio, porque tem uma menor resistência para todas as seções de fio fornecidas. Além de sua menor resistência, o cobre é fácil de trabalhar e faz excelentes conexões elétricas com os parafusos terminais. Em circuitos eletrônicos, eles podem ser facilmente soldados, assegurando uma ligação elétrica segura.

Fios e cabos de cobre são usados na construção de praticamente todas as propriedades comerciais, industriais e residenciais no mundo. Mais comumente conhecidos como fiação de circuito de ramificação em residências e empresas, esses produtos transportam corrente elétrica para todos os usos externos de energia em um edifício ou habitação.

Os condutores de cobre utilizados para os circuitos de fiação são feitos sob a forma de fio, cabo, cordão ou placas de circuito impresso. Um fio condutor *sólido* é feito de um único fio condutor coberto com um tipo de isolamento. Os condutores sólidos são usados dentro de paredes onde a flexibilidade não é uma exigência diária. Um fio condutor *trançado* (ou fio *flexível*) é um único condutor composto de muitos fios (filamentos ou veias) de pequeno diâmetro correndo um do lado do outro (trançados entre si). A finalidade dos condutores trançados é proporcionar uma maior flexibilidade. Tanto o fio de conexão sólido como o trançado são usados para completar circuitos dentro de equipamentos elétricos (Figura 10-1).

O fio de cobre também pode ser classificado como duro ou mole. Essa classificação baseia-se no modo como o fio é fabricado. Um *fio mole* é produzido puxando um estoque de cobre quente através de uma matriz que delineia o fio com o diâmetro desejado. Ele é aquecido e *recozido* para torná-lo mais macio e menos quebradiço. Em tabelas de fio e em catálogos de cabo, muitas vezes você vai ver o fio de cobre listado como recozido ou totalmente recozido. Isto significa que o fio é relativamente mole e muito flexível. O *fio duro*, por outro lado, é res-

Fio sólido

Fio flexível

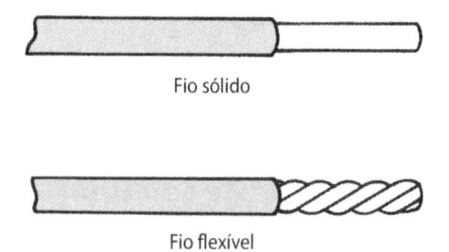

Figura 10-1 Fios de conexão sólido e flexível.

---

* No Brasil, os condutores de alumínio são utilizados principalmente em sistemas de transmissão e distribuição. Para instalações elétricas residenciais, em geral, são utilizados condutores de cobre.

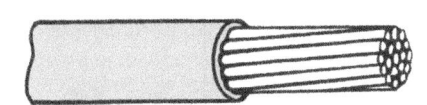

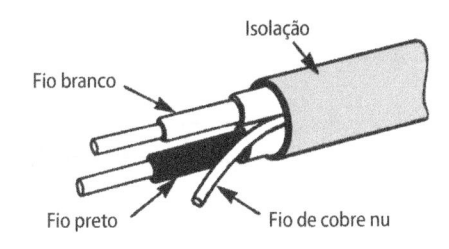

A. Cabo trançado grande   **B.** Cabo de múltiplos condutores

Figura 10-2 Tipos de cabos.

friado antes de ser puxado através da matriz, o que dá ao fio uma maior resistência à tração. Os fios moles são mais fáceis de dobrar e torcer; no entanto, eles têm a tendência de esticar quando são suspensos (como em lançamentos aéreos entre edifícios). Em tais casos, os condutores de fio duros são escolhidos, uma vez que eles não esticam ou cedem (não geram flecha) em uma quantidade significativa durante um longo período de tempo.

O termo *cabo* pode referir-se a um fio trançado grande e isolado (cabo unipolar) ou a dois ou mais fios isolados separadamente que são montados dentro de uma cobertura (capa) comum (cabo multipolar) (Figura 10-2). Cabos maiores de um único condutor são empregados em circuitos em que há um grande fluxo de corrente. Conjuntos de cabos multipolares são usados para a fiação de edifícios.

Cordão é o nome dado a cabos muito flexíveis usados para fornecer corrente aos aparelhos e às ferramentas portáteis. A sua construção é semelhante à de um cabo, exceto que os condutores do cordão são feitos de filamentos de fio muito fino que são torcidos em conjunto. Ao utilizar fio flexível nesses cordões, eles podem ser estendidos horizontalmente e girar em torno de cantos com muita facilidade. Um cordão de lâmpada é constituído por dois fios flexíveis de cobre, que são separados por um material isolante (Figura 10-3).

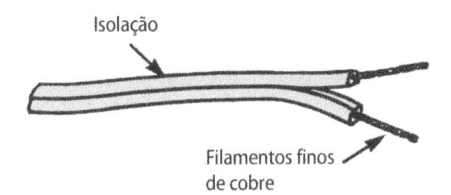

Figura 10-3 Cordão de lâmpada.

Os *circuitos impressos* são muito usados em equipamentos eletrônicos de baixa corrente para a conexão entre componentes. Uma placa de circuito impresso consiste em caminhos condutores de tiras finas de cobre gravadas ou impressas sobre uma placa isolada e plana (Figura 10-4). Placas de circuito impresso também proporcionam uma base conveniente para a montagem de componentes eletrônicos pequenos, junto com os meios para interligá-los.

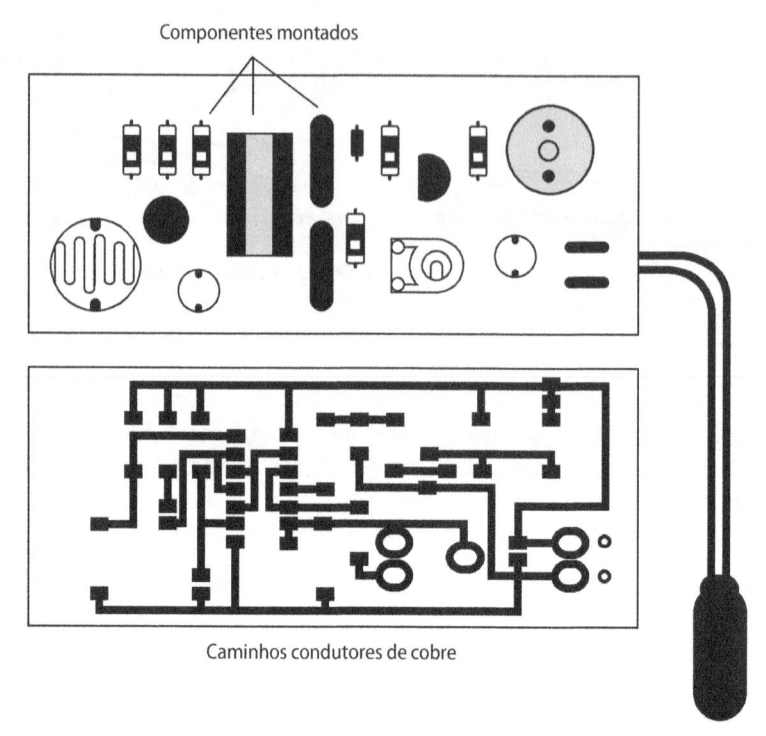

Figura 10-4 Placa de circuito impresso.

» Isolação do condutor

A isolação, às vezes chamada de dielétrico, é aplicada sobre os condutores para a isolação elétrica entre os condutores ou entre os condutores e a terra. Os condutores devem, normalmente, ser isolados para torná-los úteis e seguros. A isolação dos condutores é realizada ao revesti-los ou envolvê-los com vários materiais que tenham uma elevada resistência. Estes materiais têm uma resistência tão alta que eles são, para todos os efeitos práticos, não condutores. Materiais não condutores são geralmente referidos como "isolantes" ou "material isolante".

A resistência de isolação é a resistência oferecida à corrente de fuga através dos materiais isolantes. Um ohmímetro comum não pode ser usado para medir a resistência de um material isolante. Para testar adequadamente o rompimento do isolamento, é necessária uma tensão muito maior do que a fornecida pela bateria de um ohmímetro. A resistência de isolação pode ser medida com um "megger" ou "megômetro" (Figura 10-5) sem danificar a isolação. As informações assim obtidas constituem um guia útil na avaliação do estado geral da isolação.

Alguns fatores que devem ser considerados na escolha da isolação de fios são: as tensões do circuito, as condições de temperatura na vizinhança, a umidade, a flexibilidade do condutor e

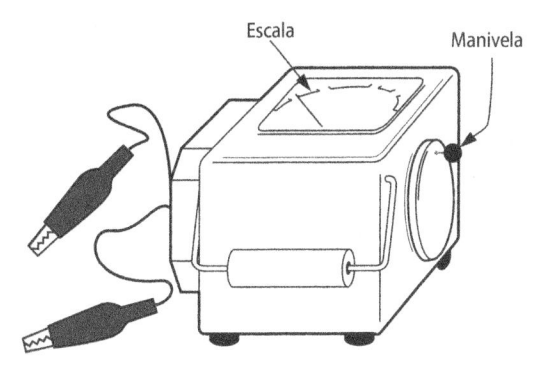

Figura 10-5 *Megger* de alta tensão usado para verificar a resistência de isolação.

a necessidade de ser resistente a fogo, óleo ou líquidos combustíveis. Como a isolação é cara, é desejável utilizar apenas o mínimo necessário pela aplicação e, portanto, uma ampla variedade de condutores isolados está disponível. Os tipos básicos de materiais isolantes para condutores incluem: Elastômero, Mineral, Nylon, Papel, Borracha, Teflon, Termoplástico, Termofixo e Cambraia Envernizada. O Código Elétrico Nacional (NEC) dos Estados Unidos fornece várias designações de letra e classificações para os diferentes tipos de isolação utilizados em fios e cabos elétricos. Algumas das mais comuns são*:

- R = borracha
- T = termoplástico
- N = nylon
- W = adequado para locais úmidos
- H = temperatura alta (normalmente 75°C)
- HH = temperatura mais elevada (normalmente 90°C)
- X = polietileno reticulado
- O = resistente a óleo
- M = fios de máquinas e aparelhos
- S = serviço pesado
- J = serviço pesado júnior

O *termoplástico* é um dos isolantes mais utilizados para fiação residencial e industrial. O termoplástico regular é um excelente isolante, mas é sensível a variações extremas de temperatura. A isolação termoplástica amolece ou até mesmo derrete se aquecida acima de sua temperatura nominal; além disso, ela endurece em temperaturas inferiores a cerca de −10°C. Exemplos típicos de isolação termoplástica são os tipos THHN, THHW, THW, THWN e TW. A isolação termoplástica tipo TW é à prova de intempéries, enquanto a do tipo THW é à prova de intempéries e resistente ao calor.

A isolação *termofixa* (ou *termoendurecível*) suporta altas e baixas temperaturas. O termofixo é um material que endurece ou toma forma por aquecimento ou por técnicas químicas ou

---

* N. de T.: Essa designação de letras é utilizada pelo NEC nos Estados Unidos, mas não pela ABNT. Por isso mesmo, as letras correspondem a termos em inglês. Também vale ressaltar que, no Brasil, os materiais isolantes mais utilizados para fios e cabos são o PVC (cloreto de polivinila), o EPR (etileno-propileno) e o XLPE (polietileno reticulado).

de radiação. Uma vez definido, o termofixo não pode ser "reamolecido" por aquecimento. Se aquecido acima de sua temperatura nominal, ele vai carbonizar e rachar. Exemplos típicos de isolação termofixa são os tipos RHH, RHW, XHH e XHHW.

O *neoprene* é uma isolação especial de borracha usada para cabos de alimentação em aplicações que produzem calor, como chaleiras e fritadeiras. A abreviatura para isolações de neoprene à prova de calor é HPN.

O *fio esmaltado* (também chamado fio magnético) é um condutor recoberto por uma fina capa de esmalte isolante. Essa capa isolante é aplicada pela passagem repetida do fio nu através de uma solução de esmalte quente para formar um revestimento fino e resistente, que é um composto semelhante a um verniz. Ele é chamado fio magnético porque é usado para enrolar as espiras em eletroímãs, solenoides, transformadores, motores e geradores (Figura 10-6).

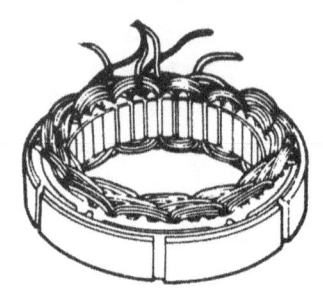

Figura 10-6 Fio magnético usado para eletroímãs.

As normas da NEC e da ABNT eliminam o processo de "adivinhação" na seleção do condutor ao prescrever o uso adequado dos fios. O tipo de isolação aplicada e a seção ou bitola do fio classificam inicialmente os fios e condutores. Os vários tipos de isolação, por sua vez, subdividem-se de acordo com as suas temperaturas máximas de operação e com a natureza da sua utilização.

Os condutores são muitas vezes identificados por um código de cor, que faz parte da isolação. As cores do fio referem-se à cor base da isolação e, algumas vezes, a uma listra, a uma marca de jogo da velha ou a um ponto em uma cor contrastante (Figura 10-7).

O Código Elétrico Nacional (NEC) dos Estados Unidos adotou vários requisitos de código de cores para muitos dos condutores utilizados em sistemas de distribuição de energia elétrica. Para circuitos de corrente alternada, o NEC exige que o condutor aterrado (identificado) tenha um acabamento exterior que seja ou branco contínuo ou cinza contínuo, ou tenha um acaba-

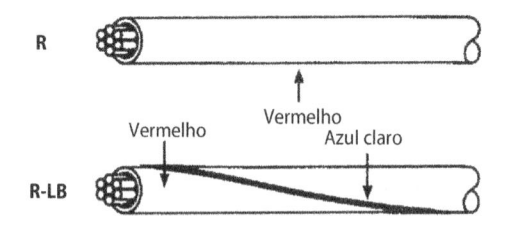

Código de cor de fiação

As cores dos fios são indicadas por um código alfabético (com referência em inglês).

B = Preto	LB = Azul claro	R = Vermelho
BR = Marrom	LG = Verde claro	V = Violeta
G = Verde	O = Laranja	W = Branco
GR = Cinza	P = Rosa	Y = Amarelo

A primeira letra indica a cor do fio básica e a segunda letra indica a cor da listra.

Figura 10-7 Código de cor de isolação de fios típico.

mento exterior (não verde) com três listras brancas contínuas ao longo do comprimento total do condutor. Um condutor não aterrado deve ter um acabamento exterior com uma cor que não seja verde, branca, cinza natural ou três listras brancas contínuas. O NEC restringe o uso da cor verde para condutores de aterramento e de acoplamento apenas*.

» Montagens de cabos

Uma jaqueta, uma capa ou um revestimento externo pode ser aplicado sobre a isolação do condutor ou sobre o núcleo do cabo para proteção elétrica, química e mecânica. Uma montagem de cabo é uma montagem flexível, que contém dois ou mais condutores agrupados dentro de uma capa de proteção comum, sendo usada para conectar componentes individuais. Os artigos do NEC descrevem exatamente onde e como os vários tipos de cabos devem ser usados. A tabela a seguir lista alguns dos tipos mais comuns de montagens de cabos:

Tipo	Descrição
AC	Cabo blindado – contém os condutores dentro de um revestimento feito de um envoltório espiral de aço. Um fio de ligação nu em contato direto permanente com a blindagem metálica é colocado no interior da blindagem com os condutores. [Figura 10-8 (a)]
MC	Cabo com revestimento metálico – contém os condutores dentro de um revestimento metálico suave, revestimento metálico ondulado ou revestimento metálico entrelaçado. Possui um condutor de aterramento de equipamento separado. [Figura 10-8 (b)]
NM, NMC, NMS	Cabo com revestimento não metálico – contém os condutores dentro de um revestimento externo resistente à umidade, retardador de chamas e não metálico. Os três tipos de montagens de cabos com revestimento não metálico são: NM, NMC e NMS. [Figura 10-8 (c)]
SE, USE	Cabo de entrada/serviço – o tipo SE é uma montagem com um único condutor ou com múltiplos condutores com ou sem cobertura total para fiação de entrada/serviço. O cabo tipo USE tem uma jaqueta resistente à umidade e pode ser colocado diretamente na terra. [Figura 10-8 (d)]

---

* N. de T.: Ressaltamos que o objetivo desse trecho da seção não é esgotar o tema sobre código de cores de condutores. Na realidade, o estudante deve apenas ter em mente que, em certas situações, é importante verificar a cor do fio/cabo, uma vez que ela fornece algum tipo de informação. No Brasil, por exemplo, as cores não são completamente padronizadas e as próprias normas permitem variações. No caso de instalações de baixa tensão, que são aquelas de maior interesse neste livro, a norma BNR 5410 especifica que o neutro deve ser azul claro, o condutor de proteção (PE) deve ser amarelo e verde, e a fase pode ser de qualquer cor, exceto as anteriores. Também tem-se caminhado para uma padronização no Brasil para a utilização da cor verde para condutores de aterramento. Por fim, indica-se que o estudante consulte as normas da ABNT pertinentes naqueles casos em que sejam necessárias mais informações sobre os diferentes códigos de identificação de cabos.

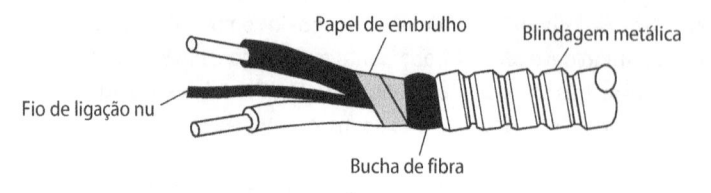

A. Cabo blindado

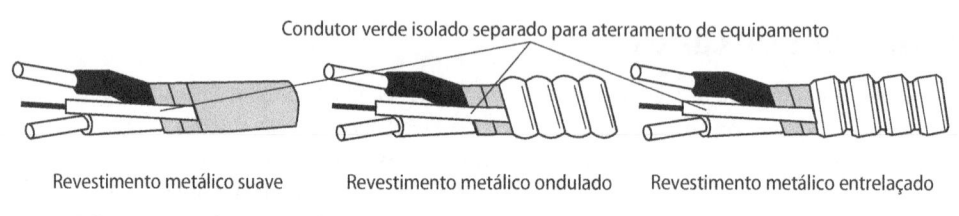

Papel de embrulho — Blindagem metálica — Fio de ligação nu — Bucha de fibra

Condutor verde isolado separado para aterramento de equipamento

Revestimento metálico suave — Revestimento metálico ondulado — Revestimento metálico entrelaçado

B. Cabo com revestimento metálico

14-2 com Terra Tipo NM 600V

C. Cabo com revestimento não metálico

Tipo SE

Tipo USE

D. Cabo de entrada/serviço

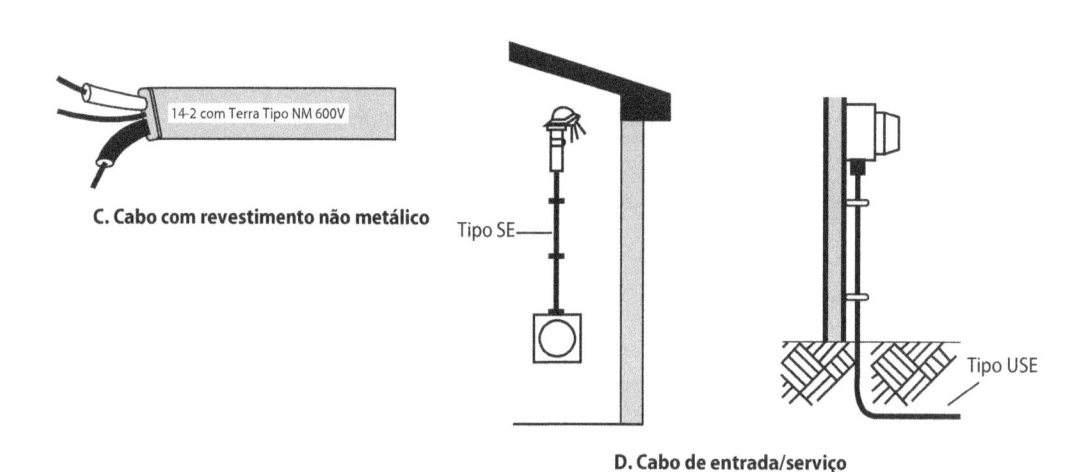

Figura 10-8 Montagens de cabos.

>> Eletrodutos

Um eletroduto (também conhecido como um tipo de duto) é basicamente um tubo oco usado para proteger os condutores colocados no seu interior. Um sistema de eletroduto (Figura 10-9) fornece proteção mecânica e segurança elétrica para pessoas e bens, além de dutos convenientes e acessíveis para o condutor. Os eletrodutos são feitos de metal ou de plástico e podem ser rígidos ou flexíveis. Os eletrodutos metálicos proporcionam um elevado grau de proteção contra incêndios, bem como a capacidade de conter de forma segura condutores sobrecarregados ou em curto-circuito, que poderiam causar ou contribuir para um incêndio.

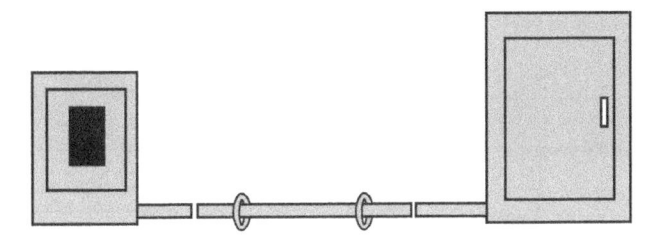

Figura 10-9 Sistema de cabeamento por eletroduto.

Os eletrodutos permitem que os condutores dentro do sistema sejam removidos facilmente sem desmontar o sistema. Sua rigidez permite a instalação com menos suportes do que os outros tipos de sistemas de cabeamento. Além disso, o tamanho do eletroduto usado na instalação do sistema normalmente permite a adição de diversos outros condutores no eletroduto, quando circuitos e/ou tomadas adicionais são necessários. As normas da ABNT devem ser consultadas ao mudar o tamanho ou a quantidade de condutores em um eletroduto para determinar a taxa máxima de ocupação.

Os artigos do NEC descrevem exatamente onde e como os diversos tipos de eletrodutos devem ser usados. Cada um desses dutos tem seu próprio artigo no código. A tabela a seguir lista alguns dos tipos mais comuns de eletrodutos*:

Tipo	Descrição
RMC	Eletroduto de Metal Rígido, ou eletroduto de parede grossa, é um duto de rosca geralmente feito de aço ou alumínio. Esse tipo de eletroduto fornece a maior proteção mecânica aos condutores. Seu uso é permitido em todas as condições atmosféricas e em todos os tipos de ocupações de acordo com os artigos do NEC. [Figura 10-10 (a)].
RNMC	Eletroduto Não Metálico Rígido é feito de material não metálico adequado, resistente a atmosferas úmidas e químicas. O eletroduto de PVC rígido (policloreto de vinila) protege os condutores nos piores locais corrosivos. [Figura 10-10 (b)].
EMT	Tubulação Metálica Elétrica, ou eletroduto de parede fina, é feita de tubos de aço leves. Devido à sua construção leve, ele não possui rosca. Essas características poupam muito tempo e trabalho ao instalar o EMT. Os comprimentos de tubo são acoplados utilizando juntas que podem ser parafusos de ajuste ou acessórios de compressão. [Figura 10-10 (c)].
FMC	Eletroduto de Metal Flexível é feito através do enrolamento de uma tira autoajustável de alumínio ou aço formando um tubo oco através do qual os fios podem ser puxados, similar a um cabo blindado. O eletroduto flexível combina proteção mecânica com máxima flexibilidade para locais não perigosos. O eletroduto flexível é usado na instalação de motores e/ou máquinas com partes móveis em vibração. [Figura 10-10 (d)].
LTFMC	Eletroduto Impermeável de Metal Flexível é um duto de seção transversal circular com uma capa externa impermeável, não metálica e resistente à luz solar sobre uma tira interna de metal helicoidalmente enrolada. Esse tipo de eletroduto é excelente para uso em locais úmidos, áreas corrosivas ou em torno de máquinas onde líquidos refrigerantes, fluidos de corte e/ou lubrificantes provavelmente respinguem sobre o eletroduto. [Figura 10-10 (e)].

---

* N. de T.: Os tipos de eletrodutos descritos seguem os artigos da NEC em respeito à obra original. Apesar de não existir uma descrição idêntica nas normas da ABNT, os eletrodutos apresentados são comumente utilizados em instalações elétricas brasileiras com pequenas variações.

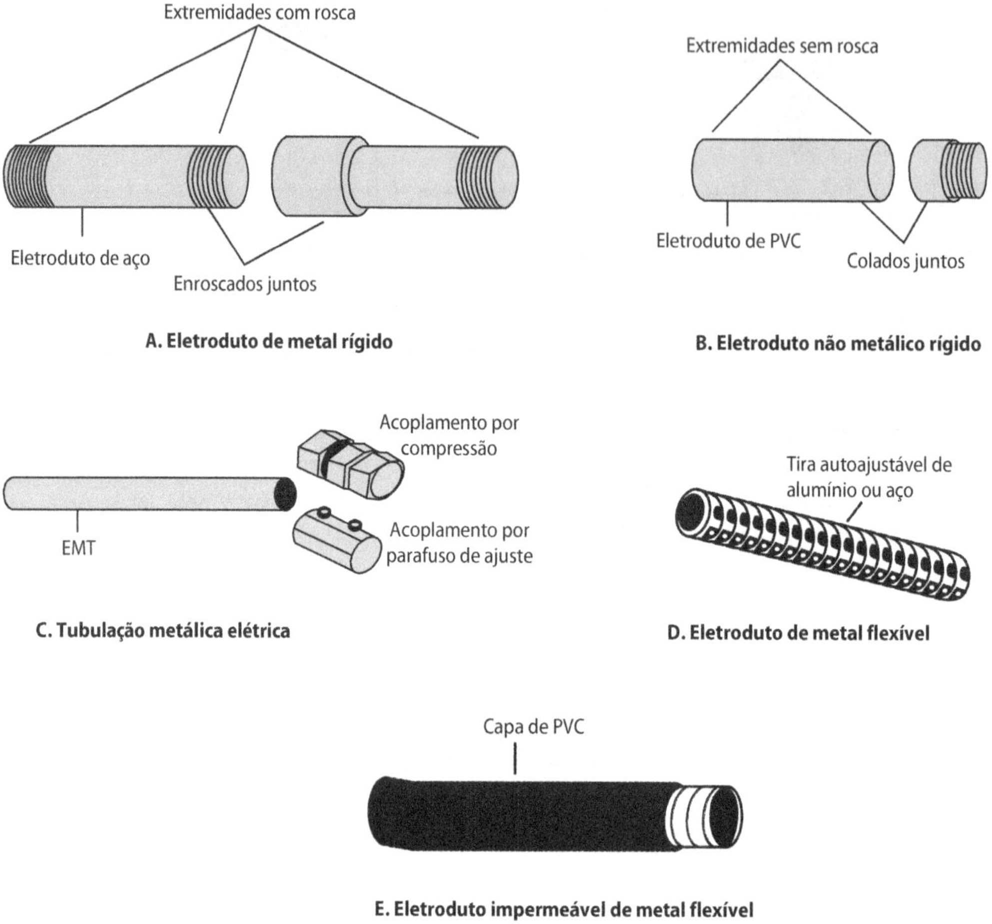

Figura 10-10 Tipos comuns de eletrodutos.

>> Seções de fios

Assim como os líquidos fluem através de tubos de grande diâmetro com mais facilidade do que através de tubos de pequeno diâmetro, o mesmo princípio é válido para o fluxo de elétrons através dos condutores: quanto maior a área da seção transversal (espessura) do condutor, maior é o espaço para os elétrons fluírem e, consequentemente, o fluxo ocorrerá de forma mais fácil (menor resistência).

O tamanho de um fio sólido é determinado por seu diâmetro. Por conveniência, os tamanhos dos fios são geralmente referidos por um número equivalente de calibre (ou bitola), em vez de pelo diâmetro real. A tabela *American Wire Gauge* (AWG) é o padrão utilizado e consiste em 40 tamanhos de fio que vão de AWG 40 (o menor) passando por diversos fios até o AWG 0000 (Figura 10-11). Observe que quanto maior o número do calibre, menor o diâmetro real do condutor.

Número AWG	Diâmetro no sistema métrico padrão (mm)	Diâmetro em mils	Área da seção transversal		Ohms por 1.000 pés em 20 °C	Libras por 1.000 pés	Pés por libra
			Circular mil	Polegadas quadradas			
0000	11,800	460,000	211.600.000	0,1662	0,04901	640,5	1,561
000	10,000	409,600	167.800.000	0,1318	0,06180	507,9	1,968
00	9,000	364,800	133.100.000	0,1045	0,07793	402,8	2,482
0	8,000	324,900	105.500.000	0,08289	0,09827	319,5	3,130
1	7,100	289,300	83.690.000	0,06573	0,1239	253,3	3,947
2	6,300	257,600	66.370.000	0,05213	0,1563	200,9	4,977
3	5,600	229,400	52.640.000	0,04134	0,1970	159,3	6,276
4	5,000	204,300	41.740.000	0,03278	0,2485	126,4	7,914
5	4,500	181,900	33.100.000	0,02600	0,3133	100,2	9,980
6	4,000	162,000	26.250.000	0,02062	0,3951	79,46	12,580
7	3,550	144,300	20.820.000	0,01635	0,4982	63,02	15,870
8	3,150	128,500	16.510.000	0,01297	0,6282	49,98	20,010
9	2,800	114,400	13.090.000	0,01028	0,7921	39,63	25,230
10	2,500	101,900	10.380.000	0,008155	0,9989	31,43	31,820
11	2,240	90,740	8.234.000	0,006467	1,260	24,92	40,120
12	2,000	80,810	6.530.000	0,005129	1,588	19,77	50,590
13	1,800	71,960	5.178.000	0,004067	2,003	15,68	63,800
14	1,600	64,080	4.107.000	0,003225	2,525	12,43	80,440
15	1,400	57,070	3.257.000	0,002558	3,184	9,858	101,40
16	1,250	50,820	2.583.000	0,002028	4,016	7,818	127,90
17	1,120	45,260	2.048.000	0,001609	5,064	6,200	161,30
18	1,000	40,300	1.624.000	0,001276	6,385	4,917	203,40
19	0,900	35,890	1.288.000	0,001012	8,051	3,899	256,50
20	0,800	31,960	1.022.000	0,0008023	10,15	3,092	323,40
21	0,710	28,460	810,100	0,0006363	12,80	2,452	407,80
22	0,630	25,350	642,400	0,0005046	16,14	1,945	514,20
23	0,560	22,570	509,500	0,0004002	20,36	1,542	648,40
24	0,500	20,100	404,000	0,0003173	25,67	1,223	817,70
25	0,450	17,900	320,400	0,0002517	32,37	0,9699	1.031,00
26	0,400	15,940	254,100	0,0001996	40,81	0,7692	1.300,00
27	0,355	14,200	201,500	0,0001583	51,47	0,6100	1.639,00
28	0,315	12,640	159,800	0,0001255	64,90	0,4837	2.067,00
29	0,280	11,260	126,700	0,00009953	81,83	0,3836	2.607,00
30	0,250	10,030	100,500	0,00007894	103,2	0,3042	3.287,00
31	0,224	8,928	79,700	0,00006260	130,1	0,2413	4.145,00
32	0,200	7,950	63,210	0,00004964	164,1	0,1913	5.227,00
33	0,180	7,080	50,130	0,00003937	206,9	0,1517	6.591,00
34	0,160	6,305	39,750	0,00003122	260,9	0,1203	8.310,00
35	0,140	5,615	31,520	0,00002476	329,0	0,09542	10.480,00
36	0,125	5,000	25,000	0,00001964	414,8	0,07568	13.210,00
37	0,112	4,453	19,830	0,00001557	523,1	0,06001	16.660,00
38	0,100	3,965	15,720	0,00001235	659,6	0,04759	21.010,00
39	0,090	3,531	12,470	0,000009793	831,8	0,03774	26.500,00
40	0,080	3,145	9,888	0,000007766	1049,0	0,02993	33.410,00

A. Tabela AWG para cobre recozido padrão.

Número AWG	18	16	14	12	10	8	6	4	2	0	00
Área aproximada	•	•	•	•	•	•	•	•	●	●	●

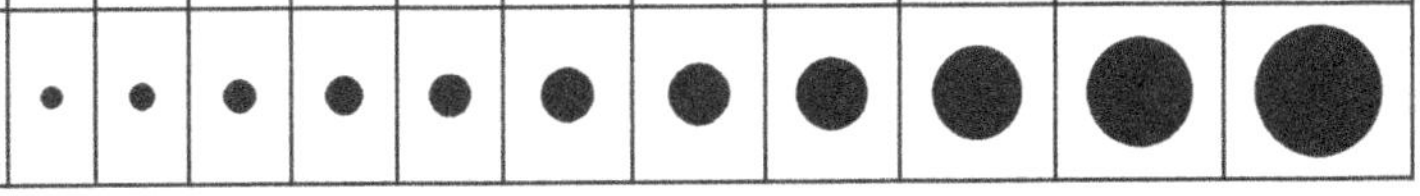

B. Tamanhos de fio

Figura 10-11 Tamanhos de fio AWG.

0,162 pol × 1.000 = 162 mil

Diâmetro = 0,162 pol.
= 162 mil

Área Circular Mil = 162 mil × 162 mil
= 26.244 cmil
= 26,244 kcmil

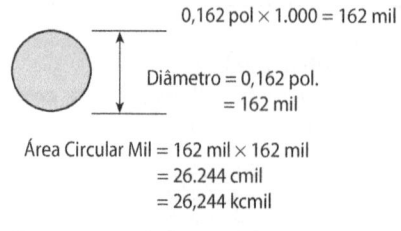

Figura 10-12 O diâmetro de um fio em mils é elevado ao quadrado para obter a área em Circular Mil.

No sistema AWG, a área da seção transversal de um fio é medida em circular mil. Um mil corresponde a 0,001 polegada ou um milésimo de uma polegada. Um circular mil é a área de um círculo de diâmetro igual a 1 mil (0,001 polegadas). A área em circular mil (CM ou cmil) de um fio redondo é obtida simplesmente elevando ao quadrado o diâmetro do fio expresso em mils (Figura 10-12). Para converter o diâmetro do fio expresso em polegadas para diâmetro do fio expresso em mils, basta multiplicar por 1.000. Por exemplo, um fio com um diâmetro de 0,162 polegadas tem um diâmetro de 162 mils (0,162 × 1.000) e uma área em circular mil de 162^2 ou 26.244 cmil ou 26,244 kcmil (mil cmil). Para fios trançados, o tamanho em circular mil é a área da seção transversal total, sendo esta igual à área (em circular mil) de um filamento (veia) multiplicada pelo número de filamentos (veias). No sistema métrico, as áreas das seções dos fios são dadas em milímetros quadrados*.

» Exemplo 10-1

Problema: Um fio tem um diâmetro de 0,050 polegadas. Qual é sua área em circular mil expressa em cmil e em kcmil?

Solução: $Diâmetro_{mils} = Diâmetro_{polegadas} \times 1.000$
= 0,050 × 1.000
= 50 mils

$cmils = d^2$
= 50 mils x 50 mil
= 2.500 cmils
= 2,5 kcmils (2.500 / 1.000)

» Exemplo 10-2

Problema: Encontre o diâmetro, em mils, de um fio que tem uma área de seção transversal de 1.620 cmil.

Solução: $cmil = d^2$
$d = \sqrt{cmil}$
$= \sqrt{1.620}$
= 40,25 mils

---

* No Brasil, adotamos o padrão IEC no qual os diâmetros dos condutores são expressos em milímetros. Por aqui, o AWG foi extinto como norma, apesar de ainda ser utilizado na prática. Este livro foi traduzido do inglês para o português e, em respeito à obra original, foi mantida a tabela de fios em AWG. Como referência, considere os seguintes fatores de conversão: 1 polegada (pol) = 2,54 centímetros (cm); 1.000 pés = 305 metros (m); 1 libra (lb) = 0,45359237 quilogramas (kg).

> **Exemplo 10-3**

Problema: Um cabo é feito de 24 filamentos (veias) de fio 16 AWG. Se cada filamento tem uma área de seção transversal de 2.583 cmil, qual é área de seção transversal efetiva do cabo?

Solução: cmil do cabo = cmil de um único filamento × número de filamentos
= 2.583 × 24
= 61.992 cmil
= 61,992 kcmil

Ao comparar os tamanhos dos condutores, lembre-se de que o diâmetro externo de um fio, incluindo sua isolação, nada tem a ver com o tamanho de seu condutor ou com sua capacidade de corrente. Uma isolação mais grossa pode fazer um fio de pequena seção parecer muito maior. Uma isolação mais pesada é necessária para fios de alta tensão e uma isolação mais leve é usada para circuitos de baixa tensão.

A ferramenta com os calibres de fio, mostrada na Figura 10-13, serve para determinar o tamanho de um fio de seção circular, de 0 até 36 AWG. Para medir o fio, a isolação é cuidadosamente removida de uma das extremidades. Em seguida, a extremidade nua é inserida na menor ranhura na qual ela se encaixa, sem o uso de força. O número marcado abaixo da ranhura é o número AWG do fio. Para algumas montagens de cabos, o tamanho do condutor é geralmente impresso na capa do cabo.

As dimensões dos fios são dadas em *American Wire Gauge* (AWG), Circular Mils (cmil) ou em milhares de circular mil (kcmil) ou, ainda, em milímetros (mm) e milímetros quadrados (mm^2), como é o caso do Brasil. Para tamanhos de fio maiores do que 4/0, o sistema AWG é abandonado e a medição da área da seção transversal é feita em milhares de circular mils (kcmil), com o "k" sendo usado para designar um múltiplo de "mil" na frente de "cmil" para "circular mil". A designação antiga para milhares de circular mils é MCM, onde o "M" é o símbolo romano para 1.000. Observe que os tamanhos de fio no sistema kcmil aumentam à medida que os números se tornam maiores, o que é exatamente o oposto do sistema AWG. Isso também é esperado no

A. Ferramenta com calibre de fio

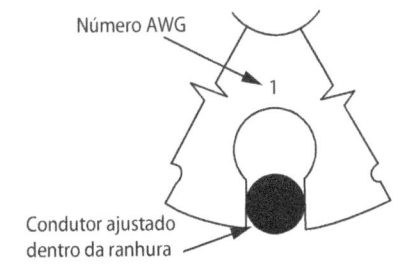

B. Determinando o calibre do fio

Figura 10-13 Determinação do número AWG do fio.

caso de a seção dos fios ser expressa em mm^2, ou seja, quanto maior o valor da seção em mm^2, maior é o tamanho do fio.

❯❯ Questões de revisão

1. Cite quatro tipos comuns de condutores e apresente uma aplicação prática para cada um.
2. Cite os diferentes fatores que devem ser considerados ao selecionar a isolação de um fio.
3. Por que um *megger* ou megômetro é o instrumento preferido para a realização de testes de ruptura em isolamentos elétricos?
4. Cite quatro tipos de montagens de cabos.
5. Apresente algumas das principais vantagens do sistema de cabeamento/fiação por eletroduto.
6. Cite cinco tipos populares de eletrodutos e dê uma descrição breve da constituição de cada um.
7. Qual é a área em circular mil de um fio 10 AWG de diâmetro 101,9 mils? (Expresse sua resposta em unidades de cmil e kcmil.)
8. Qual é a relação entre o número AWG e o diâmetro do fio?
9. O que deve ser feito com a isolação do fio quando se deseja medir o seu tamanho (número) AWG?

❯❯ Ampacidade do condutor

A capacidade de corrente nominal, ou ampacidade, de um condutor é a quantidade de corrente que ele pode conduzir continuamente sob as condições de uso sem sobreaquecer ou exceder a sua temperatura nominal. Os condutores devem ter uma capacidade de corrente não inferior à carga máxima que eles estão alimentando. Essa corrente nominal, ou ampacidade, é determinada de acordo com o material do condutor, sua seção, tipo de isolação, comprimento do fio, temperatura do ar ambiente e condições sob as quais o condutor é instalado. Alguns exemplos são:

- O cobre é melhor condutor em relação ao alumínio; assim, ele pode conduzir mais corrente considerando uma mesma área de seção (calibre ou bitola). Como exemplo, um condutor de cobre tipo THHN 8 AWG tem uma ampacidade de 55 ampères, enquanto um condutor de alumínio revestido de cobre tipo THHN 8 AWG tem uma ampacidade de 45 ampères.
- Quanto menor o número AWG, maior é o condutor e mais corrente ele pode conduzir. Como exemplo, um condutor de cobre tipo THHN 8 AWG tem uma ampacidade de 55 ampères, enquanto um condutor de cobre tipo THHN 2 AWG tem uma ampacidade de 130 ampères.
- A isolação é um aspecto importante para determinar a capacidade de corrente, porque alguns materiais isolantes dissipam calor melhor do que outros. Todos os condutores isolados têm uma temperatura de operação máxima na qual a isolação do condutor não é

prejudicada. Um condutor com isolação mais resistente ao calor terá uma ampacidade nominal superior à de um condutor de mesma seção, porém com isolação que possua especificação de temperatura menor. Como exemplo, um condutor de cobre 8 AWG, com isolação tipo THHN, tem uma ampacidade de 55 ampères, enquanto um condutor de cobre tipo 8 AWG, com isolação tipo TW, tem uma ampacidade de apenas 40 ampères.

- A resistência de um fio aumenta à medida que seu comprimento aumenta. As ampacidades listadas nas tabelas normativas admitem que o comprimento do condutor não aumentará significativamente o valor da resistência do circuito e que a tensão nominal total estará disponível na extremidade da linha. Para cabos longos, o diâmetro do fio deve ser aumentado acima da ampacidade nominal exigida do condutor para manter o valor da queda de tensão da linha em um nível aceitável.

- A temperatura ambiente refere-se à temperatura máxima que pode ser encontrada no entorno do condutor em qualquer ponto ao longo de seu comprimento. Quanto maior a temperatura ambiente, mais difícil é para o condutor dissipar calor. Quando a temperatura ambiente é superior a 30°C, a ampacidade nominal do condutor é reduzida. Fatores de correção da temperatura ambiente estão incluídos nas tabelas de ampacidade.

- Os condutores lançados isoladamente em ar livre (máxima circulação de ar típica) terão uma ampacidade nominal superior em relação a um condutor similar que está fechado com outros condutores em um cabo ou em um eletroduto. Além disso, as tabelas de ampacidade são baseadas na suposição de que não mais do que três condutores conduzindo corrente estão instalados em um mesmo eletroduto, cabo ou vala. Para instalações que necessitam de mais de três condutores, todos conduzindo a corrente de carga, a ampacidade nominal de cada condutor é reduzida. (As normas fornecem fatores de correção para redução da ampacidade.)

As normas pertinentes da ABNT contêm tabelas que listam a ampacidade para tipos padronizados de tamanho (seção) de condutor, isolação e condições de operação. Essas tabelas são uma fonte prática de informações, e devem ser consultadas para a instalação de circuitos específicos. A Figura 10-14 mostra alguns dos tamanhos comuns de condutores de cobre usados para os circuitos elétricos de uma casa.

Os fabricantes costumam indicar o fio correto e o fusível (ou disjuntor) adequado nas instruções de instalação. No entanto, em muitos casos, a pessoa responsável pelo sistema precisa dimensionar os condutores e os fusíveis. As normas da ABNT governam os tipos e as seções de fio que podem ser usados para uma dada aplicação e as capacidades de corrente corretas. O dimensionamento adequado dos condutores e fusíveis/disjuntores é de fundamental importância para a segurança, vida útil e eficiência de qualquer equipamento.

≫ Resistência do condutor

Quando um condutor conduz uma corrente, a resistência do condutor converte parte da energia elétrica sendo transmitida em calor. A resistência de uma extensão de fio é determinada

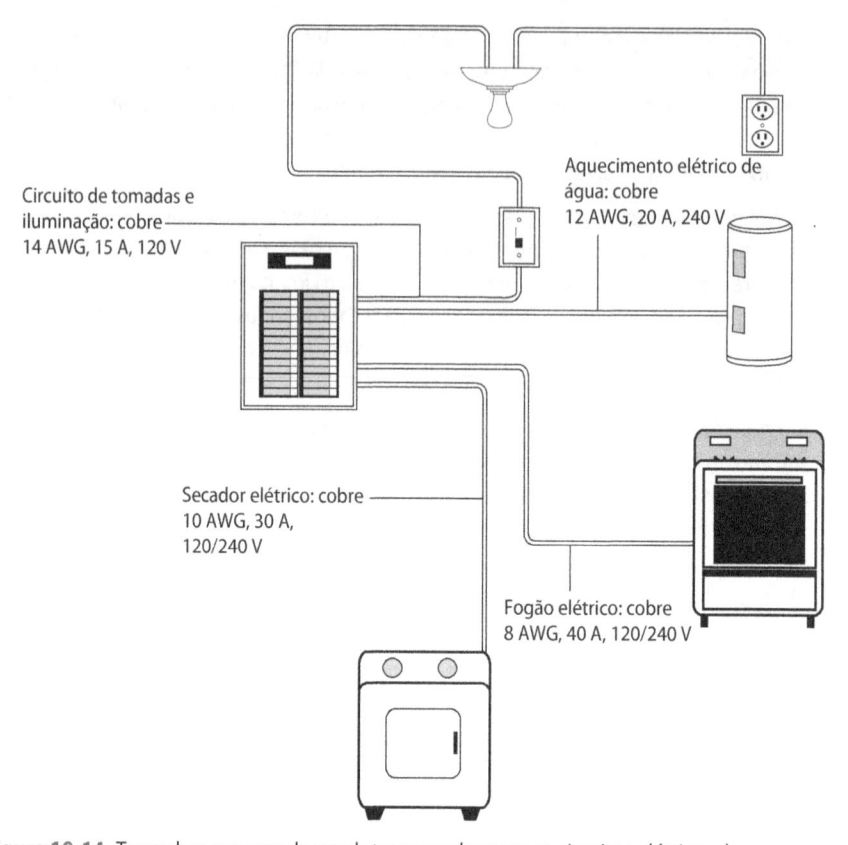

Circuito de tomadas e iluminação: cobre
14 AWG, 15 A, 120 V

Aquecimento elétrico de água: cobre
12 AWG, 20 A, 240 V

Secador elétrico: cobre
10 AWG, 30 A, 120/240 V

Fogão elétrico: cobre
8 AWG, 40 A, 120/240 V

Figura 10-14 Tamanhos comuns de condutores usados para os circuitos elétricos de uma casa.

por seu comprimento, diâmetro, temperatura de operação, condição física e tipo de material usado (Figura 10-15).

A resistência de fios varia da seguinte forma:

- A resistência de um fio aumenta à medida que o comprimento do fio aumenta. Se dois fios são do mesmo material e diâmetro, porém um é duas vezes mais longo do que o outro, o fio mais longo terá resistência duas vezes maior do que o fio mais curto. As tabelas de resistência de fios geralmente especificam a resistência de 1.000 pés de fio em uma dada temperatura*. A resistência de um comprimento de fio diferente de 1.000 pés é calculada da seguinte maneira:

$$\text{Resistência} = \frac{\text{Comprimento (pés)}}{1.000 \text{ pés}} \times \text{Resistência}_{\text{(por 1.000 pés)}}$$

---

* N. de T.: No Brasil, é comum especificar a resistência do fio em ohms/m ou em ohms/km, dependendo da aplicação.

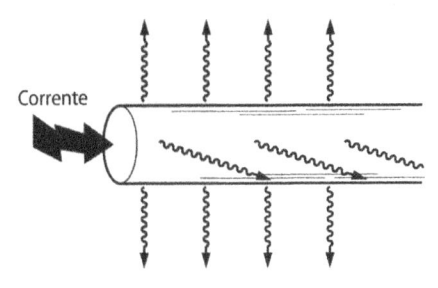

A. A resistência do condutor produz calor nos fios.

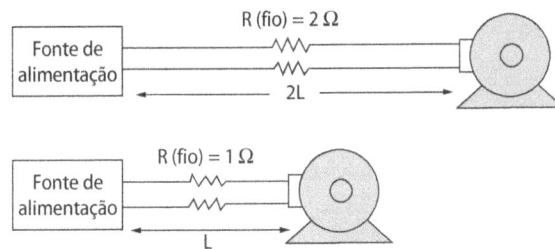

B. O fio mais longo tem mais resistência do que o fio mais curto.

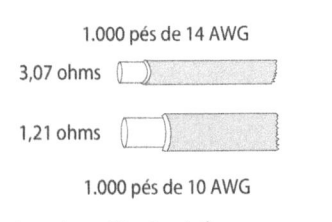

1.000 pés de 14 AWG
3,07 ohms

1,21 ohms
1.000 pés de 10 AWG

C. Quanto maior o diâmetro do fio, menor é a sua resistência.

Quanto maior a temperatura, maior a resistência

D. A resistência de um condutor varia com a temperatura.

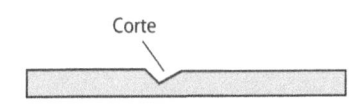

Corte

E. Um fio parcialmente cortado vai agir como um fio de seção menor e, por conseguinte, com maior resistência na área danificada.

F. Materiais diferentes têm estruturas atômicas diferentes, as quais afetam sua capacidade para a condução de elétrons.

Figura 10-15 Resistência de um condutor: fatores de influência.

» Exemplo 10-4

Problema: A resistência de 1.000 pés de fio de cobre recozido padrão 2 AWG está indicada em uma tabela de fios como 0,1563 ohm por 1.000 pés em 20°C. Qual é a resistência de 250 pés desse fio?

Solução:
$$\text{Resistência} = \frac{\text{Comprimento (pés)}}{1.000 \text{ pés}} \times \text{Resistência}_{\text{(por 1.000 pés)}}$$
$$= 250 \times \frac{0,1563}{1.000}$$
$$= 0,039075 \text{ ohm}$$

- Quanto maior o diâmetro do fio, menor é a sua resistência. Condutores maiores permitem o fluxo de mais corrente com menos tensão. Um fio com uma área de seção transversal maior do que a de outro fio tem uma resistência menor, considerando um mesmo comprimento. Por exemplo, a resistência para 1.000 pés de um fio de cobre sólido 10 AWG é 1,21 ohm, enquanto a resistência para um fio de cobre sólido menor 14 AWG é 3,07 ohms por 1.000 pés.

Sob certas condições, pode ser necessário ou vantajoso ligar condutores em paralelo para obter o equivalente a um fio de diâmetro maior. Esse é geralmente o caso quando o tamanho de um único condutor é muito grande e, portanto, difícil de manusear. Condutores paralelos são dois ou mais condutores eletricamente conectados em ambas as extremidades de modo a formar um único condutor (Figura 10-16). As normas da ABNT e do NEC indicam algumas condições gerais que devem ser atendidas quando condutores são ligados em paralelo:

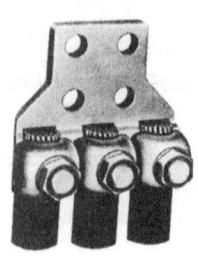

Figura 10-16 Condutores paralelos são dois ou mais condutores eletricamente conectados em ambas as extremidades para formar um único condutor.

- Os condutores devem ser do mesmo comprimento.
- Os condutores devem ser feitos do mesmo material.
- Os condutores devem ter a mesma seção transversal.
- Os condutores devem ser terminados ou conectados da mesma forma.
- A resistência de um condutor varia com a temperatura. Para o cobre e o alumínio, quanto maior a temperatura, maior é a resistência. Por exemplo, um fio conduzindo uma corrente elétrica por um longo período de tempo operaria em uma temperatura e resistência mais altas do que se não estivesse conduzindo corrente. Os dois fatores que determinam a temperatura de operação de um condutor são a temperatura do ar circundante (temperatura ambiente) e o valor de corrente fluindo através do condutor.
- A condição física do condutor e/ou da conexão também afeta a resistência. Um fio parcialmente cortado agirá como um fio de seção menor, com uma alta resistência na área danificada. Filamentos rompidos (ou quebrados) no fio, emendas pobres e conexões frouxas ou corroídas também aumentam a resistência.
- Diferentes materiais têm diferentes estruturas atômicas, o que afeta a sua capacidade de conduzir elétrons. Materiais com muitos elétrons livres são bons condutores com baixa resistência ao fluxo da corrente. O cobre, por exemplo, é melhor condutor do que o alumínio, porém não é tão bom quanto a prata. O fio de alumínio, como não é tão bom condutor quanto o cobre, tem uma ampacidade aproximadamente igual à do cobre com calibre (número AWG) duas vezes menor. Por exemplo, um fio de alumínio 12 AWG tem aproximadamente a mesma capacidade de corrente que um fio de cobre 14 AWG.

» Queda de tensão nos condutores e perdas de potência

A resistência dos fios condutores de um circuito é menor quando comparada à resistência da carga. Na maioria dos circuitos, os condutores são tratados como condutores perfeitos ou ideais de eletricidade. Como resultado, considera-se que eles têm uma resistência nula (Figura 10-17). Neste caso, o valor de tensão na carga é o mesmo valor da tensão fornecida pela fonte. Em outras palavras, nenhuma tensão é "perdida" na linha.

Em alguns circuitos, a resistência dos condutores é importante e deve ser levada em consideração. Esse é frequentemente o caso quando a carga está localizada a alguma distância da fonte de tensão – como 30 metros ou mais. Nesse tipo de circuito, a tensão na carga pode ser muito menor do que a tensão fornecida pela fonte de alimentação. A queda de tensão na linha pode ser facilmente medida, quando o equipamento está operando, pela leitura da tensão na fonte de alimentação e subtração dessa leitura pelo valor de tensão medido no equipamento. Se lermos 240 V na fonte de alimentação e 230 V no equipamento quando ele está operando, então há uma queda de tensão de 10 V no circuito (Figura 10-18).

Falhas de circuito, como fios quebrados ou conexões pobres de alta resistência, também podem causar quedas de tensão superiores às quedas normais em uma linha. É sempre desejável manter as quedas de tensão o mais baixas possível. Qualquer queda de tensão entre a fonte de alimentação e o equipamento significa uma perda para o equipamento. Se a queda de tensão é grande o suficiente, ela afetará seriamente o funcionamento do equipamento. Como exemplo, uma perda substancial em tensão para um motor pode causar a diminuição da potência do motor, o aumento dos custos operacionais, o aumento do acúmulo de calor no motor e a redução de sua vida útil.

A queda de tensão nos condutores é mantida baixa ao conservar a resistência dos fios da linha baixa. A resistência de uma extensão de um fio diminui à medida que seu diâmetro aumenta e

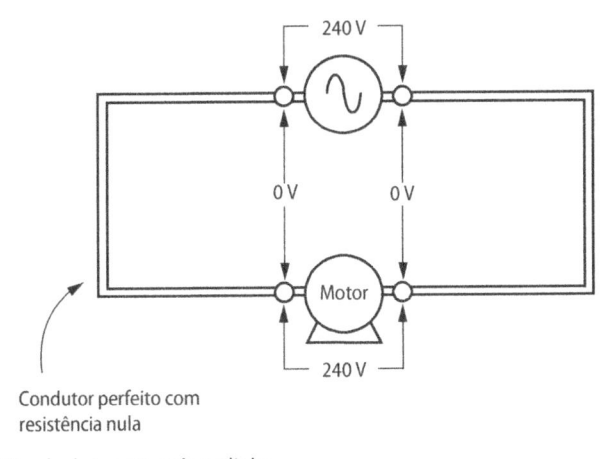

Figura 10-17 Queda de tensão nula na linha.

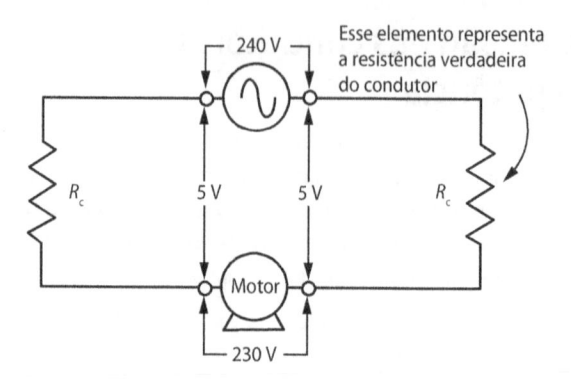

Figura 10-18 Medindo a queda de tensão na linha.

cresce à medida que o seu comprimento aumenta. A utilização de fios que possuem diâmetro muito pequeno para o comprimento do circuito e para as exigências de corrente do circuito pode causar uma queda de tensão excessiva na linha. Ao dimensionar condutores para circuitos extremamente longos, as quedas de tensão são estimadas antes da instalação. Se necessário, os diâmetros dos fios são aumentados acima da capacidade de corrente nominal exigida para o circuito, de modo a manter a queda de tensão na linha dentro de limites aceitáveis.

A queda de tensão deve ser calculada durante o projeto, sendo o dimensionamento dos condutores do circuito feito de modo a mantê-la dentro dos valores máximos especificados pelas normas pertinentes (NBR 5410, no caso do Brasil, para instalações de baixa tensão). Esses limites máximos, entre a origem da instalação e qualquer ponto destinado à ligação de equipamento de utilização, são de 4% para instalações alimentadas por rede pública de baixa tensão e de 7% para as alimentadas a partir de transformadores próprios*. O cálculo das quedas de tensão é muito importante, uma vez que, se os condutores forem mal dimensionados, pode não haver tensão suficiente na extremidade de um circuito para executar a função projetada para a carga ou o equipamento. Uma queda de tensão de 4% em um circuito de 240 V seria 9,6 V. De modo similar, a queda de tensão no condutor pode ser expressa como uma porcentagem da tensão da fonte da seguinte forma:

$$\% \text{ Queda de tensão} = \frac{E_{fonte} - E_{carga}}{E_{fonte}} \times 100$$

Por exemplo, uma queda de tensão de 2,4 V para um circuito de 120 V representa uma queda de tensão de 2% (2,4 ÷ 120 = 0,02 ou 2%).

---

* N. de T.: Esse trecho foi parcialmente modificado da obra original de modo a adequá-lo à realidade brasileira. Parte deste trecho modificado baseia-se na norma NBR 5410 e no Guia da Eletricidade Moderna da NBR 5410.

> **Exemplo 10-5**

Problema: As tensões de uma fase da fonte e da carga de um circuito em operação são medidas, sendo encontrados os valores 120 V e 118 V, respectivamente. Determine a queda de tensão e a queda de tensão percentual.

Solução:
$$E_{queda} = E_{fonte} - E_{carga}$$
$$= 120\,V - 118\,V$$
$$= 2\,V$$
$$\text{Queda de tensão percentual} = \frac{2\,V}{120\,V} \times 100$$
$$= 1,67\%$$

A queda de tensão através de um fio é diretamente proporcional à resistência do fio e à corrente que circula por ele. A queda de tensão pode ser calculada de acordo com a lei de Ohm da seguinte forma:

$$E_{queda} = I \times R_{fio}$$

onde: E = queda de tensão em volts (V)
I = corrente em ampères (A)
R = resistência em ohms (Ω)

> **Exemplo 10-6**

Problema: A corrente através de um circuito CC é calculada, sendo encontrado o valor de 11 ampères. Qual seria a queda de tensão esperada se os condutores alimentando a carga possuem uma resistência combinada total de 0,2 ohm?

Solução:
$$E_{queda} = I \times R_{fio}$$
$$= 11\,A \times 0,2\,V$$
$$= 2,2\,V$$

Considere um fio de área um circular mil e comprimento igual a um pé. A resistividade (K) é uma constante, que está relacionada com as propriedades elétricas do material do fio, sendo dada na seguinte unidade: (ohms × circular mil) / pé*. As resistividades dos fios de cobre e de alumínio são diferentes e aumentam com o crescimento da temperatura. A Tabela 10-1 lista os valores típicos de resistividade (K) para o cobre e o alumínio em diferentes temperaturas. Os valores de K listados são aproximados e podem variar ligeiramente, dependendo da temperatura e do método usado na determinação de K.

---

* Considerando o sistema métrico, a resistividade é dada em K = ohms × m² / m = ohms × m = Ω · m.

A resistência de um dado comprimento de um fio de cobre ou alumínio de seção específica pode ser calculada usando a resistividade K na seguinte fórmula para a resistência de um fio:

$$R = \frac{K \times L}{cmil}$$

onde: R = resistência total do fio em ohms
K = resistividade em ohms × circular mil / pé (obtida de tabelas)
L = comprimento do fio em pés
cmil = área da seção transversal do fio em circular mil (obtida de tabelas)

Tabela 10-1 *Resistividade para o cobre e o alumínio em diferentes temperaturas*

Tipo de fio	Resistividade, K (ohms × circular mil / pé)		
	25°C	50°C	75°C
Cobre	10,8	11,8	12,9
Alumínio	17,0	19,0	21,2

>> Exemplo 10-7

Problema: Qual é a resistência de um fio de cobre de 2.000 pés de comprimento, que tem uma área da seção transversal de 10.380 cmils? Admita uma temperatura de 75°C e uma resistividade de 12,9 ohms × circular mil / pé

Solução: $R = \dfrac{K \times L}{cmil}$

$R = \dfrac{12,9 \times 2.000}{10.380}$

$R = 2,48 \ \Omega$

Essa fórmula básica pode ser convertida em outras fórmulas para determinar K, L e cmil da seguinte forma:

$$K = \frac{R \times cmil}{L}$$

$$L = \frac{R \times cmil}{K}$$

$$Cmil = \frac{K \times L}{R}$$

❯❯ Exemplo 10-8

Problema: Um fio de cobre 3/0 AWG tem uma resistência aproximada de 0,0766 ohm por 1.000 pés (em 75ºC) e uma área da seção transversal de 167.800 cmil. Calcule o valor da constante K usando essas especificações dadas.

Solução: $K = \dfrac{R \times cmil}{L}$

$K = \dfrac{0{,}0766 \times 167.800}{1.000}$

$K = 12{,}85$

❯❯ Exemplo 10-9

Problema: A resistência entre as duas extremidades de um fio de cobre 12 AWG (área da seção transversal igual a 6.530 cmils) é medida, sendo encontrado o valor de 0,8 ohm. Usando um K de 12,9, calcule o comprimento aproximado do fio.

Solução: $L = \dfrac{R \times cmil}{K}$

$L = \dfrac{0{,}8 \times 6.530}{12{,}9}$

$L = 405$ pés

❯❯ Exemplo 10-10

Problema: Determine a área mínima necessária para um único fio de alumínio de 2.250 pés, se a resistência do fio é limitada a um máximo de 0,2 ohm. Admita uma constante K para o alumínio de 21,2 ohms × circular mil/pé.

Solução: $cmil = \dfrac{K \times L}{R}$

$cmil = \dfrac{21{,}2 \times 2.250}{0{,}2}$

$cmil = 238.500$ cmils

Frequentemente é necessário calcular a queda de tensão de uma instalação quando o comprimento, a seção do fio e a corrente são conhecidos. Para um sistema monofásico (o que inclui um sistema com um fio indo para a carga e outro fio retornando para a fonte), a seguinte fórmula básica é usada*:

$$E_D(\text{monofásico}) = \frac{K \times I \times L \times 2}{\text{cmil}}$$

onde: E_D = queda de tensão em volts
K = resistividade em ohms × circular mil/pé (obtida de tabelas)
I = corrente circulando pelo fio em ampères
L = comprimento em pés do início do circuito até a carga
cmil = área da seção transversal do fio em circular mil (obtida de tabelas)

≫ Exemplo 10-11

Problema: Um circuito monofásico de 240 V está sendo usado para alimentar um aquecedor elétrico de água. A distância entre a fonte e a carga é 85 pés, a corrente da carga é 14 ampères e a área da seção do fio 12 AWG é 6.530 cmils. Determine a queda de tensão aproximada no circuito e a queda de tensão percentual, usando um K de 12,9 ohms × circular mil/pé em 75ºC.

Solução:
$$E_D = \frac{K \times I \times L \times 2}{\text{cmil}}$$
$$E_D = \frac{12,9 \times 14 \times 85 \times 2}{6.530}$$
$$E_D = 4,70 \text{ V}$$
$$\text{Queda de tensão percentual} = \frac{4,70 \text{ V}}{240 \text{ V}} \times 100$$
$$= 1,96\%$$

Uma fórmula ligeiramente diferente é usada para calcular a queda de tensão (por fase) em sistemas trifásicos. Neste caso, K × I × L é multiplicado por √3, ou 1,73, em vez de 2, ou seja:

$$E_D(\text{trifásica}) = \frac{K \times I \times L \times 1,73}{\text{cmil}}$$

A fórmula de queda de tensão para circuitos monofásicos pode ser rearranjada para determinar a área de seção mínima do condutor a ser instalado, de modo a manter a queda de tensão no circuito abaixo de um patamar estabelecido:

$$\text{cmil} = \frac{K \times I \times L \times 2}{E_D}$$

(E_D representa a queda de tensão permissível no circuito.)

---

* N. de T.: Utilizando unidades do sistema métrico, a fórmula para o cálculo da queda de tensão tem a mesma forma, mudando apenas as unidades: E_D = K × I × L × 2 / área da seção do fio, onde K está em ohms × metros, I está em ampères, L está metros e a área está em metros quadrados. Isso quer dizer que o raciocínio envolvido na aplicação dessa fórmula, explorado em alguns exemplos a seguir, é o mesmo se fossem utilizadas unidades do sistema métrico.

>> Exemplo 10-12

Problema: Encontre a área da seção de um fio de cobre (use K = 12,9) que deve ser usado para alimentar uma carga de 45 ampères e 240 volts a uma distância de 500 pés da fonte, com uma queda de tensão máxima de 2%. Use a Tabela AWG da Figura 10-11 para determinar o fio com seção mais próxima.

Solução:
$$E_D = 240\,V \times 2\%$$
$$= 240 \times 0{,}02$$
$$= 4{,}8\,V$$
$$cmil = \frac{K \times I \times L \times 2}{E_D}$$
$$cmil = \frac{12{,}9 \times 45 \times 500 \times 2}{4{,}8}$$
$$cmil = 120.737\ cmil$$

Verificando a Tabela AWG, percebemos que essa seção de fio está entre o 1/0 e o 2/0 AWG. Então, o fio 2/0 AWG seria o escolhido.

A fórmula a seguir mostra a mesma equação básica rearranjada para determinar o comprimento máximo (distância) da fonte à carga, para uma dada queda de tensão:

$$L = \frac{cmil \times E_D}{2 \times K \times I}$$

>> Exemplo 10-13

Problema: Um circuito monofásico de 240 V está alimentando uma carga. Determine a máxima distância entre a fonte de alimentação e a carga, se o tamanho do condutor é 6 AWG, a corrente da carga é 30 ampères e a queda de tensão percentual máxima permissível é 1%. (Use um valor de K de 12,9.)

Solução: 6 AWG (da tabela) = 26.250 cmils
$$E_D = 2{,}4\,V\ (240\,V \times 1\%)$$
$$L = \frac{cmil \times E_D}{2 \times K \times I}$$
$$L = \frac{26.250 \times 2{,}4}{2 \times 12{,}9 \times 30}$$
$$L = 81{,}4\ pés$$

O fluxo de corrente através de um fio também provoca perda de energia (potência) devido à resistência do condutor. A potência dissipada em um fio é igual ao quadrado da corrente multiplicado pela resistência do fio:

$$P = I^2 \times R_{fio}$$

onde: P = potência em watts (W)
I = corrente em ampères (A)
R = resistência em ohms (Ω)

> ## Exemplo 10-14
>
> **Problema:** A resistência de dois condutores de cobre 12 AWG, 75 pés de comprimento, é 0,3 ohm (0,15 Ω para cada condutor). A corrente do circuito é 16 ampères. Calcule a potência total dissipada (perdida) nos condutores do circuito.
>
> **Solução:** $P = I^2 \times R_{fio}$
> $P = 16 \times 16 \times 0,3$
> $P = 76,8$ W

Quando a queda de tensão do circuito é conhecida, a potência dissipada pode ser facilmente calculada usando a seguinte equação:

Potência dissipada = $E_D \times I$

= Queda de tensão na linha $\times$ Corrente na linha

Naturalmente, é desejável manter as perdas de potência na linha em um mínimo. Quanto maior é a seção dos condutores, menor será a potência dissipada dada por I^2R. Um meio-termo é geralmente alcançado quando a queda de tensão é mantida dentro de limites aceitáveis e quando há um equilíbrio econômico entre o custo dos condutores e o custo das perdas de energia (potência dissipada).

>> Questões de revisão

10. O que a ampacidade (capacidade de corrente) nominal de um condutor especifica?
11. Indique os fatores levados em consideração na determinação da ampacidade nominal de um condutor.
12. Por que o condutor de cobre tem uma ampacidade nominal superior à do alumínio para fios de mesmo diâmetro?
13. Defina o número AWG do fio de cobre normalmente usado para cada um dos seguintes circuitos residenciais:
    (a) circuito de secador elétrico, 120/240 V, 30 A.
    (b) circuito de fogão elétrico, 120/240 V, 40 A.
    (c) circuito de tomadas e iluminação, 120 V, 15 A.
    (d) circuito de aquecimento elétrico de água, 240 V, 20 A.

14. Defina o efeito (aumento ou redução) das ações a seguir sobre o valor da resistência de um condutor elétrico:
    (a) aumento do comprimento do condutor.
    (b) redução do diâmetro do condutor.
    (c) aumento da temperatura de operação do condutor.
    (d) uso de um condutor de alumínio de mesmo diâmetro no lugar de um de cobre.
15. (a) Explique o que se entende pela expressão "queda de tensão na linha".
    (b) Sob quais condições a queda de tensão na linha é considerada nula?
    (c) Em que tipo de circuito a resistência dos condutores é levada em consideração?
16. A norma NBR 5410 limita a queda de tensão em 4% entre a fonte de alimentação de baixa tensão e a carga. Admita que a tensão de alimentação seja 120 V e que a tensão medida na carga seja 118 V. Determine:
    (a) o valor da queda de tensão na linha
    (b) a queda de tensão máxima permissível com base no critério de 4%
    (c) a queda de tensão percentual nesse circuito
17. Calcule a resistência de um fio de cobre 10 AWG (10.380 cmils) de 300 pés de comprimento. Admita uma temperatura de 75ºC e uma resistividade de 12,9 ohms × circular mil/pé.
18. Um fio de cobre 14 AWG tem uma resistência de 2,07 ohms por 1.000 pés e uma área da seção transversal de 4.110 cmils. Calcule o valor da constante K do condutor utilizando esses valores conhecidos.
19. A resistência entre as extremidades de um pedaço de condutor de um rolo de 250 pés de fio de cobre 12 AWG (área da seção transversal de 6.530 cmils) é medida, sendo encontrado o valor de 0,25 ohm. Usando um K de 12,9, calcule o comprimento aproximado da quantidade restante de fio no rolo.
20. Determine a queda de tensão aproximada em um circuito monofásico de 120 V, consistindo em condutores de cobre 14 AWG (4.110 cmils) em que a carga consome 5 ampères e a distância do circuito entre a fonte e a carga é 60 pés. Use um K de 12,9 ohms × circular mil/pé.
21. Um fio de cobre (com um fator K de 12,9) é exigido para conduzir uma corrente de carga de 16 ampères, em 120 volts, operando a uma distância de 130 pés da fonte com uma queda de tensão não superior a 3%.
    (a) Calcule o valor da máxima queda de tensão permissível.
    (b) Calcule a área de seção reta mínima exigida para o fio.
    (c) Use a Tabela AWG para determinar o fio com seção mínima aceitável mais próxima.
22. Determine a máxima distância que uma carga monofásica de 42 ampères e 240 volts pode estar localizada a partir da fonte, de modo que a queda de tensão percentual não seja superior a 4%. O circuito será ligado com condutores de cobre 8 AWG, considerando um valor de K igual a 12,9.
23. (a) Qual é a resistência de 500 pés de um fio de cobre sólido 10 AWG? (Consulte a Tabela AWG.)
    (b) Calcule a queda de tensão na linha se todo o comprimento de fio em (a) é usado em um circuito que drena uma corrente de 25 A.
    (c) Calcule a perda de energia (dissipação de potência) do circuito.

>> Tópicos de discussão do capítulo e questões de pensamento crítico

1. Discuta que tipo de efeito uma queda de tensão significativa teria sobre a operação de cada um dos seguintes dispositivos de carga: motor, lâmpada incandescente e elemento de aquecimento.
2. Uma verificação da queda de tensão em um circuito deve ser feita ao determinar a diferença entre as tensões medidas na fonte de alimentação e na carga. Isso pode ser feito sem a carga estar conectada? Por quê?
3. Pesquise na Internet um *calculador de queda de tensão* que permitirá que você entre com informações conhecidas, como material, tamanho AWG (ou diâmetro do fio em milímetros), tensão, fase, extensão do circuito, corrente, e automaticamente obtenha dados, como queda de tensão, queda de tensão percentual, seção do condutor e tensão na extremidade do circuito. Use o calculador para verificar as respostas de seus problemas de queda de tensão. Explique as razões para quaisquer pequenas diferenças nas respostas.
4. Explique qual seria o efeito negativo de conectar em paralelo dois condutores que não são de tamanho e seção idênticos e que não são feitos do mesmo material.

capítulo 11

Resistores

Os resistores são componentes especificamente projetados para ter uma certa quantidade de resistência. As principais aplicações dos resistores são para gerar calor, limitar corrente e dividir a tensão (circuitos divisores de tensão). Os resistores servem para representar qualquer tipo de carga resistiva e a teoria da eletricidade pode ser aplicada em fórmulas como a lei de Ohm. Este capítulo discute os diferentes tipos de resistores e como eles são usados em circuitos.

Objetivos deste capítulo

- » Identificar os diferentes tipos de resistores
- » Explicar as diferentes maneiras como os resistores são usados
- » Indicar as maneiras como os resistores são especificados
- » Utilizar os códigos de cores dos resistores para determinar o valor da resistência
- » Calcular a resistência total de diferentes configurações de resistor
- » Mostrar como os resistores são utilizados em circuitos divisores de tensão e de corrente

» Resistência de fio

Uma resistência de fio é utilizada a fim de produzir calor para aquecimento por meio da eletricidade (Figura 11-1). O tipo mais popular de resistência de fio é feito de uma liga de níquel-cromo de alta resistência, chamada fio de nicromo. Esse fio é utilizado para os elementos de aquecimento em fogões, torradeiras, secadores e outros aparelhos de aquecimento.

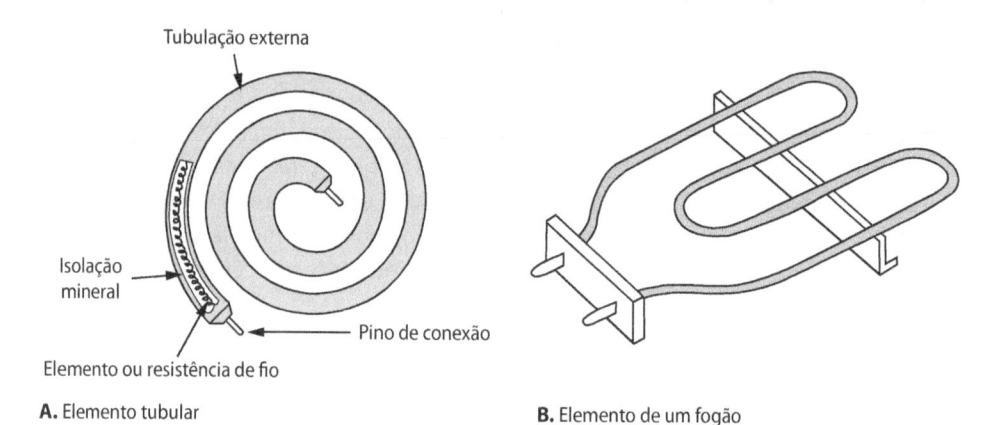

A. Elemento tubular

B. Elemento de um fogão

Figura 11-1 Elementos de aquecimento de resistência de fio.

Quando uma tensão é aplicada ao elemento de aquecimento, a elevada resistência do fio converte a maior parte da energia elétrica em energia térmica. Em elementos tubulares, o fio de condução de corrente é colocado em tubos com um isolamento mineral em pó. O isolamento em pó isola o fio do tubo, bem como veda o fio do contato com o ar. Essa vedação impede a oxidação e prolonga a vida do elemento.

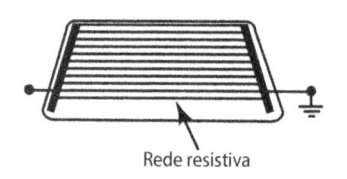

Figura 11-2 Sistema de aquecimento do vidro traseiro de automóvel.

O sistema de aquecimento do vidro traseiro de um automóvel utiliza uma rede resistiva elétrica sobre a superfície interior do vidro para formar um elemento de aquecimento (Figura 11-2). A corrente que passa através da rede produz calor, que é usado para desembaçar o vidro traseiro em dias de chuva. A limpeza do interior do vidro traseiro deve ser feita com cuidado para evitar arranhar o material da rede e causar uma interrupção no circuito.

» Resistores

Os resistores são um dos componentes mais comuns encontrados nos circuitos de controle elétrico, sendo comumente usados para ajustar e definir os níveis de tensão e de corrente. Você pode fazer um simples resistor traçando uma linha com um lápis em uma folha de papel (Figura 11-3). A resistência da linha ou dos pontos ao longo dela pode ser medida com um ohmímetro. Ajuste o ohmímetro em sua escala de resistência mais alta para medir essa resistência. Você verificará que a resistência varia diretamente com o comprimento do caminho e inversamente com a sua área de seção transversal.

Os resistores são especificados em três aspectos (Figura 11-4). A primeira especificação é a resistência, medida em ohms (Ω). É difícil fabricar uma resistência com um número exato de ohms de resistência; portanto, a maioria dos resistores carrega uma porcentagem de tolerância ou especificação de precisão. A corrente elétrica, ao passar através de um resistor, faz ele aquecer, de modo que, se a temperatura aumentar para um valor muito alto, o material do resistor pode queimar. Os resistores são, portanto, especificados para uma dada potência em watts (W). Geralmente, resistores de qualquer valor em ohms podem ser obtidos para vários valores de potência. O produto da tensão entre os terminais do resistor pela corrente que circula através dele não deve exceder a especificação de potência do resistor, ou então o resistor vai sobreaquecer e provavelmente será danificado. Quanto maior o tamanho físico do resistor, mais calor ele pode dissipar de forma segura e, assim, maior é a sua especificação de potência (ou potência nominal).

Todos os aparelhos elétricos podem ser separados em dois grupos: ativos e passivos. Um dispositivo ativo (como um transistor) é qualquer tipo de componente de circuito com a capacidade de controlar eletricamente o fluxo de elétrons (eletricidade controlando eletricidade). Os componentes incapazes de controlar a corrente por meio de outro sinal elétrico são chamados dispositivos passivos. Todos os resistores são classificados como dispositivos passivos.

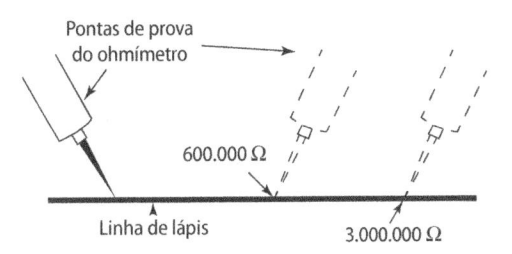

Figura 11-3 Resistor de lápis de grafite.

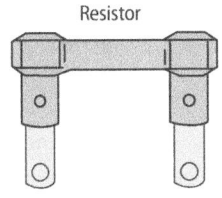

Figura 11-4 Especificações do resistor.

Um exemplo de especificação de resistor:
1. 500 Ω de resistência
2. ± 5% de tolerância
3. 10 W de potência

» Tipos de resistores

Os resistores são classificados de acordo com sua construção. Os resistores de fio enrolado são construídos enrolando um fio de alta resistência em torno de um cilindro isolado (Figura 11-5). Quanto menor for o diâmetro do fio e mais longo ele for, maior é a resistência. A fabricação desse tipo de resistor é cara. Eles são geralmente utilizados em circuitos que conduzem correntes elevadas ou em circuitos em que valores precisos de resistência são necessários. Grandes resistores de fio enrolado são chamados de resistores de potência e variam de potências de 1/2 watt até dezenas ou mesmo centenas de watts. Resistores de fio enrolado especiais, chamados fusistores, são projetados para queimar e abrir facilmente quando a po-

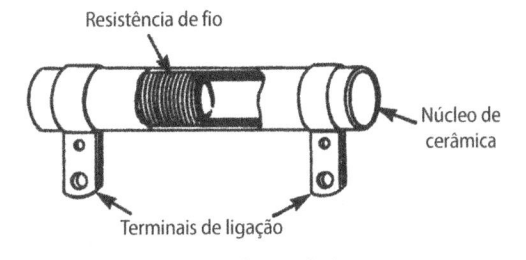

Figura 11-5 Resistor de fio enrolado.

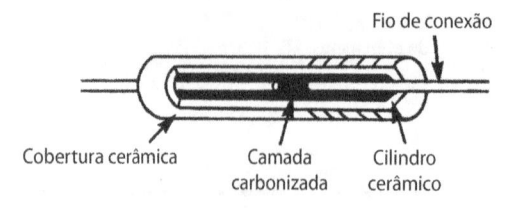

Figura 11-6 Resistor de carbono.

tência nominal é excedida. Eles desempenham a dupla função de um fusível e um resistor para limitar a corrente.

Os resistores de carbono são feitos a partir de uma pasta constituída de grafite de carbono e um material de resina de ligação (Figura 11-6). A resistência de um resistor de carbono é determinada pela quantidade de grafite de carbono utilizada na confecção do resistor. O elemento de resistência é encerrado em um invólucro de plástico para isolação e resistência mecânica. Junto às duas extremidades do elemento de resistência de carbono estão tampas metálicas com terminais para soldar as conexões em um circuito. Os resistores de carbono são baratos e também já foram o tipo mais utilizado. Em geral, eles não suportam correntes muitos elevadas e o valor real da resistência pode variar até 20% do seu valor nominal.

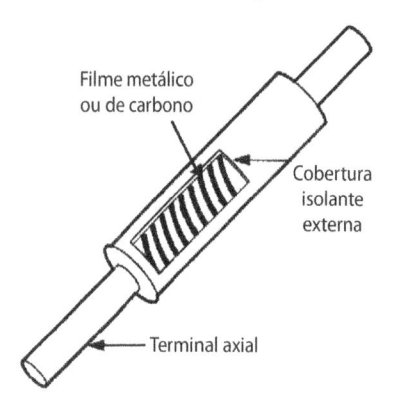

Figura 11-7 Resistor de filme.

Atualmente, o tipo mais popular de resistor é o resistor de filme (Figura 11-7). Nesses dispositivos, uma película de resistência é depositada sobre uma haste não condutora. Em seguida, o valor da resistência é definido cortando uma ranhura em espiral ao longo do filme. O comprimento e a largura da ranhura determinam o valor da resistência. Esses resistores não são cilíndricos. Em vez disso, eles se parecem com pequenos ossos. Existem dois tipos: filme de carbono e filme metálico. Suas vantagens são os valores de resistência mais precisos e o menor custo.

Um resistor de *chip* é um pequeno resistor em forma de bloco cerâmico. Estes têm um filme de carbono espesso que é depositado sobre a pastilha cerâmica. Terminais finais metálicos envolventes são ligados para facilitar a montagem na superfície de placas de circuito impresso. A dissipação de energia é tipicamente de 1/8 a 1/4 W com classificação de tolerância de ± 1% ou ± 5%. Redes de resistores em *chip* (também conhecidas como resistores de montagem em superfície ou resistores SMD) consistem em vários resistores integrados em um único CI (circuito integrado). Isso reduz o tempo requerido para montar os resistores em uma placa de circuito impresso, bem como reduz o espaço ocupado por esses resistores. As redes de resistores são muito utilizadas em circuitos nos quais existem várias exigências para inúmeros resistores idênticos. Eles são encapsulados em linha única (SIP – *single in-line package*) ou em linha dupla (DIP – *dual in-line package*) (Figura 11-8).

Uma segunda maneira de classificar os resistores é em termos de como eles funcionam. Um resistor fixo tem um valor único de resistência (Figura 11-9). Os três tipos de resistores fixos são: resistores de uso geral, resistores de potência e resistores de precisão. Resistores de precisão são normalmente feitos de material de filme metálico e têm uma tolerância de ±1% ou melhor.

A. Encapsulamento em linha única (SIP)

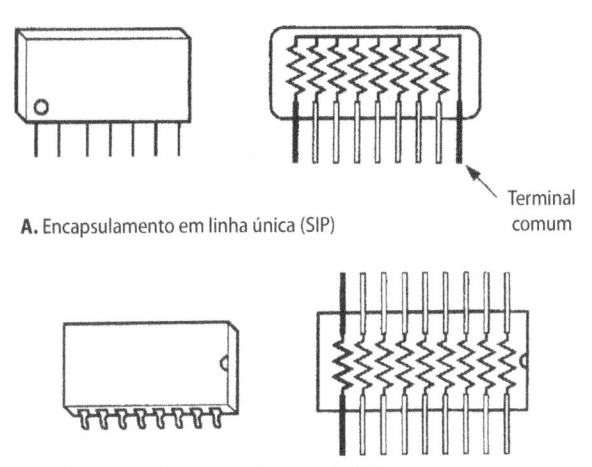

Terminal comum

B. Encapsulamento em linha dupla (DIP)

Figura 11-8 Redes de resistores em *chip*.

Resistor de 4 bandas de uso geral

Resistor de 5 bandas de precisão

Resistor de potência

Símbolo de resistor fixo

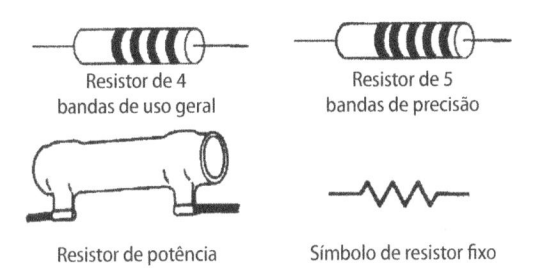

Figura 11-9 Resistores fixos.

Às vezes, certas exigências ditam que o valor do resistor seja fixado após a montagem do circuito. Um resistor ajustável (Figura 11-10) é projetado para proporcionar uma gama de diferentes valores de resistências. Esse resistor possui um contato deslizante (ou contato móvel), que pode ser variado e mantido em uma posição fixa para proporcionar valores diferentes de resistência até o valor máximo do resistor. Este tipo de resistor, no entanto, não é projetado para ser continuamente variável.

O resistor variável (Figura 11-11) é projetado para fornecer um ajuste contínuo de resistência. Os resistores variáveis têm um corpo resistitivo e uma haste. A haste desliza sobre o corpo resistivo, variando o comprimento do material resistivo entre uma das extremidades do dispositivo e a haste. Uma vez que a resistência depende diretamente do comprimento, o aumento do comprimento do material resistivo entre a extremdiade do resistor e a haste torna a resistência mais alta.

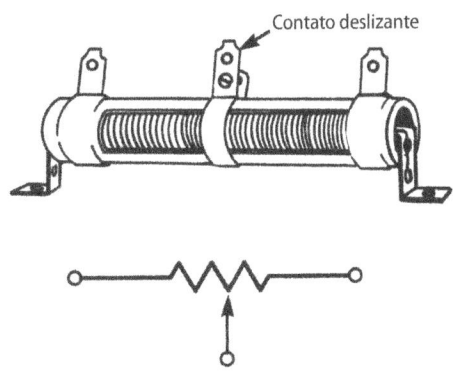

Contato deslizante

Símbolo de resistor ajustável

Figura 11-10 Resistor ajustável.

Botão de ajuste

Haste

Corpo resistivo

A C
B

A C

B

Sentido horário →

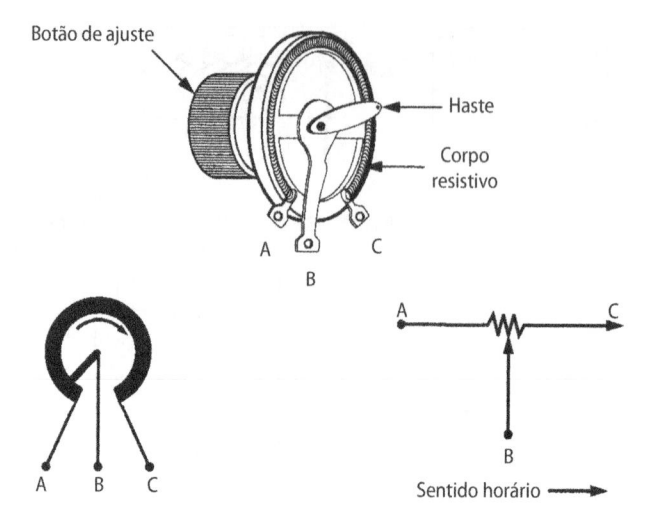

Quando a haste é girada no sentido horário, a resistência entre os pontos B e A aumenta e a resistência entre os pontos B e C diminui.

Figura 11-11 Resistor variável.

>> Reostatos e potenciômetros

Os resistores variáveis são basicamente de dois tipos: reostato e potenciômetro (pot). Um reostato é um resistor variável conectado usando apenas dois de seus terminais (Figura 11-12). O reostato serve para controlar a corrente pela variação da resistência em um circuito. Os reostatos são utilizados em circuitos de baixa potência, como no controle da intensidade luminosa ("dimmers") e no controle da velocidade de ventiladores. Também são utilizados

Amperímetro

Pela variação da resistência do reostato, o fluxo de corrente através da lâmpada é variado.

A. Conexão

B. Símbolo

C. Circuito de controle de intensidade luminosa

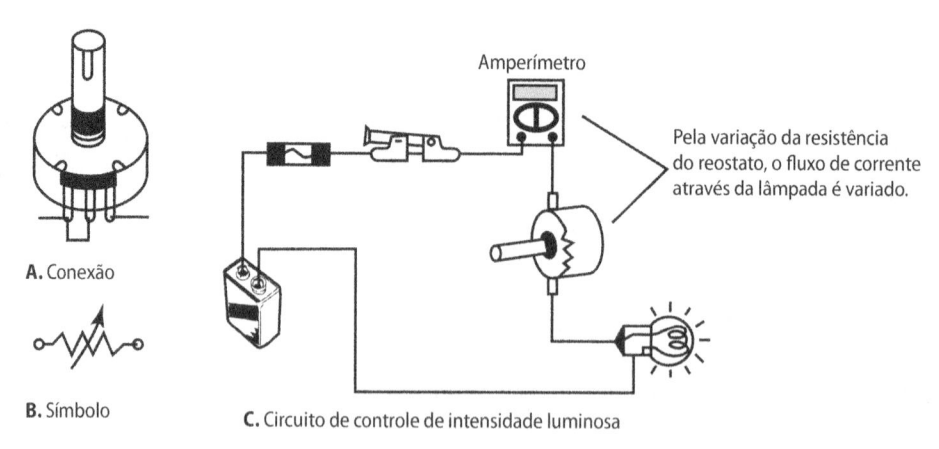

Figura 11-12 Resistor variável – reostato.

em aplicações de alta potência, como no controle da velocidade de motores e no controle da tensão de geradores.

Um potenciômetro (pot) é um resistor variável que faz uso de seus três terminais. Os potenciômetros são geralmente resistores variáveis de baixa potência, utilizados para ajustar o nível de uma tensão CA ou CC. Os dois terminais fixos de resistência máxima são conectados através da fonte de tensão e o terminal ligado à haste deslizante fornece uma tensão que varia de zero até o valor máximo (Figura 11-13).

Os potenciômetros servem para fazer ajustes em muitos tipos de circuitos de controle e são encontrados em uma grande variedade de tamanhos e formas. A Figura 11-14 mostra os circuitos para um potenciômetro utilizado como um controle de volume de um alto-falante remoto.

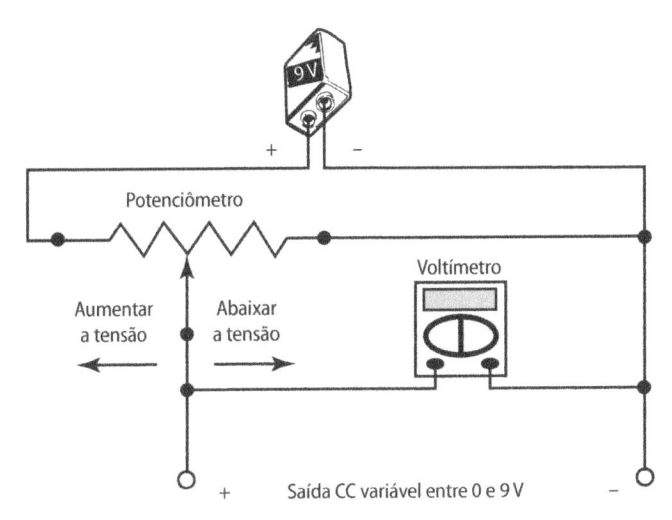

Figura 11-13 Potenciômetro utilizado como controle para uma tensão CC variável.

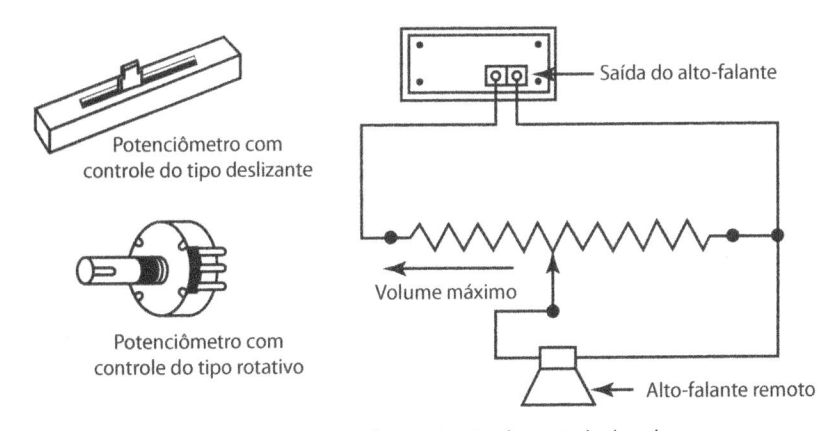

Figura 11-14 Potenciômetro como parte de um circuito de controle de volume.

Os potenciômetros do tipo trimpot são usados quando o valor ôhmico de um resistor é definido no momento em que um circuito é fabricado e testado. Eles em geral vêm em tamanhos miniatura e são montados em uma placa de circuito impresso (Figura 11-15). Muitas vezes, eles são usados para ajuste fino ou calibragem de um circuito. Ao contrário de um potenciômetro típico que gira pouco menos de uma volta completa, alguns trimpots são o que chamamos potenciômetros multivoltas. Um trimpot de 10 voltas, por exemplo, deve ser girado completamente 10 vezes para que a haste móvel se mova de uma extremidade do elemento resistivo para a outra, o que permite a realização de ajustes bastante precisos.

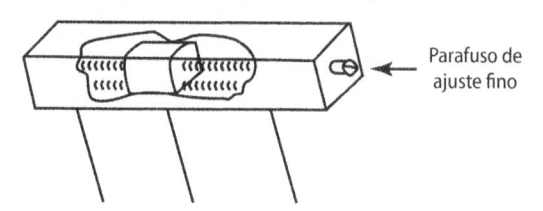

Parafuso de ajuste fino

Figura 11-15 Trimpot.

Seja um reostato ou um potenciômetro, a forma como a resistência varia é classificada como linear ou não linear. Com um potenciômetro ou um reostato linear, a resistência varia em proporção direta à rotação. A resistência para um reostato ou potenciômetro não linear varia mais gradualmente em uma extremidade, com variações maiores na extremidade oposta. O efeito é obtido por meio de diferentes densidades do elemento resistivo em uma metade do dispositivo em relação à outra. Controles de volume de áudio são do tipo não linear, permitindo um maior controle da intensidade sonora em níveis normais ou baixos de audição.

>> Código de cores dos resistores

Alguns resistores são grandes o suficiente para ter os valores de resistência, tolerância e potência estampados sobre eles. Para resistores fixos pequenos, um sistema de código de cores é geralmente utilizado para identificar o valor da resistência e a tolerância.

A Figura 11-16 ilustra como um código de cores para resistores de uso geral, com quatro bandas, é lido. Cada cor tem o valor numérico como indicado. As bandas (ou faixas) de cores são sempre lidas a partir da extremidade do resistor que tem a banda mais próxima a ela. As duas primeiras bandas identificam o primeiro e segundo dígitos do valor da resistência e a terceira banda indica o número de zeros. Uma exceção para isso é quando a terceira banda é prata ou ouro (dourada), as quais indicam multiplicadores de 0,01 e 0,1, respectivamente. A quarta banda é sempre ou prata ou ouro, sendo que, nessa banda, a cor prata indica uma tolerância de ±10%, e a cor ouro, uma tolerância de ±5%. Quando a quarta banda não está presente, a tolerância do resistor é ±20%.

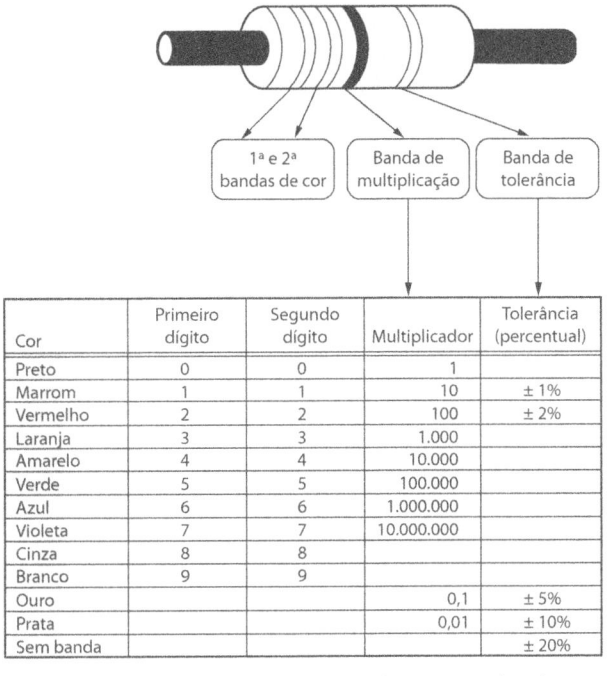

Cor	Primeiro dígito	Segundo dígito	Multiplicador	Tolerância (percentual)
Preto	0	0	1	
Marrom	1	1	10	± 1%
Vermelho	2	2	100	± 2%
Laranja	3	3	1.000	
Amarelo	4	4	10.000	
Verde	5	5	100.000	
Azul	6	6	1.000.000	
Violeta	7	7	10.000.000	
Cinza	8	8		
Branco	9	9		
Ouro			0,1	± 5%
Prata			0,01	± 10%
Sem banda				± 20%

Figura 11-16 Código de cores para resistores de uso geral com quatro bandas.

❯❯ Exemplo 11-1

Problema: Um resistor de uso geral com quatro bandas contém as seguintes bandas de cores:

Primeira banda = Vermelho
Segunda banda = Azul
Terceira banda = Laranja
Quarta banda = Prata

Determine o valor da resistência usando o código de cores.

Solução: Vermelho = 2
Azul = 6
Laranja = × 1.000
Prata = tolerância de ±10%

Portanto, o valor da resistência é 26.000 Ω ±10%.

O valor real da resistência pode variar entre 23.400 e 28.600 Ω (±10%).

> **Exemplo 11-2**
>
> **Problema:** Qual seria o código de cores para um resistor de uso geral com quatro bandas de 500 Ω com tolerância de ± 5%?
>
> **Solução:** 5 = Verde
> 0 = Preto
> × 10 = Marrom
> ± 5% de tolerância = Ouro
>
> Portanto, o código de cores seria: Verde, Preto, Marrom e Ouro.

Os resistores de filme metálico de precisão de 1% e 2% são identificados com um código de cores de cinco bandas. A Figura 11-17 ilustra como o código de cores de cinco bandas é lido. As três primeiras bandas indicam três dígitos significativos. A quarta banda é o multiplicador e a quinta banda indica a porcentagem de tolerância. Os valores de cor e multiplicador são os mesmos que os utilizados para o código de cores de quatro bandas.

Marrom = 1
Preto = 0
Preto = 0
Preto = × 1
Marrom = tolerância de 1%

Valor da resistência = 100 Ω ± 1%
= 99 a 101 Ω

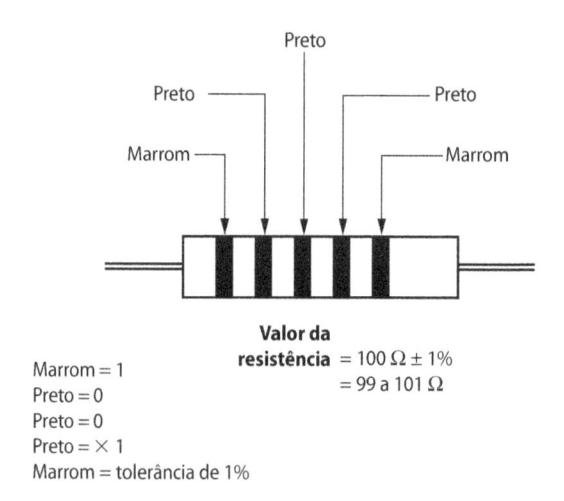

Figura 11-17 Código de cores para resistores de cinco bandas.

> **Exemplo 11-3**

Problema: Um resistor de precisão de cinco bandas contém as seguintes bandas de cores:

Primeira banda = Vermelho
Segunda banda = Laranja
Terceira banda = Violeta
Quarta banda = Laranja
Quinta banda = Marrom

Determine o valor da resistência usando o código de cores.

Solução: Vermelho = 2
Laranja = 3
Violeta = 7
Laranja = × 1.000 (3 zeros)
Marrom = ± 1% de tolerância

Portanto, o valor da resistência é 237.000 Ω ±1%.

O valor real da resistência pode variar entre 239.370 e 234.630 Ω (±1%).

O tamanho físico de um resistor nada tem a ver com o valor de sua resistência. Um resistor muito pequeno pode ter uma resistência muito baixa ou muito alta. O tamanho físico de um resistor é, no entanto, uma indicação de sua potência nominal. Para um dado valor de resistência, o tamanho físico de um resistor aumenta à medida que sua potência nominal aumenta (Figura 11-18). Tipicamente, os resistores fixos são encontrados em cinco tamanhos, variando de 1/8 a 2 W. Com um pouco de experiência, você consegue aprender a reconhecer a potência nominal de um resistor simplesmente olhando seu tamanho físico.

A potência nominal do resistor não deve ser excedida ou o resistor ficará sobreaquecido. Em certas aplicações, pode ser necessário incluir um resistor para limitar o fluxo de corrente do circuito. Quando for este o caso, o calor gerado pelo resistor é um efeito secundário indesejado e a sua potência em watts não deve ser excedida ou o resistor será danificado. A quantidade de calor que deve ser dissipada pelo resistor em um dado circuito pode ser determinada pelo uso de qualquer uma das fórmulas de potência a seguir:

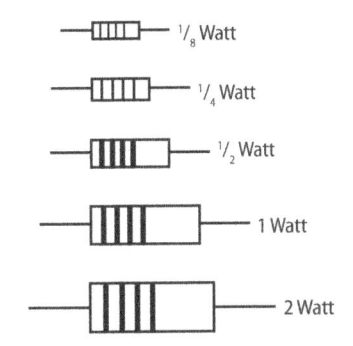

$$P = E \times I \qquad P = I^2 \times R \qquad P = E^2 / R$$

Figura 11-18 Relação entre a potência nominal de um resistor e o seu tamanho físico.

> **Exemplo 11-4**

Problema: Qual potência nominal mínima um resistor de 33 Ω deve ter se ele for conectado a uma fonte de tensão de 5 V?

Solução: $P = E^2 / R$
$P = 5\,V \times 5\,V / 33\,\Omega$
$P = 0{,}76\,W$

A potência nominal mínima mais próxima deve ser 1 W.

>> Questões de revisão

1. (a) Qual é uma aplicação prática comum da resistência de fio para aparelhos/dispositivos?
   (b) Qual tipo de fio é frequentemente utilizado para essa aplicação?
2. Explique a função de um resistor como parte de um circuito elétrico de controle.
3. Cite os três aspectos pelos quais os resistores são especificados.
4. Que tipo de circuito geralmente requer o uso de resistores de fio enrolado?
5. Explique a função de um fusistor.
6. Por que os resistores de filme tornaram-se mais populares que os resistores de carbono?
7. Cite dois tipos de resistores de filme.
8. (a) Descreva a construção de uma rede de resistores.
   (b) Em que tipos de circuitos as redes de resistores são muito utilizadas?
9. Cite três maneiras de classificar os resistores em termos de seu funcionamento.
10. Qual é a tolerância nominal de um resistor de precisão?
11. Compare a conexão e a função de controle de um reostato com as de um potenciômetro.
12. Se o braço deslizante de um potenciômetro linear está posicionado em um quarto do caminho em torno da superfície de contato, qual é a resistência entre o braço deslizante e cada terminal se a resistência total é 25 kΩ?
13. (a) Quando os trimpots são utilizados?
    (b) Descreva a operação de um trimpot de 10 voltas.
14. Compare como a resistência varia em um potenciômetro linear e não linear.
15. Identifique as bandas de cor para cada um dos seguintes resistores com código de cores de quatro bandas:
    (a) 100 Ω ± 10%
    (b) 2.200 Ω ± 5%
    (c) 47.000 Ω ± 20%
    (d) 1.000.000 Ω ± 10%
16. Um resistor de 680 Ω tem uma tolerância nominal de 10%. Determine a faixa de resistência nominal para esse resistor.
17. Qual seria o código de cores para um resistor de precisão de 909 Ω com cinco bandas e tolerância de 1%?

18. Determine o valor de resistência e a porcentagem de tolerância para cada um dos resistores com código de cores de quatro bandas mostrados na tabela.

	1ª Banda	2ª Banda	3ª Banda	4ª Banda
a.	Vermelho	Verde	Amarelo	Prata
b.	Laranja	Azul	Marrom	Ouro
c.	Branco	Marrom	Vermelho	Nenhuma
d.	Cinza	Preto	Azul	Ouro
e.	Violeta	Verde	Ouro	Prata
f.	Azul	Vermelho	Preto	Ouro

19. Determine o valor de resistência e a porcentagem de tolerância para cada um dos resistores com código de cores de cinco bandas mostrados na tabela.

	1ª Banda	2ª Banda	3ª Banda	4ª Banda	5ª Banda
a.	Verde	Azul	Vermelho	Vermelho	Marrom
b.	Violeta	Cinza	Violeta	Prata	Vermelho
c.	Laranja	Azul	Verde	Preto	Marrom
d.	Marrom	Preto	Verde	Marrom	Vermelho

» Conexão série de resistores

Muitas vezes, mais de um resistor é usado em um circuito. Para conectar resistores em série, a extremidade final de um é conectada à extremidade inicial do outro (Figura 11-19). A resistência total do circuito aumenta se os resistores são adicionados em série, e diminui se os resistores são removidos. Para determinar a resistência total do circuito, devemos simplesmente encontrar a soma das resistências individuais. Como exemplo, se os resistores são identificados como R_1, R_2 e R_3, e eles estão ligados em série, então a resistência total RT é calculada usando a fórmula:

$$R_T = R_1 + R_2 + R_3$$

» Exemplo 11-5

Problema: Suponha que três resistores estejam conectados em série. R_1 é 25 Ω, R_2 é 50 Ω e R_3 é 75 Ω. Qual é o valor da resistência total do circuito?

Solução:
$R_T = R_1 + R_2 + R_3$
$R_T = 25\ \Omega + 50\ \Omega + 75\ \Omega$
$R_T = 150\ \Omega$

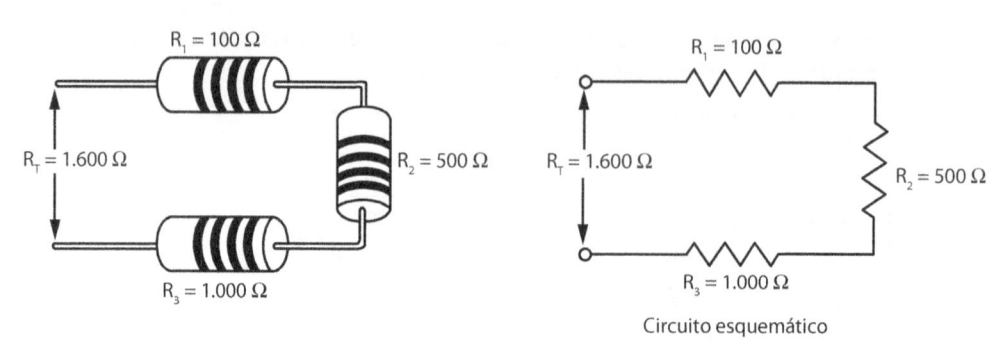

Figura 11-19 Resistores conectados em série.

Os resistores conectados em série são usados como divisores de tensão. A tensão total aplicada (E_T) é *dividida* proporcionalmente através de todos os resistores conectados em série. Uma resistência mais elevada tem uma maior queda de tensão do que uma resistência menor no mesmo circuito série; resistências iguais têm a mesma queda de tensão. O princípio do divisor de tensão é muito utilizado em circuitos em que uma fonte de tensão deve fornecer vários valores distintos de tensão para diferentes partes de um circuito. A Figura 11-20 mostra o esquemático de um circuito divisor de tensão. Nesse circuito, seis níveis de tensão estão disponíveis a partir de uma única fonte de 14 V.

A queda de tensão através de um resistor é normalmente um fator que precisa ser calculado. O valor dessa queda de tensão, em um circuito série, é proporcional à razão entre o valor do resistor, no qual se quer calcular a queda de tensão, e a soma dos valores de todos os resistores do circuito série. A fórmula de divisor de tensão permite calcular a queda de tensão através de qualquer um dos resistores ligados em série, sem ter que calcular primeiro o valor de corrente do circuito. Matematicamente temos:

$$E_X = \frac{R_X}{R_T} \times E_S$$

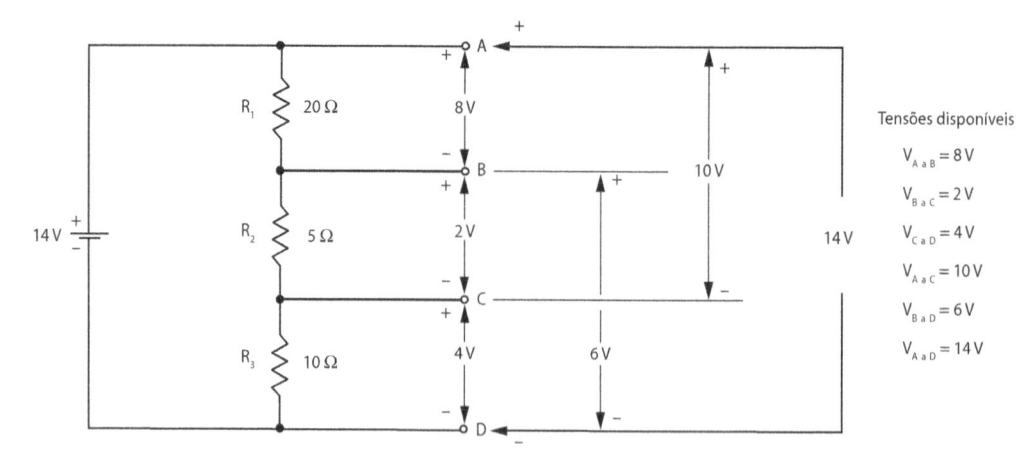

Figura 11-20 Circuito divisor de tensão.

onde: E_x é a queda de tensão através do resistor selecionado

R_x é o valor da resistência do resistor selecionado

R_T é a resistência total do circuito série

E_s é a tensão aplicada ou tensão da fonte

> **» Exemplo 11-6**
>
> **Problema:** Os resistores R_1, R_2 e R_3 (3 Ω, 6 Ω e 1 Ω, respectivamente) estão conectados em série com uma fonte de tensão de 24 V_{CC}. Calcule o valor da queda de tensão através de cada resistor.
>
> **Solução:** $E_1 = \dfrac{R_1}{R_T} \times E_s$
>
> $E_1 = \dfrac{3\,\Omega}{10\,\Omega} \times 24\,V$
>
> $E_1 = 7{,}2\,V$

ex

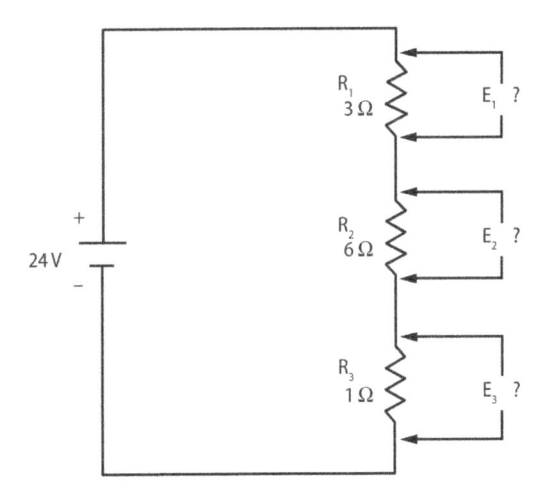

Figura 11-21 Circuito para o Exemplo 11-6.

> **Exemplo 11-6** *Continuação*

$$E_2 = \frac{R_2}{R_T} \times E_S$$

$$E_2 = \frac{6\,\Omega}{10\,\Omega} \times 24\,V$$

$$E_2 = 14,4\,V$$

$$E_3 = \frac{R_3}{R_T} \times E_S$$

$$E_3 = \frac{1\,\Omega}{10\,\Omega} \times 24\,V$$

$$E_3 = 2,4\,V$$

» Conexão paralela de resistores

Os resistores são conectados em paralelo ao ligá-los através de um conjunto comum de fios (veja a Figura 11-22). A resistência total do circuito formado é *menor* que o valor mais baixo de resistência presente em qualquer um dos ramos do circuito. Isso ocorre porque cada resistor fornece um caminho paralelo separado para o fluxo de corrente. Suponha que todos os resistores conectados em paralelo têm o mesmo valor de resistência. A resistência total é, então, encontrada mais facilmente pela divisão do valor da resistência comum pelo número total de resistores conectados (Figura 11-22), ou seja:

$$R_T = \frac{R_{(valor\ comum)}}{\text{número de resistores}}$$

$$R_T = \frac{150\,\Omega}{3}$$

$$R_T = 50\,\Omega$$

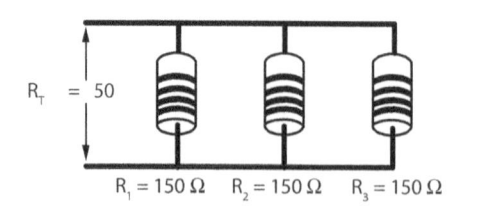

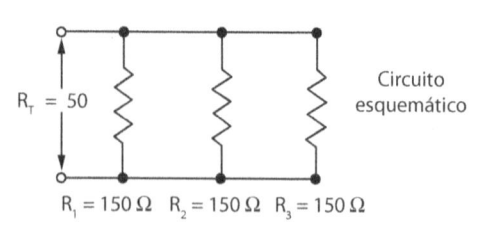

Figura 11-22 Resistores de mesmo valor conectados em paralelo.

Para encontrar a resistência total de dois valores desiguais de resistores conectados em paralelo (uma utilização muito comum), calcula-se o produto sobre a soma das resistências. A fórmula é:

$$R_T = \frac{R_1 \times R_2}{R_1 + R_2}$$

> **» Exemplo 11-7**
>
> **Problema:** Suponha que um resistor de 60 Ω é conectado em paralelo com um de 40 Ω. Qual é o valor da resistência total combinada dos dois?
>
> **Solução:** $R_T = \dfrac{R_1 \times R_2}{R_1 + R_2}$
>
> $R_T = \dfrac{60\ \Omega \times 40\ \Omega}{60\ \Omega + 40\ \Omega}$
>
> $R_T = \dfrac{2.400\ \Omega}{100\ \Omega}$
>
> $R_T = 24\ \Omega$

Para mais de dois resistores conectados em paralelo, a fórmula geral usada para a resistência total de um circuito paralelo é:

$$R_T = \frac{1}{\dfrac{1}{R_1} + \dfrac{1}{R_2} + \dfrac{1}{R_3}}$$

> **» Exemplo 11-8**
>
> **Problema:** Suponha que resistores de 120 Ω, 60 Ω e 40 Ω sejam conectados em paralelo. Determine o valor da resistência total equivalente dessa ligação.
>
> **Solução:** $R_T = \dfrac{1}{\dfrac{1}{R_1} + \dfrac{1}{R_2} + \dfrac{1}{R_3}}$
>
> $R_T = \dfrac{1}{\dfrac{1}{120\ \Omega} + \dfrac{1}{60\ \Omega} + \dfrac{1}{40\ \Omega}}$
>
> $R_T = \dfrac{1}{0,00833 + 0,0167 + 0,025}$
>
> $R_T = \dfrac{1}{0,050}$
>
> $R_T = 20\ \Omega$

Assim como um circuito série é frequentemente chamado circuito divisor de tensão, um circuito paralelo é frequentemente chamado circuito divisor de corrente. Quando os resistores são conectados em paralelo a uma fonte de tensão, a corrente que flui através de cada resistor é inversamente proporcional à sua resistência. Uma resistência menor tem uma corrente maior que uma resistência maior no mesmo circuito paralelo; resistências iguais têm o mesmo valor de corrente circulando por elas. A fórmula a seguir de divisor de corrente é usada para calcular a corrente através de qualquer ramo de um circuito paralelo de múltiplos ramos, quando a resistência total, a corrente total e a resistência do ramo são conhecidas:

$$I_X = \frac{R_T \times I_T}{R_X}$$

onde: I_X é a corrente no ramo desejado

R_T é o valor da resistência total

R_X é a resistência do ramo onde se deseja calcular a corrente

I_T é a corrente total do circuito

>> **Exemplo 11-9**

Problema: Os resistores R_1, R_2 e R_3 (2 Ω, 3 Ω e 6 Ω, respectivamente) estão conectados em paralelo. Use a fórmula do divisor de corrente para calcular o valor de corrente através de cada resistor, se a corrente total que flui para o circuito é 10 ampères.

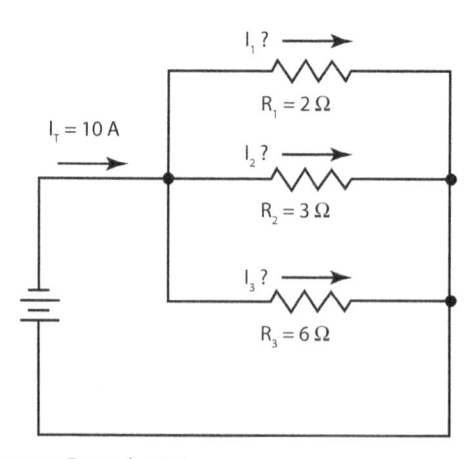

Figura 11-23 Circuito para o Exemplo 11-9.

» Exemplo 11-9 *Continuação*

Solução:
$$R_T = \frac{1}{\frac{1}{R_1}+\frac{1}{R_2}+\frac{1}{R_3}}$$

$$R_T = \frac{1}{\frac{1}{2}+\frac{1}{3}+\frac{1}{6}}$$

$$R_T = \frac{1}{0{,}500+0{,}333+0{,}167}$$

$$R_T = 1\,\Omega$$

$$I_1 = \frac{R_T}{R_1} \times I_T$$

$$I_1 = \frac{1}{2} \times 10$$

$$I_1 = 5\text{ A}$$

$$I_2 = \frac{R_T}{R_2} \times I_T$$

$$I_2 = \frac{1}{3} \times 10$$

$$I_2 = 3{,}33\text{ A}$$

$$I_3 = \frac{R_T}{R_3} \times I_T$$

$$I_3 = \frac{1}{6} \times 10$$

$$I_3 = 1{,}67\text{ A}$$

» Conexão série-paralela de resistores

Uma rede de resistores série-paralelo contém resistores tanto em série quanto em paralelo. As leis que governam esses circuitos são as mesmas desenvolvidas para circuitos série e circuitos paralelo. Primeiro, a resistência da porção em paralelo é encontrada. Em seguida, a resistência total da porção em paralelo é somada a qualquer resistência em série para determinar a resistência total do circuito série-paralelo.

>> **Exemplo 11-10**

Problema: Um resistor de 30 Ω, R_1, e um resistor de 60 Ω, R_2, estão conectados em paralelo entre si e em série com um resistor de 40 Ω, R_3. Determine a resistência total dessa combinação série-paralelo de resistores.

Solução: $R_1 \| R_2 \text{(em paralelo)} = \dfrac{R_1 \times R_2}{R_1 + R_2}$

$= \dfrac{30\,\Omega \times 60\,\Omega}{30\,\Omega + 60\,\Omega}$

$= \dfrac{1.800}{90}$

$= 20\,\Omega$

$R_T = R_1 \| R_2 + R_3$

$= 20\,\Omega + 40\,\Omega$

$= 60\,\Omega$

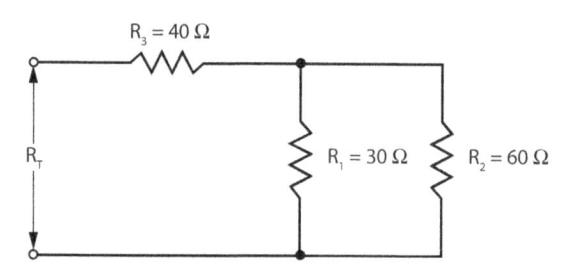

Figura 11-24 Circuito para o Exemplo 11-10.

>> Questões de revisão

20. Calcule a resistência total para cada uma das seguintes conexões de circuito:
    (a) circuito série: $R_1 = 40\,\Omega$, $R_2 = 75\,\Omega$
    (b) circuito paralelo: $R_1 = 200\,\Omega$, $R_2 = 200\,\Omega$, $R_3 = 200\,\Omega$
    (c) circuito série: $R_1 = 2.000\,\Omega$, $R_2 = 6.000\,\Omega$, $R_3 = 2.200\,\Omega$
    (d) circuito paralelo: $R_1 = 14\,\Omega$, $R_2 = 32\,\Omega$
    (e) circuito série: $R_1 = 4.700\,\Omega$, $R_2 = 800\,\Omega$, $R_3 = 200\,\Omega$
    (f) circuito paralelo: $R_1 = 60\,\Omega$, $R_2 = 30\,\Omega$, $R_3 = 15\,\Omega$

21. Os resistores R_1, R_2 e R_3 (50 Ω, 30 Ω e 20 Ω, respectivamente) estão conectados em série com uma fonte de tensão de 200 V. Calcule as tensões E_1, E_2 e E_3 para esse circuito divisor de tensão.

22. A corrente total para um circuito com dois resistores conectados em paralelo é 3 A. A resistência R_1 é 10 Ω e a resistência R_2 é 40 Ω. Calcule as correntes I_1 e I_2 para esse circuito divisor de corrente.

23. Um resistor de 5 Ω, R_1, e um resistor de 20 Ω, R_2, estão conectados em paralelo entre si e em série com um resistor de 6 Ω, R_3. Calcule a resistência total desse circuito série-paralelo.

» Tópicos de discussão do capítulo e questões de pensamento crítico

1. Suponha que você tenha três resistores de 100 Ω para serem associados de qualquer maneira. Existem três configurações possíveis utilizando os três resistores. Descreva cada configuração e o valor total da resistência esperado para cada uma delas.
2. (a) Calcule a resistência total da rede de resistores mostrada na Figura 11-25.
   (b) Suponha que o resistor R_1 queimou (resistência infinita). Calcule o novo valor da resistência total do circuito.
   (c) Suponha que o resistor R_2 do circuito original seja curto-circuitado (resistência nula entre seus terminais). Calcule o novo valor da resistência total do circuito.

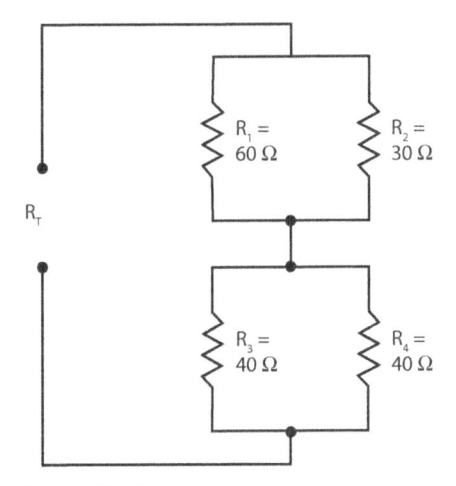

Figura 11-25

capítulo 12

Eletricidade e magnetismo

Embora eletricidade e magnetismo pareçam dois tópicos distintos, veremos que existe, na realidade, uma importante conexão entre eles. Um ímã é um pedaço de óxido de ferro ou uma liga especial que exerce uma força invisível de atração em objetos feitos de ferro, níquel ou cobalto. Essa força invisível propriamente dita é chamada magnetismo ou força magnética. Eletromagnetismo é o magnetismo produzido em torno de um condutor sempre que uma corrente flui por ele. Neste capítulo, discutiremos os fenômenos associados à eletricidade e ao magnetismo.

Objetivos deste capítulo

- » Definir termos magnéticos comuns
- » Enunciar a lei dos polos magnéticos
- » Descrever as características das linhas de força magnéticas
- » Aplicar corretamente a regra da mão direita
- » Indicar os fatores que determinam a força de um eletroímã
- » Explicar como uma analogia da lei de Ohm pode ser aplicada a um circuito magnético

» Propriedades dos ímãs

A capacidade de certos materiais de atrair objetos feitos de ferro ou de ligas de ferro é o mais conhecido de todos os efeitos magnéticos. Essa propriedade de um material de atrair pedaços de ferro ou de aço é chamada magnetismo.

Os materiais magnéticos são os materiais que os ímãs atraem. Alguns materiais magnéticos comuns são ferro, aço, níquel e cobalto (Figura 12-1). Você pode magnetizar qualquer material magnético. Materiais não magnéticos são os materiais que os ímãs não atraem. Exemplos de materiais não magnéticos são cobre, alumínio, chumbo, prata, latão, madeira, vidro, líquidos e gases. Você não pode magnetizar um material não magnético.

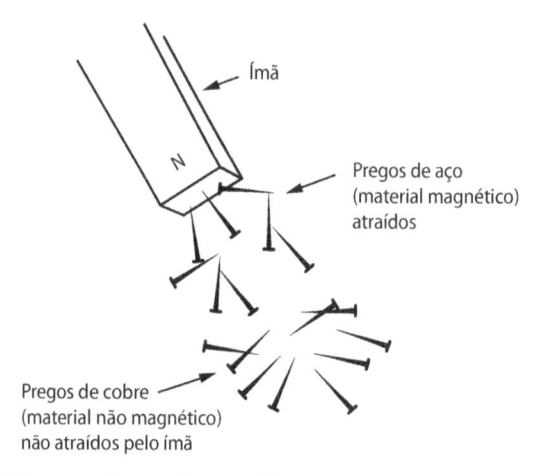

Figura 12-1 Materiais magnéticos e não magnéticos.

» Tipos de ímãs

Ímãs naturais e artificiais

Os efeitos do magnetismo foram observados pela primeira vez em um pedaço de minério de ferro chamado magnetita. A magnetita é um ímã natural, porque possui qualidades magnéticas quando encontrada em sua forma natural. Ímãs naturais têm muito pouca utilidade prática, porque é possível produzir ímãs artificiais muito mais fortes. Ímãs artificiais são aqueles feitos a partir de materiais magnéticos comuns desmagnetizados. O ímã de barra, o ímã ferradura e a agulha de bússola são exemplos de ímãs artificiais (Figura 12-2).

A maioria dos ímãs artificiais é produzida eletricamente. O processo utilizado é simples. Para magnetizar um material magnético usando eletricidade, o material a ser magnetizado é primeiro colocado em uma bobina de fio isolado. Em seguida, uma fonte de tensão de corrente contínua é momentaneamente aplicada aos terminais da bobina [Figura 12-3(a)]. Para des-

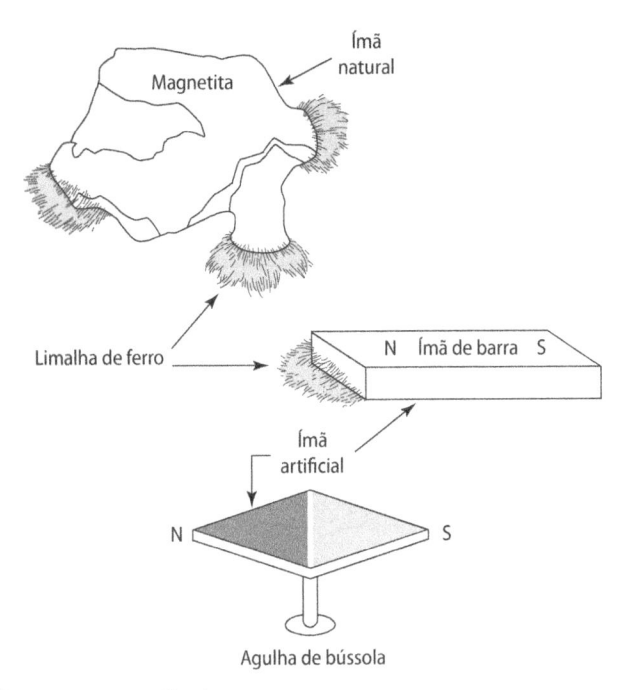

Figura 12-2 Ímãs naturais e artificiais.

magnetizar um ímã artificial, o mesmo processo é repetido, porém a fonte de tensão usada é de corrente alternada [Figura 12-3(b)].

Ímãs temporários e permanentes

Quando um material é fácil de magnetizar, diz-se que ele tem elevada permeabilidade magnética. Diferentes materiais magnéticos, uma vez magnetizados, têm capacidades diferentes para reter o seu magnetismo. A capacidade de um material manter o seu magnetismo é determinada pela remanência do material. Os ímãs temporários têm baixa remanência (Figu-

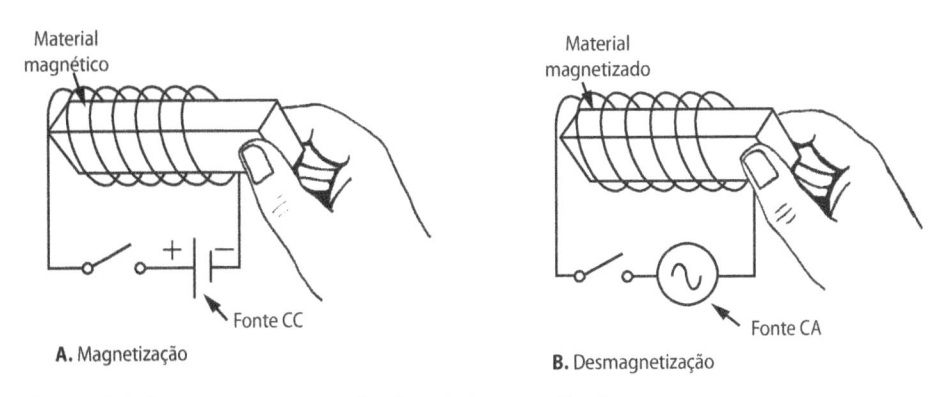

Figura 12-3 Os processos de magnetização e de desmagnetização.

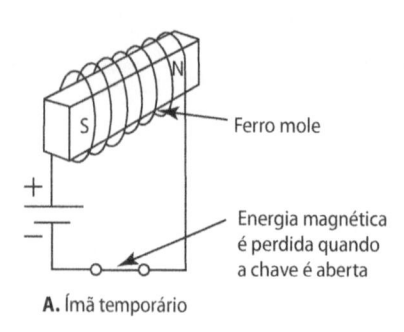

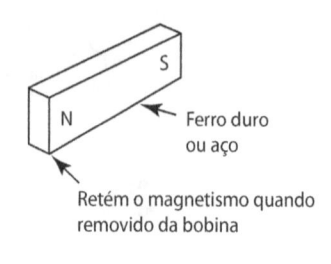

A. Ímã temporário — Ferro mole; Energia magnética é perdida quando a chave é aberta

B. Ímã permanente — Ferro duro ou aço; Retém o magnetismo quando removido da bobina

Figura 12-4 Ímãs temporários e permanentes.

ra 12-4a). Eles perdem a maior parte da sua energia magnética quando a força magnética é removida. Ferros moles têm uma remanência baixa e, por isso, são bons para a fabricação de ímãs temporários. Ímãs permanentes são feitos de ferro duro e aço [Figura 12-12(b)]. No caso de ímãs permanentes, é necessária uma maior energia para magnetizá-los; entretanto, uma vez magnetizados, eles mantêm seu magnetismo por um longo período de tempo.

Ligas magnéticas são uma combinação de certos materiais magnéticos e não magnéticos. A liga de alnico, por exemplo, é uma combinação de um metal não magnético (alumínio), dois metais fracamente magnéticos (níquel e cobalto) e um bom metal magnético (ferro). Você pode magnetizar qualquer liga magnética.

Uma categoria especial de ímãs permanentes é aquela de ímãs cerâmicos, muitas vezes chamados ferrites. Os ímãs de cerâmica são feitos pela combinação de partículas de óxido de ferro com um composto cerâmico. Eles podem ser moldados em qualquer forma e têm resistência elétrica muito elevada.

O magnetismo que permanece em um material magnético, depois de removida a força magnetizante, é chamado magnetismo residual. Este termo é geralmente aplicado apenas para ímãs temporários. O magnetismo residual é importante em certos tipos de geradores, porque fornece a tensão inicial necessária para o gerador chegar à sua tensão nominal.

» Lei dos polos magnéticos

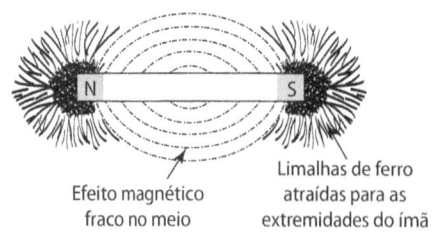

Figura 12-5 Polos magnéticos. — Efeito magnético fraco no meio; Limalhas de ferro atraídas para as extremidades do ímã

Os efeitos do magnetismo são fortes nas extremidades do ímã e mais fracos no meio. As extremidades do ímã, onde as forças de atração são mais intensas, são chamadas polos do ímã. Cada ímã tem dois polos. Esses polos são identificados como os polos norte e sul do ímã (Figura 12-5).

A lei dos polos magnéticos afirma que polos semelhantes se repelem e polos opostos se atraem. Colocar o polo norte de um ímã suspenso perto do polo sul de um segundo ímã juntará os dois polos, isto é eles se atrairão

[Figura 12-6(a)]. Repetir essa experiência, porém usando as duas extremidades de polo norte, afastará as duas extremidades, isto é, surge entre elas uma força de repulsão. A atração ou repulsão entre ímãs varia diretamente com o produto de suas intensidades.

A. Polos opostos de atraem

B. Polos semelhantes se repelem

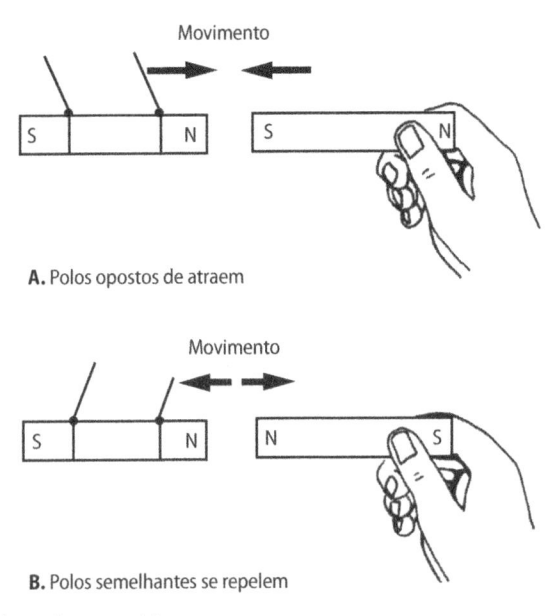

Figura 12-6 Lei dos polos magnéticos.

Se um ímã de barra é colocado em uma mesa e um segundo ímã é movido lentamente em direção a ele, você vai observar que a força de atração ou repulsão aumentará à medida que a distância entre os polos dos ímãs é reduzida. Na verdade, essa força magnética varia inversamente com o quadrado da distância entre os polos. Por exemplo, se a distância entre os dois polos opostos é dobrada, a força de atração será reduzida a um quarto do seu valor anterior (Figura 12-7).

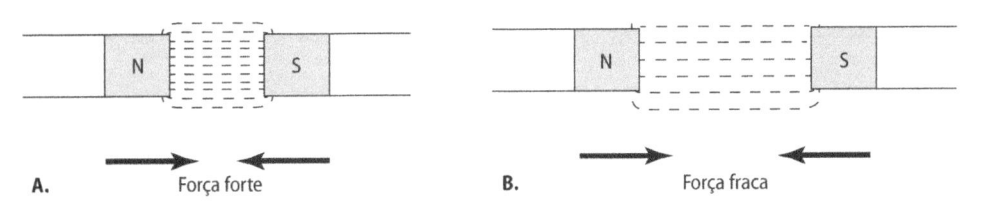

A. Força forte

B. Força fraca

Figura 12-7 Distância e força entre polos.

O ímã ferradura é, na verdade, um ímã de barra dobrado na forma de uma ferradura, deixando os dois polos do ímã mais próximos do que em um ímã de barra reto. Assim, a distância entre os dois polos opostos é reduzida, produzindo uma força magnética muito mais forte (Figura 12-8).

Um ímã em forma de anel (Figura 12-9) é, na verdade, como dois ímãs em ferradura colocados juntos com os polos opostos se tocando. Eles formam um laço fechado com um furo no centro. Uma vez que o laço não tem extremidades abertas, não há um *gap* (ou entreferro) de ar e, portanto, não há polos indicados.

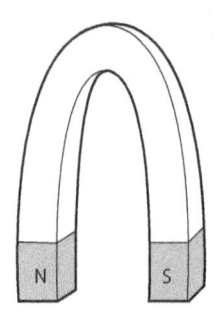

Figura 12-8 Ímã em forma de ferradura.

Ímã em anel com núcleo de ferrite

Equivalente de dois ímãs em ferradura colocados juntos

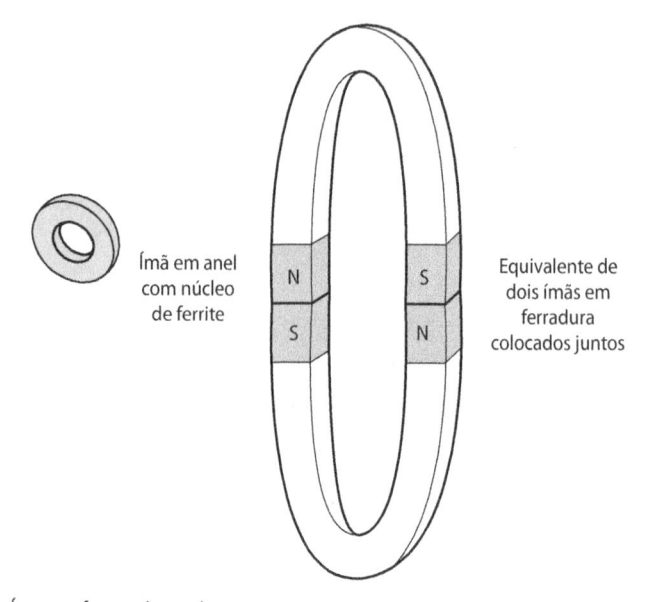

Figura 12-9 Íma em forma de anel.

>> Polaridade magnética

Assim como uma fonte de tensão CC tem terminais positivo e negativo que representam a polaridade elétrica, uma "fonte magnética" tem polos norte (N) e sul (S) que representam a polaridade magnética.

A própria Terra é um ímã natural com polos magnéticos localizados próximos dos polos norte e sul geográficos* (Figura 12-10). Uma bússola é simplesmente um ímã permanente articulado em seu ponto médio, de modo que ele é livre para se mover em um plano horizontal. Devido à

---

* N. de T.: O polo norte magnético da Terra está próximo ao seu polo sul geográfico e vice-versa.

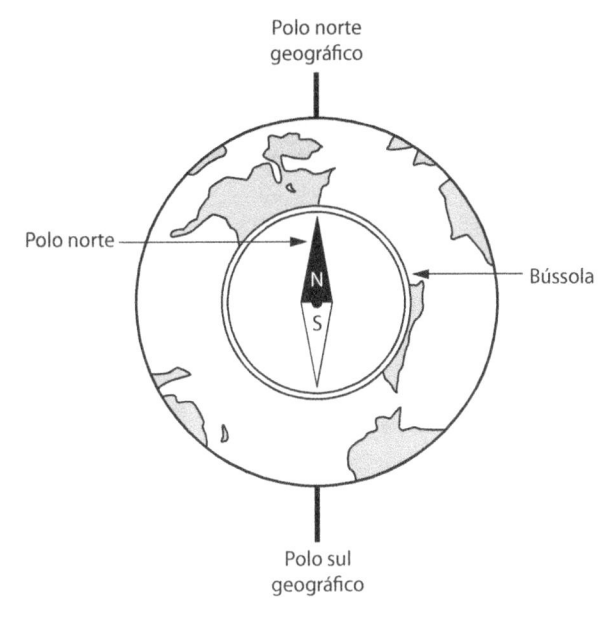

Figura 12-10 A Terra é um ímã natural.

atração magnética entre polos opostos, a bússola sempre repousará com a mesma extremidade apontando em direção ao norte. A extremidade da agulha da bússola que aponta para o norte geográfico foi estabelecida como o polo de busca do norte da bússola (ou, simplesmente, polo norte da bússola). Assim, a extremidade de busca do norte é considerada o polo norte (magnético) da bússola. A extremidade oposta é o polo sul (magnético) da bússola.

Se uma pequena bússola é colocada próxima à extremidade de um ímã de barra, a força entre os polos do ímã e os polos da agulha da bússola moverá a agulha da bússola de sua direção usual norte-sul. Dado que a agulha da bússola é pequena em comparação com o ímã de barra, a bússola apontará na direção da força exercida pelo ímã de barra sobre os polos da bússola. A bússola pode ser usada para identificar a polaridade dos polos de um ímã (Figura 12-11). Primeiro, identifique os polos norte e sul da bússola. Lembre-se de que o polo norte da bússola aponta para o polo norte geográfico. Em seguida, coloque a bússola próxima a um dos polos do ímã. Aplique a lei dos polos magnéticos para identificar o polo desconhecido do ímã. Se o polo norte da bússola é atraído pelo polo do ímã, então este é um polo sul magnético. Se o polo sul da bússola é atraído pelo polo do ímã, então este é um polo norte magnético.

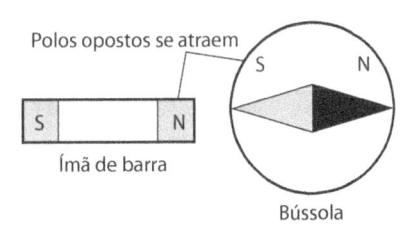

Figura 12-11 Utilizando uma bússola para identificar a polaridade de um ímã.

≫ O campo magnético

A área em torno de ímã, na qual a força magnética invisível é evidente, é chamada campo magnético do ímã. A representação desse padrão de campo magnético é feita com a utilização de limalha de ferro salpicada na área em torno do ímã (Figura 12-12). Ao aproximar polos opostos, as linhas de força se unem para produzir um campo magnético igual à soma dos dois campos magnéticos separados.

Às vezes, é necessário ilustrar a orientação e a intensidade dos padrões de campo magnético. Um método normalmente adotado para representar as forças em um campo magnético utiliza as chamadas linhas de força magnéticas. Um conjunto de linhas de campo magnético é chamado fluxo magnético ou simplesmente fluxo.

Embora as linhas de campo sejam invisíveis, admite-se que elas têm certas características, resumidas a seguir:

- As linhas de força nunca se cruzam.
- As linhas de força formam laços (caminhos) fechados.
- As linhas de força viajam do polo norte para o polo sul fora do ímã e do polo sul para o polo norte dentro do ímã.
- As linhas de força seguem o caminho mais fácil, passando mais facilmente através de materiais com características magnéticas (por exemplo, o ferro mole).

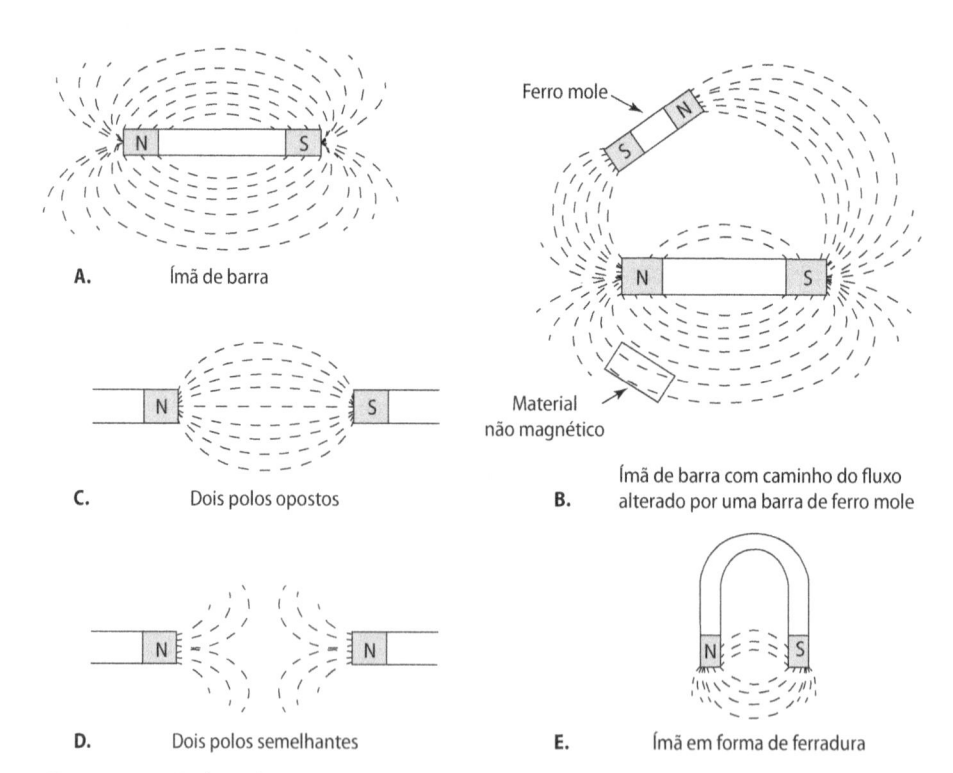

A. Ímã de barra

C. Dois polos opostos

D. Dois polos semelhantes

B. Ímã de barra com caminho do fluxo alterado por uma barra de ferro mole

E. Ímã em forma de ferradura

Figura 12-12 Padrões de campo magnético.

- Quanto mais forte é o ímã, maior é a densidade do fluxo (linhas de força por unidade de área).
- As linhas de força se repelem.
- Não há um isolante conhecido para linhas de força magnéticas.

Em vez de usar limalha de ferro, o campo magnético pode ser investigado com mais precisão utilizando uma bússola. Quando uma bússola é colocada em um campo magnético, o polo norte da bússola apontará na direção das linhas de força (Figura 12-13).

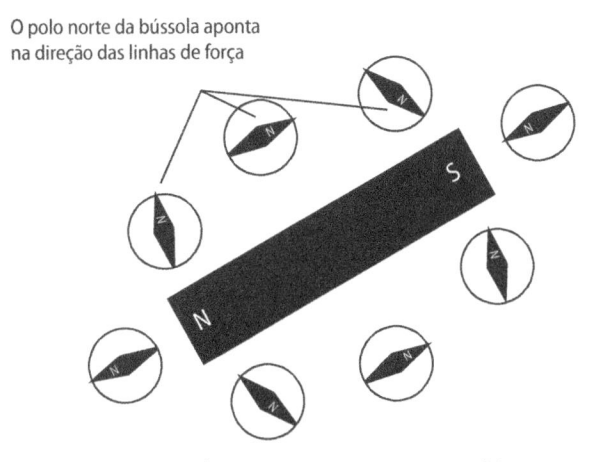

Figura 12-13 Utilização de uma bússola para mapear o campo magnético.

>> Blindagem magnética

Certos tipos de equipamentos elétricos e eletrônicos são afetados em sua operação e precisão por linhas de força magnéticas dispersas. Como mencionado, uma das características das linhas de força é que não há isolante conhecido para elas e isso representa um problema na proteção de dispositivos contra campos magnéticos dispersos [Figura 12-14(a)]. O problema é resolvido por meio de outra característica. Essa característica é que as linhas de força viajam mais facilmente através de materiais com características magnéticas (materiais ferromagnéticos), como o ferro mole. Por exemplo, os medidores que necessitam ser protegidos são rodeados por uma cobertura de ferro mole, com baixa resistência à passagem de fluxos magnéticos, de modo que as linhas de força magnéticas dispersas viajam pela cobertura de ferro e não pelo medidor. O mesmo princípio de projeto é aplicado em motores e transformadores para minimizar a radiação de linhas de força dos campos magnéticos desses dispositivos.

A. Não há isolante para as linhas de força

B. Proteção contra as linhas de força

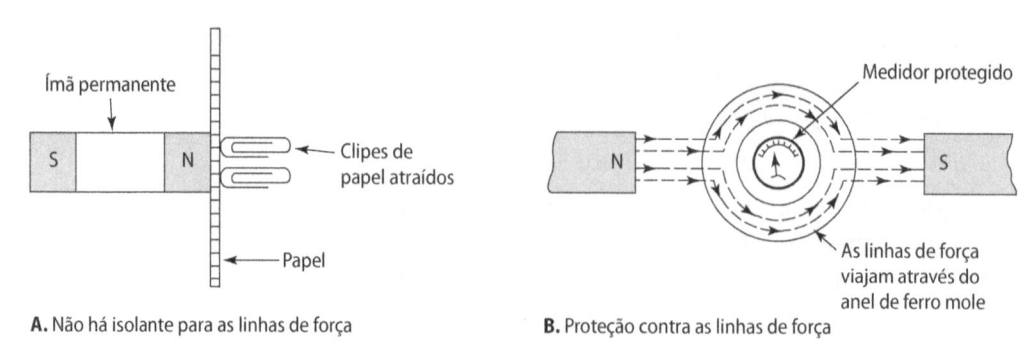

Figura 12-14 Blindagem contra linhas de força magnéticas.

» Teorias do magnetismo

Diferentes teorias têm sido desenvolvidas ao longo dos anos na tentativa de explicar a origem do magnetismo. A teoria molecular do magnetismo supõe que cada molécula (grupo de átomos) de uma substância é, na realidade, um pequeno ímã. Quando um material está desmagnetizado, seus ímãs moleculares estão organizados de modo aleatório [Figura 12-15(a)]. O resultado líquido é uma anulação do efeito magnético. Em uma barra magnetizada, os ímãs moleculares estão organizados de modo que seus campos magnéticos estão alinhados na mesma direção [Figura 12-15(b)].

Se um ímã é dividido ao meio, a teoria molecular também se aplica, uma vez que cada metade se torna um novo ímã com ambos os polos norte e sul.

A teoria eletrônica do magnetismo é uma teoria mais moderna para explicar a origem do magnetismo nos materiais. Acredita-se que os elétrons giram sobre seus próprios eixos (da mesma forma como a Terra gira sobre o seu eixo), enquanto eles estão em órbita em torno do núcleo atômico. O efeito de rotação do elétron (em torno de seu eixo) cria um campo magnético. A polaridade desse campo magnético é determinada pelo sentido em que o elétron está girando. Os materiais não magnéticos têm os elétrons girando em sentidos diferentes, o que causa o cancelamento do efeito magnético [Figura 12-16(a)]. Os materiais magnéticos tendem a ter a maior parte ou todos os seus elétrons girando no mesmo sentido [Figura 12-16(b)].

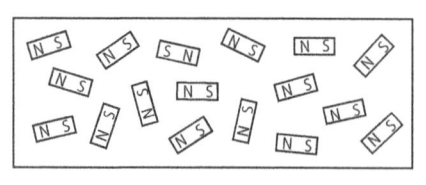

A. Barra desmagnetizada

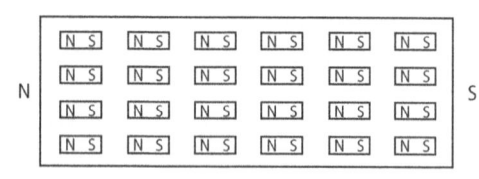

B. Barra magnetizada

Figura 12-15 Teoria molecular do magnetismo.

A. Material não magnético

B. Material magnético

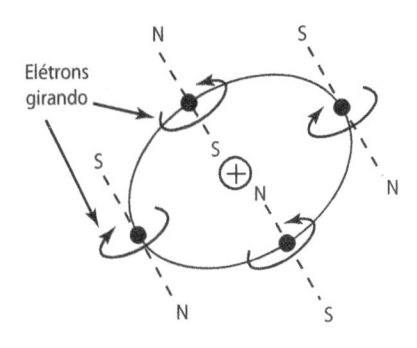

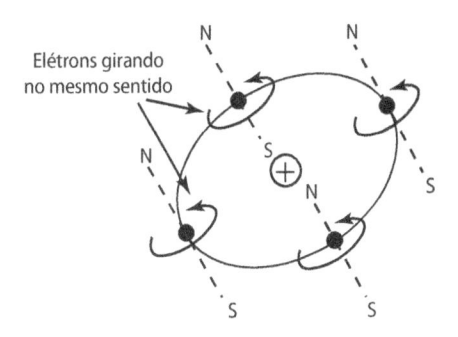

Figura 12-16 Teoria eletrônica do magnetismo.

Existe um limite definido para a quantidade de magnetismo que um material pode ter. Esse limite é atingido quando todos os ímãs moleculares estão alinhados ou todos os elétrons estão girando no mesmo sentido. Quando a força magnética máxima é atingida, diz-se que o material está magneticamente saturado.

O tratamento adequado dos ímãs permanentes é importante. Qualquer golpe ou queda de um ímã pode perturbar o alinhamento dos ímãs moleculares. Além disso, se o ímã é aquecido, a energia térmica pode fazer as moléculas vibrarem o suficiente para se reorganizarem.

>> Aplicações para ímãs permanentes

Ímãs permanentes de diversas formas são muito usados em equipamentos elétricos e eletrônicos. Ímãs em forma de ferradura são frequentemente empregados na construção de dispositivos de medição do tipo analógico (Figura 12-17).

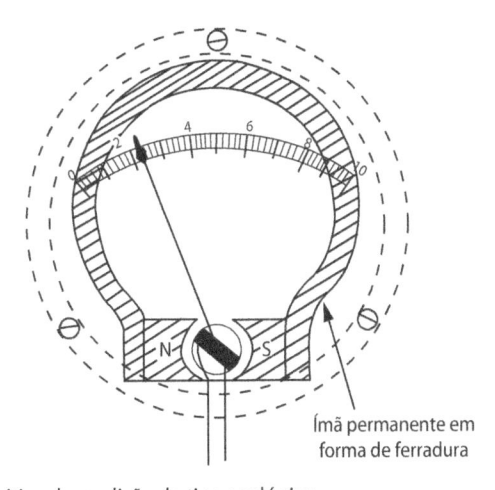

Ímã permanente em forma de ferradura

Figura 12-17 Dispositivo de medição do tipo analógico.

Os geradores de ímã permanente são frequentemente utilizados em turbinas eólicas como parte do processo de geração. A energia eólica (energia do vento) é usada para girar o eixo do gerador e fornecer a força ou o movimento mecânico necessário para a ação geradora. Ímãs permanentes internos fornecem o magnetismo necessário (Figura 12-18).

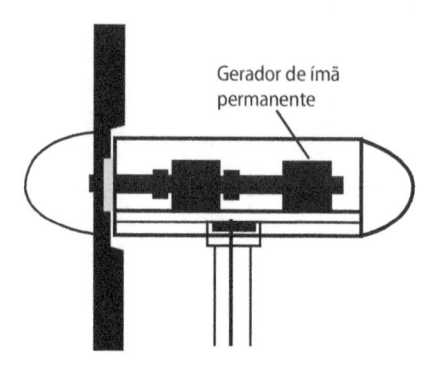

Figura 12-18 Gerador eólico de ímã permanente.

Os motores CC de ímã permanente servem para converter energia elétrica em energia mecânica. A operação deles depende da interação de dois campos magnéticos. Um campo magnético é produzido por um ímã permanente fixo, e o outro, por um eletroímã enrolado em uma armadura móvel (Figura 12-19).

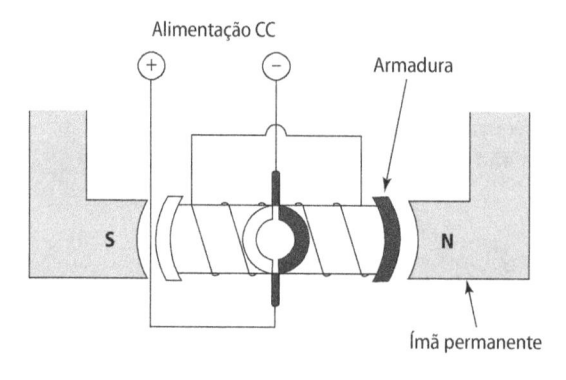

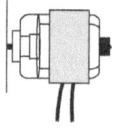

A. Construção interna   **B.** Pequeno motor CC

Figura 12-19 Motor CC de ímã permanente.

Os alto-falantes de ímã permanente são os mais comuns de todos os alto-falantes. Eles são projetados para converter energia elétrica em energia sonora. A bobina de voz está suspensa no entreferro de ar de um arranjo de ímã permanente. Quando uma corrente flui através da bobina, um segundo campo magnético é estabelecido, o que faz a bobina vibrar (Figura 12-20).

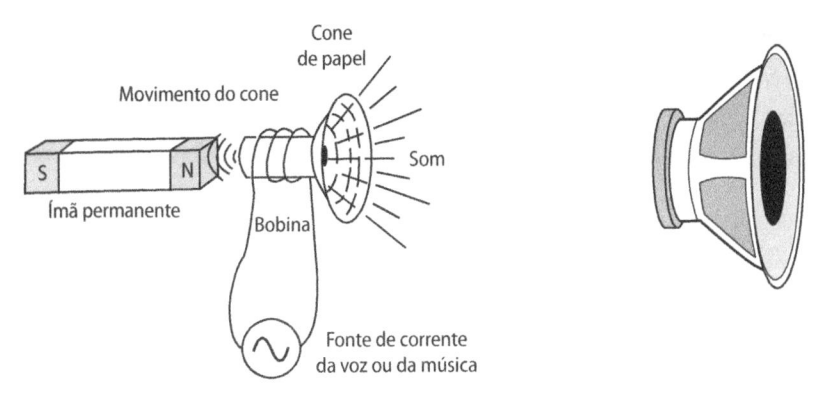

Figura 12-20 Alto-falante de ímã permanente.

Interruptores magnéticos são utilizados em sistemas de alarme para detectar a abertura de uma porta ou janela (Figura 12-21). Um ímã permanente é montado na janela ou na porta e uma chave especial é montada sobre a moldura. Quando a janela ou a porta está fechada, as duas unidades estão alinhadas e o campo magnético atrai uma barra de metal, mantendo os contatos do interruptor fechados. Se a janela ou a porta é aberta, o ímã move e os contatos da chave abrem para ativar um circuito que toca um alarme.

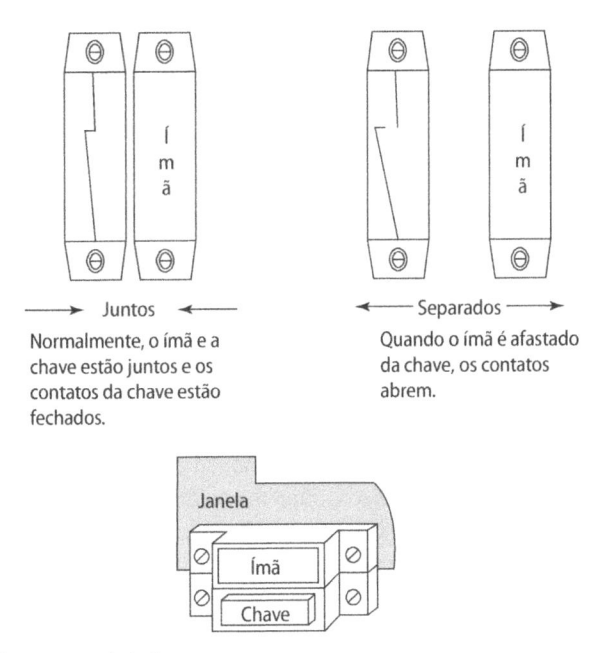

⟶ Juntos ⟵
Normalmente, o ímã e a chave estão juntos e os contatos da chave estão fechados.

⟵ Separados ⟶
Quando o ímã é afastado da chave, os contatos abrem.

Figura 12-21 Interruptor de ímã permanente.

>> Questões de revisão

1. Defina magnetismo.
2. Classifique os materiais a seguir como magnéticos ou não magnéticos: cobre, alumínio, ferro, latão, níquel e aço.
3. Explique como uma bobina de fio isolada pode ser usada para magnetizar e desmagnetizar uma barra de ferro.
4. O que são ligas magnéticas?
5. Defina magnetismo residual.
6. Compare a remanência de ímãs temporários e de ímãs permanentes.
7. Estabeleça a lei dos polos magnéticos.
8. Qual é a relação entre a distância entre dois polos magnéticos opostos e a intensidade da força de atração entre eles?
9. A polaridade magnética de uma extremidade de um ímã de barra deve ser determinada utilizando uma bússola. Se o polo norte da agulha da bússola é atraído por essa extremidade, qual é a sua polaridade magnética?
10. Cite seis características das linhas de força magnéticas.
11. Explique como os instrumentos são blindados contra campos magnéticos dispersos.
12. Compare como o campo magnético é explicado de acordo com as teorias molecular e eletrônica do magnetismo.
13. Explique o que se entende por saturação magnética.
14. Cite duas ações que podem causar a desmagnetização de ímãs permanentes.
15. Cite cinco dispositivos elétricos comuns que dependem de ímãs permanentes para o seu funcionamento.

>> Campo magnético em torno de um condutor de corrente

Sempre que uma corrente elétrica flui através de um condutor, um campo magnético é criado em torno do condutor (Figura 12-22). Essa importante relação entre eletricidade e magnetismo é conhecida como eletromagnetismo, ou efeito magnético da corrente. Se tivermos uma corrente contínua (CC), o campo magnético vai agir em um sentido, ou no sentido horário ou no sentido anti-horário, em torno do condutor. Uma corrente alternada (CA) produzirá um campo magnético cujo sentido varia de acordo com o sentido do fluxo da corrente*.

---

* N. de T.: Lembre-se de que estamos adotando neste livro o sentido convencional da corrente, ou seja, o sentido de movimento de cargas positivas, que é contrário ao sentido de movimento de elétrons (corrente real).

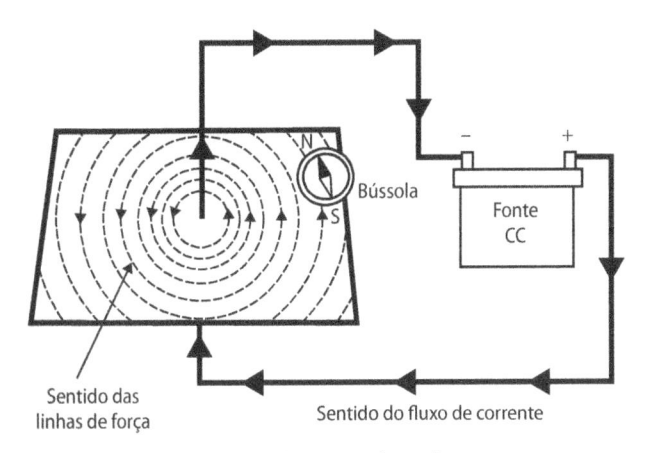

Figura 12-22 Campo magnético em torno de um condutor de corrente.

A força do campo magnético em torno de um único condutor é geralmente fraca e, portanto, não é detectada. Uma bússola pode ser utilizada para revelar tanto a presença quanto o sentido desse campo magnético (Figura 12-23). Quando a bússola é colocada perto de um condutor conduzindo uma corrente contínua, o polo norte da agulha da bússola apontará para o sentido no qual as linhas de força magnética estão viajando. À medida que a bússola é girada em torno do condutor, um padrão circular definido será observado.

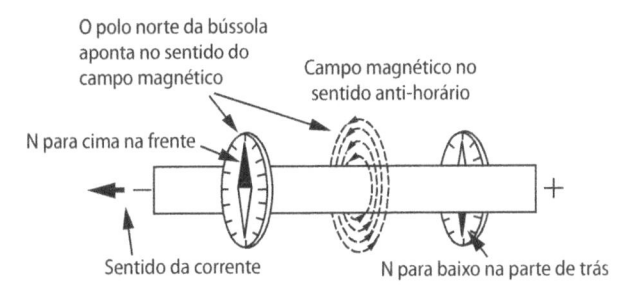

Figura 12-23 Utilização de uma bússola para acompanhar o campo magnético.

O valor da corrente fluindo através de um condutor determina a intensidade do campo magnético produzido em torno dele. Quanto maior a corrente fluindo, mais intenso é o campo magnético produzido. Correntes de 2 a 3 ampères podem ser produzidas ao curto-circuitar momentaneamente um pedaço de fio através de uma pilha comum de 1,5 volt. A presença do campo magnético em torno do condutor curto-circuitado pode ser detectada ao colocá-lo dentro de uma pilha de limalha de ferro (Figura 12-24). A limalha será atraída para o fio e vai se fixar nele enquanto um circuito fechado for mantido para criar um fluxo de corrente.

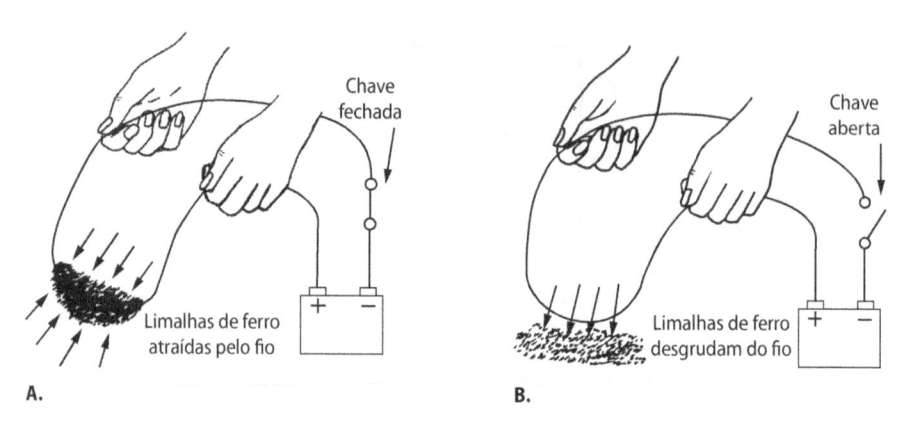

Figura 12-24 Utilização de limalhas de ferro para detectar a presença de um campo magnético.

» Regra da mão direita

Existe uma relação definida entre o sentido da corrente fluindo através de um condutor e o sentido do campo magnético criado em torno dele. Uma regra simples foi estabelecida para determinar o sentido do campo magnético, quando o sentido da corrente é conhecido (Figura 12-25): a regra da mão direita, que utiliza a corrente convencional, ou seja, a corrente que circula do positivo para o negativo. A regra é enunciada da seguinte forma:

Dispondo o polegar da mão direita ao longo do condutor, no sentido da corrente convencional, e os demais dedos envolvendo o condutor, estes dedos indicarão o sentido das linhas de força magnéticas que circundam o condutor. Utilizando essa regra, se o sentido ou das linhas de força ou da corrente é conhecido, o outro fator pode ser determinado.

Uma visão da extremidade do fio é às vezes usada para simplificar o desenho de um condutor que está conduzindo uma corrente (Figura 12-26). Um círculo representa a extremidade do fio. Uma corrente fluindo para dentro do condutor é representada por uma cruz, para dar a ideia de uma flecha vista pela sua parte de trás afastando-se do leitor (isto é, entrando na folha de

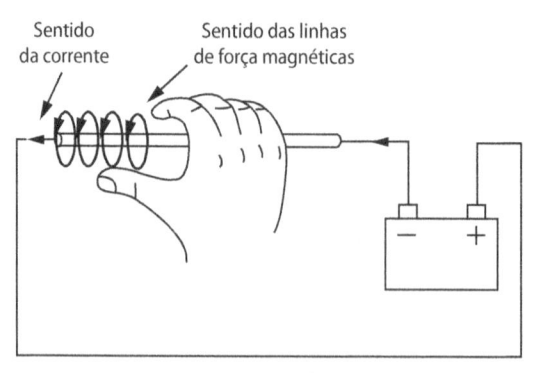

Figura 12-25 Regra da mão direita.

Fluxo de corrente entrando
em uma extremidade
do condutor

Fluxo de corrente saindo
na outra extremidade
do condutor

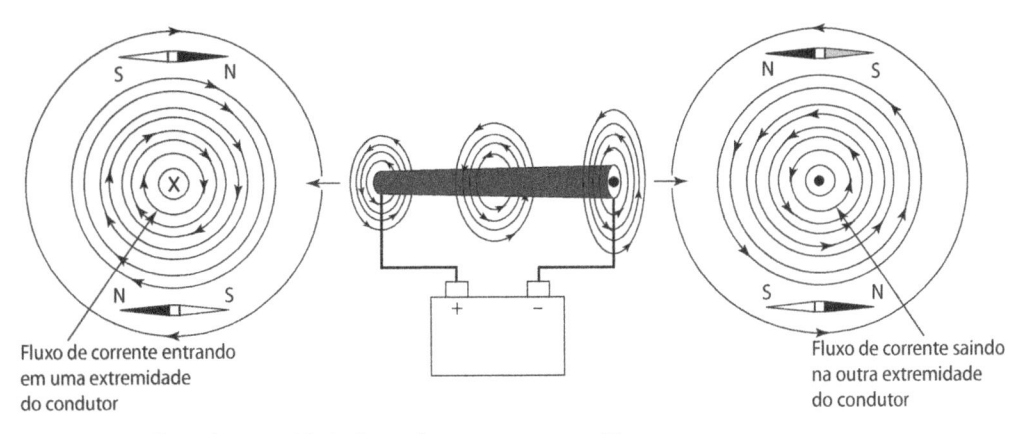

Figura 12-26 Visão da extremidade do condutor e campo magnético.

papel). Uma corrente fluindo para fora do condutor é representada por um ponto, para dar a ideia da ponta de uma flecha indo em direção ao leitor (isto é, saindo da folha de papel).

›› Campo magnético de condutores paralelos

O campo magnético resultante produzido pelo fluxo de corrente em dois condutores adjacentes tende a provocar a atração ou a repulsão dos dois condutores. Se os dois condutores paralelos são percorridos por correntes em sentidos opostos, o sentido do campo magnético é horário em torno de um condutor e anti-horário em torno do outro (Figura 12-27). Isso estabelece uma ação de repulsão entre os dois campos magnéticos e os condutores tendem a se afastar um do outro.

Quando dois condutores paralelos são percorridos por correntes no mesmo sentido, o sentido do campo magnético é o mesmo em torno de cada condutor (Figura 12-28). Entre os condutores, as linhas de força magnéticas se opõem, basicamente anulando o campo magnético nessa região. Nas partes superior e inferior dos condutores, as linhas de força apontam no mesmo sentido, somando-se e atuando em torno de ambos os condutores. Isso estabelece uma ação

Dois campos magnéticos se repelindo

Movimento dos condutores

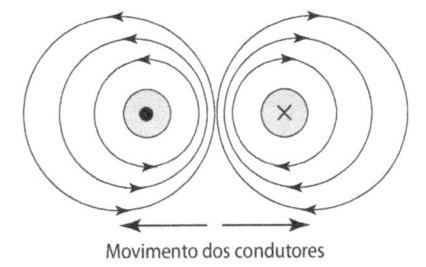

Figura 12-27 Condutores paralelos com correntes fluindo em sentidos opostos.

Dois campos magnéticos se atraindo

Movimento dos condutores

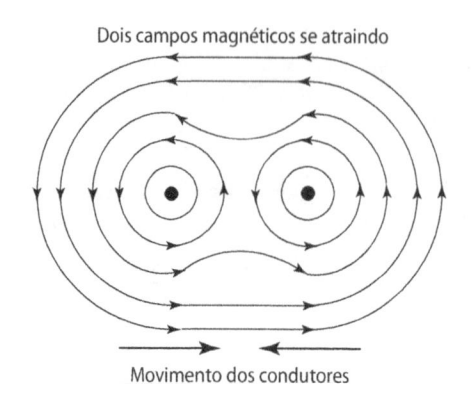

Figura 12-28 Condutores paralelos com correntes fluindo no mesmo sentido.

de atração entre os dois campos magnéticos e os condutores tendem a se aproximar um do outro. Os condutores, sob essa condição, criarão um campo magnético equivalente ao de um único condutor conduzindo uma corrente duas vezes maior que a corrente que circula em cada um dos condutores paralelos.

A interação de campos magnéticos, que resulta no estabelecimento de forças de atração ou repulsão, é um meio de conversão de energia elétrica em movimento ou em trabalho mecânico, o que possibilita a operação de motores elétricos.

A força magnética entre condutores paralelos deve ser levada em consideração no projeto de grandes peças de equipamentos elétricos que lidam com correntes muito elevadas. Por exemplo, os barramentos elétricos que conduzem correntes muito altas devem ser firmemente fixados para evitar que eles não se atraiam e entrem em curto-circuito. Além disso, as correntes de curto-circuito aumentam o estresse, o que pode resultar em danos aos condutores e eletrodutos, caso eles não estejam devidamente presos e protegidos.

» Campo magnético de uma bobina (ou solenoide)

Como mencionado anteriormente, dois condutores mantidos um do lado do outro e conduzindo correntes no mesmo sentido criam um campo magnético duas vezes mais intenso que o campo associado a um único condutor. Se pegarmos um único pedaço de fio e enrolá-lo em um número de voltas para formar uma bobina, criaremos o equivalente a vários condutores paralelos conduzindo corrente no mesmo sentido (Figura 12-29). O campo magnético total é a soma dos campos associados a cada uma das espiras de fio. Uma bobina assim formada terá um campo magnético semelhante ao de um ímã de barra com polos norte e sul definidos.

Existe uma relação definida entre o sentido da corrente através da bobina, o sentido em que o fio é enrolado para formar a bobina e a localização dos polos norte e sul. Se o sentido de fluxo de corrente através da bobina é invertido, os polos norte e sul são invertidos. Também é possível inverter os polos ao inverter o sentido de enrolamento da bobina.

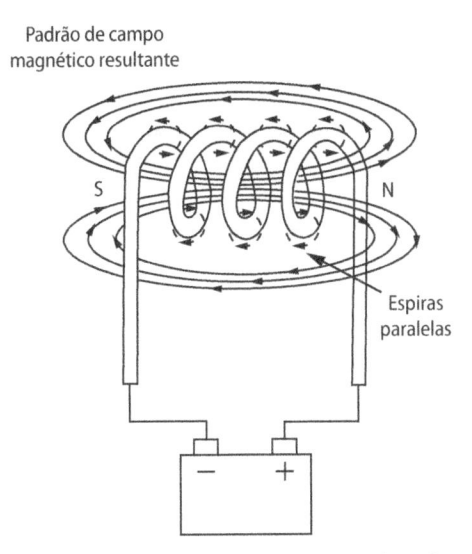

Figura 12-29 Campo magnético produzido por uma bobina conduzindo corrente.

Se a bobina é operada com corrente contínua, a polaridade de seus polos magnéticos permanece fixa. Se ela é operada com corrente alternada, sua polaridade magnética inverte com cada inversão do sentido da corrente.

A regra da mão direita serve para determinar qualquer um desses três fatores (polaridade, sentido da corrente e sentido do enrolamento), quando os outros dois fatores são conhecidos. O sentido de corrente usado é o convencional, do positivo para o negativo. A regra é enunciada da seguinte forma:

Abraçando a bobina com a mão direita, com os dedos apontando no sentido de circulação da corrente, o polegar apontará em direção ao polo norte da bobina (Figura 12-30).

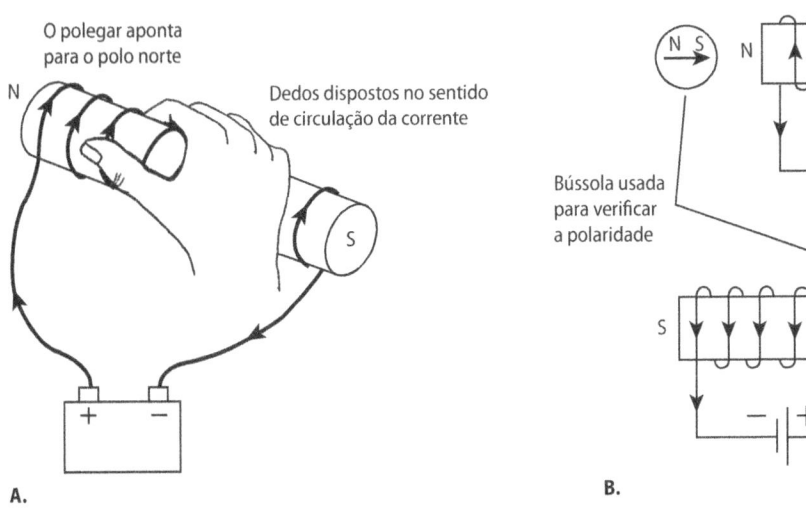

Figura 12-30 Regra da mão direita aplicada à bobina.

» Eletroímã

Quando uma bobina de fio isolado é enrolada sobre um núcleo de material magnético, como o ferro mole, o dispositivo torna-se um eletroímã (Figura 12-31). A intensidade do campo magnético é aumentada de forma significativa ao adicionar um núcleo de ferro. Esse aumento da força magnética é resultado do magnetismo induzido dentro do núcleo. Quando uma corrente flui através da bobina, o núcleo torna-se magnetizado por indução. As linhas de força magnéticas produzidas pelo núcleo magnetizado alinham-se com as da bobina para produzir um campo magnético muito mais forte. Uma vez interrompido o fluxo de corrente na bobina, tanto a bobina como o núcleo de ferro perdem seu magnetismo. O campo magnético vai ter a mesma polaridade, independentemente de o núcleo de ferro estar presente ou não. Se o sentido da corrente através da bobina é invertido, as polaridades tanto da bobina como do núcleo são invertidas.

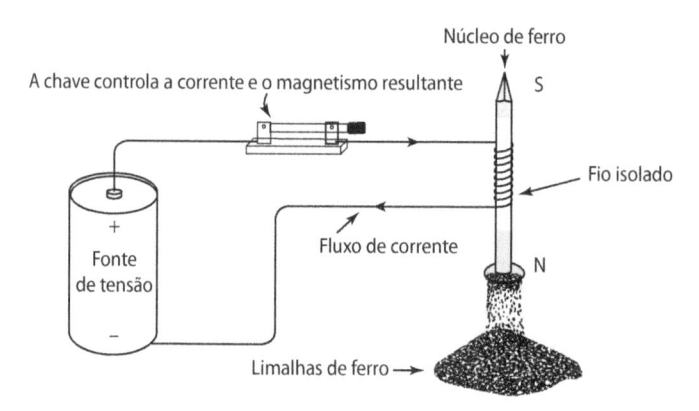

Figura 12-31 Eletroímã básico.

Diversos fatores afetam a intensidade do campo magnético de um eletroímã formado por uma bobina (Figura 12-32), incluindo:

- Material do núcleo, comprimento e área. Por exemplo, quanto maior a área do núcleo, mais intenso é o campo magnético.
- Número de enrolamentos (ou número de espiras) da bobina e espaçamento entre as espiras. Quanto mais espiras e quanto mais próximas elas estiverem umas das outras, mais intenso é o campo magnético.
- Valor de corrente fluindo através de cada espira. Quanto maior o valor de corrente, mais intenso é o campo magnético.

Um eletroímã de núcleo toroidal (Figura 12-33) tem um padrão de campo magnético semelhante àquele de um ímã em anel. As linhas de força produzidas pela bobina estão totalmente confinadas no núcleo toroidal, em vez de se dispersarem para o ar. Por essa razão, os eletroímãs de núcleo toroidal são considerados autoblindados.

A permeabilidade magnética de um material é a medida da facilidade com que as linhas de força magnéticas passam através dele. O ferro e o aço têm uma permeabilidade muito maior do que o ar ou outros materiais não magnéticos.

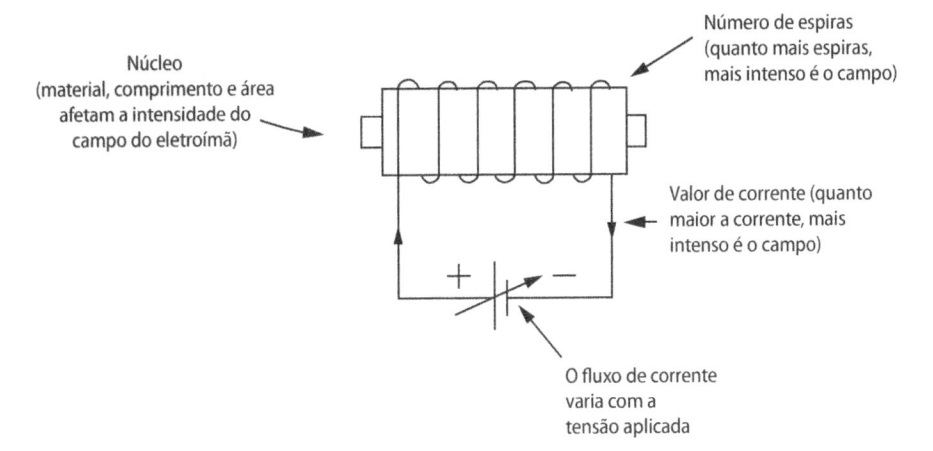

Figura 12-32 Fatores que determinam a intensidade do campo magnético de um eletroímã.

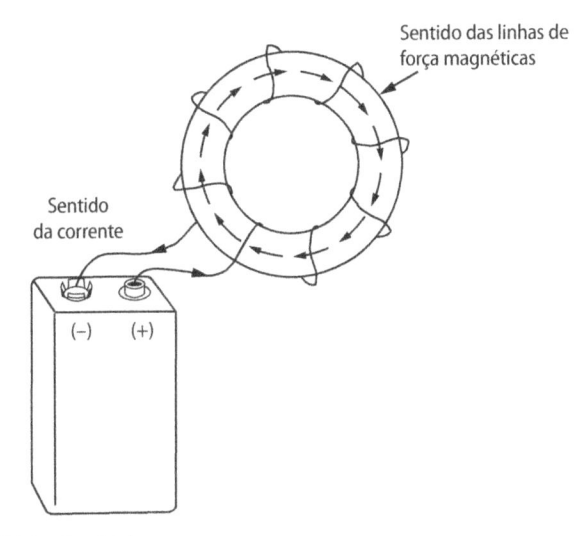

Figura 12-33 Núcleo toroidal.

» Circuitos magnéticos

O circuito magnético é similar ao circuito elétrico. Basicamente, o circuito magnético é um caminho de circuito fechado para as linhas de força magnéticas, assim como o circuito elétrico é um caminho de circuito fechado para o fluxo de cargas (corrente elétrica). Em um circuito elétrico, as cargas positivas viajam do terminal positivo para o terminal negativo da fonte (corrente convencional) [Figura 12-34(a)]. Em um circuito magnético, as linhas de força viajam do polo norte para o polo sul do eletroímã [Figura 12-34(b)]. A taxa de fluxo de cargas no circuito elétrico é chamada corrente (I) e é medida em ampères (A). O número total de linhas de força

A. Circuito elétrico

B. Circuito magnético

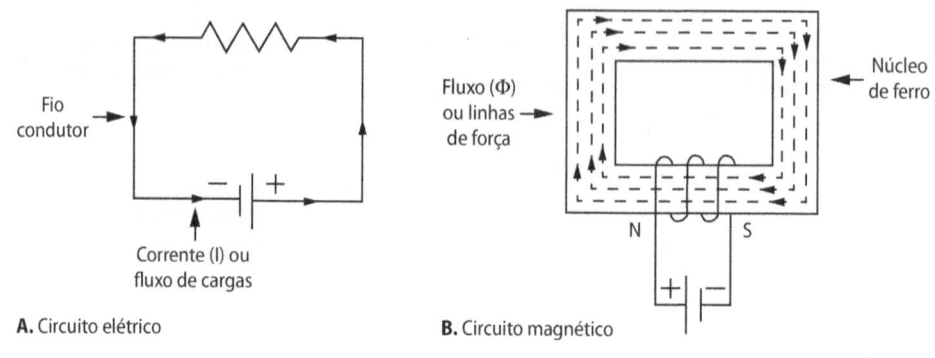

Figura 12-34 A corrente do circuito elétrico é similar ao fluxo magnético do circuito magnético.

no circuito magnético é chamado fluxo magnético (Φ). A unidade normalmente utilizada para medir o fluxo magnético é o weber (Wb).

Em um circuito elétrico, a corrente (I) é resultado de uma força eletromotriz (fem) atuando no circuito. De modo similar, em um circuito magnético, o fluxo magnético (Φ) é resultado de uma força magnetomotriz (fmm) atuando no circuito (Figura 12-35). A força magnetomotriz produzida é o produto da corrente em ampères (A) e do número de espiras (N) da bobina. A unidade normalmente usada para medir a fmm é o ampère-espira (Ae).

> ## » Exemplo 12-1
>
> **Problema:** Qual é a força magnetomotriz produzida quando uma corrente de 50 ampères flui através de uma bobina de 4 espiras (Figura 12-35)?
>
> **Solução:** fmm = I (corrente) × N (número de espiras)
> $$= 50\,A \times 4\,e$$
> $$= 200\,Ae\ (\text{ampère-espira})$$

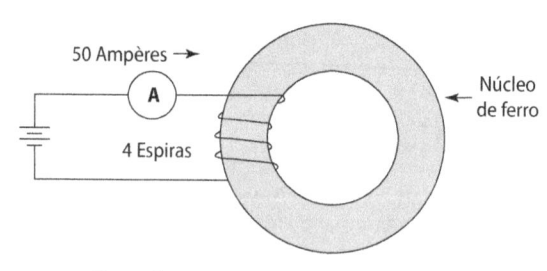

Figura 12-35 Figura para o Exemplo 12-1.

O equivalente no circuito magnético para a resistência em um circuito elétrico é chamado relutância (Figura 12-36). A relutância magnética (R) é a oposição oferecida pelo circuito magnético ao estabelecimento do fluxo magnético, assim como a resistência é a oposição ao estabelecimento do fluxo de corrente em um circuito elétrico. A relutância de um circuito magnético depende do tipo de material (ou materiais) usado(s) no circuito, do comprimento do circuito e da área da seção transversal do circuito. Em algumas aplicações, o núcleo magnético não é contínuo. Por exemplo, um entreferro (*gap*) de ar pode existir no circuito. Muitas vezes, entreferros de ar são colocados deliberadamente em circuitos magnéticos para aumentar a relutância. Ao aumentar a relutância total, evita-se a saturação do núcleo.

O termo permeabilidade descreve a facilidade de passagem de linhas de força magnéticas. Assim, um material com alta permeabilidade tem uma baixa relutância e vice-versa.

A similaridade entre circuitos elétricos e magnéticos se estende à lei de Ohm. Assim como a força eletromotriz (E) deve trabalhar contra a resistência (R) para produzir uma corrente (I) no circuito elétrico, a força magnetomotriz (fmm) deve trabalhar contra a relutância (R) para produzir um fluxo (Φ) no circuito magnético (Figura 12-37). A fórmula análoga à lei de Ohm para circuitos magnéticos estabelece que: ***O fluxo produzido em um circuito magnético é diretamente proporcional à força magnetomotriz e inversamente proporcional à relutância, ou:***

$$\Phi = \frac{fmm}{R}$$

O cálculo e a medição das grandezas tensão, corrente e resistência em circuitos elétricos são relativamente fáceis de executar e úteis na solução de problemas, mas o mesmo não pode ser dito em relação a quantidades no circuito magnético. Um conhecimento profundo das leis de circuitos magnéticos é fundamental para o projetista do equipamento. Porém, para o uso prático no dia a dia da indústria, o conhecimento de circuitos magnéticos é importante basicamente para compreendermos melhor o funcionamento de certos equipamentos.

A. Resistência elétrica (R)

B. Relutância magnética ($\Re$)

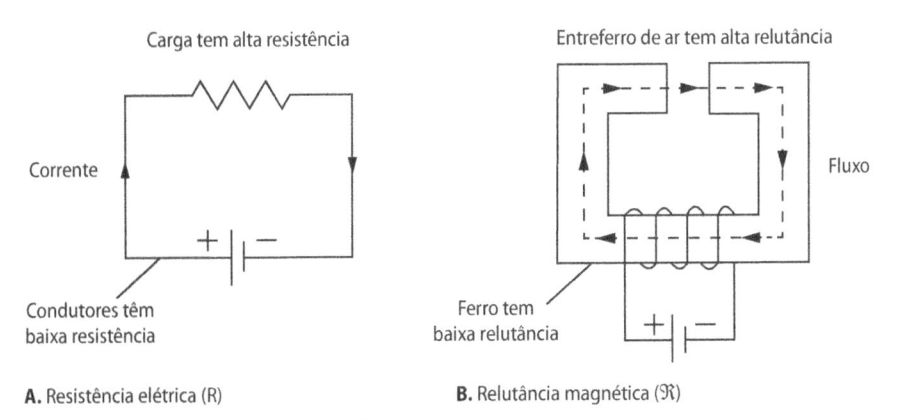

Figura 12-36 A resistência do circuito elétrico é análoga à relutância do circuito magnético.

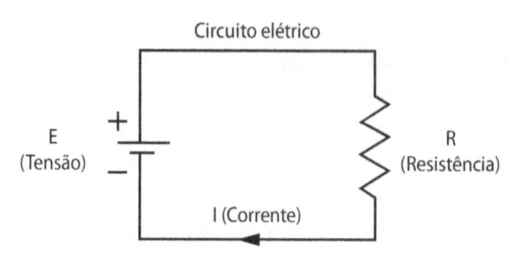

A. Circuito elétrico

$$\text{Corrente} = \frac{\text{Tensão}}{\text{Resistência}}$$

$$I = \frac{E}{R}$$

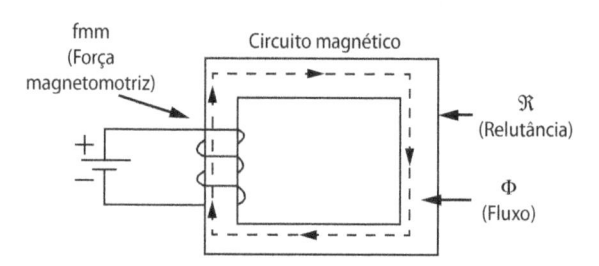

B. Circuito magnético

$$\text{Fluxo} = \frac{\text{Força magnetomotriz}}{\text{Relutância}}$$

$$\Phi = \frac{fmm}{\mathfrak{R}}$$

Figura 12-37 Lei de Ohm para circuitos elétricos e magnéticos.

» Aplicações para eletroímãs

Os eletroímãs podem ser muito mais potentes do que os ímãs permanentes. Além disso, a força (intensidade do campo magnético) do eletroímã pode ser facilmente controlada de zero até um máximo ao variar a corrente que flui através da bobina. Por essas razões, os eletroímãs têm muito mais aplicações práticas do que os ímãs permanentes.

Um dos exemplos mais vivos de aplicação prática de um eletroímã é a sua utilização em guindastes para mover sucata. O guindaste de eletroímã é um grande bloco de ferro mole, que é magnetizado por uma corrente elétrica fluindo através da bobina. Esse tipo de eletroímã tem a capacidade de levantar cargas pesadas de sucata metálica com características magnéticas (Figura 12-38). O controle para elevar e soltar as cargas é facilmente realizado pela conexão e desconexão da tensão aplicada ao eletroímã.

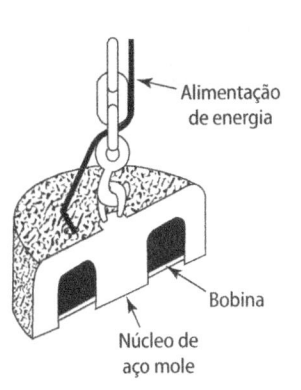

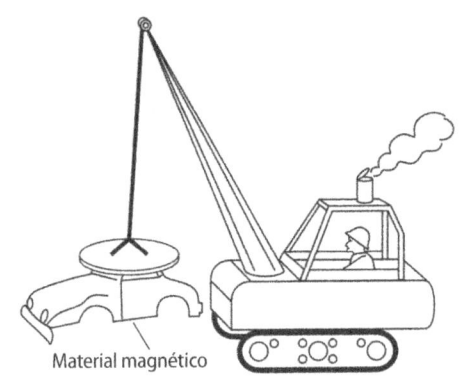

A. Seção reta transversal do eletroímã de elevação   **B.** Elevando sucata metálica

Figura 12-38 Guindaste magnético.

Todos os motores e geradores fazem uso de eletroímãs. Nessas máquinas, a força do eletroímã pode ser variada para alterar a tensão gerada ou a velocidade do motor. Em um circuito gerador típico, o fluxo de corrente através das bobinas de campo é ajustado por meio de um resistor variável ou reostato ligado em série com as bobinas e a fonte de tensão CC (Figura 12-39). A variação da corrente provoca a variação da intensidade do campo magnético.

Um solenoide é um eletroímã com um núcleo de ferro móvel ou êmbolo. Quando a energia é aplicada, o campo magnético produzido puxa ou empurra o êmbolo para dentro da bobina (Figura 12-40). Os solenoides são frequentemente utilizados como interruptores ou controles para dispositivos mecânicos, como válvulas. Eles também podem ser projetados para aceitar a ligação da carga na extremidade do êmbolo, de modo que essa carga seja diretamente puxada ou empurrada.

Transformadores são dispositivos elétricos empregados para elevar ou abaixar tensões alternadas (CA) (Figura 12-41). Esse dispositivo usa duas bobinas eletromagnéticas para transfor-

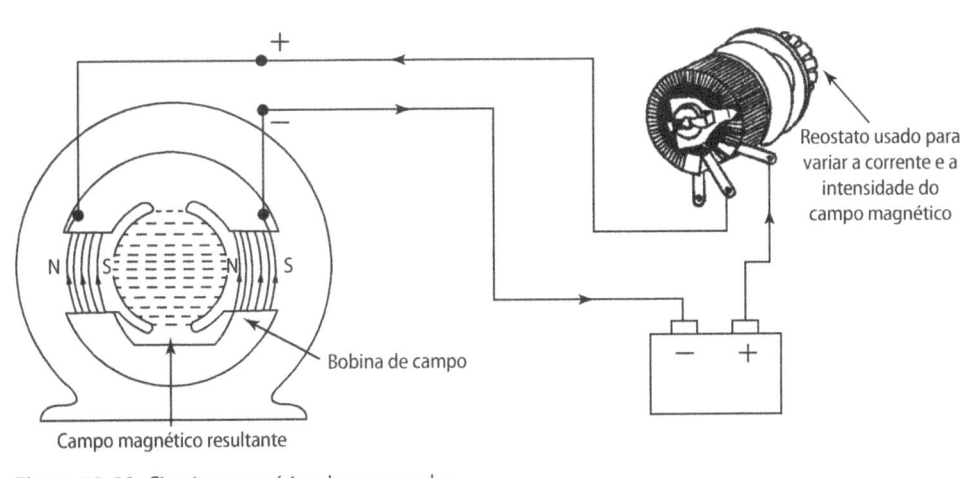

Figura 12-39 Circuito magnético de um gerador.

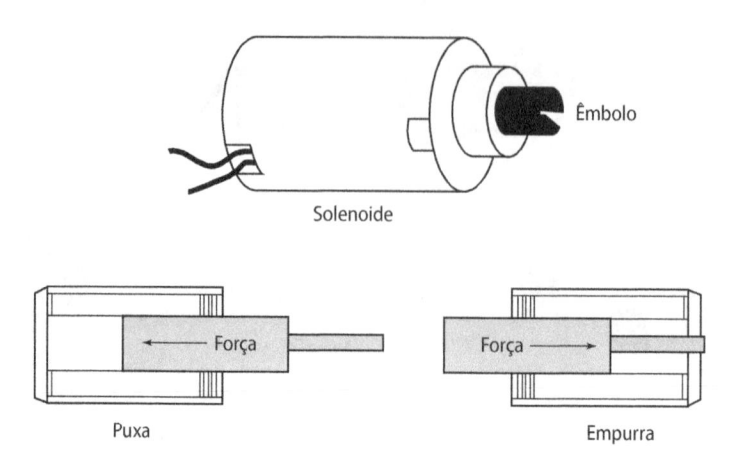

Figura 12-40 Solenoide.

mar ou alterar os níveis de tensão CA. A tensão de entrada vai para uma bobina primária enrolada em torno de um núcleo de ferro. A tensão de saída emerge de uma bobina secundária também enrolada em torno do núcleo. A corrente de entrada alternada produz um campo magnético que continuamente liga e desliga. O núcleo transfere esse campo para a bobina secundária onde ele induz uma tensão de saída. A variação da tensão (relação entre a tensão nas bobinas primária e secundária) depende da relação entre o número de espiras das bobinas primária e secundária.

Um relé eletromecânico é um dispositivo usado para executar funções de chaveamento (Figura 12-42). O relé realiza a mesma função que uma chave ou interruptor, exceto que ele é operado eletricamente e não manualmente. Ele usa a ação de um campo magnético para atrair um

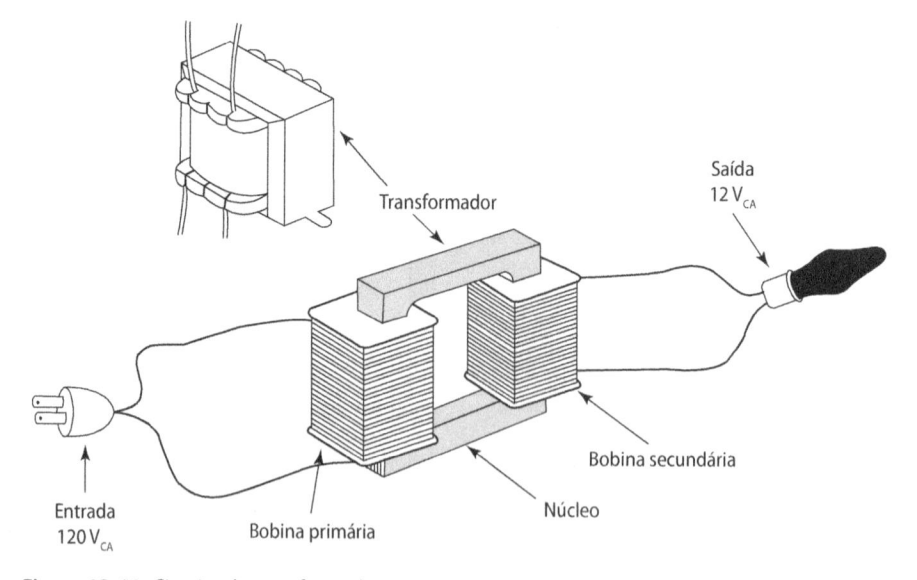

Figura 12-41 Circuito do transformador.

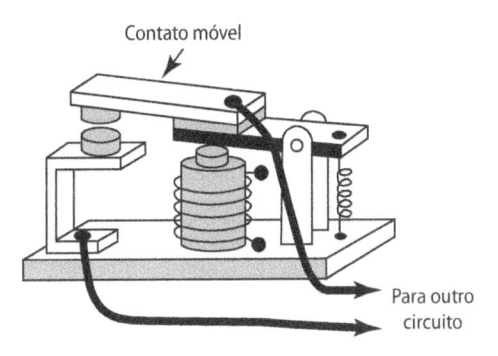

Figura 12-42 Relé eletromecânico.

contato móvel contra um contato fixo para controlar outro circuito. Quando a corrente passa através da bobina, ela gera um campo magnético que atrai o contato móvel e puxa-o para baixo firmemente contra o contato fixo. Os contatos fecham como uma chave para controlar a corrente para outro circuito.

» Questões de revisão

16. Explique a relação entre eletricidade e magnetismo.
17. Quais são os dois métodos usados para mostrar a presença de um campo magnético em torno de um condutor que conduz uma corrente CC?
18. Qual é a diferença no sentido do campo magnético produzido em torno de um condutor por uma corrente CC e por uma corrente CA?
19. O que determina a intensidade do campo magnético produzido em torno de um único condutor?
20. Se dois condutores paralelos estão conduzindo uma mesma corrente em um mesmo sentido:
    (a) em qual sentido as forças magnéticas tendem a mover os condutores?
    (b) qual é a intensidade equivalente do campo magnético criado?
21. Descreva a construção de um eletroímã prático.
22. Quais dois fatores determinam a localização dos polos norte e sul de um eletroímã?
23. Cite os três principais fatores que determinam a força de um eletroímã.
24. O que se entende pelo termo permeabilidade?
25. Defina cada um dos seguintes termos em relação a um circuito magnético:
    (a) fluxo magnético
    (b) força magnetomotriz (fmm)
    (c) relutância
26. Qual é a fórmula análoga à lei de Ohm para circuitos magnéticos?
27. Quais são as duas vantagens que os eletroímãs têm em relação aos ímãs permanentes?
28. Como o controle para "elevar e soltar" é realizado em um guindaste de eletroímã?
29. Qual é, normalmente, o efeito da variação da força dos eletroímãs na operação de um:
    (a) gerador elétrico?
    (b) motor elétrico?

30. (a) Descreva a construção básica de um solenoide.
    (b) Para que fins os solenoides são frequentemente usados?
31. Na operação de um transformador, o que determina a relação entre a tensão nas bobinas primária e secundária?
32. Na operação de um relé eletromecânico, qual é a função do eletroímã?
33. Calcule a força magnetomotriz (em ampère-espira) das seguintes fontes:
    (a) Bobina de 500 espiras com uma corrente de 24 mA.
    (b) Bobina de 10 espiras com uma corrente de 25 A.
    (c) Corrente de 1,5 ampère fluindo através de uma bobina de 75 espiras.

» Tópicos de discussão do capítulo e questões de pensamento crítico

1. Ao guardar um ímã permanente do tipo ferradura, recomenda-se que uma barra de ferro mole seja colocada no espaço entre seus polos. Por quê?
2. O meio condutor na maioria dos circuitos magnéticos é o ferro ou uma liga de ferro. Discuta a razão dessa preferência.
3. Discuta algumas limitações do uso de um eletroímã para pegar, mover e liberar metais em um depósito de sucata de metal.
4. Calcule a fmm (em ampère-espira) quando uma bateria de 12 V é conectada através de uma bobina de 50 espiras e 24 ohms.
5. Às vezes, peças leves podem "colar" nos eletroímãs usados em aplicações automáticas do tipo "pegar-e-colocar". Discuta a razão disso.
6. Dois condutores com correntes em sentidos opostos são instalados em um eletroduto metálico. Qual é o efeito do campo magnético líquido? Por quê?

capítulo 13

Relés

Um relé é um dispositivo usado para executar funções de chaveamento. O relé realiza a mesma função que uma chave (ou interruptor), exceto que ele é operado eletricamente em vez de manualmente. Uma vez que os relés são operados eletricamente, ao contrário das chaves tradicionais, eles podem ser abertos ou fechados a partir de um ponto remoto. Neste capítulo, aprenderemos sobre os diferentes tipos de relés e as suas características operacionais.

Objetivos deste capítulo

- Comparar relés eletromecânicos e de estado sólido
- Identificar os símbolos de relés usados nos diagramas esquemáticos
- Descrever as diferentes maneiras como os relés são usados
- Explicar como os relés são especificados
- Descrever a operação de relés de temporização ON-*delay* e OFF-*delay*
- Explicar a diferença entre um relé e um contator
- Comparar a operação de contatores magnéticos e de estado sólido

>> Relé eletromecânico

Um relé eletromecânico é uma chave controlada remotamente. Ele liga ou desliga uma carga ou um circuito pela energização de um eletroímã, que abre ou fecha os contatos no circuito. O relé eletromecânico tem uma grande variedade de aplicações em circuitos elétricos e eletrônicos. Nas aplicações de controle e chaveamento que requerem isolamento do circuito, os relés não podem ser superados em função de características como robustez e desempenho.

Um relé terá geralmente apenas uma bobina, mas pode ter um número qualquer de diferentes contatos. A Figura 13-1 ilustra o funcionamento de um relé eletromecânico típico. Sem fluxo de corrente através da bobina (desenergizada), a armadura é mantida longe do núcleo da bobina pela tensão da mola. Quando a bobina é energizada, ela produz um campo magnético. A ação desse campo, por sua vez, provoca o movimento físico da armadura. O movimento da armadura abre ou fecha os pontos de contato do relé alternadamente (ou seja, esse dispositivo pode comandar a abertura ou o fechamento de um circuito externo). A bobina e os contatos são isolados uns dos outros; portanto, em condições normais, não existe circuito elétrico entre eles.

Um símbolo típico usado para representar um relé eletromecânico é mostrado na Figura 13-2. Os contatos são representados por um par de linhas curtas paralelas e identificados com a bobina com o mesmo número e letras (por exemplo, CR). Ambos os contatos NA e NF são mostrados. Em geral, os contatos normalmente abertos (NA) são aqueles contatos que estão abertos quando nenhuma corrente flui através da bobina, mas que se fecham assim que a bobina conduz uma corrente ou é energizada. Os contatos normalmente fechados (NF) são aqueles contatos que são fechados quando a bobina é desenergizada e abertos quando a bobina é energizada. Cada contato é comumente desenhado da maneira como ele apareceria com a bobina desenergizada.

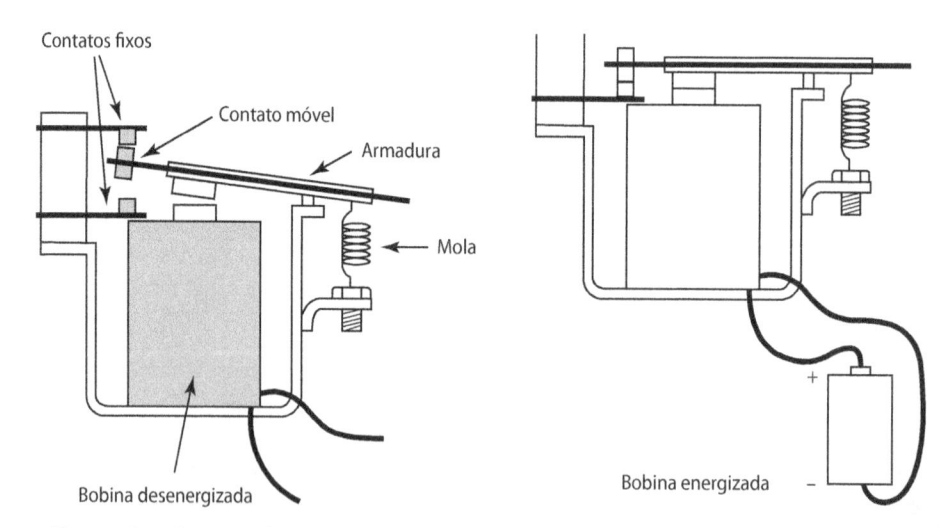

Figura 13-1 Operação de um relé eletromecânico típico.

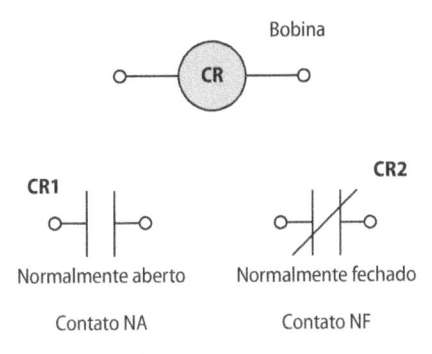

Figura 13-2 Símbolo do relé eletromecânico.

CONTROLANDO TENSÕES ELEVADAS. O relé eletromecânico pode ser usado para controlar um circuito de alta tensão com um circuito de controle de baixa tensão. Isso é possível porque a bobina e os contatos do relé estão eletricamente isolados entre si. Do ponto de vista da segurança, esse circuito fornece proteção extra para o operador. Por exemplo, suponha que você queira usar um relé para controlar o circuito de uma lâmpada de 120 V com um circuito de controle de 12 V. A lâmpada seria ligada em série com os contatos do relé e ambos em série com a fonte de 120 V (Figura 13-3). A chave seria ligada em série com a bobina do relé e ambos

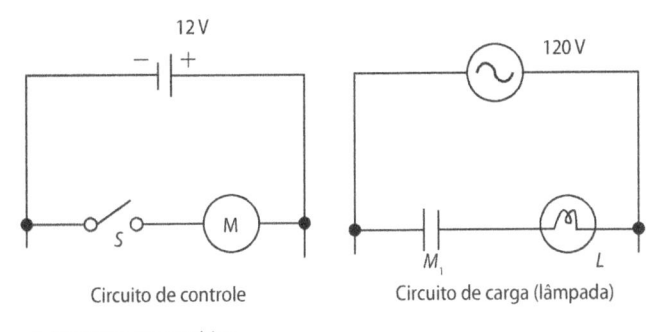

A. Diagrama esquemático

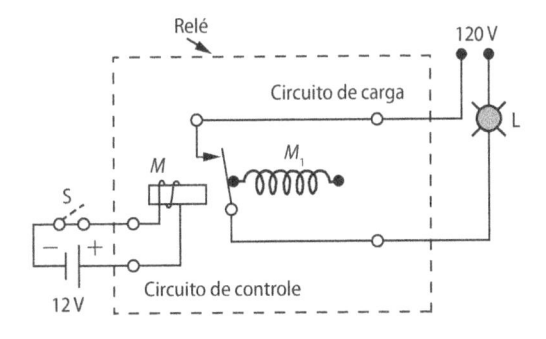

B. Diagrama de ligação

Figura 13-3 Utilização de um relé para controlar uma carga de tensão elevada com um circuito de controle de baixa tensão.

em série com a fonte de 12 V. A operação da chave energizaria ou desenergizaria a bobina. Isso, por sua vez, fecharia ou abriria os contatos do relé para ligar ou desligar a lâmpada.

Os sistemas de controle remoto de circuitos de iluminação são operados por circuitos de baixa tensão constituídos por relés. Esse tipo de controle de iluminação é usado em algumas casas e edifícios comerciais (Figura 13-4). O sistema consiste em um relé de baixa tensão (24 V), que é energizado fechando-se a chave. Isso permite que a tensão de 127 V passe através dos contatos do relé. Um transformador é usado para abaixar a tensão de 127 V a fim de 24 V a fim de permitir a operação do circuito de controle de baixa tensão do relé. Além da característica de segurança, esse sistema de fiação simplifica o controle de lâmpadas a partir de vários locais.

CONTROLANDO CORRENTES ELEVADAS. Outra aplicação básica para um relé é controlar um circuito de corrente elevada com um circuito de controle de baixa corrente. O circuito de partida de um motor em um automóvel usa um relé para esse propósito (Figura 13-5). O motor de arranque de um veículo drena centenas de ampères de corrente durante a partida. Um solenoide, ou um relé, é empregado para evitar a utilização de cabos de grande seção (ou bitola) e, igualmente, de uma chave de ignição que seja adequada para correntes elevadas. Em vez disso, a chave de ignição é ligada de modo a controlar a corrente baixa que circula pelo solenoide ou pela bobina do relé. Isso é conhecido como circuito de controle e ele é ligado utilizando uma fiação de seção menor. A alimentação do motor, ou a alimentação do circuito, é feita com um cabo de seção maior que conecta a bateria, os contatos e o motor de arranque em série. O solenoide ou a bobina do relé é energizada para fechar os contatos e partir o motor. Assim, o motor pode ser controlado a partir de um local remoto com uma quantidade relativamente pequena de corrente de controle.

As bobinas de relés também podem ser controladas por sinais de baixas correntes de circuitos integrados e transistores. Esse tipo de aplicação está na Figura 13-6. Nesse circuito, o sinal de controle eletrônico liga e desliga o transistor, o qual, por sua vez, energiza ou desenergiza a bobina do relé. A corrente no circuito de controle, o qual consiste no transistor e na bobina do relé, é muito pequena. A corrente no circuito de potência, que consiste nos contatos e no motor, é muito maior comparativamente.

OPERAÇÃO DE CHAVEAMENTO MÚLTIPLO. Vários relés eletromecânicos contêm vários conjuntos de contatos operados por uma única bobina. Tais relés são usados para controlar diversas operações de chaveamento por uma corrente única e separada. Esse tipo de relé é frequentemente usado em sistemas de controle industrial para controlar automaticamente as operações da máquina.

Um relé de controle típico utilizado para controlar duas lâmpadas piloto é mostrado na Figura 13-7. Com a chave aberta, a bobina CR está desenergizada. O circuito para a lâmpada piloto verde (G) é fechado através do contato NF de CR2, de modo que essa lâmpada será ligada. Ao mesmo tempo, o circuito da lâmpada piloto vermelha (R) é aberto através do contato NA de CR1, de modo que essa lâmpada será desligada. Com a chave fechada, a bobina é energizada. O contato NA de CR1 fecha para ligar a lâmpada piloto vermelha (R). Ao mesmo tempo, o contato NF de CR2 abre para desligar a lâmpada piloto verde (G).

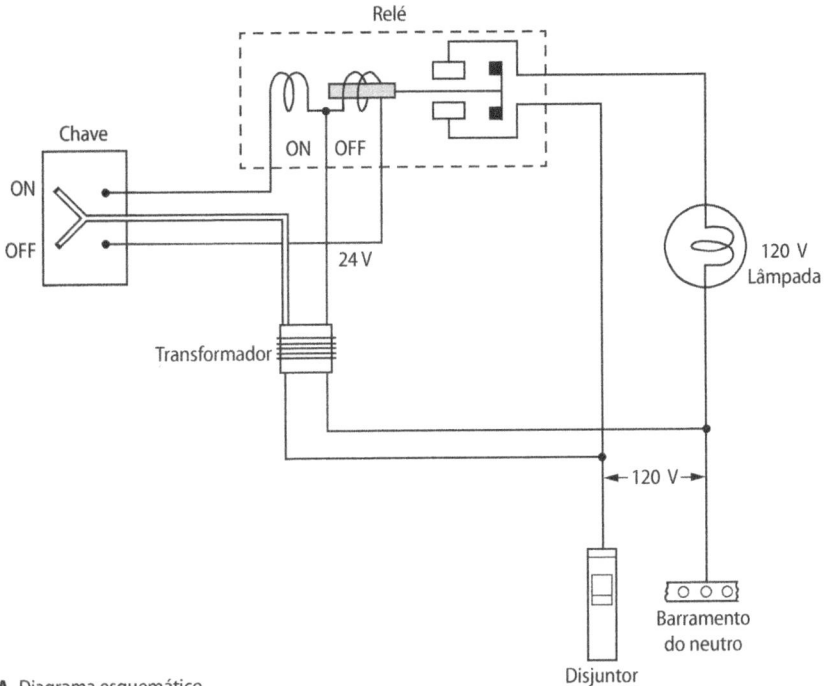

A. Diagrama esquemático

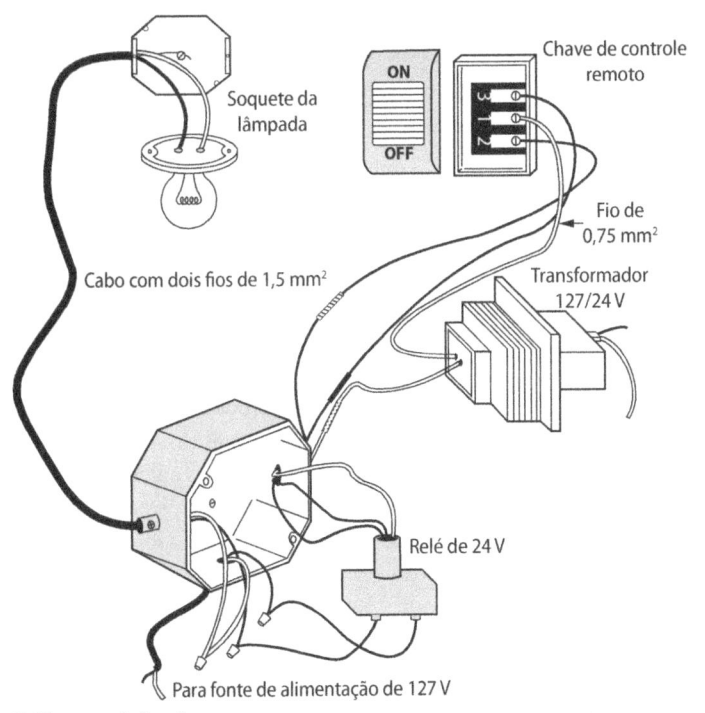

B. Diagrama de ligação

Figura 13-4 Sistema de controle remoto de iluminação.

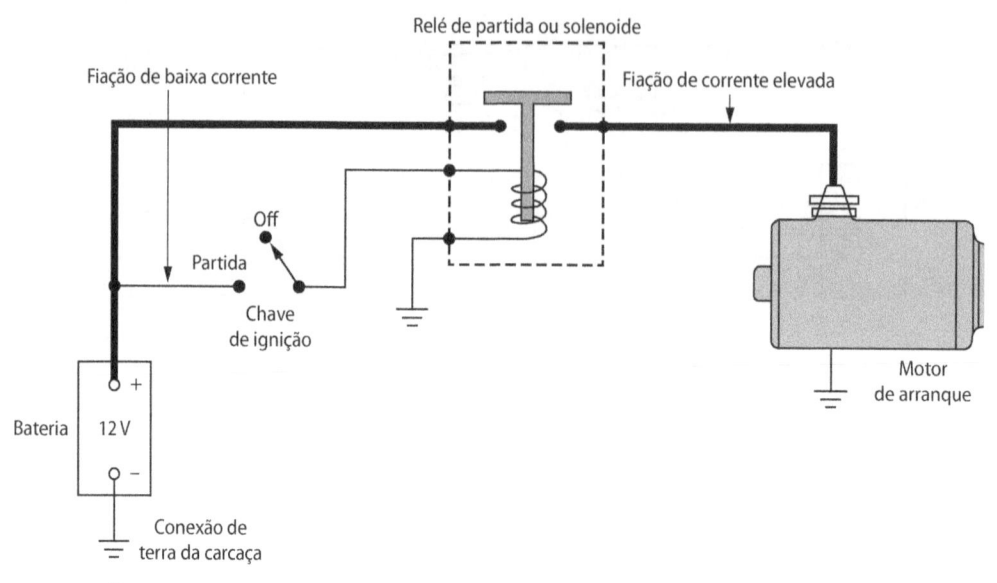

Figura 13-5 Circuito do motor de arranque de um automóvel.

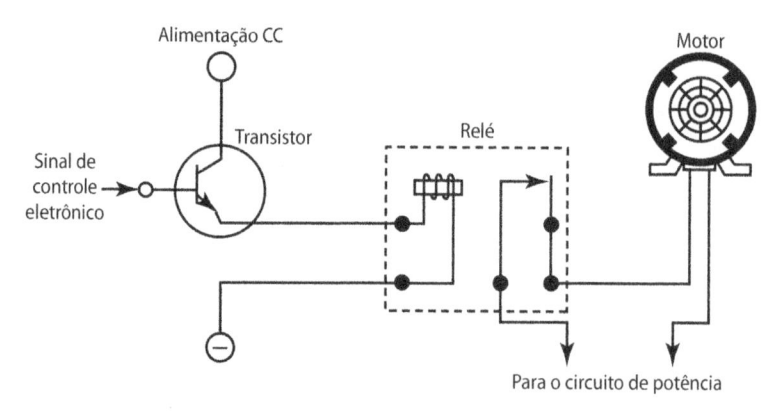

Figura 13-6 Relé controlado por transistor.

ESPECIFICAÇÕES DE RELÉS. Os relés eletromecânicos são produzidos em uma variedade de tipos para diferentes aplicações. As bobinas e os contatos dos relés têm especificações distintas. As bobinas do relé são geralmente especificadas de acordo com o tipo de corrente de operação (CC ou CA), tensão ou corrente de operação normal, resistência e potência. Bobinas de relé bastante sensíveis, especificadas na faixa de poucos miliampères, são, em geral, operadas a partir de transistores e circuitos integrados.

A especificação mais importante com relação aos contatos do relé é a sua corrente nominal. Tal especificação indica o valor máximo de corrente que os contatos são capazes de suportar. Os contatos também são especificados para um nível máximo de tensão CA e CC no qual eles podem operar. O número e o arranjo de contatos de chaveamento necessários também devem ser especificados (Figura 13-8).

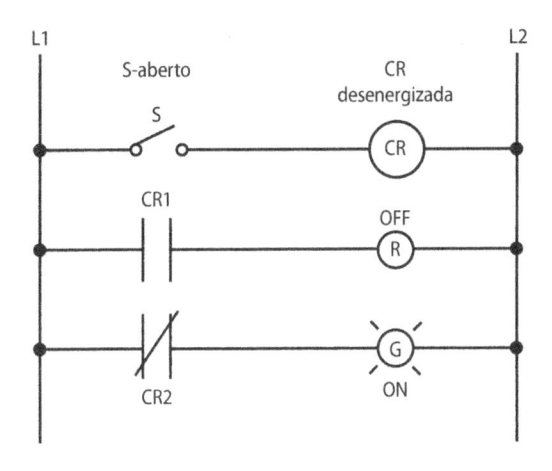

A. Chave aberta – bobina desenergizada

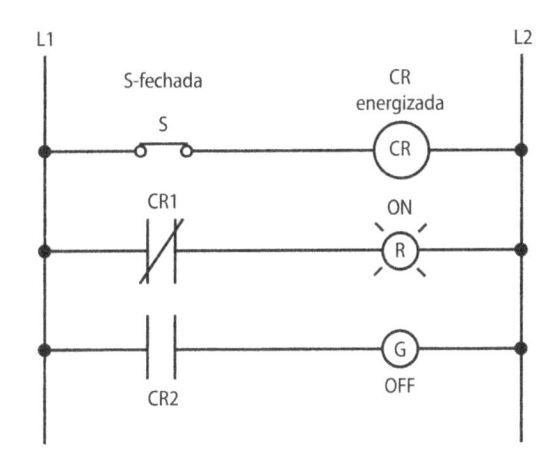

B. Chave fechada – bobina energizada

Figura 13-7 Circuito de chaveamento múltiplo utilizando relé.

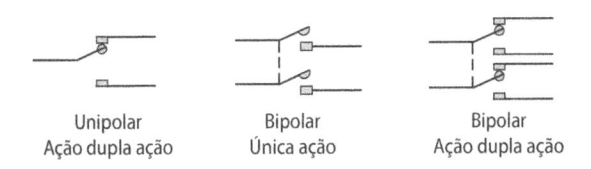

Unipolar
Ação dupla ação

Bipolar
Única ação

Bipolar
Ação dupla ação

Figura 13-8 Arranjos típicos de contatos de relé.

>> Relé de lingueta magnética

No lugar da armadura, o relé de lingueta magnética (ou relé de palheta) usa contatos magneticamente sensíveis selados em um tubo de vidro (Figura 13-9). Esses contatos abrirão ou fecharão quando estiverem sob a influência de um campo magnético. Se um ímã é trazido para perto do tubo de vidro, a armadura (lingueta) abre o contato normalmente fechado e fecha o contato normalmente aberto. O relé de lingueta também pode ser acionado (atuado) por um eletroímã CC.

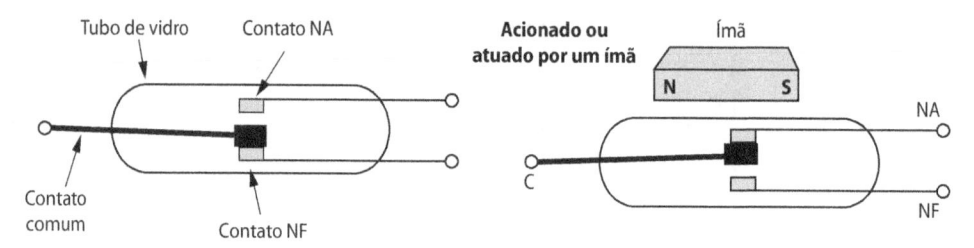

Figura 13-9 Relé de lingueta magnética.

Um ímã permanente é um atuador comum para um relé de lingueta. A atuação do ímã permanente pode ser arranjada de várias formas, que dependem dos requisitos de chaveamento. Normalmente, os arranjos mais utilizados são o movimento de proximidade, a rotação e o método de blindagem (Figura 13-10). Os relés de lingueta são mais rápidos, mais confiáveis e produzem menos arcos elétricos (faíscas) do que os relés eletromecânicos convencionais. No entanto, a capacidade de corrente do relé de lingueta é limitada.

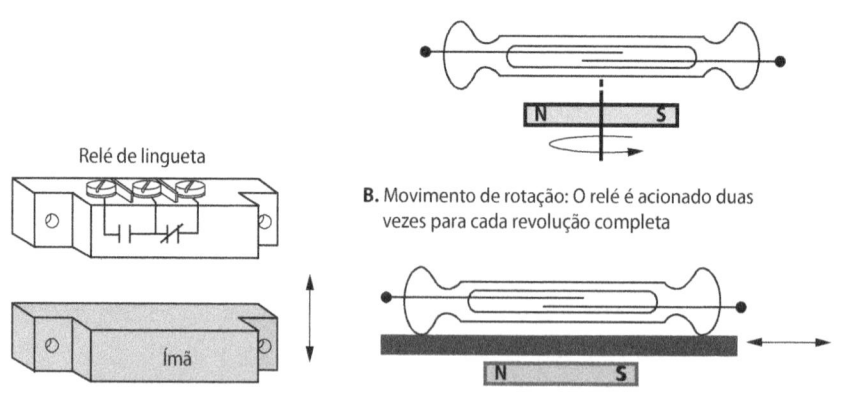

A. Movimento de proximidade: O movimento do relé ou do ímã acionará o relé

B. Movimento de rotação: O relé é acionado duas vezes para cada revolução completa

C. Blindagem: A blindagem ferromagnética (baseada em ferro) "curto-circuita" o campo magnético segurando os contatos. O relé é ativado pela remoção da blindagem.

Figura 13-10 Atuação ou acionamento do relé de lingueta.

» Relés de estado sólido

Depois de realizar tarefas de chaveamento por várias décadas, o relé eletromecânico está sendo substituído em algumas aplicações por um novo tipo de relé de estado sólido (Figura 13-11). Apesar de os relés eletromecânicos e os relés de estado sólido serem projetados para desempenhar funções semelhantes, cada um chega aos resultados finais de maneiras diferentes. Ao contrário dos relés eletromecânicos, os relés de estado sólido não têm bobinas ou contatos reais. Em vez disso, o chaveamento é realizado com o auxílio de dispositivos semicondutores, como transistores, retificadores de silício controlados (SCR) ou triacs. Como resultado, um relé de estado sólido não tem partes móveis.

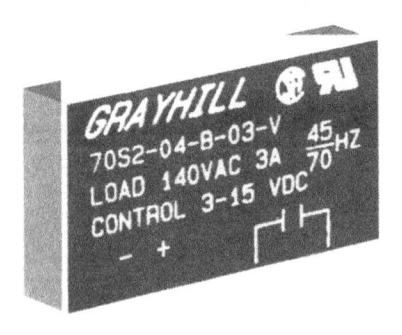

A. Montagem em placa de circuito impresso

B. Montagem com parafuso

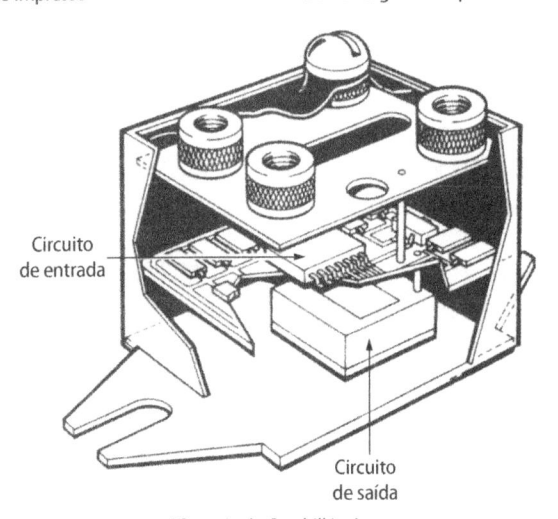

C. Construção interna

(*Cortesia da Grayhill Inc.*)

Figura 13-11 Relés de estado sólido típicos.

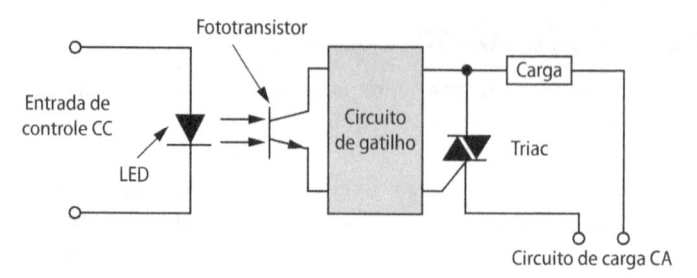

Figura 13-12 Relé de estado sólido opticamente acoplado.

Assim como os relés eletromecânicos, os relés de estado sólido encontram aplicação na isolação de um circuito de controle de baixa tensão de um circuito de carga de alta potência. Um diagrama de blocos de um relé de estado sólido opticamente acoplado é ilustrado na Figura 13-12. Um diodo emissor de luz (LED) incorporado na entrada do circuito brilha quando as condições no circuito estão adequadas para acionar o relé. O diodo emissor de luz ilumina um fototransistor que, em seguida, conduz, aplicando a corrente de gatilho (*trigger*) ao triac. Dessa forma, o circuito de carga é isolado da entrada pelo arranjo simples composto pelo LED e pelo fototransistor, assim como o eletroímã isola a entrada dos contatos de chaveamento no relé eletromecânico convencional. Também estão disponíveis os relés híbridos, que incorporam um pequeno relé de lingueta ou um transformador para servir como dispositivo atuador.

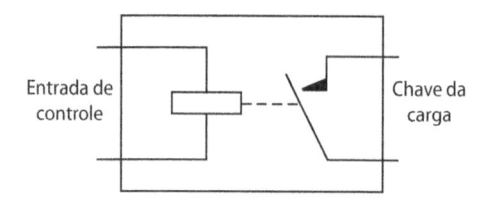

Figura 13-13 Símbolo típico de um relé de estado sólido.

Muitas vezes, a abordagem do tipo caixa-preta é usada para simbolizar um relé de estado sólido. Isto é, um quadrado ou um retângulo será utilizado no esquemático para representar o relé. O circuito interno não será mostrado e apenas as conexões de entrada e de saída para a caixa serão fornecidas (Figura 13-13).

O relé de estado sólido tem várias vantagens com relação ao relé eletromecânico. Os relés de estado sólido são mais confiáveis e têm uma expectativa de vida operacional maior, pois eles não têm partes móveis. Eles são compatíveis com transistores e circuitos integrados e não geram muita interferência eletromagnética. Além disso, o relé de estado sólido é mais resistente a choques e vibrações, tem um tempo de resposta muito mais rápido e os seus contatos não apresentam repique (*bounce*).

Como em todo dispositivo, os relés de estado sólido têm algumas desvantagens. Os relés de estado sólido contêm semicondutores suscetíveis a danos causados por picos de tensão e de corrente. Ao contrário dos contatos do relé eletromecânico, os semicondutores de chaveamento do relé de estado sólido têm uma resistência significativa no estado ON e uma corrente de fuga considerável no estado OFF. Além disso, eles são sensíveis a aquecimento e tendem a falhar em um estado "ON".

>> Questões de revisão

1. Explique o princípio básico de operação de um relé eletromecânico.
2. Defina os termos contato normalmente aberto e contato normalmente fechado da maneira como eles se aplicam a um relé.
3. Cite três maneiras de uso dos relés em circuitos.
4. Uma bobina de um certo relé eletromecânico é especificada para 250 mA, enquanto os contatos são especificados para 10 A. Explique o que essas especificações significam.
5. (a) Explique o princípio básico de operação de um relé de lingueta.
   (b) Cite três métodos para o acionamento ou a atuação de um relé de lingueta utilizando um ímã permanente.
   (c) Cite uma vantagem e uma limitação dos relés de lingueta.
6. (a) Como o chaveamento do circuito de carga é realizado em um relé de estado sólido?
   (b) Cite duas vantagens e duas limitações dos relés de estado sólido.

>> Relés de temporização

Os relés de temporização (ou relés de tempo) são relés convencionais, equipados com um mecanismo de ferragens ou um circuito adicional para atrasar a abertura ou o fechamento dos contatos da carga. Um relé de temporização pneumático (ar) usa ligação mecânica e um sistema de foles de ar para obter o seu ciclo de temporização (Figura 13-14). O projeto dos foles permite a entrada de ar através de uma válvula de controle do tipo "agulha" a uma taxa predeterminada para proporcionar diferentes incrementos de retardo de tempo e chavear um contato de saída.

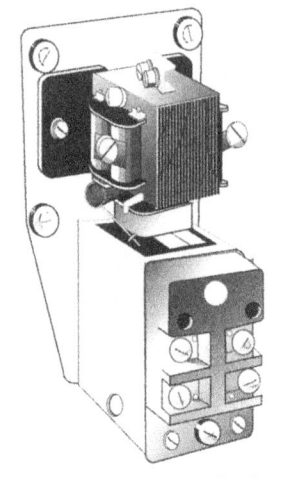

(Cortesia da Allen-Bradley Canada)

Figura 13-14 Relé de temporização pneumático.

(Cortesia da Allen-Bradley Canada)

Figura 13-15 Relé de temporização de estado sólido.

Um relé de temporização de estado sólido (Figura 13-15) usa circuitos eletrônicos para obter seu ciclo de temporização. Um oscilador resistor/capacitor (RC) gera um pulso altamente estável e preciso que é utilizado para fornecer os diferentes incrementos de retardo de tempo e chavear um contato de saída.

Os relés de temporização de estado sólido são empregados em controles industriais, aparelhos/eletrodomésticos e máquinas nas quais o início de um evento deve ser atrasado (retardado) até que outro evento tenha ocorrido. Por exemplo, uma máquina de mistura pode ser atrasada até que o líquido tenha sido aquecido, ou um ventilador pode permanecer desligado até que uma bobina de aquecimento tenha aquecido o ar ambiente a uma temperatura especificada.

Como o nome indica, um atraso de tempo remove ou aplica a alimentação a um componente ou circuito depois de decorrido um determinado intervalo de tempo preestabelecido. Os relés de tempo são classificados em dois grupos básicos: ON-*delay* e OFF-*delay**. A Figura 13-16 ilustra os símbolos padrão usados nos diagramas elétricos para relés com contatos temporizados. Os circuitos nas Figuras 13-17, 13-18, 13-19 e 13-20 são projetados para ilustrar as funções básicas dos contatos temporizados. Em cada circuito, o ajuste de retardo (atraso) de tempo considerado do relé de temporização é de 10 segundos.

---

* Relé ON-*delay*: Quando a bobina de um relé temporizado ON-*delay* é energizada, os contatos mudam os estados depois de um tempo predeterminado. Também é comum a denominação relé RE (Retardo de Energização).
Relé OFF-*delay*: Quando a bobina de um relé temporizado OFF-*delay* é energizada, os contatos mudam imediatamente os estados e depois de um tempo predeterminado voltam para a posição original. Também é comum a denominação relé RD (Retardo de Desenergização).

Símbolos do relé ON-*delay*	
 **Normalmente aberto, contato temporizado no fechamento.** O contato é aberto quando a bobina do relé é desenergizada. Quando a bobina do relé é energizada, há um retardo de tempo no fechamento dos contatos.	 **Normalmente fechado, contato temporizado na abertura.** O contato é fechado quando a bobina do relé é desenergizada. Quando a bobina do relé é energizada, há um retardo de tempo na abertura dos contatos.
Símbolos do relé OFF-*delay*	
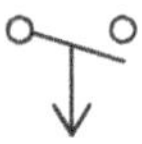 **Normalmente aberto, contato temporizado na abertura.** Os contatos são normalmente abertos quando a bobina do relé está desenergizada. Quando a bobina do relé é energizada, os contatos fecham instantaneamente. Quando a bobina do relé é desenergizada, há um retardo de tempo antes da abertura dos contatos.	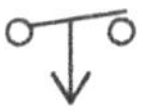 **Normalmente fechado, contato temporizado no fechamento.** Os contatos são normalmente fechados quando a bobina do relé está desenergizada. Quando a bobina do relé é energizada, os contatos abrem instantaneamente. Quando a bobina do relé é desenergizada, há um retardo de tempo antes do fechamento dos contatos.

Figura 13-16 Símbolos dos relés de temporização.

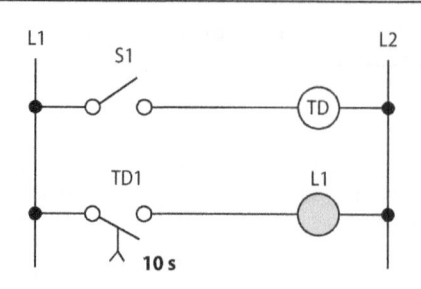

```
          L1                    L2
           S1
        ──/──○──────────(TD)───
          
          TD1              L1
        ──○/──────────────(●)───
           ↘ 10 s
```

Sequência de operação:

S1 está aberta, TD está desenergizada, TD1 está aberto, L1 está desligada.

S1 fecha, TD é energizada, o período de temporização inicia, TD1 permanece aberto, L1 permanece desligada.

Depois de 10 s, TD1 fecha, L1 é ligada.

S1 é aberta, TD é desenergizada, TD1 abre instantaneamente, L1 é desligada.

Figura 13-17 Circuito de temporização com um relé ON-*delay* (Contato NA temporizado no fechamento).

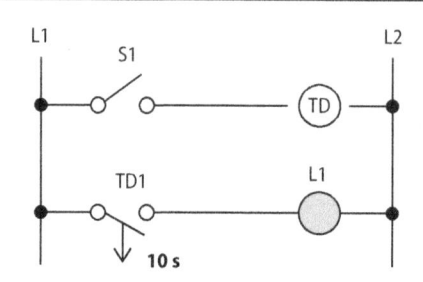

```
          L1                    L2
           S1
        ──/──○──────────(TD)───
          
          TD1              L1
        ──○/──────────────(●)───
           ↓ 10 s
```

Sequência de operação:

S1 está aberta, TD está desenergizada, TD1 está aberto, L1 está desligada.

S1 fecha, TD é energizada, TD1 fecha instantaneamente, L1 é ligada.

S1 é aberta, TD é desenergizada, o período de temporização inicia, TD1 permanece fechado, L1 permanece ligada.

Depois de 10 s, TD1 abre, L1 é desligada.

Figura 13-18 Circuito de temporização com um relé OFF-*delay* (Contato NA temporizado na abertura).

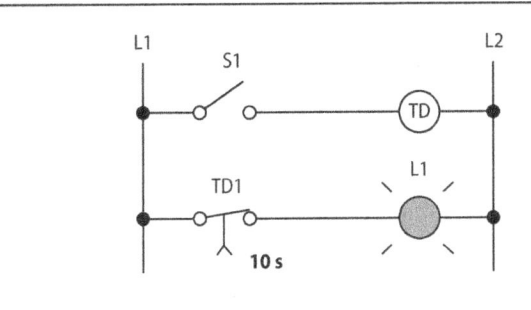

Figura 13-19 Circuito de temporização com um relé ON-*delay* (Contato NF temporizado na abertura).

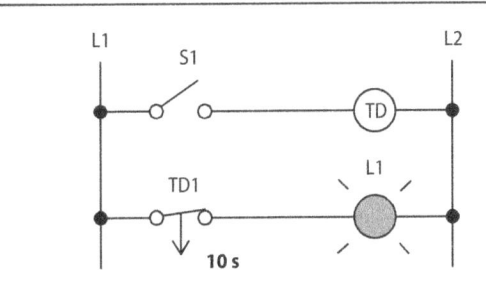

Figura 13-20 Circuito de temporização com um relé OFF-*delay* (Contato NF temporizado no fechamento).

» Contatores magnéticos

O contator é um tipo especial de relé projetado para lidar com cargas pesadas que estão além da capacidade de um relé de controle. O contator opera de modo similar a um relé eletromecânico, e ambos têm uma importante característica em comum: os contatos operam quando a bobina é energizada.

A Associação Nacional de Fabricantes Elétricos (NEMA) dos Estados Unidos define um contator magnético como um dispositivo acionado (atuado) magneticamente para estabelecer ou interromper um circuito de energia elétrica repetidas vezes. Ao contrário dos relés, os contatores são projetados para interromper cargas pesadas sem sofrer danos. Tais cargas incluem iluminação, aquecedores, transformadores, capacitores e motores elétricos, para os quais proteção contra sobrecarga é fornecida separadamente ou não é exigida (Figura 13-21). As partes principais de um contator são o eletroímã (bobina) e os contatos.

O contator operado eletromecanicamente é um dos mecanismos mais úteis já concebidos para fechar e abrir circuitos elétricos. Algumas das vantagens de utilizar contatores magnéticos em vez de equipamentos de controle operados manualmente são:

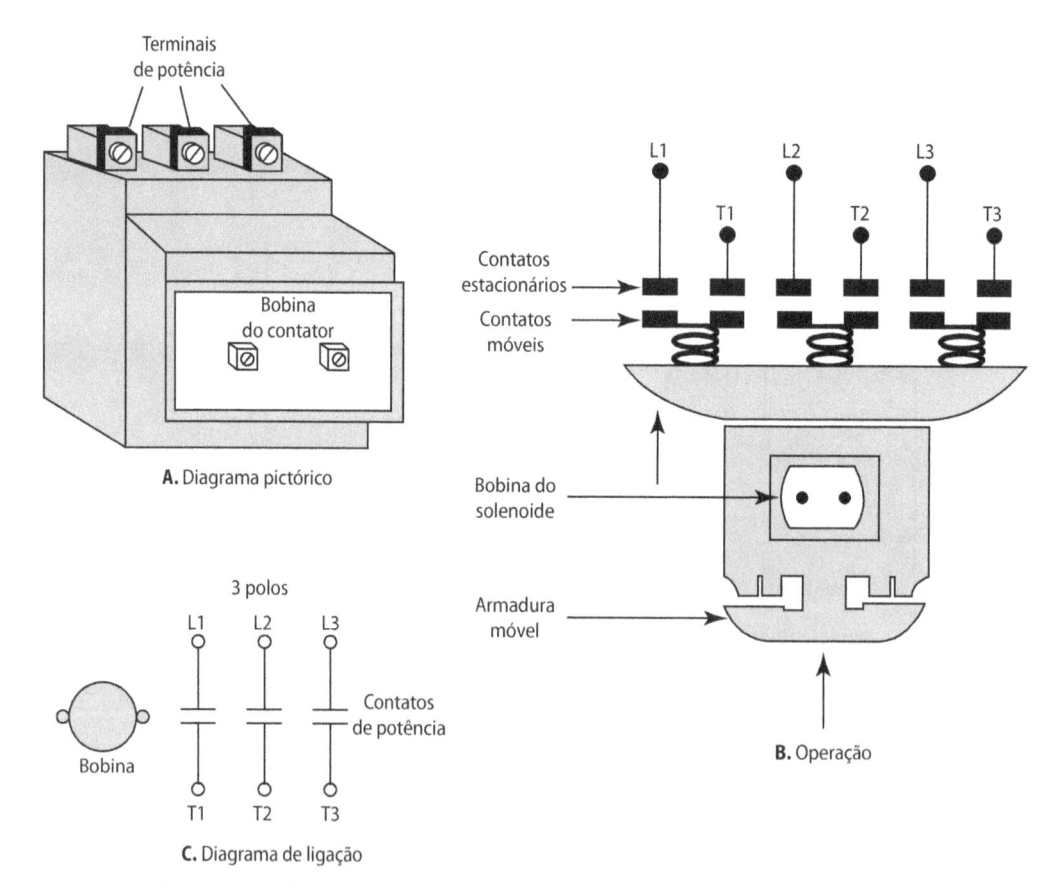

Figura 13-21 Contator magnético.

- Com grandes correntes ou tensões elevadas, é difícil construir um aparato manual adequado. Além disso, provavelmente tal aparato seria grande e difícil de operar. Por outro lado, é uma questão relativamente simples construir um contator magnético que lidará com grandes correntes ou altas tensões, e o aparato manual controlará apenas a bobina do contator. A Figura 13-22 ilustra esse uso do contator para chavear uma corrente elevada, ligando e desligando uma bomba por meio de uma chave piloto de baixa corrente.
- Os contatores permitem que várias operações sejam realizadas a partir de um operador (um local) e intertravadas para evitar operações falsas e perigosas.
- Sempre que uma dada operação deva ser repetida muitas vezes ao longo de um intervalo, uma grande economia de esforços será obtida com o uso de contatores. O operador simplesmente aperta um botão e os contatores iniciarão automaticamente a sequência correta de eventos.
- Dispositivos piloto muito sensíveis podem controlar automaticamente os contatores. Dispositivos piloto dessa natureza são limitados em potência e tamanho e seria difícil projetá-los para lidar diretamente com correntes elevadas. A Figura 13-23 mostra a utilização de contatores em conjunto com sensores para controlar a temperatura e o nível de líquido de um tanque.
- As altas tensões podem ser tratadas pelo contator e mantidas completamente afastadas do operador, aumentando assim a segurança de uma instalação. O operador também não estará na proximidade de arcos de alta potência, que são sempre uma fonte de perigo para choques, queimaduras ou, em alguns casos, danos aos olhos.

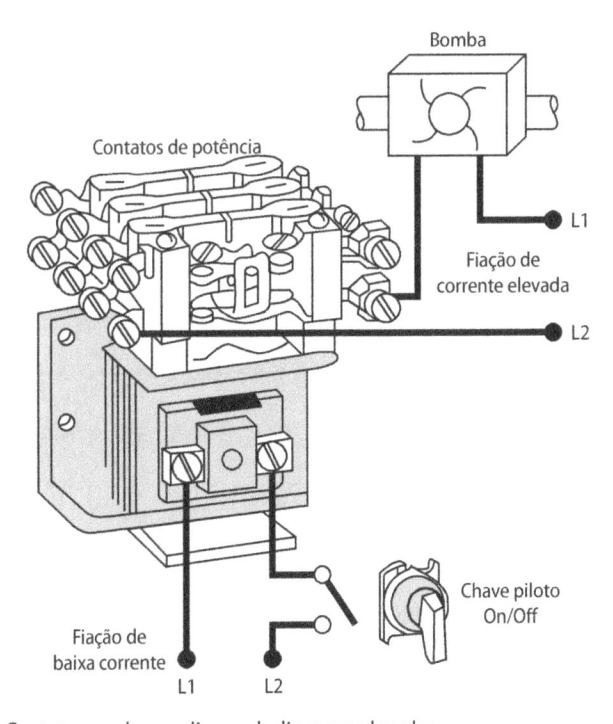

Figura 13-22 Contator usado para ligar e desligar uma bomba.

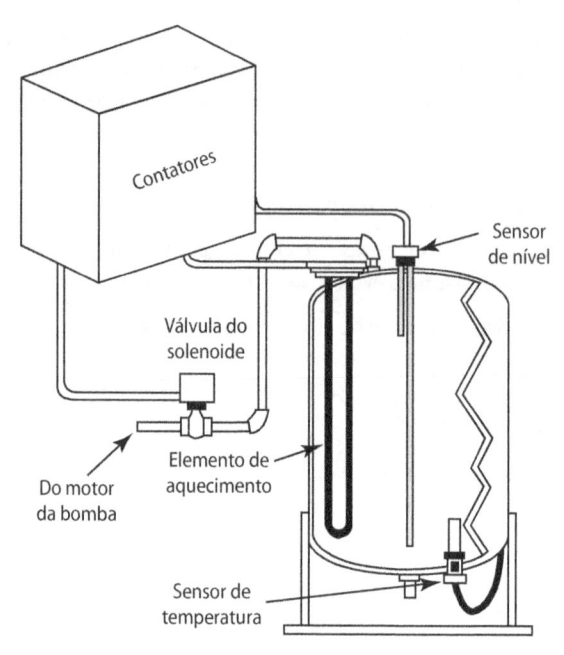

Figura 13-23 Contatores usados em conjunto com sensores para controlar a temperatura e o nível de líquido de um tanque.

- Com contatores, o equipamento de controle pode ser montado em um ponto remoto. O único espaço necessário perto da máquina seria para o *pushbutton* (botoeira). É possível controlar um contator a partir de tantos *pushbuttons* quanto se queira, com apenas a necessidade de ligar uns poucos fios de controle leves entre as estações. A aplicação ilustrada na Figura 13-24 usa um contator para ligar e desligar um painel de distribuição a partir de dois locais remotos.

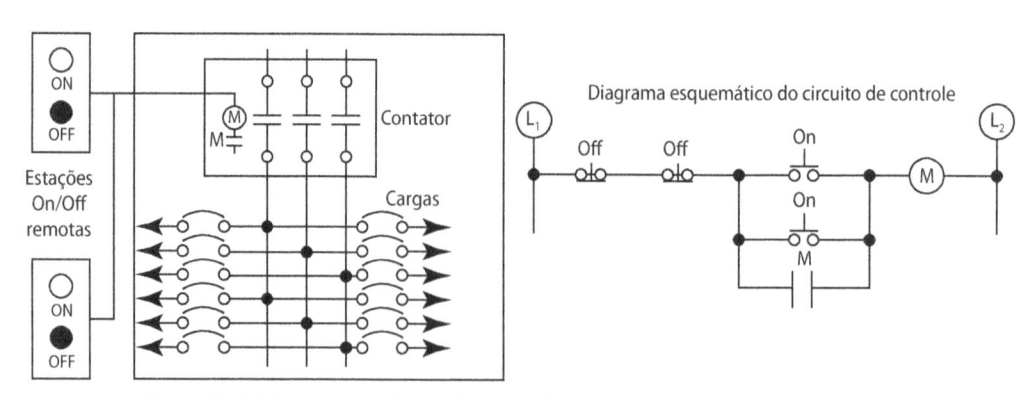

Figura 13-24 Contator usado para ligar e desligar um painel de distribuição a partir de dois locais remotos.

≫ Contatores de estado sólido

Os contatores de estado sólido usam dispositivos semicondutores para o chaveamento de corrente, como retificadores controlados de silício (SCR) e Triacs – como não há partes móveis, isso significa maior vida útil. Essa característica torna o contator de estado sólido ideal para aplicações de elevados ciclos de trabalho, como aquecedores. Não há partes móveis ou contatos, logo, não há preocupação com seu desgaste ou com danos causados por choques e vibrações (Figura 13-25).

A Figura 13-26 mostra um circuito esquemático típico para um contator de estado sólido trifásico. Esse contator usa retificadores controlados de silício (SCR), que são o equivalente eletrônico para os contatos em um contator magnético. Uma vantagem importante de um contator de estado sólido com SCR ou Triac em relação ao contator magnético é a sua tendência natural

Figura 13-25 Contatores de estado sólido. (Cortesia da Rockwell Automation).

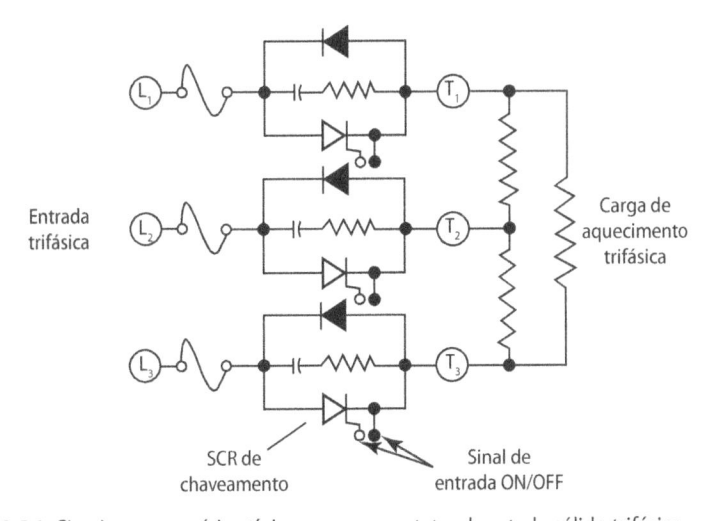

Figura 13-26 Circuito esquemático típico para um contator de estado sólido trifásico.

para abrir um circuito CA apenas em um ponto de corrente de carga nula. Em termos práticos, isso significa que a corrente nunca será interrompida no meio de um pico de uma onda senoidal, o que poderia resultar em grandes picos de tensão em função da queda abrupta do campo magnético*. Isso não vai acontecer em um circuito interrompido por um SCR ou um Triac. Esse recurso é chamado comutação ou chaveamento no cruzamento por zero (*zero-crossover*).

>> Questões de revisão

7. Explique a função de um relé de tempo de atraso.
8. Em quais dois grupos básicos os relés de tempo de atraso são classificados?
9. Compare a operação de um relé de tempo *on-delay* com a de um *off-delay*.
10. Indique a semelhança e a diferença entre um relé magnético e um contator magnético.
11. Em um contator de estado sólido, quais dispositivos são usados no lugar de contatos?
12. Para um contator CA de estado sólido, em que ponto da forma de onda CA aplicada sempre ocorre a ação de comutação ou chaveamento?

>> Tópicos de discussão do capítulo e questões de pensamento crítico

1. Um relé eletromecânico selado com uma bobina especificada para 12 V_{cc} contém um conjunto de contatos normalmente abertos e normalmente fechados, os quais estão suscetíveis de estarem defeituosos. Esboce um procedimento a ser seguido para verificar a continuidade dos contatos usando uma fonte de alimentação de 12 V_{cc} e um ohmímetro.
2. Para o circuito mostrado a seguir (Figura 13-27), suponha que as duas fontes de tensão foram incorretamente ligadas, de modo que os 12 V_{cc} foram aplicados ao circuito de controle e os 120 V_{CA} foram aplicados ao circuito de carga.
    (a) Como isso afetaria a operação do circuito de carga?
    (b) Como isso afetaria a operação do circuito de controle?

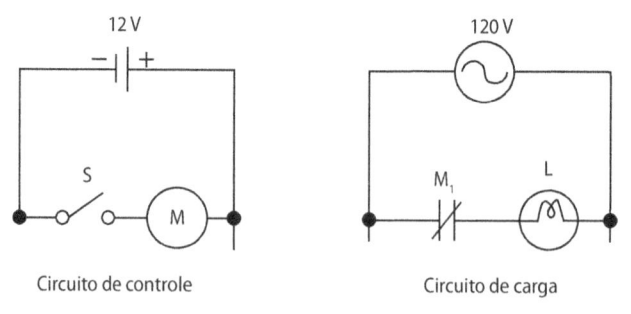

Figura 13-27

---

* N. de T.: Observe que teríamos uma grande variação no campo magnético e, devido ao efeito indutivo, a indução de uma elevada tensão.

3. Para o circuito mostrado a seguir (Figura 13-28), suponha que a lâmpada não liga quando o interruptor remoto é momentaneamente pressionado para a posição "on". Considerando que a fiação não está com problemas, liste as verificações que você faria (na ordem mais provável de prioridade) para determinar a causa do problema.

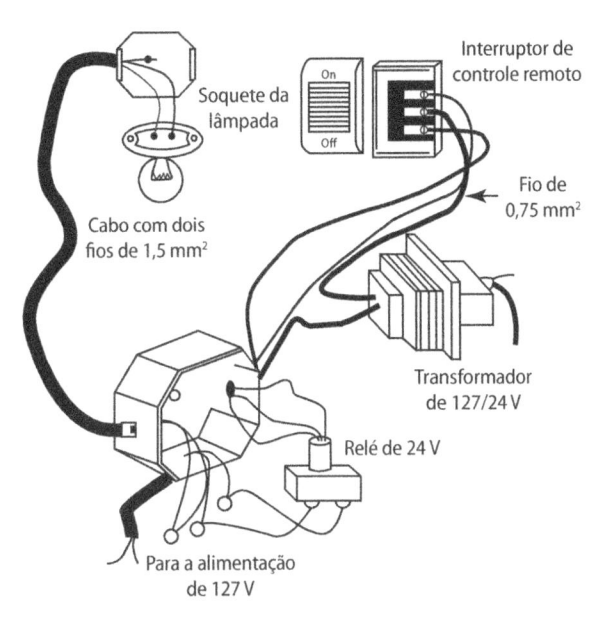

Figura 13-28

4. Para o circuito mostrado a seguir (Figura 13-29), suponha que quando a alimentação é aplicada pela primeira vez, a chave S é fechada por 1 minuto e, em seguida, aberta. Descreva a sequência de temporização da lâmpada L_1.

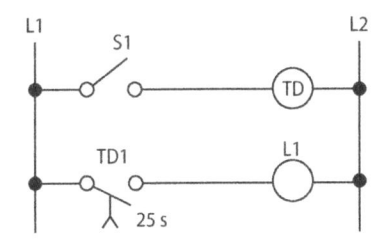

Figura 13-29

5. Para o circuito mostrado a seguir (Figura 13-30), suponha que quando a alimentação é aplicada pela primeira vez, a chave S é fechada por 5 segundos e, em seguida, aberta. Descreva a sequência de temporização da lâmpada L_1.

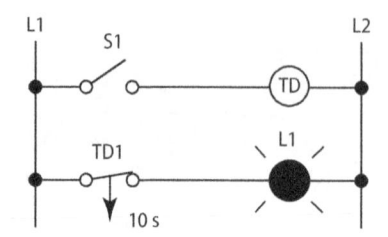

Figura 13-30

6. Para o circuito mostrado a seguir (Figura 13-31), suponha que uma terceira lâmpada amarela deve ser conectada ao circuito para ficar ligada sempre que a bobina do relé estiver energizada. Como essa lâmpada seria conectada? Redesenhe o circuito esquemático com essa lâmpada conectada corretamente.

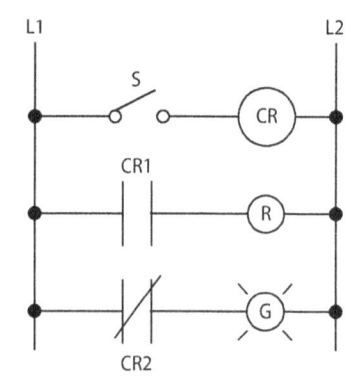

Figura 13-31

capítulo 14

Dispositivos de proteção de circuitos

A proteção de circuitos contra sobrecorrentes é uma parte essencial de *todo* circuito elétrico. Os circuitos podem ser danificados ou mesmo destruídos se seus níveis de tensão e/ou corrente excederem aqueles para os quais eles foram projetados. Em geral, fusíveis e disjuntores são projetados para proteger pessoas, condutores e equipamentos. Ambos operam com base no mesmo princípio: interromper ou abrir o circuito o mais rápido possível antes que algum dano ocorra.

Objetivos deste capítulo

- Definir os termos sobrecarga e curto-circuito
- Comparar os princípios básicos de operação de um fusível e de um disjuntor
- Entender como os fusíveis e os disjuntores são especificados
- Identificar os tipos básicos de fusíveis e suas aplicações típicas
- Testar fusíveis e disjuntores dentro e fora dos circuitos
- Explicar como os sistemas de SPDA, o aterramento elétrico e os para-raios protegem os equipamentos elétricos contra descargas atmosféricas
- Entender a finalidade e a função dos interruptores de circuito GFCI e AFCI
- Discutir como a coordenação seletiva de dispositivos de proteção evita o desligamento total da energia do sistema (apagão)

» Condições indesejáveis dos circuitos

SOBRECARGAS. Um circuito elétrico é limitado com relação ao valor de corrente que pode circular por ele com segurança. Um fluxo de corrente excessiva através de um condutor o aquecerá. A capacidade de corrente do circuito é determinada pela seção dos fios condutores utilizados. Um circuito elétrico está sobrecarregado quando o valor de corrente que flui através dele é maior que a sua capacidade de corrente.

Sobrecargas podem ocorrer em uma residência quando muitas lâmpadas e aparelhos estão conectados em um mesmo circuito (Figura 14-1). Considere um circuito de uso geral de uma casa projetado para uma capacidade de corrente máxima de 15 A. Se a soma das correntes das cargas paralelas conectadas a esse circuito exceder 15 A, afirma-se que o circuito está sobrecarregado. A solução para esse problema é reduzir a corrente ao remover algumas das cargas.

Além do excesso de carga em um circuito, sobrecargas podem ser provocadas por equipamentos defeituosos, bem como por equipamentos sobrecarregados. Um elemento de aquecimento defeituoso, com resistência menor do que a normal, aumentará a corrente do circuito acima do seu valor normal. De modo similar, um motor pode ficar sobrecarregado quando a carga mecânica que ele está acionando ou movimentando é aumentada além da sua capacidade nominal (Figura 14-2). Quando a carga do equipamento é reduzida, a corrente é reduzida.

Em um circuito sobrecarregado, os condutores são obrigados a transportar mais corrente do que aquela para a qual eles foram seguramente especificados. As sobrecargas variam normalmente entre um a seis vezes o nível de corrente normal (corrente nominal). Correntes de pico temporárias inofensivas que normalmente ocorrem na partida de motores ou na energização de transformadores causam sobrecargas temporárias. Tais correntes de sobrecarga são de tão curta duração que qualquer elevação de temperatura é irrelevante e não tem efeito nocivo sobre os componentes do circuito. Sobrecargas contínuas, as quais são mantidas por um longo período de tempo, resultam na produção de calor excessivo pelos condutores, ocasionando deterioração do isolamento e um potencial risco de incêndio.

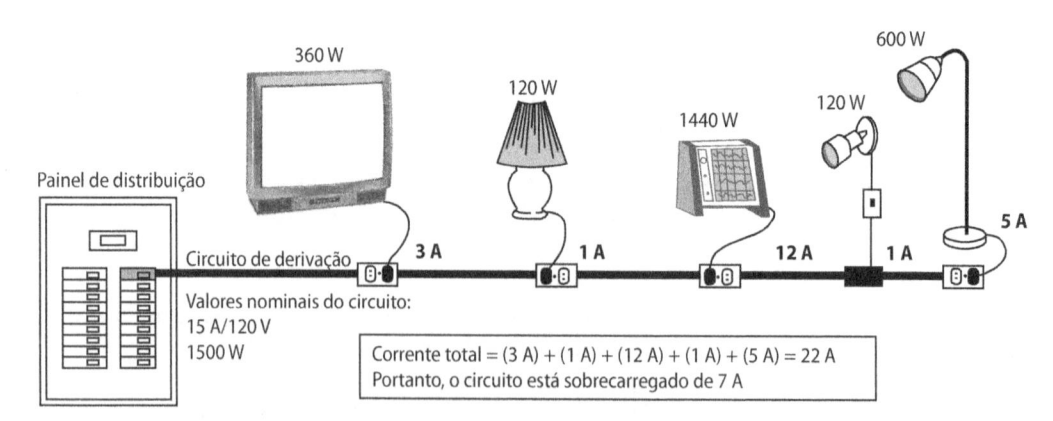

Figura 14-1 O circuito é sobrecarregado pela conexão de cargas em excesso.

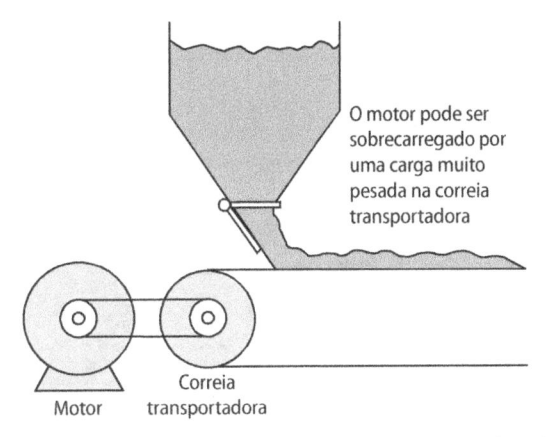

Figura 14-2 Um motor pode ser sobrecarregado quando uma carga mecânica ligada em seu eixo torna-se excessivamente pesada.

CURTOS-CIRCUITOS. Em geral, o termo curto-circuito se refere a um circuito completado de forma incorreta. Um curto-circuito através de uma fonte de tensão é um caminho direto estabelecido de um lado da fonte de tensão para o outro, sem passar através da carga (Figura 14-3). Quando um circuito completo é curto-circuitado, sua resistência total é reduzida para quase zero, o que aumenta a corrente para valores centenas de vezes maiores do que a corrente nominal em um intervalo de tempo muito curto. Apenas a resistência do fio e a resistência interna da fonte de alimentação limitarão o valor real do fluxo de corrente.

As correntes de sobrecarga têm valores superiores aos nominais do circuito, porém o fluxo de corrente está confinado aos caminhos condutivos normais do circuito. As correntes de curto circuito ou de falha (falta) para a terra circulam fora dos caminhos normais ou pretendidos de corrente e geralmente são muito superiores aos valores nominais do circuito. Um curto-circuito pode ocorrer quando o isolamento do fio deteriora o suficiente para expor o fio nu a outro fio de polaridade oposta, permitindo que a corrente flua para o outro circuito. Esse tipo de curto resulta em dois circuitos operando quando apenas um está ligado (Figura 14-4).

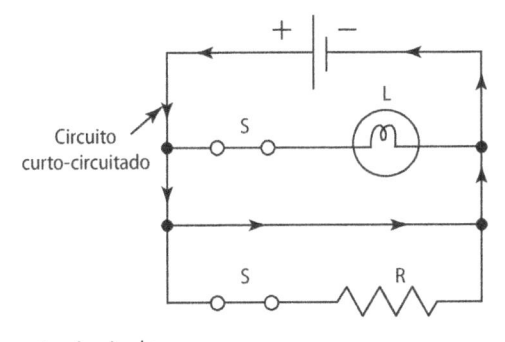

Figura 14-3 Circuito curto-circuitado.

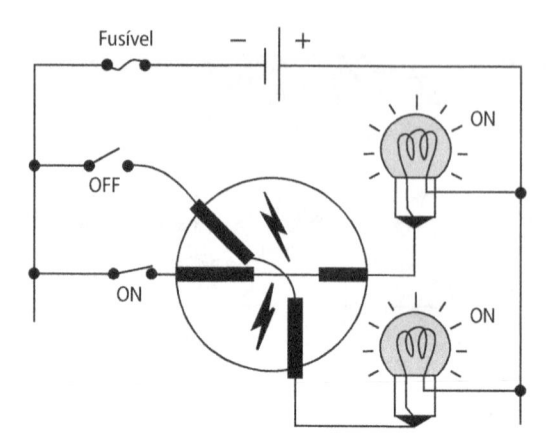

Figura 14-4 Curto-circuito resultando em dois circuitos operando quando apenas um está ligado.

Curtos-circuitos podem ocorrer por acidente quando a fiação do circuito é conectada pela primeira vez. Ao ligar ou religar qualquer tipo de circuito, é prudente verificar possíveis caminhos de curto-circuito ou conexões cruzadas antes de aplicar tensão. Qualquer fio desencapado ou exposto é uma indicação de problemas. Muitos curtos-circuitos ocorrem em cabos flexíveis, tomadas ou aparelhos. Procure por marcas de manchas pretas nas placas frontais ou cabos rompidos ou chamuscados conectados aos circuitos desenergizados. Para corrigir esse problema, simplesmente substitua o cabo ou plugue danificado (Figura 14-5).

Salvo indicação em contrário, o termo curto se refere a um curto-circuito através da fonte de tensão. Essa é uma das falhas (faltas) mais perigosas em circuitos elétricos, devido ao valor da corrente que flui através do circuito. Se a corrente de curto-circuito não for interrompida em questão de alguns milésimos de segundo, danos e destruição podem ocorrer. Níveis elevados de corrente de curto-circuito provocam danos severos ao isolamento, fusão dos condutores, vaporização de metal, ionização de gases, arcos, incêndio e campos magnéticos

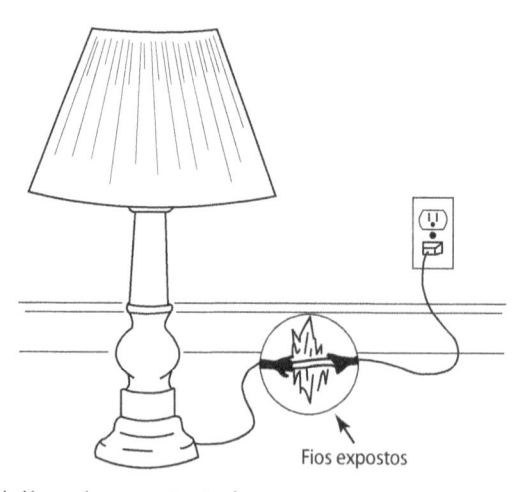

Figura 14-5 Cabo da lâmpada curto-circuitado.

muito intensos. Os danos associados a uma corrente de curto-circuito são evitados empregando fusíveis, disjuntores ou outros dispositivos de proteção contra sobrecarga, os quais desligam a alimentação de energia em resposta a uma corrente excessiva no circuito.

As forças danificadoras do curto-circuito aparecem sob a forma de forças térmicas (calor) e magnéticas. O dano térmico é diretamente proporcional ao produto do quadrado do valor rms da corrente pelo tempo em segundos que a corrente circula pelo circuito (dano térmico = $I_{rms}^2 \times t$). As forças magnéticas entre barramentos e outros condutores podem curvar e destruir barramentos e painéis e ainda puxar os condutores para fora de seus terminais. Os danos magnéticos variam diretamente com o quadrado do pico do valor da corrente (danos magnéticos = I_{pico}^2). O NEC dos Estados Unidos exige que os caminhos de corrente de falta:

- sejam permanentes e eletricamente contínuos;
- sejam capazes de conduzir com segurança a máxima corrente de falta;
- tenham uma impedância suficientemente baixa para facilitar a operação e sensibilização dos dispositivos de proteção.

» Especificações de fusíveis e disjuntores

Os dispositivos de proteção de circuitos são sensíveis à corrente. Por essa razão, os fusíveis e os disjuntores são frequentemente referidos como dispositivos de proteção contra sobrecorrente (Figura 14-6). O propósito desses dispositivos é proteger os circuitos elétricos contra os danos causados pelo fluxo de uma corrente muito elevada. As funções que um dispositivo de proteção deve executar incluem:

- detectar um curto-circuito ou uma sobrecarga;
- interromper condições de sobrecorrente antes que danos sejam causados aos condutores e a outros componentes elétricos conectados;
- não abrir desnecessariamente;
- não ter efeito sobre a operação normal do circuito.

A resistência de um fusível ou de um disjuntor é muito baixa e geralmente corresponde a uma parte insignificante da resistência total do circuito. Sob condições normais de operação do circuito, eles simplesmente funcionam, em termos práticos, como condutores. Fusíveis e disjuntores são ambos ligados em série com o circuito a ser protegido. Em geral, esses dispositivos de sobrecorrente devem ser instalados no ponto onde o condutor sendo protegido recebe sua alimentação. Como exemplo, no início ou no lado da linha de um circuito de derivação ou alimentador (Figura 14-7).

Sempre que a fiação é forçada a conduzir uma corrente maior do que ela pode suportar com segurança, os fusíveis fundirão ou os disjuntores desarmarão. Essas ações abrem o circuito, desligando a alimentação de eletricidade, porém normalmente não corrigem o problema. Por essa razão, devemos primeiro tentar localizar e corrigir o problema antes de substituir o fusível ou reinicializar (rearmar) o disjuntor.

(Fusível cartucho tipo virola)

(Fusível cartucho tipo faca)

(Fusível tipo plugue ou rolha)

Símbolo do fusível

(Fusível de vidro)

A. Fusíveis

(Baixas correntes)

(Altas correntes)

(Disjuntor a óleo de alta tensão)
(Altas correntes)

Símbolo do disjuntor

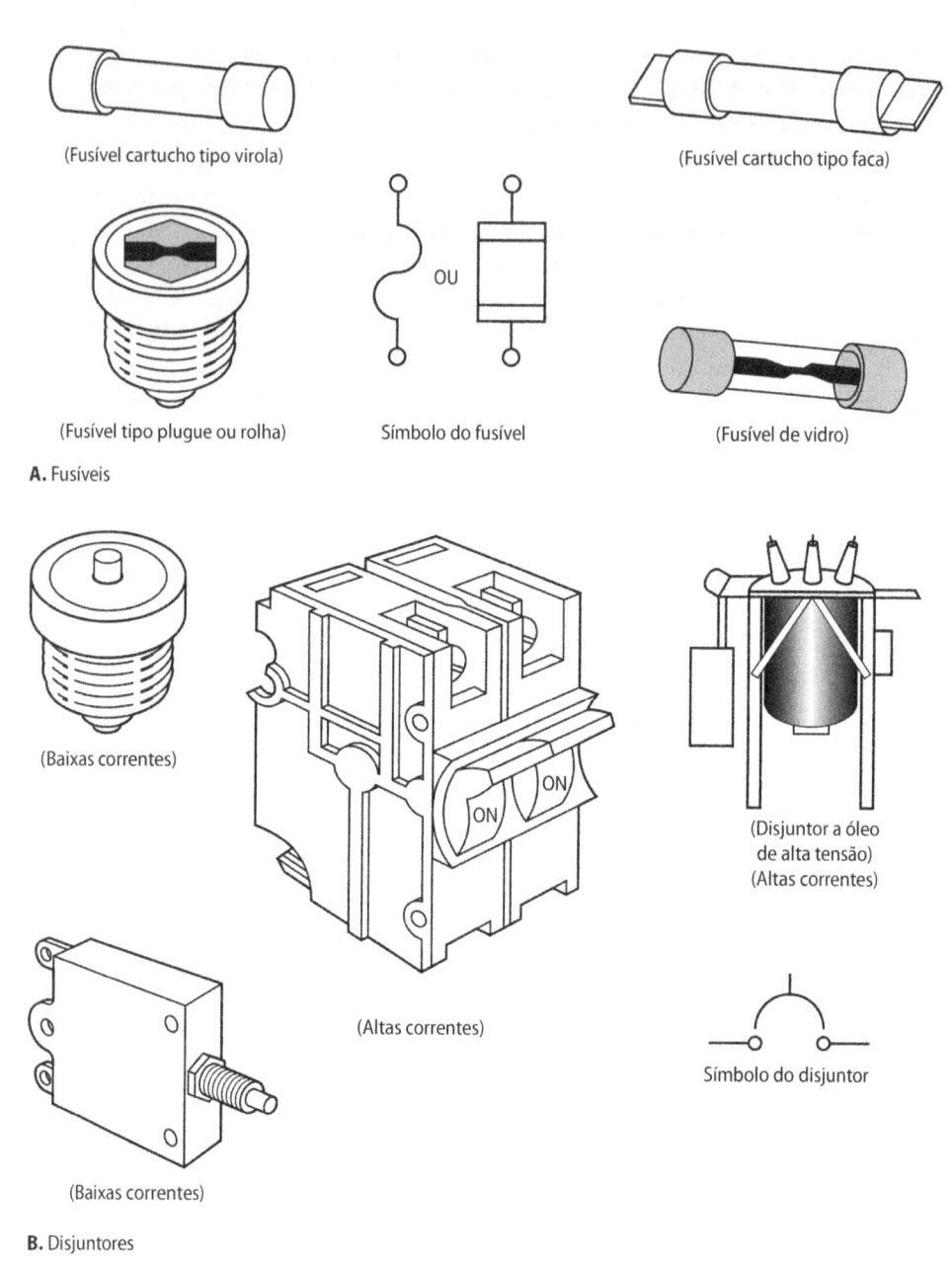

(Baixas correntes)

B. Disjuntores

Figura 14-6 Dispositivos de proteção contra sobrecorrente.

Os fusíveis e disjuntores são especificados para corrente e tensão. A corrente nominal do fusível ou do disjuntor (Figura 14-8) representa a máxima corrente que o dispositivo conduzirá sem fundir ou desarmar e abrir o circuito. A corrente nominal de um fusível ou disjuntor normalmente não deve exceder a capacidade de condução do circuito. Por exemplo, se um condutor é especificado para conduzir 20 ampères, um fusível ou disjuntor de 20 ampères é o

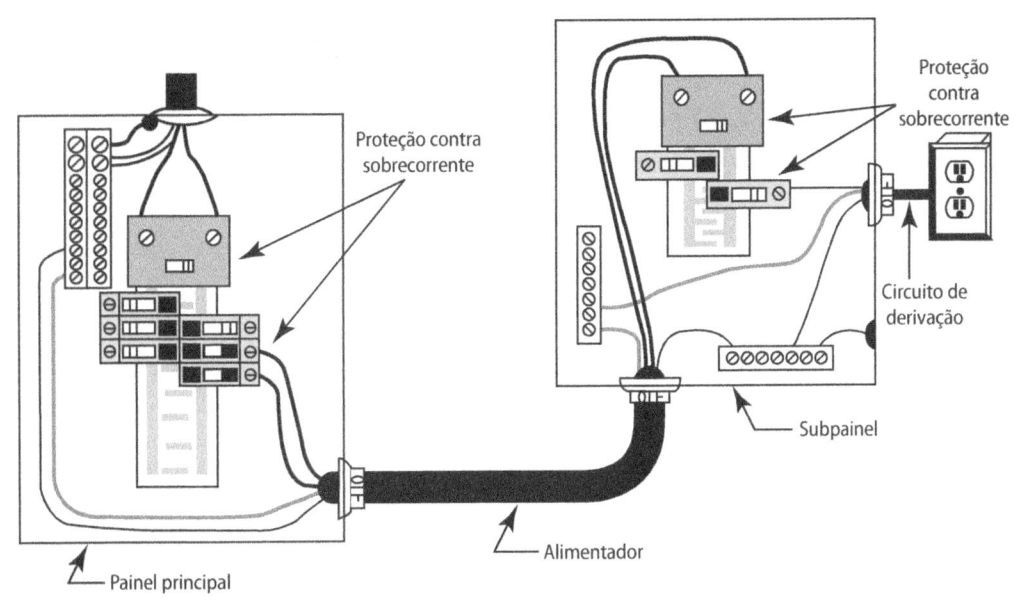

Figura 14-7 Conexão de dispositivos de proteção contra sobrecorrente.

maior que deve ser usado. A corrente nominal ou a capacidade de condução de corrente deve corresponder à capacidade de corrente à plena carga total do circuito, tanto quanto possível. Por exemplo, os fusíveis subdimensionados derretem facilmente, enquanto os fusíveis superdimensionados podem não prover proteção suficiente.

A tensão nominal de um fusível ou de um disjuntor é a maior tensão na qual ele é projetado para interromper a corrente com segurança. A tensão nominal deve ser pelo menos igual ou maior que a tensão do circuito. Ela pode ser maior, mas nunca menor. Por exemplo, um fusível de 250 volts pode ser empregado em um circuito de 208 V (Figura 14-9). Tensões nominais comuns usadas são 32 V, 125 V, 250 V e 600 V. A tensão nominal de um dispositivo de proteção é uma função de sua capacidade de abrir um circuito sob uma condição de sobrecarga ou de

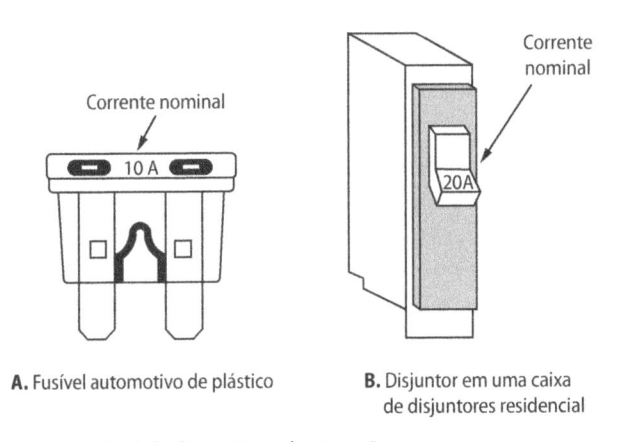

Figura 14-8 Corrente nominal de dispositivos de proteção.

Figura 14-9 Tensão nominal de um fusível.

curto-circuito. Especificamente, a tensão nominal determina a capacidade do dispositivo para suprimir a formação de arco interno, que ocorre quando uma corrente é aberta em condições de sobrecarga ou de curto-circuito.

Um dispositivo de proteção deve ser capaz de suportar a energia destrutiva das correntes de curto-circuito. A corrente de interrupção nominal (também conhecida como corrente de curto-circuito nominal) de um fusível ou de um disjuntor é a corrente máxima que ele pode interromper com segurança. Se a corrente de falta excede um nível além da capacidade de interrupção do dispositivo de proteção, o dispositivo pode romper, causando danos adicionais. A corrente de interrupção nominal é muitas vezes maior do que a corrente nominal e deve ser muito maior do que a corrente máxima que a fonte de alimentação pode fornecer. Muitos fusíveis têm capacidade de até 200.000 A, porque muitas instalações industriais têm correntes de falta elevadas. Outras correntes de interrupção nominais típicas são 10.000 A, 50.000 A e 100.000 A.

A capacidade de limitação de corrente é uma medida da quantidade de corrente que o dispositivo de proteção "deixará passar" para o sistema. Mesmo um *único ciclo* de corrente de 200.000 A danificará seriamente qualquer instalação. Dispositivos de proteção limitadores de corrente operam em menos da metade de um ciclo. Um fusível limitador de corrente é um fusível que interrompe de forma segura todas as correntes disponíveis dentro de sua capacidade de interrupção nominal e limita o pico da corrente que passa (Ip), bem como o quadrado da corrente multiplicado pelo tempo (I^2t) em um patamar especificado. Um fusível limitador de corrente sendo percorrido por uma corrente de curto-circuito vai começar a fundir dentro de 1/4 da onda CA e interromper o circuito dentro de 1/2 ciclo. A maioria dos fusíveis modernos são limitadores de corrente. Os fusíveis não limitadores de corrente têm um princípio de funcionamento diferente pois o arco da corrente de falta é extinto na passagem da onda CA por uma corrente zero. Isso pode demorar vários ciclos CA e durante esse período nenhuma limitação significativa da corrente ocorre. Os fusíveis limitadores de corrente têm sido usados durante muitos anos para fornecer proteção de alta velocidade para sistemas de energia de média e baixa tensão.

As características de tempo-corrente ou o tempo de resposta (ou ainda tempo de atuação) de um dispositivo de proteção refere-se ao período de tempo que leva para que o dispositivo opere sob condições de corrente de falha ou de sobrecarga. Os dispositivos de proteção de atuação rápida podem responder a uma sobrecarga em uma fração de segundo, enquanto os tipos padrão podem demorar de 1 a 30 segundos, dependendo do valor da corrente de sobrecarga. Os fusíveis de *atuação rápida* são muito sensíveis ao aumento de corrente e servem para proteger circuitos eletrônicos excepcionalmente delicados que têm um fluxo de corrente constante através deles. Os fusíveis de *retardo de tempo* são usados em circuitos com correntes de surto ou de energização (*inrush*) normalmente elevadas. Esse tipo de circuito fundiria um fusível de atuação rápida e média prematuramente quando o circuito fosse energizado ou durante condições de correntes de pico transitórias.

>> Questões de revisão

1. Sob que condição de operação um circuito elétrico é considerado sobrecarregado?
2. Indique três cenários que poderiam sobrecarregar um circuito.
3. Dê dois exemplos de sobrecargas temporárias inofensivas que normalmente ocorrem em circuitos.
4. O que acontece quando os condutores são forçados a conduzir mais corrente do que aquela que eles foram seguramente especificados para conduzir?
5. Dê a definição geral de curto-circuito.
6. (a) O que é um curto-circuito através da fonte de tensão?
   (b) Por que esse é considerado o tipo mais perigoso de curto-circuito?
7. Quais são as duas formas de forças danificadoras associadas à corrente de curto-circuito?
8. Como os fusíveis e os disjuntores são conectados com relação aos circuitos que eles protegem?
9. Qual é a resistência de um fusível ou disjuntor com relação à resistência da carga?
10. Cite quatro funções de um dispositivo de proteção.
11. Em geral, em que ponto do circuito os dispositivos de sobrecorrente devem ser instalados?
12. Por que devemos tentar localizar e corrigir o problema antes de substituir um fusível ou rearmar um disjuntor?
13. Explique o que significa cada uma dessas especificações de fusível ou disjuntor:
    (a) Corrente nominal
    (b) Tensão nominal
    (c) Capacidade de interrupção nominal
    (d) Capacidade de limitação de corrente
    (e) Características tempo-corrente
14. A corrente nominal de um fusível ou disjuntor deve ser igual a que parâmetro do circuito a ser protegido?
15. Normalmente, quanto tempo um fusível sendo percorrido por uma corrente de curto-circuito demora para abrir o circuito?
16. Descreva as principais diferenças entre as correntes de sobrecarga e de curto-circuito.
17. Cite três exigências do NEC dos Estados Unidos com relação aos caminhos de corrente de falta.

>> Tipos de fusíveis

O fusível é um dispositivo de proteção de sobrecorrente confiável. Uma fita de metal de baixo ponto de fusão ou elo (um fio) "fusível" ou elos encapsulados e conectados a terminais de contato compõem as partes fundamentais do fusível básico. Quando instalado em um soquete ou suporte de fusível (porta-fusíveis), a fita de metal torna-se um elo no circuito. Quando o fluxo de corrente através desse elo é maior que a corrente nominal do fusível, a fita de metal derreterá, abrindo o circuito.

FUSÍVEL TIPO PLUGUE OU ROLHA. Os fusíveis tipo plugue ou rolha são fusíveis redondos os quais são parafusados em uma base no suporte de fusível para fechar o circuito. Um fusível tipo rolha contém uma fita de fio flexível ou metal envolvida em um corpo de vidro (Figura 14-10). A tira de metal é projetada para conduzir uma dada quantidade de corrente elétrica, tal como 15 A. Se acontecer alguma coisa que provoque uma corrente no circuito superior àquela para a qual o circuito e o fusível foram projetados para conduzir, a fita de metal derrete ou "queima". Isso abre o circuito, interrompendo o fluxo de corrente e protegendo a fiação.

Existem dois tipos principais de base para fusíveis tipo rolha: a base Edison e a base Tipo S. A base Edison é o tipo mais antigo de base de fusível, na qual um tamanho de base suporta fusíveis com diferentes valores de corrente nominal. Esse tipo de base facilita a instalação de um fusível sobredimensionado (*"overfuse"*) no circuito, ou seja, com corrente nominal superior à do circuito. A base Edison não pode mais ser utilizada, exceto na substituição de fusíveis existentes. Os fusíveis Tipo S são invioláveis, projetados para evitar a permuta de fusíveis de diferentes dimensões em uma mesma base. Esses fusíveis usam uma base adaptadora (Figura 14-11). Uma vez instalada uma base adaptadora, fusíveis com um valor nominal mais elevado não podem ser instalados naquela abertura de caixa de fusível. Devido a essas qualidades advindas de sua característica inviolável, os fusíveis Tipo S são o único tipo permitido pelo NEC dos Estados Unidos para novas instalações.

Os fusíveis tipo rolha têm uma tensão nominal máxima de 250 V. Eles estão disponíveis em uma série de valores típicos de corrente até 30 A. Eles podem ser encontrados em circuitos de iluminação e tomadas residenciais de 127 V. A corrente nominal do fusível é ajustada de acordo com a corrente nominal máxima dos condutores do circuito. Baseado nessa especificação, um adaptador do tamanho adequado é inserido no porta-fusíveis de base Edison. O fusível Tipo S apropriado é, então, aparafusado no adaptador. Devido ao adaptador, o porta-fusíveis é não permutável. Como exemplo, suponha que um adaptador de 15 ampères é inserido para um circuito de derivação de 15 ampères. É impossível substituir um fusível tipo S com um maior valor nominal sem remover o adaptador de 15 ampères.

Os elos fusíveis derretem por duas razões: ou o circuito desenvolveu um curto ou ele foi sobrecarregado. A visão através do corpo de vidro do fusível tipo rolha é de grande ajuda para

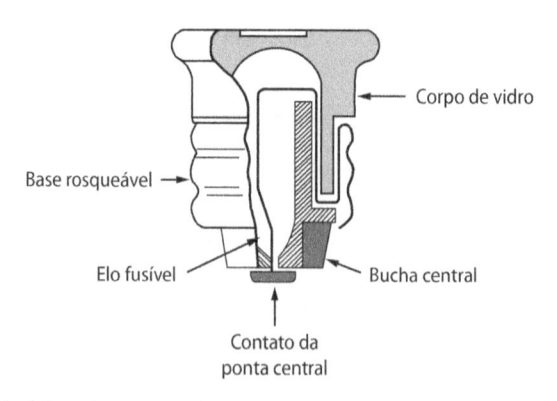

Figura 14-10 Fusível tipo plugue ou rolha.

Figura 14-11 Fusível Tipo S e adaptador (©Jerry Marshall).

descobrir a causa para o fusível ter derretido (Figura 14-12). Se a parte dianteira do vidro está preta, isso indica que houve um curto-circuito. Assim, uma verificação cuidadosa do circuito deve ser feita antes de trocar o fusível. Se a frente do vidro está limpa e clara, isso indica que o circuito está sobrecarregado. Nesse caso, uma parte da carga deve ser removida do circuito antes da substituição do fusível.

FUSÍVEL TIPO CARTUCHO. Os fusíveis tipo cartucho operam exatamente como os fusíveis tipo rolha, mas são projetados para conduzir correntes muito mais elevadas. Os dois tipos básicos de fusíveis cartucho são o fusível tipo virola e o fusível tipo faca (Figura 14-13). Os fusíveis tipo virola estão disponíveis em correntes nominais de 0 até 60 A. Os painéis de fusíveis que usam o fusível tipo virola têm clipes de fusíveis especialmente projetados nos quais apenas os do tipo virola se encaixam. O diâmetro e o tamanho do fusível aumentam à medida que a corrente e a tensão aumentam. Os fusíveis virola são utilizados em circuitos de até 600 V. O fusível cartucho tipo faca é usado em circuitos com correntes nominais superiores a 60 A. Os pontos de contato desse fusível são maiores e mais robustos, o que permite lidar com fluxos de corrente mais elevados. Os clipes de fusíveis são projetados especialmente para receber apenas fusíveis tipo faca. Os fusíveis tipo faca estão disponíveis em correntes nominais de 61 a 6.000 A e tensão nominal de até 600 V. O

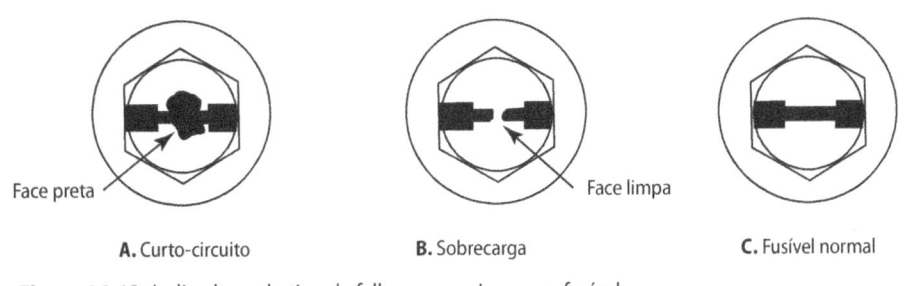

Face preta

A. Curto-circuito **B.** Sobrecarga **C.** Fusível normal

Face limpa

Figura 14-12 Indicadores do tipo de falha que queimou um fusível.

Figura 14-13 Fusíveis tipo cartucho (Cortesia da Cooper Bussman, Inc.).

NEC dos Estados Unidos exige que os porta-fusíveis para fusíveis cartucho limitadores de corrente sejam projetados para rejeitar fusíveis do tipo não limitadores de corrente.

Os fusíveis de cartucho são encontrados em uma ampla gama de tipos, tamanhos e especificações. O *Underwriters Laboratories** (UL) designa várias classes conforme a seguir:

CLASSE UL	CARACTERÍSTICAS DE SOBRECARGA DO FUSÍVEL
L	RETARDO DE TEMPO
RK1	RETARDO DE TEMPO ATUAÇÃO RÁPIDA
RK5	RETARDO DE TEMPO
T	ATUAÇÃO RÁPIDA
J	RETARDO DE TEMPO ATUAÇÃO RÁPIDA
CC	RETARDO DE TEMPO ATUAÇÃO RÁPIDA
CD	RETARDO DE TEMPO
G	RETARDO DE TEMPO
K5	ATUAÇÃO RÁPIDA
H	FUSÍVEIS RENOVÁVEIS ATUAÇÃO RÁPIDA

Em termos gerais, os fusíveis de cartucho são classificados como não renovável, renovável, de elemento duplo, de retardo de tempo, limitador de corrente ou de alta capacidade de interrupção. O *fusível de cartucho não renovável*, ilustrado na Figura 14-14, é o tipo mais antigo

---

* *Underwriters Laboratories* (UL) é uma organização fundada em 1894 nos Estados Unidos, que faz a certificação de produtos e dos aspectos relativos à sua segurança. O símbolo UL encontra-se em muitos produtos, sobretudo em produtos eletroeletrônicos. Os produtos exportados para os EUA geralmente precisam ser classificados de acordo com as regras e os padrões UL em vigor.

de fusível cartucho em uso hoje em dia. Ele consiste em um elemento fusível fechado em um tubo de material isolante de enchimento. O propósito do material de enchimento é suprimir o arco quando o fusível derrete. Esses fusíveis têm um retardo de tempo muito pequeno e o seu uso é limitado à proteção contra curto-circuito em circuitos nos quais faltas ocorrem com pouca frequência. Eles são conhecidos como fusíveis Classe H e têm uma capacidade de interrupção nominal de 10.000 A nas classificações do UL nos Estados Unidos.

O *fusível de cartucho renovável* é usado para tirar proveito dos baixos custos de reposição para a proteção dos alimentadores nos quais faltas ocorrem com frequência. Ao contrário do fusível de cartucho não renovável, esses fusíveis contêm um elo fusível que pode ser substituído uma vez fundido. Embora inicialmente mais caro, esse fusível reduzirá os custos de manutenção durante um longo período de tempo. A maioria dos fusíveis de cartucho renováveis é do tipo com retardo de tempo. O retardo de tempo é conseguido por meio de uma construção especial do elo, que combina partes com uma área da seção transversal maior com partes tendo uma área da seção transversal reduzida (Figura 14-15). Geralmente, em sobrecargas leves, o ponto central fraco do elo queimará; já uma corrente de curto-circuito derreterá instantaneamente os dois pontos extremos fracos.

Os fusíveis de um único elemento fornecem excelente proteção contra curto-circuito, porém, para lidar com surtos temporários ou transientes, o fusível deve ser superdimensionado. Os *fusíveis de duplo elemento* fornecem proteção tanto para curtos-circuitos como para sobrecargas pelo uso de dois componentes individuais no mesmo elemento (elo). Um elemento remove sobrecargas e o outro elemento remove curtos-circuitos. Um fusível de retardo de tempo de duplo elemento é mostrado na Figura 14-16. O elemento de curto-circuito é um elo de cobre com entalhes restritivos ou segmentos. A porção térmica do elemento de sobrecarga é um dispositivo de mola que abre o circuito quando a solda prendendo a mola em sua posição derrete.

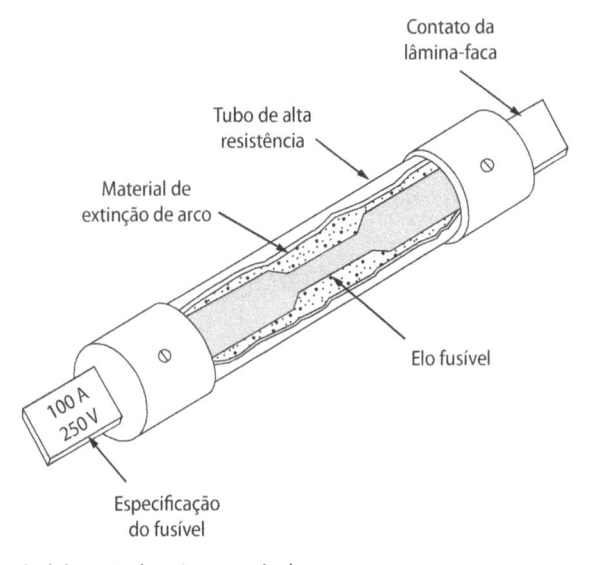

Figura 14-14 Fusível de cartucho não renovável.

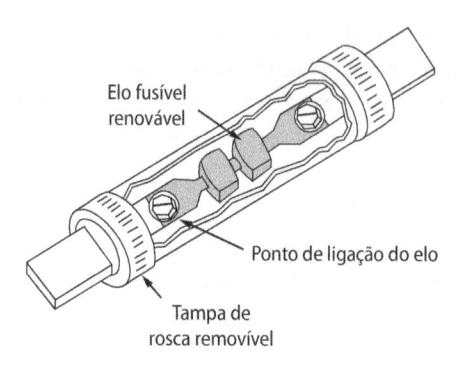

Figura 14-15 Fusível de cartucho renovável.

Em instalações de motor, os fusíveis de retardo de tempo de duplo elemento são particularmente vantajosos. Em novas instalações, os fusíveis de duplo elemento permitem o uso de chaves de desconexão menores. Com fusíveis comuns, as chaves de desconexão devem ser superdimensionadas, porque fusíveis com especificações nominais muito maiores do que a carga em operação devem ser usados para conduzir a corrente de partida. Os fusíveis de duplo elemento podem ser dimensionados para correntes mais próximas da corrente normal de operação e, ainda assim, conduzir as correntes de partida; portanto, chaves e painéis menores podem ser instalados.

Os *fusíveis com retardo de tempo* estão disponíveis nos tipos rolha e de cartucho. Eles não derretem como os fusíveis padrão em sobrecargas grandes, mas temporárias. No entanto, eles derreterão como os fusíveis padrão em pequenas sobrecargas contínuas e instantaneamente em curtos-circuitos. Esse tipo de fusível é utilizado para proteger circuitos de motores. Um fusível de retardo de tempo (Figura 14-17) tem uma tira de metal com uma extremidade ligada ao invólucro do fusível. A outra extremidade é ligada a um pino mantido sob a tensão de uma mola. A extremidade do pino está embutida em solda. Se a solda fica quente o suficiente para derreter, o pino sai da solda, interrompendo o circuito. Essa solda suportará uma sobrecarga momentânea (por exemplo, a partida do motor) sem fundir. Porém, se o calor da sobrecarga é contínuo, a solda derrete e interrompe o circuito. Isso pode demorar

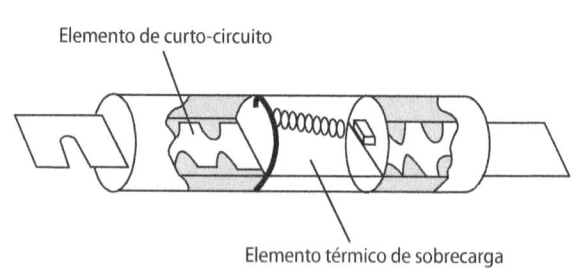

Figura 14-16 Fusível de retardo de tempo de duplo elemento.

alguns segundos. Se um curto direto ocorrer, a tira de metal derrete instantaneamente e abre o circuito.

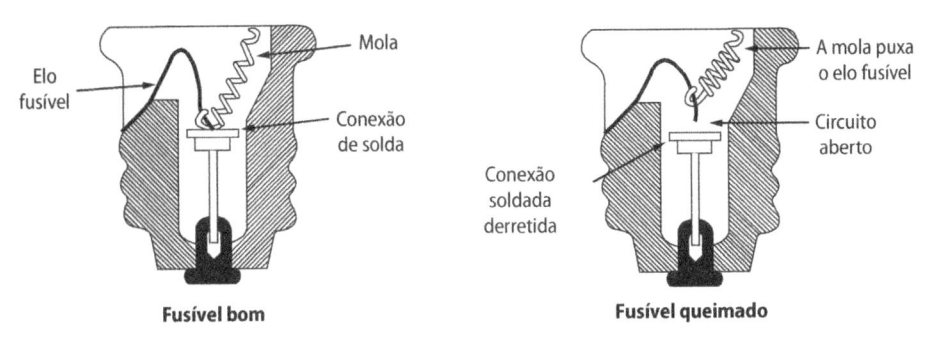

Fusível bom

- Elo fusível
- Mola
- Conexão de solda

Fusível queimado

- A mola puxa o elo fusível
- Circuito aberto
- Conexão soldada derretida

A. Tipo rolha

- Mola
- Tira
- Solda

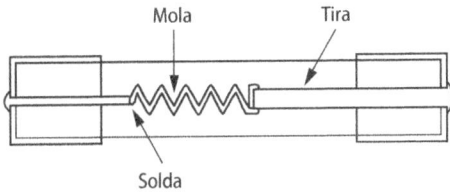

B. Tipo cartucho de fusão lenta

Figura 14-17   Fusíveis de retardo de tempo.

>> Fusíveis de alta tensão

Os fusíveis de alta tensão (Figura 14-18) são aqueles dimensionados para mais de 600 volts, empregados para proteger linhas de alta tensão. Eles são especialmente construídos, de modo que sejam seguros para a interrupção da corrente em altas tensões, e incluem os tipos expulsão, líquido e de material sólido. Um fusível de alta tensão do *tipo expulsão* tem um elemento que derreterá e vaporizará quando for sobrecarregado. A extinção do arco é auxiliada pela expulsão dos gases produzidos por ele e também pela observação da passagem da corrente alternada pela referência de zero. Os *fusíveis líquidos* têm um invólucro metálico que contém o elemento fusível. O líquido atua como um meio de supressão do arco. Um fusível de *material sólido* é similar ao fusível líquido, com a exceção de que o arco é extinto em uma câmara preenchida com material sólido.

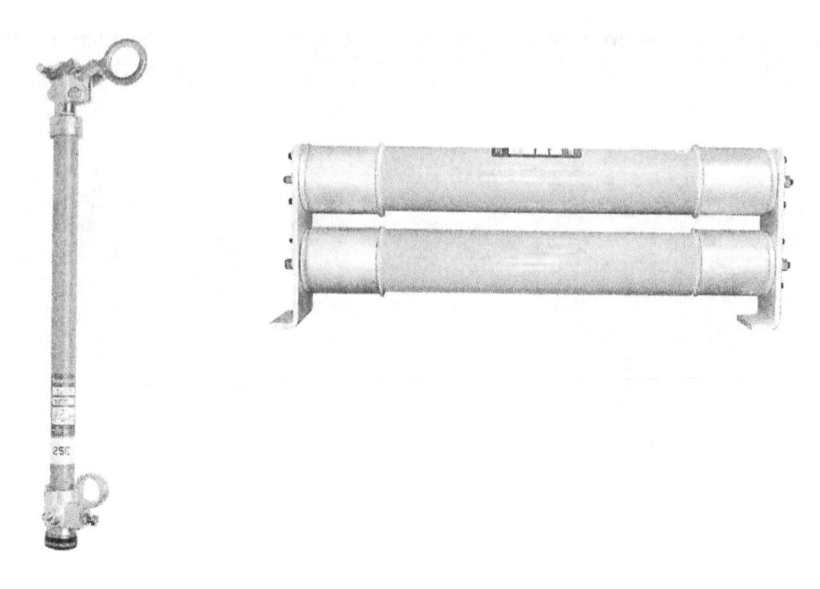

Figura 14-18 Fusíveis de alta tensão (Cortesia da Cooper Bussman, Inc.).

>> Teste de fusíveis

Com fusíveis de vidro, geralmente podemos ver se o elo fusível em seu interior está derretido (aberto). O ohmímetro é usado para testar o fusível fora do circuito (Figura 14-19). Um fusível bom deve indicar uma leitura de resistência quase zero no medidor. Uma leitura infinita em um ohmímetro analógico indica um fusível aberto. Dependendo do fabricante, os ohmímetros digitais podem exibir uma leitura infinita (elemento aberto) como 1 ou OL (*overload* ou sobrecarga).

Na maioria dos sistemas elétricos, todos os condutores não aterrados da linha de alimentação devem ter um dispositivo de sobrecorrente ligado em série (Figura 14-20). Uma proteção de sobrecorrente é requerida para circuitos de baixa tensão, circuitos monofásicos de 127 V ou

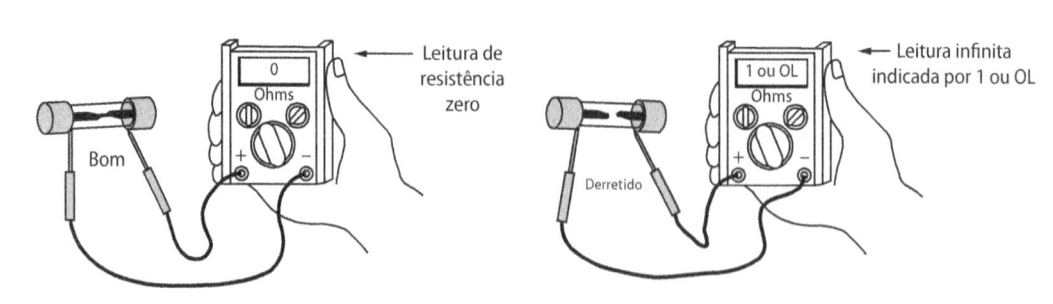

Figura 14-19 Utilização de um ohmímetro para testar o fusível fora do circuito.

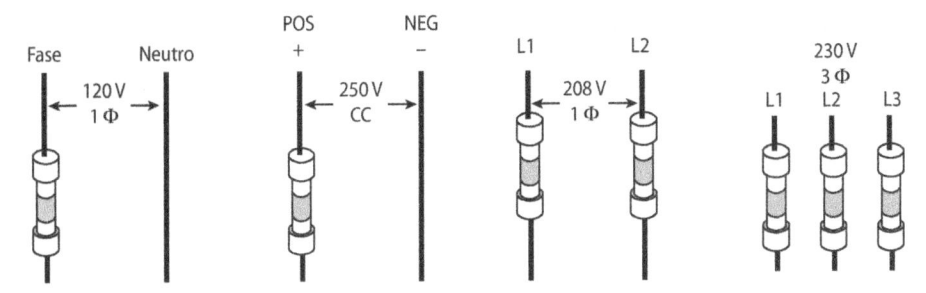

Figura 14-20 Todos os condutores não aterrados da linha de alimentação devem ter um dispositivo de sobrecorrente conectado em série.

menos e todos os circuitos CC. O fio neutro em circuitos CA e o fio negativo em circuitos CC não incluem proteção de sobrecorrente.

Um fusível "bom" em um circuito com a alimentação ligada deve possuir uma queda de tensão através dele próxima de zero, pois ele é similar em termos de resistência a um pequeno pedaço de fio.

O voltímetro serve para testar o fusível no circuito energizado (Figura 14-21). A tensão é verificada nos lados da linha e da carga do fusível. Tensão normal no lado da linha e zero no lado da carga indica que um ou ambos os fusíveis estão queimados. A queda de tensão de operação através dos dois terminais de um fusível bom será próxima de zero, pois a sua resistência é normalmente baixa ($E = I \times R$). Se você ler uma queda de tensão de operação considerável através do fusível, isso significa que a sua resistência está alta porque ele está queimado (aberto).

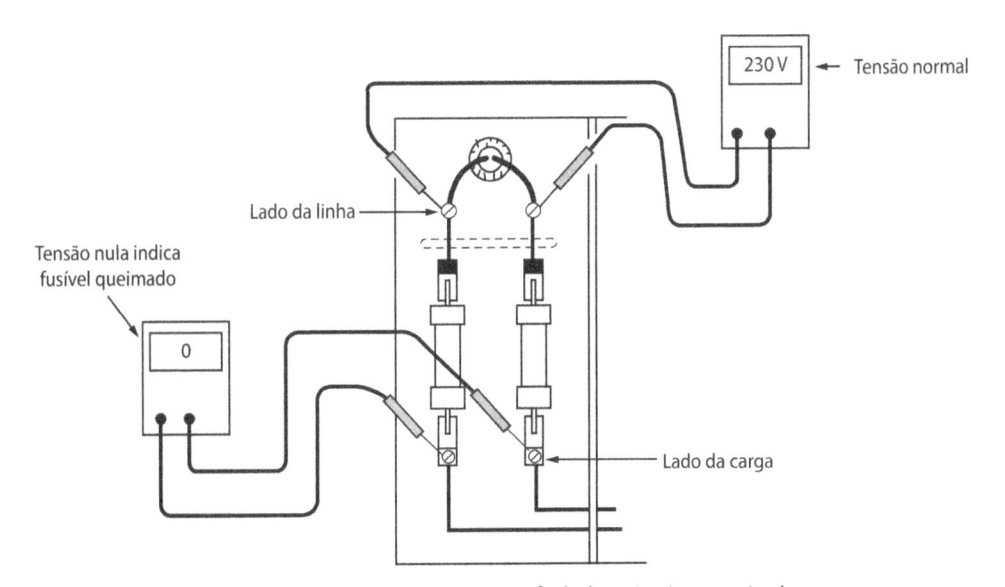

Figura 14-21 Utilização de um voltímetro para testar o fusível no circuito energizado.

>> Questões de revisão

18. Como um fusível opera para proteger um circuito?
19. Identifique o tipo de fusível (rolha, cartucho tipo virola ou tipo faca) que é provavelmente mais utilizado em cada um dos seguintes circuitos residenciais:
    (a) Circuito de 35 A de uma secadora de roupas
    (b) Circuito de 15 A de iluminação
    (c) Chave geral de 100 A
20. Um fusível tipo rolha não intercambiável é projetado para evitar que tipo de prática?
21. Explique a finalidade do material de enchimento em um fusível não renovável.
22. Indique a principal vantagem do fusível de cartucho renovável.
23. Os fusíveis de duplo elemento são construídos usando dois componentes individuais no mesmo elemento ou elo. Indique a função de cada componente.
24. Explique como os fusíveis de duplo elemento, em novas instalações, permitem o uso de chaves e painéis de tamanho adequado (definido pela corrente nominal de operação) em vez de superdimensionados.
25. (a) Descreva a característica especial dos fusíveis de retardo de tempo.
    (b) Em que tipo de circuito os fusíveis de retardo de tempo devem ser usados?
26. Quais faixas de tensão de fusíveis são classificadas como de alta tensão?
27. Explique como um multímetro é usado para testar um fusível fora do circuito.
28. Por que a queda de tensão normal através de um fusível é aproximadamente zero volts?

>> Disjuntores

Um disjuntor (Figura 14-22) pode ser usado no lugar de um fusível para proteger circuitos contra sobrecargas e curtos-circuitos. Eles são dispositivos de sobrecorrente um pouco mais sofisticados do que os fusíveis e usam um mecanismo mecânico para proteger um circuito contra curtos-circuitos e sobrecargas. Como um fusível, o disjuntor é conectado em série com o circuito a ser protegido. Os disjuntores são especificados de maneira similar aos fusíveis. Assim como os fusíveis, a corrente nominal de um disjuntor deve corresponder à capacidade de

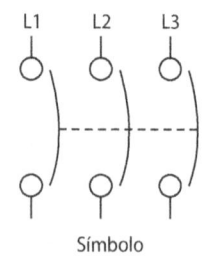

Figura 14-22 Disjuntor de três polos (Foto ©Jerry Marshall).

corrente do circuito a ser protegido. A maioria dos disjuntores de baixa tensão (menor do que 600 volts) está alojada em caixas de plástico moldado que são montadas em painéis metálicos de distribuição de energia.

Um disjuntor de rearme manual serve tanto como um seccionador quanto como um fusível não destrutível (Figura 14-23). Como seccionador, um disjuntor permite abrir um circuito (passar a chave para OFF) sempre que quisermos realizar algum trabalho nele. Como fusível, ele fornece proteção contra sobrecorrente que pode ser rearmada (isto é, o disjuntor abre frente a uma sobrecorrente, porém pode ser rearmado depois de solucionado o problema).

Os disjuntores usam dois princípios de operação para proteger o circuito: térmico e magnético. Os *disjuntores térmicos* consistem em um elemento de aquecimento e um mecanismo de travamento mecânico. O elemento de aquecimento é geralmente uma tira bimetálica que aquece quando uma corrente flui através dela. Um disjuntor térmico deve esfriar antes de ser rearmado. Além disso, as temperaturas ambientes afetam o ponto de atuação (desarme, disparo ou trip). Assim, um disjuntor térmico vai necessitar de mais corrente e demorar um tempo maior para desarmar em um ambiente muito frio do que em um ambiente quente.

Os *disjuntores magnéticos de atuação instantânea* funcionam com base nos princípios do eletromagnetismo. A corrente fluindo através do circuito passa por uma bobina na caixa do disjuntor. Se a corrente exceder a especificação do disjuntor, o campo magnético torna-se intenso o suficiente para produzir uma força e desarmar o disjuntor.

Os disjuntores *termomagnéticos* combinam as funções térmica e magnética em um único dispositivo (Figura 14-24). Uma sobrecarga esquenta e curva a tira bimetálica. Essa ação libera a alavanca de desarme (trip) e abre os contatos do disjuntor. Para curtos-circuitos, um método mais rápido é usado para liberar a alavanca de desarme do disjuntor. A corrente de curto-circuito elevada produz uma força em uma placa magnética que está ligada à tira bimetálica. Isso libera a alavanca que abre os contatos quase que instantaneamente.

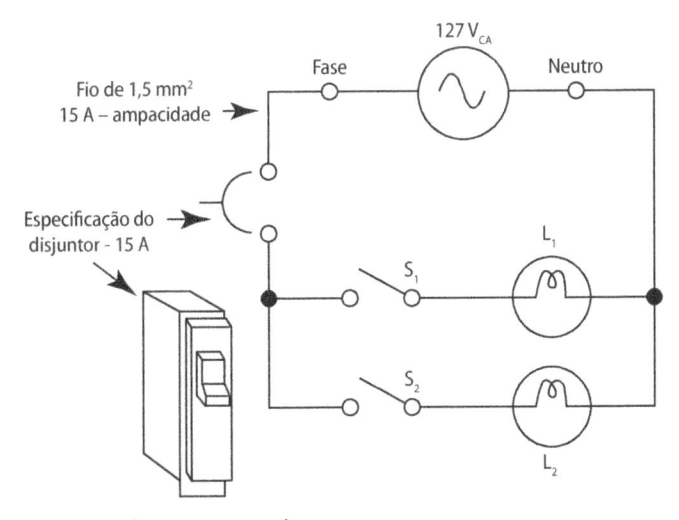

Figura 14-23 Disjuntor de rearme manual.

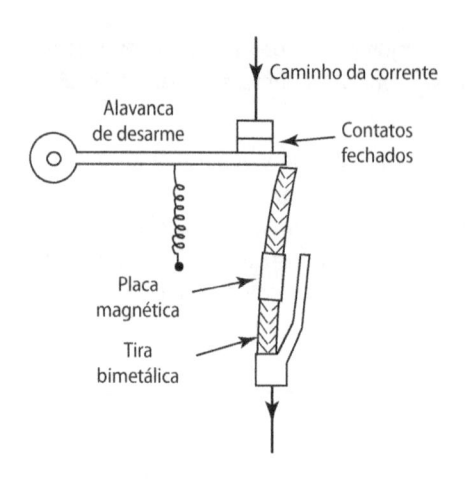

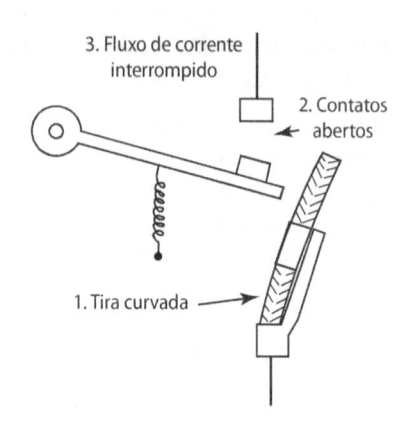

A. Corrente normal　　　　　　　　　　　　　　　**B.** Corrente de sobrecarga

Figura 14-24 Ação de um disjuntor termomagnético.

Os disjuntores devem abrir automaticamente o circuito protegido no caso de sobrecarga ou curto-circuito, ignorando correntes de surto transitórias. Para conseguir isso, os disjuntores empregam mecanismos de retardo que permitem a ocorrência de breves surtos sem desarmar. O solenoide magnético usado na maioria dos disjuntores é um sistema extremamente sensível que pode ser configurado para operar com respostas precisas de retardo.

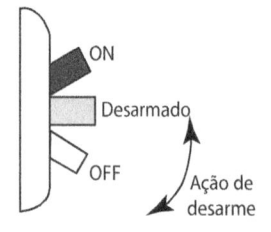

Posições da chave

Figura 14-25 Rearmando um disjuntor.

Quando certos tipos de disjuntores desarmam, o comutador é movido para a posição desarmada ou intermediária. Para rearmar esse tipo de disjuntor, primeiro ele deve ser movido para a posição OFF completa e, em seguida, para a posição ON (Figura 14-25). Com um disjuntor do tipo botão de pressão (botoeira ou *pushbutton*), o botão salta quando o disjuntor desarma, o que abre o circuito. Para rearmar o disjuntor, deve-se apertar o botão de volta para dentro. Os disjuntores de rearme automático são usados para proteger circuitos, como linhas de energia de alta tensão, onde sobrecargas temporárias podem ocorrer e onde a energia deve ser restabelecida rapidamente.

Embora os disjuntores sejam inicialmente mais caros de instalar do que os fusíveis, eles têm as seguintes vantagens:

- eles podem ser utilizados como dispositivo de proteção e como chave de controle on/off;
- não há custo envolvido em sua substituição quando eles operam devido à sobrecarga;
- é mais conveniente e mais seguro rearmá-los do que substituir fusíveis;
- eles podem ser produzidos com precisão para definir diferentes tempos de atraso (retardo) para a ação de desarme (trip);
- eles podem ser desarmados por relés de controle interno em resposta a um sinal de sobreposição do circuito, como aquele de um botão de interrupção de emergência;

- em sistemas trifásicos, os disjuntores vão abrir os três fios fase quando ocorrer uma sobrecarga.

>> Proteção térmica contra sobrecarga

Um motor é considerado sobrecarregado quando ele drena corrente em excesso. A sobrecarga desacelera o motor, o que resulta em um aumento da corrente de entrada. Uma grande corrente pode ser drenada na partida do motor, porém essa corrente é permitida por um tempo curto. Se uma corrente de sobrecarga permanece por qualquer intervalo de tempo, o motor superaquecerá e queimará. A maior parte dos motores pequenos, de potência fracionária, é equipada com proteção térmica contra sobrecarga de rearme manual ou automático. Essa proteção de sobrecarga pode ser montada dentro do motor ou externamente em sua carcaça (Figura 14-26) e é sensível à temperatura do motor, não à corrente. Quando os enrolamentos do motor estão com temperaturas elevadas, resultado de uma sobrecarga, a proteção térmica contra sobrecarga opera automaticamente e abre o circuito.

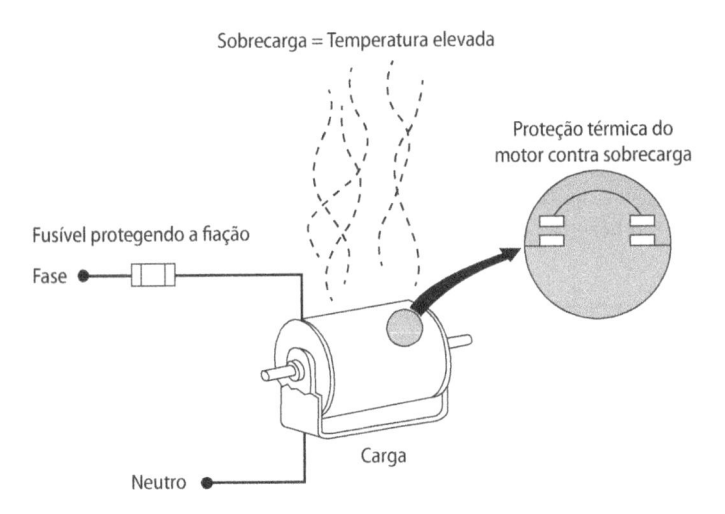

Figura 14-26 Proteção térmica contra sobrecarga.

>> Proteção contra descargas atmosféricas

Um raio resulta de um caminho elétrico estabelecido entre uma nuvem carregada e a terra. A nuvem e a terra se comportam como os terminais de uma fonte de tensão com uma energia potencial de milhares de volts. O caminho de resistência entre esses dois terminais (nuvem e terra) pode resultar em rajadas curtas de corrente na faixa de milhares de ampères. Quando essa corrente associada ao raio incide e/ou circula em linhas de transmissão de energia e equipamentos, grandes danos podem ser causados ao sistema elétrico.

Uma proteção contra descargas atmosféricas é fornecer um caminho alternativo e de baixa resistência (impedância) em direção à terra para a corrente do raio. Um esquema de proteção contra descargas atmosféricas empregando uma haste metálica (também conhecida como haste de Franklin ou captor de Franklin ou ainda popularmente como para-raios) funciona com base nesse princípio (Figura 14-27). Um Sistema de Proteção contra Descargas Atmosféricas (comumente conhecido como SPDA) é composto pelos seguintes elementos básicos:

- *Captores ou terminais aéreos* – são projetados de modo a aumentar a probabilidade de interceptação do raio. Os captores podem ser encontrados em diferentes formas, tamanhos e projetos e são montados nas partes mais altas da estrutura a ser protegida.

- *Cabos condutores de descida* – Cabos de maior seção que conduzem a corrente captada pelo sistema de captores para o sistema de aterramento. Os cabos são lançados ao longo do topo e em torno das bordas dos telhados; em seguida, os cabos descem em um ou mais cantos do prédio em direção ao sistema de aterramento (o número de descidas vai depender da estrutura a ser protegida e do grau de proteção requerido).

- *Sistema de aterramento* – Composto por eletrodos (condutores) horizontais e verticais enterrados no solo. Esses eletrodos estão conectados aos condutores de descida de forma a completar o caminho seguro para o escoamento da corrente associada à descarga atmosférica.

Uma antena de comunicação ou outro suporte de metal instalado no topo de uma edificação, por exemplo, atua com um captor e deve, portanto, ser aterrado. As estruturas de aço de grandes edifícios comerciais e industriais também atuam como sistemas de captação e, eventualmente, como condutores de descida não intencionais, e devem, portanto, ser aterrados para fornecer a mesma proteção. As barras de reforço em concreto das fundações de uma estrutura também são usadas frequentemente como uma parte eficaz do sistema de aterramento.

Os equipamentos *para-raios* são usados para drenar a energia de linhas elétricas (linhas de transmissão e redes de distribuição) atingidas diretamente por descargas atmosféricas ou com

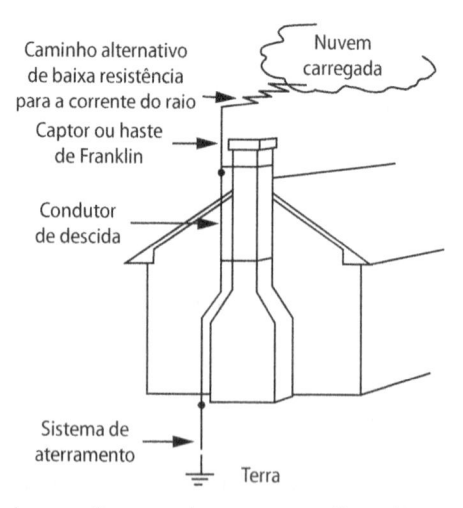

Figura 14-27 Sistemas de proteção contra descargas atmosféricas (SPDA).

efeitos indiretos advindos de uma incidência próxima (por exemplo, tensões induzidas). Muitos para-raios funcionam com base em um centelhador*, cujo princípio de funcionamento é similar à vela de ignição de um carro. Um lado do para-raios está ligado à terra e o outro está ligado ao fio a ser protegido (Figura 14-28). Sob condições normais de tensão do circuito, esses dois pontos estão isolados por um gap de ar entre eles. Quando um raio atinge a linha, a tensão elevada resultante ioniza o ar, fazendo-o conduzir eletricidade, produzindo, então, um caminho de baixa resistência para a terra. Para-raios especialmente projetados estão disponíveis para uso em linhas aéreas de alta tensão, bem como para uso em circuitos de sinal, como circuitos de telefone e cabos de antenas.

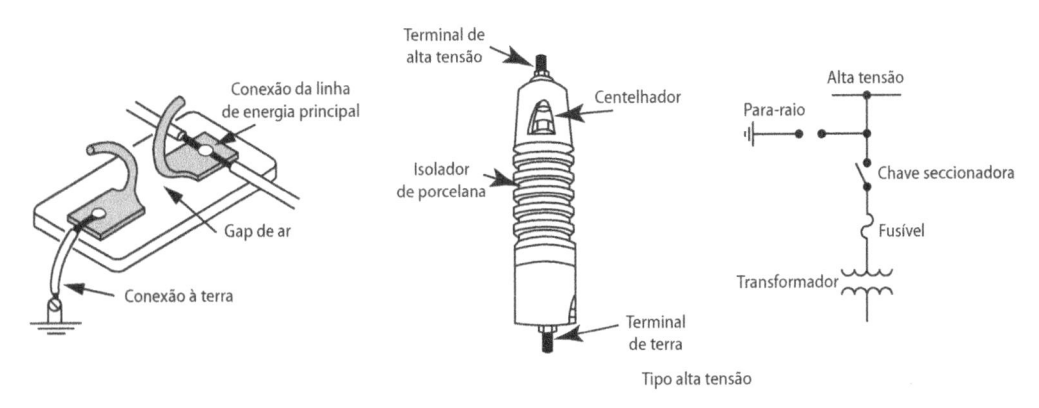

Figura 14-28 Equipamento para-raio.

» Interruptores de circuito

O uso de um fio de aterramento (fio terra) em um cabo de três fios com um plugue de três pinos e uma tomada aterrada reduz o perigo de choque, mas não elimina completamente o perigo associado a uma falta para a terra. Uma falta para a terra ocorre quando é estabelecido um caminho de baixa resistência entre uma parte energizada e a terra, podendo acontecer em uma ferramenta elétrica ou em um aparelho eletroeletrônico. A corrente de fuga para a terra pode tomar um caminho alternativo em direção à terra através do usuário, resultando em ferimentos graves ou morte. Quando ocorrem pequenas faltas para a terra, a corrente de falta resultante pode não ser alta o suficiente para acionar um dispositivo de proteção contra sobrecorrente de 15 ou 20 A. No entanto, uma falta para a terra pode produzir uma corrente alta o suficiente para eletrocutar qualquer pessoa que entre em contato com o dispositivo. **Lembre-se de que uma corrente elétrica tão baixa quanto 50 mA (0,05 A) fluindo através do corpo pode ser fatal!**

---

* N. de T.: Um centelhador pode ser entendido, de forma simplificada, como um gap de ar que é fechado através de um arco elétrico quando se tem uma diferença de potencial muito elevada entre os seus terminais. Isso é o caso, por exemplo, quando se tem uma corrente de descarga atmosférica circulando pelo dispositivo.

Quando a corrente de fuga para a terra é inferior a 1 ampère e o condutor de aterramento (fio terra) tem uma resistência baixa, geralmente nenhum choque será percebido. Porém, se a resistência do condutor de aterramento é maior do que 1 ohm, mesmo pequenas correntes de fuga tornam-se perigosas. Um dispositivo interruptor de corrente de fuga à terra (*Ground Fault Circuit Interrupter* – GFCI) é projetado para reduzir a probabilidade de choque elétrico sob as condições descritas. O GFCI é um disjuntor de atuação rápida, que é sensibilizado por pequenos desequilíbrios no circuito provocados pela corrente de fuga à terra e, em uma fração de segundo, desliga a energia elétrica. Um GFCI monitora continuamente a quantidade de corrente que vai para o dispositivo através do fio fase e compara essa corrente com aquela que retorna do dispositivo através do condutor neutro. Sempre que a quantidade de corrente "indo" diferir da quantidade de corrente "retornando" por aproximadamente 5 mA, o GFCI interrompe a alimentação de energia elétrica em um intervalo de tempo tão pequeno quanto 1/40 de segundo (Figura 14-29).

Os regulamentos de segurança da construção civil exigem que todas as tomadas de canteiros de obras de 127 V, monofásicas, de 15 e 20 A, as quais não fazem parte da fiação permanente do edifício ou da estrutura e que estão em uso por funcionários, deverão ter dispositivos interruptores de corrente de fuga à terra para proteção pessoal. De pé sobre um piso de concreto, de pé ao ar livre na grama ou na terra ou em contato com uma canalização metálica são todas situações que colocam uma pessoa em contato direto com a terra ou o chão. Por essa razão, recomenda-se a proteção GFCI em banheiros residenciais, garagens, locais ao ar livre, porões, cozinhas e instalações de piscina.

O GFCI não deve ser considerado um substituto para o aterramento, mas apenas uma proteção suplementar sensível a correntes de fuga que são muito pequenas para operar fusíveis comuns ou disjuntores. A tomada de GFCI fornece proteção contra faltas para a terra para usuários de qualquer equipamento elétrico conectado à tomada. No entanto, um GFCI não protegerá uma pessoa dos perigos de um contato entre duas fases (por exemplo, uma pessoa segurando dois fios fase ou um fio fase e um fio neutro em cada mão). Se o fio de aterramento não estiver em boas condições ou com baixa impedância, o GFCI pode não desarmar até que uma pessoa forneça um caminho. Nesse caso, a pessoa receberá um choque, porém o GFCI atuará tão rapidamente que o choque não será prejudicial.

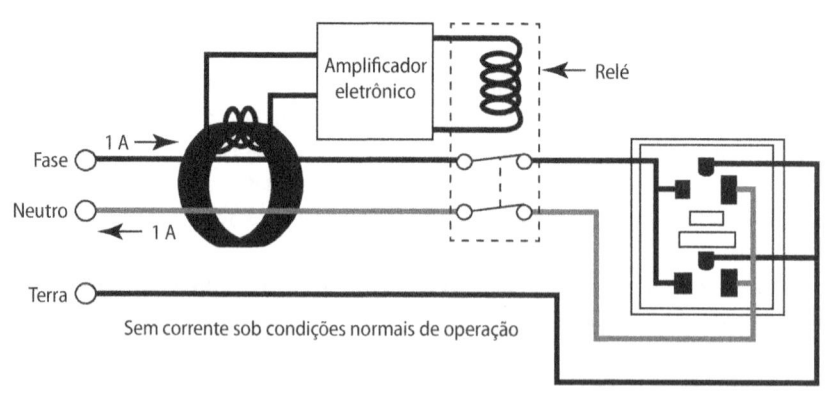

Figura 14-29 Dispositivo interruptor de corrente de fuga à terra (*Ground Fault Circuit Interrupter* – GFCI).

Os GFCIs são ligados da mesma maneira que uma tomada padrão de três pinos (geralmente, o fio neutro é azul, o fio fase é preto e o fio terra é verde – Figura 14-30). A tomada GFCI é equipada com botões de teste e de reinicialização. Ao apertar o botão de teste, uma falta à terra é simulada, o que faz o relé dentro da tomada reagir e abrir o circuito. Ao apertar o botão reset, o circuito é rearmado. Como os GFCIs são muito complexos, eles exigem testes regulares.

Os terminais de tomadas GFCI duplex não incluem disposições para a separação de suas tomadas para uso em aplicações de divisão de circuitos. No entanto, a maioria tem disposições para se conectar a outras tomadas comuns. Essa é uma opção que proporcionará uma proteção GFCI para qualquer tomada instalada a jusante no circuito (Figura 14-31). O cabo de alimentação do painel de serviço deve ser ligado aos terminais marcados com LINE (LINHA), enquanto o cabo de saída que conduz ao restante do circuito deve ser ligado aos terminais marcados com LOAD (CARGA).

A tomada GFCI fornecerá proteção apenas contra faltas para a terra; ela não fornecerá proteção contra curtos-circuitos ou sobrecargas – o disjuntor ou o fusível do circuito deve fornecer essa proteção. Um disjuntor GFCI fornece proteção tanto contra sobrecorrente como contra faltas para a terra ao circuito inteiro que ele protege. Externamente ele se parece com um disjuntor com um botão de teste adicionado para testar manualmente o circuito de detecção de falta para a terra (Figura 14-32). Ele funciona com base no mesmo princípio que a tomada GFCI, monitorando qualquer diferença no fluxo de corrente entre os condutores fase e neutro. Eles estão disponíveis em diferentes valores de corrente nominal para atender a maioria dos circuitos. Cada disjuntor GFCI tem um rabicho, que deve ser conectado ao barramento do neutro. Além disso, deve-se conectar o fio neutro do circuito a um terminal fornecido para ele no disjuntor. É possível substituir um disjuntor comum no painel de serviço por um do tipo GFCI.

Um *interruptor de circuito por falha de arco* (*arc-fault circuit interrupter* – AFCI) é projetado para detectar a formação de arcos elétricos em qualquer lugar em um circuito. Ele pode detectar a formação de arco entre os condutores de um cabo de extensão desgastado, entre um con-

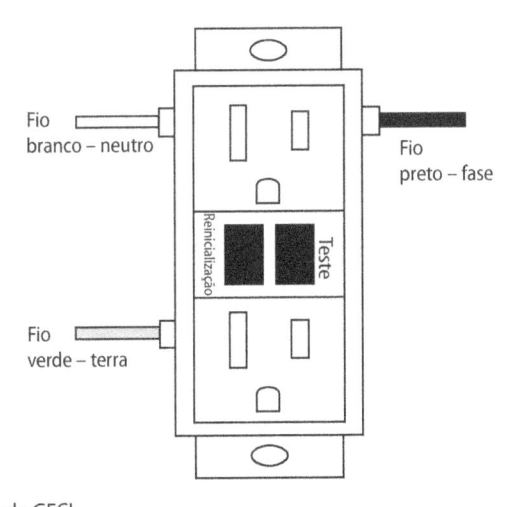

Figura 14-30 Tomada GFCI.

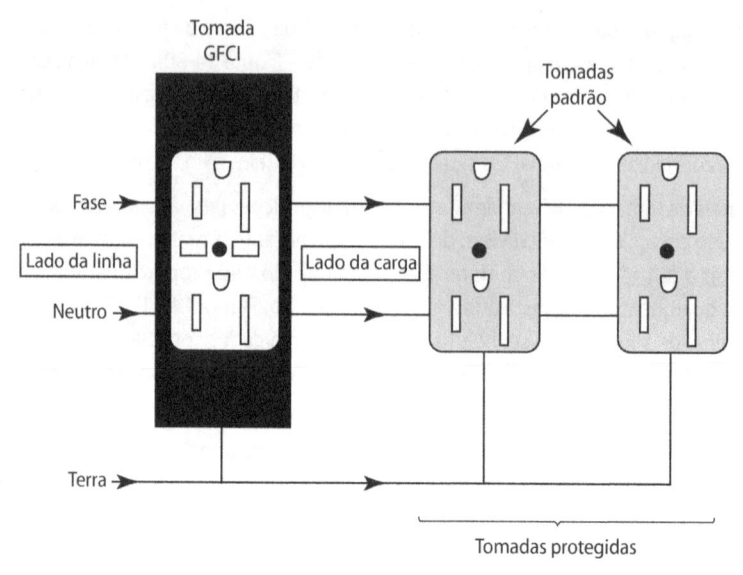

Figura 14-31 Uma tomada GFCI conectada para fornecer proteção para outras tomadas padrão.

dutor fase e a terra ou em uma conexão frouxa ou no condutor fase ou no condutor neutro. O NEC dos Estados Unidos exige que todas as novas instalações de circuitos fornecendo 125 V, monofásicos, com tomadas de 15 e 20 ampères instaladas em quartos de unidades de habitação, sejam protegidas por um interruptor de circuito por falha de arco. Eventualmente, tais dispositivos podem ser necessários em mais áreas, porém a seleção de circuitos de quartos pelo NEC foi motivada por estudos que mostram que muitos incêndios residenciais estavam relacionados com faltas de arco não detectadas em circuitos de quartos.

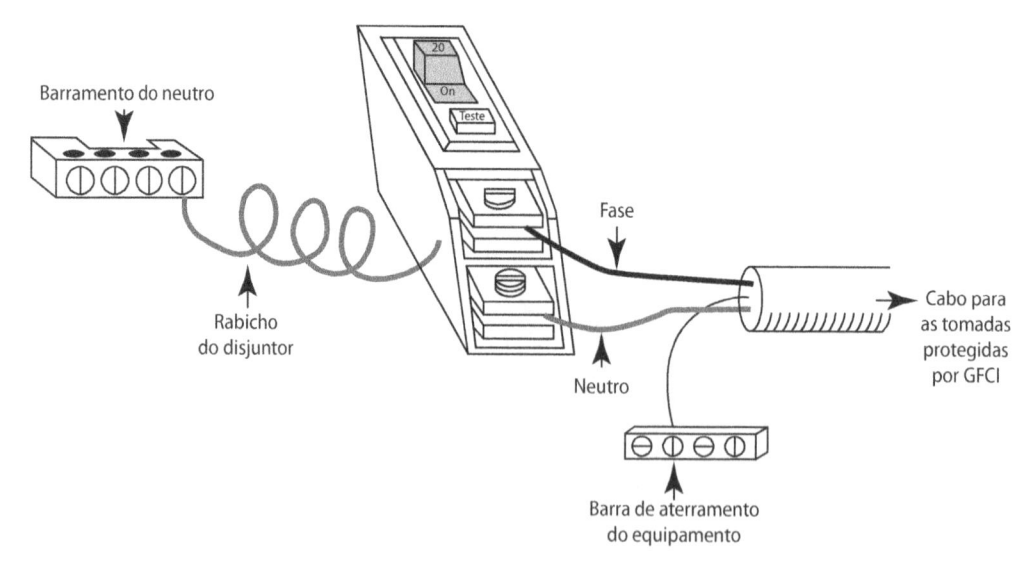

Figura 14-32 Conexão do disjuntor GFCI.

O disjuntor AFCI desligará um circuito em uma fração de segundo se ocorrer a formação de algum arco elétrico. As faltas de arco não são detectadas por disjuntores tradicionais, porque elas são geralmente intermitentes; portanto, não criam calor suficiente para o disjuntor disparar pelo efeito térmico. Da mesma forma, uma falha de arco costuma ter uma corrente inferior à corrente de curto-circuito do disjuntor. É possível haver um corte ou uma parte gasta de um cabo ou uma conexão frouxa dentro de uma caixa de ligações (caixa de derivação) ou uma tomada com formação de arco sem que um disjuntor padrão dispare. Percebeu-se que essa era a causa principal de incêndios em uma habitação.

O disjuntor AFCI proporciona proteção tanto contra sobrecorrente como contra faltas de arco para o circuito inteiro que ele protege. O disjuntor AFCI (Figura 14-33) se parece e é ligado de maneira similar ao disjuntor GFCI. Uma diferença na aparência é a cor do botão de teste, que é geralmente azul para o AFCI. Além disso, o AFCI utiliza eletrônica sofisticada para detectar surtos intermitentes na forma de onda senoidal CA produzidos por falhas de arco. Sempre que tais distorções são detectadas, o disjuntor é disparado e o circuito é desconectado da fonte de alimentação.

Figura 14-33 Disjuntor AFCI (© Jerry Marshall).

Um AFCI não deve ser confundido com um interruptor de corrente de fuga à terra (GFCI). Eles têm duas finalidades totalmente diferentes. Os AFCIs se destinam a reduzir a probabilidade de incêndios causados por falhas de arco elétrico; já os GFCIs são destinados à proteção pessoal para reduzir a probabilidade de risco de choque elétrico.

» Coordenação de dispositivos de proteção

Coordenação é o processo de seleção de dispositivos de proteção de modo que haja um mínimo de interrupção de energia no caso de uma falha ou de uma sobrecarga. Com a *coordenação seletiva* dos dispositivos de sobrecorrente, o dispositivo de proteção mais próximo do ponto defeituoso do circuito abre, protegendo o circuito, enquanto o resto do sistema elétrico permanece energizado. A Figura 14-34 mostra a operação de um sistema de coordenação seletiva. Uma falta (falha) em um circuito abre o dispositivo de proteção "D" apenas. Uma vez que A, B e C não são perturbados, o resto do sistema elétrico permanece energizado. Para uma coordenação não seletiva do mesmo sistema, uma falta no mesmo circuito poderia abrir os dispositivos de proteção "D", "C" e "B", causando o desligamento completo da energia do sistema.

Estudos de coordenação requerem que as características de tempo-corrente de diferentes dispositivos de proteção sejam comparadas e que a seleção dos dispositivos adequados seja feita em conformidade com essas curvas. A Figura 14-35 ilustra o uso das curvas de tempo-corrente para um sistema de baixa tensão com fusíveis limitadores de corrente. O fusível A é a proteção de sobrecorrente do alimentador e o fusível B é a proteção de sobrecorrente para um dos circuitos sendo alimentado pelo alimentador. Suponha que um curto-circuito ocorre no circuito

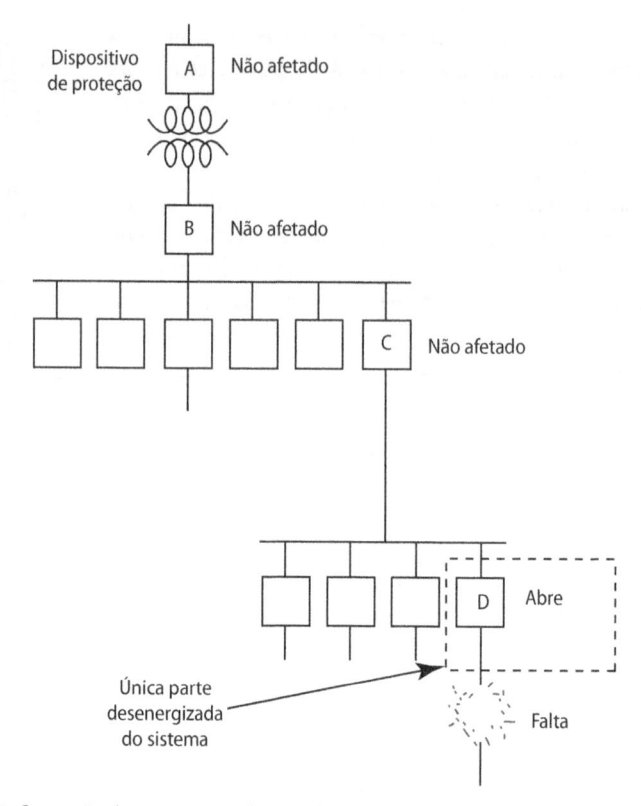

Figura 14-34 Operação de um sistema de coordenação seletivo.

no ponto X. Como os dois fusíveis estão ligados em série, ambos os fusíveis veem a corrente de falta resultante que flui pelo sistema. Portanto, a coordenação seletiva só pode ser alcançada se o fusível B reagir rápido o suficiente para abrir completamente o circuito com falha antes de o fusível A atingir o ponto em que ele começa a fundir. A energia passante* total do fusível B deve ser menor que a energia necessária para levar o elemento fusível do fusível A ao seu ponto de fusão. Se for esse o caso, então a corrente de falta é interrompida antes que o fusível A possa operar. O circuito com falha é agora isolado e o equilíbrio do sistema pode continuar a operar normalmente.

A coordenação seletiva de fusíveis limitadores de corrente pode ser realizada sem a necessidade de desenhar e comparar as curvas pelo uso do guia de razão de seletividade do fabricante, o qual fornece as informações necessárias de dimensionamento. Um exemplo desse método é ilustrado na Figura 14-36. A razão correta deve ser mantida entre a corrente nominal de um fusível principal e a corrente nominal do fusível do alimentador, e entre o fusível do alimentador e o fusível do circuito de derivação. Essas razões se baseiam no fato de que os fusíveis menores a jusante interromperão a sobrecorrente antes da fusão dos fusíveis maiores a montante.

---

* N. de T.: Energia associada ao curto-circuito que o fusível deixa passar antes de abrir efetivamente o circuito.

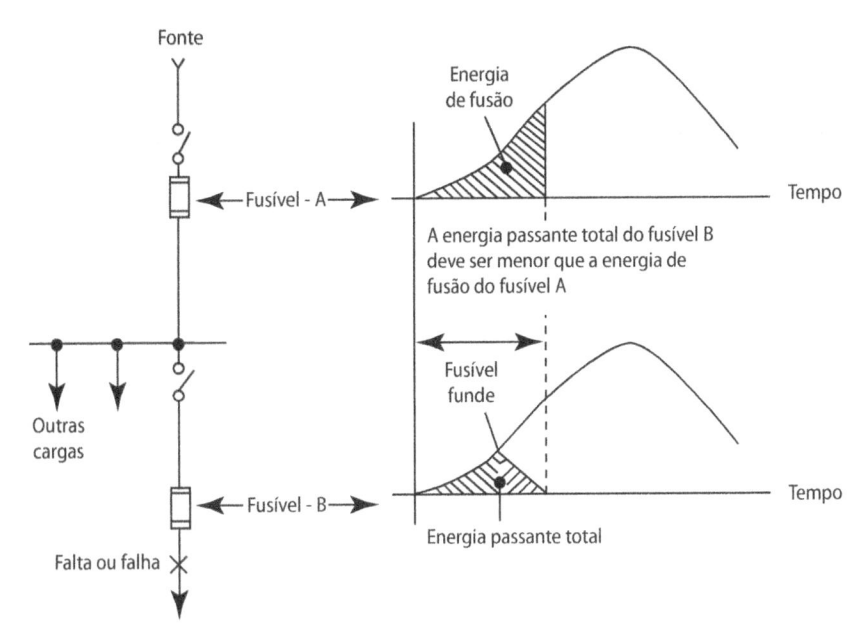

Figura 14-35 Curvas tempo-corrente aplicadas a um sistema de baixa tensão com fusíveis limitadores de corrente.

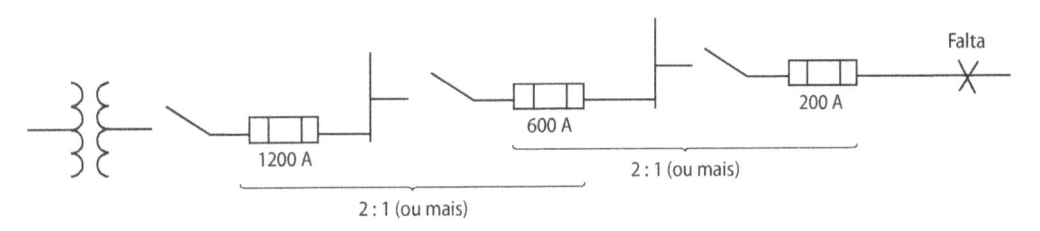

Figura 14-36 Coordenação seletiva usando o guia de razão de seletividade do fabricante.

›› Questões de revisão

29. Explique como um disjuntor termomagnético desarma quando o circuito fica sobrecarregado.
30. Cite seis vantagens que os disjuntores têm em relação aos fusíveis.
31. Alguns motores são equipados com um dispositivo embutido de proteção térmica contra sobrecarga. Explique como esse dispositivo impede o motor de queimar.
32. Explique como um circuito de SPDA protege uma instalação elétrica.
33. Explique o princípio de funcionamento de um equipamento para-raios típico.
34. Escreva uma breve descrição de como um dispositivo interruptor de corrente de fuga à terra (GFCI) opera.
35. Explique por que muitas falhas de arco não são detectadas por disjuntores convencionais.
36. Compare a proteção contra riscos de segurança fornecida por um GFCI com aquela fornecida por um AFCI.

37. Por que é importante ter coordenação seletiva entre todos os dispositivos de proteção contra sobrecorrente em um sistema elétrico?

>> Tópicos de discussão do capítulo e questões de pensamento crítico

1. Um fusível de ação lenta é substituído por um fusível de ação rápida em um circuito que requer um fusível de ação lenta. O que provavelmente acontecerá? Por quê?
2. Você foi convidado a investigar o disparo frequente de um disjuntor. Relate como você procederia para determinar a causa e corrigir o problema.
3. Um sistema de distribuição de energia elétrica tem uma chave principal de 400 ampères com fusíveis de 400 A. Há quatro alimentadores de 100 A com fusíveis de 100 A. Uma falta ocorre no lado da carga de um dos fusíveis de 100 A. Se o sistema é coordenado seletivamente, o que deveria acontecer?
4. Descreva os problemas que podem ocorrer com ferramentas elétricas portáteis que talvez exponham o trabalhador a choques elétricos.

capítulo 15

Energia e potência elétricas

As primeiras usinas elétricas eram pequenas e geravam e transmitiam energia em corrente contínua. As usinas de hoje são comparativamente enormes e usam geradores de corrente alternada ou alternadores. O principal objetivo de todas as instalações elétricas é fornecer energia elétrica para uma carga. A carga, por sua vez, usa essa energia para desenvolver potência e realizar trabalho para nós. Neste capítulo, vamos explicar uma série de conceitos relativos à potência e à energia e medições dessas grandezas.

Objetivos deste capítulo

›› Descrever os vários métodos de geração de energia
›› Entender o método usado na transmissão de energia a longas distâncias
›› Definir potência elétrica
›› Efetuar cálculos usando a fórmula de potência elétrica
›› Conectar de forma correta um wattímetro em um circuito
›› Definir energia elétrica
›› Calcular o consumo de energia e os custos associados

❯❯ Estações de geração de energia elétrica

A energia elétrica fornecida para indústrias, estabelecimentos comerciais e casas é produzida em um local central chamado estação geradora. Essa estação é equipada com vários grandes geradores, sendo cada um deles acionado separadamente. A maior parte da energia elétrica gerada hoje é trifásica, em corrente alternada e em uma frequência de 60 ciclos por segundo (60 Hz). Os sistemas de energia trifásicos permitem a construção de sistemas de distribuição e transmissão mais econômicos e eficientes.

HIDRELÉTRICAS. As estações geradoras são classificadas de acordo com o método utilizado para movimentar ou acionar o gerador. As estações geradoras *hidrelétricas* usam a força da água na forma de quedas d'água e águas sob pressão de represas gigantes ou reservatórios para acionar os geradores (Figura 15-1). A estação geradora, onde as turbinas e os geradores estão instalados, é uma construção localizada na base da barragem. Um grande duto, a comporta, transporta a água do reservatório para as turbinas.

A água flui pela comporta e desce pelo duto em uma longa inclinação. Na parte inferior, a água encontra as pás da turbina com grande força e faz a turbina girar. Um gerador está conectado à turbina e também começa a girar. O fluxo de água é ajustável. Uma válvula de controle na comporta pode ser parcialmente fechada, assim como uma torneira de água. Essa válvula controla o fluxo de água para a turbina e o gerador a fim de atender a demanda de energia. A turbina deve girar a uma velocidade constante de modo a gerar eletricidade em uma frequência constante.

Uma estação de geração hidrelétrica é mais barata de operar. Ao contrário de uma fábrica que tem de pagar por suas matérias-primas, a hidrelétrica obtém sua matéria-prima – o fluxo de água – "de graça". Além disso, ela utiliza um recurso de energia renovável (a energia fornecida pela fonte pode ser renovada à medida que é usada). À água que flui através da turbina não é modificada ou poluída. Depois de fazer o seu trabalho, o rio continua seu caminho a jusante.

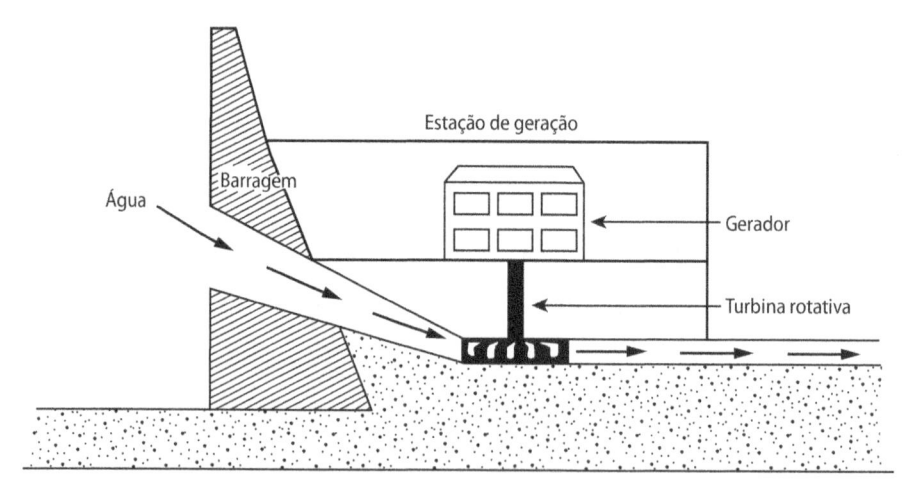

Figura 15-1 Estação de geração hidrelétrica.

As usinas hidrelétricas basicamente convertem a energia cinética associada à queda d'água em eletricidade. A energia no fluxo de água é, em última análise, derivada do sol e está, portanto, sendo constantemente renovada. A energia contida na luz solar evapora a água dos oceanos e a deposita na terra na forma de chuvas. Os desníveis presentes nos terrenos onde a chuva cai permite que essa chuva escoe e que parte da energia solar original seja capturada em estações hidrelétricas geradoras.

ENERGIA TERMELÉTRICA. Não há lugares suficientes que sejam adequados para a construção de hidrelétricas para atender a crescente demanda por energia elétrica. Como resultado, a energia do vapor também é usada para acionar e movimentar os geradores. As estações que utilizam geradores acionados por turbinas a vapor são chamadas estações geradoras *termelétricas*.

As estações termelétricas usam calor para converter a água em vapor, que, então, faz a turbina girar. Uma estação convencional de geração termelétrica (combustível fóssil) pode queimar carvão, petróleo ou gás natural para liberar energia térmica na forma de vapor (Figura 15-2). Depois que a água no interior da caldeira se transforma em vapor, ele alimenta uma turbina a vapor. O vapor vai para a turbina sob grande pressão e isso força as pás muito rapidamente. À medida que o eixo preso às pás gira, ele também gira o gerador, e energia elétrica é produzida.

ENERGIA NUCLEAR. O coração de uma estação de geração nuclear é o seu reator nuclear (Figura 15-3). Aqui, a divisão de átomos de urânio ou a fissão nuclear gera um calor imenso. O calor é transferido do reator para uma caldeira, onde a água é transformada em vapor. A parte turbina-gerador de uma usina nuclear é a mesma de uma central termelétrica e o produto também é o mesmo: eletricidade. Além disso, ambos os tipos de geração (nuclear e termelétrica) usam recursos não renováveis que podem afetar negativamente o meio ambiente.

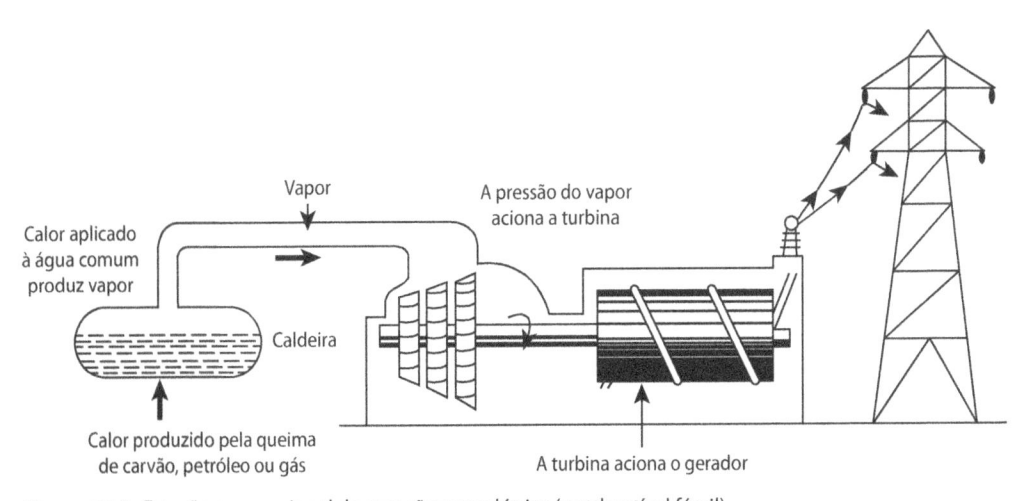

Figura 15-2 Estação convencional de geração termelétrica (combustível fóssil).

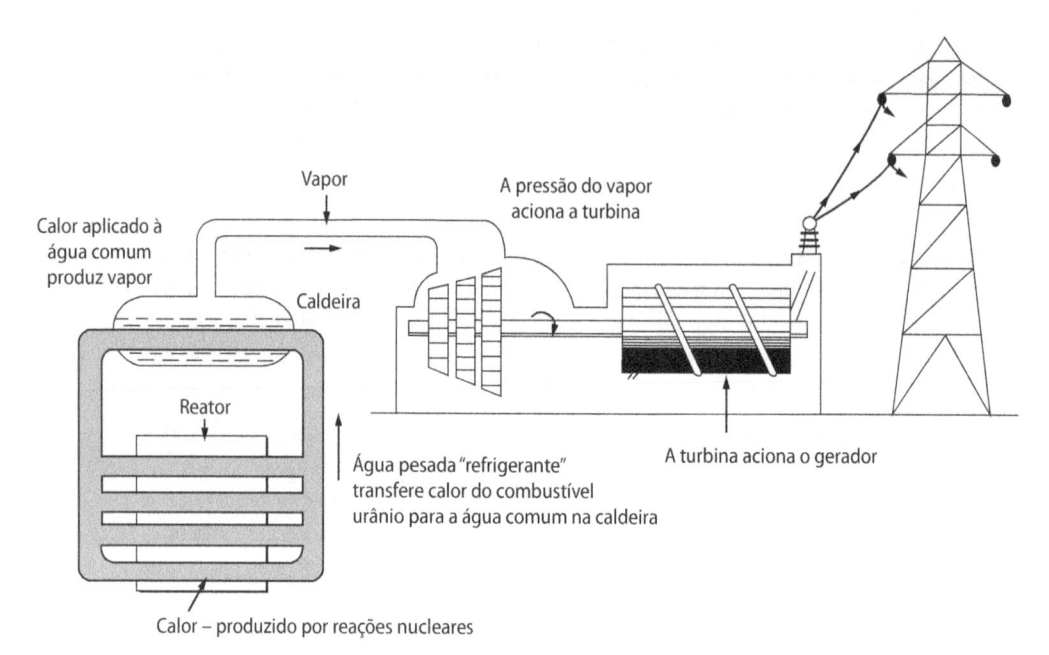

Figura 15-3 Estação de geração nuclear com sistema turbina-gerador similar ao de uma termelétrica.

>> Maneiras alternativas de geração de energia elétrica

Outras formas de geração de eletricidade utilizando recursos/fontes renováveis estão se tornando muito populares. No presente momento, temos observado um número crescente de pequenos fornecedores de energia usando uma variedade de fontes de energia renováveis para produzir eletricidade. Em alguns casos, a eletricidade extra que eles produzem é geralmente vendida para as concessionárias de energia elétrica.

ELETRICIDADE A PARTIR DA ENERGIA DO VENTO OU EÓLICA. A energia eólica é provavelmente uma das mais antigas fontes de energia que tem sido aproveitada para o trabalho. Por muitos séculos, o vento vem girando rodas para moer grãos e bombear água. Os moinhos de vento hoje são as turbinas eólicas, destinadas a gerar quantidades significativas de eletricidade (Figura 15-4). As turbinas eólicas são geralmente agrupadas nos chamados parques eólicos.

Para extrair o máximo de energia possível do vento, as pás das turbinas eólicas são enormes, de até 330 pés (cerca de 100 metros) de ponta a ponta. Sensores que monitoram as características do vento permitem ao computador da turbina controlar o movimento do rotor e produzir a quantidade ótima de energia em todas as condições de vento. Naquelas regiões em que se tem certeza da existência de um suprimento constante de energia eólica ao longo do ano, um alternador CA eólico pode ser usado. Isso produzirá a corrente alternada necessária para se conectar diretamente ao sistema CA padrão. Naquelas regiões em que o vento

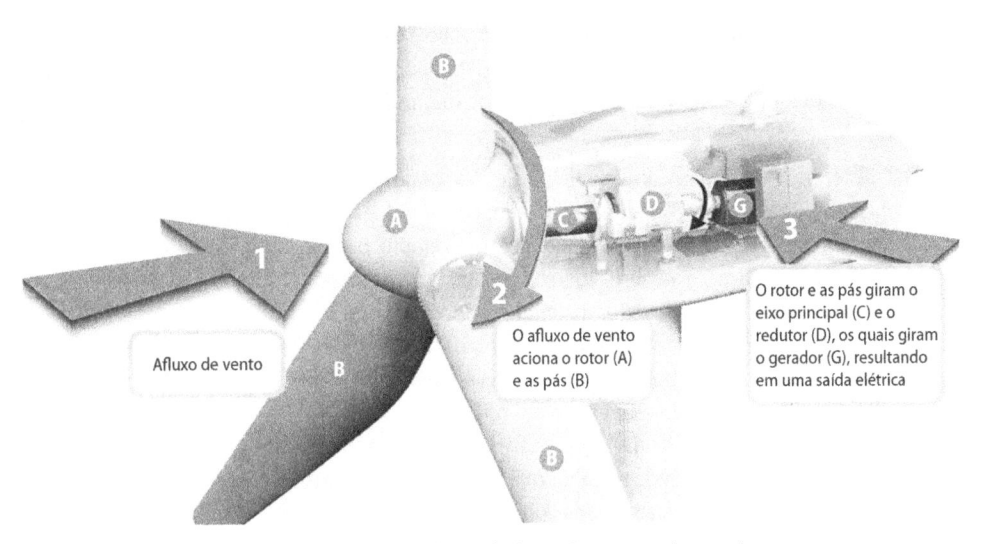

Figura 15-4 Turbina eólica usada para gerar eletricidade (© The New York Times).

O afluxo de vento aciona o rotor (A) e as pás (B)

O rotor e as pás giram o eixo principal (C) e o redutor (D), os quais giram o gerador (G), resultando em uma saída elétrica

Afluxo de vento

nem sempre está soprando, um gerador CC eólico ou um alternador CA eólico e retificador (converte CA para CC) é necessário para a produção de corrente contínua para baterias de armazenamento. Um inversor (converte CC para CA) também deve ser utilizado para converter a corrente contínua em corrente alternada, de modo que ela possa ser ligada a um sistema CA convencional.

ELETRICIDADE A PARTIR DA ENERGIA SOLAR. A energia solar, que é a energia aproveitada do sol, é uma das principais fontes alternativas para a produção de eletricidade. A tecnologia de eletricidade solar ou fotovoltaica converte a luz solar diretamente em eletricidade. As células solares ou fotovoltaicas (FV) são placas de silício (Figura 15-5) que liberam elétrons quando expostas à luz solar para produzir uma corrente elétrica. Os sistema FV começam com um módulo solar. Os módulos reúnem a energia solar na forma de luz solar e a convertem em eletricidade na forma de corrente contínua (CC). Quanto mais luz solar eles recebem, mais eletricidade é produzida. Os módulos solares são o coração do sistema FV e constituem, em

Energia solar libera elétrons

Placa de silício

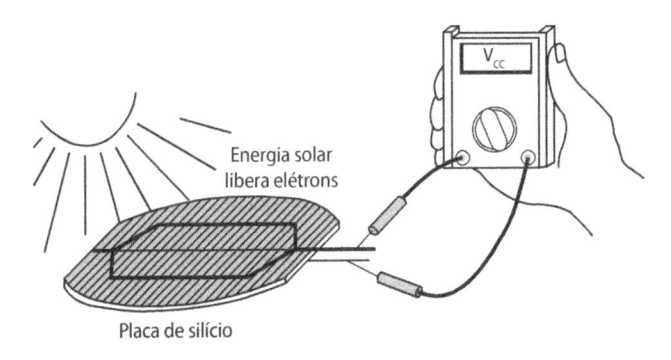

Figura 15-5 Célula solar ou fotovoltaica.

essência, os geradores de energia. A placa de silício é normalmente colocada entre chapas de vidro temperado, no que é conhecido como laminado fotovoltaico. Os laminados fotovoltaicos são ligados juntos para formar uma cadeia ou matriz. O tamanho da matriz depende da quantidade de energia elétrica requerida.

O sistema de compensação de energia elétrica, também conhecido pelo termo em inglês *net metering**, é um procedimento no qual um consumidor de energia elétrica instala pequenos geradores em sua unidade consumidora (por exemplo, painéis solares fotovoltaicos e pequenas turbinas eólicas) e a energia gerada é usada para abater o consumo de energia elétrica da unidade. Quando a geração for maior que o consumo, o saldo positivo de energia poderá ser aproveitado para abater o consumo em outro posto tarifário ou na fatura do mês subsequente. Os créditos de energia gerados continuam válidos por 36 meses. Há ainda a possibilidade de o consumidor utilizar esses créditos em outra unidade (desde que as duas unidades consumidoras estejam na mesma área de concessão e sejam reunidas por comunhão de fato ou de direito). É importante ainda ressaltar que, para poder participar do Sistema de Compensação, os geradores instalados na unidade consumidora precisam se enquadrar como micro ou minigeração distribuída, conforme definido no Módulo 1 do PRODIST (vide *site* da ANEEL). Como já comentado, o excesso de energia gerado pode ser entregue ao sistema da concessionária

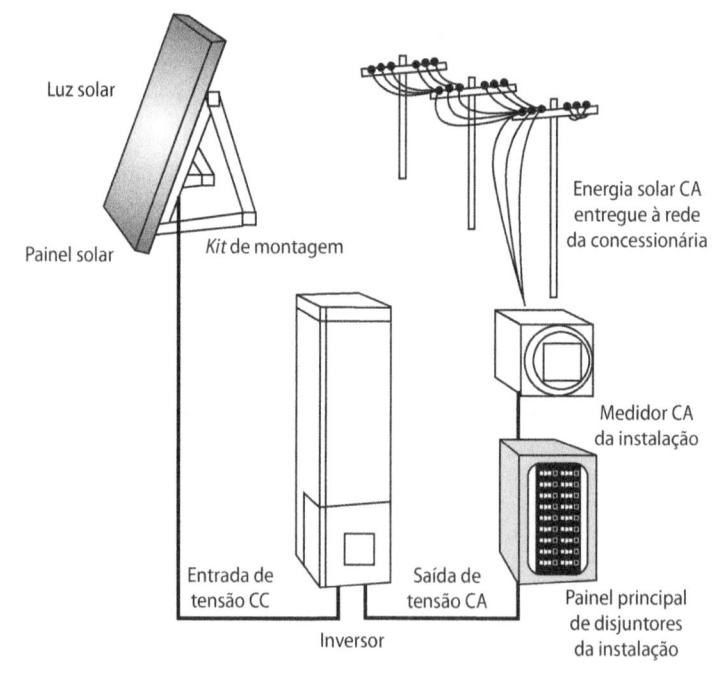

Figura 15-6 Sistema de compensação de energia elétrica – sistema solar de geração conectado à rede da concessionária.

---

* N. de T.: Esse parágrafo foi modificado em relação ao texto original para se adequar à realidade brasileira. O texto foi retirado do *site* da ANEEL (www.aneel.gov.br).

de energia elétrica para reduzir a conta de energia elétrica. No caso da geração por meio de painéis solares fotovoltaicos, o sistema deve ser ligado a um *inversor* que converte a energia gerada para eletricidade na forma de uma senoide CA pura, que é necessária para a conexão com o sistema elétrico da concessionária (veja a Figura 15-6).

CÉLULA DE COMBUSTÍVEL. Uma célula de combustível (ou célula a combustível) é um dispositivo de conversão de energia eletroquímica, similar a uma bateria, pois ela fornece uma tensão CC, que converte a energia química de um combustível diretamente em eletricidade e calor. Ao contrário de uma bateria, que é limitada à energia armazenada em seu interior, uma célula de combustível é capaz de gerar energia enquanto for fornecido combustível. A Figura 15-7 ilustra o funcionamento de uma célula de combustível alcalina. Assim como uma bateria, a célula tem um anodo e um catodo. A célula de combustível converte energia química em energia elétrica pela combinação do hidrogênio do combustível com o oxigênio do ar. O hidrogênio puro entra no anodo e tem os seus elétrons arrancados, os quais produzem uma corrente elétrica. Os íons de hidrogênio viajam através do eletrólito (uma substância que permite a passagem apenas dos tipos corretos de íons) e reagem com o oxigênio e a eletricidade (elétrons percorrendo o circuito externo), produzindo água e calor como subprodutos. A eletricidade produzida é contínua (CC). Quando operada diretamente com hidrogênio, a célula de combustível produz essa energia tendo como únicos subprodutos o calor e a água limpa. Embora o hidrogênio puro seja a fonte primária de energia para as células de combustível, ele pode ser extraído de outras fontes de energia mais disponíveis, como o gás natural e o propano, ou qualquer outro combustível que contenha hidrogênio.

Os sistemas de células de combustível oferecem um potencial para a geração de energia confiável, eficiente e de baixo custo. Capazes de operar com diversos combustíveis, como o gás natural, o propano e o hidrogênio, as células de combustível podem ser desenvolvidas para operar em paralelo com o sistema de energia elétrica como uma fonte independente de energia ou para complementar os sistemas de geração solares e eólicos. Se a célula de combustível é alimentada com hidrogênio puro, ela tem o potencial de ter até 80% de eficiência. Isto é, ela converte 80% do conteúdo de energia do hidrogênio em energia elétrica. Com uma eficiência superior à da geração de energia convencional, pouca ou nenhuma poluição e maior flexibi-

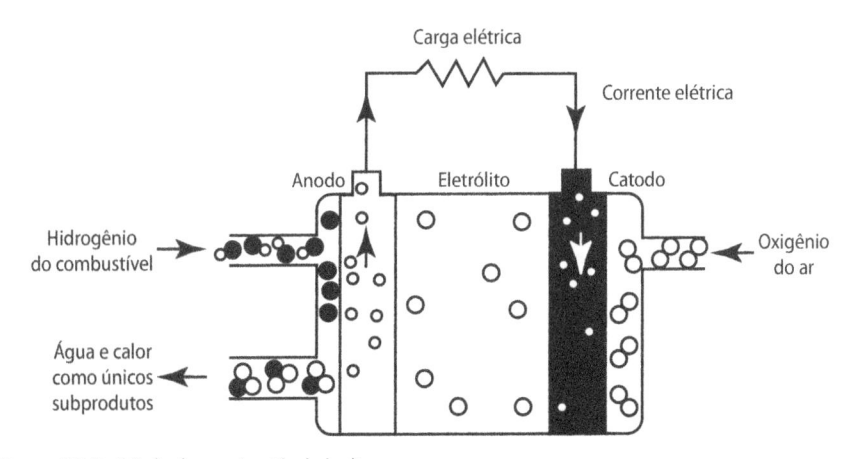

Figura 15-7 Célula de combustível alcalina.

lidade na instalação e operação, as células de combustível oferecerão alternativas comerciais viáveis para as fontes de energia existentes.

SISTEMAS DE COGERAÇÃO DE ENERGIA. A cogeração, também conhecida como geração "combinada de calor e eletricidade", é a produção simultânea de calor (comumente sob a forma de água quente e/ou vapor) e de energia elétrica utilizando um combustível primário. A cogeração produz uma determinada quantidade de energia elétrica e calor (para um dado processo, por exemplo) com 10 a 30% menos combustível do que o necessário para produzir eletricidade e calor separadamente. As instalações com sistema de cogeração os empregam para produzir sua própria energia elétrica e usam o excesso não utilizado de calor para vapor de processo, aquecimento de água e de ambientes e outras necessidades térmicas.

Um sistema de cogeração típico consiste em um motor com uma turbina a vapor ou a combustão, que move (aciona) um gerador elétrico. Uma unidade de recuperação de calor (um trocador de calor) recupera o valor residual do motor e/ou dos gases de escape para produzir água quente ou vapor. Os sistemas de cogeração foram projetados e construídos para diversas aplicações. Sistemas de grande escala podem ser construídos no próprio local de uma planta industrial. A Figura 15-8 mostra um típico sistema de cogeração no local da planta. Nessa aplicação, um motor a gasolina é usado para girar o gerador e produzir eletricidade, com o escape de resíduos, por sua vez, canalizado para uma caldeira para a produção de água quente para a planta (que pode ser um processo industrial).

SISTEMAS DE ALIMENTAÇÃO DE EMERGÊNCIA. Quando a alimentação de um sistema elétrico é interrompida por um período prolongado, condições de risco podem ocorrer. A iluminação e o fornecimento contínuo de energia são essenciais em locais públicos de aglomeração de pessoas, cinemas, hotéis, arenas esportivas, centros de saúde, etc. A interrupção do fornecimento de energia em uma indústria resulta em perdas de dados críticos e danos aos

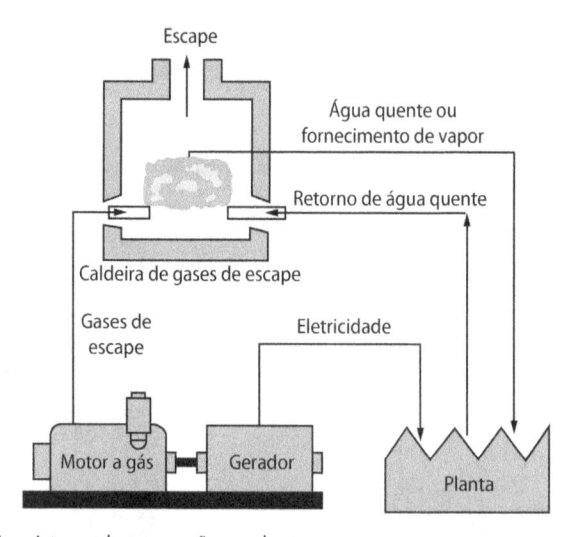

Figura 15-8 Típico sistema de cogeração na planta.

sistemas de controle de processos. Alternadores movidos a máquinas servem para fornecer energia de emergência em caso de falta de energia. Motores a gasolina, diesel ou combustíveis gasosos são normalmente utilizados para acionar esses alternadores locais.

A Figura 15-9 mostra o diagrama de blocos de um sistema típico de *fonte de alimentação reserva ou em standyby* (SPS do inglês *standby power supply*) com um arranjo de transferência usado para energizar automaticamente o sistema de emergência em caso de falha da fonte de alimentação normal. Os sistemas de fonte de alimentação reserva são *off-line* ou *standby*. Os sistemas de *fonte de alimentação ininterrupta* (USP do inglês *uninterruptible power supply*), por outro lado, são *on-line* ou contínuos. Os sistemas *on-line* são mais confiáveis e eficazes. Ambos os sistemas podem ser rotativos ou estáticos. Os sistemas rotativos empregam máquinas rotativas; os sistemas estáticos usam componentes de estado sólido. Um sistema UPS/SPS devidamente selecionado é o único produto, que não uma unidade geradora, que pode proteger cargas críticas contra interrupções de energia superiores a 0,5 s.

Uma fonte de alimentação ininterrupta é frequentemente empregada para manter o computador funcionando por um período de tempo quando o fornecimento de energia é interrompido. A Figura 15-10 mostra o diagrama de blocos de uma fonte de alimentação estática, sem interrupção. Em condições normais, a energia elétrica é transmitida inalterada e o inversor está desligado. Quando a alimentação de energia começa a falhar, os circuitos detectam um desvio em relação à onda senoidal e transferem a carga para o inversor dentro de um semiciclo. Quando a alimentação de energia retorna e é estável, a carga é transferida de volta para a linha de alimentação normal.

A. Arranjo de transferência

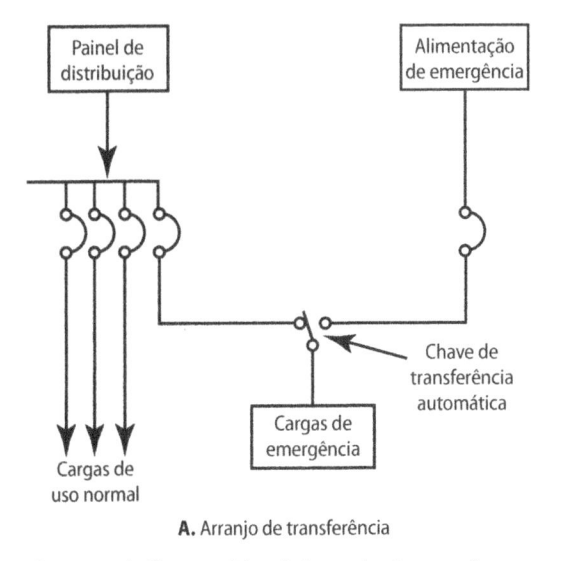

B. Alternador local

Figura 15-9 Sistema típico de fonte de alimentação reserva (SPS).

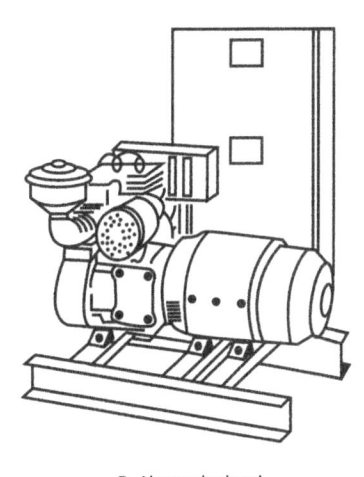

A. Diagrama de blocos

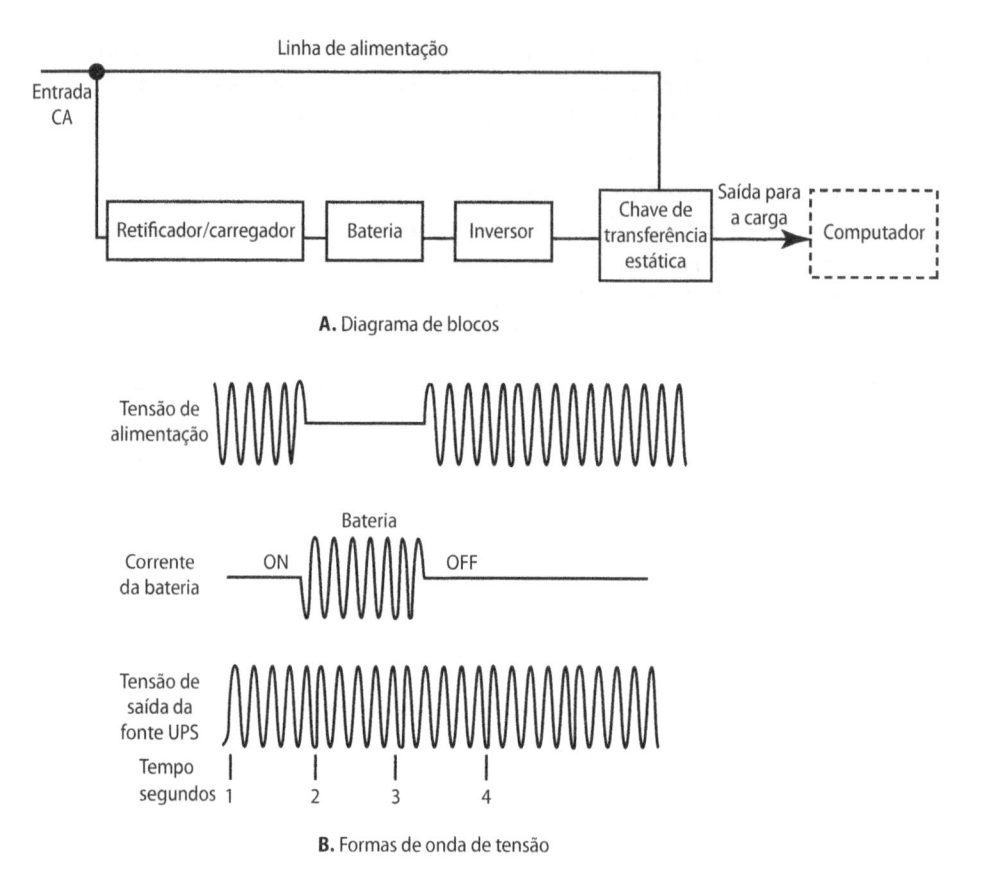

B. Formas de onda de tensão

Figura 15-10 Sistema típico de fonte de alimentação ininterrupta (UPS).

» Transmissão da eletricidade

A transmissão de energia elétrica consiste na tarefa de "transportar" a energia de um lugar para outro, do ponto de geração para o ponto ou local de consumo. Nem sempre é possível ou prático instalar uma estação de geração próxima de onde a energia elétrica será consumida. Na maioria dos casos, a eletricidade tem de viajar centenas de quilômetros da fonte para a carga. A transmissão de grandes quantidades de energia elétrica ao longo de distâncias relativamente grandes é realizada de forma mais eficiente utilizando *altas tensões*. Como exemplo, para uma dada quantidade de potência a ser fornecida (transmitida), a duplicação da tensão de transmissão reduz em 75% as perdas elétricas.

As altas tensões são utilizadas em linhas de transmissão para reduzir a corrente que circula pela linha de transmissão. A potência transmitida em um sistema é proporcional à tensão multiplicada pela corrente. Se a tensão é aumentada, a corrente pode ser reduzida para um valor pequeno, ainda transmitindo a mesma quantidade de potência (Figura 15-11). Devido à redução da corrente que circula pela linha de transmissão de alta tensão, a seção (diâmetro)

Figura 15-11 Exemplo 15-1.

A. Transmissão em 100 V

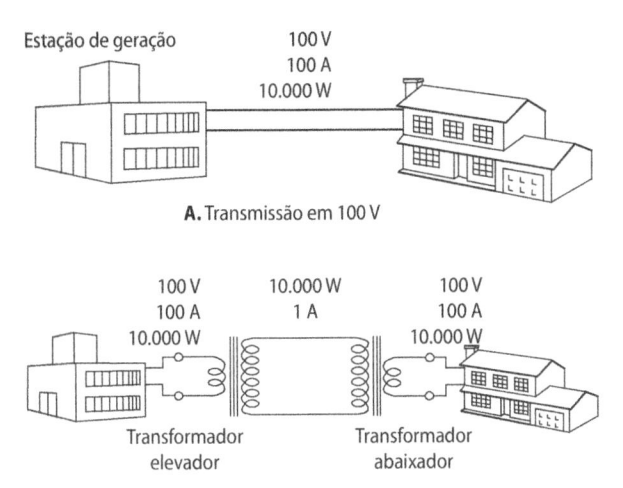

B. Transmissão em 10.000 V

e o custo dos fios condutores utilizados para a transmissão de toda a energia gerada em uma usina podem ser não muito maiores do que aqueles utilizados em uma instalação industrial típica. A redução da corrente também minimiza a queda de tensão ao longo da linha de transmissão e diminui as perdas de energia (I^2R).

> **» Exemplo 15-1**
>
> Se 10.000 watts de potência devem ser transmitidos, uma corrente de 100 ampères seria exigida se a tensão usada fosse apenas 100 volts:
>
> $$100\,V \times 100\,A = 10.000\,W$$
>
> Por outro lado, se a tensão de transmissão é aumentada para 10.000 volts, uma corrente de apenas 1 ampère seria necessária para transmitir a mesma quantidade de potência:
>
> $$10.000\,V \times 1\,A = 10.000\,W$$

A transmissão e a distribuição de energia CA é dependente do uso de transformadores em vários pontos no sistema. Um transformador é um dispositivo elétrico que transfere energia de um circuito elétrico para outro por acoplamento magnético. Os transformadores de potência de transmissão e distribuição são usados para elevar e abaixar tensões. Eles possibilitam a conversão entre altas e baixas tensões e, consequentemente, entre altas e baixas correntes (Figura 15-12). Com transformadores, cada estágio do sistema pode ser operado em uma tensão apropriada.

Um sistema de energia elétrica é constituído pelos seguintes componentes principais:

- estação de geração (usinas);
- transformadores para elevar a tensão e transmitir a energia gerada através das linhas de alta tensão;

Figura 15-12 Transformador de potência.

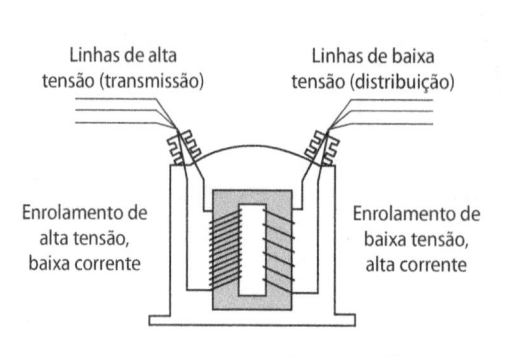

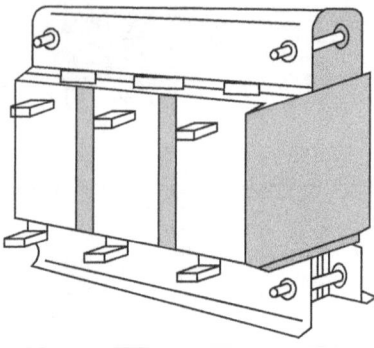

Banco trifásico de transformadores

- linhas de transmissão;
- subestações nas quais a tensão é abaixada para que a energia transmitida seja distribuída através das redes de distribuição;
- transformadores que abaixam a tensão do nível de distribuição para o nível utilizado pelos consumidores (em geral, 127 V ou 220 V, no caso de residências).

Há algumas limitações com relação ao uso de altas tensões em sistemas de transmissão e distribuição. Quanto maior a tensão, mais difícil e caro torna-se o isolamento entre os condutores da linha e entre os condutores e a terra. Por essa razão, as tensões em um sistema elétrico típico são reduzidas em estágios à medida que nos aproximamos da região de utilização final (Figura 15-13). Quando a energia chega a uma cidade, transformadores abaixadores localizados em subestações de distribuição costumam abaixar a tensão para 13.800 V (13,8 kV). Próximo do ponto de uso residencial, outro transformador (localizado nos postes) abaixa a tensão para o nível de utilização final (comumente, 127/220 volts).

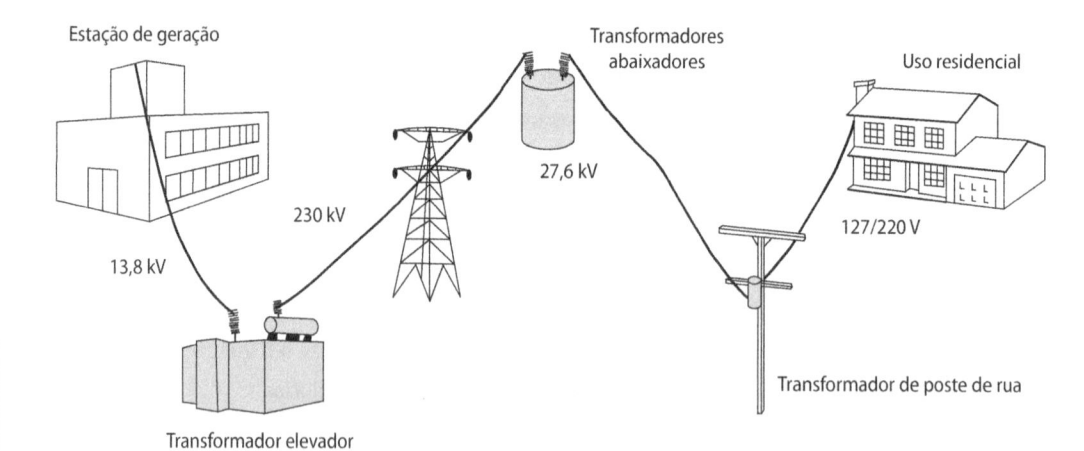

Figura 15-13 Sistema típico de transmissão de alta tensão.

A tensão associada à energia elétrica que vem das linhas de transmissão é abaixada para as redes de distribuição. Isso pode acontecer em vários estágios. O local onde ocorre a "conversão" entre os níveis de tensão de transmissão e distribuição é a *subestação* de energia elétrica. Nessas subestações, existem transformadores que abaixam os níveis de tensão de transmissão para os níveis de tensão de distribuição. Basicamente, uma subestação de energia consiste em equipamentos instalados para chaveamento, variação ou regulação das tensões de linha. As subestações ainda fornecem um ponto seguro no sistema elétrico para a desconexão da energia no caso de uma falha, bem como um local conveniente para fazer medições e verificar o funcionamento do sistema.

As necessidades de energia de alguns consumidores são tão grandes que eles são alimentados através de subestações individuais dedicadas a eles. A maior parte dos grandes consumidores comerciais e industriais tem a sua própria subestação, que recebe energia no nível de tensão de transmissão. Uma subestação desse tipo (Figura 15-14) é geralmente constituída de transformadores de alta tensão primários e um dispositivo de comutação (*switchgear*), bem como chaves secundárias que distribuem níveis de baixa tensão para os painéis de alimentação, outros transformadores secundários, sistemas de barramentos e painéis de circuitos em derivação.

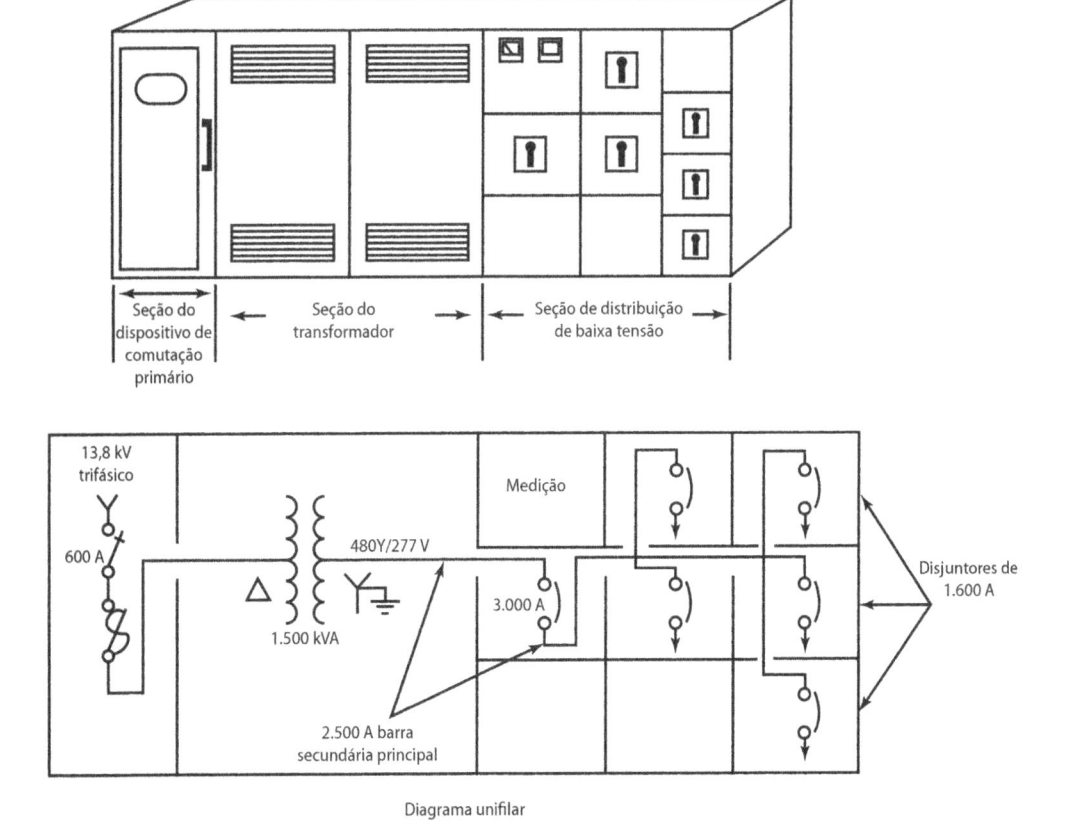

Figura 15-14 Esquema típico de uma unidade de subestação.

A *rede elétrica* é a gigantesca rede de linhas de transmissão de alta tensão que cobre todo o Brasil. A potência individual em qualquer uma dessas linhas pode ter vindo de qualquer uma das estações de geração que fornecem potência para a rede. Essas linhas são todas interligadas em centenas de subestações de modo que as concessionárias de energia elétrica possam comprar e vender o "produto" (a energia) umas das outras. Dessa forma, o excesso de energia de uma região pode alimentar outra região em resposta à demanda. Durante os períodos em que a demanda por energia elétrica diminui, as estações de geração desligam alguns geradores. Em momentos de pico de demanda, equipamentos auxiliares são colocados em operação. A interligação do sistema aumenta a sua confiabilidade e produz (ou deveria produzir!) custos mais baixos para todos os usuários.

Em um sistema típico de distribuição de energia, o fluxo de corrente não é uma constante. As cargas podem variar, dependendo da hora do dia e do dia da semana. Como a queda de tensão em partes do sistema é determinada pela corrente que circula ($E_D = I \times R$), normalmente ocorre uma variação contínua na tensão de operação. Reguladores automáticos de tensão são usados para tentar manter os níveis de tensão constantes. As concessionárias de energia elétrica geralmente permitem variações de mais ou menos 10 por cento (±10%) da tensão nominal. As flutuações de tensão em geral não afetam o desempenho do equipamento. Equipamentos designados como "cargas sensíveis" normalmente têm fontes de alimentação projetadas para tolerar flutuações normais de tensão. Em qualquer sistema de distribuição de energia, admite-se que a frequência é praticamente constante.

Existem vários tipos de perturbações elétricas que afetam a qualidade da energia de um sistema de distribuição e têm um efeito adverso sobre o funcionamento de um equipamento sensível. Esses distúrbios são resumidos da seguinte forma:

- **Interrupção momentânea de tensão** – Uma redução para 0 volts em uma ou mais linhas de alimentação de 0,5 ciclos até 3 segundos. Interrupções momentâneas podem ser provocadas quando um raio atinge as proximidades e no caso de chaveamento de circuitos da rede.

- **Interrupção temporária de tensão** – Uma redução para 0 volts em uma ou mais linhas de alimentação por mais de 3 segundos e até 3 minutos (de acordo com a ANEEL). Disjuntores automáticos e outros equipamentos de proteção que protegem os sistemas de distribuição podem provocar interrupções temporárias de tensão. Esses equipamentos são projetados para remover a falha e restabelecer a alimentação de energia. Um disjuntor automático demora de 20 ciclos a cerca de 5 segundos para fechar uma vez acionado. Uma interrupção temporária de tensão também pode ser provocada por um intervalo de tempo entre as interrupções de tensão e quando uma fonte de energia reserva assume (um gerador, por exemplo).

- ***Blackout* ou apagão** – Perda total de tensão. Apagões podem ser causados por uma demanda excessiva da rede elétrica, tempestades com raios, falha de equipamento ou qualquer acidente que cause o desligamento de uma linha de transmissão.

- ***Sag* ou afundamento de tensão** – Uma diminuição nos níveis de tensão de mais de 10%, a qual é normalmente de curta duração, mas pode durar desde frações de segundo até alguns minutos. Afundamentos podem ser causados pela energização (partida) de equipamentos pesados, por curtos-circuitos ou por circuitos elétricos subdimensionados.

Além disso, a concessionária pode deliberadamente diminuir os níveis de tensão em uma tentativa de lidar com os horários de pico, forçando uma redução na potência.

- **Surto de tensão (*spike*)** – Um aumento instantâneo e muito grande (geralmente não mais do que um milionésimo de segundo) nos níveis de tensão. Surtos de tensão são geralmente provocados por raios que atingem as proximidades, pelo desligamento de uma linha em uma tempestade ou como resultado de um acidente.

- **Salto de tensão** – Um aumento da tensão de mais de 10% acima da tensão de linha nominal com duração de 0,5 ciclos até 1 minuto. Saltos de tensão podem ocorrer quando uma carga pesada é desligada. Por exemplo, um salto na tensão ocorre frequentemente em áreas de escritório de uma planta, quando as linhas de produção com grandes cargas são desligadas.

- **Ruído elétrico** – Uma perturbação na forma de onda suave de uma senoide CA causada por interferência eletromagnética (EMI) e/ou interferência de rádiofrequência (RFI). Raios, chaveamento de cargas, geradores, transmissores, transformadores e equipamentos industriais provocam ruídos com frequência.

- **Distorção harmônica** – Uma distorção da forma de onda CA causada pela presença de frequências diferentes da frequência fundamental padrão de 60 Hz. Qualquer distorção harmônica é um problema potencial e pode aumentar a corrente total e, consequentemente, o aquecimento do circuito. Cargas não lineares que drenam corrente em pulsos curtos são fontes comuns de distorção harmônica. Essas incluem acionamento à velocidade variável de motores, reatores eletrônicos usados em circuitos de iluminação e fontes de alimentação usadas em computadores pessoais.

» Questões de revisão

1. Explique como a eletricidade é gerada nas usinas hidrelétricas.
2. (a) Explique como a eletricidade é gerada usando o processo termelétrico.
   (b) Indique as duas fontes primárias de calor usadas no processo termelétrico.
3. Cite duas formas alternativas de geração de energia elétrica empregando recursos renováveis.
4. (a) Explique o processo básico envolvido na produção de eletricidade a partir de uma célula de combustível.
   (b) Quais dois subprodutos são produzidos como resultado desse processo?
5. Defina o termo "cogeração".
6. Indique duas classificações gerais para os sistemas de fornecimento de energia de emergência.
7. (a) Por que altas tensões são usadas para a transmissão de energia elétrica em longas distâncias?
   (b) Qual é a limitação para o uso de altas tensões na transmissão de energia?
8. Os transformadores são uma parte importante dos sistemas de transmissão e distribuição de energia elétrica. Qual é a função desses equipamentos no sistema?
9. Liste, em ordem, da estação de geração até o equipamento do consumidor, os componentes principais de um sistema típico de transmissão e distribuição.
10. Em que ponto de uma rede elétrica típica é feita a conversão dos níveis de tensão de transmissão para distribuição?

11. Descreva de forma sucinta como a rede elétrica opera de modo a produzir menores custos para todos os usuários.
12. (a) Por que as flutuações de tensão ocorrem normalmente nos sistemas de distribuição de energia?
    (b) Que variação percentual da tensão nominal é normalmente permitida pela concessionária de energia elétrica?
13. Defina cada um dos seguintes tipos de perturbações elétricas:
    (a) Interrupção momentânea de tensão
    (b) Interrupção temporária de tensão
    (c) Apagão
    (d) Afundamento de tensão
    (e) Surto de tensão
    (f) Salto de tensão
    (g) Ruído elétrico
    (h) Distorção harmônica

>> Trabalho – energia – potência

Trabalho refere-se a uma atividade envolvendo força e deslocamento no sentido de aplicação da força. A força pode ser definida como qualquer ação que varia a posição, o movimento, o sentido ou a forma de um objeto. Se uma força aplicada não provoca movimento, nenhum trabalho é produzido. A quantidade de trabalho produzido é obtida pela multiplicação da força pela distância ao longo da qual ela atua. O trabalho é medido em Newton-metros (N×m).

Energia é a capacidade de realizar trabalho. Você deve ter energia para realizar trabalho. A energia elétrica é simplesmente o trabalho realizado por uma corrente elétrica. Sempre que existe corrente em um circuito, há conversão de energia elétrica em outras formas de energia. Por exemplo, o fluxo de corrente através de um filamento de lâmpada converte a energia elétrica em luz por aquecimento do filamento a uma alta temperatura, fazendo-o brilhar.

Potência é a taxa de realização de trabalho ou a taxa de utilização de energia. A energia elétrica é a taxa de realização de trabalho utilizando eletricidade. O watt (W) é a unidade básica para a medição de potência elétrica. A maioria dos dispositivos elétricos possui uma potência nominal. O valor nominal de potência indica a taxa na qual o dispositivo pode converter energia elétrica em outra forma de energia, como luz, calor ou movimento. Quanto mais rápido um dispositivo converte energia elétrica (em outra forma de energia), maior é a sua potência nominal. A potência nominal de um dispositivo pode ser lida diretamente de sua placa de identificação ou calculada a partir de outros valores dados (Figura 15-15). Esses valores podem ser expressos em volts, ampères, quilovolts-ampères, watts ou alguma combinação dos anteriores.

Se a potência nominal é excedida, o equipamento ou o dispositivo sobreaquecerá e, eventualmente, será danificado. Por exemplo, se uma lâmpada especificada para 100 W e 127 V é

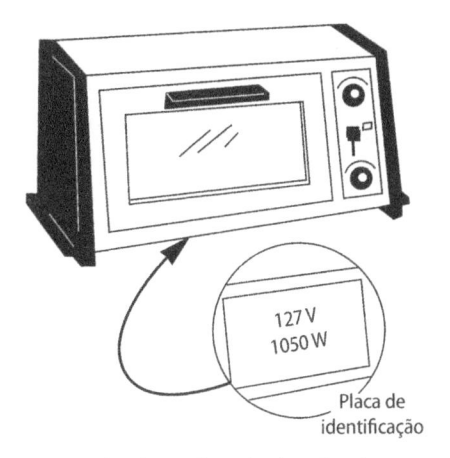

Figura 15-15 Potência nominal indicada na placa de identificação.

conectada a uma fonte de 220 V, a corrente através da lâmpada dobrará. A lâmpada, então, utilizará quatro vezes a potência para a qual foi especificada e, consequentemente, sobreaquecerá e queimará rapidamente.

Existe uma relação direta entre a medição de potência elétrica e de potência mecânica. Um cavalo-vapor (CV) é uma unidade de energia mecânica igual a 735,5 W de energia elétrica*. Essa relação pode ser lembrada mais facilmente como 1 CV igual a aproximadamente 3/4 de quilowatt (kW). Um cavalo-vapor também é definido como, aproximadamente, a quantidade de energia ou de trabalho necessária para elevar um peso de 33.000 libras a uma altura de um pé em um intervalo de um minuto (Figura 15-16).

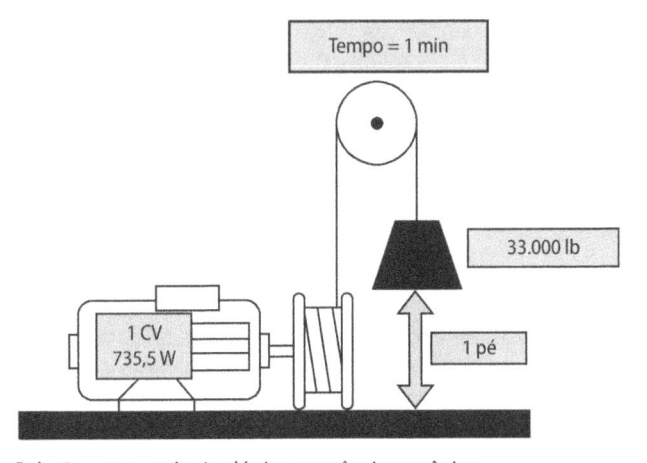

Figura 15-16 Relação entre potência elétrica e potência mecânica.

---

* N. de T.: A unidade *horsepower* (HP) corresponde a cerca de 1,0138 cv = 745,7 W.

>> Cálculo da potência elétrica

O watt (W) é a unidade básica de potência elétrica. Em todo circuito CC ou CA que contém cargas resistivas, a potência é igual à tensão multiplicada pela corrente. O watt é uma medida da taxa na qual trabalho é realizado no deslocamento de cargas elétricas através do circuito. A potência elétrica pode ser calculada diretamente em watts usando as medições de tensão e de corrente. Para calcular a potência em watts, devemos simplesmente multiplicar a tensão em volts pela corrente em ampères: **$P = E \times I$.**

onde   P = potência em watts (W)
       E = tensão em volts (V)
       I = corrente em ampères (A)

>> Exemplo 15-2

Suponha que um aquecedor elétrico portátil drene uma corrente de 8 ampères, quando conectado à sua tensão nominal de 127 V (Figura 15-17). A potência nominal do aquecedor é, então:

$$\text{Potência} = \text{Tensão} \times \text{Corrente}$$
$$P = E \times I$$
$$P = 127\,V \times 8\,A$$
$$P = 1016\,W$$

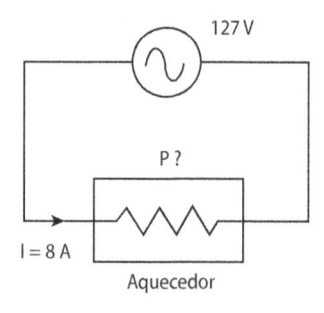

Figura 15-17 Exemplo 15-2.

Cargas elétricas, como luzes e eletrodomésticos, são projetadas para operar em uma tensão específica. Elas podem ser especificadas com a tensão de operação e potência de saída nessa tensão. Se a corrente nominal não é especificada, ela pode ser calculada utilizando os valores de potência e tensão nominais. Para calcular a corrente, a potência é dividida pela tensão nominal:

$$I = \frac{P}{E}$$

> **Exemplo 15-3**

Suponha que uma lâmpada de 150 W tenha uma tensão nominal de 127 V (Figura 15-18). Quando conectada a uma fonte de 120 V, o fluxo através da corrente será:

$$I = \frac{P}{E}$$

$$I = \frac{150 \text{ W}}{127 \text{ V}}$$

$$I = 1,25 \text{ A}$$

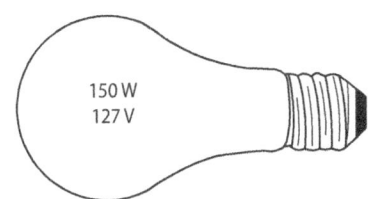

Figura 15-18 Exemplo 15-3.

Em alguns casos, é mais conveniente calcular a potência usando a resistência do material em vez da tensão aplicada a ele. Isso o corre muitas vezes quando, por exemplo, calculamos a potência dissipada em um resistor ou perdida na forma de calor em um condutor. Substituindo E pelo produto IR na fórmula básica de potência, temos:

$$P = E \times I$$
$$P = IR \times I$$
$$P = I^2 \times R$$

> **Exemplo 15-4**

Suponha que a corrente através de um resistor de 100 Ω é medida, tendo o valor de 0,5 A.

(a) Qual é a potência dissipada na forma de calor?
(b) Qual potência seria dissipada se a corrente fosse dobrada para 1 A?

(a) $P = I^2 \times R$
 $P = 0,5 \text{ A} \times 0,5 \text{ A} \times 100 \text{ Ω}$
 $P = 25 \text{ W}$

(b) $P = I^2 \times R$
 $P = 1 \text{ A} \times 1 \text{ A} \times 100 \text{ Ω}$
 $P = 100 \text{ W}$ (4 vezes a potência original)

> **Exemplo 15-4** *continuação*

A. Circuito para a parte (a)
(I = 0,5 A; P = 25 W; R = 100 Ω)

B. Circuito para a parte (b)
(I = 1 A; P = 100 W; R = 100 Ω)

Figura 15-19 Exemplo 15-4.

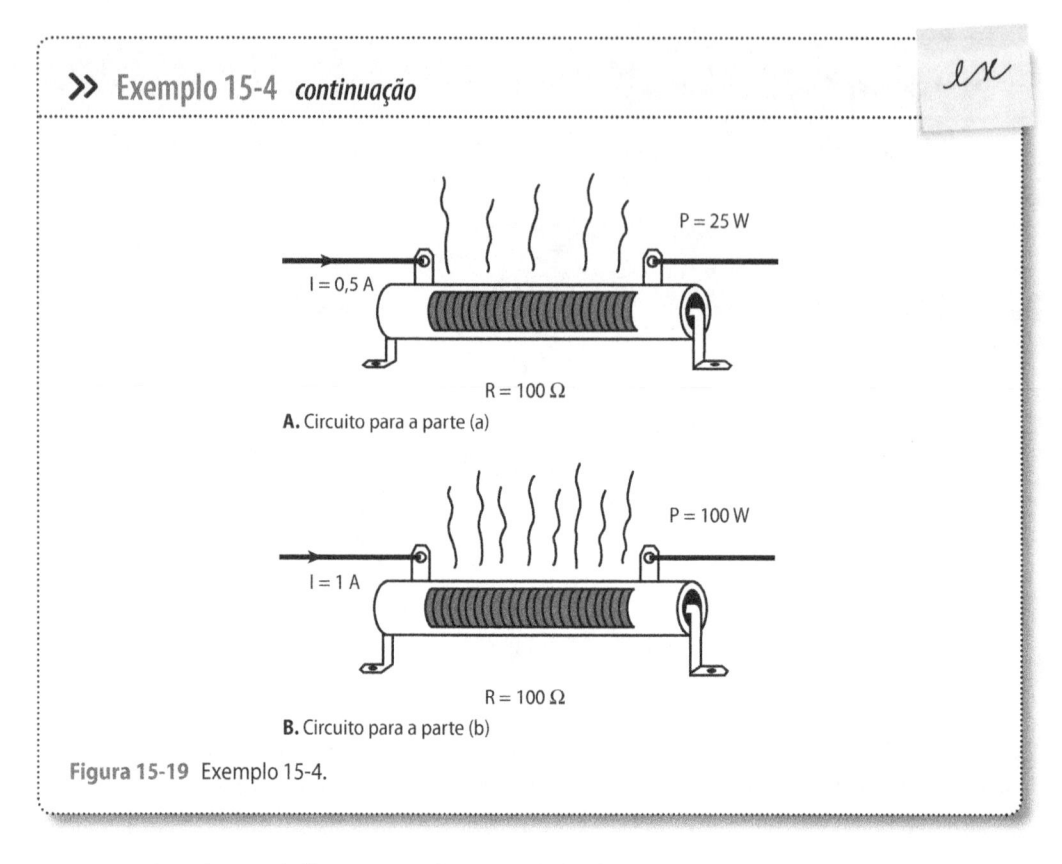

Quando se trabalha com grandes quantidades de potência, é mais conveniente utilizar uma unidade maior do que o watt e, assim, evitar o uso de números muito grandes:

Um quilowatt (kW) = 1.000 watts

Um megawatt (MW) = 1.000 quilowatts = 1.000.000 watts

≫ Medição da potência elétrica

Um wattímetro é um instrumento elétrico usado para medir a potência elétrica diretamente. Esse medidor é, de certa forma, a combinação de um voltímetro e de um amperímetro. Ele mede tensão e corrente ao mesmo tempo e indica o valor da potência resultante. O wattímetro tem quatro terminais de conexão: dois para a seção do voltímetro e dois para a seção do amperímetro. A Figura 15-20 mostra um wattímetro analógico típico que contém duas bobinas – uma para a tensão e outra para a corrente. A seção do voltímetro é conectada da mesma maneira que um voltímetro comum, ou seja, em paralelo com a carga. Como a bobina de tensão responde à tensão, ela tem um resistor multiplicado em série com ela. A seção do amperímetro é conectada da mesma maneira que um amperímetro comum, ou seja, em série com a carga. Os wattímetros são especificados para corrente e tensão máximas, bem como para potência máxima.

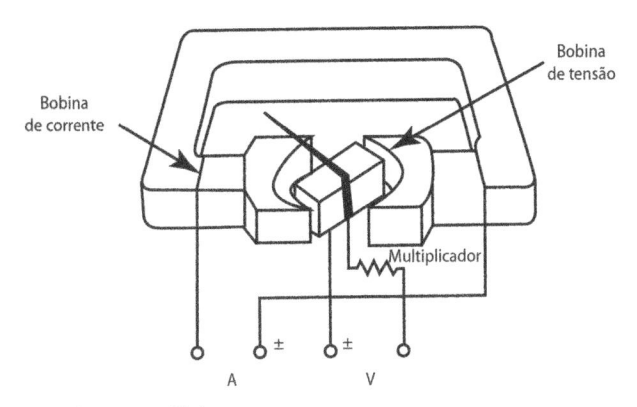

Figura 15-20 Wattímetro analógico.

O movimento do ponteiro do wattímetro depende da intensidade tanto da corrente como da tensão. Se existir tensão, mas não corrente, então a bobina de corrente não fornece um campo magnético para girar a bobina móvel, de modo que o ponteiro indica zero. Esse arranjo de bobinas, então, fornece uma leitura do ponteiro que depende do produto da tensão pela corrente, de forma que a escala do medidor está em watts. Um wattímetro opera em CC bem como em CA, uma vez que, quando a corrente inverte, a polaridade do campo magnético de ambas as bobinas inverte e a força de rotação (que atua sobre o ponteiro) continua no mesmo sentido.

Os wattímetros são mais úteis em medições de circuitos CA do que em medições CC. Em circuitos CC, a potência em watts é sempre igual à tensão multiplicada pela corrente. Em circuitos CA que não são puramente resistivos, a potência não é igual ao produto da corrente pela tensão, mas o wattímetro ainda indica a potência real ou ativa. Ele compensa automaticamente qualquer diferença de fase entre a tensão e a corrente do circuito.

A Figura 15-21 mostra uma conexão típica de um wattímetro em um circuito. Ao conectar o wattímetro em um circuito CC ou CA, a polaridade relativa das bobinas de tensão e de corrente deve ser observada a fim de assegurar um movimento de avanço do ponteiro. A polaridade correta é obtida ao conectar os terminais marcados com ± ou * tanto da bobina de tensão como da de corrente em um mesmo ponto da linha. A outra extremidade da bobina de corrente está ligada à carga, assegurando que toda a corrente que circula pela carga passa através da bobina de corrente. A outra extremidade da bobina de tensão está ligada ao outro lado da linha, o que aplica a tensão de linha completa ao circuito da bobina de tensão.

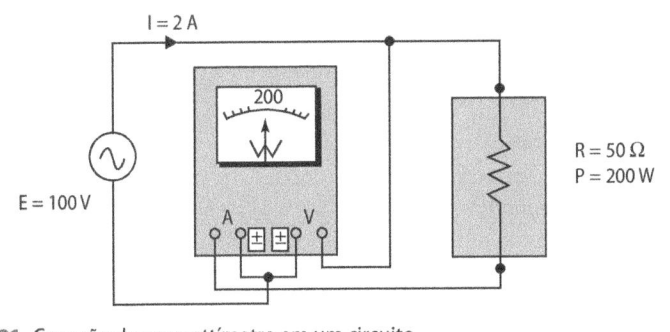

Figura 15-21 Conexão de um wattímetro em um circuito.

≫ Energia elétrica

Energia é definida como a capacidade de realizar trabalho. Ela existe em muitas formas diferentes, incluindo energia elétrica, térmica, luminosa, mecânica, química e sonora. A energia elétrica é a energia transportada por cargas elétricas em movimento.

Todo tipo de energia pode ser medido em joules (J). Um joule de energia elétrica é equivalente à energia transportada por 1 coulomb de carga elétrica sendo impelida por uma força de 1 volt.

Uma das leis mais importantes da ciência diz que a energia não pode ser criada nem destruída; ela pode apenas ser transformada de uma forma para outra. Por exemplo, uma lâmpada incandescente transforma a energia elétrica em energia luminosa útil. No entanto, nem toda a energia elétrica é convertida em energia luminosa. Cerca de 95% dela é perdida na forma de calor (Figura 15-22). Nesse processo, o aspecto importante a ser observado é que, enquanto a energia total pode tomar formas diferentes, em cada caso, a quantidade total de energia convertida permanece constante.

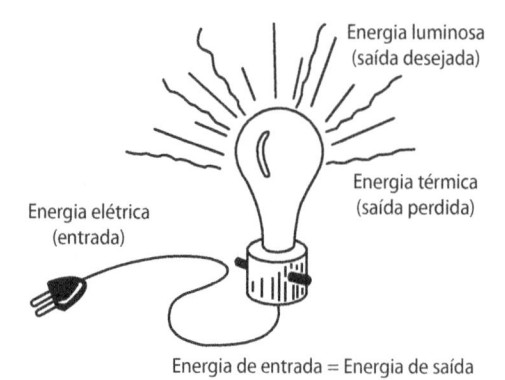

Figura 15-22 Conversão de energia em uma lâmpada.

≫ Cálculo da energia elétrica

Em trabalhos científicos, a unidade usada para medir a energia elétrica é o joule (J). Um joule representa uma quantidade muito pequena de energia. A energia utilizada por um dispositivo é mais facilmente calculada a partir de sua potência nominal. Para calcular a energia (E) em joules, multiplicamos a potência em watts (W) pelo tempo em que o dispositivo é usado em segundos (s): $E = P \times t$

onde E = energia em joules (J)
      P = potência em watts (W)
      t = tempo em segundos (s)

❯❯ Exemplo 15-5

Suponha que uma lâmpada de 100 W é operada por 5 minutos (Figura 15-23). A quantidade de energia convertida em joules é então:

$$\text{Energia} = \text{Potência} \times \text{Tempo}$$
$$E = (100\,W)(5 \times 60\,s)$$
$$E = 30.000\,J$$
$$E = 30\,kJ$$

Figura 15-23 Exemplo 15-5.

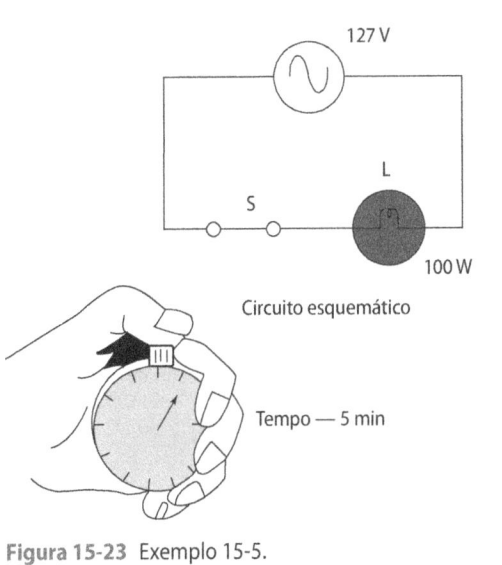

A unidade prática para medir a energia elétrica é o quilowatts-hora (kWh). Uma lâmpada de 100 W ligada durante 10 horas consome 1 kWh. Para encontrar a energia gasta por um dispositivo em quilowatts-hora, a mesma fórmula básica de energia é empregada. Porém, nesse caso, a potência nominal deve ser expressa em quilowatts (kW), e o tempo, em horas (h):

$$E = P \times t$$

onde E = energia em quilowatts-hora (kWh)
 P = potência em quilowatts (kW)
 t = tempo em horas (h)

> **Exemplo 15-6**

Suponha que uma cafeteira elétrica tenha potência nominal de 900 W (Figura 15-24). Ela é usada em média 6 horas por mês. O consumo de energia mensal médio em quilowatts-hora é então:

$$\text{Energia} = \text{Potência} \times \text{Tempo}$$

$$E = \frac{(900 \text{ kW})}{1000}(6 \text{ h})$$

$$E = 5,4 \text{ kWh}$$

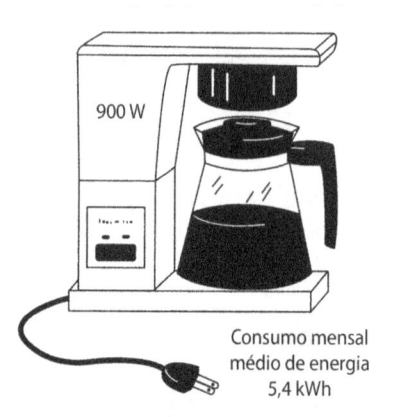

Figura 15-24 Exemplo 15-6.

>> Medidor de energia elétrica

O medidor de quilowatts-hora (kWh) serve para medir a quantidade de energia elétrica utilizada em uma casa, edifício ou fábrica (Figura 15-25). O medidor registra quantos watts de potência são utilizados ao longo de um período de tempo. Em intervalos regulares, um funcionário da concessionária de energia vai ao local da instalação para ler o medidor do cliente. A concessionária de energia, então, calcula a quantidade de eletricidade usada e cobra o cliente de acordo.

O watt é uma unidade relativamente pequena, de modo que a unidade básica adotada pela concessionária de energia é o quilowatt. Um quilowatt-hora (kWh) é 1.000 watts de eletricidade utilizados durante uma hora. O medidor de quilowatts-hora registra a energia usada da mesma forma como o hodômetro de um carro registra a distância percorrida. Por meio de um pequeno motor que gira mais rápido ou mais devagar dependendo da quantidade de corrente que passa através dele, o medidor registra a quantidade de eletricidade consumida. À medida que o motor opera, ele gira indicadores numerados para registrar a energia total acumulada usada até o instante da leitura (Figura 15-26).

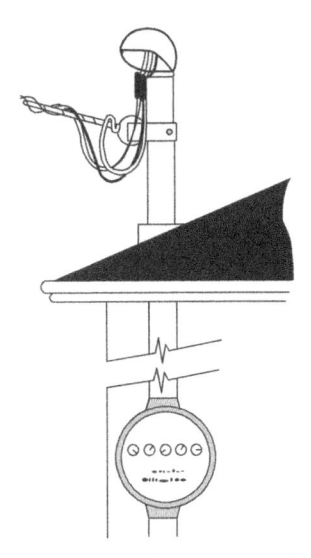

Medidor de energia em quilowatts-hora
ligado a uma casa

Figura 15-25 Medidor de energia em quilowatts-hora instalado em uma residência.

Alguns medidores fornecerão uma leitura direta em um mostrador (*display*) digital, enquanto outros utilizam uma série de mostradores (do tipo ponteiro) que devem ser lidos em ordem para determinar o valor registrado. O mais comum, no entanto, é o medidor com mostrador do tipo ponteiro com quatro ou cinco mostradores separados, cada um dos quais fornece um dígito da leitura. Os mostradores são ligados entre si por engrenagens. O indicador esquerdo registra dezenas de milhares; o próximo, milhares; e assim por diante em direção ao mostrador mais à direita, que registra as unidades, ou seja, quilowatts-hora individuais. Os números sobre as faces dos mostradores de ponteiro estão dispostos alternadamente no sentido horário e anti-horário e o ponteiro se move de acordo; porém, não importa o sentido que o ponteiro segue, ele sempre vai de 0 a 9 (Figura 15-27). O medidor de quilowatts-hora fornece uma leitura cumulativa total. Para determinar a quantidade de energia usada em um período de tempo específico, devemos tomar duas leituras consecutivas e subtrair a leitura anterior da última leitura.

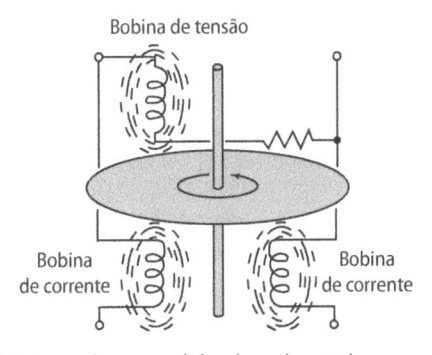

Bobina de tensão

Bobina de corrente

Bobina de corrente

Figura 15-26 Construção interna de um medidor de quilowatt-hora.

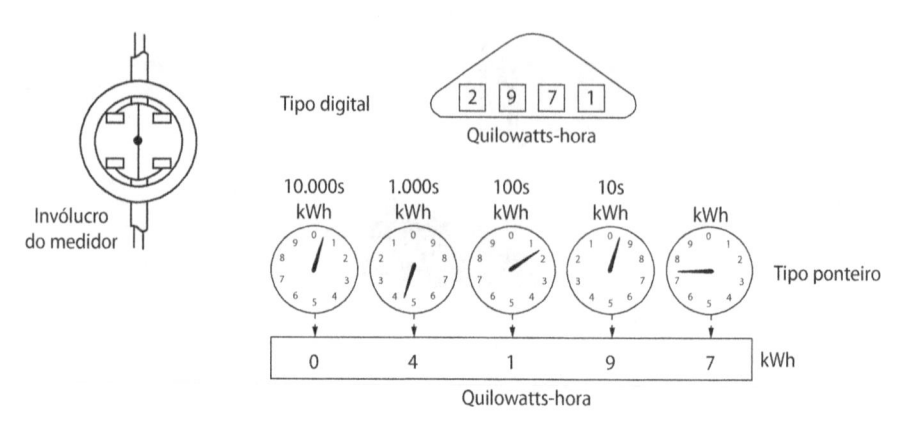

Figura 15-27 Tipos de medidores de kWh.

> » **Exemplo 15-7**

Suponha as duas leituras consecutivas de um medidor de kWh mostradas na Figura 15-28. A quantidade de energia usada no intervalo de tempo entre essas duas leituras é determinada conforme a seguir:

$$1^a \text{ leitura} = 17.650 \text{ kWh}$$
$$2^a \text{ leitura} = 18.349 \text{ kWh}$$
$$\text{kWh usados} = 18.349 \text{ kWh} - 17.650 \text{ kWh}$$
$$= 699 \text{ kWh}$$

Figura 15-28 Exemplo 15-7.

» Custos da energia

A energia elétrica é vendida por quilowatt-hora (kWh). A conta da companhia de energia elétrica sempre fornece as leituras anterior e presente do medidor. A diferença entre essas duas leituras é a quantidade utilizada. A empresa também fornece o valor cobrado ou a taxa por quilowatt-hora. Para calcular o valor de sua conta de energia, basta multiplicar a quantidade de kWh utilizada pelo custo por kWh.

> **Exemplo 15-8**

A fatura de uma concessionária de energia elétrica indica uma leitura atual do medidor de 6.060 kWh e uma leitura anterior de 3.140 kWh. Se a taxa é de 10 centavos por kWh, o custo é:

$$\text{Leitura presente} = 6.060 \text{ kWh}$$
$$\text{Leitura prévia} = 3.140 \text{ kWh}$$
$$\text{kWh usados} = 6.060 \text{ kWh} - 3.140 \text{ kWh}$$
$$\text{kWh usados} = 2.920 \text{ kWh}$$
$$\text{Custo} = \text{kWh} \times \text{taxa}$$
$$\text{Custo} = 2.920 \text{ kWh} \times \text{R\$ } 0,10$$
$$\text{Custo} = \text{R\$ } 292,00$$

A quantidade de energia elétrica utilizada por cargas depende de dois fatores. Um é o intervalo de tempo durante o qual elas (as cargas) são utilizadas. O outro fator é a quantidade de potência elétrica requerida por carga. O medidor de kWh mantém um registro da energia elétrica total usada, mas não fornece informações sobre o consumo de energia das cargas individuais. Os custos de energia para cargas individuais podem ser calculados a partir de seu consumo de potência nominal e ciclo de operação normal.

> **Exemplo 15-9**

Uma secadora de roupas elétrica de potência nominal 4,2 kW é usada em média 20 horas por mês (Figura 15-29). A taxa para a energia consumida é 10 centavos por kWh. O custo de operação desse dispositivo por um período de um mês é:

$$\text{Energia} = \text{Potência} \times \text{Tempo}$$
$$E = 4,2 \text{ kW} \times 20 \text{ h}$$
$$E = 84 \text{ kWh}$$

$$\text{Custo} = \text{Energia} \times \text{taxa}$$
$$= 84 \text{ kWh} \times 10 \text{ centavos}$$
$$= \text{R\$ } 8,40$$

> **Exemplo 15-9** *continuação*

Figura 15-29 Exemplo 15-8.

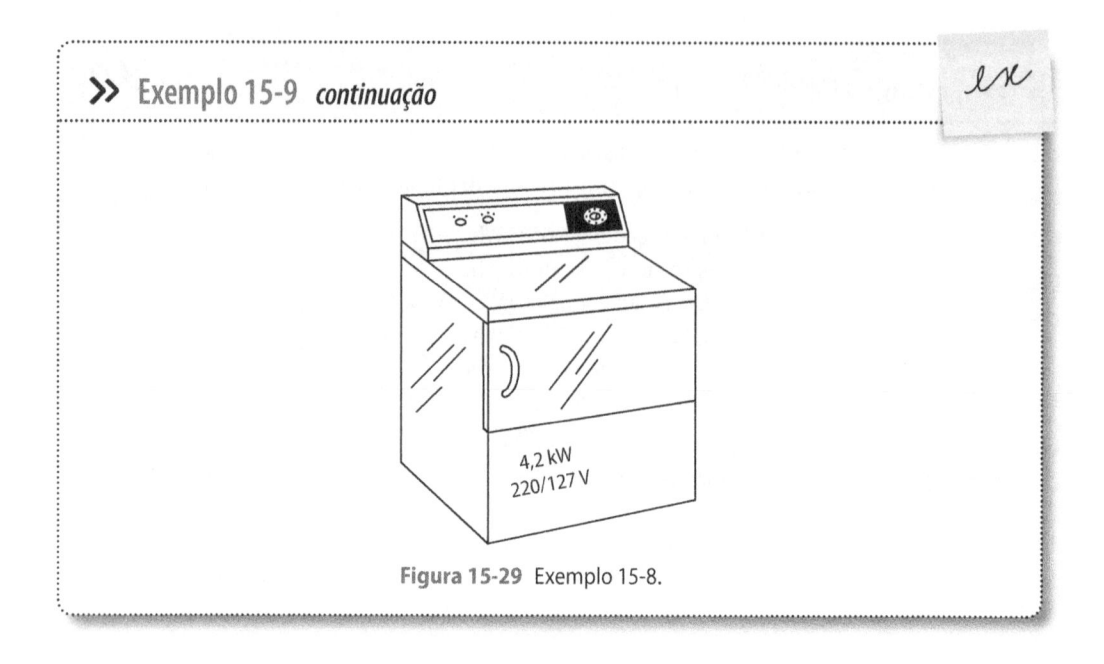

(4,2 kW — 220/127 V)

» Gerenciamento da energia

O uso mais eficiente da energia elétrica reduz a demanda e compensa o aumento dos custos. Energia muitas vezes é desperdiçada quando ela é convertida de uma forma para outra. Em muitas conversões de energia, há mais energia perdida do que realizando trabalho útil. Por exemplo, cerca de 90% da energia consumida por uma lâmpada incandescente é calor desperdiçado. Isso deixa a lâmpada extremamente quente ao toque e bastante insegura. As lâmpadas fluorescentes são muito mais eficientes. Um tubo fluorescente padrão de 40 W, por exemplo, produz até seis vezes mais luz do que uma lâmpada incandescente de 40 W. Algumas conversões, porém, são altamente eficientes. A conversão de energia elétrica em energia mecânica com motores elétricos é um exemplo. Apenas cerca de 10% da energia elétrica é desperdiçada.

Os fabricantes são encorajados a construir aparelhos energeticamente eficientes. A maioria dos aparelhos/eletrodomésticos é obrigada a apresentar um selo que indica a eficiência energética do aparelho. O selo fornece as seguintes informações:

- tipo de equipamento;
- classificação e eficiência energética;
- estimativa do consumo mensal de energia (kWh/mês).

As grandes economias de energia vêm dos maiores usuários – comércio, indústria e governo. A eletricidade não é um recurso natural. É difícil armazenar grandes quantidades de energia até que ela seja requerida. Para uso em larga escala, ela deve ser produzida à medida que é demandada. Essa característica cria muitos problemas para as autoridades de fornecimento de energia. Elas devem ser capazes de gerar energia para atender diferentes demandas. A aplicação de **tarifas diferenciadas por horário de consumo** permite que sejam cobradas taxas diferentes dos clientes dependendo do horário do dia em que a energia é consumida, oferecendo tarifas mais baratas nos períodos em que o sistema é menos utilizado pelos consumidores. De acordo com a ANEEL, de segunda a sexta-feira, uma tarifa mais barata é empregada na maioria das horas do dia; outra mais cara, no horário em que o consumo de energia atinge o pico máximo, no início da noite; e a terceira, intermediária, entre esses dois horários. Nos finais de semana e feriados, a tarifa mais barata será empregada para todas as horas do dia. Com esse incentivo, os consumidores de médio e grande porte precisam monitorar com cuidado e saber exatamente onde e quando a sua energia é utilizada.

As empresas estão realizando economias de energia por meio da construção de sistemas de automação. O objetivo do **sistema de automação predial** é atingir um nível de controle ótimo de conforto dos ocupantes, minimizando o consumo de energia. As primeiras formas de gerenciamento de energia envolviam sistemas simples baseados em temporizadores e termostatos. Na verdade, muitos desses sistemas ainda estão em uso. Esses sistemas são ligados diretamente ao equipamento de utilização final e a maior parte funciona de forma autônoma a partir de outros componentes do sistema. Hoje, com a disponibilidade crescente de sistemas baseados em microprocessadores, o gerenciamento de energia moveu-se rapidamente para o seu estado atual de sistema baseado em computador, controlado digitalmente. Esses sistemas baseados em computador têm três elementos necessários:

Sensores de entrada – Dispositivos usados para determinar a condição ou o estado dos parâmetros a serem controlados. Existe uma crescente variedade e nível de sofisticação de sensores disponíveis para uso, incluindo sensores que monitoram as variáveis do sistema, como temperatura, umidade, pressão, vazão, energia, qualidade do ar interior, nível de iluminação e fogo ou fumaça.

Controladores – A função do controlador é comparar um sinal recebido do sensor com um ponto de ajuste (*setpoint*) desejado e, em seguida, enviar um sinal correspondente para o dispositivo controlado para ação. Os controladores microprocessados são capazes de rotinas de análises poderosas.

Dispositivos de saída – Dispositivo terminal que recebe o sinal do controlador. Os dispositivos de saída transmitem sinais eletrônicos ou ações físicas para os dispositivos de controle. Dispositivos de saída incluem relés, contatores e atuadores que controlam motores, válvulas de controle, amortecedores de ar, caixas de mistura, ventiladores e bombas.

A comunicação é um dos aspectos mais importantes da construção dos sistemas de automação. Como exemplo, considere um sistema constituído por uma bobina de resfriamento, uma bobina de aquecimento, um motor de ventilador, um registrador de ar externo ("damper") e um detector de fumaça de fumo. O sistema precisa se comunicar com o controlador como um todo para usar todas essas funções de forma eficaz.

O *protocolo* de comunicação de dados é um conjunto de regras ou critérios para receber e transmitir dados através dos canais de comunicação. Protocolos de comunicação "proprietários" são aqueles específicos para o equipamento de um fabricante e não se destinam ao uso por outros fabricantes. Esses sistemas foram desenvolvidos para a intercomunicação com diferentes componentes do sistema do mesmo fabricante. Com sistemas "abertos" ou "não proprietários", os usuários não são obrigados a comprar *hardware*, *software* ou os direitos de licenciamento para conectar dispositivos a um sistema. Assim, com sistemas abertos há uma maior possibilidade de escolha de fornecedores e componentes.

A Figura 15-30 mostra um sistema de comunicação aberto LonWorks®. Esse tipo de sistema aberto não necessita de *gateways* para os dispositivos de vários fabricantes se comunicarem. A comunicação na rede LonWorks ocorre com os dispositivos enviando dados diretamente um para o outro.

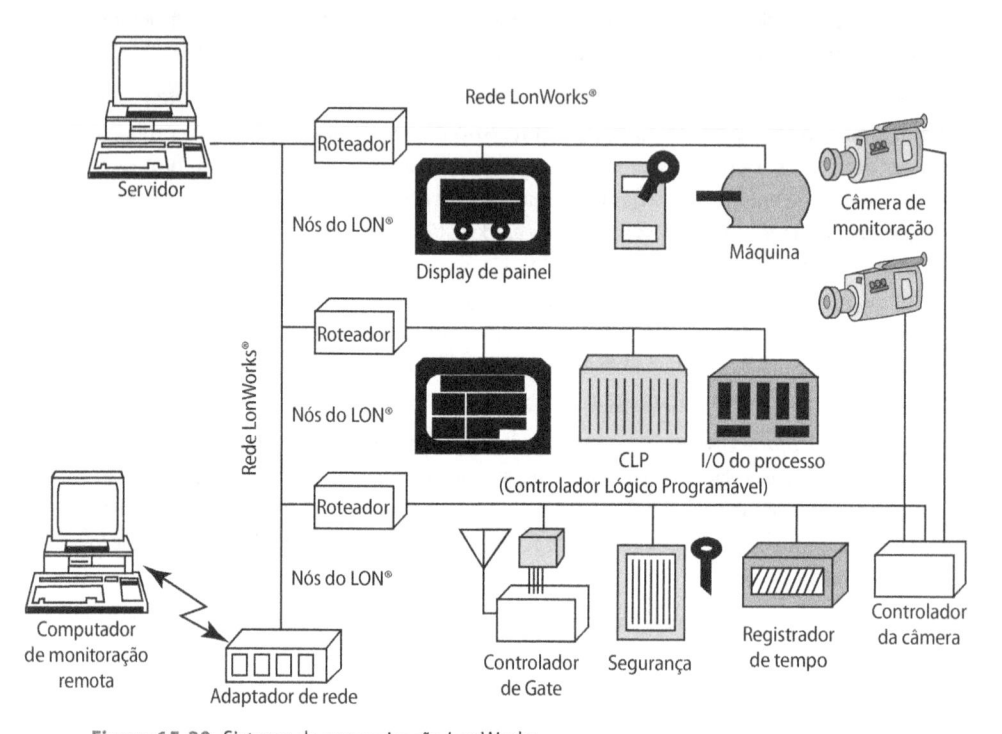

Figura 15-30 Sistema de comunicação LonWorks.

>> Questões de revisão

14. Defina energia e potência em termos de trabalho.
15. Qual é a unidade básica usada para medir a energia elétrica?
16. Explique a relação entre a potência nominal de um dispositivo e a taxa na qual ele converte energia elétrica em outra forma de energia.
17. Qual é a relação entre a potência mecânica em cavalos vapor (CV) e a potência elétrica em watts?
18. Calcule a potência nominal de um dispositivo que drena 7,5 A quando ligado em sua tensão nominal de 220 V.

19. Quantos ampères uma torradeira de 1.250 W drenará quando conectada à sua tensão nominal de 127 V?
20. Quanto de potência é dissipada na forma de calor quando 0,5 A de corrente flui através de um resistor de 50 Ω?
21. (a) Um wattímetro é uma combinação de quais dois tipos de medidores?
    (b) Ao conectar um wattímetro em um circuito, como cada seção do medidor é conectada com relação à carga?
22. Por que um wattímetro pode operar da mesma maneira tanto em circuitos CC como CA?
23. Defina energia elétrica.
24. Um joule de energia elétrica equivale a quê?
25. Qual é a unidade prática para a medição de energia elétrica?
26. Qual é o nome do medidor usado para medir a energia elétrica?
27. Identifique dois fatores que determinam a quantidade de energia elétrica utilizada por uma carga.
28. Qual lei científica se aplica quando a energia é convertida de uma forma para outra?
29. Uma lâmpada de 150 W fica ligada por um total de 16 horas. Quantos quilowatts-hora de energia são convertidos?
30. (a) Um aquecedor de água de 2,5 kW é utilizado por um total de 42 horas em um período de um mês. Calcule os quilowatts-hora de energia convertidos.
    (b) Calcule o custo de operação do aquecedor para o mesmo período de tempo considerando uma taxa média de 10 centavos por kWh.
31. Discuta como cada um dos seguintes aspectos pode reduzir os custos de energia:
    (a) Tipo de iluminação
    (b) Selo de eficiência energética
    (c) Tarifas diferenciadas por horário de consumo
32. Qual é o objetivo de um sistema de automação predial?
33. Cite os três elementos básicos de um sistema de automação predial baseado em computador.
34. Explique a diferença entre protocolos de comunicação proprietários e abertos.

>> Tópicos de discussão do capítulo e questões de pensamento crítico

1. Faça um relatório sobre como a energia elétrica é produzida e distribuída em sua área geográfica. Inclua localização e tipo de usina de energia, transformadores, linhas de transmissão e subestações que compõem o sistema.
2. Crie um plano para um sistema de geração solar ou eólico conectado à rede elétrica que pode ser aplicado em uma moradia de uma família.
3. Por que a célula de combustível seria uma boa aplicação para um sistema de cogeração?
4. (a) Tome duas leituras sucessivas, em diferentes períodos, de qualquer medidor de quilowatts-hora que estiver disponível para a sua leitura (de sua residência, por exemplo).
    (b) Registre o período de tempo e a quantidade de energia utilizada.
    (c) Calcule o custo de energia com base em uma taxa de 10 centavos por kWh (para um cálculo mais realista, verifique o preço do kWh na sua conta de luz).
5. Use a Internet para pesquisar "sistemas de automação predial" e faça um relatório sobre as informações que encontrar.

capítulo 16

Visão geral de circuitos e sistemas elétricos

Anos atrás, os circuitos em uma casa eram ligados com fios individuais que corriam separadamente e eram apoiados em suportes de porcelana. O sistema consistia em apenas uma fase e no neutro; o fio terra não era empregado. Ambos os fios corriam separadamente para os dispositivos elétricos, e as caixas de derivação para as conexões elétricas na residência eram raramente utilizadas. Esse tipo de fiação ainda pode ser encontrado em casas mais antigas, a menos que elas tenham sido reformadas. Os métodos atuais de cabeamento/fiação utilizam cabos ou dutos que são lançados em comprimentos contínuos entre as caixas elétricas. Todas as conexões devem ser feitas em caixas elétricas, e essas caixas devem estar acessíveis para inspeção e solução de problemas depois de concluída a instalação. Neste capítulo, vamos apresentar uma visão geral dos tipos mais comuns de circuitos e sistemas encontrados em instalações elétricas atuais.

Objetivos deste capítulo

- Demonstrar um conhecimento prático de circuitos comumente encontrados em instalações elétricas
- Interpretar diagramas fundamentais de fiação elétrica
- Compreender e ligar circuitos de campainha de porta, porta eletrônica e sistemas de alarme
- Identificar os componentes de um padrão de entrada de energia elétrica
- Compreender e ligar circuitos de iluminação e de tomada
- Entender a finalidade do aterramento elétrico

⟫ Sistemas de sinal de baixa tensão

O significado do termo "baixa tensão" depende do contexto em que ele é usado. Em geral, os circuitos elétricos de sinal de baixa tensão encontrados em uma casa operam a partir de transformadores abaixadores, cuja tensão primária é 127 V e a tensão secundária máxima é de cerca de 30 V. Esse nível de tensão mais baixo reduz o perigo de choque elétrico. Os sistemas de sinal de baixa tensão são empregados em campainhas, fechaduras de porta e sistema de segurança.

A instalação de circuitos de sinal de baixa tensão é, em muitos aspectos, mais barata e mais simples do que a fiação de um circuito elétrico comum. A alimentação é fornecida por um transformador aprovado para essa finalidade. Os transformadores aprovados têm embutida uma proteção contra sobrecorrente e são propositadamente limitados a valores muito baixos de potência. Por essa razão, esses circuitos são às vezes chamados *circuitos limitadores de energia*. Admite-se que um curto-circuito nesse tipo de circuito não iniciará um incêndio ou constituirá qualquer outra ameaça à vida ou à propriedade.

Um transformador de campainha permanentemente conectado à alimentação de 127 V_{CA} é usado para abaixar a tensão (Figura 16-1). As tensões padrão no secundário de um transformador de campainha são 6–10 V_{CA} e 12–18 V_{CA}. Eles são geralmente construídos de modo a serem instalados em um orifício de uma caixa de tomada metálica padrão, com os terminais primários de 127 V localizados dentro da caixa.

Fios de menor diâmetro são aprovados para uso em circuitos de sinal de baixa tensão. Por causa dos baixos níveis de corrente, um condutor de cobre de 0,75 mm^2 com isolação termoplástica é geralmente utilizado. Os condutores podem ser colocados em um revestimento (jaqueta) que forma um cabo (Figura 16-2) ou torcidos em conjunto sem um revestimento global. Os cabos para circuitos de campainha vêm comumente em cabos de dois, três, quatro e cinco condutores. Cada condutor é codificado por cores para a sua identificação e para facilitar a montagem e a manutenção do circuito. Os cabos são suportados por grampos especiais isolados, uma vez que o uso de grampos de metal pode danificar os condutores. É uma boa prática passar a fiação da campainha separada dos circuitos de potência e de iluminação para evitar a transferência acidental de tensão para o circuito de sinal. Além disso, essa fiação deve ser mantida longe de tubos de água quente, dutos de ar quente e outras fontes de calor que possam danificar a sua isolação.

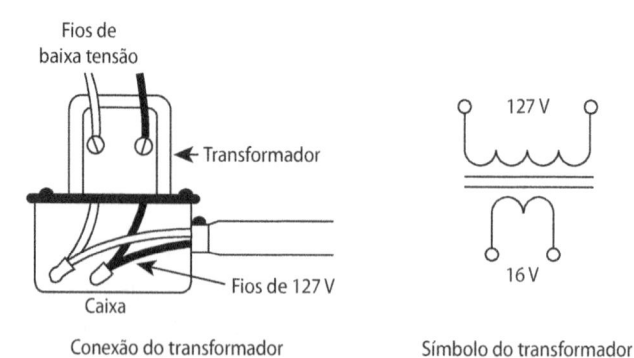

Figura 16-1 Conexão de um transformador de campainha.

Isolamento termoplástico   0,75 mm²

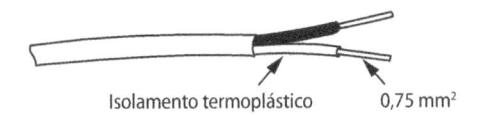

Figura 16-2 Cabo de campainha com dois fios.

» Circuito de campainha

A campainha é um dispositivo de sinal muito popular nas residências de modo geral. Uma campainha de porta típica de dois tons permite identificar sinais de dois lugares. Ela é constituída por dois solenoides elétricos de 16 V e duas barras de tom (também chamadas barras de timbre). Um solenoide, como você deve lembrar, é um eletroímã que tem um núcleo móvel. Quando uma tensão é momentaneamente aplicada ao solenoide frontal (associado à porta da frente), o seu núcleo móvel se desloca e atinge ambas as barras de tom. Quando uma tensão é momentaneamente aplicada ao solenoide traseiro (associado à porta de trás), o seu núcleo móvel atinge apenas uma barra de tom. Assim, um tom duplo (ding-dong) é produzido por um sinal do solenoide frontal e um tom único é produzido pelo solenoide traseiro (Figura 16-3).

O quadro de terminais da unidade de campainha tem geralmente três terminais de parafuso (Figura 16-4). O terminal marcado com "F" (*frontal* ou frontal) é conectado a um dos lados do solenoide frontal (porta da frente). O terminal marcado com "B" (*back* ou traseiro) é conectado a um dos lados do solenoide traseiro (porta de trás). O terminal marcado com "T" é conectado a ambos os terminais restantes dos solenoides. Isso torna o terminal "T" comum a ambos os solenoides.

O esquemático completo e uma amostra do quadro de sequência numérica da fiação são apresentados na Figura 16-5. Um transformador 127 V/16 V é usado como fonte de alimentação. O circuito esquemático pode ser lido facilmente para mostrar como o circuito funciona. Apertando o botão (tipo *pushbutton*) apropriado, o circuito entre os solenoides frontal e traseiro

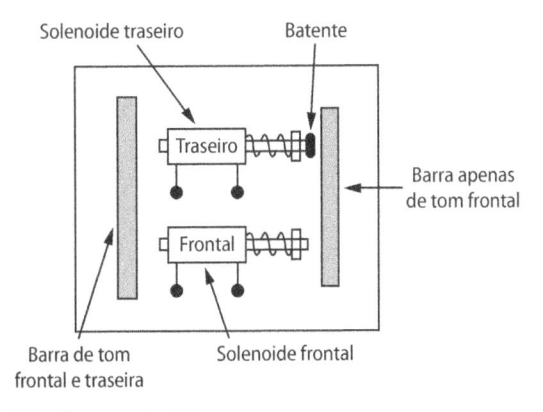

Figura 16-3 Campainha de porta de dois tons.

Símbolo da campainha

Unidade de campainha

Quadro de terminais

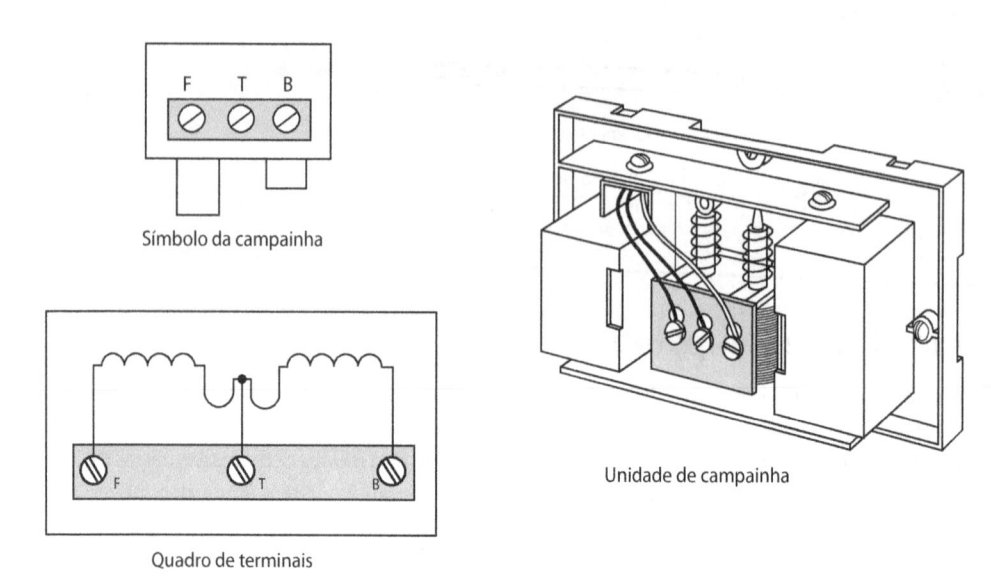

Figura 16-4 Quadro de terminais da campainha.

será devidamente fechado. Botões são usados em vez de interruptores de modo que o circuito permanecerá ativo apenas quando o botão estiver pressionado. Uma campainha de dois tons indica que o sinal é da porta da frente. Uma campainha de um único tom indica que o sinal é da porta de trás.

Quando esse circuito é ligado em uma casa, talvez haja diferentes tipos de esquemas de fiação e de passagem dos cabos para o mesmo esquemático. Aquele desenhado na Figura 16-6 é projetado para simular um circuito típico de um *layout* residencial. O transformador fica comumente

Comum, conectados juntos	1, 3, 5
	2, 8
	4, 7
	6, 9

Sequência numérica da fiação

Diagrama esquemático

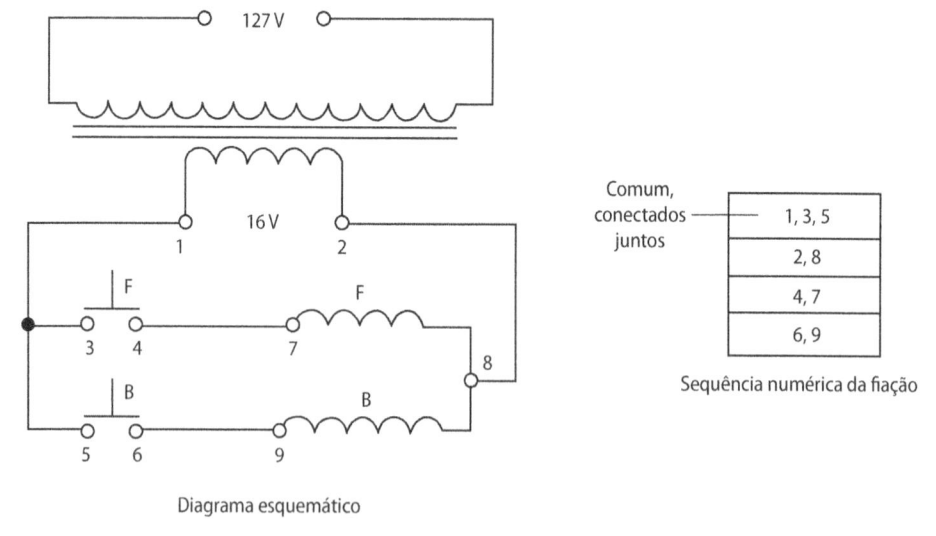

Figura 16-5 Diagrama esquemático do circuito de campainha de porta.

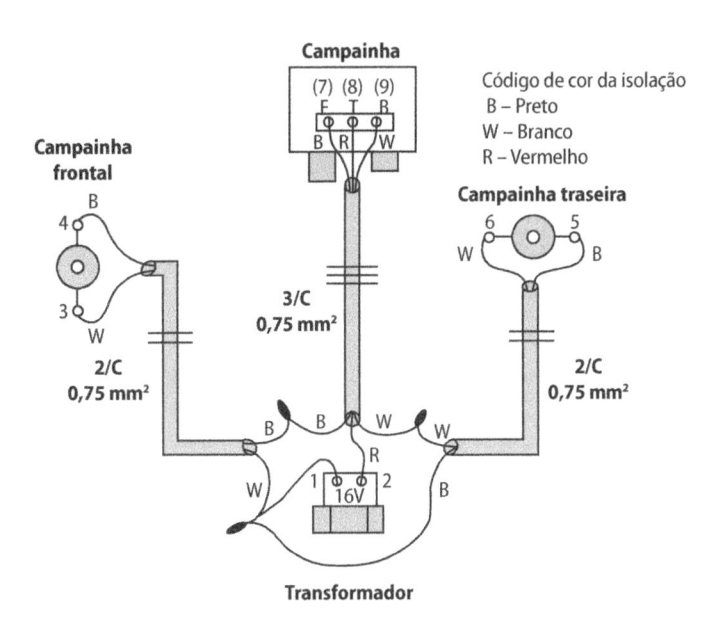

Figura 16-6 Diagrama de fiação típico de um circuito de campainha.

localizado no porão da casa*, com o seu primário de 127 V permanentemente ligado ao sistema elétrico da casa. Três passagens de cabo são usadas. Um cabo único de dois condutores é instalado do transformador para cada uma das portas e um cabo de três condutores vai do transformador para a campainha. A campainha está localizada em um local central no primeiro andar (ou no único andar da residência). Observe que os componentes foram enumerados de acordo com a sequência de numeração adotada no esquema. Os botões e o transformador estão representados pictoricamente. O diagrama de ligação é completado pela conexão dos terminais de acordo com o quadro da sequência de numeração da ligação. Use o código de cores da isolação do fio para identificar de forma correta as extremidades dos fios do cabo. Um cabo de dois condutores geralmente contém um fio preto e um branco (ou azul). Um cabo de três condutores costuma ter fios preto, branco (ou azul) e vermelho**. Esse tipo de fiação de sinal normalmente não requer a utilização de caixas de luz (ou caixas de tomada).

» Circuito de porta eletrônica

O circuito de porta eletrônica é usado em alguns edifícios de apartamentos para permitir que cada apartamento destrave a entrada principal por controle remoto. Uma trava de porta eletrônica típica (Figura 16-7) é constituída de um eletroímã com uma armadura que serve como

---

* N. de T.: Nas residências no Brasil, em que não é tão usual a existência de porões, como é o caso das residências americanas, o citado transformador pode estar situado em algum outro ponto da residência, às vezes dentro do próprio sistema da campainha.

** N. de T.: Observe que a cor dos fios em nada altera as ligações elétricas apresentadas na Figura 16-6.

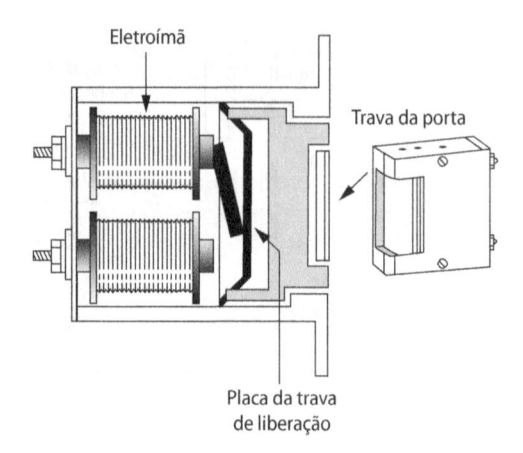

Figura 16-7 Trava da porta eletrônica.

uma placa de trava de liberação. Quando uma corrente flui através do eletroímã, ele atrai a trava de liberação e permite que a porta seja aberta.

O esquemático com um exemplo de quadro de sequência numérica da fiação para um circuito simples de porta eletrônica de dois apartamentos é mostrado na Figura 16-8. O fluxo de corrente para o eletroímã da porta eletrônica é controlado por dois botões de pressão conectados em paralelo. Esses botões (A_1 e B_1) estão localizados em seus respectivos apartamentos (João e Pedro). Ao pressionar o botão de qualquer um dos apartamentos, o circuito para o eletroímã da porta eletrônica é fechado. O fluxo de corrente para a campainha localizada no Apartamento A (João) é controlado pelo botão de pressão A_2, que está localizado na entrada (térreo). De

Quadro de sequência numérica de fiação
1, 11, 7, 9
2, 4, 6, 14, 16
12, 3, 5
8, 13
10, 15

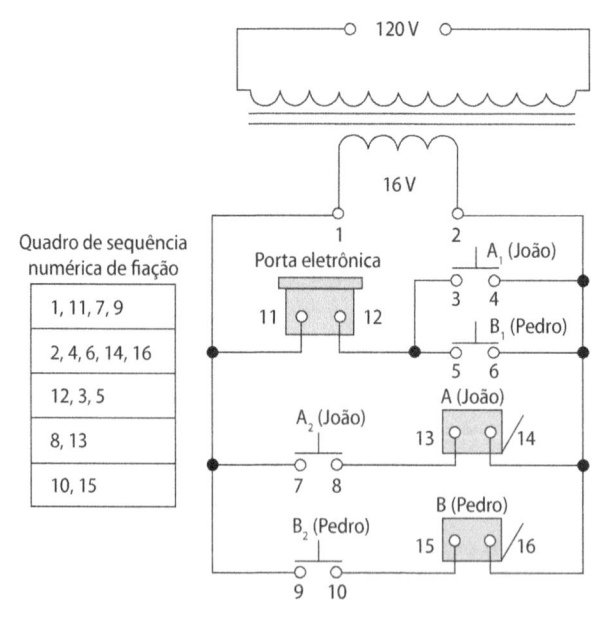

Figura 16-8 Circuito esquemático de porta eletrônica de dois apartamentos.

modo similar, a corrente para a campainha localizada no Apartamento B (Pedro) é controlada pelo botão B_2, que está também localizado na entrada do edifício.

Utilizado em conjunto com um sistema de intercomunicação, os visitantes se identificam a partir do *hall* de entrada (ou na parte externa do edifício, em alguns casos) e a porta é desbloqueada a partir do apartamento que está sendo chamado. Um esquema de ligações típico para os circuitos é mostrado na Figura 16-9.

As portas eletrônicas fazem parte dos sistemas de acesso via cartão eletrônico (Figura 16-10). Ao contrário das chaves utilizadas em uma trava mecânica, cartões de controle de acesso são empregados. Cada cartão de acesso de plástico contém informações codificadas. Quando um cartão é apresentado a um leitor, uma pesquisa de tabela (*table lookup*) é realizada por um controlador baseado em microprocessador para determinar se o cartão está autorizado. Se o cartão estiver autorizado, o microprocessador emite um sinal para abrir a porta. Quando um cartão tiver que ser substituído ou for perdido ou roubado, o seu número é simplesmente excluído

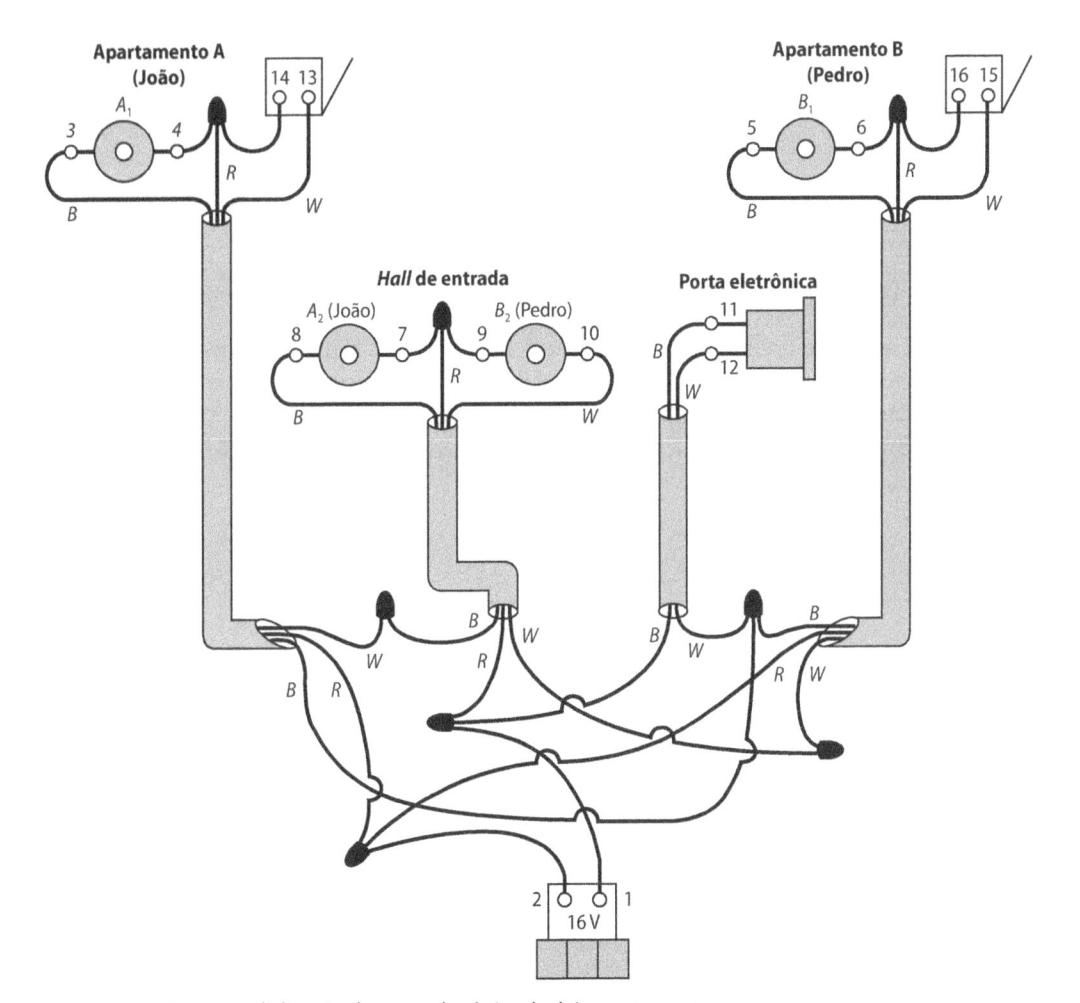

Figura 16-9 Esquema de ligação de porta eletrônica de dois apartamentos.

das tabela(s) de pesquisa. A segurança não é comprometida e o único custo incorrido é com relação à substituição do cartão. Muitas portas eletrônicas são compatíveis com biometria (mão, impressões digitais, olhos) e teclado, bem como com sistemas de controle de acesso via cartão.

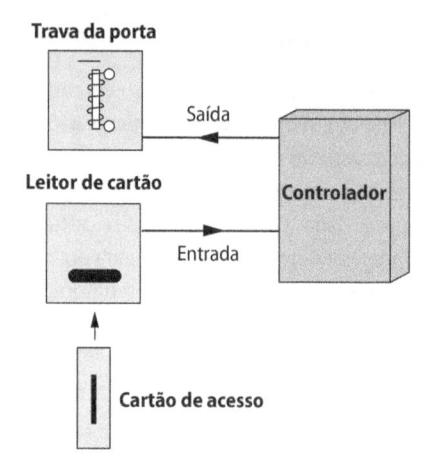

Figura 16-10 Sistema de acesso via cartão eletrônico.

>> Circuitos de telefone

O serviço de telefone entra em uma casa por um de dois métodos. Um deles é um serviço aéreo conectado a um poste nas proximidades. O outro é um serviço subterrâneo conectado a uma caixa de terminação de cabos (Figura 16-11). Em construções residenciais novas, o Dispositivo de Interface de Rede (NID – Network Interface Device) é instalado pela companhia

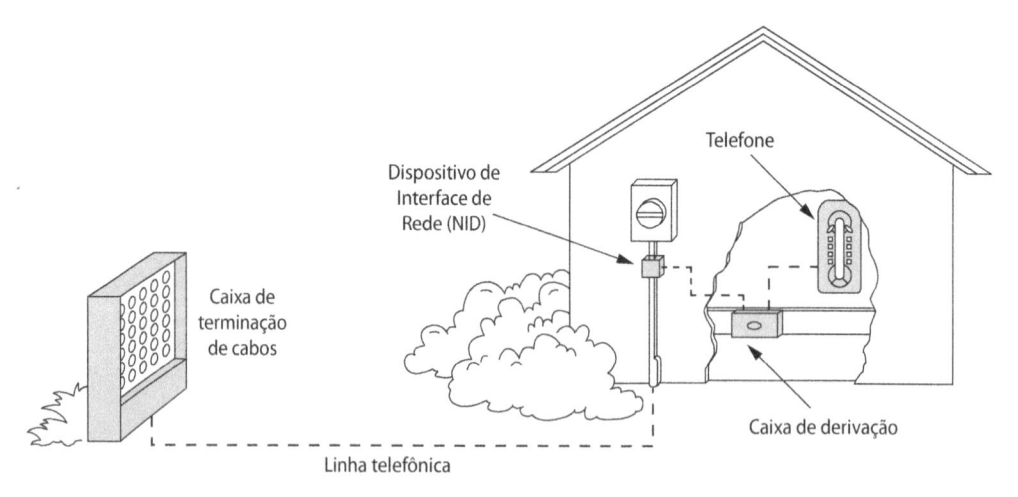

Figura 16-11 Conexão subterrânea de serviço telefônico.

telefônica para conectar a sua fiação interna à rede telefônica. É uma caixa, geralmente cinza, do lado de fora da casa que contém um plugue modular que permite desconectar toda a fiação interna e conectar um telefone de trabalho para testar se a rede local está funcionando. O NID tem dois compartimentos – um para a companhia telefônica e um para o cliente. Toda a fiação elétrica que o contratante precisar passar para finalizar a sua ligação é feita no lado do cliente do NID. Também é necessário um protetor primário na entrada da linha telefônica, que protege contra picos de alta tensão causados por raios. Na maioria dos casos, o protetor vem embutido no NID e está ligado ao sistema de aterramento do local.

O padrão atual de cabo *mínimo* para a fiação telefônica de novas residências é um cabo Categoria 3 de dois pares. O cabo Categoria 3 tem dois pares trançados que são codificados por cores azul/azul-branco e laranja/laranja-branco. Uma linha de telefone precisa de apenas dois fios. Portanto, segue-se que um cabo de quatro filamentos pode transportar duas linhas telefônicas separadas. Os dois tipos mais comuns de topologias de roteamento ou passagem de cabos são as configurações *daisy-chain* (rede encadeada) e estrela (Figura 16-12). Tradicionalmente, a fiação telefônica residencial era instalada na configuração *daisy-chain* com um único fio passando de uma tomada para a próxima e assim sucessivamente, formando um laço contínuo. Nos padrões atuais de redes residenciais, as instalações telefônicas novas devem usar o método estrela com cada tomada de telefone ligada por um cabo de volta para o dispositivo de interface de rede (NID). A topologia estrela requer mais fios, porém é mais fácil solucionar eventuais problemas, porque cada tomada é independente das outras. As tomadas telefônicas devem ser aprovadas por laboratórios pertinentes, mas não precisam necessariamente ser instaladas em caixas de tomada. Os cabos de telefone não podem ser instalados nos mesmos conduítes ou eletrodutos em que passam os cabos de energia.

Um sistema de telefone consiste basicamente em um transmissor, uma bateria e um receptor (Figura 16-13). O transmissor é usado para transformar a energia sonora em energia elétrica. Essa energia elétrica flui através dos fios para o receptor, o qual a transforma de volta em energia sonora. Tanto o transmissor como o receptor estão alojados no fone do telefone (auscultador). Quando os telefones estão conectados, a bateria CC provoca a circulação de corrente em um laço, a qual é modulada pelo sinal de voz do microfone ou transmissor em um auscultador

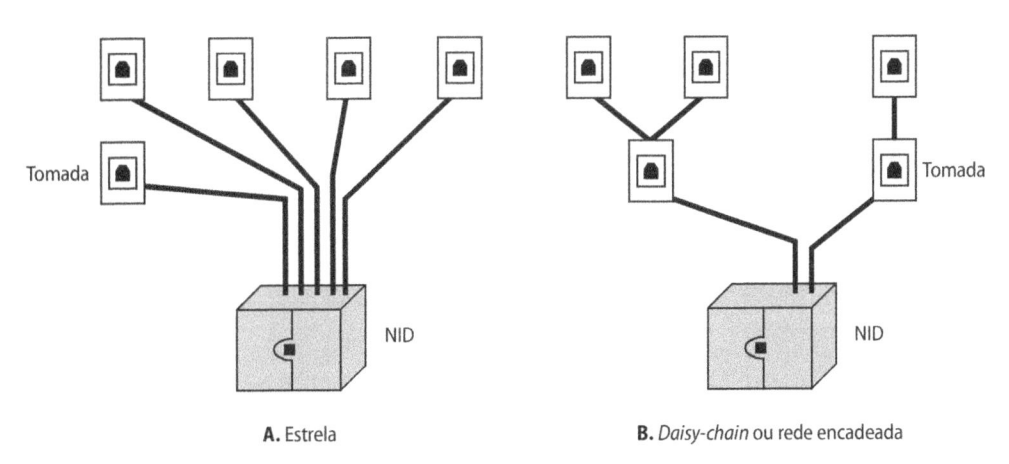

A. Estrela

B. *Daisy-chain* ou rede encadeada

Figura 16-12 Topologias de roteamento de cabos.

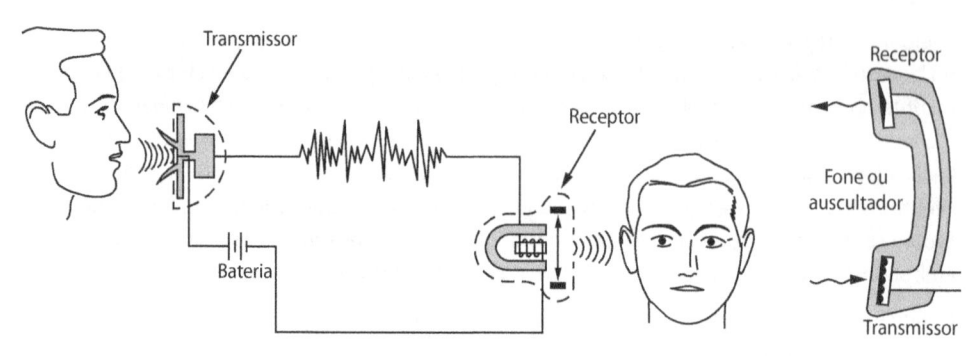

Figura 16-13 Sistema telefônico simplificado.

e excita o fone de ouvido ou receptor no auscultador oposto. Ao operar em um laço de corrente, os telefones podem ser alimentados por uma fonte central e estendidos simplesmente adicionando mais fios e telefones em paralelo. Atualmente, a maioria dos telefones são eletrônicos (isto é, eles usam semicondutores em vez de dispositivos eletromecânicos), porém usam o mesmo tipo de fiação frequentemente chamada *fiação de laço de corrente*.

O circuito de telefone requer apenas dois fios para operar. O fio positivo é conhecido como "*tip*" (ponta), e o fio negativo, como "*ring*" (anel). Cada linha de telefone está conectada a uma central que contém equipamentos de comutação, equipamentos de sinalização e as baterias que fornecem corrente contínua para operar o sistema. Os comutadores na central respondem a pulsos ou tons de discagem a partir do telefone de origem (telefone discando ou chamando) para conectá-lo ao telefone chamado. Quando a conexão é estabelecida, os dois telefones se comunicam usando a corrente contínua (CC) fornecida pelas baterias da central, garantindo assim uma fonte livre de ruídos e totalmente independente da concessionária de energia, razão pela qual os telefones funcionam mesmo quando falta energia elétrica.

A tensão CC entre os terminais positivo (*tip*) e negativo (*ring*) do telefone deve ser de cerca de 50 V com todos os telefones no gancho ou desconectados de sua tomada. A tensão que será

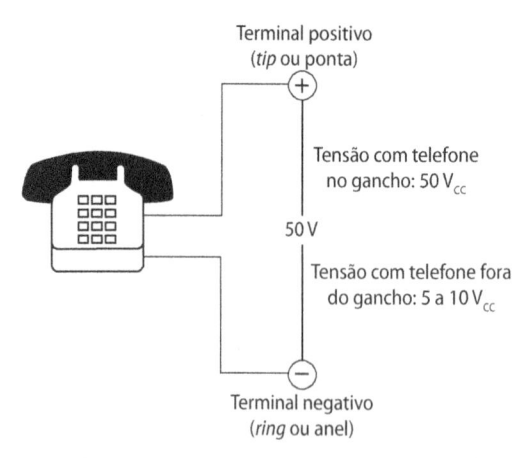

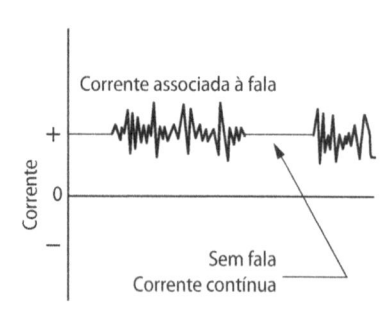

Figura 16-14 Tensões e correntes CC do telefone.

medida através da linha na condição fora do gancho (auscultador levantado e pronto para ser usado) é tipicamente na faixa de 5 a 10 V_{CC} (Figura 16-14). Um curto ou um ponto aberto na linha pode resultar em uma leitura nula de tensão em uma tomada.

A central telefônica informa que há uma chamada aguardando pelo toque do telefone. Ela faz isso aplicando um sinal de tensão alternada (CA) de cerca de 90 V_{CA} e frequência de 20 Hz nos fios positivo (*tip*) e negativo (*ring*) do telefone. Essa tensão é usada para operar a campainha do telefone. O nível dessa tensão CA pode causar um choque elétrico.

Os telefones mais antigos enviavam o número de telefone por pulsos (discagem por pulsos), enquanto os telefones modernos enviam o número por tons de áudio (discagem por tom). A discagem por pulsos (conhecida como discagem rotativa) fornece ao sistema de telefone o número de telefone chamado chaveando (ligando e desligando) a corrente CC no laço local (Figura 16-15). Um dedo é colocado no buraco para o dígito a ser discado e girado no sentido horário até parar. Quando o disco é liberado, ele abre e fecha chaves acopladas ao disco, as

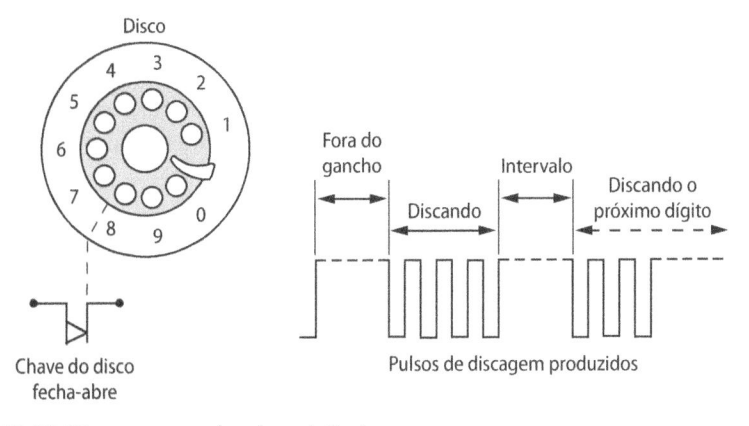

Figura 16-15 Discagem por pulsos (ou rotativa).

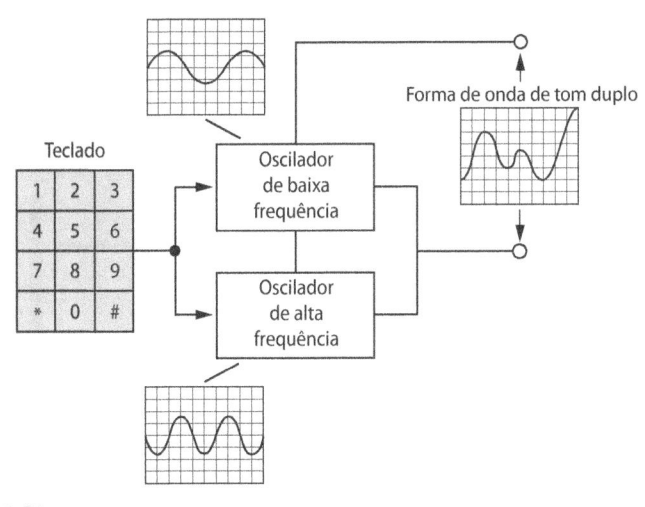

Figura 16-16 Discagem por tom.

quais interrompem e, em seguida, fecham o circuito novamente. Essa operação de interromper e fechar o circuito faz o fluxo de corrente por ele parar por um momento e depois começar a fluir novamente. Como resultado, pulsos de corrente ON-OFF ocorrem no laço local para a central. O número de pulsos corresponde ao dígito discado.

A discagem por tom usa tons de áudio para enviar o número de telefone; é muito mais rápida do que a discagem por pulsos e usa um teclado de botões de pressão (Figura 16-16) em vez de um discador (*dial*) de disco. Pressionar um dos botões faz um circuito eletrônico no teclado gerar combinações de tons de frequência de áudio que são enviadas para a central para identificar os dígitos do número de telefone. A discagem de tom é baseada no conceito conhecido como Tom Duplo de Multifrequência (DTMF do inglês *Dual-Tone MultiFrequency*). A frequência do tom de áudio gerado corresponde ao número pressionado.

» Sistemas de alarme

Os sistemas de alarme de segurança usam dois tipos básicos de proteção para detectar intrusos: proteção de perímetro e proteção de área. Um sistema de proteção perimetral cerca a construção com segurança, protegendo todos os pontos onde um intruso poderia ter entrada.

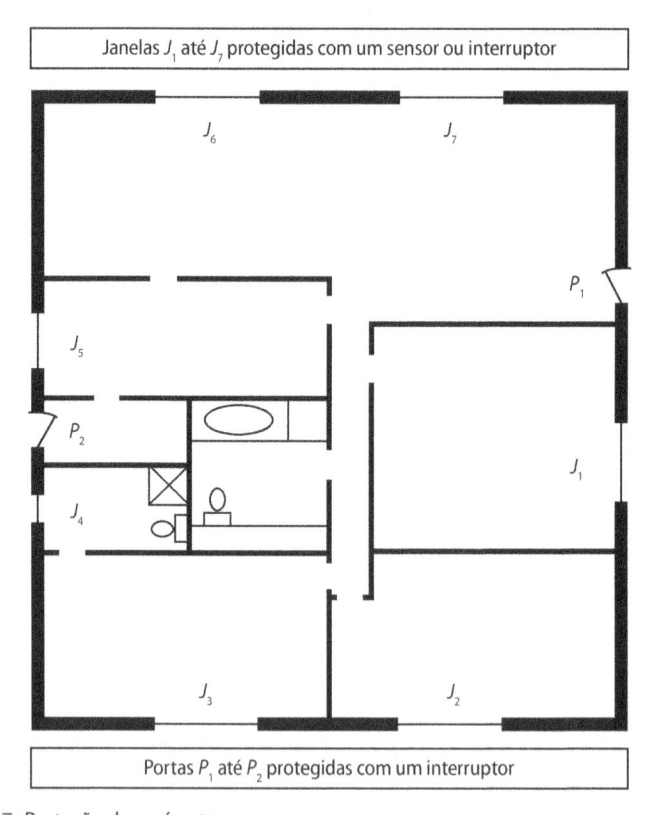

Figura 16-17 Proteção de perímetro.

Para a proteção perimetral ser eficaz, cada ponto de entrada potencial deve ser protegido com um sensor ou interruptor. Isso inclui todas as portas e janelas (Figura 16-17).

A proteção de área é a segunda linha de defesa contra intrusos. Em vez de detectar uma porta ou uma janela abrindo, os sistemas de proteção de área detectam a presença de um intruso depois de ele estar no interior da edificação. Os sensores e detectores de proteção de área são mais sofisticados e, em geral, mais caros do que suas contrapartes de proteção de perímetro. Eles são colocados nos locais mais prováveis por onde o intruso passará uma vez dentro da edificação (Figura 16-18). Os melhores sistemas de segurança usam ambos os sistemas de proteção de perímetro e de área. A ideia é que um sistema apóie o outro se o equipamento falhar ou se um intruso anular parte do sistema de alarme.

Existem dois tipos de alarmes de segurança: sistemas sem fio (*wireless*) e com fio (*hard-wired*). Com um sistema sem fio, não há fios para conectar os dispositivos de detecção ao painel de controle. Em um sistema sem fio, o painel de controle é basicamente um receptor e os dispositivos de detecção são transmissores. Os sistemas sem fio são fáceis de instalar, mas são relativamente caros e propensos à interferência de frequências de rádio. Os sistemas de alarme com fio são mais difíceis de instalar, porém são mais baratos e mais confiáveis do que os do tipo sem fio (Figura 16-19).

Os dispositivos de detecção são os "olhos" e os "ouvidos" de um sistema de alarme. O interruptor magnético (Figura 16-20) é popular para a proteção perimetral de portas e janelas. Ele consiste em um interruptor e um ímã. Em uma instalação típica, monta-se o ímã na porta ou na armação da janela e alinha-se o interruptor na estrutura da porta ou da janela. Ao desalinhar o ímã com o interruptor – pela abertura da porta ou da janela – os contatos do interruptor são abertos ou fechados, o que ativa o alarme.

Para a proteção de área, existem três tipos de detectores de movimento: ultrassom, infravermelho e micro-ondas. As unidades de alarme baseadas em ultrassom e micro-ondas funcionam com base em um princípio similar ao do radar, e emitem ondas de energia. O alarme é ativado quando algum movimento perturba essas ondas. Um detector de movimento infravermelho passivo (Figura 16-21) funciona como um termômetro, detectando mudanças na

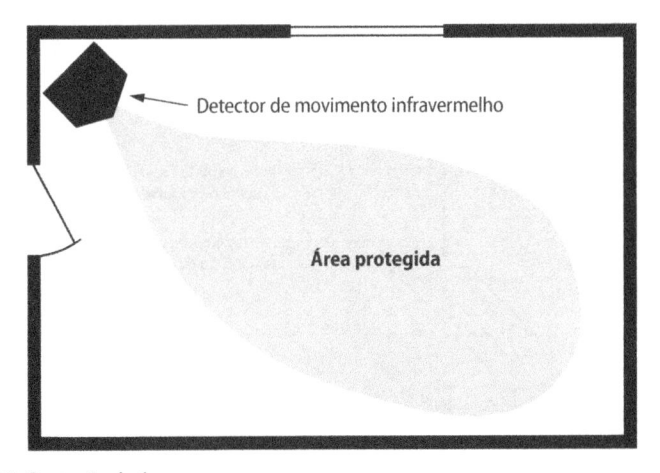

Figura 16-18 Proteção de área.

Sistema sem fio

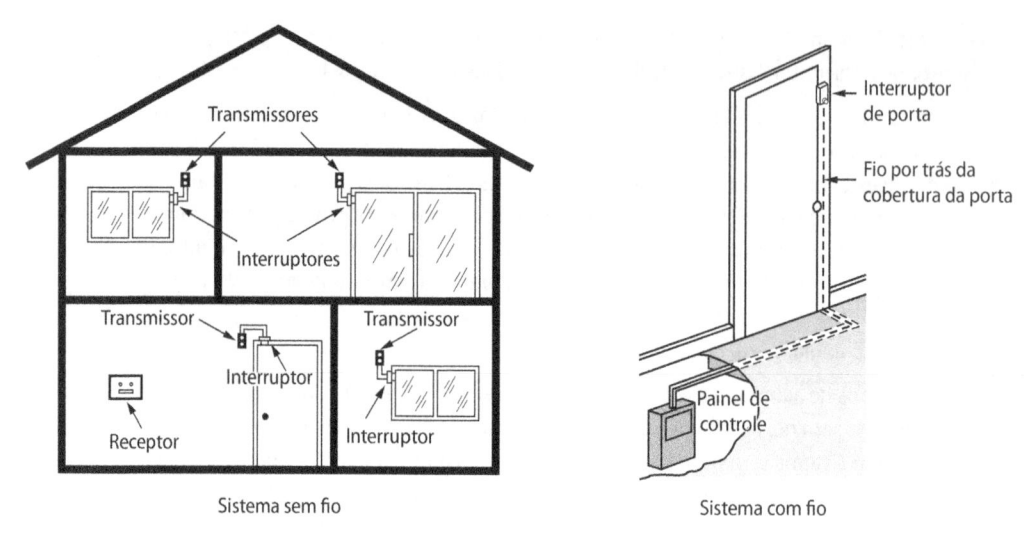

Sistema com fio

Figura 16-19 Tipos de sistemas de alarme.

energia infravermelha (ou calor). Em uma situação residencial, um dispositivo infravermelho passivo é o melhor tipo de detector de movimento, pois esse tipo de sensor de movimento consome menos energia do que os outros e é menos propenso a falsos alarmes.

Todos os sistemas de alarme consistem em um painel de controle, um teclado numérico ou um interruptor de chave, um dispositivo sonoro como uma sirene e dispositivos de proteção (Figura 16-22). O painel de controle baseado em microprocessador é o cérebro do sistema; ele mantém informações programadas que informam ao sistema de alarme como funcionar. Os dispositivos de detecção estão posicionados em locais estratégicos de todo o edifício para detectar uma intrusão e alertar o painel de controle. Tanto um teclado numérico quanto um interruptor de chave podem ser usados para armar e desarmar o sistema. Em alguns sistemas de alarme menores, o teclado numérico e o painel de controle são uma única unidade.

Diferentes tipos de laços ou circuitos são utilizados no painel de controle para iniciar uma condição de alarme. Um circuito normalmente fechado (NF) é aquele que está em estado normalmente operacional quando o circuito está fechado e a corrente está fluindo (Figura 16-23). Ele consiste em sensores ou interruptores conectados em série. Qualquer interrupção no circuito

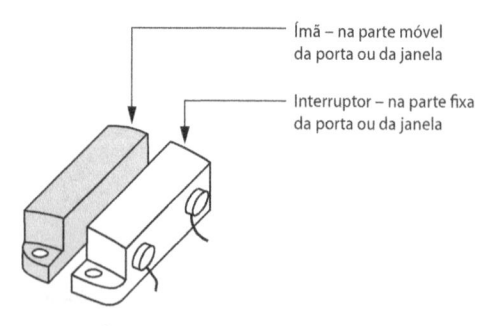

Figura 16-20 Interruptor magnético.

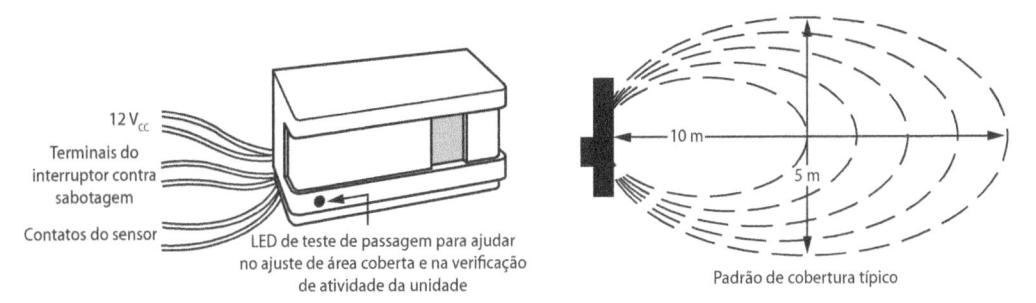

Figura 16-21 Detector de movimento infravermelho passivo.

provoca uma condição de alarme. Os circuitos normalmente fechados são empregados com mais frequência porque são considerados supervisionados. Isso significa que se o circuito é interrompido ou cortado, o alarme será ativado.

Um circuito normalmente aberto (NA) é aquele que está em estado normalmente operacional quando o circuito está aberto e a corrente não pode fluir (Figura 16-24). Ele consiste em sensores e interruptores conectados em paralelo. Quando o circuito é fechado, há um caminho

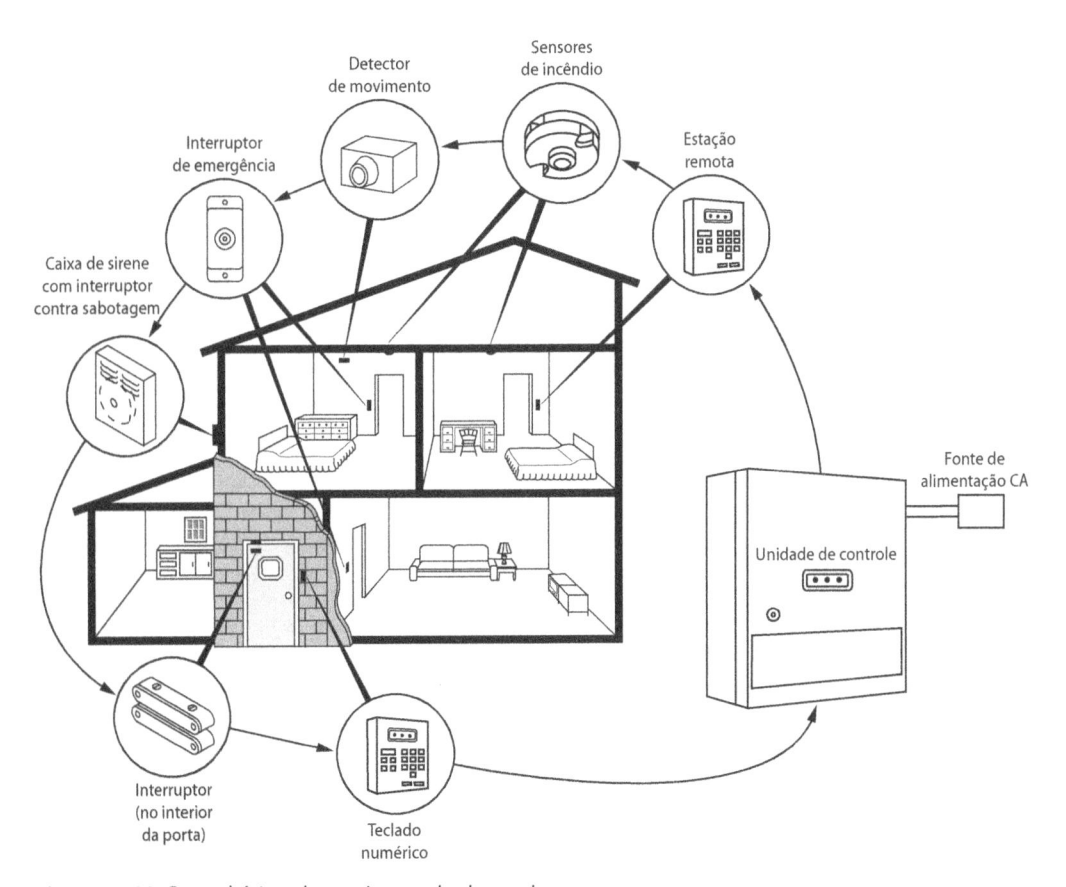

Figura 16-22 Partes básicas de um sistema de alarme de segurança.

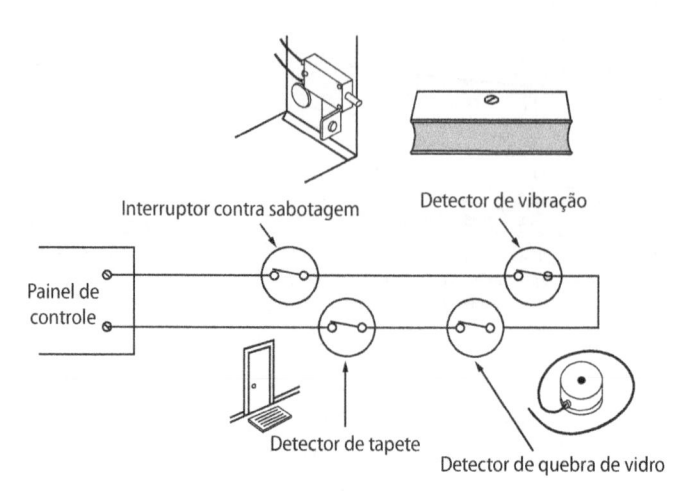

Figura 16-23 Circuito normalmente fechado (NF) típico.

para a circulação da corrente e uma condição de alarme é indicada. Um resistor de fim de linha pode ser usado para tornar um circuito normalmente aberto autossupervisionado. Isso assegura que um sinal é dado pelo sistema para avisar que existe um problema se um condutor é interrompido ou cortado ou se as conexões se soltarem. Uma pequena corrente predeterminada flui constantemente através da fiação durante o estado normal. Se essa corrente fica abaixo de um certo nível, o sinal de problema é acionado. No entanto, se a corrente aumenta muito porque os sensores fecharam seus contatos, o alarme será soado. A corrente para supervisionar o sistema depende da resistência de fim de linha.

Os circuitos instantâneos causam uma condição de alarme instantânea quando ocorre uma violação. Os circuitos com tempo de retardo geram uma condição de alarme que soará depois de um período de tempo fixo quando ocorre uma violação. O retardo de saída fornece tempo para sair da porta e retornar o circuito para seu estado normal antes de o alarme disparar. O retardo de entrada fornece tempo para entrar e desarmar o painel de controle antes de o alarme disparar. Os controles de retardo de tempo de alarme são usados para definir o tempo de atraso (retardo).

O circuito de proteção 24 horas é projetado para ativar o sistema de alarme imediatamente a qualquer momento, se o sistema estiver armado ou não. Aplicações para esse circuito de proteção incluem monitoramento de alarmes de incêndio, botões de pânico e interruptores antissabotagem.

Uma zona é um circuito de detecção. Geralmente, quanto mais zonas um painel de controle tem, melhor (Figura 16-25). Os circuitos com zonas permitem a interrupção do sistema em todas aquelas áreas onde desejamos nos mover livremente, mantendo todas as outras zonas em alerta. Um circuito pode ser representativo de uma zona; ou uma zona poderia ser todas as janelas e todas as portas. Em uma casa, uma zona pode ser o andar superior em oposição ao andar inferior, com cada zona em um circuito de alarme separado.

O procedimento de armar um sistema de alarme diz respeito ao método adotado para ligar o sistema. Dispositivos típicos utilizados para armar o sistema e um painel indicador são mostra-

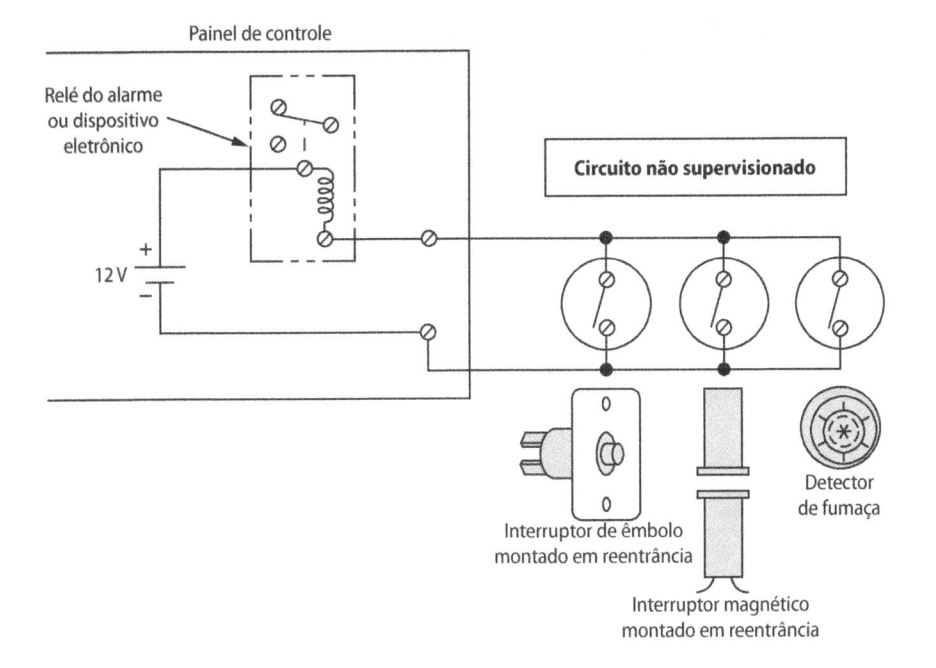

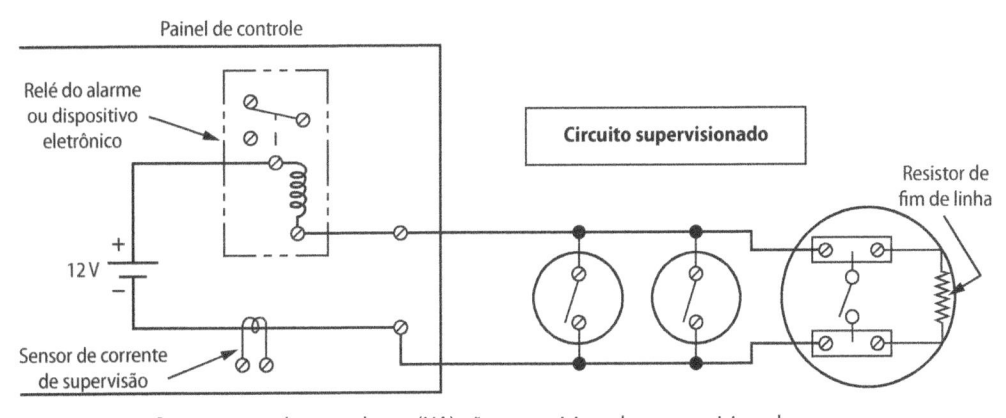

Figura 16-24 Circuito normalmente aberto (NA) não supervisionado e supervisionado.

dos na Figura 16-26. O procedimento de desarmar o sistema se refere ao método adotado para desligar o sistema. Na maioria dos casos, o mesmo dispositivo serve para armar e desarmar o sistema. Muitas vezes, uma matriz de LEDs (diodos emissores de luz) de cores diferentes indica o estado do sistema. Os LEDs facilitam a operação e a manutenção do sistema de alarme, acendendo e piscando de forma que é possível saber como o sistema está funcionando.

Os dispositivos de saída de alarme incluem campainhas, sirenes e luzes estroboscópicas. Certas comunidades limitam o intervalo de tempo que um alarme pode soar. Depois disso, o alarme deve reiniciar automaticamente. O sistema de alarme também pode ser monitorado usando um discador de telefone automático ou os serviços de uma estação central. Em muitos casos,

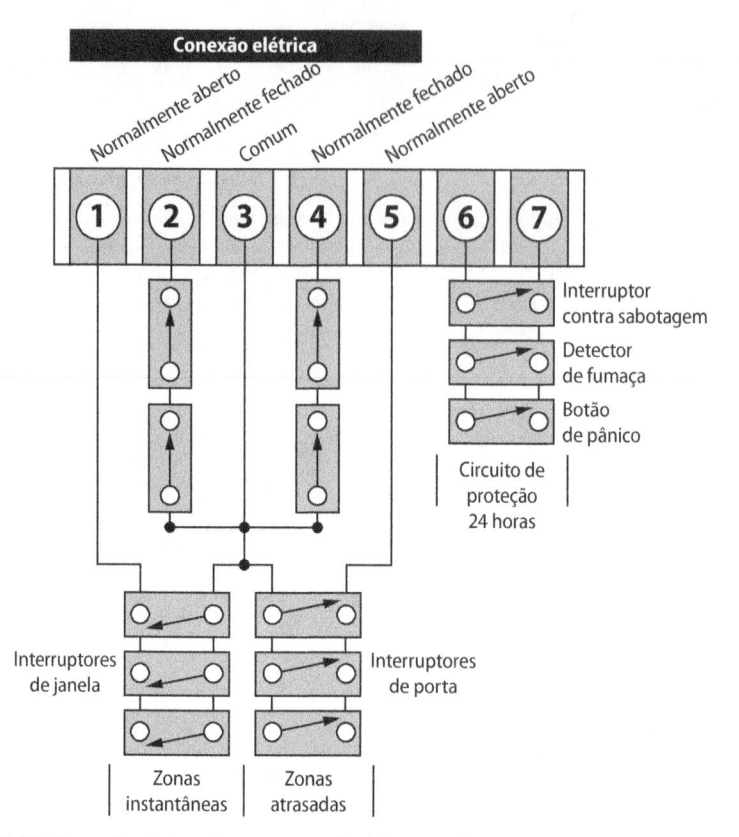

Figura 16-25 Conexões típicas de zonas ao painel de controle.

se o alarme dispara, a estação central liga de volta para pedir uma palavra de código. Se você não fornecer a palavra de código correta, ela imediatamente chama a polícia. Uma bateria de reserva permite que o sistema de alarme continue operando durante uma queda da energia elétrica CA. Geralmente, ela consiste em baterias recarregáveis e circuitos de carregamento.

Os sistemas de alarme de incêndio recebem informações de dispositivos de entrada de detecção (detectores de fumaça, detectores de calor, etc.), processam as informações no painel de controle de alarme de incêndio e acionam os dispositivos de saída (alarme sonoro ou visual, controladores de *sprinklers*, etc.). Os dispositivos que fazem um painel de controle de alarme de incêndio entrar em uma condição de alarme são conhecidos como *dispositivos de inicialização*. Os dispositivos que indicam por meio de um sinal sonoro ou visual a condição de alarme são conhecidos como *dispositivos sinalizadores ou indicadores*, ou ainda, *aparelhos de notificação*. Quando se exige que um edifício tenha um sistema de alarme de incêndio, os requisitos de instalação são definidos de acordo com o Corpo de Bombeiros e a legislação local. Em geral, os sistemas de alarme de incêndio podem ser classificados como sistemas convencionais ou sistemas analógicos endereçáveis.

Os *sistemas de alarme de incêndio convencionais* usam circuitos ligados em zonas separadas (Figura 16-27) para transmitir informações para o painel de controle a respeito das condições dos dispositivos de detecção e inicialização. O painel monitora a condição "on/off" dos dispo-

Teclado numérico

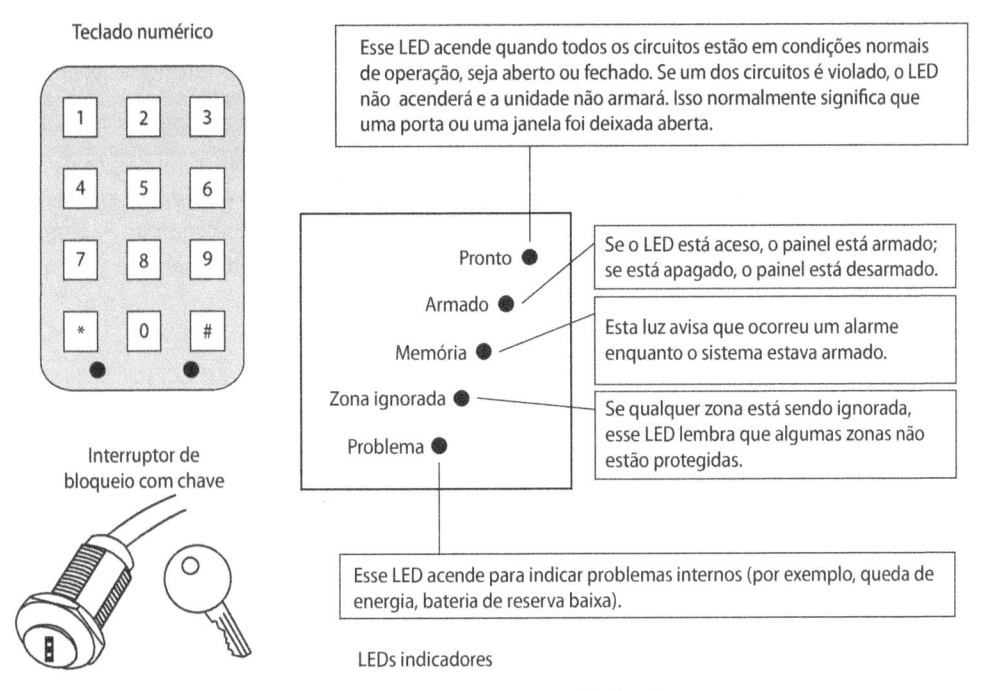

Esse LED acende quando todos os circuitos estão em condições normais de operação, seja aberto ou fechado. Se um dos circuitos é violado, o LED não acenderá e a unidade não armará. Isso normalmente significa que uma porta ou uma janela foi deixada aberta.

LEDs indicadores

- Pronto — Se o LED está aceso, o painel está armado; se está apagado, o painel está desarmado.
- Armado
- Memória — Esta luz avisa que ocorreu um alarme enquanto o sistema estava armado.
- Zona ignorada — Se qualquer zona está sendo ignorada, esse LED lembra que algumas zonas não estão protegidas.
- Problema — Esse LED acende para indicar problemas internos (por exemplo, queda de energia, bateria de reserva baixa).

Interruptor de bloqueio com chave

Figura 16-26 Dispositivos típicos para armar o sistema e painel indicador.

ALARME DE INCÊNDIO

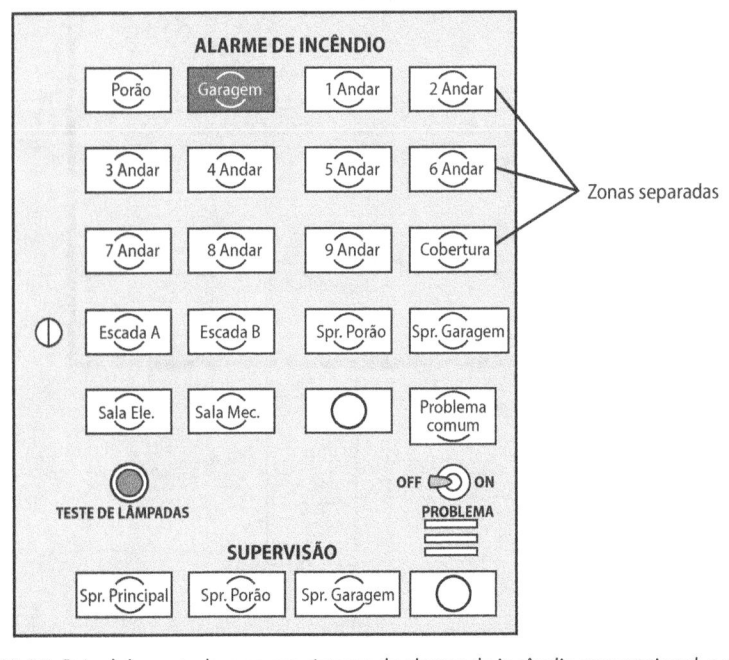

Zonas separadas: Porão, Garagem, 1 Andar, 2 Andar, 3 Andar, 4 Andar, 5 Andar, 6 Andar, 7 Andar, 8 Andar, 9 Andar, Cobertura, Escada A, Escada B, Spr. Porão, Spr. Garagem, Sala Ele., Sala Mec., Problema comum.

TESTE DE LÂMPADAS

OFF / ON PROBLEMA

SUPERVISÃO: Spr. Principal, Spr. Porão, Spr. Garagem

Figura 16-27 Painel de controle para um sistema de alarme de incêndio convencional, o qual usa zonas separadas.

sitivos de detecção ao longo de todo o sistema, com zonas separadas utilizadas para ajudar a identificar a localização do alarme. Esses sistemas permitem o uso de dispositivos de detecção e painéis de controle de custo relativamente baixo. Os painéis de controle de alarmes de incêndio convencionais são frequentemente especificados pelo número de zonas ou pontos de alarme abrangidos pelo painel de controle. As zonas são constituídas por grupos de dispositivos de inicialização ligados em um circuito comum. Cada zona é usada para transmitir informações para o painel com relação ao estado dos dispositivos de inicialização, o que pode incluir detectores de fumaça, calor ou incêndio, estações de acionamento manual ou qualquer outro dispositivo que feche o circuito.

Os sistemas de alarme de incêndio analógicos endereçáveis diferem dos sistemas convencionais em diversos aspectos. Em um sistema analógico endereçável, os dispositivos estão ligados na

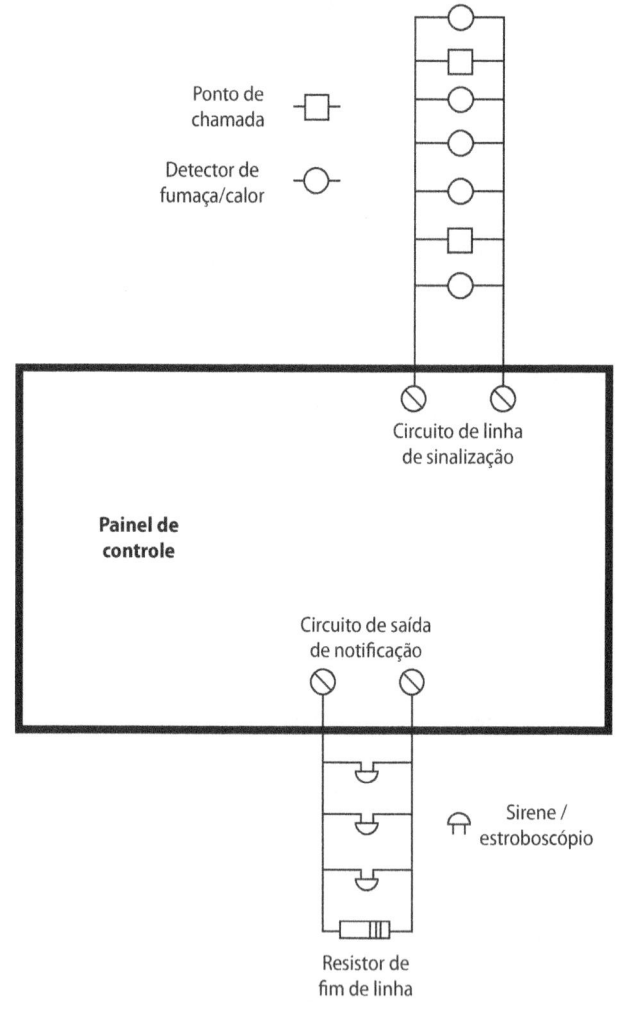

Figura 16-28 Em um sistema analógico endereçável, cada dispositivo tem seu próprio "endereço" único.

forma de uma rede com cada dispositivo com o seu próprio "endereço" único (Figura 16-28). Os sistemas analógicos endereçáveis geram uma economia de custos substancial com seus requisitos de cabeamento muito reduzidos em comparação com os sistemas convencionais. Cada unidade de detecção de incêndio tem um endereço exclusivo (como Sensor de Fumaça, Sala 200, Segundo Andar) que o painel de controle pode ler e analisar. Como resultado, o painel de controle do alarme de incêndio é capaz de exibir/indicar a localização exata do dispositivo de detecção em questão, o que, obviamente, ajuda a acelerar a localização de um incidente. Por essa razão, o zoneamento do sistema não é necessário, embora ele possa ser feito por conveniência.

Os sistemas de alarme endereçáveis também incorporam dispositivos de campo inteligentes, que são mais sensíveis e precisos do que a maioria dos dispositivos utilizados atualmente. Os detectores inteligentes, por exemplo, não somente são muito mais sensíveis a níveis baixos de fumaça, mas também distinguem fumaça de causas comuns de alarmes falsos, como poeira e vapor. Para se ter uma ideia, os falsos alarmes foram reduzidos em mais de 50% com a utilização de sistemas endereçáveis inteligentes.

O crescimento no uso de sistemas de alarme de incêndio analógicos endereçáveis tem sido constante e consistente (Figura 16-29). Uma vez disponibilizados os detectores de fumaça endereçáveis, verificou-se uma diminuição significativa na quantidade de fios necessários para o sistema de detecção. Os sistemas de alarme com rede endereçável usam um único par de fios de cobre para conectar múltiplos sistemas endereçáveis de edificações em uma rede. O instalador usa menos fios e pode conectar mais equipamentos por circuito, o que contribui para uma instalação rápida e livre de erros.

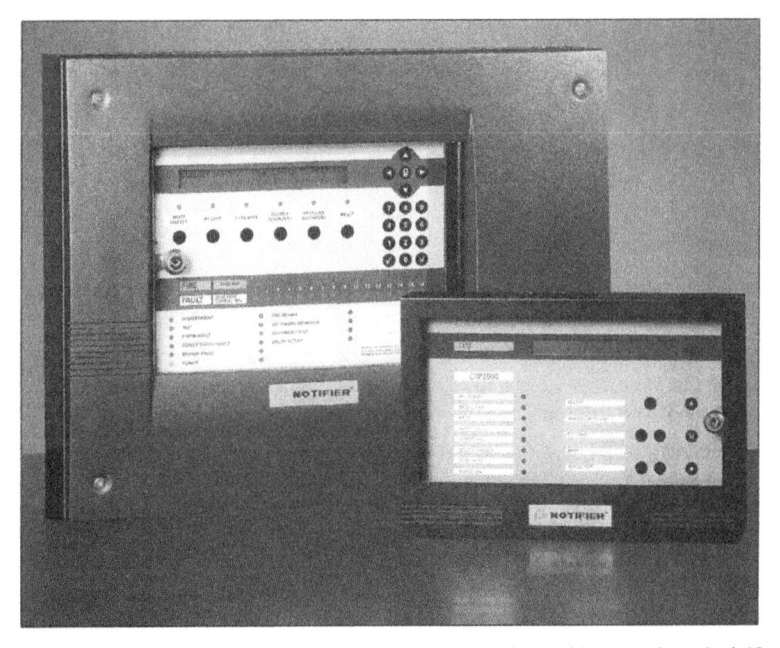

Figura 16-29 Painel típico de um sistema de alarme de incêndio analógico endereçável. (Cortesia da BBC Fire Protection Limited).

>> Questões de revisão

1. Com relação aos circuitos de sinal de baixa tensão, de modo geral:
   (a) Que tipo de unidade de alimentação de tensão é utilizado?
   (b) Qual é a tensão máxima utilizada?
2. O que é um transformador limitador de energia?
3. Por que um fio aprovado para um circuito de campainha não é utilizado para circuitos de iluminação e de energia de uma residência?
4. Explique a construção e a operação de uma campainha de porta de dois tons.
5. Explique a construção e a operação de uma trava de porta eletrônica típica.
6. Qual é a função de cada um dos seguintes componentes na operação de um sistema de acesso via cartão?
   (a) Cartão de acesso
   (b) Leitor de cartão
   (c) Microprocessador
7. Qual é a função do Dispositivo de Interface de Rede (NID – *Network Interface Device*) do telefone?
8. Compare as topologias de passagem de cabos daisy-chain (rede encadeada) e estrela.
9. Descreva a transformação de energia que ocorre nos componentes transmissor e receptor de um sistema telefônico.
10. Com referência a um circuito de telefone:
    (a) Quais são os valores de tensão CC através da linha telefônica nas condições de operação "no gancho" e "fora do gancho"?
    (b) Qual é o valor aproximado da tensão CA aplicada ao telefone quando ele está sendo chamado (tensão para operar a campainha do telefone)?
11. Compare a forma como o número de telefone é gerado em telefones de discagem de pulso e de discagem de tom.
12. Faça uma comparação entre a detecção de alarmes de perímetro e de área.
13. Explique a construção e a operação de uma unidade de interruptor magnético.
14. Compare o funcionamento dos detectores de movimento do tipo ultrassom e de micro-ondas com os detectores de movimento infravermelho passivos.
15. Qual é a principal função do painel de controle como parte de um sistema de alarme?
16. Compare o funcionamento de circuitos de alarmes normalmente fechados (NF) e normalmente abertos (NA).
17. Um interruptor de porta está ligado a um circuito de atraso de um sistema de alarme. Qual é o objetivo de ligar o interruptor a esse tipo de circuito?
18. A que tipo de circuito de alarme são conectados detectores de alarme de incêndio, botões de pânico e interruptores contra sabotagem? Por quê?
19. Explique os termos armar e desarmar da maneira como eles se aplicam a um sistema de alarme.
20. Dê uma breve descrição de como um sistema de alarme de incêndio opera.
21. Cite três vantagens que os sistemas de alarme de incêndio analógicos endereçáveis têm em relação aos sistemas convencionais.

❯❯ Padrão de entrada de energia elétrica*

A norma brasileira NBR 5410 (Instalações Elétricas de Baixa Tensão) fixa as condições que as instalações de baixa tensão devem atender, a fim de garantir o seu funcionamento adequado e a segurança de pessoas e animais domésticos e a conservação de bens. Ela se aplica a instalações novas e a reformas em instalações existentes**, bem como a qualquer substituição de componentes que implique alteração de circuito. As concessionárias de energia, por sua vez, fornecem a energia elétrica para os consumidores de acordo com a carga (kW) instalada e em conformidade com a resolução normativa nº 414 de 9 de setembro de 2010 da ANEEL que estabelece as Condições Gerais de Fornecimento de Energia Elétrica de forma atualizada e consolidada. Uma vez determinada a maneira de fornecimento de energia elétrica pela concessionária, o que vai depender da carga instalada (kW), especifica-se o padrão de entrada de energia elétrica. O padrão é composto por poste com isolador, roldana, bengala, caixa de medição e haste de aterramento (Figura 16-30). A instalação desses componentes deve seguir as especificações da concessionária de energia elétrica. Depois de pronto o padrão de energia, a concessionária faz uma inspeção e, se a instalação estiver correta, instala e liga o medidor e o ramal de serviço disponibilizando a energia para o consumidor.

O sistema de distribuição a três fios refere-se ao método de fiação empregado para operar o sistema elétrico em uma instalação residencial. Trata-se de um sistema monofásico de 60 Hz, consistindo em três fios, que fornece tensões de 120 e 240 V. O sistema fornece 120 V_{CA} para a operação de lâmpadas e pequenos aparelhos portáteis. Além disso, ele fornece 240 V_{CA} para operar aparelhos pesados, como fornos elétricos, máquinas de secar roupas e aquecedores de água.

O diagrama de um sistema de distribuição a três fios é mostrado na Figura 16-31***. A tensão primária está na faixa de kV. No caso da Figura 16-31, a tensão é abaixada para 240 V, a qual aparece entre os dois terminais externos do enrolamento secundário do transformador. Um fio de derivação central divide essa tensão ao meio, fornecendo 120 V entre a derivação central e os terminais externos. Os dois fios externos são chamados fios fase e têm geralmente isolação preta ou vermelha. O fio da derivação central é aterrado (conectado à terra) na base do transformador e é conhecido como fio neutro. O neutro possui isolação geralmente azul. Por razões de segurança, os fios fase são controlados por interruptores e têm fusíveis ou disjuntores ligados em série com eles. O fio neutro é aterrado no transformador e no padrão elétrico da casa ou edificação.

Através do circuito de distribuição, a energia é levada do medidor (ponto de entrega) até o quadro de distribuição de circuitos, também conhecido como quadro de luz (veja a Figura 16-32). O Quadro de Distribuição de Circuitos (QDC) é o centro de distribuição de energia de toda

---

* N. de T.: Essa seção foi parcialmente modificada para se adequar à realidade brasileira.

** N. de T.: Considera-se como reforma qualquer ampliação da instalação existente com a adição de novos circuitos, equipamentos, etc.

*** N. de T.: No Brasil, é mais comum termos um transformador trifásico, com o primário ligado em delta e o secundário ligado em estrela, com o ponto central da estrela servindo de neutro. Assim, temos no secundário tensões de 220 V entre as fases e de 127 V entre cada fase e o neutro. O sistema descrito nesta seção, mostrado na Figura 16-31, é mais comum nos Estados Unidos.

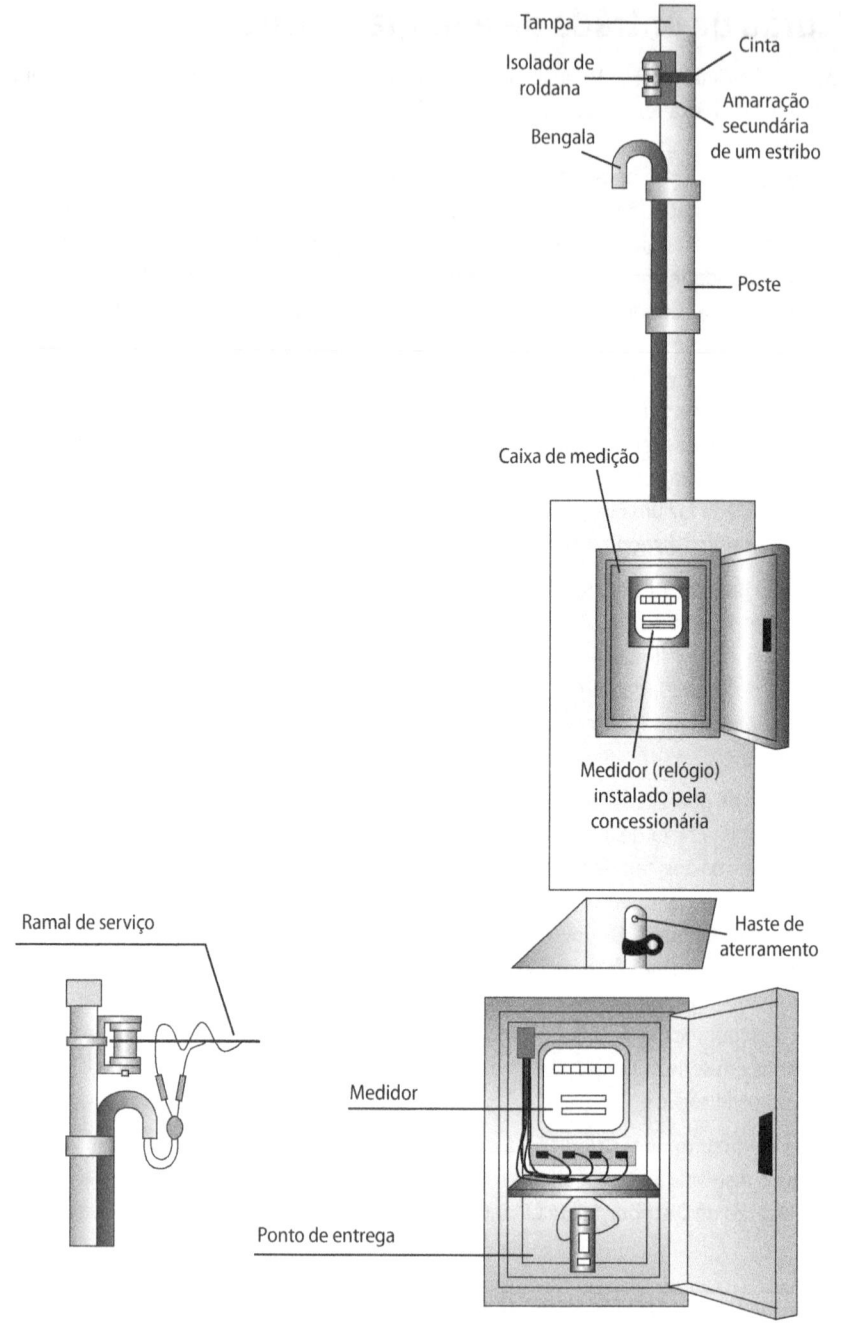

Figura 16-30 Padrão de entrada de energia elétrica. Fonte: Schneider Electric Brasil Ltda. (2010).*

---

* SCHNEIDER ELECTRIC BRASIL LTDA. *Manual e catálogo do eletricista*: guia prático para instalações residenciais e prediais. São Paulo: Schneider Electric Brasil, 2010. Imagem utilizada com autorização da empresa.

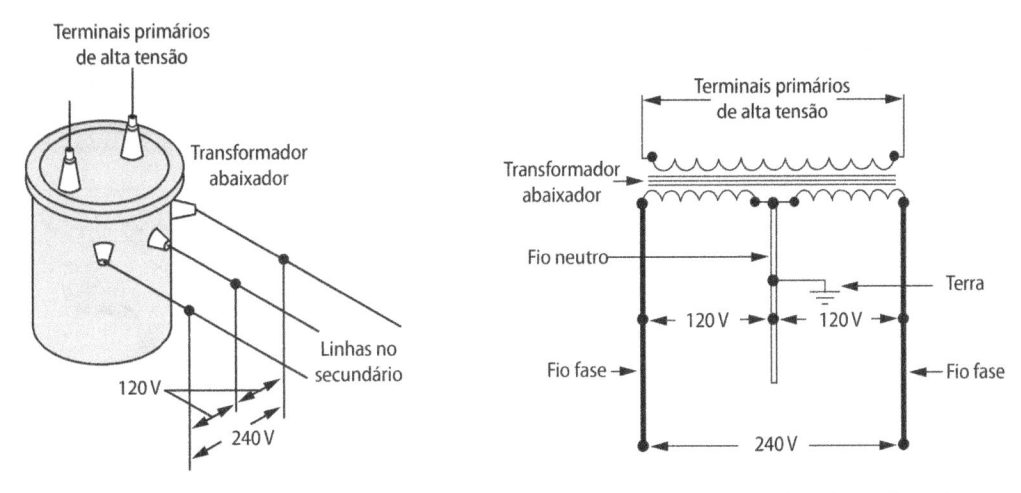

A. Conexão do transformador abaixador

B. Circuito esquemático do transformador

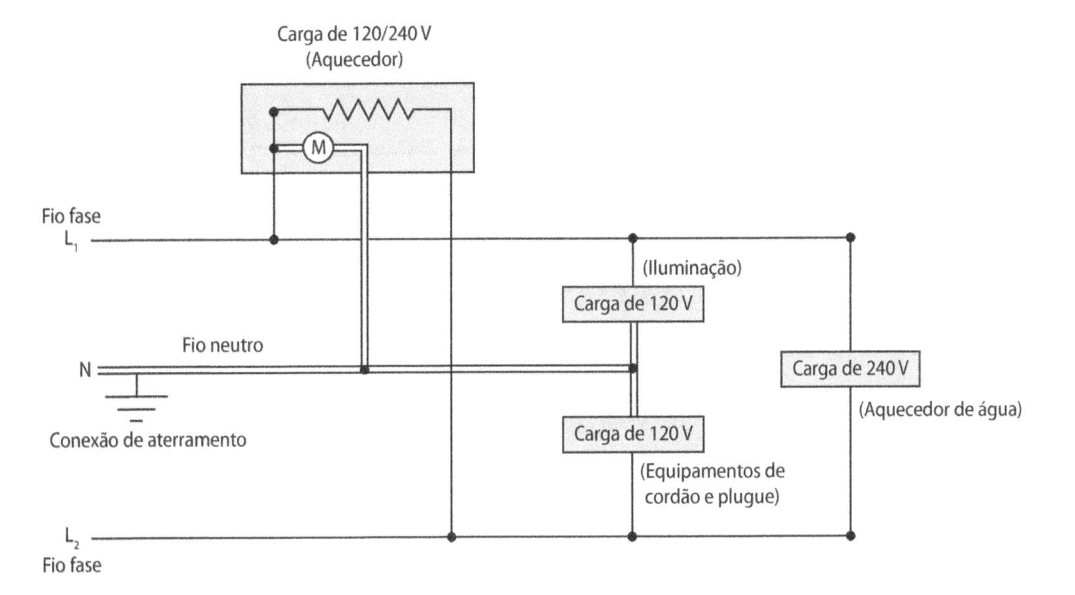

C. Cargas do circuito residencial

Figura 16-31 Sistema de distribuição a três fios residencial.

a instalação elétrica de uma residência. O dimensionamento do QDC deve prever eventuais ampliações futuras e ser compatível com a quantidade e o tipo de circuitos previstos inicialmente. Para determinar a carga de uma instalação elétrica residencial, devem ser somadas todas as cargas elétricas previstas para as tomadas de uso geral e a potência das lâmpadas e dos demais equipamentos elétricos. O dimensionamento dos condutores que vão do padrão de energia até o QDC, em geral através de um eletroduto embutido na parede, é definido pela NBR 5410 e vai depender do número de circuitos e da carga instalada.

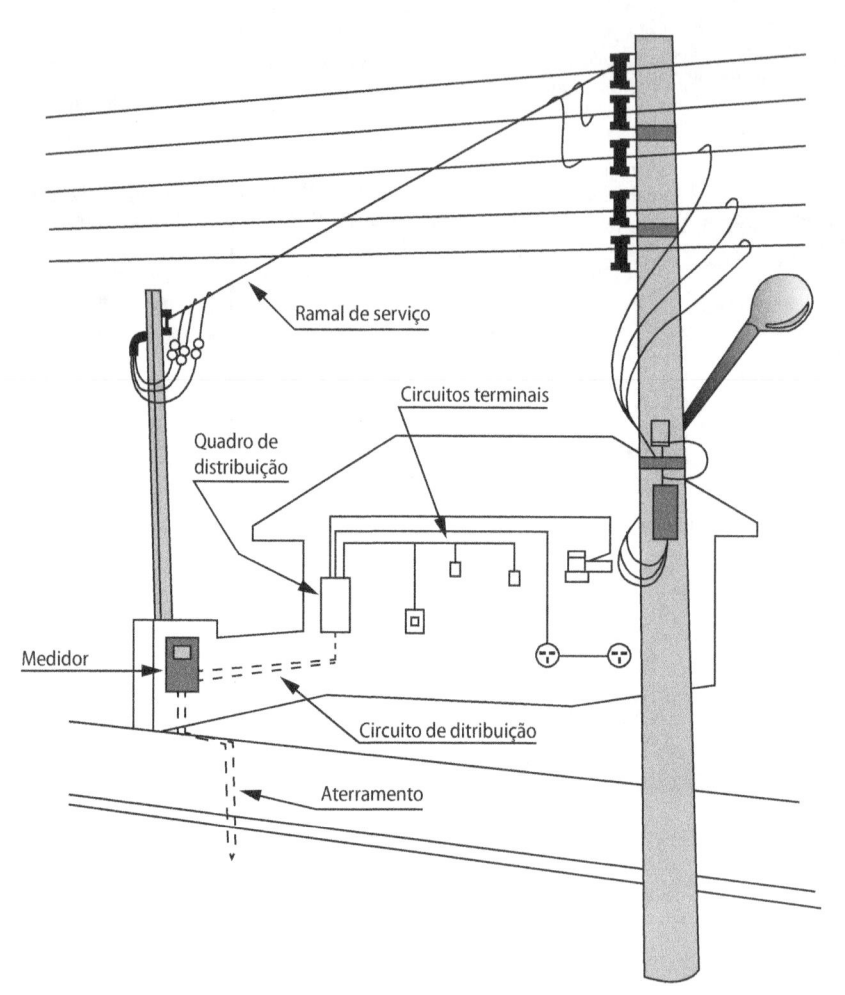

Figura 16-32 Componentes típicos da entrada de energia elétrica. Fonte: Schneider Electric Brasil Ltda. (2010).*

É importante que a proteção de uma instalação seja coordenada (lembre-se do Capítulo 14) de forma que atuem em primeiro lugar as proteções mais próximas às cargas. Assim, os disjuntores instalados no QDC devem ter corrente nominal inferior ao disjuntor geral instalado no padrão de entrada (as correntes dos disjuntores do QDC são definidas de acordo com o circuito que cada um protege; já a corrente do disjuntor geral é determinada pela corrente associada a todos os circuitos do QDC ou pela corrente total da instalação).

A Figura 16-33 mostra conexões típicas de disjuntores em um QDC. Para conectar um circuito de 127 V, o fio fase deve ser alimentado a partir de qualquer disjuntor unipolar e o fio neutro é alimentado a partir do barramento de neutro. Para circuitos de 220 V, recomenda-se utilizar disjuntores bipolares, de modo que ambos os fios fase sejam protegidos e abertos e fechados juntos.

---

* SCHNEIDER ELECTRIC BRASIL LTDA. *Manual e catálogo do eletricista*: guia prático para instalações residenciais e prediais. São Paulo: Schneider Electric Brasil, 2010. Imagem utilizada com autorização da empresa.

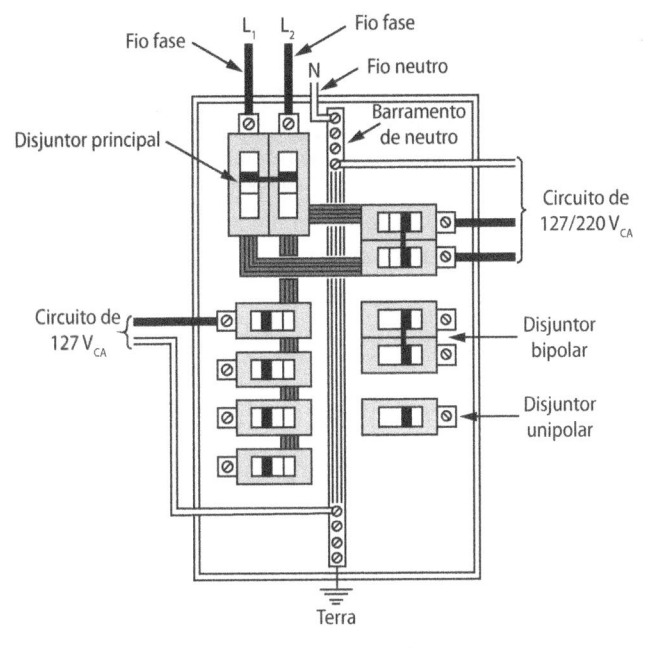

Figura 16-33 Conexões típicas de disjuntores em um QDC.

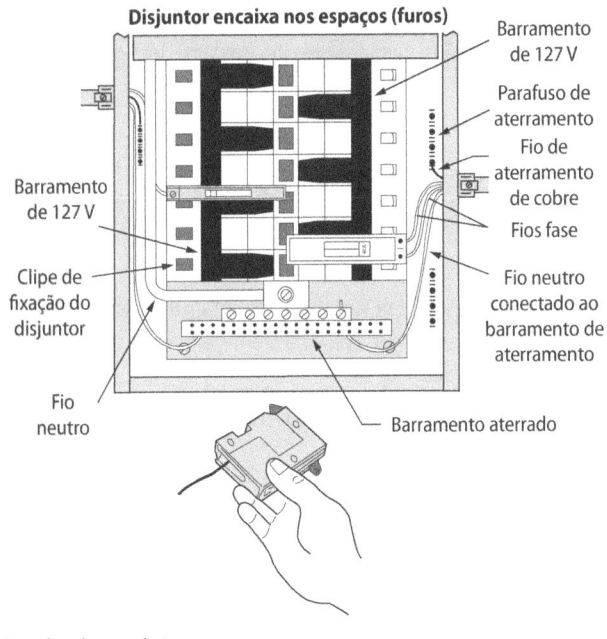

Figura 16-34 Instalando um disjuntor.

Nas instalações residenciais são usados disjuntores de caixa moldada fixados no QDC por meio de um clipe de fixação (Figura 16-34). A moldura do QDC possui espaços para acomodar cada disjuntor (o número de espaços vai depender do modelo de quadro). Apenas remova os espaços da moldura necessários para o número de disjuntores a serem instalados. Os espaços não utilizados podem ser empregados futuramente, quando um outro circuito for instalado. Alguns modelos de QDC acompanham tampas cegas de PVC, encaixadas por pressão, para cobrir os espaços da moldura não ocupados por disjuntores (no caso de o espaço ter sido removido acidentalmente ou por outra razão qualquer).

>> Caixas, tomadas e suportes de lâmpada

As normas elétricas pertinentes exigem que todo equipamento elétrico conectado ao sistema elétrico de uma edificação/residência passe por testes padronizados em um laboratório credenciado pelo INMETRO. Um equipamento ou material elétrico testado significa que ele foi avaliado com relação à finalidade para a qual ele se destina bem como à sua utilização segura. Os produtos testados possuem um selo ou alguma identificação referente ao INMETRO e/ou ao laboratório credenciado onde os testes foram realizados.

As recomendações relativas à utilização de caixas de luz* podem ser encontradas em normas pertinentes. Normalmente, há a necessidade de instalação de caixas de luz naqueles pontos em que há um interruptor, tomada, soquete ou suporte de lâmpada, ou onde existem emendas de fio ou, ainda, simplesmente para a derivação ou passagem de fios. As caixas de luz têm quatro objetivos principais:

- reduzir os riscos de incêndio;
- conter todas as conexões elétricas;
- suportar a fiação;
- proporcionar a continuidade do aterramento.

As caixas de luz (Figura 16-35) vêm em várias formas e tamanhos projetados para diferentes aplicações. As caixas de aço devem ser aterradas, em geral com um parafuso disponível na caixa. Tipos comuns empregados incluem:

- A caixa octogonal para apoiar luminárias ou usada como ponto de derivação ou passagem de fios.
- A caixa de interruptor ou de tomada utilizada para interruptores e tomadas residenciais.
- A caixa quadrada usada para tomadas residenciais de equipamentos de potência mais elevada ou como caixa de ligação ou derivação para sistemas de fiação de superfície e ocultos.

São fornecidos orifícios para proporcionar um meio de entrada na caixa e para a fixação de conectores de cabos ou condutores. Um orifício é um buraco parcialmente perfurado, que pode ser removido facilmente com uma pancada. Em alguns tipos de caixa, o orifício do tipo "ala-

---

* N. de T.: É muito comum a utilização de outros termos para indicar caixas de luz, como caixas de tomada, caixas de embutir, caixas de saída, etc. Veja as Figuras 16-35 e 16-36.

Caixa octogonal 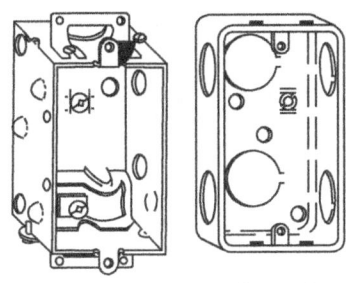   Caixas de interruptores ou de tomadas 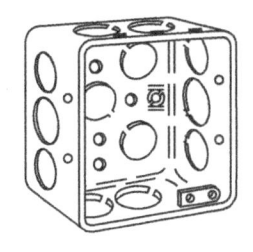   Caixa quadrada

Figura 16-35 Caixas de luz.

vanca" é utilizado. Esse tipo de orifício tem uma pequena ranhura, projetada para ser erguida com uma chave de fenda. Se o orifício é removido, o conector do cabo ou os fios devem ocupar o espaço fornecido. No caso de remoção acidental, um mecanismo de vedação para o orifício precisa ser utilizado para cobrir o espaço exposto. Os lados seccionais das caixas de tomada/interruptor são facilmente removidos para agrupar uma série de caixas, como mostrado na Figura 16-36. Esse recurso permite montar rapidamente uma caixa capaz de suportar qualquer número de interruptores e tomadas.

Requisitos gerais para a instalação de caixas de luz incluem:

- As caixas devem ser bem montadas e fixadas no lugar.
- Todas as caixas de luz devem ser fornecidas com uma cobertura para fins de proteção.
- As caixas devem ser grandes o suficiente para suportar todos os condutores que se encontram em seu interior.

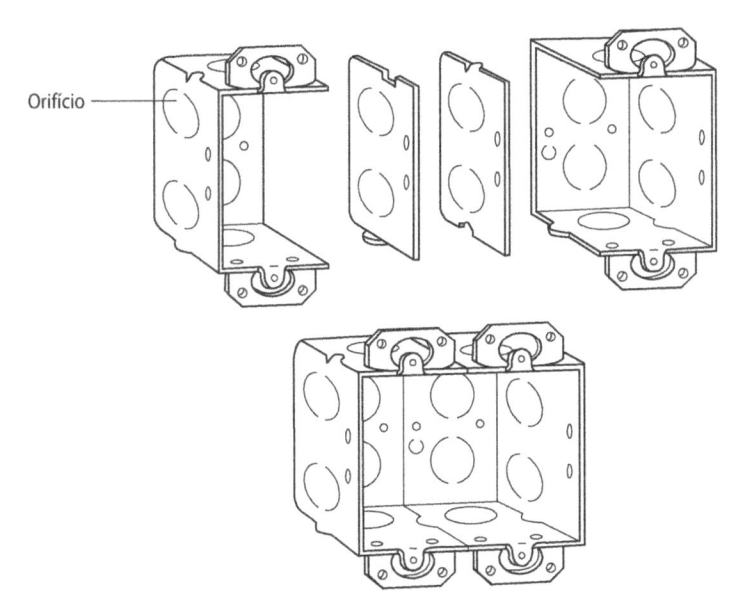

Orifício

Figura 16-36 Agrupamento de caixas de luz.

- As caixas devem ser instaladas de modo que elas fiquem alinhadas com a superfície da parede acabada.
- As caixas devem ser instaladas de modo que a fiação contida nelas fique acessível sem a necessidade de remoção de qualquer parte da construção.
- O cabo ou o condutor deve ser mantido com segurança no ponto de entrada na caixa.

Uma tomada é usada para fornecer energia a dispositivos elétricos portáteis com plugue. A Figura 16-37 mostra alguns dos diferentes tipos de tomadas utilizadas. Cada uma tem um arranjo diferente de plugue e é projetada para uma aplicação específica:

- A tomada de dois pinos polarizada é comum em casas construídas antes de 1960. Os pinos são de tamanhos diferentes para aceitar plugues polarizados.
- A tomada aterrada de três pinos polarizada tem dois pinos de tamanhos diferentes e um furo na forma de U para aterramento. Tomadas aterradas são exigidas nas novas instalações*.
- A tomada aterrada de três pinos de 20 A possui um pino especial na forma de T. Ela é usada em circuitos com fiação especificada para 20 A, para uso com aparelhos de maior potência ou ferramentas portáteis.
- A tomada de três pinos de 250 V é usada para cargas de 220 V, como ar-condicionado. Ela está disponível como uma única unidade ou como a metade de uma tomada dupla, com a outra metade ligada à fiação de 127 V.

Tomada de dois pinos polarizada (15 A, 125 V) | Tomada de três pinos aterrada (15 A, 125 V) | Tomadas de três pinos aterrada (20 A, 125 V) | Tomada de três pinos aterrada (15 A, 250 V)

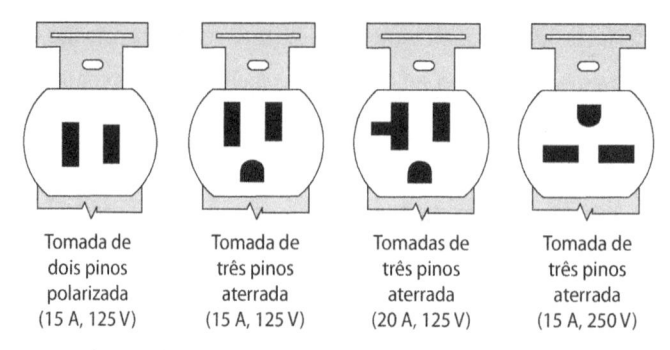

Figura 16-37 Tipos de tomadas.

---

* N. de T.: De acordo com o INMETRO, existem atualmente no Brasil mais de 10 modelos de plugues e quantidade semelhante de tomadas em uso (considerando a data de publicação deste livro). A obrigatoriedade de tomadas com o terceiro pino de aterramento é relativamente recente no Brasil (considerando a data de publicação deste livro). As tomadas descritas nessa seção são essencialmente do padrão americano. O padrão adotado no Brasil para tomadas de três pinos está apresentado na figura abaixo.

A tomada dupla aterrada é um dispositivo elétrico frequentemente usado para alimentar dispositivos portáteis com plugue (Figura 16-38). Ela é projetada para receber dois plugues e entrega uma tensão de aproximadamente 127 V entre seus pinos paralelos. A conexão à terra fornece uma conexão de aterramento segura para os dispositivos elétricos que a exijam. Os parafusos de fixação da tomada dupla são normalmente codificados por cores para auxiliar na ligação adequada do dispositivo. Ao conectar uma tomada dupla, as seguintes regras se aplicam, dependendo do padrão de tomada:

- O fio neutro é conectado ao terminal de prata.
- O fio fase é conectado ao terminal de bronze.
- O fio terra é conectado ao terminal verde.

Para determinar se uma tomada está devidamente polarizada (Figura 16-39), use um voltímetro CA e faça o seguinte:

1. Verifique a tensão entre os dois pinos paralelos da tomada. A tensão de fase deve ser lida (127 V).

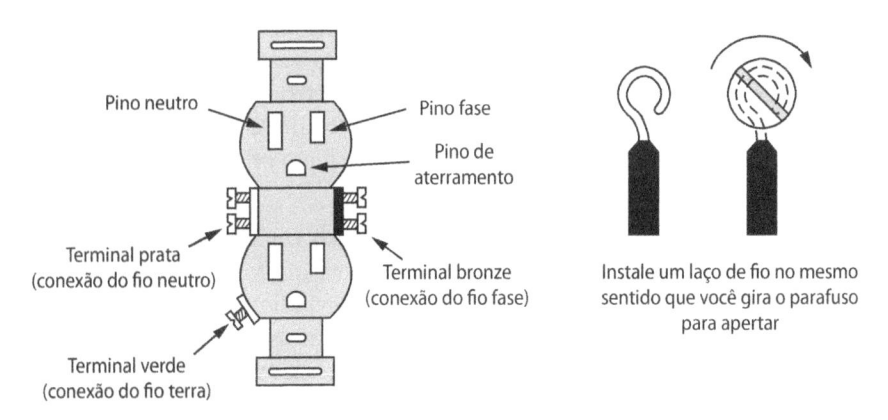

Figura 16-38 Conexões de uma tomada dupla.

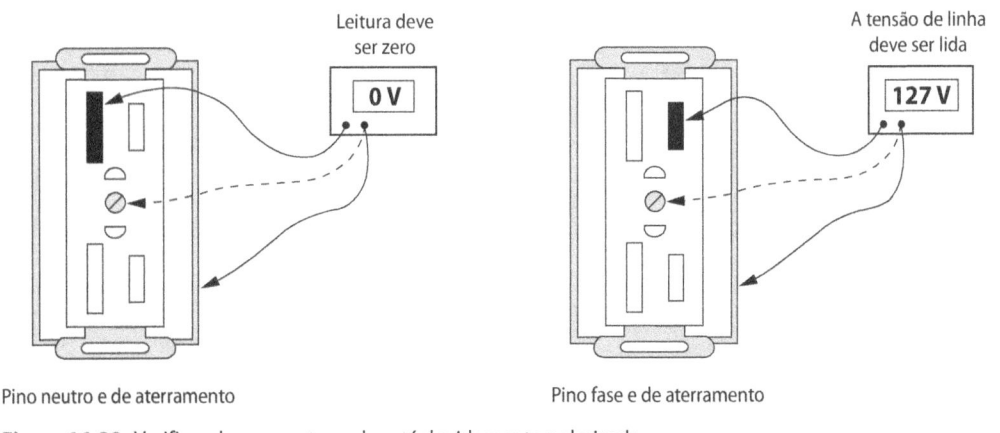

Figura 16-39 Verificando se uma tomada está devidamente polarizada.

2. Verifique a tensão entre o pino mais largo (neutro) e o parafuso de fixação da tampa (placa de cobertura) da tomada. A tensão deve ser zero.

3. Verifique a tensão entre o pino mais estreito (fase) e o parafuso de fixação da tampa da tomada. A tensão de fase (127 V) deve ser lida.

As lâmpadas incandescentes operam em suportes de lâmpadas ou, como são frequentemente chamados, soquetes de lâmpadas. Os suportes de lâmpadas estão disponíveis em uma grande variedade de tipos. Um dos mais simples é o soquete de rosca (Figura 16-40). O corpo desse suporte é feito de porcelana ou baquelite, e os dois terminais de ligação são codificados por cores ou por indicações explícitas dos pontos de ligação da fase e do neutro a fim de ajudar na ligação segura do dispositivo. No caso do código de cores, o fio fase deve ser ligado ao parafuso de cor bronze (no interior, esse terminal bronze junta-se ao contato central). O fio neutro deve ser conectado ao parafuso de cor prata (no interior, esse terminal prata junta-se com a parte roscada do soquete). Essa ligação evitará choque elétrico no caso de uma pessoa substituindo uma lâmpada entrar em contato elétrico com a base roscada da lâmpada.

Um suporte de lâmpada com um interruptor integrado é conhecido como soquete de lâmpada do tipo chave. O soquete de lâmpada com interruptor mais popular é o soquete com corrente para puxar (Figura 16-41). A corrente usa um elo de isolação para impedir a conexão com o circuito de 127 V no caso de ocorrer um defeito no interruptor. Internamente, o interruptor é ligado em série com o terminal de bronze. A ligação é similar àquela de um suporte de lâmpada sem interruptor, com o fio neutro (condutor aterrado) ligado ao terminal de parafuso prata e o fio fase conectado ao terminal de bronze.

As luminárias já vêm com as ligações prontas (Figura 16-42). Conectores sem solda são utilizados para conectar os fios da caixa de luz aos fios da luminária. A conexão deve ser feita da seguinte forma: fase com fase (geralmente fio preto ou vermelho) e neutro com neutro (geralmente fio azul). Nos casos em que a identificação da fiação da luminária não estiver clara, verifique os fios dentro da luminária: aquele que estiver conectado ao parafuso ligado à parte externa (parte roscada) do soquete deve ser ligado ao fio neutro.

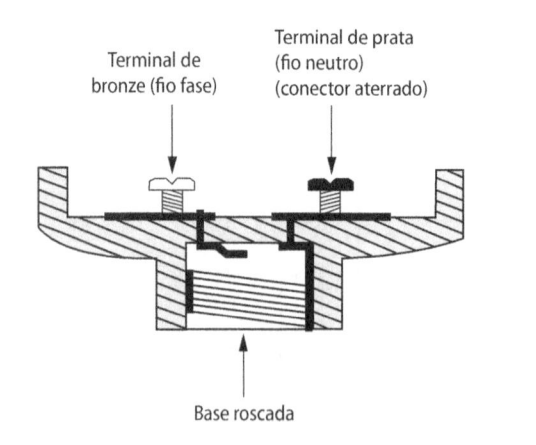

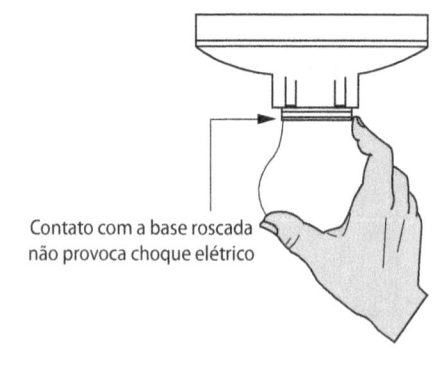

Figura 16-40 Conexões do soquete de lâmpada.

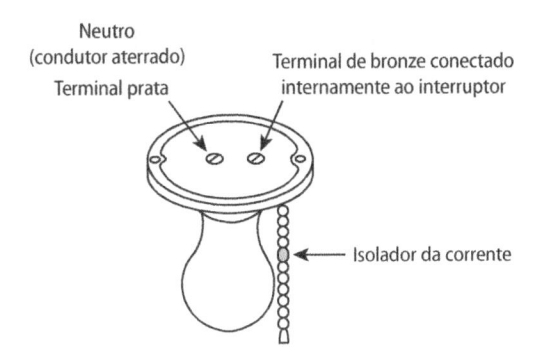

Figura 16-41 Soquete de lâmpada com interruptor acoplado.

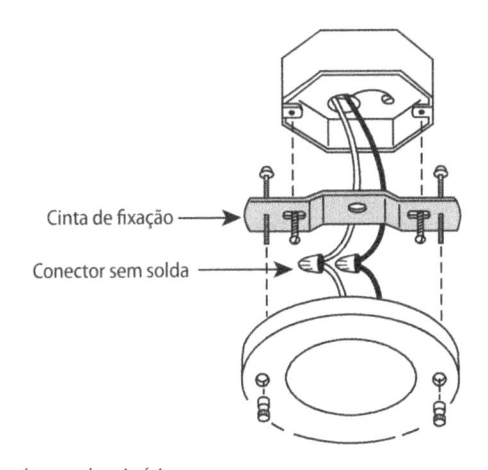

Figura 16-42 Ligação de uma luminária.

❯❯ Questões de revisão

22. Quais são os componentes principais do padrão de entrada de energia elétrica?
23. Indique dois níveis de tensão que podem ser obtidos de um sistema de distribuição a três fios e uma aplicação para cada nível.
24. Como é determinada a carga de uma instalação elétrica residencial?
25. Por que um disjuntor bipolar é necessário para circuitos de 220 V (tensão entre dois fios fase)?
26. O que se entende por um equipamento elétrico "testado"?
27. Cite quatro usos para as caixas de luz.
28. Cite três tipos comuns de caixas de luz e dê uma aplicação para cada um.
29. Cite seis recomendações gerais para a instalação de caixas de luz.
30. Indique como é feita a conexão dos fios (fase, neutro e fio terra) em uma tomada dupla de três pinos.
31. Em que parte do soquete da lâmpada conecta-se o fio neutro?

>> Interruptores e circuitos de controle

O interruptor mais utilizado em circuitos de iluminação é a chave seletora. Os interruptores são especificados para a corrente máxima que eles podem interromper e para a tensão máxima entre os seus terminais. Por exemplo, uma chave pode ser especificada como "15 A, 127 V" (Figura 16-43), o que significa que o interruptor pode ser usado para abrir um circuito que tem uma corrente máxima fluindo de 15 A em uma tensão de 127 V. As letras "CA" no interruptor indicam que ele só pode ser usado em circuitos de corrente alternada. Os interruptores marcados com a letra "T" (tungstênio) são projetados para suportar os surtos pesados de corrente que ocorrem quando a tensão é aplicada a um circuito que contém uma lâmpada incandescente.

Atualmente, exige-se que os interruptores sejam aterrados, exceto naqueles casos em que se substitui um interruptor em uma instalação mais antiga em que um sistema de aterramento não está disponível. Os interruptores são fabricados com terminais de aterramento, normalmente um parafuso sextavado verde, para conexão ao condutor de proteção do esquema de aterramento utilizado (Figura 16-44). Quando uma placa metálica é então instalada, ela será aterrada por meio de dois parafusos de fixação empregados para fixar a placa. Quando os interruptores são vendidos com arruelas de papelão que mantêm esses parafusos de fixação no lugar, elas devem ser removidas antes de instalar uma placa metálica, para garantir que a placa esteja aterrada.

Um interruptor unipolar, de única ação, serve para controlar luz(es) a partir de um ponto. Quando o interruptor é colocado na posição ON (LIGADO), o circuito é completado (fechado) entre os dois terminais do interruptor, permitindo que a corrente flua através dele para o circuito da lâmpada (Figura 16-45). Na posição OFF (DESLIGADO), o contato entre os dois terminais da chave é interrompido, abrindo o circuito. Esses interruptores são parafusados à caixa de interruptor (caixa de luz) de modo que, normalmente, a chave do interruptor é movida para cima para ligar e para baixo para desligar. (Observe que isso vai depender muito do modelo de interruptor utilizado. Essa descrição se refere ao interruptor ilustrado na Figura 16-45.)

A Figura 16-46 mostra o diagrama esquemático e de fiação para duas lâmpadas controladas por um único interruptor. Em geral, em todos os circuitos com interruptores, o chaveamento

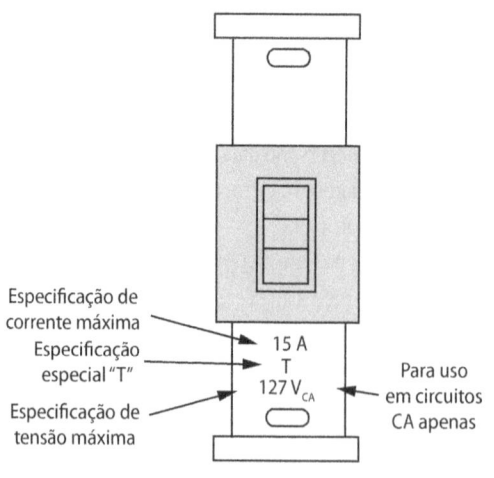

Figura 16-43 Especificações de uma chave seletora.

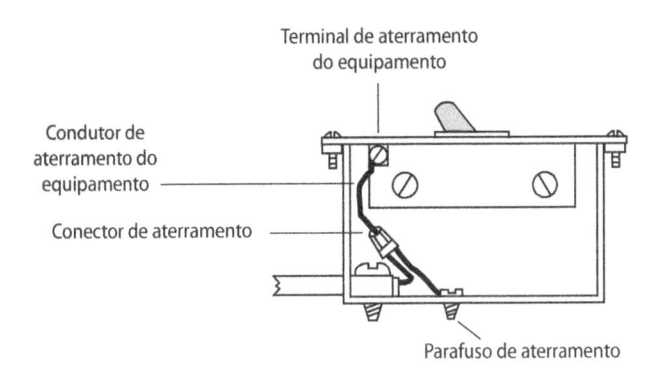

Figura 16-44 Aterramento do interruptor.

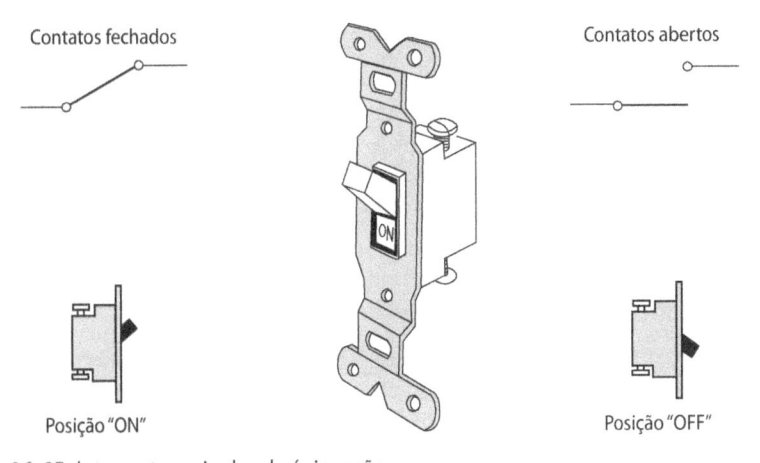

Figura 16-45 Interruptor unipolar, de única ação.

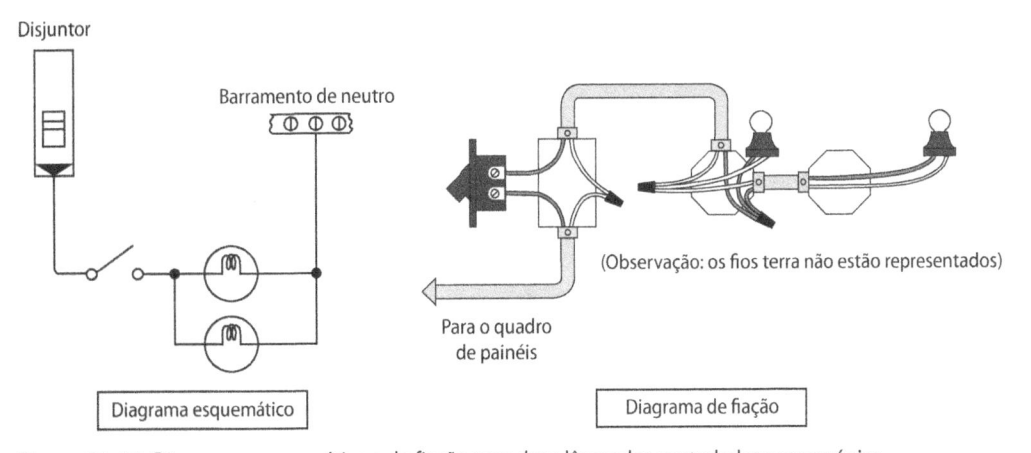

Figura 16-46 Diagramas esquemático e de fiação para duas lâmpadas controladas por um único interruptor.

deve ocorrer nos fios fase (condutores não aterrados) e nunca nos condutores aterrados (neutro). Com isso em mente, o interruptor deve ser ligado em série com o fio fase, enquanto o fio neutro aterrado é ligado diretamente em cada suporte de lâmpada. Ao conectar as lâmpadas em paralelo, temos 127 V através de cada uma quando o interruptor é fechado. Ao conectar duas lâmpadas idênticas em série, teríamos uma tensão inferior à tensão de operação normal de 127 V em cada uma delas. Uma segunda vantagem da conexão paralela de lâmpadas é que elas operam de forma independente uma da outra, de modo que se uma delas queima, a operação da outra não é afetada.

Um interruptor bipolar, de dupla ação, é usado para circuitos de 220 V. Essa tensão requer dois fios fase e um interruptor que possa abrir ambos os fios ao mesmo tempo. O interruptor bipolar é semelhante em termos construtivos a um par de interruptores unipolares. Dois conjuntos de parafusos terminais marcados com "linha" e "carga" são fornecidos e as posições do interruptor são identificadas como "ON" e "OFF". A Figura 16-47 mostra um interruptor bipolar empregado para energizar um aquecedor elétrico de 220 V.

Um par de interruptores unipolares, de dupla ação, chamados interruptores de três vias, interruptor paralelo, ou ainda, *three-way*, precisa ser utilizado para controlar luz(es) de dois locais diferentes. Exemplos desse tipo de controle de iluminação incluem luzes de um salão ou escada e luzes em uma sala com duas entradas. O circuito interno desse dispositivo permite que a corrente flua através do interruptor em qualquer das suas duas posições (Figura 16-48). Por essa razão, não há indicações "ON/OFF" no interruptor. O interruptor paralelo possui três terminais. Um terminal é chamado "comum" e é de cor mais escura do que os outros dois terminais. Os outros dois terminais são chamados "terminais de retorno".

A Figura 16-49 mostra o diagrama esquemático e de fiação para uma lâmpada comandada de dois locais diferentes com um interruptor paralelo. Os condutores neutros em ambas as caixas de luz seguem diretamente para a lâmpada. Os dois condutores vermelhos que passam entre

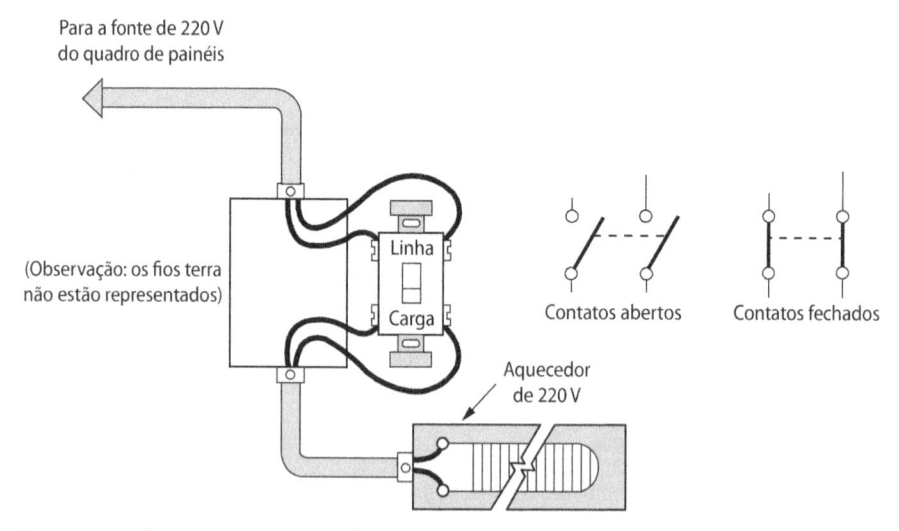

Figura 16-47 Interruptor bipolar, de dupla ação, empregado para energizar um aquecedor elétrico de 220 V.

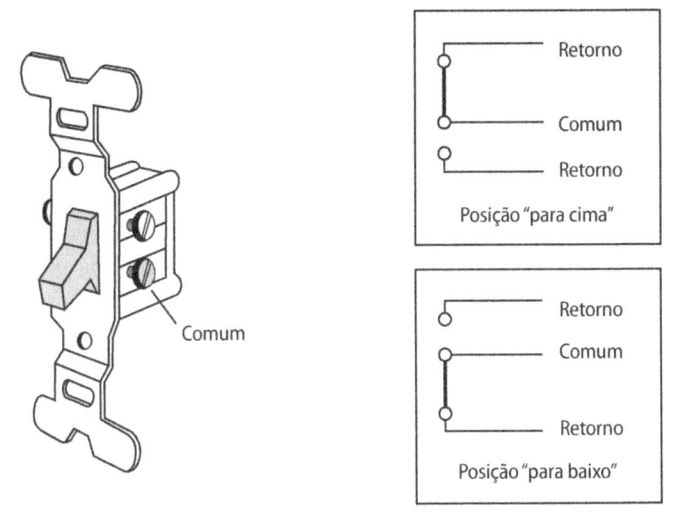

Figura 16-48 Interruptor paralelo (*three-way*).

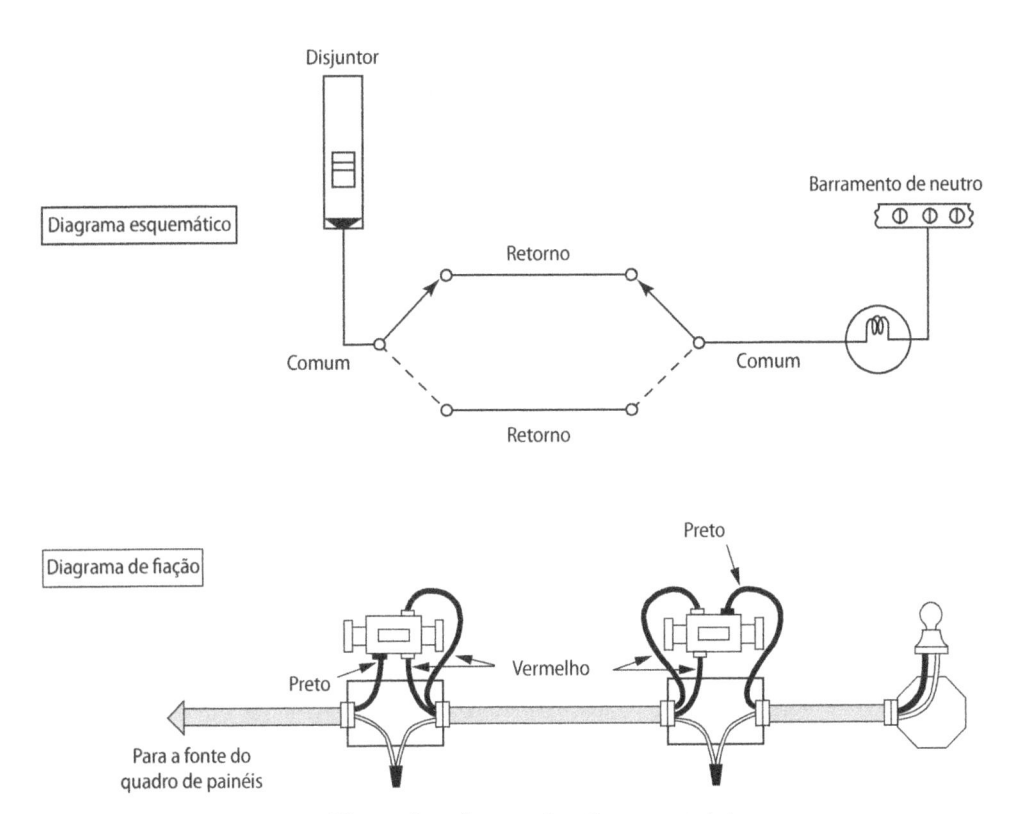

Figura 16-49 Diagrama esquemático e de fiação para uma lâmpada comandada de dois locais diferentes com um interruptor paralelo (*three-way*).

as duas caixas de luz são os "condutores de retorno". O condutor preto (fase) a partir da fonte é ligado ao terminal "comum" do primeiro interruptor, e o condutor preto indo para a lâmpada é conectado ao terminal "comum" do segundo interruptor. Sempre que utilizarmos qualquer um dos interruptores *three-way*, a luz vai mudar o seu estado – se estiver ligada, ela desligará; se estiver desligada, ela ligará.

Dois interruptores paralelos podem ser usados em conjunto com um número qualquer de interruptores de quatro vias (também chamados interruptores intermediários ou *four-way*) para comandar uma lâmpada (ou lâmpadas) de um número qualquer de lugares diferentes. O interruptor de quatro vias conta com quatro terminais e, assim como o interruptor de três vias, permite que a corrente flua através do interruptor em qualquer das suas duas posições. Por essa razão, não há indicações "ON/OFF" no interruptor. A Figura 16-50 mostra o esquema interno de um interruptor *four-way*.

A Figura 16-51 mostra o diagrama esquemático e de fiação para uma lâmpada comandada a partir de três pontos diferentes com um interruptor intermediário (*four-way*) em combinação com dois interruptores paralelos (*three-way*). O interruptor intermediário está conectado aos "condutores de retorno" entre os dois interruptores paralelos. Quando conectado corretamente, a atuação de qualquer um dos interruptores vai mudar o estado da lâmpada (ligá-la ou desligá-la). Os "condutores de retorno" devem ser conectados ao "pares" de terminais adequados no interruptor intermediário; caso contrário, a sequência de chaveamento não funcionará corretamente. Para mais de três locais de comando, interruptores paralelos (*three-way*) são instalados nas duas primeiras posições e, em seguida, um interruptor intermediário (*four-way*) é instalado em cada ponto de comando adicional.

Não há uma regra especificando se a fonte de alimentação para os interruptores deve estar na caixa de luz do interruptor ou no equipamento controlado (por exemplo, uma lâmpada). A Figura 16-52 mostra um circuito de iluminação ligado com a alimentação de energia chegando diretamente na caixa de luz da lâmpada e um cabo de dois fios usado para o circuito do interruptor. Neste caso, o fio azul (normalmente a cor do fio neutro) pode ser empregado como fonte para o interruptor, *mas não* como o fio de retorno do interruptor para a caixa de luz da lâmpada. O fio azul deve, então, ser permanentemente reidentificado, o que costuma ser

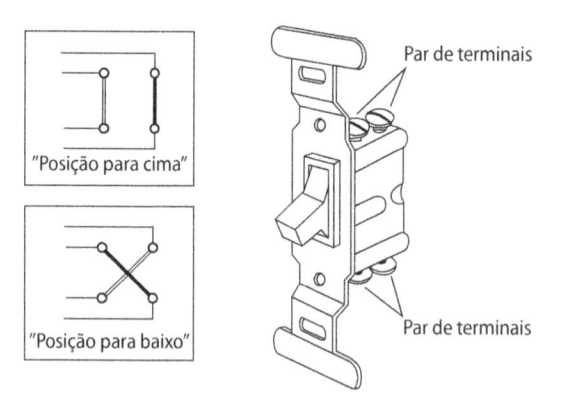

Figura 16-50 Interruptor intermediário (*four-way*).

Diagrama esquemático

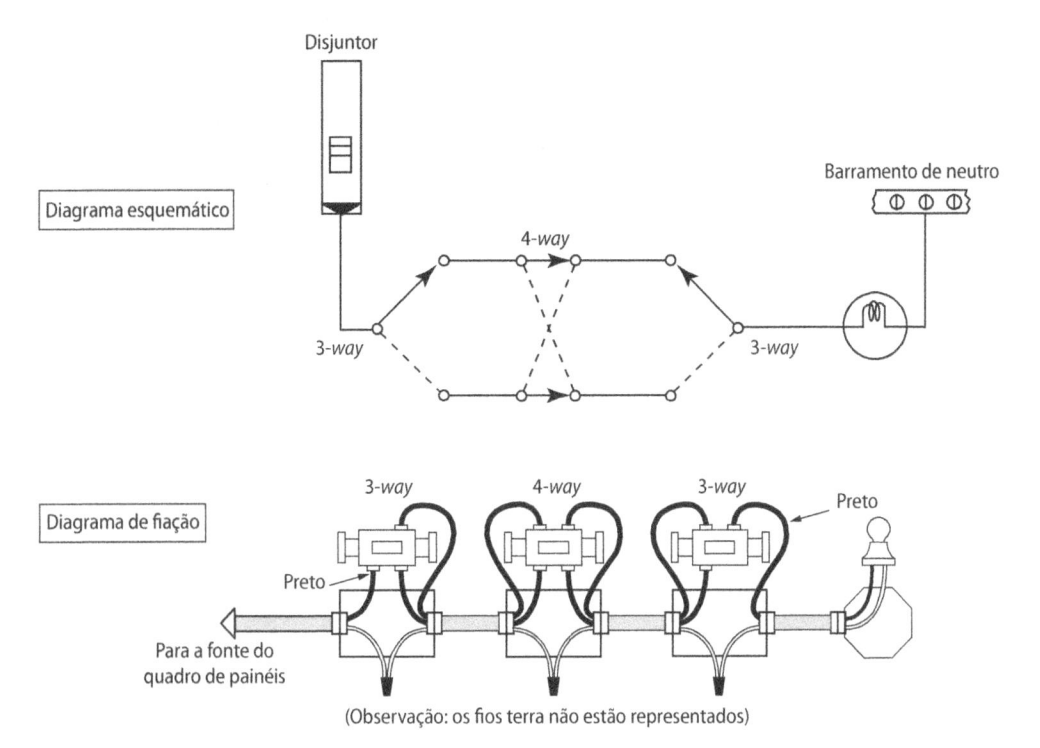

4-way

3-way   3-way

Disjuntor

Barramento de neutro

Diagrama de fiação

3-way   4-way   3-way

Preto

Preto

Para a fonte do quadro de painéis

(Observação: os fios terra não estão representados)

Figura 16-51 Diagrama esquemático e de fiação para uma lâmpada comandada de três locais diferentes.

Fio azul pode ser empregado como fonte para o interruptor

Alimentação de energia

O fio azul deve ser permanentemente reidentificado

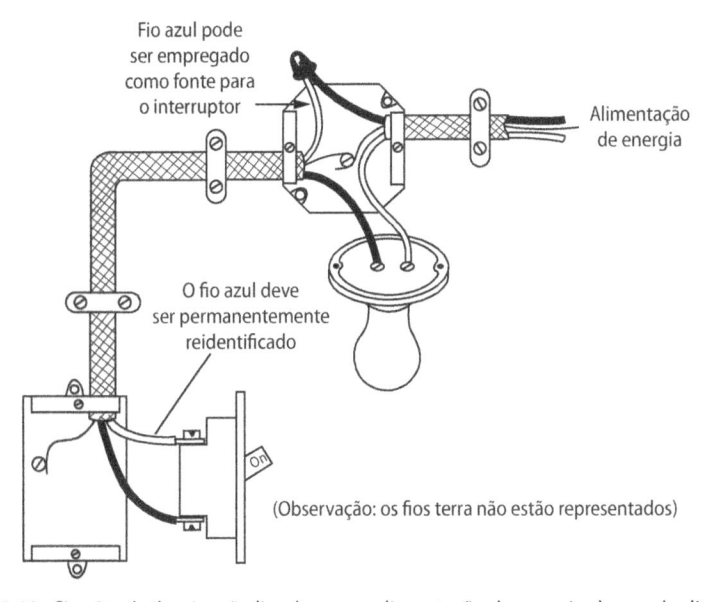

(Observação: os fios terra não estão representados)

Figura 16-52 Circuito de iluminação ligado com a alimentação de energia chegando diretamente na caixa de luz da lâmpada.

feito com fita isolante preta. O condutor fase (não aterrado) na lâmpada deve sempre ter uma isolação com uma cor diferente de azul para identificá-lo por razões de segurança.

Às vezes, é desejável ter um interruptor que controle uma metade de uma tomada dupla. Para fazer isso, remova a ligação entre os dois parafusos de bronze dos terminais de fase (não aterrado) (Figura 16-53). *Não* interrompa a ligação unindo os parafusos prata dos terminais de neutro! Essa tomada às vezes é chamada "tomada dupla dividida".

A Figura 16-54 mostra o diagrama esquemático e de fiação para uma tomada controlada por interruptor. O interruptor controla a metade de cima da tomada, enquanto a metade de baixo está energizada durante todo o tempo. Em uma aplicação típica, uma lâmpada portátil é ligada na metade superior e controlada pelo interruptor, enquanto ao mesmo tempo a outra metade está energizada para a utilização com aparelhos, como aspiradores de pó, rádios ou televisores.

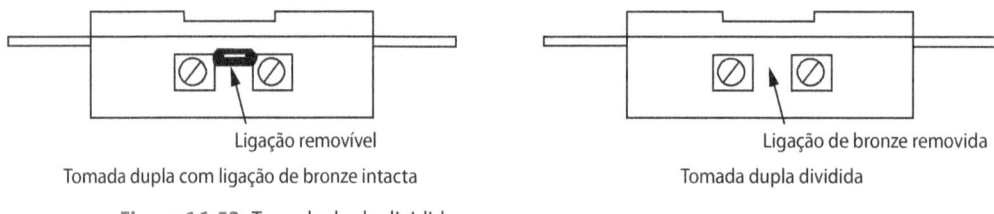

Ligação removível
Tomada dupla com ligação de bronze intacta

Ligação de bronze removida
Tomada dupla dividida

Figura 16-53 Tomada dupla dividida.

» Sistema de aterramento

O aterramento é um aspecto fundamental com relação à segurança. Práticas adequadas de aterramento protegem contra choque elétrico e garantem a operação correta de dispositivos de proteção contra sobrecorrentes. Importantes termos usados em aterramento são:

Aterrado – Conectado à terra ou a algum corpo condutor que faz o papel de terra.

Efetivamente aterrado – Conectado intencionalmente à terra por meio de uma conexão de aterramento ou conexões de impedância suficientemente baixa e com capacidade de condução de corrente suficiente para evitar o desenvolvimento de tensões que podem resultar em riscos indevidos para equipamentos conectados ou para pessoas nas proximidades.

Condutor aterrado – Um condutor aterrado é um condutor de um circuito ou de um sistema intencionalmente conectado à terra. Em um sistema de distribuição a quatro fios, o fio neutro é conectado à terra.

Condutor não aterrado – Um condutor não aterrado é um condutor de um circuito ou de um sistema que não é intencionalmente conectado à terra. Em um sistema de distribuição, os fios fase não são condutores aterrados.

Em um circuito operando normalmente, a corrente flui para a carga através do condutor fase não aterrado e retorna através do condutor neutro aterrado. O condutor fase está carregado

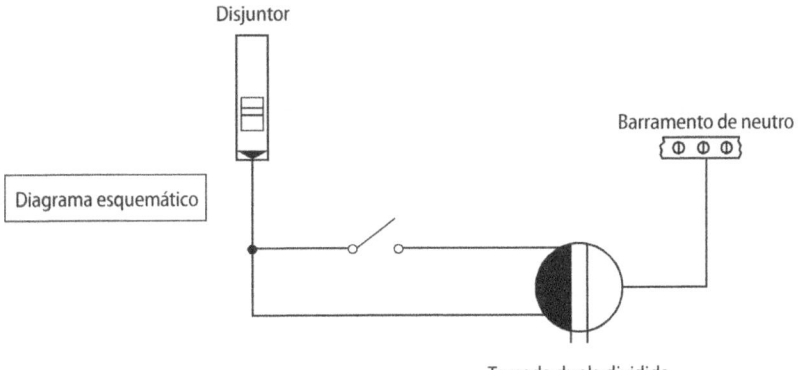

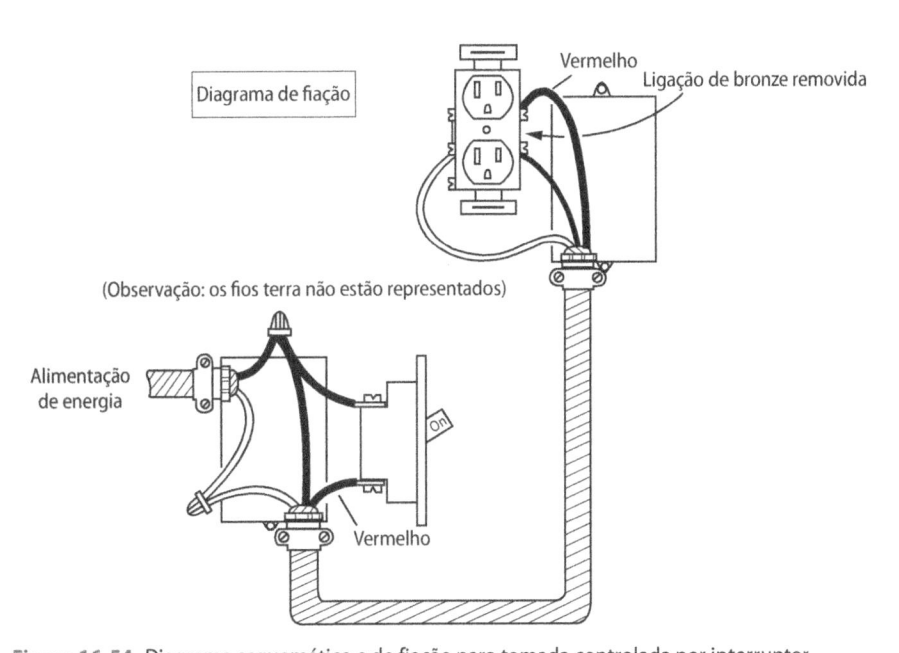

Figura 16-54 Diagrama esquemático e de fiação para tomada controlada por interruptor.

com tensão. O condutor neutro tem uma tensão nula, que corresponde à tensão (potencial) da terra – de fato, o condutor neutro é conectado à terra. Qualquer desvio desse caminho normal é perigoso e, para proteger você e a sua instalação contra tais riscos, normas pertinentes exigem um sistema seguro chamado aterramento, que mantém todas as caixas de tomadas e placas de cobertura em um potencial nulo.

Em geral, o aterramento protege contra dois perigos – incêndio e choque elétrico. Um perigo de incêndio pode ocorrer quando uma corrente dispersa de um fio fase partido ou de uma conexão (corrente de fuga) e chega a um ponto de tensão zero por um caminho diferente do normal. Tal caminho oferece uma resistência elevada, de modo que a corrente pode produzir calor suficiente para iniciar um incêndio.

Um perigo de choque elétrico geralmente surge quando há pouca ou nenhuma corrente de fuga, mas a diferença de potencial para o fluxo de uma corrente anormal existe. Se um fio fase nu toca a tampa de um interruptor ou de uma tomada, e a tampa não foi aterrada, a tensão do fio fase carregaria a tampa. Se, em seguida, você tocasse a tampa carregada, seu corpo forneceria um caminho de corrente em direção à tensão zero* e você sofreria um choque sério.

Aterramento se refere à ligação proposital de partes da fiação da instalação residencial a uma conexão de terra comum. Para que esse sistema de proteção funcione, tanto os sistemas de condutores quanto as partes do circuito, como caixas, tampas, carcaças metálicas de equipamentos e eletrodomésticos, etc., devem ser aterrados. Em um sistema devidamente aterrado, uma falta direta à terra produz uma elevada corrente de curto-circuito. Essa corrente derrete o fusível ou aciona o disjuntor imediatamente para abrir o circuito. O aterramento inadequado causa choque elétrico grave, conforme ilustrado na Figura 16-55.

O fio neutro é empregado para aterrar o sistema de energia elétrica. Esse fio é aterrado no padrão de entrada de energia elétrica. Normas técnicas pertinentes devem ser consultadas para verificar as exigências relativas ao aterramento. No Brasil, para instalações de baixa tensão, a norma ABNT NBR 5410 precisa ser consultada para verificar os esquemas de aterramento e as suas aplicações. Um requisito importante relacionado ao aterramento é que não se deve instalar interruptor, fusível ou qualquer outro dispositivo do tipo no fio neutro. O fio neutro deve passar por todas as tomadas elétricas sem interrupção para garantir que sempre exista um circuito fechado para a terra, independentemente de quaisquer outras condições de operação do circuito.

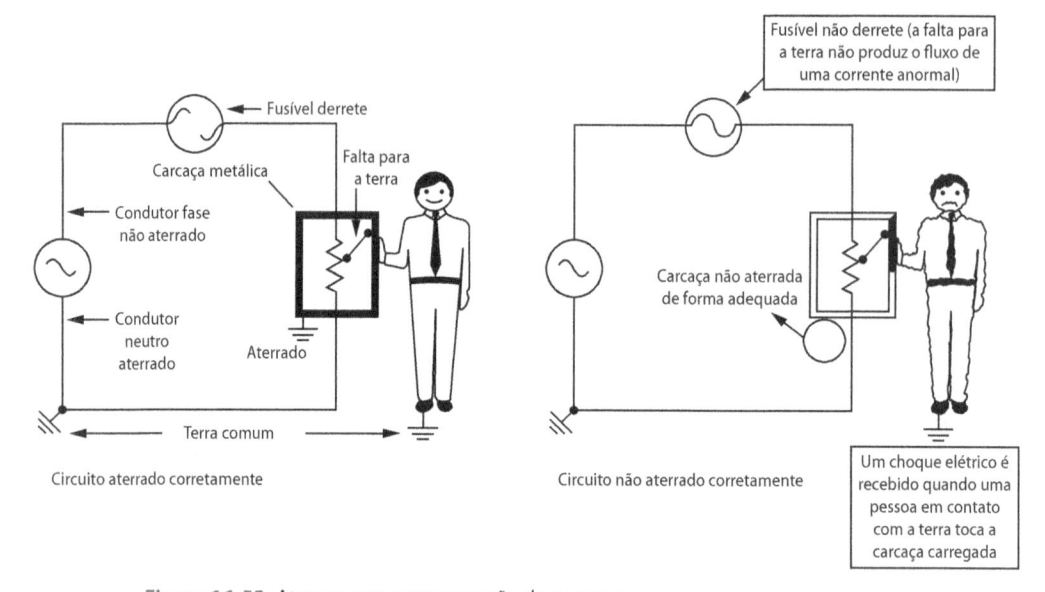

Figura 16-55 Aterramento para proteção de pessoas.

---

* N. de T.: Repare que a sua mão está tocando a tampa carregada, e os seus pés estão na tensão ou no potencial zero (potencial da terra).

O fio de aterramento (fio terra) serve para aterrar as partes do sistema, sobretudo as metálicas, que normalmente não conduzem energia elétrica (Figura 16-56), o que abrange todas as caixas e carcaças metálicas, incluindo tampas de interruptores e de tomadas. O fio terra deve ser lançado sem interrupção para todas as caixas de luz e estar bem conectado ao parafuso de aterramento da caixa. Muitos fios de aterramento de equipamentos têm uma isolação na cor verde ou verde-amarelo. Às vezes canaletas metálicas e muflas de cabos também podem ser usadas para fins de aterramento de equipamentos.

O NEC dos Estados Unidos define acoplamento ou ligação ("*bonding*") entre duas partes metálicas como "a ligação permanente de partes metálicas para formar um caminho eletricamente condutivo que garantirá a continuidade elétrica e a capacidade de conduzir com segurança qualquer corrente que provavelmente seja imposta". Isso é feito pela instalação de fios ("*jumpers*" ou pontes) de acoplamento. A conexão entre as partes metálicas dos equipamentos mantém uma mesma tensão nessas partes metálicas; portanto, não há diferença de potencial entre as várias partes metálicas dos equipamentos. A conexão elétrica entre as partes metálicas dos equipamentos não significa necessariamente que os equipamentos estejam devidamente aterrados. Um condutor de aterramento deve ser instalado como parte do circuito para conectar o(s) equipamento(s) ao sistema de aterramento.

A ligação entre duas partes metálicas pode ser uma conexão metal-para-metal direta ou um condutor que fornece acoplamento ou ligação permanente entre as duas partes. Independentemente do meio usado para fornecer o caminho condutivo, o acoplamento ou a ligação deve ter a capacidade de conduzir com segurança qualquer corrente de falha provável. Há vários *jumpers* de ligação (ou *jumpers* de acoplamento) instalados em um sistema elétrico, mas existe apenas um *jumper* de ligação principal e ele está localizado na entrada de energia. Assim, no padrão de entrada de energia, o condutor de aterramento (chamado condutor PE ou condutor de proteção, de acordo com a NBR 5410) é conectado ao sistema de aterramento. A Figura 16-57 ilustra uma aplicação típica de um *jumper* de ligação para um equipamento de serviço.

Em geral, não se utiliza solda para conexões de aterramento e ligações entre partes metálicas. Normalmente, braçadeiras e conectores são empregados para esse fim. A razão para isso é

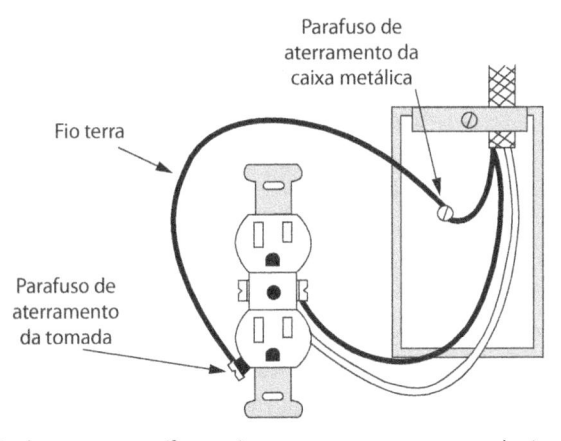

Figura 16-56 O fio de aterramento (fio terra) serve para aterrar as partes do sistema, sobretudo as metálicas, que normalmente não conduzem energia elétrica.

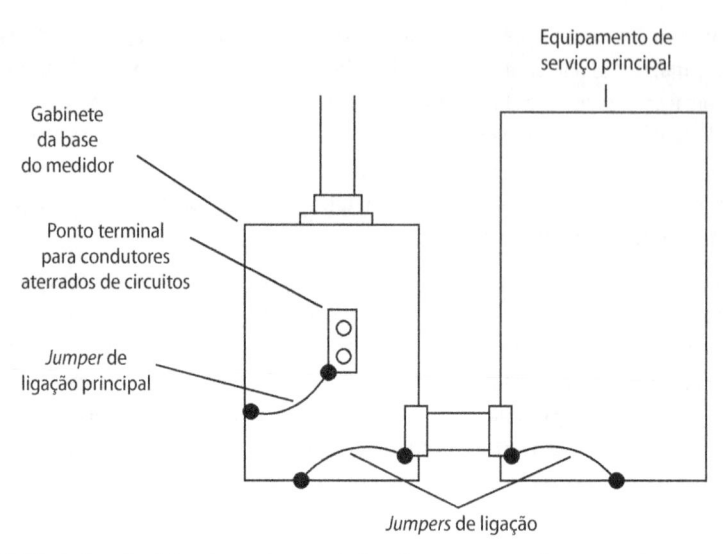

Figura 16-57 Aplicação típica de um *jumper* de ligação para um equipamento de serviço.

que, no caso em que o circuito conduz níveis elevados de corrente de falta, a solda pode derreter, resultando na abertura do caminho para o aterramento.

Em geral, os equipamentos elétricos funcionam igualmente bem com ou sem o aterramento. Esse fato muitas vezes leva ao descuido ou à negligência com relação ao estabelecimento de um aterramento adequado. Lembre sempre: o objetivo do aterramento é, sobretudo, *a segurança de os seres vivos*.

》 Questões de revisão

32. O que uma identificação de 15 A e 127 V impressa em um interruptor significa?
33. Indique o tipo de interruptor (ou interruptores) que mais provavelmente seria utilizado para cada uma das seguintes aplicações de controle:
    (a) duas lâmpadas controladas de um local;
    (b) chaveamento (ON e OFF) de um aquecedor de 220 V;
    (c) uma lâmpada controlada de dois locais;
    (d) uma lâmpada controlada de três locais;
34. Quando se deseja ter um interruptor controlando uma das metades de uma tomada dupla, quais alterações devem ser feitas na tomada?
35. O aterramento é uma consideração fundamental de segurança. Por quê?
36. Em um sistema de distribuição de três fios,
    (a) quais são os fios condutores aterrados?
    (b) quais são os fios condutores não aterrados?
37. Em geral, o aterramento protege contra quais dois tipos de perigos/riscos?
38. Indique a função do fio terra e do fio neutro no que diz respeito ao sistema de proteção de aterramento.

39. Quais são os requisitos com relação à passagem do fio neutro e à instalação de fusíveis e/ou disjuntores em série com esse fio?
40. Qual é a cor predominante para o isolamento do condutor de aterramento do equipamento?
41. Dê uma breve explicação sobre a finalidade do acoplamento (ligação) das partes metálicas dos equipamentos elétricos.

≫ Tópicos de discussão do capítulo e questões de pensamento crítico

1. Com relação ao circuito de campainha discutido neste capítulo, adicione uma segunda unidade de campainha remota ao circuito esquemático e ao diagrama de fiação originais.
2. Modifique o esquemático e o diagrama de fiação do circuito de porta eletrônica para dois apartamentos discutido neste capítulo, de modo a incluir um botão normalmente aberto operado por chave instalado no *hall* para a entrada no edifício.
3. Com relação ao circuito esquemático da campainha: suponha que a campainha da frente não funciona quando o botão frontal é pressionado; a campainha de trás funciona bem. Quais componentes seriam eliminados como uma possível causa do problema? Por quê?
4. Com relação ao circuito esquemático de porta eletrônica para dois apartamentos: suponha que a campainha do apartamento "A" (João) não funciona quando o botão "A_2" (João) na entrada é pressionado; suspeita-se que a campainha esteja com problema. Como um voltímetro pode ser usado para verificar isso?
5. Explique como você empregaria um ohmímetro para testar a operação de um interruptor de porta magnético usado como parte de um sistema de proteção perimetral de segurança.
6. Com relação ao resistor de fim de linha utilizado em um circuito de alarme supervisionado normalmente aberto, considere que esse resistor esteja em curto-circuito. Um sinal de problema ou um sinal de alarme será acionado? Por quê?
7. Observe o painel de controle de um alarme de incêndio utilizado em sua instituição de ensino e determine se o sistema instalado é do tipo convencional ou do tipo analógico endereçável. Justifique a sua resposta.
8. Em condições normais de operação, qual é o valor da tensão entre qualquer condutor neutro e o terra de um sistema de distribuição de três fios? Por quê?
9. Esboce o *layout* para a entrada de energia elétrica de uma instalação residencial típica.
10. Na verificação da polaridade de uma tomada de três pinos aterrada, 15 A/127 V, a leitura de 127 V_{CA} é obtida entre o pino de neutro e o parafuso da placa de cobertura. Que erro de fiação isso indica?
11. Suponha que um interruptor 3-*way* seja usado no lugar de um interruptor unipolar; quais dois terminais do interruptor 3-*way* deveriam ser usados?
12. Um circuito elétrico consistindo em um interruptor unipolar de dupla ação e um soquete de lâmpada está incorretamente ligado com o fio fase indo diretamente para o soquete da lâmpada e o fio neutro ligado em série com o interruptor. O circuito ainda vai operar normalmente? Por que esse tipo de arranjo de circuito seria potencialmente perigoso?

Índice

A
Acoplamento entre partes metálicas, 398–399
Afundamento de tensão, 338–339
Alicates, 38–40
Alnico, 247–248
Alternadores, 88–90
Alumínio, 208–209, 212–213
   classificação AL e, 111–115
   condutores e, 196–197
   conexões de cabo e, 111–112
   conexões terminais e, 108–109
   corrosão e, 114–115
   crimpagem, 112–114
   fluência ou *creep*, 114–115
Ampères, 93–94. *Veja também* Corrente
Amperímetro alicate, 32–33
Amperímetros, 30–33, 160–166
Andaimes, 5–7
Apagões, 338–339
Arruelas, 52–54
Associação Nacional de Fabricantes Elétricos (NEMA), 27, 393–394
Aterramento, 11–17, 169–170
   circuitos de controle e, 389–392
   condutores e, 396–397
   definição, 397–398
   fio neutro e, 398–399
   interruptores de circuito e, 317–321
   ligação elétrica e, 398–399
   NEC e, 398–400
   segurança e, 316–317, 395–400
Átomos,
   camadas e, 63–67
   íons e, 65
   modelo de Bohr, 63–65
   níveis de energia e, 63–65
   núcleo, 63
Atrito, 74

B
Baterias, 100
   corrente e, 79–83
   energia química e, 84–86
   multímetros e, 172–173
   polaridade e, 81–83
   tensão e, 81–82
Bloqueio, 15–18
Bobinas, 261–264
   relés e, 276–280

C
Cabo de par trançado, 122–124
Cabo de par trançado sem blindagem, 123–124
Cabos, 112–113, 197
   circuitos de comunicação e, 121–124
   coaxial blindado, 122
   conectores de compressão, 110–112
   conexões de cabo de energia e, 125
   cortadores e, 44
   desencapadores e, 42–43
   fita isolante, 117–119
   iluminação e, 315–317
   padrões para, 364–365
   sistema estruturado, 123–124
Caixas de luz e tomadas, 384–389, 394–396
Calor, 84–87
   conexões elétricas e, 106
   motores e, 315–316
   sobrecargas e, 297–299, 312–316
Camada de valência, 66–67
Camadas, 63–67
Campo elétrico, 75–78
Campo eletrostático, 75–78
Campos magnéticos, 251–253
   blindagem e, 252–254
   bobinas e, 261–264
   condutores de corrente e, 258–260

condutores paralelos e, 260–262
regra da mão direita e, 259–261
Capacetes, 2–3
Carga, 133–134, 139–141
   interruptores de circuito e, 14–15, 317–321
   queda de tensão e, 158–160
   sobrecarga e, 296–299, 315–316
   voltímetro e, 157–159
Carga negativa, 65
Carga positiva, 65
Carregamento triboelétrico, 77–79
Cavalo-vapor (CV), 340–341
Célula voltaica, 84–86
Células de combustível, 330–332
Células de combustível alcalina, 330–332
Células fotovoltaicas, 82–85, 329–331
Chaves, 40–41
Chaves Allen, 41
Chaves de fenda, 36–39
Chaves de porca, 40–41
Chaves/interruptores, 131–135, 141–142
   amperímetros e, 162–165
   circuitos de controle e, 389–396
   interruptores bipolares de única ação, 391–392
   interruptores unipolares de dupla ação, 391–393
   interruptores unipolares de única ação, 390–392
   magnéticos, 256–257
   NEC e, 390–392
   relés e, 273–294
   three-way, 392–394
Chips integrados, 174–175
Choque elétrico, 7–8, 18
   aterramento e, 11–17
   controle muscular e, 10–11
   corrente e, 8–11
   interruptores de circuito, 317–321
   primeiros socorros, 22
   queimaduras e, 10–11
   resistência da pele, 8–11
   tensão e, 8–10
Chumbador com parafuso, 56–57
Chumbador de um passo, 54–56
Chumbadores
   autoperfurante, 56–57
   com bucha de expansão, 59–60
   mecânicos, 54–56
Chumbo, 120
Cinzel, 43–44
Circuito normalmente aberto (NA), 370–371

Circuito normalmente fechado (NF), 370–371
Circuitos, 148, 401
   abertos, 100, 370–371
   aterramento e, 11–17, 169–170, 316–321, 389–392, 395–400
   básico, 99–102
   CA para CC, 156–158, 162–164
   caixas de luz e tomadas, 384–390, 394–396
   carga e, 133–134, 139–141, 296–299, 315–316
   código e, 389–396
   complexidade de, 128
   componentes de, 129–134
   condutores e, 101–102, 195–222
   conexões elétricas e, 105–126
   continuidade e, 69, 169–171
   controle, 101–102, 131–134, 141–142, 389–396
   curto-circuito e, 297–299
   de campainha, 359–362
   de corrente alternada (CA), 129
   de corrente contínua (CC), 129
   diagramas para, 135–140, 143–146
   disjuntores e, 13, 299–304, 312–314
   dispositivos de proteção para, 101–102, 130, 295–323
   fechados, 100, 370–371
   fonte de alimentação e, 100
   fonte de energia e, 129
   fusíveis e, 13, 298–313, 322–323, 397–398
   iluminação e, 315–318
   interruptores e, 317–321, 389–396
   laços instantâneos, 372–374
   lei de Ohm e, 181–192
   magnéticos, 264–268
   matriz de contatos e, 147
   medição de, 158–176
   padrão de entrada de energia, 379–385
   paralelo, 95, 142–145
   projeto de fiação e, 143–146
   proteção térmica e, 315–316
   quadro de distribuição para, 379–385
   residências antigas e, 357
   resistores e, 223–243
   série, 139–142
   símbolos para, 133–136
   simples, 139–140
   sistema de distribuição de três fios, 379–385
   soquete de lâmpada e, 387–390
   zonas, 372–377

Circuitos de comunicação, 121–124
Circuitos de porta eletrônica, 361–364
Circuitos de telefone, 364–368
Circuitos impressos, 197
Circuitos instantâneos, 372–374
Circuitos limitadores de energia, 358–359
Circuitos simulados no computador, 147
Classificação AL, 111–115
Classificação CU/AL, 109
Classificadores de fio, 14–15, 34
Cobalto, 247–248
Cobre, 208–209, 212–213
    classificação CU e, 111–115
    condutores e, 196–197
    conexões terminais e, 108–109
    corrosão e, 114–115
    crimpagem e, 111–114
    oxidação e, 111–112
Combustível hidrogênio, 330–331
Comissão Eletrotécnica Internacional (IEC), 30
Comunicações, 353–355
Condutores, 61
    alumínio, 108–109, 111–115, 196–197, 208–209, 212–213
    ampacidade e, 208–212
    aterramento e, 395–400
    campos magnéticos e, 286–262
    circulação de ar e, 209–210
    cobre, 108–109, 111–115, 196–197, 208–209, 212–213
    conexões elétricas e, 105–126
    definição, 67
    eletrodutos e, 201–204
    formas de, 196–198
    importância de, 195
    isolação e, 198–201 (*Veja também* Isolação)
    montagem de cabos e, 200–203
    NEC e, 196, 200–204, 209–214
    paralelo, 212–213, 260–262
    queda de tensão na linha e, 212–221
    regra da mão direita e, 259–261
    resistência e, 209–213
    semicondutores, 61, 68, 71–72
    taxa máxima de ocupação e, 201–203
Condutores de retorno, 394–395
Conectores com parafusos de ajuste, 117–118
Conectores de aperto mecânico tipo parafuso, 110–116
Conectores de compressão, 110–116
Conectores de terminal, 42–43, 108–109
Conectores de torção, 116–118
Conectores tipo DB, 121
Conectores tipo parafuso fendido, 112–115
Conexões elétricas, 105, 126–126
    alumínio, 108–109, 111–112
    cabo de energia, 125
    calor e, 106
    circuito de comunicação, 121–124
    cobre, 108–109, 111–112
    conector com parafuso, 117–118
    corrente e, 106
    corrosão e, 106, 114–115
    crimpagem, 111–114, 121
    fluência e, 114–115
    NEC e, 398–400
    necessidade de conexões adequadas, 106
    oxidação e, 108–109, 111–112, 114–115
    parafuso fendido, 112–115
    paralelo, 237–230
    preparação do fio para, 107–108
    reparos de isolamento, 117–120
    resistência e, 106, 235–242
    série, 235–238
    série-paralelo, 240–242
    soldadas, 120–121
    tensão e, 106
    terminal do tipo parafuso, 108–109
Conjunto de moldes, 48–49
Contato, 77–78
Contatores, 288–292
Contatores magnéticos, 288–290
Continuidade, 69, 169–171
Coordenação, 321–323
Coordenação seletiva, 321–323
Cordão, 197
Corpos carregados, 65, 74–81
Corrente, 91
    amperímetros e, 30–31
    aterramento e, 11–17, 169–170, 316–321, 389–392, 395–400
    condutores e, 208–212
    definição, 8–10
    descrição de, 79–83
    especificações de fusível e, 299–304
    lei de Ohm e, 8–10, 101–103, 181–186 (*Veja também* Lei de Ohm)
    medição de, 30–33, 92–94, 160–166
    morte pela circulação de, 9

painéis solares e, 329-331
relés e, 276-278, 288-290
resistência da pele, 8-11
sentido de, 103
transmissão de, 333-340
Corrente alternada (CA), 81-82, 129
    circuitos conversores CA para CC, 156-158, 162-164
    medição de, 345-346
    SCRs, 291-292
    sistema trifásico e, 326
    voltímetro e, 155-161
Corrente contínua (CC), 77-82, 129
    células de combustível e, 330-332
    medição de, 345-346
    sistemas de telefone e, 366-367
    voltímetro e, 155-161
Corrosão, 23, 106, 114-115
Coulombs, 76-78, 93-94, 345-346
Crimpagem, 111-114, 121
Curto-circuito, 297-299

D

Descarga atmosférica, 76, 315-318
Desencapadores de fio, 42-43, 107-108
Designação de roscas, 52-53
Detectores de tensão sem contato, 32
Diagrama de bloco, 136-139
Diagrama unifilar, 138-139
Diagramas de fiação, 136
Diagramas esquemáticos, 135-136, 143-146
Diagramas pictóricos, 135-136
Diodos, 173-174, 280-283, 372-375
Diodos emissores de luz (LEDs), 280-283, 372-375
Discagem de tom duplo de multifrequência (DTMF), 367-368
Disjuntores, 13, 299-304
    magnéticos, 313-314
    térmicos, 313-314
Dispositivo de Interface de Rede (NID), 364-365
Dispositivo interruptor de corrente de fuga (GFCI), 14-15, 34, 317-321
Dispositivos de controle, 101-102, 353-354
    chaves/interruptores e, 132-134, 389-396
    conectados em paralelo, 143-145
    conectados em série, 141-142
    potenciômetros e, 227-230
    usos de, 131-134
Dispositivos de indicação, 374-375

Dispositivos de inicialização, 374-375
Dispositivos de proteção, 2-4, 101-102
    coordenação de 321-224
    descargas atmosféricas, 315-318
    disjuntores, 299-304, 312-314
    fusíveis, 298-313, 322-323, 397-398
    interruptores de circuito, 317-321
    proteção térmica contra sobrecarga, 315-316
Dispositivos de saída, 353-354
Dispositivos para remoção da isolação, 42-43
Distorção harmônica, 338-339
Dobrador de conduíte, 48-49

E

Efeito piezoelétrico, 86-88
Electronics Workbench Multisim, 174-176
Elementos, 62
Eletricidade
    corpos carregados e, 65, 74-81
    corrente e, 8-11, 79-83 (*Veja também* Corrente)
    definição, 66-67
    fontes de, 326-334
    magnetismo e, 245-272
    medição de, 344-346
    resistência e, 7-8 (*Veja também* Resistência)
    segurança e, 1-28
    tensão e, 8-10 (*Veja também* Tensão)
    teoria eletrônica da matéria e, 62-67, 73
    transmissão de, 333-340
Eletricidade estática, 74-81
    campos e, 75-78
    contato e, 77-78
    coulombs e, 76-78
    filtros de ar e, 77-80
    fotocopiadoras e, 79-81
    indução e, 77-79
    produção de, 77-81
Eletrodos, 84-86
Eletroduto, 201-204
Eletroímãs, 263-271
Elétrons ligados, 66-67
Elétrons livres, 67
Elevação de carga, 6-7
Emenda, 122
Energia, 91, 325, 355
    cálculo de, 346-348
    células de combustível e, 330-332
    custos de, 350-351
    definição, 340-346

detectores de movimento e, 369–371
gás natural, 330–331
gerenciamento de, 352–355
hidrogênio, 330–331
medição de, 99–100, 348–350
propano, 330–331
tarifa diferenciada por horário de consumo, 352–353
trabalho e, 340–341
transmissão de, 333–340
Energia elétrica, 345–348
Energia eólica, 328–330
Energia magnética-mecânica, 87–90
Energia nuclear, 327
Energia química, 84–86, 330–332
Energia solar, 82–85, 329–331
Energia termelétrica, 327
Equações
 divisor de corrente, 240
 divisor de tensão, 236–237
 energia elétrica, 346–347
 fluxo magnético, 267–268
 lei de Ohm, 8–10, 103, 183–187 (*Veja também* Lei de Ohm)
 potência, 97, 189, 342
 potência ativa, 97
 resistência do fio, 209–212
 resistência paralela, 239
 resistência total, 237–238
Equipamento, 29
 condutores, 67
 dispositivos de medição, 30–37
 ferramentas comuns, 36–50
 fixadores, 51–60
 isolantes, 68
 segurança, 2–4
 semicondutores, 68
 soldagem, 44–45
 tubos de elétrons, 70–71
Escada extensiva, 4–6
Escadas, 4–6
Escadotes, 4–5
Esquemático tipo ladder, 136
Estações hidrelétricas, 326–327
Estanhar, 120–121
Etiquetagem, 15–18
Extratores de fusível, 3–4

F
Ferramentas
 alicates, 38–40
 amperímetros, 30–33, 160–166
 chaves, 40–41
 chaves de fenda, 36–39
 chaves de porca, 40–41
 conectores terminais, 42–43
 conjunto de moldes, 48–49
 cortadores de cabo, 44
 de medição, 43–44
 desencapadores de cabo, 42–43
 desencapadores de fio, 42–43, 107–108
 dobradores de contuíte, 48–49
 equipamento de soldagem, 44–45
 facas, 42–43, 107–108
 fixadores, 51–60
 furadeiras elétricas, 44–45
 limas, 42–43
 martelos, 38–40
 milivoltímetros, 84–86
 nível, 44
 ohmímetros, 166–171
 organização de, 49–52
 punções, 38–40, 44
 puxadores de fio elétrico, 48–50
 rosqueadeira manual, 44
 sonda, 43–44
 testadores de continuidade, 69
 testadores de tensão, 160–161
 torno mecânico, 44
 uso adequado de, 49–52
Ferramentas acionadas a pólvora, 56–59
Fiação de laço de corrente, 365–366
Fibra ótica, 122–123
Filtro de ar eletrônico, 77–80
Fio, 131
 bobinas, 261–264
 circuitos de comunicação e, 121–124
 condutor sólido, 196
 conectores com parafuso de ajuste, 117–118
 conectores de torção e, 116–118
 construção, 196
 cordão, 197
 duro, 196–197
 eletrodutos, 201–204
 esmaltado, 200–201
 fita isolante e, 117–119

mole, 196–197
NEC e, 196, 200–204
preparação de, 107–108
recozido, 196
resistência à tração e, 196
resistência e, 208–212, 224–225
seção e, 111–112, 116, 203–209, 382–383
sobrecargas de circuitos e, 297–299, 312–314
trançado, 196
Fio magnético, 200–201
Fita isolante, 117–119
Fixadores
  arruelas e, 52–54
  autoatarrachantes, 53–54
  designação de roscas e, 52–53
  padrões para, 52–53
  para madeira, 53–54
  parafusos, 51–54
  permanentes, 51–52
  temporários, 51–52
Fixadores de parede oca, 58–60
Fixadores para alvenaria, 54–57
Fluência, 114–115
Fluxo, 120
Fonte de alimentação reserva, 332–334
Força eletromotriz. *Veja* Tensão
Fotocopiadoras, 79–80
Fotografia, 79–80
Fotorreceptor, 79–81
Furadeira elétrica, 44–45
Fusíveis, 298, 322–323
  acionamento de, 13
  de ação rápida, 302
  de alta tensão, 308–310
  especificações para, 299–304
  líquido, 308–309
  NEC e, 304–305
  retardo de tempo, 302, 308–309
  teste de, 310–311
Fusíveis de cartucho, 305–309
Fusíveis de cartucho renovável, 307–308
Fusíveis de elemento duplo, 307–309
Fusíveis de material sólido, 308–310
Fusíveis de tempo de atraso, 302, 308–309
Fusíveis tipo expulsão, 308–309
Fusíveis tipo plugue, 303–306
Fusível de cartucho não renovável, 306–308

G
Gás natural, 330–331
Gases, 62

Geradores, 88–90, 269–270
Grades de proteção, 5–7

H
Hastes de aterramento, 316–317
Hemorragia, 21

I
Ímãs, 271–272
  blindagem e, 252–254
  campo magnético de, 251–253
  eletroímãs, 263–271
  lei dos polos magnéticos e, 249–251
  permanentes, 246–250
  permeabilidade e, 246–248
  polaridade e, 250–252
  propriedades de, 246–247
  temporários, 246–250
  tipos de, 246–250
  usos para, 255–257, 267–271
Impedância, 171–173
Indicador de sequência e fase, 14–15, 34
Indutância, 77–79, 88–89
Interferência de radiofrequência, 122–124
Interferência eletromagnética, 122–124
Interruptores, 317–321
Interruptores bipolares de única ação, 391–392
Interruptores de circuito por falha a arco (AFCIS), 319–321
Interruptores *three-way*, 392–394
Interruptores unipolares de dupla ação, 391–393
Interruptores unipolares de única ação, 390–392
Inversores, 82–83, 330–331
Íons, 65, 330–332
Isolação, 61, 68
  circuitos de comunicação e, 121–124
  conexões elétricas e, 105–126
  desencapar fio e, 107–108
  fita isolante e, 117–119
  montagem de cabos e, 200–203
  neoprene, 199–200
  propriedades do material e, 198–201
  reparos e, 117–120
  sistemas de distribuição a três fios e, 379–381
  termofixa, 199–200
  termoplástica, 199–200
  tubo termorretrátil e, 119–120

J
Joules (J), 99–100, 346–347

L

Lei de Ohm, 177, 193–194
   análise de circuito e, 181–192
   comparações de, 101–103
   corrente e, 183–186
   fórmulas de potência e, 189–191
   na forma gráfica, 190–192
   resistência e, 186–188
   tensão e, 184–187
   triângulo para, 187–189
Lei dos polos magnéticos, 249–251
Limas, 42–43
Líquidos, 62
   fusíveis e, 308–309
Lógica, 141
LonWorks®, 353–355
Luminária, 387–390
Luvas, 3–4
Luz
   energia solar e, 82–85
   fibra ótica e, 122–123
   fotocopiadoras e, 79–81

M

Magnetismo, 245
   limites de material e, 254
   linhas de força e, 249–254
   medição de fluxo e, 267–268
   relés e, 270–271, 274–281, 288–292
   teorias de, 253–256
Manta de borracha, 3–4
Marcadores de fio, 109
Martelos, 38–40
Materiais inflamáveis, 23–25
Materiais tóxicos, 25
Matriz de contato, 147
Medição, 149, 176. *Veja também* Equações
   ampères, 93–94
   AWG, 111–112
   categorias de, 30
   cavalo-vapor (CV), 340–341
   continuidade, 169–171
   conversões para, 179–180
   coulombs, 76–78, 93–94, 345–346
   dispositivos para, 30–37, 43–44
   energia, 99–100, 348–350
   fluxo magnético, 267–268
   IEC e, 30
   joules (J), 99–100, 345–346
   leitura dos medidores e, 152–156
   medidores analógicos, 150–155
   medidores digitais, 150–156
   medidores virtuais e, 174–176
   multímetros e, 30–31, 96, 150–153, 171–175
   ohmímetros, 7–8, 32–33, 166–171
   potência, 97–98, 344–346
   prefixos de, 94
   quilowatt-hora (kWh), 99–100
   resistência, 7–8, 30–33, 95–96, 166–171
   segurança com medidores e, 171–172
   shunts e, 162–163
   tensão, 8–10, 30–32, 84–86, 94–95, 155–161
   watt-hora, 99–100
   watts, 97
Medidores analógicos, 30–31, 150–155
Medidores com ajuste automático de faixa, 154–155
Medidores digitais, 30–31, 150–156
Medidores true rms, 173–175
Megôhmetro, 32–33
Microfones de cristal, 86–88
Milivoltímetro, 84–86
Modelo de Bohr, 63–65
Moléculas, 62
Monitores de tubo de raios catódicos (TRC), 71
Motores, 269–270, 315–316
Motores de potência fracionária, 315–316
Multímetros, 30–31, 96, 150–153
   características especiais de, 171–175
   impedância de entrada e, 171–173
   tempo de resposta de, 173–174
   teste de diodo e, 173–174

N

NEC, ABNT e normas pertinentes, 25–27, 117–118, 200–203, 209–212
   aterramento, 398–399
   caixas de luz e tomadas, 384–389
   circuitos de controle, 389–396
   condutores, 196
   fusíveis, 304–305
   interruptores, 319–321
   laboratórios credenciados e, 384–385
   localização da fonte de energia, 394–395
   resistores, 230–234
   sistemas de distribuição a três fios, 381–385
   sistemas de fiação, 384–385
   soquetes de lâmpada, 387–390
Neoprene, 199–200
Nêutrons, 62–66
Niels Bohr, 63

Níquel, 247–248
Níveis, 44
Níveis de energia, 63–65

O

Óculos de proteção, 2–3
Ohm, George Simon, 177
Ohmímetros, 7–8, 32–33, 166–171
Ohms, 95–96, 225
Orifícios, 384–385
Oscilador resistor/capacitor (RC), 283–284
Osciloscópios, 34
Osciloscópios, solução de problemas, 34
Oxidação, 108–109, 111–112, 114–115

P

Padrão American Wire Gauge (AWG), 111–112, 203–209
Padrão UNC/UNRC, 52–53
Padrão UNEF/UNRED, 52–53
Padrão UNF/UNRF, 52–53
Padrões, 25
    cabo e, 364–365
    circuitos de comunicação e, 123–124
    classificação AL, 111–115
    classificação CU, 111–115
    designação de roscas, 52–53
    especificações de fusíveis, 299–304
    NEMA e, 288
Parafuso com asa, 58–60
Parafuso com bucha de expansão, 59–60
Parafusos, 51–53, 58–60, 112–115
    autorroscantes, 53–54
    conexões mecânicas e, 110–116
    conexões terminais e, 108–109
    de alvenaria e bucha, 54–57
    gesso, 59–60
    para concreto/alvenaria, 54–57
Parafusos para madeira, 53–54
Para-raios, 316–318
Polaridade
    baterias e, 84–86
    circuitos e, 129–130
    eletricidade estática e, 74–81
    eletrodos e, 84–86
    identificação de, 81–83
    ímãs e, 250–252
    oposta, 77–79
    sentido da corrente e, 103

Potência, 91, 225, 325, 355
    alimentação reserva, 332–334
    cálculo de, 342–345
    células de combustível e, 330–332
    circuitos LC paralelo e, 167–168
    definição e, 340–341
    descargas atmosféricas e, 315–318
    eólica, 328–330
    estações de geração de energia elétrica e, 326–328
    hidrelétrica, 326–327
    interrupção de, 337–339
    lei de Ohm e, 189–191
    medição de, 97–98, 344–346
    nuclear, 327
    queda de tensão e, 158–160, 212–221
    sistemas de alimentação de emergência e, 331–334
    sistemas de cogeração e, 331–332
    sobrecargas de circuitos e, 297–299, 312–314
    solar, 82–85, 329–331
    subestações e, 335–338
    tarifa diferenciada por horário de consumo, 352–353
    termelétrica, 327
    trabalho e, 340–341
    transmissão de, 333–340
    trifásica, 326
Potenciômetros, 227–230
Pressão, 110–111
Prevenção de incêndios
    aterramento e, 11–17
    materiais inflamáveis e, 23–25
    sistemas de alarme e, 372–378
Primeiros socorros, 20–23
Propano, 330–331
Propriedades de material
    alnico, 247–248
    alumínio, 108–109, 111–115, 196–197, 208–209, 212–213
    cobalto, 247–248
    cobre, 108–109, 111–115, 196–197, 208–209, 212–213
    conexões elétricas e, 105–126
    corrosão, 114–115
    eletricidade estática e, 74–81
    estanho, 120–121
    estrutura atômica e, 212–213
    fluência, 114–115
    ímãs, 246–259

isolação, 198–201
neoprene, 199–200
níquel, 247–248
oxidação e, 108–109, 111–112, 114–115
permeabilidade e, 246–248
resistores e, 225–229
semicondutores e, 61, 68, 71–72
soldagem e, 120–121
termoplástica, 199–200
tungstênio, 389–390
Protetor facial, 3–4
Protetores auriculares, 2–3
Protocolo de comunicação de dados, 353–354
Prótons, 62, 73
Punções, 38–40, 44
Puxador de fio elétrico, 48–50
Puxadores de fio, 48–50

Q

Queda de tensão, 158–160
    condutores e, 212–221
    linhas de transmissão e, 333–340
    resistores e, 235–242
Queimaduras, 10–11, 21
Queimaduras de arco, 10–11
Queimaduras por contato térmico, 10–11
Quilowatt-hora (kWh), 99–100, 340–341, 348–351

R

Recipientes para blindagem de descarga estática, 77–79
Recozimento, 196
Rede elétrica, 336–338
Regra da mão direita, 259–261
Relés, 270–271, 292–294
    chaveamento múltiplo e, 276–280
    contatores magnéticos e, 297–292
    controle de altas correntes e, 276–278
    controle de altas tensões e, 274–278
    de estado sólido, 280–283, 291–292
    de lingueta magnética, 276–281
    de temporização, 283–287
    descrição de, 273
    eletromecânico, 274–280
    especificações para, 276–280
    símbolo para, 274–275
Reostatos, 227–230
Resina, 120

Resistência, 91, 129–130
    circuito CC série e, 395–396
    condutores e, 209–213
    conexões elétricas e, 106
    definição, 7–8
    fio, 208–212, 224–225
    lei de Ohm e, 8–10, 101–103, 181–184, 186–188
    medição de, 30–33, 95–96, 166–171
    oxidação e, 108–109, 111–112
    resistência da pele e, 8–11
Resistores, 243
    código de cores para, 230–234
    conexão paralela de, 237–241
    conexão série de, 235–238
    conexão série-paralela de, 240–242
    descrição de, 223–225
    encapsulamento em linha dupla, 237–241
    encapsulamento em linha única, 226
    especificação de, 225
    potência e, 225
    potenciômetro e, 227–230
    queda de tensão e, 235–242
    reostatos e, 227–230
    tipos de, 225–229
    tolerância e, 225, 230
Respiração artificial, 22–23
Retificadores controlados de silício (SCR), 291–292
Rosqueadeira manual e torno, 44
Ruído elétrico, 338–339

S

Salto de tensão, 338–339
Seção de fios, 111–112, 116, 203–209, 382–383
Segurança, 27–28
    acidentes possíveis de serem evitados, 2
    aterramento e, 11–17, 169–170, 316–321, 389–392, 395–400
    bloqueio e, 15–18
    capacitores e, 19
    choque elétrico e, 7–17, 22
    como atitude, 2
    conexões elétricas e, 105–126
    corrente e, 8–11, 317–318
    dispositivos de medição e, 30
    dispositivos de proteção e, 2–4, 101–102, 299–224, 397–398
    documentação e, 17
    elevação de carga e, 6–7
    energia de emergência e, 331–334

etiquetagem e, 15–18
importância da, 1–2
lei de Ohm e, 177
medidores e, 171–172
movimentação de cargas e, 6–7
NEC e, 384–385
NEMA, 27
no local de trabalho, 2–8
oxidação e, 108–109, 111–115
padrões para, 25–27
precauções gerais, 18–20
prevenção contra incêndio e, 11–17, 23–27, 372–378
primeiros socorros, 20–23
proteção contra queda e, 4–7
sobrecarga de circuitos e, 297–299, 312–314
soldagem e, 121
substâncias perigosas e, 23–25
tomada dupla dividida e, 394–396
uso de ferramentas e, 49–52
vestuário pessoal para, 2–3
vítimas e, 1
Selo de eficiência energética, 352–353
Semicondutores, 61, 68, 71–72
Sensores de entrada, 353–354
Sensores de tráfego de veículos, 87–88
Serra copo, 44–45
Serras, 38–40, 44–45
Shunts, 162–163
Sistema de alarme de incêndio analógico endereçável, 375–377
Sistema de alimentação de emergência, 331–334
Sistema de automação predial, 353–354
Sistema de cogeração de energia, 331–332
Sistema de distribuição a três fios, 381–385
Sistema de Fonte de Alimentação Ininterrupta (UPS), 332–334
Sistema solar autônomo, 83–85
Sistema solar conectado à rede, 82–83
Sistemas antiqueda, 4–5
Sistemas biométricos, 362–363
Sistemas de alarme, 367–378
  área, 368–370
  circuitos para, 370–374
  com fio, 369–370
  detectores de movimento, 369–371
  dispositivos de saída para, 374–375
  incêndio, 372–378
  perímetro, 367–369
  procedimento de armar, 372–375
  sem fio, 369–370

Sistemas de sinal de baixa tensão, 358–360
Sistemas monofásicos, 379–380
Sistemas trava-queda, 4–5
Sites da Internet, 25
Sobrecargas, 296
  curto-circuito e, 297–299
  disjuntores e, 299–304, 312–314
  motores e, 315–316
  proteção térmica, 315–316
Soldagem, 44–45, 120–121
Solenoides, 269–270
Sólidos, 62
Sonda, 43–44
Sondas de curto-circuito, 3–4
Soquete de lâmpada, 387–390
Subestações, 335–338
Substâncias perigosas, 23–25
Surto de tensão, 338–339

T
Tabela verdade, 141
Tarifa diferenciada por horário de consumo, 352–353
Taxa de ocupação, 201–203
Televisão, 71
Tensão, 19, 91, 139–140
  aterramento e, 11–17
  baterias e, 81–82
  circuito CC série e, 395–396
  conexões elétricas e, 106
  definição, 8–10
  especificações de fusíveis e, 299–304
  fontes de, 82–90
  lei de Ohm e, 8–10, 101–103, 181–187
  medição de, 8–10, 30–32, 84–86, 94–95, 155–161
  polaridade e, 129–130 (*Veja também* Polaridade)
  relés e, 274–278, 288–290
  sistema de sinal de baixa tensão e, 358–360
  sobrecargas e, 296–299, 315–316
  transmissão de, 333–340
  vestuário de proteção para, 3–4
Teoria eletrônica da matéria, 62–67, 73
Teoria eletrônica do magnetismo, 254–255
Terminais aéreos, 320–321
Termopares, 84–87
Termopilha, 86–87
Termoplástica, 199–200
Testador de circuito, 14–15, 34
Testador de circuito baseado em microprocessador, 34
Testadores de tensão, 30–31, 160–161
Tomada dupla dividida, 394–396

Trabalho, 340–341
Traje de segurança pessoal, 2–3
Transformadores, 269–271
   campainhas de porta e, 359–362
Tubo termorretrátil, 119–120
Tubos de elétrons, 70–71
Tungstênio, 389–390

U
Unidades elétricas, 91
   carga, 92
   conversões de, 179–180
   corrente, 92–94, 178
   energia, 99–100
   mistura inadequada de, 182–183
   potência, 97–98
   resistência, 95–96, 178
   tensão, 94–95, 178

V
Vara de manobra telescópica, 3–4
Vestuário, 2–3
Vestuário de alta tensão, 3–4
Voltímetros, 30–31, 94–95, 155–161

W
Watt (W), 97–98, 225, 340–341. *Veja também* Potência
Watt-hora (Wh), 99–100

Z
Zonas, 372–377